国家科学技术学术著作出版基金资助出版

材料基因工程丛书

材料高通量集成计算方法与实践

孙志梅 等 著

科学出版社

北 京

内 容 简 介

本书深入凝练了材料基因工程的关键科学和技术问题,从多个维度论述了材料基因工程的基础与实践。内容涵盖了材料基因工程思想的基本内涵、材料智能设计平台、材料关键性能的高效计算算法、面向特定功能材料的高通量筛选标准和流程、计算与实验融合的新材料和器件研发等。

本书适合计算材料学、材料基因工程、材料科学、半导体等领域从事研究和教学的科研人员、大学教师、研究生、本科生阅读和参考。

图书在版编目(CIP)数据

材料高通量集成计算方法与实践 / 孙志梅等著. -- 北京:科学出版社,2024. 12. --(材料基因工程丛书). -- ISBN 978-7-03-080375-7

Ⅰ. TB3

中国国家版本馆 CIP 数据核字第 2024ZN7522 号

责任编辑:张淑晓 孙静惠 / 责任校对:杜子昂
责任印制:徐晓晨 / 封面设计:东方人华

科 学 出 版 社 出版
北京东黄城根北街 16 号
邮政编码:100717
http://www.sciencep.com
北京建宏印刷有限公司印刷
科学出版社发行 各地新华书店经销

*

2024 年 12 月第 一 版 开本:720 × 1000 1/16
2024 年 12 月第一次印刷 印张:30 1/4
字数:610 000
定价:188.00 元
(如有印装质量问题,我社负责调换)

"材料基因工程丛书"编委会

丛书序

从 2011 年香山科学会议算起,"材料基因组"在中国已经发展了十余个春秋。十多年来,材料基因组理念在促进材料、物理、化学、数学、信息、力学和计算科学等学科的深度交叉,在深度融合材料理论-高通量实验-高通量计算-数据/数据库,系统寻找材料组分-工艺-组织结构-性能的定量关系,在材料从研发到工业应用的全链条创新,在变革材料研究范式等诸多方面取得了有目共睹的成就。材料基因组工程、人工智能/机器学习和材料/力学的深度交叉和融合催生了材料/力学信息学等新兴学科的出现,为材料、物理、化学、力学等学科的发展与教育改革注入了新动力。我国教育部也设立了"材料设计科学与工程"等材料基因组本科新专业。

高通量实验、高通量计算和材料数据库是材料基因工程的三大核心技术。包含从微观、介观到宏观等多尺度的集成计算材料工程,经由高通量计算模拟进行目标材料的高效筛选,逐步发展为人工智能与计算技术相结合的智能计算材料方法。在实验手段上强调高通量的全新模式,以"扩散多元节""组合材料芯片"等技术为代表的高通量制备与快速表征系统,在材料开发和数据库建立上发挥着重要作用。通过对海量实验和计算数据的收集整理,运用材料信息学方法建立化学组分、晶体和微观组织结构以及各种物理性质、材料性能的多源异构数据库。在此基础上,发挥人工智能数据科学和材料领域知识的双驱动优势,运用机器学习和数据挖掘技术探寻材料组织结构和性能之间的关系。材料基因工程三大核心技术相辅相成,将大大提高材料的研发效率,加速材料的应用和产业化。同时,作为第四范式的数据驱动贯穿其中,在材料科学和技术中的引领作用越来越得到科学家们的普遍认可。

材料基因工程实施以来,经过诸多科技工作者的潜心研究和不懈努力,已经形成了初步的系统理论和方法体系,也涌现出诸多需要系统总结和推广的成果。为此,中国材料研究学会材料基因组分会组织本领域的一线专家学者,精心编写了本丛书。丛书将涵盖材料信息学、高通量实验制备与表征、高通量集成计算、功能和结构材料基因工程应用等多个方面。丛书旨在总结材料基因工程研究中业已形成的初步系统理论和方法体系，并将这一宝贵财富流传于世，为有志于将材料基因组理念和方法运用于材料科学研究与工程应用的学者提供一套有价值的参考资料，同时为材料科学与工程及相关专业的大学生和研究生准备一套教材。

材料基因工程还在快速发展中，本丛书只是抛砖引玉，如有不当之处，恳请同行指正，不胜感激！

"材料基因工程丛书"编委会

2022 年 8 月

序

自 2010 年以来，材料科学研究的范式发生了重要变革。数据驱动的材料研究成为继实验、理论、计算模拟之后的第四研究范式；同时，材料基因工程理念在全世界兴起。材料基因工程的特色在于将实验、理论计算、大数据技术有机结合，相当于将四个研究范式进行了深度融合。十多年来，以材料基因工程为代表的材料研发新技术在缩短材料研发周期、降低研发成本方面取得了令人瞩目的成效。"十三五"期间，"材料基因工程关键技术与支撑平台"被列为科学技术部国家重点研发计划重点专项项目，该专项对中国材料基因工程领域的基础软硬件平台建设、交叉学科人才培养发挥了重要推动作用，为材料基因工程理念在中国的推广和发展奠定了坚实的基础。

计算模拟一直是材料研究的重要方法之一，尤其在材料性能机制揭示和新材料设计方面发挥着重要作用。计算模拟是材料基因工程的重要组成部分，反过来材料基因工程进一步丰富了计算材料学的内涵，突出了高通量计算、人工智能辅助的多尺度模拟和高效计算等。围绕这些新内涵，国内外计算材料学家在高通量计算平台、计算材料数据库、多尺度模拟方法、高效计算方法与模型开发方面展开了大量研究，并产生了一系列代表性成果。世界范围内，材料基因工程框架下的计算材料学研究取得了诸多进展，但作为一个新兴的交叉学科方向，相关的著作还比较匮乏，这在某种程度上不利于材料基因工程的进一步发展。

孙志梅教授长期从事材料的计算模拟研究，尤其是电子和原子尺度的计算，同时也是中国材料基因工程起步和发展的见证者和参与者。在"材料基因工程关键技术与支撑平台"项目支持下，孙志梅团队自主研发出可视化多尺度集成的高通量自动计算与数据管理智能平台（ALKEMIE）。ALKEMIE 作为中国高通量计算和数据管理平台的代表与国际著名高通量计算、数据管理平台 Materials Project、Aflowlib、NOMAD 等一起被编入由美国国家科学院、国家工程院和国家医学院三院共同编写的全球材料基因组计划 10 年成就。该书内容涵盖了计算方法和软件开发以及相应的材料研究实例。计算软件和方法方面包括材料高通量计算软件平台、材料数据库、人工智能辅助的多尺度模拟、电子和原子结构的高效计算方法等；材料研究案例方面包括信息存储材料、异质结材料、二维材料、能源材料等。

该书中对计算软件、理论方法和实例的系统介绍可为计算材料领域和材料基因工程领域的研究人员提供指导，将有助于该领域的发展。

材料基因工程及其框架下的材料计算模拟作为新兴的交叉学科领域，其未来发展仍有诸多挑战，同时也是材料科学发现的机遇。例如，如何借助人工智能实现跨时空尺度的高效高精度计算模拟，如何实现材料从成分设计、制备到服役行为的全流程精准模拟预测，材料基因工程技术可否在更多的关键材料研究中发挥决定性作用，等等。希望该书的出版可以吸引更多的新生研究力量加入到这一交叉学科领域，助力我国材料基因工程学科和材料科学的快速发展。

清华大学教授

中国科学院院士

2023 年 5 月于北京

　　在传统"试错-纠错"研发模式下，材料学家基于自身知识储备和认知能力，通过反复迭代的试错-纠错方法改进材料性能，实现新材料的设计与研发。从历史上看，先进材料的研究、开发和应用需要大量的实验、细致的计划和昂贵的基础设施。将材料研究的结果转化为实际应用，通常需要 10～20 年，甚至更长时间。随着人工智能和互联网时代的到来，新材料的研发速度严重滞后于日益增长的对材料性能的需求速度，因此，按需逆向设计和精准控制性能成为新材料设计的必然趋势。20 世纪末，美国兴起组合材料学（combinatorial materials science，CMS），通过并行合成和高通量表征技术，实现了新材料的快速制备和筛选。21 世纪初，美国和欧洲部分国家提出的集成计算材料工程（integrated computational materials engineering，ICME）集成了不同时间尺度和空间尺度的多种材料模拟方法，在新材料设计领域取得了重要突破。如今，随着计算机和人工智能技术的飞速发展，材料基因组计划（materials genome initiative，MGI）被视为实现材料科学技术飞跃和新材料高效研发与设计的基础，是新材料研发的加速器。材料基因组计划是受人类基因组计划（human genome project，HGP）的启发而建立的。在生物学中，基因是一组编码信息，被视为生物体生长和发育的图谱，而在材料领域，基因可被看作是决定其宏观性能的微观特征单元。

　　材料基因组（materials genome）的概念最早是美国宾夕法尼亚州立大学刘梓葵教授于 2002 年提出的。2011 年，美国白宫科技政策办公室启动为提升美国全球竞争力的材料基因组计划，确立了面向未来的集成计算、实验和数据库的材料研发新模式，旨在帮助加速先进材料的设计、发现、开发和部署，并通过将先进的计算和数据管理与实验合成和表征相结合来降低成本。美国国家科学基金会、美国能源部和美国国防部等联邦机构都是 MGI 的资助机构，MGI 初始阶段就在资源和基础设施方面投入了超过 10 亿美元。随后，不少国家和地区也相继提出了类似的研究计划，如欧盟的"新材料发现 NOMAD"项目、德国的"工业 4.0"战略、俄罗斯的"2030 年前材料与技术发展战略"和中国的"材料基因工程"（materials genome engineering，MGE）等。

　　时至今日，经过 10 多年的努力，材料基因组计划在全球取得了丰硕的成果。在材料高通量计算平台方面，美国劳伦斯伯克利国家实验室主导开发了 Materials Project（MP），MP 拥有 4 款分别用于材料建模、材料计算模拟、自动纠错和服务器部署的高通量计算分析软件，并以其独特的命令行操作方式为高通量计算奠定了软件基础；杜克大学基于 Python2 开发了适用于第一性原理计算的高通量计算软件 AFLOW-π，AFLOW-π 针对高通量第一性原理计算，集成了数据实时反馈、错误控制、数据管理和归档等功能，可用于实现能带结构、态密度、声子色散、弹性性质、复介电常数、扩散系数等的高通量计算，并针对性地优化了紧束缚哈密顿量（tight-binding Hamiltonian）计算和数据分析流程；丹麦科技大学开发了材料批量化计算平台原子模拟环境（Atom Simulation Environment，ASE），ASE 由于缺少工作流程、计算参数和结果的自动纠错功能，并非完整意义上的高通量计算，但随着版本迭代，其科研人员添加了可视化的用户界面、多个材料软件计算器、多种算法的分子动力学计算软件和多种晶体结构优化算法及边界条件，可以满足不同用户不同功能的计算需求；瑞士洛桑联邦理工学院开发了高通量计算引擎 Automated Interactive Infrastructure and Database for Computational Science（AiiDA），其基于自动化、数据库和开源共享理念，支持数万个材料计算任务并发运行的高通量算法。材料科学家不仅关注计算模拟的输入和输出，更关注计算模拟过程中的精度及构型的变化是否准确，因此，AiiDA 保存了材料高通量计算中的子任务依赖关系，并自动跟踪记录所有计算和工作流程的输入、输出和中间元数据，以便在其开放式数据库 Materials Cloud 中查询数据。

相比于国外材料基因组计划的研究成果，中国高通量计算起步较晚，但自 2016 年起，在国家重点研发计划"材料基因工程关键技术与支撑平台"重点专项支持下，中国也涌现出几个较为成熟的材料高通量计算框架和软件。其中可视化多尺度集成的高通量自动计算和数据管理智能平台（artificial learning and knowledge enhanced materials informatics engineering，ALKEMIE）是由笔者团队在国家重点研发计划项目"高通量自动流程材料集成计算算法与软件"支持下，基于 Python 开源框架自主开发的中国第一个高通量自动流程可视化智能计算和数据管理智能平台。ALKEMIE 从设计出发就吸取了国外材料基因相关软件的先进理念，克服了计算过程中可能遇到的兼容性差、接口不统一和功能拓展困难等问题。ALKEMIE 包含材料高通量自动计算模拟［ALKEMIE-Matter Studio（MS）］、材料数据库及数据管理［ALKEMIE-Database（DB）］、基于人工智能和机器学习的材料数据挖掘［ALKEMIE-PotentialMind（PM）］三个核心部分，适用于数据驱动的高效新材料研发。ALKEMIE-MS 的高通量自动纠错流程可实现从建模、计算到数据分析的全程自动无人工干预运行；支持单用户超过 10^4 量级的并发高通量自动计算模拟。ALKEMIE-MS 是本书重点阐述的内容（第 1 章）。

材料高通量计算大幅度提高了计算模拟的效率，也产生了海量的数据，这些数据既包含了有用的材料性质数据，也包含了大量重复的无效数据。由于材料成分、结构等的不同，材料的制备工艺和流程及测试方法也不尽相同。对于不同用途的材料，所关注的材料性能和关键指标也有差异。因此，数据库的构建面临一系列问题，如数据存储类型、数据库的兼容性和泛化能力等。幸运的是，在材料基因组计划的广泛支持下，全球涌现出了多个大型数据库或者数据管理平台。例如，英国剑桥大学开发的 COD（Crystallography Open Database）数据库，其包含超过 700 万个有机化合物、无机化合物、金属-有机化合物和矿物的晶体结构；美国劳伦斯伯克利国家实验室开发的 MP Database，是材料计算模拟的专用数据平台，不仅收录了材料结构数据，也收录了元素性质、电子结构、弹性张量和能源转换电极性能等数据；美国杜克大学开发的 Aflow-LIB（Automatic Flow Lib），是基于 AFLOW-π 高通量软件开发的材料计算数据库，该数据库收录了 6400 余条热力学相图数据和超过 45 万个四元混合物的材料性质数据；瑞士洛桑联邦理工学院开发的 Materials Cloud，是第一性原理计算元数据的数据库，包括超过 752 万条第一性原理结构弛豫流程及纳米多孔材料吸收和扩散相关的材料性质数据；美国西北大学开发的 OQMD（Open Quantum Materials Database），是第一性原理计算热力学数据库，包含了数万个二元、三元和四元相图；欧洲马克斯·普朗克学会开发的 NOMAD（Novel Materials Discovery），是欧洲最大的新材料共享数据库，包含了 104.3 TB 的各类材料数据；日本国立材料科学研究所开发的 MatNavi，是多种材料数据的集合，包含聚合物数据库（化学结构、加工、物理性质、NMR 数据）、无机材料数据库（晶体结构、相图、物理性质）、金属材料数据库（密度、弹性模量、蠕变性质、疲劳特性）、电子结构计算数据库等。

中国目前也发展了多个大型材料数据库共享平台。例如，由国家统筹建设、北京科技大学实施完成的国家新材料数据库平台，包含有色金属材料与特种合金和微观组织模拟的实验数据库、热力学和动力学相关的计算模拟数据库等。笔者团队开发的 ALKEMIE-DB，是基于高通量智能计算平台 ALKEMIE 开发的多类型材料数据库。ALKEMIE-DB 分为隐私数据库和共享数据库两大类，根据数据类型进一步细分为含 60 余万组数据的晶体结构数据库、含 1 万余条声子能带的声子谱数据库、含 20 余万组数据的深度学习赝势数据库、高通量计算工作流数据库等。ALKEMIE-DB 也是本书重点阐述的内容（第 1 章）。

材料计算模拟根据时长和体系大小分为原子尺度、分子尺度、介观尺度和宏观尺度模拟，尺度越小模拟精度越高，尺度越大越接近真实体系，但是不同的模拟尺度采用的物理模型和近似原理不同，数据耦合非常困难，而数据驱动的机器学习方法可作为材料多尺度模拟的耦合剂。经典大规模分子动力学常常被用来模拟近似真实材料体系的服役性能，但可靠、精确的原子间势函数的匮乏限制了其广泛应用。基于密度泛函理论（DFT）的从头算分子动力学（AIMD）模拟具有精确的赝势库，但求解本征值所需的巨大计算量限制了 AIMD 在大体系和长时间尺度上的模拟。因此，简单方便地获取适用于大规模经典分子动力学的可靠势函数至关重要。近年来，随着计算机技术、计算机视觉和材料基因理念的快速普及和发展，通过高通量计算产生大数据，利用机器学习结合大数据的方法以拟合可靠的、适用于经典分子动力学模拟的势函数成为研究热点。

机器学习势函数的发展主要经历了体系原子个数受限的低维度势函数和泛化能力强、原子个数不受限的高维度神经网络势函数两个发展过程。1995 年，Blank 等开发了第一个基于统计学的势函数模型，用于研究氢原子的分子动力学模拟；2009 年，Malshe 等进一步提出了通过神经网络预测经典多体势方程参数的模型。但是，上述模型均不能改变输入的原子个数，因此限制了机器学习势函数的应用。2011 年，Behler 提出原子中心对称函数，通过数学方程解析原子局域环境，构建了输入原子个数不受限的高维度神经网络模型。2018 年，Gastegger 等发展了权重相关的对称函数（wACSF），通过卷积神经网络提升了模型的精度和实用性，但是由于局域近似，无法包含超过截断半径的原子长程相互作用。笔者团队开发了适用于相变材料 Sb_2Te_3 的跨尺度机器学习势函数 Potential Mind，该势函数模型与 DFT 比较，对能量预测的精度达到 99.8%，平均到每个原子上的能量误差值小于 0.005eV，对力的预测平均误差为 0.6eV/Å。该算法具有很强的扩展性和通用性，易于扩展到多元材料体系中（第 2 章）。机器学习势函数方法一方面实现了具有第一性原理精度且更大原子数体系和更长时间尺度的大规模分子动力学模拟；另一方面通过替代求解复杂多体薛定谔方程本征值，使得模拟速度提升 2～3 个数量级，这种方法将在模拟近似真实材料体系的服役性能中发挥重要作用。

开发高效高精度的计算算法和数据驱动的按需设计新材料体系也属于材料基因工程研究范畴，对高效高精准地研发新材料至关重要。针对这些内容，本书也进行了详细阐述，并收录了"高通量自动流程材料集成计算算法与软件"项目的主要成果。第 3 章和第 4 章分别阐述了半导体能带的高通量计算方法和材料计算中的不确定性及其量化算法；第 5 章和第 6 章集成了高通量第一性原理计算、分子动力学模拟和实验，阐述了如何从原子到器件高效研发高性能相变材料和相变存储器件；第 7 章介绍了多元材料的结构搜索与阻变存储材料设计方法；第 8 章介绍了超低热导率与高热电优值材料的高通量第一性原理筛选，包括机器学习高效预测IV-V-VI半导体热电性能；第 9、10、11 和 12 章分别介绍了新型功能半导体的理论设计、硫系玻璃的第一性原理与分子动力学模拟、二维范德瓦耳斯异质结的设计与应用和新型二维过渡金属碳/氮化物的结构与性能设计。这几章以生动的案例阐述了如何高效高精度地预测材料性能，如何高效按需设计新材料。

综上所述，ALKEMIE 已经研发了集可视化高通量自动计算流程、材料多类型数据库和人工智能方法于一体的新材料智能计算与数据管理平台，但是未来仍有亟须发展的新方向和新方法。在高通量计算方面，开发从原子、分子、介观到器件的跨尺度模拟方法是目前极具挑战且具有广阔应用前景的热点问题。Martin

Karplus、Michael Levitt 和 Arieh Warshel 三位科学家因在分子领域发展的量子力学和分子动力学（QM/MM）跨尺度模拟方法而获得了 2013 年诺贝尔化学奖。而在材料研究方面，材料体系周期性边界条件和原子局域环境的复杂性，导致难以控制跨尺度模拟的精度，因此，发展高通量跨尺度高并发、自动纠错及数据耦合方法，通过机器学习数据挖掘等算法进一步提升跨尺度模拟精度是未来的研究热点之一。在材料数据库方面，应该保持开源和共享的发展理念，基于 FAIR 数据准则，即可发现（findable）、可获取（accessible）、可互操作（interoperable）和可再利用（reusable），构建包含材料计算和实验元数据及中间数据的高效数据库，发展数据规模更大、种类更丰富的共享数据平台，完善更加通用兼容的数据标准和共享标识均是未来重要的研究方向。在机器学习领域，材料数据集的构建非常困难。因此，研发基于小数据集的高效机器学习模型训练算法至关重要。由于机器学习模型的黑盒特性，探索可解释性的机器学习模型，阐明模型背后隐藏的物理意义，实现逆向材料成分和结构设计也是未来的热门研究领域。

　　本书的出版得到了国家科学技术学术著作出版基金的资助；本书研究内容主要是在国家重点研发计划项目"高通量自动流程材料集成计算算法与软件"资助下完成的，本书的作者均参与了本项目研究。本书各章作者如下：第 1、2 章，王冠杰、周健、孙志梅；第 3 章，薛堪豪；第 4 章，王鹏；第 5 章，胡述伟、周健、孙志梅；第 6 章，刘宾、周健、孙志梅；第 7 章，祝令刚；第 8 章，甘宇、彭力宇、周健、孙志梅；第 9 章，缪奶华、甘宇；第 10 章，徐明；第 11 章，萨百晟；第 12 章，于亚东、周健、孙志梅。特别感谢谢建新院士和段文晖院士在推荐本书申报国家科学技术学术著作出版基金时所给予的大力支持和帮助；也非常感谢段文晖院士为本书写序。感谢科学出版社张淑晓编辑的支持和帮助。最后，我要特别感谢本项目责任专家段文晖院士和杨明理教授，感谢他们对项目的长期指导和帮助，感谢"材料基因工程关键技术与支撑平台"重点专项专家组组长谢建新院士的关心和指导。

　　需要特别指出的是，由于作者水平有限，经验不足，书中难免存在不妥之处，恳请读者提出宝贵意见。

孙志梅

北京航空航天大学

2023 年 5 月

目　录

第1章

材料高通量智能设计平台
ALKEMIE

1.1 材料基因工程简介

1.1.1 材料基因工程发展与概述

在生物学领域，基因是一段位于脱氧核糖核酸（DNA）上的特定序列，包含编码特定功能生物分子的遗传信息，作为生物体生长和发育的蓝图，是遗传学的最基本单元；而在材料学领域，基因可以是决定材料宏观性质或性能的最基本单元。2011 年美国政府启动的材料基因组计划（materials genome initiative，MGI）受人类基因组计划（human genome project，HGP）的启发，被认为是实现材料科学技术飞跃和新材料高效研发的基础技术，是新材料研发的加速器。

先进材料是国家工业的支柱。在传统研发模式下，材料学家依靠自身知识储备和认知能力，通过不断重复的试错法改进材料性能和成分，从而进一步设计和开发新材料。然而，随着工业革命和互联网时代的到来，新材料的研发速度严重滞后于产品设计速度。20 世纪末，美国兴起了组合材料学（combinatorial materials science，CMS）研究，通过并行合成和高通量表征技术实现了新材料的快速制备和筛选。21 世纪初，欧美国家和地区提出了集成计算材料工程（integrated computational materials engineering，ICME）概念，将不同时间尺度和空间尺度的多种材料模拟方法相结合，实现了对材料结构、性能和加工过程的快速、准确预测，使得新材料的设计和发现步入高速发展的快车道。当前，随着计算机和人工智能技术的飞速发展，按需、精准、快速设计材料性能和结构成为材料研发的必然趋势[1]。CMS 和 ICME 等多个学科的创新理念，为材料信息学和材料基因工程的诞生提供了良好的契机，奠定了技术基础。

2002 年，美国首次提出材料基因概念并注册了 Materials Genome Inc.商标。2009 年，美国提出了聚焦于新材料领域的美国制造业促进法案和重振美国制造业框架，并于 2011 年 6 月宣布了美国"先进制造伙伴计划"。由于制造业对先进材料的大量需求，这一系列法案推动了美国在新材料领域的基础科学创新，为材料信息学的诞生提供了先导性的政策支持。2011 年底，美国总统奥巴马发布了 MGI，以进一步提升美国在全球的竞争地位[2]。2012 年，第一份 MGI 进展报告确立了面向未来的材料设计方案，提出了计算、实验和数据相互集成的思想；随后，第二份材料基因工程进展报告聚焦于新能源材料，重点强调构建先进材料数据库计划，其中包含已建成的具有上百万条能源材料的计算模拟结果的大型材料数据库。报告明确了 MGI 未来的发展重点，提出了计算机辅助材料研发、模块化的材料模拟软件系统、开放式的材料高性能数据库及多尺度计算融合等多个研究方向。在美国先导性政策的激励下，欧盟在 2011 年至 2014 年相继提出了"加速冶金学"（Accelerated Metallurgy，AccMet）计划、"地平线 2020"计划、"欧盟 2020"战略、"新材料发现 NOMAD"项目、德国"工业 4.0"战略等一系列竞争性政策。俄罗斯也提出了"2030 年前材料与技术发展战略"。全球化的战略竞争都将新材料探索和材料创新设计与研发设定为首要发展目标，将材料创新相关技术产业列为国家战略和主导产业。

与此同时，中国高度重视新材料领域发展，在"十三五"规划纲要中明确指出高新材料技术的支柱地位。2011 年 MGI 提出后，我国相继召开全国科技创新大会，于 2016 年——《中华人民共和国国民经济和社会发展第十三个五年规划纲要》实施期间，启动了国家重点研发计划"材料基因工程关键技术与支撑平台"专项，重点支持了 36 个材料基因工程相关项目，大力发展新材料技术和材料创新设计。上述一系列措施为材料信息学和材料基因工程的飞速发展提供了良好的政策和资金基础。

在全球协同的技术、资金和政策的大力支持下，材料基因工程基于数据驱动的科学发展第四范式，将高通量计算和设计、高通量制备、高通量表征、材料数据库和人工智能相结合，旨在将材料研发周期缩短一半、研发成本降低一半，为高效研发出性能指标不断增长的新材料提供了强大动力。目前，我国在新材料领域也取得了卓越成果和突破性进展，这不仅推动了制造业的创新，还对环境保护、能源安全和社会福祉产生了深远的影响。材料基因工程将继续为发现和研发更多高性能、高效率的新材料，为科技进步和人类社会的可持续发展做出更大的贡献。

1.1.2　高通量自动计算概述

高通量自动计算不能错误地等同于传统意义上的批量循环作业，其主要包括高并发和自动化两个方面。基于材料基因工程的高通量计算主要涵盖高通量建模、高通量科学工作流、高性能分布式计算、高通量数据存储、高通量数据分析及智能纠错等多个步骤；自动化则是基于计算机编程，高效自动地实现上述所有步骤。对于用户而言，高通量自动计算意味着仅需用户提供输入数据，程序就可以智能完成上述高通量计算的所有步骤并获得最终目标结果。

具体地，高通量自动计算针对大量并发任务需要解决以下核心问题。

（1）结构对称性和有效性判断：准确评估计算过程中结构的对称性和有效性；

（2）输入配置、高对称点等参数解析：根据输入自动生成合理的计算模型和配置文件；

（3）子任务运行顺序和依赖关系：根据任务的需求和依赖关系配置正确的任务执行顺序；

（4）子任务间的数据和参数传递：确保子任务间数据和参数的正确传递和处理；

（5）高通量任务收敛性判断：自动评估高通量计算任务收敛性，确保计算结果的可靠性；

（6）输出结果自动解析并保存到格式化的数据库：将计算结果自动解析并存储在结构化的数据库中，以便后续分析和利用；

（7）高通量计算任务在不同计算硬件的适配性：高通量计算任务能够在不同计算硬件上正确并发式运行，提高计算效率；

（8）高通量任务状态及任务控制：对高通量计算任务进行实时监控和管理，便于任务的调度和优化。

高通量自动计算在材料基因工程中发挥着至关重要的作用，极大地提高了计算效率和准确性，为研究人员在新材料设计和发现领域提供了强大的支持。不断优化和完善高通量自动计算方法，未来将为实现更高性能、更高效率的新材料研发奠定坚实基础。

1.1.3　材料数据库概述

随着计算机技术的发展，数据库技术日趋成熟，并在众多领域得到了广泛应用。在材料科学领域，一方面，材料种类和性能繁多，工艺参数和计算模拟配置复杂多样；另一方面，随着高通量技术的发展，材料科学正步入一个新时代，实验和计算产生的数据量超出了现有方法所能处理的范围。面对海量的，不同类型、格式和多种获取方式的材料学信息，构建通用高效的材料数据库变得非常具有挑战性。

材料数据库的构建首先需要应对"6V"（volume、variety、velocity、veracity、value 和 variability）的挑战，即：数据量大、材料数据种类繁多、高通量数据增长迅速、数据真实性和有效性难以判断、数据价值难以定量衡量、材料数据的可修改性与可更新性难以保障。目前材料科学中常见的方法是将少数有用结果作为学术研究结果公开发表，其论文中仅汇总分析与主题直接相关的少量数据，大多数不具有直接相关性的数据被保密甚至丢弃，从而造成了大量数据浪费。实际上，构建高效的材料大数据平台，将海量非直接关联数据重复利用、科学共享，意味着不需要进行高成本的重复实验或计算。结合前沿的数据挖掘和人工智能方法，材料研发的效率将获得显著提升，研究人员也可以获得此前小数据集研究无法带来的新见解[3]。

为解决上述问题，欧盟率先提出了"FAIR"材料数据共享准则。

（1）可发现（findable）：材料数据库保持开源，并持续保存至少 10 年；

（2）可获取（accessible）：软硬件均支持数据库的快速访问，具有高效的查询接口；

（3）可互操作（interoperable）：不同计算软件、不同数据库具有互通性，需要构建统一的元数据和查存格式；

（4）可再利用（reusable）：数据真实有效，可以被复现，也可以重复使用。

此外，国际众多科研团队也基于材料数据平台开发了数据共享标准。欧洲开放式数据库集成团队 Andersen 等于 2016 年提出了通用的 OPTIMED 材料数据共享格式；北京航空航天大学孙志梅教授团队于 2017 年提出了 ALKEMIE-MatterDB 材料数据共享准则；上海大学材料基因组工程研究院也于 2019 年发布了材料基因工程元数据准则；北京科技大学构建了材料科学数据共享网站 MSDSN 及数据汇交标准。综上，材料数据库的建设和发展将为材料科学领域带来重要的价值，通过共享和整合大量数据，研究人员可以更高效地研究、发现和应用新材料。同时，材料数据库的建设也将有助于推动人工智能在材料科学领域的发展，提高新材料研发的速度和成功率，为社会进步贡献力量。

1.1.4　材料人工智能概述

人工智能（AI）分为人工和智能两部分。人工表示由人类设计，为人类创造价值；智能则表示使计算机能够以人类思维方式执行功能，如感知语言、学习和识别面部表情等。主流的人工智能领域包括自然语言处理（NLP）、数据挖掘、自动驾驶、推荐系统、机器人、计算机视觉和机器学习等。其中，机器学习是最常用和最有效的重要研究方法之一，可进一步细分为监督学习（包含标签值）和无监督学习（不包含标签值）。监督学习包含分类问题（如支持向量机、判别分析、贝叶斯优化和最近邻优化等）和回归问题（如神经网络、逻辑回归、线性分类器、决策树、支持向量机、聚类分析等）。无监督学习主要应用于聚类分析，通过输入权衡模型的全局收益来不断优化模型参数，包括 K 均值算法、高斯混合、神经网络和隐马尔可夫算法等。

在材料学领域的人工智能主要聚焦于自然语言处理、机器学习和数据挖掘等方面。自然语言处理一方面用于从论文和报告中自动收集有效的材料数据以构建数据库；另一方面，通过包含数十亿参数的生成式预训练大模型，程序可以根据海量数据自主产生潜在的性能优异的候选材料。机器学习和数据挖掘在材料学中的应用相对广泛，包括实现更大空间尺度和更长时间尺度的材料计算模拟、预测材料性能、逆向材料设计、自动分类实验数据，以及基于材料数据库的材料性能预测等。对于材料学专业的研究人员，将机器学习的应用方法范式化，并开发简单可操作的材料应用软件至关重要。因此，将机器学习在材料学中的应用步骤范式化为数据格式化、机器学习模型参数选择、机器学习模型训练、模型精度预测和机器学习模型应用 5 个步骤，如图 1-1 所示。

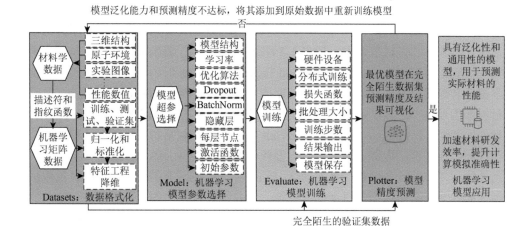

图 1-1　机器学习在材料学中的应用步骤[4]

（1）数据格式化的目标是将材料学数据（如三维结构、原子环境、实验图像和材料性能相关数值）转化为适用于机器学习的矩阵数据。

（2）模型参数选择主要用来处理机器学习过程中常用的提高精度和防止过拟合的策略，包括模型结构、学习率、优化算法、防止过拟合的丢失率（Dropout）、批处理层（BatchNorm）、隐藏层、每层节点、激活函数，以及模型参数的初始化均值和方差等。

（3）模型训练则包括硬件设备、分布式训练、损失函数、批处理大小、结果输出、训练步数及模型保存。

（4）模型精度预测是在完全陌生的数据集上验证所选训练精度较高的模型，通过迭代反馈进一步提高材料研发效率和计算模拟准确率，以确保模型能够达到理想的效果。

（5）模型应用首先需要开发实际应用软件与机器学习模型的耦合接口，进一步将机器学习模型应用于实际材料服役性能预测。基于应用和模型的耦合接口，研究人员可以加快新材料的发现、优化和制造过程，提高材料性能预测的准确性，减少实验成本和时间，并为实际问题提供更具针对性的解决方案。

人工智能技术在材料学领域的应用为科学家和工程师提供了强大的工具，有助于加快新材料的发现和优化过程。通过自然语言处理、机器学习和数据挖掘等技术，研究者能够更高效地探索和预测材料性能。

1.2 高通量计算软件和材料数据库国内外发展现状

1.2.1 国外发展现状

近年来，美国、欧洲和日本等国家和地区的科研人员相继开发了一系列的高通量计算软件和材料数据库，如表 1-1 所示。2011 年，在美国国家标准与技术研究院（National Insitute of Standards and Technology，NIST）、能源部和美国国家科学基金会等部门的支持下，美国劳伦斯国家实验室开展了 Materials Project（MP）材料基因项目[5]。该项目开发了四款适用于高通量计算不同阶段的材料计算分析软件。其中，Pymatgen（Python Materials Genomics）包括材料结构对称性分析、结构相似性分析、近邻原子分析，以及化学组成、缺陷、弹性性能、铁电性能、磁性能和拓扑性能分析等一系列功能。FireWorks 主要用于将材料计算模拟过程中烦琐的计算步骤转化为全自动的工作流。软件将总目标任务、子任务和任务间的关联分别定义为 FireWorks、FireTask 和 FireAction。对于任意复杂的材料计算模拟任务，可以通过子任务的任意组合构建自动流程，并根据不同超算硬件和软件的差异性，自动适配超算的队列管理系统［如 Portable Batch System（PBS）、Load Sharing Facility（LSF）和 Simple Linux Utility for Resource Management（SLURM）等］和作业提交系统，实现硬件资源的自适应分配。Atomate 则将上述两个高通量框架联系起来，针对 Vienna Ab initio Simulation Package（VASP）和 Large-scale Atomic/Molecular Massively Parallel Simulator（LAMMPS）材料计算模拟软件，定制了实现高通量计算所需的基础组件，并结合自动纠错软件 Custodian 实现了高通量自动计算，为 MGI 的发展提供了基础技术支持。

表 1-1　高通量计算和材料数据库国外发展现状

	名称	说明	网址
高通量 计算	ASE	高通量计算软件	http://wiki.fysik.dtu.dk/ase/
	Atomate	高通量计算软件	https://atomate.org/
	Abipy	高通量计算软件	https://github.com/abinit/abipy

名称	说明	网址
Imeall	高通量计算软件	https://github.com/Montmorency/imeall
MedeA	高通量计算软件	https://www.materialsdesign.com/
Pymatgen	高通量计算框架	http://pymatgen.org/
FireWorks	高通量计算框架	https://materialsproject.github.io/fireworks/
AiiDA	高通量计算框架	http://aiida.net/
AFLOW-π	高通量计算框架	http://aflowlib.org/scr/aflowpi/
iprPy	高通量计算框架	https://www.ctcms.nist.gov/potentials/iprPy/
Pylada	高通量计算框架	http://pylada.github.io/pylada
MPInterfaces	高通量计算框架	http://henniggroup.github.io/MPInterfaces/
ICSD	晶体结构数据库	http://icsd.products.fiz-karlsruhe.de/en
COD	晶体结构数据库	http://crystallography.net
AFLOW-LIB	材料计算数据库	http://aflowlib.org/
Materials Project	材料计算数据库	http://materialsproject.org/
NOMAD	材料计算数据库	https://repository.nomad-coe.eu/
OQMD	材料计算数据库	http://oqmd.org/
CMR	材料计算数据库	https://cmr.fysik.dtu.dk/
OMDB	电子结构数据库	https://omdb.mathub.io/
JARVIS-DFT	材料赝势数据库	https://ctcms.nist.gov/-knc6/JVASP.html
C2DB	二维材料数据库	https://cmr.fysik.dtu.dk/c2db/c2db.html
AMSD	矿物材料数据库	http://rruff.geo.arizona.edu/AMS/amcsd.php
ASM	合金材料数据库	https://mio.asminternational.org/ac
CatApp	催化材料数据库	https://suncat.stanford.edu/theory/it-facilities
HSMD	储氢材料数据库	https://hydrogenmaterialssearch.govtools.us
Thermo-Calc SGTE	热力学数据库	https://thermocalc.com/products/databases/
Citrination	通用材料数据库	https://citrination.com
NIMS（MatNavi）	通用材料数据库	https://nims.go.jp/eng/index.html
NIST	通用材料数据库	https://www.nist.gov/programs-projects/crystallographic-databases
Mat Web	通用材料数据库	https://www.matweb.com
Materials Cloud	通用材料数据库	https://materialscloud.org/discover

注：左侧分组列为"高通量计算"（对应前 9 行）与"材料数据库"（对应后续各行）。

　　2012 年，美国杜克大学开发了高通量计算软件 AFLOW-π[6]。该软件为高通量第一性原理计算引入了一个极简的计算框架，核心组件包括数据生成、实时反馈和错误控制、数据管理和存档，以及用于分析和可视化的后处理工具。AFLOW-π 简化了传统的基于大量计算以确定能带结构、态密度、声子色散、弹性特性、复介电常数、扩散传输系数等的过程。目前，AFLOW-π 支持 Quantum Espresso（QE）第一性原理计算软件包，并针对紧束缚哈密顿量（tight-binding Hamiltonian，TBH）的计算和数据处理进行了优化。

2011 年，丹麦科技大学基于早期的材料分子动力学计算软件 Atomic Simulation Environment（ASE）推出了全新架构的易于扩展的新版本高通量计算软件 ASE3。2014 年，瑞士洛桑联邦理工学院的 Marvel 项目组开发了高通量计算引擎 Automated Interactive Infrastructure and Database for Computational Science（AiiDA）[7]。该软件是一个开源 Python 软件包，基于 ADES（自动化、数据、环境和共享）理念，旨在帮助研究人员自动化、管理、持久化、共享和再现与现代计算科学及其相关数据相关的复杂工作流。2017 年，比利时鲁汶天主教大学基于第一性原理计算软件 Abinit 开发了对应的高通量计算平台 Abipy。该软件用于分析 Abinit 生成的结果，适用于密度泛函理论和多体微扰理论中的从头计算材料物理特性。2018 年，英国伦敦大学国王学院开发了适用于原子晶界的高通量计算框架 Imeall，并提供了结构化数据库，用于存储原子结构及其原子间势。Imeall 可以用于计算、存储和分析包含缺陷的晶界结构，涵盖了不同取向轴、原子间势、对称性、倾斜和扭曲边界的晶界构型等。

目前除了上述通用高通量计算平台外，研究人员还开发了针对特定功能或特定计算模拟软件的高通量计算软件。例如，Pylada 是由英国帝国理工学院开发的针对空位缺陷的第一性原理计算框架；MPInterfaces 是由美国佛罗里达大学基于 ASE 和 Pymatgen 开发的适用于任意界面的高通量计算框架；iprPy 是由美国国家标准与技术研究院开发的适用于 LAMMPS 分子动力学模拟的高通量计算框架；MedeA 则是由 VASP 团队开发的商业化高通量计算软件，等等。

高通量计算大幅度提高了计算模拟的效率并产生了海量的数据，这些数据中既包含了有用的材料性质数据，同时包含了大量重复的无效数据，因此需要构建高效的材料数据库来筛选、保存、查询上述海量的高通量数据。

国外材料研究团队在开发高通量算法的同时，也开发了相应的材料数据库，目前比较受欢迎的数据库如表 1-1 所示，如晶体数据库 ICSD（Inorganic Crystal Structure Database）、COD（Crystallography Open Database）；材料计算数据库 Materials Project、AFLOW-LIB（Automatic Flow Lib）、NOMAD（Novel Materials Discovery）、OQMD（Open Quantum Materials Database）和 CMR（Computational Materials Repository）；电子结构数据库 OMDB（Organic Materials Database）；材料赝势数据库 JARVIS-DFT；二维材料数据库 C2DB（Computational 2D Materials Database）、矿物数据库 AMSD（American Mineralogist Crystal Structure Database）、合金材料数据库 ASM（ASM Alloy Center Database）；催化材料数据库 CatApp、储氢材料数据库 HSMD（Hydrogen Storage Materials Database）和热力学数据库

Thermo-Calc SGTE；通用材料数据库 Materials Cloud（Web Database of AiiDA）、Mat Web、日本 NIMS 数据库和 MatNavi 检索系统、Citrination 数据库、美国标准技术数据库 NIST 等一系列大型材料数据库。相关具体信息可以通过表 1-1 中网址登录对应网站查询。

1.2.2 国内发展现状

相比于国外材料基因工程的研究，中国高通量计算软件和材料数据库起步发展相对较晚。2011 年，美国提出材料基因组计划后，中国工程院召开了材料基因工程座谈会，并于《中华人民共和国国民经济和社会发展第十三个五年规划纲要》实施期间启动了 36 个材料基因相关的国家重点研发计划。"十三五"启动至今，中国目前比较成熟的材料高通量计算和数据库相关的成果如表 1-2 所示。

表 1-2 高通量计算和数据库中国发展现状

	名称	说明	网址
高通量计算	ALKEMIE	高通量计算软件	https://alkemie.cloud
	MIP	高通量计算软件	http://www.mip3d.org
	MatCloud	高通量计算软件	http://matcloudplus.com
	中国材料基因工程高通量计算平台	高通量计算框架	http://mathtc.nscc-tj.cn
材料数据库	ALKEMIE-MatterDB	通用材料数据库	https://matterdb.alkemie.cloud
	MSDSN	通用材料数据库	http://www.materdata.cn
	MatAi	高通量计算框架	https://www.mat.ai
	Atomly	通用材料数据库	https://atomly.net
	MCDC	腐蚀防护数据库	https://www.corrdata.org.cn

ALKEMIE 是由北京航空航天大学孙志梅教授团队自 2016 年基于 Python 开源框架自主开发的中国第一个可视化的分布式多尺度高通量智能计算和数据管理平台[4]。该平台基于 AMDIV 设计理念，具备自动化、模块化、数据库、人工智能和可视化流程等五个核心要素，包括材料高通量自动计算、材料数据库和机器学习三个核心理念。以模块化的数据耦合方式集成了多尺度计算模拟软件；以分布式中间架构实现不同超级计算机的协调调度，具有强大的移植性和扩展性；其高通量自动纠错流程可实现从建模、运行到数据分析，全程自动无人工干预；支持单用户超过 10^4 量级的并发高通量自动计算模拟；含共享和私有的多类型材料数据库，可通过 ALKEMIE 唯一数据标识实现基于 FAIR 原则的材料数据共享；可

实现动态交互可视化的机器学习模型训练和应用。特别地，ALKEMIE 自主开发了基于机器学习的跨尺度大规模分子动力学势函数的特色模块。ALKEMIE 还设计了用户友好的可视化操作界面，使得工作流和数据流具有更强的透明性和可操作性。其特色和功能在 1.3 节详细阐述。

MIP 是由上海大学开发的适用于热电材料高通量筛选的高通量计算软件；MatCloud 是由北京迈高材云科技有限公司开发的商业化第一性原理计算引擎，目前支持 VASP 第一性原理高通量计算；JAMIP 是由吉林大学开发的高通量集成软件，强调自动化、可扩展性、可靠性和智能性等功能。成都材智科技有限公司是一家商业化的新材料设计公司，开发了如材料数据管理平台 iDataCenter、材料集成计算智能系统 IComputeHub 等软件。中国材料基因工程高通量计算平台是由国家超级计算天津中心开发的网页版高通量集成计算平台，可以集成多种不同的高通量计算软件，如北京航空航天大学开发的 ALKEMIE 高通量计算软件、中国工程物理研究院化工材料研究所与计算机应用研究所联合开发的含能材料分子专用高通量筛选系统 EM-Studio 等。相比于本地化软件，网页版平台虽然牺牲了软件透明度、数据安全性等特征，但是具有较强的兼容性和用户便利性，也是未来发展的方向。

材料数据库方面，国内目前开发了类似国外的大型材料数据库共享平台，如表 1-2 所示，主要包括 ALKEMIE-MatterDB 通用材料数据库、国家材料科学数据共享网（MSDSN）、Atomly 材料结构数据库和 MCDC 腐蚀防护数据库等。

ALKEMIE-MatterDB 是由北京航空航天大学孙志梅教授团队基于高通量智能计算平台 ALKEMIE 开发的材料通用数据库，分为隐私数据库和共享数据库两大类，包含可用于数据分享的识别标识："alkemie.date.classification / user_ defined_ label.number" [8]。具体而言，其多类型的材料数据库主要包括原始结构数据库、弛豫结构数据库、高通量计算工作流数据库、材料性能数据库、态密度数据库、能带数据库、声子数据库、原子间相互作用势数据库、机器学习描述符数据库和论文数据库等。目前包含 642394 条材料结构数据，296 条相图数据，10123 条声子能带数据，1418 条赝势数据和 204589 条机器学习描述符数据等。

MSDSN 是由国家统筹建设、北京科技大学实施完成的材料科学数据共享网站，其中，实验数据库包括材料基础数据数据库、有色金属材料及特种合金数据库、黑色金属材料数据库、复合材料数据库、有机高分子材料数据库、无机非金属材料数据库、信息材料数据库、能源材料数据库、生物医学材料数据库、天然材料及制品数据库、建筑材料数据库和道路交通材料数据库等；计算数据库包括第一性原理计算数据库、分子动力学数据库、计算热力学数据库、计算动力学数据库、微观组织模拟数据库、有限元模拟数据库、性能模型数据库、加工工艺模型数据库等。

除了上述两个通用的材料数据库，国内研究人员还开发了一些针对特性材料性能的数据库。Atomly 是由中国科学院物理研究所松山湖材料实验室和怀柔园区材料基因组计算子平台共建的材料计算数据库，目前包含 200000 余条材料结构数据。MCDC（National Materials Corrosion and Protection Data Center）是由国家科技部门建设的腐蚀防护数据平台，包含环境数据、腐蚀数据、腐蚀检测和腐蚀预测等方面。

1.3 多尺度集成可视化的高通量自动计算流程及数据管理智能平台 ALKEMIE

尽管目前国际上涌现出众多适用于新材料研发的软件，但是大部分软件只能满足材料设计研发三要素中的一个或两个，忽略了构建从高通量自动计算、材料数据库到机器学习的完整自动化流程。因此，北京航空航天大学孙志梅教授团队自 2016 年基于 Python 和 C++开发了集材料基因工程三要素（高通量自动计算流程、材料大数据和人工智能算法）于一体的可视化的分布式多尺度高通量智能计算和数据管理平台 ALKEMIE[9]。

ALKEMIE 是一套基于 Python 开源框架自主开发的高通量自动流程可视化计算和数据管理智能平台，为了满足基于数据驱动的新材料设计与研发的需求，主要包含 3 个核心的部分：通过高通量自动工作流进行材料计算模拟并产生材料数据，数据管理及材料数据库，基于机器学习的材料数据挖掘。ALKEMIE 平台包含 ALKEMIE Matter Studio（MS）、ALKEMIE Matter Database（MDB）和 ALKEMIE PotentialMind（PM）三部分。其具有可视化的高通量自动流程操作界面；从建模、运行到数据分析，全程自动无人工干预；支持单用户超过 10^4 量级的并发运算；针对典型算例可以实现单一尺度及跨尺度计算功能；拥有 60 余万条材料数据库；可移植性、可扩展性强；目前支持 VASP、LAMMPS、QE 等计算；适用于对第一性原理知识掌握程度从初级到专业的材料研究人员。接下来详细介绍该平台的设计理念、基础架构、发展历程、多平台部署、安装使用及高通量应用等几个方面。2022 年，ALKEMIE 作为中国材料数据管理平台和高通量计算智能平台的唯一代表编入由美国科学院、工程院和医学院三院共同编写的 *NSF Efforts to Achieve the Nation's Vision for the Materials Genome Initiative*：*Designing Materials to Revolutionize and Engineer Our Future*（*DMREF*）一书[10]。

1.3.1 AMDIV 设计理念

ALKEMIE 包含材料计算系统、材料数据系统、材料智能学习系统和材料验证系统四部分。材料计算系统包含高通量自动计算流程和跨尺度计算两个方面；材料数据系统用于构建高效的材料数据库和数据管理系统；材料智能学习系统基于当下主流机器学习和数据挖掘算法构建材料智能学习与同化算法；材料验证系统用于实现材料与器件的实验验证。针对 ALKEMIE 初期需求，将不同阶段可能遇到的问题及解决方案总结为 AMDIV 设计理念，如图 1-2 所示，主要分为五个方面。

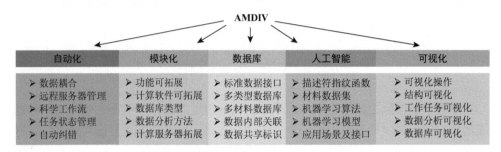

图 1-2　ALKEMIE 平台 AMDIV 设计理念[8]

1. 自动化

材料基因工程的基本理念是变革传统的"试错法"材料研究模式，发展高效和协同创新的新型材料研发模式，使得新材料的研发周期缩短、研发成本降低，因此整个平台的自动化运行必不可少。这里的自动化主要包括以下 4 个方面。

（1）自动化连接和管理远程集群。大多数材料计算模拟分析软件和大型科学计算集群都基于 Linux 系统搭建，这使得非计算机背景的材料科研人员需要学习 Linux 操作系统、编译安装软件和集群作业管理等相关知识。ALKEMIE 通过在服务端开启守护进程（daemon）的方式自动监测科研人员的连接请求（request），并基于应用程序接口（API）和可视化窗口自动管理远程服务器运行状态。针对不同的硬件资源，ALKEMIE 可以拓展兼容多种操作环境、计算软件和作业管理系统。

（2）自动化数据耦合。常用的材料计算模拟软件大致可以分为输入调参、多任务计算、收敛性判断及存储分析四个步骤。因此，如何实现每个步骤间自动的数据传递至关重要。ALKEMIE 通过定义数据管道和数据流（data-flow），为每个步骤定义通用的输入和输出信号来实现上下游数据的实时交互。

（3）科学工作流。对于仅包含单个子任务的计算任务，可以通过常用的循环遍历实现自动化运行。但对于包含多个输入、多个参数传递和子任务的复杂任务，实现高通量自动运行则变得非常困难，不仅需要判断输入参数的有效性，还需要解决多个子任务间的嵌套关系以及计算结果的存储和重复利用等问题。ALKEMIE 通过定义科学工作流的方式可以很容易地解决多任务的嵌套关系以及数据的存储和重复利用问题，研究人员只需要根据给定的模板输入计算参数即可自动化运行，具体科学工作流的设计逻辑在 1.5 节详细阐述。

（4）自动纠错。在自动化的科学工作流运行过程中，难免会有计算参数或硬件的错误，如何在海量的计算数据中精准定位错误并加以修正后再次计算对于自动流程至关重要。ALKEMIE 收集并深入分析了第一性原理计算过程中常见的错误，构建了一系列基于 Python 的 ErrorFix 错误收集器，用于制定对应参数调整策略并重新提交计算从而实现自动纠错功能。

2. 模块化

目前，材料计算模拟软件有数百种，一方面，不同的计算软件需要不同的输入参数、不同的文件格式，且大多数互不兼容。计算模拟的体系大小横跨电子、原子、微观、介观和宏观等多个尺度，模拟时长从飞秒、毫秒到几小时甚至数天不等。另一方面，根据不同的材料性能需求，材料计算模拟所侧重的输出结果和材料数据库也不尽相同。因此，为了兼容不同的计算模拟软件，不同的读写格式、不同的计算尺度和时间跨度，以及不同的数据库类型，模块化编程变得至关重要。ALKEMIE 从底层系统架构到顶层具有特定功能的可视化窗口，全都基于模块化方式实现，不同模块之间通过 API 实现相互通信。例如，将高通量自动计算所需要的烦琐流程细分为五个不同的模块（结构建模模块、计算模拟软件模块、远程服务器模块、数据库模块、数据分析模块），并为每个模块提供详细的功能扩展接口，用户仅需要根据自己的计算模拟需求以搭积木的方式将不同的模块组合即可实现高通量自动计算。

3. 数据库

随着计算模拟数据量的日益增长，以传统的文件夹格式保存材料数据已经成为效率极低的方式。一方面，文件夹无法查看保存的具体材料信息；另一方面，数据检索和查询非常困难。对于高通量自动计算产生的海量数据，格式化的存储极为重要。因此，基于欧洲科学家提出的 FAIR Data 的原则，数据应该满足可发现、可获取、可互操作和可再利用这四个特性。在 ALKEMIE 的设计理念中，材料数据库被分为三大类：结构数据库、工作流数据库和性能结果数据库。结构数据库和工作流数据库均采用非关系型数据库（MongoDB）；而性能结果数据库为了兼顾高效的数值查询和存储，采用关系型数据库（MySQL）作为基础类型。除此之外，对于数据量较大的元数据，如态密度或能带数据，采用 MongoDB 的 GridFS 格式存储。

4. 人工智能

人工智能是目前各个学科的热门研究领域，但是如何将人工智能的方法有效应用到材料计算模拟中还需要深入探索。人工智能方法无论是针对分类问题还是连续问题，基本都依赖于对数值或者矩阵的运算，但是如何将三维的材料结构信息有效转化为人工智能可以识别的数值矩阵至关重要。因此，为了将不同的人工智能方法用于材料，ALKEMIE 将实现方法分成了以下六个部分。

（1）特征（指纹）函数：用来将三维材料结构信息或者材料性能数据转化为人工智能可识别的数值矩阵。

（2）材料数据集：定义可用于机器学习的数据集通用接口，包括训练集、测试集、验证集及特征值和标签值。

（3）机器学习算法：集成机器学习常用的收敛算法［梯度下降算法、提升（boosting）算法、牛顿和拟牛顿算法等］，并提供可用于算法拓展的通用接口。

（4）机器学习模型：集成决策树、随机森林、支持向量机、k 近邻、深度神经网络、卷积神经网络、循环神经网络、胶囊神经网络、图神经网络、符号回归等模型，并提供可用于自定义模型参数的通用接口。

（5）机器学习预测：根据机器学习模型，选择适用的损失函数并在测试集上验证模型的准确性。

（6）模型应用：开发基于机器学习模型获取材料性能的接口，可以将训练完成的机器学习模型作为材料计算模拟的步骤之一，被其他计算软件或实际应用程序调用。

5. 可视化

科研人员通常希望将更多的精力集中于如何构建合理的初始构型、创建高效的自动科学工作流和分析高质量的计算结果，而不是将时间花费在命令行的软件学习和使用上。因此，ALKEMIE 基于 PyQT 设计了一套用户友好的可视化操作界面，既可以使材料计算模拟的初学者快速使用，也可以使熟练掌握计算模拟的专业科研人员自定义参数，快速进行功能拓展。其基本功能构架主要包含以下四个部分。

（1）可视化主界面：软件登录、服务器选择和切换、高通量流程的模块化构建、数据传递等都以透明的可视化方式展现。

（2）结构建模可视化：大部分计算软件都没有结构信息的可视化功能。ALKEMIE 的 Builder 和 Viewer 插件，将结构建模、结构信息的可视化与自动高通量计算等过程通过数据流无缝连接。

（3）远程工作状态可视化：远程服务器及任务的运行状态通常都是基于 Linux 的命令行查看，操作困难且信息不够直观。ALKEMIE 通过自主开发的 Job State 可视化模块，实时展示远程计算机的作业状态并查看每个任务的详细信息和元数据。

（4）数据分析可视化：通常的数据分析及后处理都是将计算结果从远程拷贝到本地，并依赖第三方软件进行画图和分析，手动绘制多张数据图，包含烦琐重复的多个操作步骤且容易出错。ALKEMIE 高通量智能计算平台基于计算结果数据库，通过强大的 Python 科学计算与画图软件包 Matplotlib 和 seaborn，开发了一系列自动统计分析、材料态密度分析、能带分析、声子谱和声子密度分析等模块，对于高通量任务，可以同时自动绘制并保存多张材料性能图片。

1.3.2　基础架构

基于上述的 AMDIV 设计理念，ALKEMIE 平台架构如图 1-3 所示，主要分为可视化（GUI）、服务器（Server）、数据库（Database）、内核（Core）和插件（Plugin）5 个主体模块。

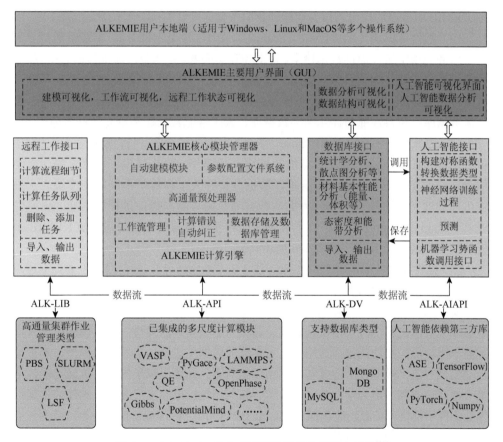

图 1-3　ALKEMIE 分布式高通量智能计算平台架构[9]*

（1）可视化模块（ALKEMIE-GUI，图 1-3 中红色部分）：用户与后台程序和远程服务器的交互界面，主要分为用户登录界面、功能界面和命令行连接界面。用户登录界面主要用于用户登录与服务器切换；功能界面主要用于 ALKEMIE 每

---

* 扫描封底二维码可见全书彩图。

个核心功能的可视化，主要包括人工智能可视化、工作流可视化、数据可视化、结构建模可视化和工作状态可视化等。命令行连接界面属于开发人员界面，用于软件调试和服务器模块测试。

（2）服务器模块（ALKEMIE-Server，图 1-3 中灰色部分）：ALKEMIE 的服务器主要分为两大类：一类是为用户提供密码验证、数据安全传输和管理操作权限的登录服务器；另一类是可以自主选择的科学计算服务器。登录服务器由 ALKEMIE 开发团队统一管理；计算服务器则详细定义了每个用户可操作的节点数量、可计算的核数、计算时间、计算所用 CPU 信息及计算目录等，任何超级计算中心在部署了 ALKEMIE 服务端后均可以作为智能计算服务器。

（3）数据库模块（ALKEMIE-Database，图 1-3 中紫色部分）：多类型数据库为整个软件的稳定运行提供数据检索、查询和存储服务，并为用户提供数据安全保障。数据库格式主要分为关系型数据库、非关系型数据库，以及 MongoDB 中用于保存大文件的 GridFS 数据集。数据库类型主要包括用户数据库、材料结构数据库、工作流数据库、材料性能与计算结果数据库、人工智能数据库和论文数据库等。

（4）内核模块（ALKEMIE-Core，图 1-3 中蓝色部分）：内核模块是 ALKEMIE 核心功能按照一定的运算逻辑集成的模块。其细分为结构建模、计算引擎、自动纠错、科学工作流、远程工作管理、数据分析和人工智能等不同的子模块。子模块可以通过主模块的 API 访问界面、数据库、服务器和插件等扩展功能，也可以通过 Python 的 import 模块进行子模块间的相互通信与功能调用，在 ALKEMIE 中模块的交互流程及其细节如图 1-6 所示。

（5）插件模块（ALKEMIE-Plugin，图 1-3 中绿色部分）：插件模块主要为上述四个模块提供拓展功能的支持。插件模块为每个主模块定义了通用接口，该接口指定了需要添加的具体属性和方法，用户可以通过继承该接口来实现扩展功能。其中，数据库模块可扩展功能包括数据格式、数据库键值和数据类型；内核模块中，人工智能子模块可扩展功能包括适用于人工智能的数据生成器、机器学习模型、超参数自动测试方法、模型预测方式和模型回调函数等；计算引擎子模块可扩展功能包括第一性原理计算、热力学、分子动力学、相图相场模拟和多尺度模拟软件的扩展；作业管理子模块可扩展功能包括 PBS、SLURM 和 LSF 作业管理系统等；数据分析子模块可扩展功能包括数据分析方法、画图方法和输出格式等；工作流子模块可扩展功能包括不同计算模拟软件具体的任务类型；建模子模块可扩展功能包括掺杂、晶界、异质结等；服务器模块可扩展功能包括将个人服务器作为 ALKEMIE 计算服务器的方法；可视化模块可扩展功能主要包含如何将另外 4 个模块定义的实际功能通过可视化窗口展示出来，并添加到程序主界面中。通过插件模式，ALKEMIE 可以将任何复杂的材料计算流程转变为可视化的具有高通量数据读写功能的科学计算工作流。不同模块的插件具体扩展方法，可参见 ALKEMIE 开发文档（http://alkemie.cloud）。

1.3.3　功能特色

ALKEMIE 平台主要包括以下 9 个特色功能。

（1）高通量：ALKEMIE 可以实现单用户超过 10^4 量级的并发高通量计算任务。

（2）自动化：科学工作流从建模、计算到数据分析全程自动运行，无须人工干预，运行过程可以采用默认参数，也可采用用户自定义参数。

（3）可视化：基于 PyQT 设计了用户友好的可视化界面，使得高通量内部的工作流程和数据传递方式更加透明，操作更加便捷，方便具有不同材料知识背景的用户使用。

（4）工作流：开发设计了适用于多种计算软件的科学工作流，使用户得以从烦琐甚至困难的计算流程中解放，极大提高了计算和工作效率。

（5）数据库：构建了多种类型的材料数据库，包括材料结构数据库、工作流数据库、材料性质数据库、论文数据库、适用于机器学习的结构描述符数据库等。

（6）机器学习：基于 scikit-learn、PyTorch 和 TensorFlow 等多种通用的机器学习工具开发了适用于材料结构能量预测、原子受力预测和带隙预测的模型，并为模型的进一步开发和应用定制了统一的底层接口。

（7）插件模式（可扩展性）：支持以插件模式集成添加多尺度不同功能的计算模块，目前已添加多个不同尺度的计算软件，包含第一性原理计算软件 VASP、Quantum Expresso、Abinit；分子动力学软件 LAMMPS；热力学计算软件 Gibbs；相图相场计算软件 OpenPhase 和 OpenCalphad 等，其中部分软件仅提供算例功能，未来将进一步完善丰富。

（8）可移植：适用于 Windows、Linux、MacOS 等多个操作系统。

（9）跨尺度：集成了第一性原理计算（VASP、Quantum Expresso 和 Abinit）、分子动力学模拟（LAMMPS）、热力学计算（Gibbs）、动态蒙特卡罗模拟（KMC）和介观尺度相图相场模拟（OpenCalphad 和 OpenPhase）的相关软件，可通过参数传递的方式实现单一尺度及多尺度计算功能。进一步，通过自主开发的神经网络势函数 PotentialMind 可以实现电子尺度（第一性原理）和原子尺度（分子动力学）的基于机器学习势函数的跨尺度计算模拟。

因此，ALKEMIE 包括用户范围广、材料大数据、高通量自动建模、计算工作流多样化和流程化、多尺度模拟等代表特色。

1. ALKEMIE 技术先进性

（1）可移植性强：适用于 Linux、Windows 和 MacOS 主流操作系统。

（2）可扩展性强：建模、计算模块、数据库类型、数据分析方法、人工智能方法均支持模块化开发和扩展。

（3）全自动：从建模、计算到人工智能数据分析全程自动无人工干预。

（4）可视化操作：具有可视化操作界面。

（5）跨尺度：开发了多尺度计算方法、多种不同计算软件的自动计算流程、多种提高计算效率的全新算法等。

2. ALKEMIE 性能指标优势

（1）可以实现单次 10^4 量级高通量并发计算。

（2）包括超过 60 万条结构数据库，大于 1 万条声子数据库、大于 1000 条势函数数据库和约 20 万条机器学习描述符数据库等。

（3）机器学习预测的带隙值与实验值相比较达到 91%精确度。

3. ALKEMIE 技术成熟度

（1）目前已实现规模化应用，部署于 9 家超算，包括 4 家国家级超算中心，1 家企业级超算和 4 家高校超算。

（2）注册用户超过 200 位并分布在全球 48 家单位。

（3）稳定性强：软件基于 Python、C++和 C 三种编程语言及 Client-Server 模式架构开发，经中国软件评测中心第三方测试，软件可长时间稳定运行。

（4）可靠性高：软件高通量计算结果、机器学习精度均与第一性原理计算精度一致。

（5）适用性强：适用于 Linux、Windows 和 MacOS 主流操作系统，适用于对材料计算模拟掌握程度从初级到专业的所有材料研究人员。

4. 完全自主知识产权

（1）授权 1 项国家发明专利，获批 15 项软件著作权。

（2）分别开发了多个独立的核心模块：内核模块、数据库模块、用户管理模块、超算服务配置模块、用户界面操作模块等。

（3）目前源代码量（截至 2024 年 6 月）：248792 行代码，共计 1547 次代码开发，根据功能不同包含 15 个分支和 32 个发行版本。

5. 关键核心技术和共性技术

（1）集可视化高通量自动计算流程、材料多类型数据库、人工智能设计新材料三种核心方法于一体。

（2）为工业中没有计算模拟经验的初级用户提供智能计算平台。

（3）提供材料结构、成分和性能的高效查询。

（4）面向科研及企业人员，提供材料建模、高通量计算、数据分析、人工智能一体化的解决方案。

1.3.4　服务端多平台部署

ALKEMIE 平台采用客户端-服务端（client-server，CS）架构，分布式超算中心的服务端包括国家超级计算郑州中心服务器、国家超级计算深圳中心服务器、国家超级计算广州中心服务器、国家超级计算天津中心服务器、北京航空航天大学 ALKEMIE 高性能计算服务器、北京航空航天大学沙河校区服务器、北京航空航天大学学院路校区服务器、并行超算云服务器、云南大学服务器、福州大学服务器、腾讯云服务器等；多平台的客户端由 Ubuntu 客户端、Windows 10 客户端、Windows 7 客户端、Windows 11 客户端和 MacOS 客户端组成，CS 网络拓扑如图 1-4 所示。图中国家超级计算郑州中心服务器、国家超级计算天津中心服务器、北京航空航天大学 ALKEMIE 高性能计算服务器、云南大学服务器、并行超算云服务器和腾讯云服务器均稳定支持 Linux 3.10.0 操作系统、MongoDB V4.0.6 数据库和服务端 ALKEMIE V2.0 版本软件；国家超级计算广州中心服务器、国家超级计算深圳中心服务器、北京航空航天大学学院路校区服务器和北京航空航天大学沙河校区服务器支持 Linux 2.6.32 操作系统、MongoDB V4.0.6 数据库和服务端 ALKEMIE V2.0 版本软件；福州大学服务器支持 Linux 4.18.0 操作系统、MongoDB V4.0.6 数据库和服务端 ALKEMIE V2.0 版本软件。

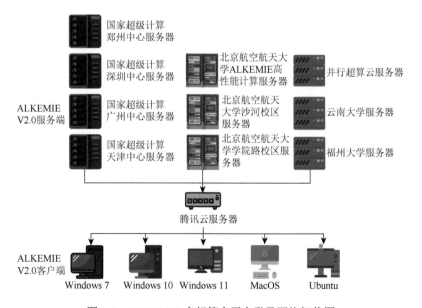

图 1-4　ALKEMIE 多超算多平台登录网络拓扑图

1.3.5 客户端试用及安装

ALKEMIE 公开发布了完整的用户使用手册和开发手册（http://alkemie. cloud），其中包括 ALKEMIE 简介、功能特色及适用范围、开发人员、用户协议、设计架构、编译环境、高通量算例及每个模块的开发接口，方便更多的科研人员加入 ALKEMIE 社区。此外 ALKEMIE 现已开放免费申请，具体请访问 ALKEMIE 主页：http://alkemie.cloud。

1.3.6 平台概览

ALKEMIE 平台概况及可视化工作流如图 1-5 所示。该平台主界面分为登录界面［图 1-5（a）］、新建工作流程［图 1-5（b）］和功能选择区［图 1-5（c）］三部分。功能选择区根据类别主要分为三类，每个类别在工作区以不同的控件形状显示，分别为以圆形控件为代表的与工作流配置相关的基础（Basic）类，以六边形控件为代表的与计算模拟科学工作流相关的工作（Works）类和以正方形控件为代表的与机器学习和数据挖掘相关的人工智能（AI）类。每个大类包含了具有不同功能的多个子类，每个子类进一步包含了具有实际运行功能的多个控件按钮。

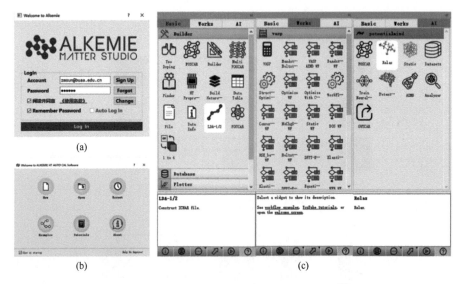

图 1-5 ALKEMIE 平台概况及可视化工作流[9]

（a）软件登录界面；（b）软件新建工作流程；（c）软件功能选择区

　　其中，基础类包括建模、数据库、画图、远程工作管理和输出等相关的子类；工作类包括第一性原理计算软件 VASP、Quantum Expresso、Abinit，分子动力学计算软件 LAMMPS，相图相场计算软件 OpenPhase 和 OpenCalphad，热力学计算软件 Gibbs 和动力学计算软件动态蒙特卡罗（KMC）等子类；人工智能类包括机器学习模型和适用于分子动力学模拟的深度势函数 PotentialMind 两个子类。在功能选择区点击具有某个功能的按钮，会在工作区出现对应形状和颜色的控件，多个控件之间可通过数据管道进行数据交互，将不同功能的控件通过数据管道以不同的顺序首尾相连来构建具有高通量功能的自动工作流程。对于软件主界面，除功能选择区和工作区两部分外，还包括菜单栏、信息面板、工作流控制区域等，如图 1-6 所示。

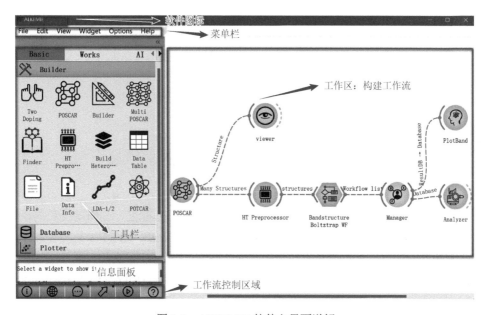

图 1-6　ALKEMIE 软件主界面详解

　　在 ALKEMIE 中，多尺度集成的高通量自动计算可以通过多个不同模块以搭积木的方式自动耦合完成。不同模块的连接方式如图 1-7 所示，首先由建模模块控制输入，通过 1.4.1 节所述的多种建模方式将材料构型导入高通量预处理器，科学计算模块控制负责任务的计算顺序和纠错（可进行电子尺度、原子尺度、分子尺度和介观尺度的高通量自动流程），服务器用来协调计算资源，配置远程节点，本地与远程服务器通信并提交任务，存储系统负责保存整个流程中所有的元数据，将计算结果保存在不同类型的数据库中，最后通过数据分析和人工智能进行数据挖掘。

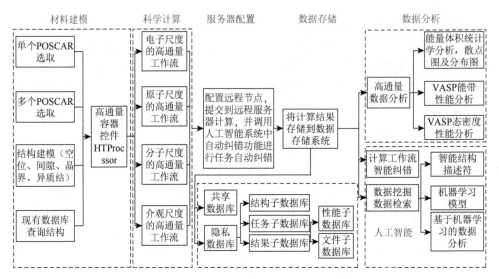

图 1-7　ALKEMIE 中高通量第一性原理计算工作流流程图

1.4　材料自动建模及模型可视化

1.4.1　高通量建模方法

1. 晶界建模

晶界类型繁多，晶界的界面方向、晶轴取向、原子匹配度、晶格畸变和周期性边界条件各不相同，因此手动建模比较复杂。在 ALKEMIE 软件中，只需输入指定晶界和旋转轴即可自动生成对应的结构文件，并通过 Viewer 可视化。晶界建模参数细节可参考在线用户手册：http://alkemie.cloud/org/ConstructTheGrainBoundary.html。

2. 掺杂、空位和间隙建模

ALKEMIE 平台中会根据晶体构型的空间群，自动寻找结构中所有非等价空位、四面体、八面体间隙位置，通过输入掺杂原子符号和坐标直接构建目标模型。具体参数配置参考在线用户手册：http://alkemie.cloud/org/Construct The Doping Configuration. html。

3. 数据库结构查询

ALKEMIE 结构数据库中包含约 60 万条无机晶体结构信息，涵盖单质元素，金属、非金属、金属-非金属化合物，矿物，杂化材料，界面和层状材料，低维材料和纳米材料等，如图 1-8 所示。查询结果支持自定义数据库和检索方法，可以根据元素符号、化合物种类或个数、数据库中的结构序号等信息查询。最终结果包括晶体学数据来源期刊、出版年份、晶胞基矢长度、夹角、原子位置、元素、结构描述符等必需的晶胞信息。点击对应数据条目可以通过 Viewer 进行结构可视化，并通过 ALKEMIE 共享标识（alkemie.date.classification/ user_defined_label. number）分享数据。

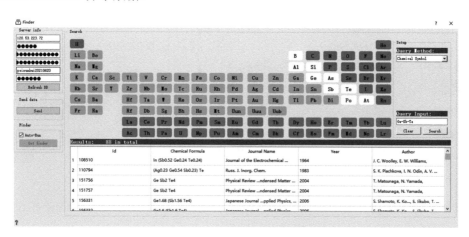

图 1-8　ALKEMIE 中晶体数据库查询控件[9]

1.4.2　高通量处理器：高通量建模与工作流的耦合

高通量预处理器是一个结构容器，可以将通过不同建模方式构建的结构汇总保存，并传递到后续的高通量计算中。类似于统一的数据汇集及处理中心，主要用来处理多个不同类型结构输入数据，并将其传递至工作流进一步实现材料计算模拟，如弛豫、静态、能带、态密度等。高通量处理器主要分为两个区域，左侧参数区域主要展示高通量处理器中当前所含有的结构数；右侧主区域包含所有结构的详细信息。对于每个结构而言，高通量处理器均以树形结构展示，其中包括结构的电荷数、晶格基矢、原子坐标等信息。高通量处理器在接受输入数据后，会将所有数据以 Python 列表和自定义的 Tabel 两种格式输出，可以批量存储至本地，也可以继续进行高通量计算的其他步骤。

1.4.3　结构可视化

在 ALKEMIE 中，通过多种方式传入的材料构型都可以通过 Viewer 材料结构可视化控件查看。目前结构可视化支持两种方式，一种是自主开发的 Viewer 控件，另一种是通过第三方 VESTA 插件可视化，如图 1-9（a）所示。

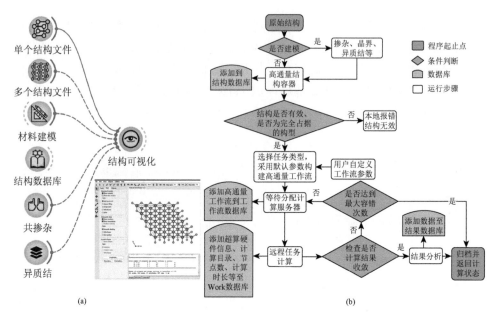

图 1-9　ALKEMIE 中结构可视化控件（a）及高通量自动计算与智能纠错的流程图（b）[8]

1.5　高通量计算科学工作流

在 ALKEMIE 平台中，高通量自动计算与智能纠错的流程如图 1-9（b）所示。首先用户输入初始结构，选择是否基于初始结构构建复杂的晶体模型，并通过高通量结构容器来收集不同方式构建的多种不同模型，高通量结构容器一方面会将所有构型保存在结构数据库中，另一方面会将所有结构向下一步传递，即判定结构是否有效。只有原子位点被完全占据的才可以作为第一性原理计算的有效输入结构，而原子位点有多个不同原子占据状态的结构仅可以保存在结构数据库中，无法进行进一步计算模拟。获得有效的输入结构后，需要用户选择将要计算的目标工作流，并选择工作流的默认智能参数配置或者自定义参数配置。进一步，配置完参数后 ALKEMIE 会通过 Socket 将多个高通量工作流分配到远程高性能服务器，同时将其保存在工作流数据库中。之后需等待远程任务的计算，并且将每个任务分配到的计算服务器的硬件配置信息保存在工作服务器数据库中。在计算完成或者计算终止之后，自动纠错模块会判断计算结果是否收敛，如果有报错，会根据经过纠错模块已经保存的常见问题及修改策略进一步修改计算参数配置进行重新计算，直到计算结果收敛为止。为了避免陷入死循环的计算过程，在达到最大纠错次数后该任务会被终止并返回计算失败状态。若结果收敛，则会进一步进行数据分析，并将材料性能数据保存在结果数据库中以便数据重复使用，同时返回计算完成的任务状态。

1.5.1　高通量第一性原理计算工作流

ALKEMIE 中目前包含基于 VASP 的高通量第一性原理工作流，根据计算任务不同主要分为分子动力学计算、结构优化计算、静态计算、能带计算、态密度计算、HSE 杂化泛函能带计算、电输运性质计算、基于形变的弹性性质计算、基于密度泛函微扰理论（density functional perturbation theory，DFPT）的弹性性质计算、状态方程计算、原子扩散势垒计算、Lobster 材料成键计算、Bader 电荷转移计算和 Rings 分子动力学统计学分析等。在 ALKEMIE 中高通量计算流程包含 3 组参数配置（通用参数配置、自定义 INCAR 或 KPOINTS 参数配置、当前工作流特有的参数设置），对于初学者，自动的默认参数配置可以实现高效的高通量自动流程，对于经验丰富的计算模拟专家，可以通过自定义参数修改每个工作流的参数配置。

1.5.2　跨尺度计算模拟

除了上述第一性原理相关的高通量自动计算流程，ALKEMIE 还集成了多种不同尺度的计算模拟软件，包括分子动力学模拟软件 LAMMPS、热力学计算软件 Gibbs、动态蒙特卡罗模拟软件 PyKMC、自主开发的蒙特卡罗模拟软件 PyTc、相图计算软件 OpenCalphad 和相场计算软件 OpenPhase 等。下面详细介绍每个尺度计算软件在 ALKEMIE 中的集成实例。

1. 第一性原理计算与分子动力学模拟的集成

第一性原理计算通常只能处理数百原子、数十皮秒的材料体系，在空间和时间尺度难以研究材料中的相变、复杂缺陷、塑性变形等关键问题。虽然经典的分子动力学可以弥补这些问题，但其难点在于原子间相互作用势的拟合，该过程包含参数众多，拟合过程复杂且精度不高。对此本书作者团队基于 ALKEMIE 平台开发了 PotentialMind 模块，利用第一性原理计算数据结合机器学习拟合，得到原子间作用势并用于经典大规模分子动力学模拟，最终实现了第一性原理计算与分子动力学模拟的无缝集成。详细内容参见本书第 2 章。

2. 第一性原理计算与热力学计算软件 Gibbs 的集成

热力学性质对于材料应用与研究至关重要。Gibbs 软件可以计算周期性固体在任意温度和压力下的热力学性质。该软件基于第一性原理计算结果，使用准简谐近似框架，通过拟合状态方程（能量-体积曲线），可以预测周期性固体的热力学性质，如压力和焓等。Gibbs 提供多种热模型，计算各种热力学性质，并预测热力学相图。为了将第一性原理计算结果和热力学软件 Gibbs 结合，简化输入文件设置，在 ALKEMIE 平台中开发了一个将第一性原理 VASP 计算与 Gibbs 热力学计算耦合的跨尺度框架，如图 1-10 所示。

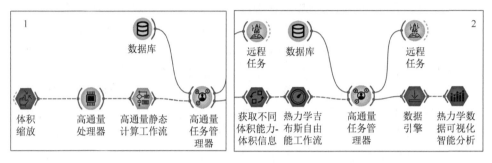

图 1-10　ALKEMIE 中第一性原理计算与 Gibbs 热力学计算的实现流程

3. 第一性原理计算与动态蒙特卡罗模拟的集成

材料中一些小概率事件，如势垒较大的扩散行为，利用分子动力学直接研究耗时太长。动态蒙特卡罗（dynamic Monte Carlo，DMC）模拟对这类问题提供了一个解决方案。其基本思想是通过"抽样实验"的方法来求解某一事件出现的概率或某个随机变量的期望值。在材料科学中，采用动态蒙特卡罗模拟算法时要求满足以下三个条件。

（1）泊松过程：在 DMC 模拟中，预期的转变或事件发生是服从泊松分布的。在给定的时间间隔内，事件发生的概率是固定的，并且与过去的事件无关。这一性质保证了模拟的随机性和无记忆性。

（2）事件间的独立性：DMC 模拟假设每个事件或转变过程是相互独立的。这意味着一个事件的发生不应影响其他事件的发生概率。这种独立性是进行 DMC 模拟的重要前提，简化了模拟过程并减小了计算复杂性。

（3）时间增量的正确计算：在 DMC 模拟中，每次成功的转变或事件发生后，模拟时间会按照一定的规则增加。为了确保模拟结果的正确性和精度，时间增量的计算必须准确无误。通常涉及对概率分布和事件发生率的正确理解和计算。

为了解决上述问题，ALKEMIE 平台自主开发了基于动态蒙特卡罗模拟对材料体系空位（或其他元素）扩散现象进行模拟的模块 PyKMC。该软件可以根据用户输入的材料体系中所有可能扩散路径的扩散势垒大小，模拟空位（或其他元素）的扩散速度和宏观扩散势垒值。计算过程中用户只需要进行简单的前期扩散势垒的 NEB 计算，将计算结果输入 PyKMC 中，即可完成扩散过程模拟并分析结果。在 ALKEMIE 中第一性原理、过渡态搜索方法与动态蒙特卡罗模拟 PyKMC 的工作流如图 1-11 所示。

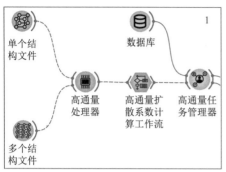
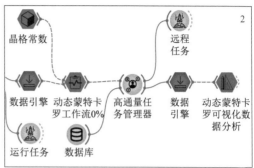

图 1-11　ALKEMIE 中第一性原理计算与动态蒙特卡罗模拟的实现流程

4. 第一性原理计算与相图计算软件 OpenCalphad 的集成

热力学信息对于材料制备工艺和性能至关重要。CALPHAD 方法是常用的多组分系统热力学性能计算方法之一，通过基于实验数据的热力学模型数据库计算热力学性能。该方法将多组分系统的特性表示为温度、成分和压力的函数，最初是为了描述与计算相平衡系统的热力学而开发的，目前已扩展到包含各种平衡和热化学性质的计算。OpenCalphad 是一种基于 CALPHAD 方法计算多组分系统热力学性能的开源软件，主要用于单相平衡、多组分相图计算等。然而，计算结果对输入参数非常敏感，并且输入文件设置相对复杂，需要经验性的参数调节，学习成本较高。因此，在 ALKEMIE 平台上开发了一种跨尺度框架，该框架使用第一性原理静态计算结果作为热力学计算的修正参数，将第一性原理 VASP 计算与 OpenCalphad 软件耦合。典型的工作流程如图 1-12 所示。

5. 第一性原理计算与相场计算软件 OpenPhase 的集成

相场方法是一种广泛应用于材料科学、固体物理和化学领域的数值模拟方法。它适用于研究多相材料的相变、组织演变和动力学行为，属于介观尺度方法，尺度介于宏观和微观之间。第一性原理计算受限于计算机性能和软件，目前无法实现对介观尺度体系的模拟。为了克服这一困难，可以结合第一性原理计算和相场模拟仿真，既可保证材料物理性能准确，又可实现从尺度上突破材料模拟体系。其中，OpenPhase 是常用的模拟和计算相场方法的软件之一，它适用于金属、陶瓷和矿物的介观结构，并支持模拟多相材料系统，能够处理多种相互作用和转变，提供丰富的模型库，用户可根据需要选择和定制相场模型。OpenPhase 软件内置强大的扩散模块和力学模块，可用于晶粒生长和结构扩散等过程的模拟。然而，由于 OpenPhase 的输入设置非常复杂，难以与第一性原理相结合，在 ALKEMIE 平台上开发了一套新的框架，将第一性原理 VASP-AIMD 计算与 OpenPhase 相场仿真模拟耦合。在该框架内，AIMD 的计算结果可自动进行数据分析处理，并将第一性原理结果打包发送至 OpenPhase 工作流中进行相场方法的模拟仿真。该工作流程可以提供相应的模拟仿真结果。典型的工作流程如图 1-13 所示。

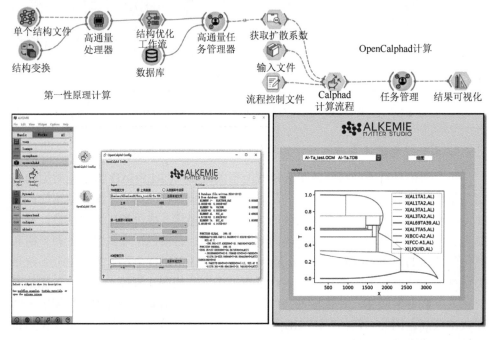

图 1-12　ALKEMIE 中第一性原理计算与 OpenCalphad 热力学相图计算的实现流程

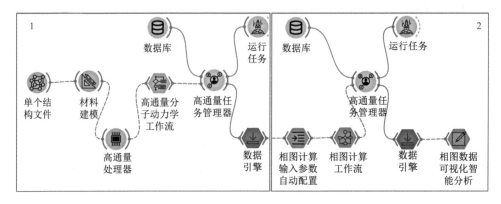

图 1-13　ALKEMIE 中第一性原理计算与 OpenPhase 相场模拟的实现流程

1.5.3　高通量工作流运行状态查看和调整

ALKEMIE 中高通量任务的运行状态查看由 Work State 控件实现，用户可实时地查看当前数据库中所有工作流及其对应的子任务的工作状态、任务名称和任务 ID 等详细信息。根据远程计算机中不同计算任务的进度，ALKEMIE 共设置了 9 种工作状态，分别为 ARCHIVED（任务已归档）、FAILED（任务失败）、DISABLED（任务中断）、STOPPED（任务暂停）、WAITING（任务等待执行）、PREPARED（任务准备执行）、SAVED（任务保留）、RUNNING（任务正在计算）和 DONE（任务已完成），如图 1-14 所示。任务状态控件可以通过改变任务优先级调整任务运行的先后顺序，通过删除控件批量删除高通量任务。

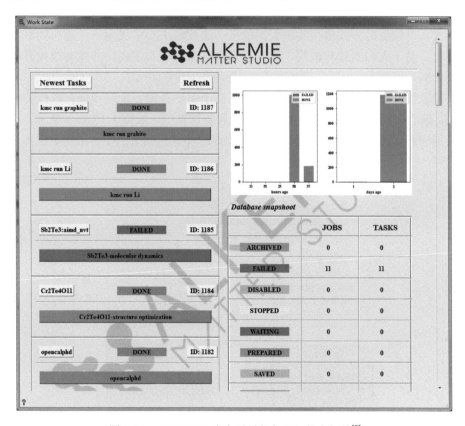

图 1-14　ALKEMIE 中高通量任务运行状态控件[9]

1.6　多用途材料数据库

在 ALKEMIE 中，所有数据库的集合被命名为 ALKEMIE-MatterDB。通过数据库 API，用户可以在 ALKEMIE 本地软件和网页数据库中实现材料数据的高效检索和可视化查看（https://alkemie.cloud）。用户在账号创建过程中，ALKEMIE 会为每个用户默认配置隐私数据库，用于个人数据安全存储；用户如果想要实现平台内的数据分享，可以申请加入 ALKEMIE 共享数据库以实现数据的社区内共享。目前，在 ALKEMIE 社区中，共享的数据由唯一标识符表示其知识产权，数据拥有者的唯一标识为：alkemie.date.classification/user_defined_label.number。其中，alkemie 是数据库社区的唯一标识，date 代表数据创建日期，精确到 μs；classification 代表数据类别，user_defined_label 为用户自定义字段，number 为数据的唯一索引序号。

在 ALKEMIE 中，JSON（JavaScript Object Notation）数据格式充当了不同数据库与用户交互的载体。它是一种轻量级的，完全独立于编程语言的文本数据交换格式，以键值的方式保存关键数据信息。这使得 JSON 成为一种理想的数据交换语言，易于人们阅读和编写，同时也易于机器解析和生成，并能有效提升网络传输效率。

隐私数据库和共享数据库的区别主要在于用户查询、读取和保存数据的权限不同，但它们都包含相同的子数据库类型和数据键值，如图 1-15（a）所示，其关键数据信息如图 1-15（b）所示。每个数据库总体分为四大类型：结构数据库、工

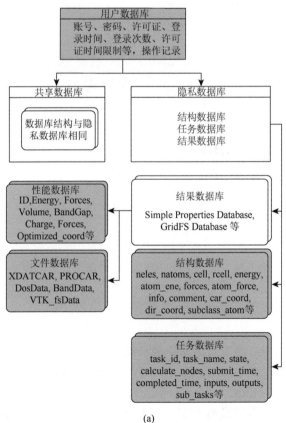

(a)

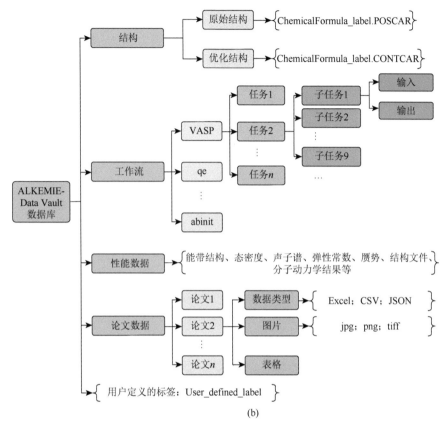

图 1-15　ALKEMIE 中多类型材料数据库（a）[9]及数据库的关键数据信息（b）

作流数据库、性能数据库和论文数据库。其中，结构数据库细分为原始结构数据库和经过高精度结构弛豫后的优化数据库；工作流按照不同计算软件类型分为不同的工作流数据库，每个工作流包含对应的子任务流程及每个步骤对应的输入与输出；性能数据库包含多个子数据库，并且开发模式中可以根据 API 进行扩展，主要包括能带数据库、态密度数据库、适用于 OpenPhase 的 VTK 数据库、声子谱数据库、弹性常数数据库、赝势数据库、记录计算模拟过程中结构变化过程的 XDATCAR 数据库及分子动力学中体系温度与能量变化数据库等；论文数据库将论文中的数据库分为数据、图片和表格三大类，根据不同的文件格式可以将数据保存为原始数据与最终发表数据两类。

1.6.1　材料结构数据库

晶体结构数据库如图 1-16 的 JSON 格式所示，数据库中保存了结构中原子位置信息，计算后的结构能量和原子受力信息，以及所调用的 ALKEMIE 模块信息。进一步，原子位置信息包括原子总数（atom_numbers）、化学式（formula）、晶格矢量长度及角度（lattice）、周期性边界条件（pbc），每个原子对应的直接坐标和笛卡儿坐标系中的分数坐标（positions）及元素符号信息（symbols）；计算后的结构能量和原子受力信息，包括结构总能（total_energy），每个原子能量（energies），每个原子在 *xyz* 方向分别受力的矩阵（forces）等；调用的 ALKEMIE 模块信息，包括对应的类别名称（*clas）和对应的 ALKEMIE 模块（*mod）信息等。

```
01.   {'*clas': 'Cell',
02.    '*mod': 'dancingcell.core.cell',
03.    'atom_numbers': 1,
04.    'energies': array([0.]),
05.    'forces': {'*clas': 'array2d',
06.               '*mod': 'dancingcell.utility.dcjson',
07.               'data': array([[0., 0., 0.]])},
08.    'formula': 'Al3',
09.    'labels': None,
10.    'lattice': {'*clas': 'Lattice',
11.                '*mod': 'dancingcell.core.lattice',
12.                'a': 12.137023,
13.                'alpha': 90.0,
14.                'b': 12.137023,
15.                'beta': 90.0,
16.                'c': 12.137023,
17.                'gamma': 90.0,
18.                'matrix': [[12.137023, 0.0, 0.0],
19.                           [0.0, 12.137023, 0.0],
20.                           [0.0, 0.0, 12.137023]],
21.                'volume': 1787.8724195393222},
22.    'pbc': (True, True, True),
23.    'positions': {'*clas': 'array2d',
24.                  '*mod': 'dancingcell.utility.dcjson',
25.                  'data': array([[PeriodicSite: Al (0.0000, 2.0401, 2.0401) [0.0
26.          PeriodicSite: Al (2.0401, 0.0000, 2.0401) [0.1681, 0.0000, 0.1681],
27.          PeriodicSite: Al (2.0401, 2.0401, 0.0000) [0.1681, 0.1681, 0.0000]]],
28.          dtype=object)},
29.    'symbols': [Element Al, Element Al, Element Al],
30.    'total_energy': 0.0}
```

图 1-16　材料结构数据库中关键数据结构

1.6.2　高通量工作流数据库

工作流管理系统（workflow management system，WFMS）的主要功能是将计算机相关的编程内容形象化为容易理解、支持自定义的工作流，协调工作流执行过程中多个工作和子任务间的数据交互。工作流数据库细分为工作流信息、单任务流信息和计算结果信息等数据库。具体地，工作流信息数据库如图 1-17 所示，数据库中保存了工作流的创建时间（created_on）、与下一级工作流的关系（links）、与上一级工作流的关系（parent_links）、计算节点个数（nodes）、所有子工作流的运行状态（fw_states）、当前工作流总的运行状态（state）、更新时间（updated_on）等信息。

```
01.   {'created_on': datetime.datetime(2020, 12, 23, 8, 34, 36, 885000),
02.    'fw_states': {'1': 'COMPLETED'},
03.    'links': {'1': []},
04.    'name': 'Al107Ag',
05.    'nodes': [1],
06.    'parent_links': {},
07.    'state': 'COMPLETED',
08.    'updated_on': datetime.datetime(2020, 12, 23, 8, 39, 12, 207000)}
```

图 1-17　工作流信息数据库中关键数据结构

　　单任务流信息数据库如图 1-18 所示，包含的关键信息有：任务在数据库中十六进制序号（_id）、任务压缩目录（archived_launches）、创建时间（created_on）、任务实际序号（fw_id）、提交序号（launches）、计算状态（state）、更新时间（updated_on）、任务名称（name）、子任务列表（spec），其中每个子任务又包含名称（_fw_name）和任务参数（files_to_write 或者 vasp_input_set 等）。

```
01.   {'_id': ObjectId('5fe3012849a9c1c99ef61e24'),
02.    'archived_launches': [],
03.    'created_on': '2020-12-23T08:34:36.884636',
04.    'fw_id': 1,
05.    'launches': [1],
06.    'name': 'Al107Ag-static',
07.    'spec': {'_tasks': [{'_fw_name': 'FileWriteTask',
08.                          'files_to_write': [{'contents': '',
09.                                              'filename': 'FW--Al107Ag-static'}]},
10.                         {'_fw_name': '{{atomate.vasp.firetasks.write_inputs.WriteVaspFromIOSet}}',
11.                          'vasp_input_set': {'@class': 'MPStaticSet',
12.                                             '@module': 'pymatgen.io.vasp.sets',
13.                                             '@version': '2019.2.28',
14.                                             'lcalcpol': False,
15.                                             'lepsilon': False,
16.                                             'prev_incar': None,
17.                                             'prev_kpoints': None,
18.                                             'reciprocal_density': 100},
19.                          'vasp_input_set_params': {}},
20.                         {'_fw_name': '{{atomate.vasp.firetasks.run_calc.RunVaspCustodian}}',
21.                          'auto_npar': '>>auto_npar<<',
22.                          'gamma_vasp_cmd': '>>gamma_vasp_cmd<<',
23.                          'scratch_dir': '>>scratch_dir<<',
24.                          'vasp_cmd': '>>vasp_cmd<<'},
25.                         {'_fw_name': '{{atomate.common.firetasks.glue_tasks.PassCalcLocs}}',
26.                          'name': 'static'},
27.                         {'_fw_name': '{{atomate.vasp.firetasks.parse_outputs.VaspToDb}}',
28.                          'additional_fields': {'task_label': 'static'},
29.                          'db_file': '>>db_file<<'}]},
30.    'state': 'COMPLETED',
31.    'updated_on': '2020-12-23T08:39:12.207820'}
```

图 1-18　单任务流信息数据库中关键数据结构

其他数据库如超算中的 CPU 资源分配及计算时间数据库，如图 1-19 所示，主要包括：数据库中存储的十六进制序号（_id）、超算中运行的命令行记录（action）、工作流序号（fw_id）、计算所需的 CPU 节点（fworker）和该节点的环境配置（env）、节点名称（host）、IP 地址（ip）、计算路径（launch_dir）、运行开始时间（time_start）、运行结束时间（time_end）、运行总时间（runtime_secs）、运行状态（state），以及该任务完成附带的其他操作（trackers）等。

```
01.   {'_id': ObjectId('5fe301645191107b7c17ef62'),
02.    'action': {'additions': [],
03.               'defuse_children': False,
04.               'defuse_workflow': False,
05.               'detours': [],
06.               'exit': False,
07.               'mod_spec': [{'_push_all': {'calc_locs': [{'filesystem': None,
08.                                                          'name': 'static',
09.                                                          'path': 'launch34-31-434357'}]}}],
10.               'update_spec': {}},
11.    'fw_id': 1,
12.    'fworker': {'category': '',
13.                'env': {'auto_npar': 1,
14.                        'db_file': '/home/alkemie/.alkemie_users/alal_config/db.json',
15.                        'lmp_cmd': '/public/gjwang-ICME/software/bin/lmp_serial',
16.                        'run_dest_root': '/home/alkemie/.alkemie_users/alal_config/neb',
17.                        'scratch_dir': None,
18.                        'vasp_cmd': 'mpirun -machinefile /tmp/nodefile.alkemie -n '
19.                                    '24 '
20.                                    '/opt/software/vasp_ifort/vasp.5.4.4/bin/vasp_std'},
21.                'name': 'alal_running',
22.                'query': '{}'},
23.    'host': 'cu27',
24.    'ip': '12.12.12.27',
25.    'launch_dir': 'config/launcher_2020-12-23-08-34-31-434357',
26.    'launch_id': 1,
27.    'runtime_secs': 280.545291,
28.    'state': 'COMPLETED',
29.    'time_end': '2020-12-23T08:39:12.072226',
30.    'time_start': '2020-12-23T08:34:31.526935',
31.    'trackers': []}
```

图 1-19　超算中的 CPU 资源分配及计算时间数据库中关键数据结构

1.6.3　材料性能数据库

材料性能数据库包含能带结构、电荷密度、计算细节等多种不同数据集，各数据集之间物理存储相互独立、互不影响，通过通用应用程序接口（API）相互调用。

（1）以 VASP 计算为基础的材料性能数据库如图 1-20 所示，包含计算完成的自动分析结果（analysis，自动判断是否收敛，计算过程中是否有警告信息等）、化学体系（chemsys）、化学组成（composition_reduced）、单胞信息（composition_unit_cell）、化学式相关信息，计算完成的带隙（bandgap）、能带导带顶（cbm）

和价带底（vbm）的能量值、体系能量（energy）、每个原子能量（energy_per_atom）、密度（density）、受力（forces）、是否是直接带隙（is_gap_direct）、是否为金属（is_metal）、空间群信息（spacegroup）等。

```
01.   {'_id': ObjectId('5fe302365191107b7c17f22f'),
02.    'analysis': {'delta_volume': 0.0,
03.                 'delta_volume_as_percent': 0.0,
04.                 'errors': [],
05.                 'max_force': None,
06.                 'warnings': []},
07.    'chemsys': 'Al-B',
08.    'completed_at': '2020-12-23 16:39:26.930939',
09.    'composition_reduced': {'Al': 107.0, 'B': 1.0},
10.    'composition_unit_cell': {'Al': 107.0, 'B': 1.0},
11.    'dir_name': 'cu19:/home/alkemie/.alkemie_users/alal_config/launcher_2020-12-23
12.    'elements': ['Al', 'B'],
13.    'formula_anonymous': 'AB107',
14.    'formula_pretty': 'Al107B',
15.    'formula_reduced_abc': 'Al107 B1',
16.    'last_updated': datetime.datetime(2020, 12, 23, 8, 35, 19, 999000),
17.    'nelements': 2,
18.    'nsites': 108,
19.    'output': {'bandgap': 0.06340000000000057,
20.               'cbm': 7.9095,
21.               'density': 2.7067777749541184,
22.               'energy': -404.25892965,
23.               'energy_per_atom': -3.7431382375,
24.               'forces': [[0.0, -0.02693721, -0.02693721],
25.                          [-0.02693721, 0.0, -0.02693721],
26.                          [-0.02693721, -0.02693721, 0.0]],
27.               'is_gap_direct': True,
28.               'is_metal': False,
29.               'spacegroup': {'crystal_system': 'cubic',
30.                              'hall': '-P 4 2 3',
31.                              'number': 221,
32.                              'point_group': 'm-3m',
33.                              'source': 'spglib',
34.                              'symbol': 'Pm-3m'},
35.               'stress': [[-3.67120209, 0.0, 0.0],
36.                          [0.0, -3.67120209, -0.0],
37.                          [0.0, 0.0, -3.67120209]],
38.               'vbm': 7.8461},
39.    'run_stats': {'overall': {'Elapsed time (sec)': 134.933,
40.                              'System time (sec)': 10.461,
41.                              'Total CPU time used (sec)': 133.798,
42.                              'User time (sec)': 123.337},
43.                  'standard': {'Average memory used (kb)': 0.0,
44.                               'Elapsed time (sec)': 134.933,
45.                               'Maximum memory used (kb)': 153424.0,
46.                               'System time (sec)': 10.461,
47.                               'Total CPU time used (sec)': 133.798,
48.                               'User time (sec)': 123.337,
49.                               'cores': '24'}},
50.    'schema': {'code': 'atomate', 'version': '0.8.7'},
51.    'state': 'successful',
52.    'task_id': 1,
53.    'task_label': 'static',
54.    'transformations': {}}
```

图 1-20　材料性能数据库中关键数据结构

（2）分子动力学数据库保存分子动力学模拟过程的时间步长、总的运行步数、每一步对应的晶体构型、能量和受力信息。

（3）热力学 Gibbs 数据库存储了压力 p（GPa）、温度 T（K）、体积 V［bohr³，1bohr³ = (5.29177210903×10⁻¹¹m)³ = 1.481847053×10⁻³¹m³］、弹性性质 Estatic（GPa）、吉布斯自由能 G（kJ/mol）、格林艾森系数 Gerr（kJ/mol）、静态压力 p_sta（GPa）、热压 p_th（GPa）、体模量 B（GPa）、等容热容 Cv［J/(mol·K)］、熵 S［J/(mol·K)］、德拜温度 ThetaD（K）、热膨胀系数 alpha（10⁻⁵K⁻¹）、等压热容 Cp［J/(mol·K)］等信息。

（4）态密度和电子能带结构等信息由于数据量较大，通常预先保存一张自动绘制的态密度和能带结构图，原始数值数据通过 GridFS 保存，方便动态调整所需查看的能带范围。

1.7 材料可视化数据分析

为了实现材料数据的可视化分析，在 ALKEMIE 中开发了通用数据接口 Analyzer。通过读取 ALKEMIE 标准格式数据，调用不同的数据分析引擎，Analyzer 可以实现高通量计算结果的统计学、散点图、态密度和电子能带结构等自动分析绘图功能，如图 1-21 所示。所有可视化图片均可支持用户自定义调整图片颜色、大小及分辨率，并进行本地化保存。

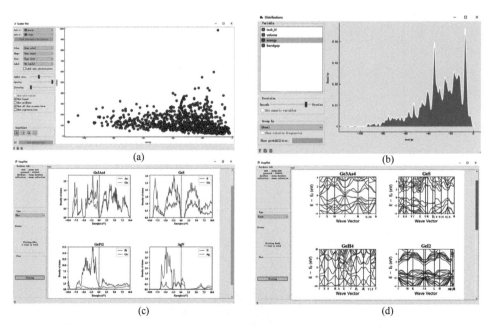

图 1-21 ALKEMIE 中计算结果散点图（a）、统计图（b），高通量计算完成的总态密度和不同元素态密度图（c），高通量计算完成的能带图（d）[9]

1.8　材料人工智能技术

1.8.1　ALKEMIE 机器学习概述

基于材料数据库，利用人工智能和机器学习方法可以实现材料性能的高效预测和新材料的快速设计。ALKEMIE 中人工智能模块主要包含以下功能，每个功能所对应的实际应用场景将在后续章节详细介绍。

（1）对于任意 Sb-Te 材料体系，基于已经训练好的模型快速预测未知结构的能量（能量精度与第一性原理计算相当）。

（2）针对 Sb、Te、Sb_2Te_3 三种材料体系，通过机器学习 PotentialMind 模块产生适用于经典牛顿力学大规模分子动力学模拟的势函数，并通过 Atomic Simulation Environment（ASE）开源软件中的分子动力学模块进行微正则系综（NVE）和正则系综（NVT）的分子动力学模拟。

（3）预测含缺陷材料结构的最低能量[11,12]。

（4）预测含空位结构的最稳定构型[13]。

（5）基于小数据集的 M_2AB_2 相分解焓机器学习预测[14]。

（6）构建适用于 MXenes 材料的特征描述符[15]。

（7）基于电-声散射精准计算金属性材料热导率[16]。

（8）构建精度超过 90% 的热电材料 ZT 值和最优掺杂类型的神经网络模型[17]。

1.8.2　可视化机器学习

随着计算机科学和人工智能的发展以及硬件算力的提升，机器学习在材料结构设计、材料性能预测和材料图像分析识别等领域扮演着越来越重要的角色。通常机器学习在材料学中都为黑盒模型，并且需要操作人员具有较强的计算机基础和编程技能。对于材料专业研究人员入门机器学习需要很长的时间成本，因此如何快速简单地构建可视化的机器学习工作流至关重要。ALKEMIE 通过抽象凝练高级 API 以及规范化和格式化机器学习的每个步骤，开发了一套可以简单实现可视化机器学习的自动流程。首先 Datasets 模块给定了数据集及特征的输入格式，Model 模块使用户可以自定义选择不同的机器学习算法，Evalute 模块实时展示了机器学习训练过程的收敛情况以及模型在测试集或模型在部署过程中的应用情况，Plotter 模块提供多种训练数据的可视化分析功能。图 1-22 展示了一个简单的分类模型的可视化过程，详细的参数及工作流程参考在线用户手册：http://alkemie. cloud/org/ml_ homepage.html。

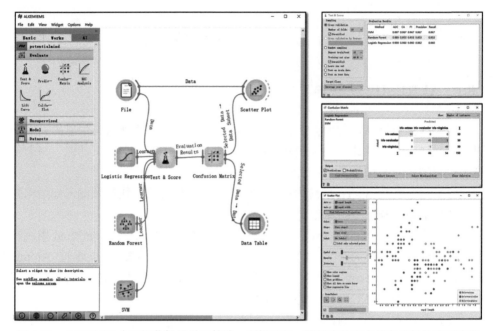

图1-22　ALKEMIE中可视化机器学习算法：逻辑回归、随机森林和支持向量机的实现流程

参 考 文 献

[1] Agrawal A，Choudhary A. Perspective：materials informatics and big data：realization of the "fourth paradigm" of science in materials science. APL Materials，2016，4（5）：053208.

[2] White A. The materials genome initiative：one year on. MRS Bulletin，2012，37（8）：715-716.

[3] Zhu L，Zhou J，Sun Z. Materials data toward machine learning：advances and challenges. The Journal of Physical Chemistry Letters，2022，13：3965-3977.

[4] Sun Z，Wang G，Zhang X，et al. Novel material design and development accelerated by materials genome engineering. Journal of Beijing University of Aeronautics and Astronautics，2022，48（9）：1575-1588.

[5] Jain A，Ong S，Hautier G，et al. Commentary：the Materials Project：a materials genome approach to accelerating materials innovation. APL Materials，2013，1（1）：11002.

[6] Curtarolo S，Setyawan W，Hart G，et al. AFLOW：an automatic framework for high-throughput materials discovery. Computational Materials Science，2012，58：218-226.

[7] Pizzi G，Cepellotti A，Sabatini R，et al. AiiDA：automated interactive infrastructure and database for computational science. Computational Materials Science，2016，111：218-230.

[8] Wang G，Li K，Peng L，et al. High-throughput automatic integrated material calculations and data management intelligent platform and the application in novel alloys. Acta Metallurgica Sinica，2021，58（1）：75-88.

[9] Wang G，Peng L，Li K，et al. ALKEMIE：an intelligent computational platform for accelerating materials discovery and design. Computational Materials Science，2021，186：110064.

[10] National Academies of Sciences，Engineering，and Medicine. NSF Efforts to Achieve the Nation's Vision for the Materials Genome Initiative：Designing Materials to Revolutionize and Engineer our Future（DMREF）.

Washington：National Academies Press，2023.

[11]　Wang G，Zhou J，Elliott S，et al. Role of carbon-rings in polycrystalline GeSb$_2$Te$_4$ phase-change material. Journal of Alloys and Compounds，2019，782：852-858.

[12]　Wang G，Zhou J，Sun Z. First principles investigation on anomalous lattice shrinkage of W alloyed rock salt GeTe. Journal of Physics and Chemistry of Solids，2020，137：109220.

[13]　Cheng Y，Zhu L，Wang G，et al. Vacancy formation energy and its connection with bonding environment in solid： a high-throughput calculation and machine learning study. Computational Materials Science，2020，183：109803.

[14]　Sun Y，Wang G，Li K，et al. Accelerating the discovery of transition metal borides by machine learning on small data sets. ACS Applied Materials & Interfaces，2023，15（24）：29278-29286.

[15]　Zhang B，Zhou J，Sun Z. MBenes：progress，challenges and future. Journal of Materials Chemistry A，2022，10：15865-15880.

[16]　Huang Y，Zhou J，Wang G，et al. Abnormally strong electron-phonon scattering induced unprecedented reduction in lattice thermal conductivity of two-dimensional Nb$_2$C. Journal of the American Chemical Society，2019，141（21）：8503-8508.

[17]　Gan Y，Wang G，Zhou J，et al. Prediction of thermoelectric performance for layered Ⅳ-Ⅴ-Ⅵ semiconductors by high-throughput *ab initio* calculations and machine learning. NPJ Computational Materials，2021，7（1）：176.

第 2 章

神经网络势函数与大规模
分子动力学模拟

　　物质系统在自然界中具有极高的复杂性，其原子间相互作用类型繁多，不仅涉及离子键、共价键、金属键、范德瓦耳斯相互作用、氢键和 π-π 键等，还包括化学键的形成与断裂等过程。原子间相互作用势（势函数）通常用来描述不同类型物质系统中原子间相互作用的能量变化，因此，如何高效构建具有普适性且精度较高的势函数成为物质科学研究的一大挑战。针对不同的物质系统，研究人员长期以来发展了大量的经验和半经验势函数方法，旨在描述和预测原子间相互作用，为材料的性质和行为提供理论依据。

　　经验势函数通常基于实验数据和经验规律得到，适用于具有简单相互作用的物质体系，如气体分子、单质等，但是无法描述包含复杂化学键的多元物质体系。半经验势函数是在经验势函数的基础上引入一定的物理规律，以提高其在不同物质体系中的适用性和精度。半经验势函数结合了实验数据和理论知识，在更多的物质体系（如合金、半导体等）中得到了广泛应用。

　　尽管目前已经建立了大量的经验和半经验势函数，但仍然存在许多挑战。首先，目前尚无一种能够完全通用的势函数，针对不同物质体系的特定性能研究，仍然需要专门针对性地开发势函数。其次，在不断发展新势函数的过程中，如何平衡计算精度与计算效率之间的关系也是一个亟待解决的问题。此外，尽管半经验势函数在某些特定的材料性能预测中取得了较好的结果，但其精度仍然受限于所使用的实验数据和理论方法。因此，对于一些复杂的物质系统，半经验势函数可能无法处理所有的原子环境并提供足够的精度。

　　近年来，随着高性能计算机、材料高通量计算、多类型数据库和人工智能方法的快速发展，基于材料信息学的新型势函数研究取得了一系列重要进展。针对某一类特定的材料体系，机器学习势函数通过学习大量的实验数据和理论模拟结果，实现了对原子间相互作用的高精度描述。随着多元材料体系原子局域环境复杂度的增加，基于深度学习、图/卷积神经网络的先进机器学习算法和高效并行计算策略，为快速构建高精度的多元机器学习势函数带来了新的可能性。然而，上述方法构建的势函数通常仅适用于训练数据集中所包含的特定材料体系。为了解决这一问题，未来基于生成式预训练（generative pre-trained transformer，GPT）模型和机器学习自回归算法，能够开发精度更高且具有普适性（适用于更多元素类型甚至整个元素周期表）的预训练势函数大模型，为理解和预测物质系统的行为提供强有力的理论支持。

本章内容包括以下几个部分：首先，2.1 节回顾常见的经验势函数及半经验势函数；然后，2.2 节介绍机器学习原子间相互作用势的发展历程；2.3 节详细介绍北京航空航天大学孙志梅教授团队基于 ALKEMIE 智能平台开发的机器学习势函数方法 PotentialMind；最后，2.4 节深入探讨机器学习势函数在二元相变存储材料等信息功能材料中的应用。

2.1　大规模分子动力学模拟原子间相互作用势概述

研究人员通常基于先验数据、经验估计和统计学的拟合方法来快速选择势函数的形式，而省略了对理论和实验参数的依赖，这种相对较快的拟合势函数方法被称为经验势。但是该方法精度受到数据质量和范围的限制。为了提升势函数精度，基于物理定律（如量子力学），结合计算模拟和宏观实验参数（如弹性常数、平衡点阵常数、内聚能、空位形成能和层错能等）来拟合模型的关键参数的方法被称为半经验势。该方法在保持计算效率的同时提高了势函数精度和可靠性。

2.1.1　对势模型

分子动力学模拟通常采用对势模型，可以很好地描述除金属和半导体以外的无机化合物。常用的对势模型有以下三种。

（1）Lennard-Jones（LJ）势。LJ 势常用来模拟原子和分子间相互作用，特别是惰性气体和非极性分子，表达式简单，计算效率高，可以直观地解释原子间的吸引和排斥作用；但是作为一种经验势，对于复杂结构的化学键和多体作用精度有限。

（2）Morse 势。Morse 势是另一种常见的经验势，相比于 LJ 势，该模型能更好地描述原子间的弹性键合作用，适用于模拟共价键等化学键的形成和断裂过程，但是其计算复杂度略高，对于非键合相互作用（如范德瓦耳斯力、静电作用）描述能力有限。

（3）Born-Mayer 经验势。Born-Mayer 经验势常用于描述离子晶体中正负离子间的相互作用，包括库仑静电吸引力和短程排斥力等，其拟合过程包含 3 个未知参数和指数等运算，计算复杂度较高。

2.1.2　多体相互作用势

多体相互作用势（many-body interaction potential）是一类用于描述原子或分

子间的多体相互作用的能量函数。在原子尺度上，系统的能量、稳定性和动力学行为受到原子间相互作用的影响。通常，原子间的相互作用不仅是两个原子之间的作用，还包含其相邻原子的多体影响。多体相互作用势可以分为描述非共价键作用（如范德瓦耳斯作用和静电作用）的非键合势，描述共价键形成、弯曲和扭转等多体相互作用的键合势两大类。常见的多体相互作用势包括以下三种。

（1）嵌入原子势方法（embedded atom method，EAM）。EAM 是一种常见的半经验势，考虑原子间相互作用和原子嵌入在电子密度场中的能量，可以很好地描述金属体系中的多体效应，如缺陷、表面和相界等。但是 EAM 的构建需要计算电子密度和嵌入能，并且不适用于非金属体系。

（2）Tersoff 半经验势。Tersoff 半经验势适用于描述半导体和金属原子体系，特别是具有共价键特性的材料的键长、键角和扭转角，如碳、硅和锗等。该势函数拟合涉及多个参数和复杂的函数关系，所需计算量较大。

（3）修正嵌入原子势方法（modified embedded atom method，MEAM）。MEAM 基于 EAM，引入了角度因子、局部晶格结构等来描述考虑角度效应的多体相互作用势。MEAM 主要用于描述金属、半导体等原子体系，精度较高，但是所需的计算量和拟合参数复杂烦琐，且收敛困难。

2.2 神经网络势函数概述

科学发展经历了"经验范式"、"理论模型范式"和"计算模拟范式"，如今正处在基于数据科学和机器学习的"数据驱动的第四范式"。随着计算机技术、数据科学和并行计算方法的迅猛发展，机器学习（machine learning，ML）在许多领域扮演着越来越重要的角色。基于材料空间构型，通过合理的结构描述符构建规范化的矩阵数值，进一步选择有效的机器学习算法和模型，最终实现材料性能的高效准确预测。这使得机器学习范式在各个科学领域中成为一种非常具有吸引力的应用工具，尤其在数据挖掘、数据分类和模型可解释性方面具有关键作用。

机器学习势（machine learning potential，MLP）函数方法旨在将机器学习算法与材料计算模拟相结合，以预测多维材料的势能面（potential energy surface，PES）。该方法包含了材料结构中所有信息，如亚稳态构型、特定温度下分子动力学模拟中的原子受力、结构转变、过渡态、原子迁移势垒和原子振动等，可以处理从小分子到块体材料的任意大小、任意元素种类的材料模拟体系。

2.2.1 低维度机器学习势函数

1995 年，Doren 团队首次通过神经网络构建了氢气吸附在硅(100)晶面上的机器学习势函数模型。这一突破性的研究为提升电子结构计算效率开辟了新的途径，同时也为研究吸附原子和表面的动力学问题提供了新的手段。然而，由于计算能力的限制及系统复杂性的挑战，该团队将神经网络模型主要应用在拟合更大体系经验势函数的过程中。

2009 年，Malshe 等基于神经网络提出的一种新方法，适用于经典多体势函数模型参数的拟合。2013 年，Li 等进一步提出了置换不变的多项式（permutationally invariant polynomials，PIP）方法。根据不同的输入坐标构建多个多项式，然后利用神经网络训练潜在势能面。

尽管早期的研究中出现了诸多创新的尝试，但是这些研究中考虑的原子自由度较少，导致它们在实际应用中的使用范围受到了一定限制。例如，这些方法很难直接应用在含空位的结构、表面与分子相互作用及特定的低维度掺杂构型等复杂场景。为了应对这些挑战，研究人员需要结合传统的赝势或力场来进行模型的优化和改进，才能满足更多的实际应用需求。

2.2.2　高维度神经网络势函数

在大多数材料计算模拟中，总能量常被视为每个原子能量的累积，但是第一代低维度的神经网络势函数并不能满足这一需求。这些低维度势函数的输入直接源于材料结构中的每个原子坐标，因此当原子个数发生变化时，模型便失去了应用性，也无法拓展到大规模的体系中。这种局限性阻碍了第一代神经网络势函数的广泛应用[1]。

然而，随着科学的发展，研究人员发现高维度的材料描述符（materials descriptors）可以将任意维度的材料结构转化为多个包含不同参数量的方程。理想情况下，该描述符可适用于任意多原子的体系。这些描述符主要通过数学方法来解析材料的局部原子环境，并将其转化为机器学习能识别的归一化数据。

根据描述符类型，第二代机器学习势（MLP）函数大致可分为两类。一类为预先定义的高维 MLP 函数，具有固定形式的描述符，包括定义结构空间形状的参数、定义空间角度的参数、定义键长的参数等。在计算某些特定的材料性质时，多个描述符可能共享基础的参数配置。由于其简单有效，这种预定义描述符仍然是目前 MLP 函数应用的主流。另一类则是可自动调节的描述符，它基于数据集中的结构信息自动学习不同描述符间的参数并传递给神经网络。

Behler 在 2011 年提出的原子中心对称函数是最具代表性的例子，它被用于构建高维度的神经网络模型[2]。对于低维度的神经网络，它是根据原子个数来拟合出神经网络势函数，产生的势函数同样只适用于相同原子数的体系和结构。这种方法存在很多问题，例如，每个输入单元仅能代表一个原子的自由度，因此原子的自由度会受到限制，导致模型效率较低。另外，一旦神经网络模型拟合成功，输入特征的数量不能被改变，因此，每个不同大小的体系都需要对应一个专属的势函数，这显然是不现实的。对于高维度的神经网络，应该可以无视原子数量限制，适用于包含任意原子的所有体系。进一步，对于很大的体系，如包含数千个原子，交换同一键两边的原子位置是不会改变结构的，因此，必须能够根据这种交换方式反映出能量的变化。为了解决这些问题，Behler 提出了对称函数模型，将每个函数的坐标分解为对应的对称函数，然后拟合原子的神经网络，最终根据每个原子的能量来获取最终能量[3]，并在 GeTe[4] 和 $Ge_2Te_2Sb_5$[5] 中获得了成功应用。

2018 年，研究人员提出了一系列新的描述符和算法。例如，Gastegger 发布了权重相关的对称函数（wACSF）；Liu 和 Kitchin 使用 wASCF 和神经网络构建了多输出的模型，提升了精度和实用性。2017 年，Parkhill 针对原子叠加的能量做了优化，开发了将存在互相关联的原子能量相加（而不是任何一个原子的能量相加）的代码（BIM-NN）。这种方法的缺点在于应用范围仅限于包含空位的独立分子，而不能应用到其他更大范围的体系。近年来，Weinan 基于之前的深度势能方法（deep potential method）开发了考虑原子受力版本的新软件 DeepMD。这种方法定义了一种新的描述符——局部原子框架（local atomic frame）。该描述符的超参数可以调整，只依赖原子位置，减少了势函数的复杂度。其缺点是简单的对称函数形式没有考虑多体作用，没有平滑的阶段函数，在截断处力的值不平滑。

在可动态调整参数的描述符方面，Duvenaud 基于拓展相互连接环形指纹（extended-connectivity circular fingerprints，ECFP）函数首先提出了动态调整的描述符，通过图神经网络识别结构特征来构建描述符。2017 年，Gilmer 受此启发命名了信息传递神经网络（message passing neural networks，MPNN），与 Duvenaud 的方法共享同样的思路：根据几何特征自动决定描述符。Schutt 开发了深度张量神经网络（deep tensor neural networks，DTNN）方法，用于描述有机分子。进一步基于上述模型提出了升级版 SchNet，将原子位置通过高斯展开构建一个系数矩阵，然后通过离散的卷积网络进行连续的泛化，构建了连续滤波卷积层（continuous-filter convolutional layer，CFCL）模型。2018 年，Lubbers、Smith 和 Barros 提出了层级结构相互作用的粒子神经网络（hierarchically interacting particle neural network，HIP-NN），能量被视为多个层级序列的贡献，每个层级包含交互块（interaction blocks）和偏置函数。该模型的精度相比 SchNet 有显著提升。

总体来讲，目前机器学习势函数虽然最常用的仍然是第二代神经网络势函数，常用的软件有 GAP[6]、Aenet[7] 等，但也有明显的缺点，如局域近似无法满足超过截断半径的长程相互作用。尽管这些方法都在一定程度上解决了特定问题，但在实际应用中，如何选择和设计合适的描述符以及如何有效结合多个描述符仍然是一个待解决的问题。

2.2.3　考虑长程相互作用的神经网络势函数

考虑长程相互作用的神经网络势函数首次由 Popelier 团队提出，该团队考虑到静电的长程相互作用，尤其是大型体系中静电力学的长程散射对结果产生重大影响。2011 年，他们引入了第三代神经网络势函数（也称 3G-HDNNP）。这种势函数是在 Behler 和 Parrinello 提出的第二代 HDNNPs 基础上进行拓展的，主要的改进是在能量计算中添加了一个电荷对应的广义能量变量 E（electronic），以描述长程电荷作用。

2018 年，Yao 以 Grimmes 的 D2 方法为基础，提出了新的神经网络势函数，它包含长程静电作用和散射作用。这种方法通过训练神经网络来产生与电荷相关的偶极矩。同时，基于上述提到的第二代信息传递神经网络（MPNN）进行了修正，并增加了部分长程相关内容。2019 年，Unke 和 Meuwly 提出了 PhysNet，它是在 SchNet 的基础上进行了两个重要的改进。首先，添加了预激活残差层，提高了模型的表达能力，并采用基于距离的注意力掩码作为信息函数，以提高学习效率。其次，通过包含多个交互区块的精细箱（refined box）来获取原子的系数向量，并可以计算长程静电作用。这种方法的一个重要优点是可以同时预测能量和电荷。

然而，第三代神经网络势函数并未得到广泛应用。一方面，在物理学中，超过 6～10Å 的静电作用通常被视为可以忽略不计的。另一方面，虽然考虑长程相互作用可以提高模型的精度，但也会大幅增加训练的成本。相比于微小的精度提升，训练的投入明显大于回报。

2.2.4　考虑全局结构和电荷分布的神经网络势函数

前三代神经网络势函数尽管在很多方面有着显著的贡献，但是并未能够很好地处理由掺杂、缺陷、离子化、质子化和脱质子化等过程导致的总体结构电荷的变化。这是因为这些方法基于固定总电荷的假设，而当总电荷改变时，它们无法准确地根据局部环境的变化来展示电子的局部电荷，从而导致预测的势能面（PES）可能不准确。

2015 年，Ghasemi 提出了一种新的方法：电荷平衡神经网络技术（charge equilibration neural network technique，CENT）。该方法的核心思想是引入一个电荷平衡步骤，在总能量中考虑电子局部电荷的二阶泰勒展开，使电子能够根据整个系统的变化进行重新分布，以最小化静电能量。

2020 年，Xie、Persson 和 Small 进一步提出了贝克人口神经网络（Becke

population neural network，BpopNN）。该方法引入了一个自洽场电荷（SCF-q）来自动调整原子电荷，并将能量分为三个部分。此外，他们还在 CENT 的基础上，进一步改进了基于局部电子环境获取电荷平衡的方法，提出了第四代高维神经网络势（fourth-generation high-dimensional neural network potential，4G- HDNNP）函数。与 CENT 不同的是，在 4G-HDNNP 的训练过程中，电负性不是优化的目标，而是根据密度泛函理论（DFT）计算的电荷进行优化。长程能量可以通过库仑定律或周期性条件使用 Ewald 求和来获得，短程能量与第二代的能量类似，两者相加得到总能量。

神经网络势函数尽管在最近几年得到了快速发展，但也面临许多问题。

（1）随着系统元素数量的增长，描述符的数量会急速增加。解决这个问题是当前面临的挑战之一。

（2）高效构建覆盖整个搜索空间的原始数据集是另一个迫切需要解决的问题。例如，Artrith 和 Behler 通过 HDNNP 的主动学习创建了适用于 Copper 的自动生成数据集的框架。

（3）基于小数据集或者中等规模的数据提升机器学习势函数的质量。

（4）在机器学习势函数中引入一些潜在的物理法则来提升势函数质量，如第三代和第四代神经网络势函数考虑的长程静电力学，另外还需要额外考虑自旋、磁性和外部电场等作用。

（5）神经网络与密度泛函理论的结合、展示对称适应的原子轨道特征，或通过神经网络学习高精度的电子波函数，也是目前发展的重要趋势。

（6）势函数的通用性，结合物理法则和类 ChatGPT 的生成式模型，训练覆盖元素周期表，适用于所有材料系统的预训练势函数大模型是极具挑战的研究热点。

2.3　多尺度机器学习势函数方法

本节主要介绍北京航空航天大学孙志梅教授团队基于 ALKEMIE 高通量智能计算平台开发的，集成第一性原理高通量计算、深度学习神经网络和分子动力学模拟的多尺度机器学习势函数方法 PotentialMind[8]。

2.3.1　PotentialMind 多尺度机器学习势函数方法概述

如图 2-1 所示，第一性原理计算受原子体系和模拟时间尺度的限制，仅能处理包含数百原子晶胞的材料体系，时间尺度多为皮秒级别。基于原子间作用力的分子动力学模拟可以模拟数万个甚至上亿个原子的体系，时间尺度可以达数百纳秒。但是由于原子间相互作用类型不同，传统的分子动力学模拟势函数很难兼容多种材料体系且大多数为经验和半经验势函数，需要拟合特定形式的物理方程，因此势函数的拟合通常非常困难。随着计算机性能和机器学习方法的发展，基于海量第一性原理数据，从数据中挖掘原子间相互作用关系，使得拟合具有第一性原理精度的复杂势函数变得可行。因此，北京航空航天大学孙志梅教授团队基于 ALKEMIE 高通量智能计算平台，开发了适用于多类型材料体系的多尺度机器学习势函数方法 PotentialMind[9]。该方法基于特定的原子信息描述符和近邻原子贡献等算法，将材料学中的三维材料结构转换为可供深度学习使用的矩阵数据；其可视化的图形用户界面（GUI）使得高效筛选材料特征描述符、数据清洗和数据归一化等过程变得直观透明，简单易用。进一步，该方法基于 TensorFlow、PyTorch 等深度学习框架，构建了快速训练适用于任意材料体系的原子局域环境、原子能量及原子作用力的构效关系模型（即势函数），在包含晶态、非晶态、液态等构型的相变存储材料体系中获得了实际应用。该方法获得的势函数模型精度与第一性原理计算相当，能有效预测原子能量和受力，将计算时间缩短了两个数量级。该方法提供了模型应用的应用程序接口（application program interface，API）。基于 API，机器学习势函数模型可以在分子动力学模拟软件 ASE（Atomic Simulation Environment）和 LAMMPS（Large-scale Atomic/Molecular Massively Parallel Simulator）中实现具有更多复杂功能的大规模分子动力学模拟[10]。

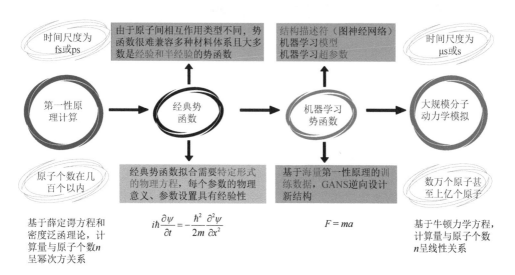

图 2-1　经典势函数和 PotentialMind 多尺度机器学习势函数

PotentialMind 机器学习势函数拟合方法主要分为第一性原理高通量计算、材料描述符及数据耦合、机器学习势函数拟合和大规模分子动力学模拟验证四个部分，如图 2-2 所示。

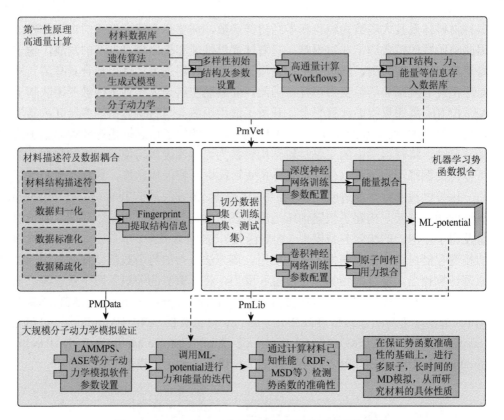

图 2-2 PotentialMind 多尺度机器学习势函数架构设计

1）第一性原理高通量计算

初始数据质量决定了机器学习模型的准确性。因此，势函数拟合的第一步需要通过多种方式收集尽可能多的不同状态下的化合物构型，常用方法包括以下几种。

（1）从大型材料结构数据库（Materials Project、AFLOW 和 ALKEMIE-MatterDB）查询不同空间群的初始化合物构型。

（2）通过结构搜索遗传算法（USPEX）、生成式机器学习模型（循环神经网络）等方法尽可能多地遍历结构搜索空间，获得多种包含不同原子环境的材料初始构型。

（3）通过第一性原理分子动力学获得液态、非晶态和缺陷态的多种材料初始构型。在获得充足的初始构型基础上，通过第一性原理高通量静态计算获得原子坐标、原子配位环境、受力、弹性常数等计算结果，并将其作为机器学习的标签值（参考 2.3.2 节）。

2）材料描述符及数据耦合

为每个元素定制一系列的指纹函数，用来解析该类型的原子在不同原子环境中配位情况和近邻原子信息（键长、键角和二面角），从而将第一步的三维结构信息转化为机器学习可识别的矩阵数值信息（参考 2.3.3 节）。

3）机器学习势函数拟合

训练模型参数并获得精度较高的势函数模型。该部分主要通过深度神经网络拟合能量，卷积神经网络拟合原子受力信息，并为不同的神经网络模型测试超参数（学习率、激活函数、隐藏层数量、节点数量、批处理参数、网络结构优化算法、损失函数等，参考 2.3.4 节）。

4）大规模分子动力学模拟验证

在获得了精度较高的机器学习势函数模型后，如何将模型应用到实际的模拟体系中至关重要。2.3.5 节深入阐述了如何将训练的高精度模型应用到分子动力学模拟中，替代传统的原子能量和力的计算方式。在使用 LAMMPS 或 ASE 等分子动力学模拟软件时，调用 PotentialLib 接口来计算材料的特性，通过对比大规模分子动力学和第一性原理分子动力学计算的径向分布函数结果，进一步评估模型的准确性。在确保势函数准确性的基础上，进行更大原子尺度和更长模拟时间的分子动力学模拟。

2.3.2 基于第一性原理的机器学习数据集构建方法

基于第一性原理计算构建机器学习数据集的步骤和参数，如图 2-3（a）所示。首先，通过数据库查询，获取目标化合物所有可能的构型。进一步通过拉伸、压缩以及在不同温度下的第一性原理分子动力学模拟，从而生成初始数据集。部分对称结构在分子动力学模拟过程中通常会在原始位置振动，从而产生大量类似的初始构型，会造成初始数据过多，从而增加机器学习参数拟合的维度。因此，在 PotentialMind 中，通过自主开发的 SymmetryFinder 控件对不同的构型和分子动力学步骤进行结构差异分析，去除构型相似度较高的数据，进而进行高通量的第一性原理静态计算，以获得相应构型的结构、受力和弹性常数信息。

随后，通过自主开发的 PMVET（PotentialMind VASP Energy Transport）软件，将仅包含原子位置信息的结构文件转化为包含原子能量和受力信息的 XSF 文件。进一步通过 2.3.3 节中对称函数近邻原子算法构建适用于特定原子的对称函数方程，将材料结构转化为适用于 TensorFlow 和 PyTorch 的二进制数据格式。在数据清洗过程中，封装了数据处理过程中针对缺失值、稀疏矩阵、数据归一化和标准化等步骤的参数，同时还可以将处理过的数据存储在数据库中以方便复用。

初始数据集的构建是决定势函数精度的关键步骤。尽量遍历目标元素组成所有的全局搜索空间，构建高质量的初始数据集往往能起到事半功倍的效果。在数据集构建过程中，具体需要指定的参数（其他软件调用 PotentialMind 所需的 API）主要包括：对称函数的数量（nsf）、数据集的特征数量（sf_values_no_label）、标签值（sf_values_include_label）和近邻原子的最大数量（max_nnl）、总的结构文件数量（total_xsf_files）和总的原子个数（total_atom）。其在 ALKEMIE 平台中可视化的操作界面如图 2-3（b）所示。

图 2-3　机器学习数据集参数配置（a）和 Generate 可视化流程（b）

2.3.3　材料结构描述符方法

对称函数法旨在通过多个不同参数的数学方程将某个原子位置及其周围近邻原子环境信息转化为纯粹的数值数据，如图 2-4 所示。对称函数可以划分为两大类：一类是用于描述原子键信息的 G_2 和 G_3 函数；另一类是用于描述三个原子之间键角信息的 G_4 和 G_5 函数，具体的对称函数的表达如式（2-1）～式（2-5）所示。对于材料体系中的所有原子，该方法为每一个原子设定 N 个参数各异的对称函数，从而将中心原子的信息解析为 $N×1$ 维的向量。在理想情况下，具有相似位置信息和近邻原子环境的中心原子，转化后的 $N×1$ 维向量的模应接近于零；而对于位置信息和近邻原子环境差异较大的中心原子，转化后的 $N×1$ 维向量模应当位于 $y=x$ 附近，即原子环境差异越大，向量的模差异越大。因此，为了确保不同的原子环境信息能够转化为唯一独特的数值向量，如何选择对称函数参数至关重要。

$$f_c(R_{ij}) = \begin{cases} 0.5 \cdot \left[\cos\left(\dfrac{R_{ij}}{R_c} \right) + 1 \right], & R_{ij} \leqslant R_c \\ 0 & R_{ij} > R_c \end{cases} \qquad (2\text{-}1)$$

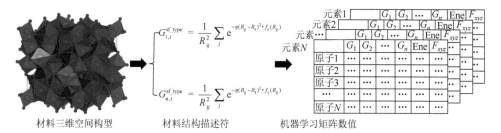

图 2-4　材料结构信息通过指纹函数或者对称函数转化为二进制数据

$$G_i^2 = \frac{1}{R_{ij}^2} \sum_j e^{-\eta(R_{ij}-R_s)^2} \cdot f_c(R_{ij}) \tag{2-2}$$

$$G_i^3 = \frac{1}{R_{ij}^2} \sum_j \cos(\kappa R_{ij}) \cdot f_c(R_{ij}) \tag{2-3}$$

$$G_i^4 = \frac{1}{R_{ij}^2 + R_{ik}^2 + R_{jk}^2} 2^{1-\xi} \sum_{j,k=i}^{all} (1+\lambda\cos\theta_{ijk})^\xi e^{-\eta(R_{ij}^2+R_{ik}^2+R_{jk}^2)} \cdot f_c(R_{ij})f_c(R_{ik})f_c(R_{jk}) \tag{2-4}$$

$$G_i^5 = \frac{1}{R_{ij}^2 + R_{ik}^2} 2^{1-\xi} \sum_{j,k\neq i}^{all} (1+\cos\lambda\theta_{ijk})^\xi \cdot e^{-\eta(R_{ij}^2+R_{ik}^2)} \cdot f_c(R_{ij}) \cdot f_c(R_{ik}) \tag{2-5}$$

1. G_2 类型原子键相互作用对称函数

对于 G_2 类型的原子键相互作用对称函数 [式（2-2）]，针对方程参数 R_c、eta（η）和 R_s，分别研究了它们对相同原子间距离 R_{ij} 的计算结果的影响，测试结果如图 2-5 所示。截断半径 R_c 对 G_1 曲线的整体形状有显著影响，如图 2-5（a）所示。图中的实线代表 G_1 函数直接的计算结果，虚线代表 G_1 方程对 R_{ij} 求偏导的输出结果。在截断半径范围内，函数具有非零值，超过截断半径，函数值恒为 0。该函数的输出结果与材料学中截断半径的定义非常吻合，因此，当截断半径为 1 时，G_1 仅能区分原子间距 R_{ij} 在 0～1 范围内的原子环境。因此通过第一性原理分子动力学的结果，选择合适的一系列 R_c 值可以描述多个不同区间范围的原子环境。G_2 函数中的 R_c 参数对函数形状的影响与 G_1 函数相似，如图 2-5（b）所示，截断半径 R_c 应从大于第一近邻距离的值开始选取。理论上，R_c 可以选择到无限大，但增大 R_c 会引入更多的近邻原子判断，从而大幅度增加计算量。因此，R_c 可以根据计算量设定为在第一近邻至第三近邻间的等比数列。

eta（η）参数对曲线形状的影响如图 2-5（c）所示。该参数对函数整体形状的影响最为显著。当 eta 取值较小，如 0.001 时，情况类似于 R_c，曲线比较平滑，能覆盖的原子间距较大，但其偏导数覆盖的距离较小。当 eta 取值超过 1 后，eta 取值越大，函数覆盖的原子间距就越小。

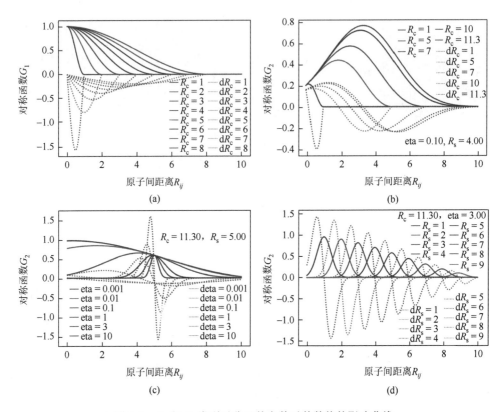

图 2-5　G_1 和 G_2 类型对称函数参数对其数值的影响曲线

（a）R_c 对 G_1 对称函数数值结果的影响；截断半径 R_c（b）、eta（η）（c）和 R_s（d）对 G_2 对称函数数值结果的影响，实线为原函数，虚线为原函数针对 R_{ij} 的偏导数

R_s 参数对曲线形状的影响如图 2-5（d）所示，可以用来显著区分具有不同键长的原子间相互作用。如果 R_c 选取过大，R_s 也应选取较大值，但这可能导致识别能力降低（即曲线过于平缓）。为了避免结果出现 0 值（大量的 0 值会使得在机器学习过程中面临稀疏矩阵问题），建议所有的 R_s 取值都应当位于 R_c 的最小值和最大值之间。

2. G_3 类型原子键相互作用对称函数

对于 G_3 类型原子键相互作用对称函数［式（2-3）］，参数 R_c 和 kappa（κ）对方程的影响如图 2-6 所示。参数 R_c 对函数形状影响较小，函数形状基本不受 R_c 参数影响，函数数值会根据 R_c 的取值小范围波动，如图 2-6（a）所示。参数 kappa 对函数取值范围影响较大，不同的 kappa 取值可以覆盖很长区间的 R_{ij} 范围。但是由于 G_3 函数存在大量的负值，在对多个原子对相互作用的累加过程中，正负值相互抵消，导致很多原子信息缺失。因此对于近邻原子较多的体系，该类型函数仅作为辅助参考，不建议选取大量的参数。

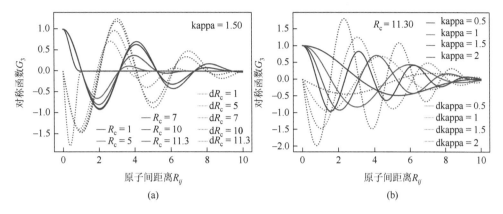

图 2-6　G_3 类型对称函数参数对其数值的影响曲线

截断半径 R_c（a）和参数 kappa（κ）（b）对函数数值结果的影响，实线为原函数，虚线为原函数针对 R_{ij} 的偏导数

3. G_4 类型原子角相互作用对称函数

对于 G_4 类型的原子角相互作用对称函数 [式（2-4）]，参数 lambda（λ）的正负对函数形状有着显著影响。图 2-7 展示了不同参数对 G_4 对称函数的影响，其中图 2-7（a）～（c）分别展示了当 $\lambda = 1$ 时，参数 R_c、eta（η）和 zeta（ξ）对函数值的影响；图 2-7（d）～（f）则分别展示了当 $\lambda = -1$ 时，参数 R_c、η 和 ξ 对函数值的影响。G_4 对称函数涉及由中心原子和相邻的两个原子构成的三角形，如果三角形的任一边长超过截断半径 R_c，G_4 的函数值就会变为 0。因此，从图像中可以看出，大量的中间角度对应的函数值为 0，而过多的 0 值会显著影响后续的机器学习模型拟合过程。在上述参数中，参数 ξ 对函数的结果影响最为显著，它能够改变函数中间非零区域的范围。而参数 R_c 和 eta 主要影响函数值的大小。其中，R_c 能轻微地改变函数形状，而 eta 对函数形状没有影响。

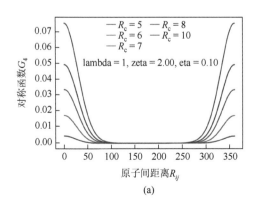

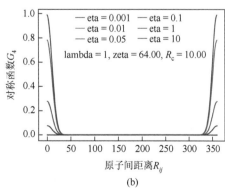

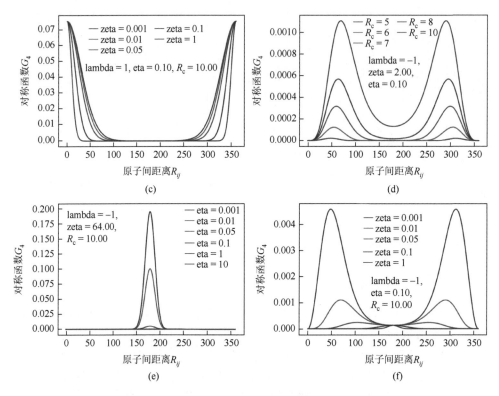

图 2-7 G_4 类型对称函数参数对其数值的影响曲线

当 lambda = 1 时，截断半径 R_c（a）及参数 eta（η）（b）和 zeta（ξ）（c）对函数分布的影响；（d）～（f）分别为上述参数在 lambda = -1 时对函数分布的影响，实线为原函数，虚线为原函数针对 R_{ij} 的偏导数

4. G_5 类型三元函数

G_5 类型三元函数［式（2-5）］参数对函数值的影响如图 2-8 所示。G_5 对称函数与 G_4 类似，与 G_4 函数不同的是 G_5 函数仅考虑中心原子和两个近邻原

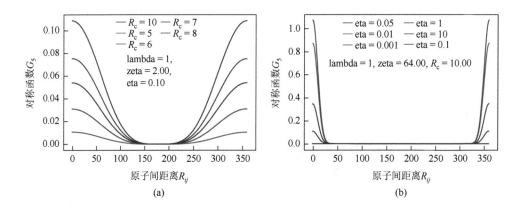

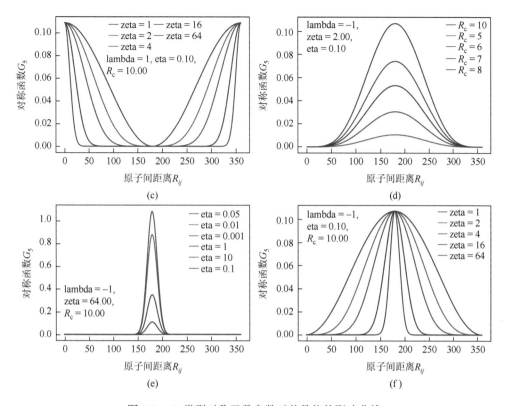

图 2-8　G_5 类型对称函数参数对其数值的影响曲线

当 lambda = 1 时，截断半径 R_c（a）及其他方程参数 eta（η）（b）和 zeta（ζ）（c）对函数分布的影响；（d）～（f）分别为上述参数在 lambda = −1 时对函数分布的影响，实线为原函数，虚线为原函数针对 R_{ij} 的偏导数

子相互作用的距离，而不考虑两个近邻原子间的相互作用，相当于删除了三角形 θ 角对应的边长。具体的参数 lambda（λ）的正负对函数形状有着显著影响，其中图 2-8（a）～（c）分别展示了当 $\lambda = 1$ 时，参数 R_c、η 和 ζ 对函数值的影响；图 2-8（d）～（f）则分别展示了当 $\lambda = −1$ 时，参数 R_c、η 和 ζ 对函数值的影响。G_5 函数相比于 G_4 函数，函数值为零区域更小，对应的函数所覆盖的角度范围更广，因此 G_5 函数比 G_4 函数具有更好的应用效果和覆盖范围。

2.3.4　深度神经网络训练方法

（1）数据预处理：根据 2.3.2 节和 2.3.3 节内容对初始数据集进行处理，包括标准化、填充缺失值、数据扩增及对称函数选择等。

（2）定义模型架构：选择并配置合适的神经网络架构。根据原子结构数据的复杂性，可能需要选择深度学习模型，如卷积神经网络（CNN）、递归神经网络

（RNN）或图神经网络（GNN）。

（3）设置训练参数：配置训练的超参数，包括学习率、优化算法（如 SGD、Adam 等）、损失函数［如均方误差（MSE）、均方根误差（RMSE）和平均绝对误差（MAE）或交叉熵损失等］、正则化方式（L2 正则化、BatchNormal）、批处理大小、激活函数类型、初始学习率、学习率下降策略、训练步数、模型保存步数、是否采用 GPU 等。

（4）模型训练：在每一轮训练（epoch）中，模型通过训练数据集进行学习，通过验证数据集评估模型性能以防止过拟合，通过调整模型参数和权重以最小化损失函数。每轮训练结束后，在测试数据集上评估模型的性能，这有助于理解模型在陌生数据中的预测能力。

（5）模型应用与改进：使用训练完成的模型对新的未知数据进行预测。根据分子动力学模拟结果，自动收集分子动力学中可能导致模拟崩溃的时间步对应的结构，通过 PotentialMind 交互迭代策略，自动收集导致模拟崩溃的误差较大的结构，重新进行第一性原理高通量静态计算，并反馈加入到训练集，实现实时交互（On-The-Fly）模式的局域动态交互迭代，对模型进行进一步优化和调整。

神经网络的训练可视化如图 2-9 所示。最终训练完成的模型可以用来计算结构中原子的能量和受力，模型保存为 TensorFlow 和 PyTorch 支持的 Pkl 格式。

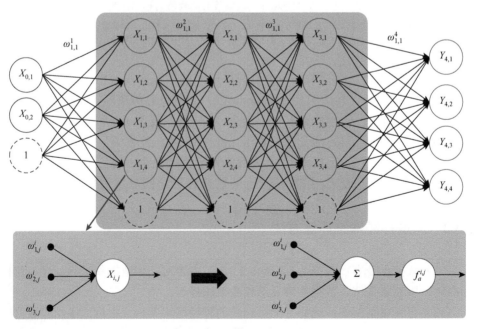

(a)

Data Settings

Choose Data	G:
Module Save Path	G:
Info Save Path	G:
Check Point	model.ckpt-500

File Type: Full

☑ GPU　2

ANN Parameters

Batch Size: 128

Epoches: 1000

Batch Norm Interval: 1

Head Skip: 3

Sess Save Step: 100

Loss Type: rmse

Activate Func: tanh

Learning Rate: $\alpha=1.0000$

Weight b2: $\beta=0.0000$

Hidden Layers: 200,100;100,50

☐ BFGS

Train

Data Info

```
G:\potentialmind-
alkemie_gjwang\potentialmind\.tmp_generate\train_data\Sb\default.tra
in_0_2Sb_normalized_sfval_sfval.bin
G:\potentialmind-
alkemie_gjwang\potentialmind\.tmp_generate\train_data\Sb\default.tra
in_2_4Sb_normalized_sfval_sfval.bin
G:\potentialmind-
alkemie_gjwang\potentialmind\.tmp_generate\train_data\Sb\default.tra
in_4_6Sb_normalized_sfval_sfval.bin
G:\potentialmind-
alkemie_gjwang\potentialmind\.tmp_generate\train_data\Sb\default.tra
in_6_8Sb_normalized_sfval_sfval.bin
G:\potentialmind-
alkemie_gjwang\potentialmind\.tmp_generate\train_data\Sb\default.tra
in_8_9Sb_normalized_sfval_sfval.bin
G:\potentialmind-
alkemie_gjwang\potentialmind\.tmp_generate\train_data\Sb\default.tra
in_9_10Sb_normalized_sfval_sfval.bin

G:\potentialmind-
alkemie_gjwang\potentialmind\.tmp_generate\train_data\model\log_dir
------------------------------------
G:\potentialmind-
alkemie_gjwang\potentialmind\.tmp_generate\train_data\model\training
_value
```

64%

	now_step	losses	rmse	mse	mae
623	623	2.5556218624	2.5556218624	1607.951171...	1.6568913460
624	624	2.6027846336	2.6027846336	1607.976196...	1.9659395218
625	625	3.3015859127	3.3015859127	1607.999145...	3.5918378830
626	626	2.5820844173	2.5820844173	1608.019897...	1.7720558643
627	627	2.5616219044	2.5616219044	1608.038818...	1.8109401464
628	628	3.0454559326	3.0454559326	1608.056152...	2.6437149048
629	629	2.4471359253	2.4471359253	1608.071605...	1.5842050314
630	630	2.7230641842	2.7230641842	1608.086181...	2.1889095306
631	631	3.0194997787	3.0194997787	1608.099609...	2.8245995045
632	632	2.3459491730	2.3459491730	1608.111938...	1.4324365854
633	633	2.8597736359	2.8597736359	1608.123046...	2.4833605289
634	634	3.2268342972	3.2268342972	1608.132812...	3.5652453899
635	635	2.6460380554	2.6460380554	1608.141601...	1.9187023640
636	636	2.4226765633	2.4226765633	1608.149414...	1.5257036686

(b)

图 2-9　（a）多层感知器人工神经网络的图形表示；（b）PotentialMind 神经网络拟合超参数配
置及模型训练可视化

2.3.5　基于神经网络势函数的大规模分子动力学模拟方法

PotentialMind 通过如图 2-10 所示的 API，读取用于大规模分子动力学的势
函数参数配置，并将机器学习势函数模型封装为 PytorchPmPotential 方法。该方
法类似于第一性原理计算的 POTCAR 赝势文件，可以根据元素类型及参数配置
自动加载对应的机器学习势函数。当所有元素模型加载完毕，软件会将多个
PytorchPmPotential 方法构建为 PMCalculator 计算器。该计算器类似于机器学习的
黑盒模型，仅接收原子的三维结构输入，并返回模型预测的原子能量、受力和弹
性张量信息。进一步，PotentialMind 分子动力学模块读取分子动力学模拟相关的

参数配置（温度 T、时间步长 dt、总模拟时长 steps 及其他日志信息等参数），基于 PmLib 动态交互接口，将上述模型预测的原子能量、受力和弹性张量信息传递给 ASE 的 Velocity Verlet 分子动力学模拟算法，实现基于牛顿力学的大规模分子动力学模拟，并输出分子动力学模拟每个时间步长相关的动能、势能、总能、温度、体积到输出文件，从而实现势函数模型和分子动力学的多尺度模拟。

```
01.  {
02.      "POSCAR_name":"potentialmind\\pmlib\\189.xsf",
03.      "Potentials":{
04.          "Sb":"potentialmind\\PytorchTrain\\dnn_params_Te_24000.pkl",
05.          "Te":"potentialmind\\PytorchTrain\\dnn_params_Sb_12000.pkl"
06.      },
07.      "element_types":2,
08.      "GenerateIn_filename":"potentialmind\\PytorchTrain\\test_20200110_generate.in",
09.      "read_init_param_fn":"Sb2Te3.train24total_elements_init_process_head_info.json",
10.      "read_norm_param_fn":"Sb2Te3.train24total_elements_final_nps.json",
11.      "hideennodes":[9000, 9000, 7000, 5000, 3000, 1000, 1000, 700, 500, 100]
12.  }
```

图 2-10　分子动力学模拟和势函数调用相关的关键参数配置

2.4　二元 Sb_2Te_3 神经网络势函数及大规模分子动力学模拟

相变器件转变过程极其迅速，通常处于纳秒级别，这使得实验过程中观测瞬间相变过程非常困难。因此，理论模拟成为研究相变机制的重要手段。然而，第一性原理计算受到原子体系大小和模拟时间尺度的限制，其时间尺度通常在皮秒级别。基于原子间作用力的分子动力学模拟能够模拟涵盖数百万至数十亿原子的体系，且其时间尺度可达数百纳秒。大规模的原子体系和长时间的计算模拟可以更深入地研究快速相变过程。然而，传统分子动力学模拟所使用的势函数极其有限，这使得相变材料在传统的基于牛顿力学的大规模分子动力学模拟中变得极其困难。因此，基于自主开发的 PotentialMind 机器学习势函数方法，开发适用于大规模分子动力学模拟且具有第一性原理计算精度的二元 Sb_2Te_3 神经网络势函数尤为重要。

2.4.1　神经网络初始模型构建

为了构建二元 Sb_2Te_3 势函数，除了需要包含不同状态的二元 Sb-Te 结构外，还需要包含不同原子环境的 Sb 和 Te 单质元素的初始模型。从 ALKEMIE-DB 材料结构数据库中筛选了 8 种不同构型的 Sb 结构和 5 种不同构型的 Te 结构，以及晶相、液相和非晶相的 Sb_2Te_3 结构，如图 2-11 所示。图 2-11（a）和（b）分别展示了 10 种不同空间群的 Sb 构型和 5 种不同的 Te 构型。对于层状 Sb_2Te_3，分别构建了包含 60 个原子的 2×2×1 超胞，135 个原子的 3×3×1 超胞和 240 个原子的

4×4×1 超胞构型。通过第一性原理分子动力学（AIMD）分步淬火获得非晶态和液态 Sb_2Te_3 结构，具体的模拟流程如下。

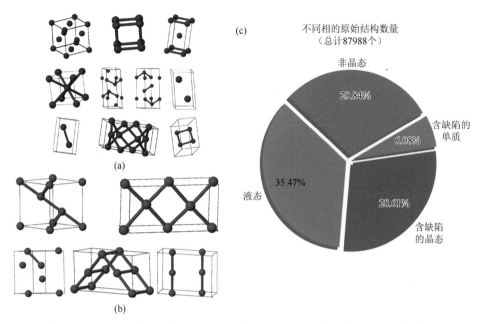

图 2-11　Sb（a）和 Te（b）初始晶态构型；（c）机器学习数据集中总构型量

（1）对于优化后的单质和二元化合物材料构型进行 10%范围内的拉伸压缩，变形间隔 0.5%，共获取 140 个原始晶态构型。

（2）对于晶态构型，进行分子动力学升温和降温过程，从而获得从 3000K 到 300K 降温过程中的液态构型（淬火速度为−15K/ps）和降温结束后（再结晶后）的多种不同的非晶态构型。

（3）晶态结构在不同的温度区间进行 AIMD 模拟，包括 300K、400K、500K、600K 和 700K，时间步长为 3fs，运行 2000 步，NWRITE = 1，记录每一步结构变化的过程。

（4）非晶态在不同的温度区间进行 AIMD 模拟，包括 300K、400K、500K、600K 和 700K，时间步长为 3fs，运行 2000 步，NWRITE = 1，记录每一步结构变化的过程。

对于所有的分子动力学构型，通过 PotentialMind 中相似结构分析算法，选择相似性较低的结构（从模拟步数和时长上，分子动力学基本每隔 50 步取一个结构）构建最终包含 87988 组原始结构的初始数据集，如图 2-11（c）所示，其中分别包含 25175 个晶态结构，31216 个液态构型，26254 个非晶态构型和 5353 个单质构型，晶态、液态、非晶态和单质的占比分别为 28.61%、35.47%、29.84%和 6.08%。

2.4.2　第一性原理和机器学习方法

第一性原理高通量计算主要通过 ALKEMIE 第一性原理高通量计算工作流和 VASP 进行模拟。采用投影缀加平面波（PAW）方法，交换关联泛函采用 PBE 和广义梯度近似。波函数由平面波展开时的截断能为 300eV，自洽迭代过程的收敛判据为相邻两次迭代总能差值小于 1×10^{-5}eV。对于含 60 个原子的超胞，采用 $5 \times 5 \times 1$ 的 K 点，含 135 个原子的超胞采用 $3 \times 3 \times 1$ 的 K 点，含 240 个原子的超胞采用 $2 \times 2 \times 1$ 的 K 点，所有 K 点栅格经过检验能够取得收敛结果。第一性原理分子动力学模拟使用标准的 NVT（固定原子数目、体积和温度）方法，温度使用 Nosé 算法控制。

2.4.3　Fingerprint：适用于 Sb_2Te_3 的结构描述符

在获取基础的结构数据后，机器学习无法直接将三维结构信息作为输入，因此，需要通过结构描述符将结构信息转化为数值信息。参照 2.3.3 节关于对称函数参数选取的策略，在二元硫族化合物 Sb_2Te_3 中，对 Sb 和 Te 原子分别选取了包含 G_2 和 G_5 两种类型共计 164 组对称函数及其在 $X/Y/Z$ 三个方向的偏导数。此外，还包含近邻原子个数，以键长的倒数进行数据缩放的 $X/Y/Z$ 分数坐标等四个信息。因此，最终的机器学习初始数据集包含共计 $164 \times 4 + 4$，即 660 个特征值。

2.4.4　Generate：第一性原理高通量静态计算

将 2.4.1 节所述的初始构型通过高通量第一性原理静态模拟计算（ALKEMIE 中高通量计算工作流如图 2-12 所示），获得对应的原子受力和原子能量，并构建对应的材料结构数据库，将每个结构保存为 XSF 格式文件。XSF 格式中包含了静态计算后的晶格矢量、原子个数、每个原子的 $X/Y/Z$ 方向原子坐标和受力，以及整个体系的总能。计算过程中将总能平均到每个原子中，得到每个原子的能量。XSF 文件格式如图 2-13（b）所示。

构建完成 XSF 格式的静态计算结果数据库，进一步使用 PotentialMind 的 pmrun 命令行工具执行生成过程，如图 2-13（a）所示。该过程包含以下三个步骤。

（1）将所有 XSF 文件中每个原子对应的受力和能量通过 2.4.3 节所选择的对称函数解析原子环境，将结构转换为 $660 \times n$（n 为原子个数）的矩阵，并存储为二进制数据。

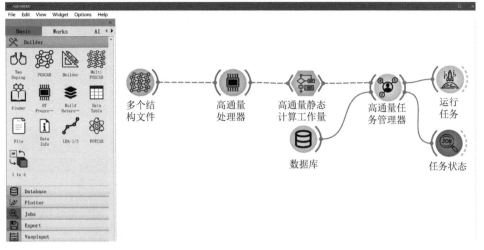

图 2-12　ALKEMIE 计算软件中高通量第一性原理静态计算工作流示意图

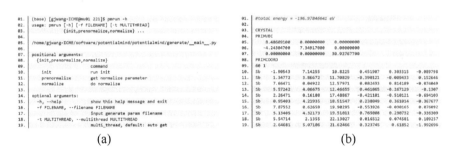

(a)　　　　　　　　　　　　　　　　　(b)

图 2-13　神经网络势函数数据集构建过程示例

（a）Generate 过程；（b）XSF 文件示例

（2）计算所有数据构型 660 个特征的最大值、最小值和均方误差，暂存为缩放系数。进一步通过缩放系数对二进制能量、特征列和标签值进行归一化和标准化，最后保存为 Numpy 格式的二进制数据。

（3）二进制数据无法直接被神经网络模型读取，根据 PotentialMind 中数据集接口，构建 PmData 数据管道，用来指定每次从 Numpy 二进制数据中读取的数据批大小，并指定每个二进制文件的字节大小、每次读取的特征值个数和标签值个数，进一步返回数据总样本量，用于后续的神经网络拟合。

2.4.5　Training：深度神经网络模型训练

在神经网络训练过程中，选用深度神经网络与卷积神经网络，以便准确预测能量和原子受力。深度神经网络的基础结构如图 2-9（a）所示，其中包含 10 个隐藏层。通过一系列测试，最终选择的每个隐藏层节点数为：9000、9000、7000、

5000、3000、1000、1000、700、500、100。用于预测原子受力的卷积神经网络结构如图 2-14 所示，将 660 个特征分为 3 个通道，构成 220×3 的矩阵，经过多个卷积层和池化层的处理，数据的深度增加，数量减少，最后输出每个原子的能量和受力结果（1×4 的矩阵）。

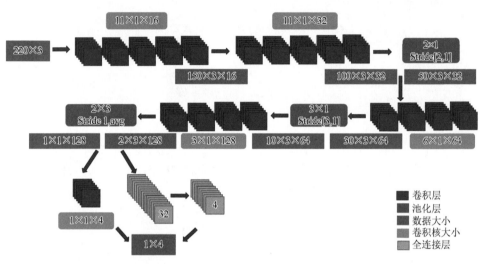

图 2-14　机器学习势函数训练过程中卷积神经网络模型内部结构

2.4.6　Predict：基于深度神经网络势函数的原子能量和受力预测

在能量拟合过程中，人工神经网络（artificial neutral network，ANN）的收敛结果如图 2-15（a）所示。对于任何状态的结构，最终训练精度能达到 4.79meV/原子。

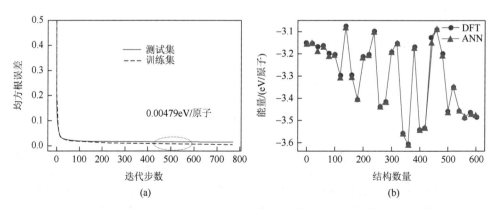

图 2-15　（a）神经网络训练过程中训练集和测试集的收敛过程；（b）能量 DFT 计算值和 ANN 预测值对比

　　训练精度较高的模型在完全陌生的 Sb_2Te_3 二元随机构型数据集中的预测结果如图 2-15（b）所示。其中红色线代表基于第一性原理 DFT 计算得出的原子能量值，蓝色线则是通过 ANN 方法得出的原子能量值。两条曲线几乎完全重合，模型的预测精度也达到了 99.81%。每个原子的平均能量误差值为 0.005eV，与第一性原理计算相当。

　　进一步将该模型应用于晶态、液态和非晶态，预测结果如图 2-16 所示。在晶态结构中，模型的预测精度极高，达到了 2.82meV/原子。大多数原子的能量预测与第一性原理计算结果基本相同，只有极少数原子的误差较大，最高可达 20meV/原子。但考虑到大型体系中原子数量众多，单个误差较大的原子能量可以忽略不计。

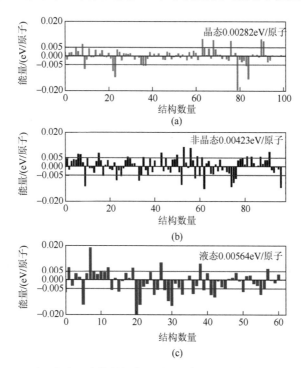

图 2-16　对于完全陌生的数据集，神经网络预测的每个原子能量误差
（a）晶态构型；（b）非晶态构型；（c）液态构型

　　在非晶态构型中，模型的预测精度为 4.23meV/原子，基本也可以达到第一性原理计算的精度需求。在液态构型中，原子环境最为复杂，模型的能量预测精度为 5.64meV/原子。虽然高于 5meV/原子的近似值，但鉴于液态构型的局域环境相对复杂，该平均误差也是可以接受的。对于部分原子环境，预测误差超过了 20eV/原子，这可能在实际模拟中产生一定误差。需要进一步将误差较大的原子环境纳入训练集重新进行拟合，以便修正模拟结果。

在原子受力的预测上，模型的结果如图 2-17（a）所示。预测了 80000 个不同环境下的原子受力与第一性原理计算结果的差异，平均误差约为 0.62eV/Å。具体每个原子的 *X/Y/Z* 方向受力误差如图 2-17（b）所示。箭头代表了受力的方向，线的长短代表了受力的大小。尽管原子受力的平均误差相对较低，但大约千分之一的原子受力预测误差超过 10eV/Å，少部分误差集中在 1~2eV/Å。这些预测误差较大的原子在实际的分子动力学模拟中可能导致结构崩溃和拟合结果不准确，这也是未来研究需要解决的问题之一。

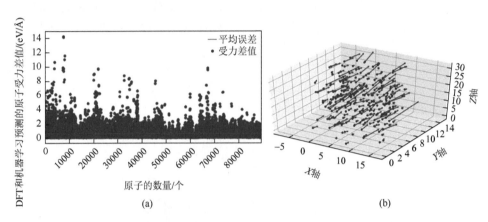

图 2-17　对于完全陌生的数据集，神经网络预测的每个原子受力误差

（a）神经网络预测的原子受力误差分布图；（b）每个原子对应的受力方向

图 2-18 详细地展示了模型预测过程中误差较大的晶态结构、非晶态结构和液态结构，同时还描绘了对称函数对特定原子环境的表征过程，并对能量和力误差较大

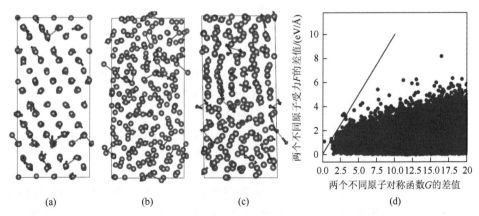

图 2-18　神经网络势函数在不同原子间受力误差和特征函数误差数值对比

晶相（a）、液相（b）和非晶相（c）中能量和原子受力误差较大的结构；（d）不同原子间受力误差和特征函数误差数值对比

的原因进行了深入分析。误差的产生及未来对应的研究方向主要有以下四个方面。

（1）首先，原始数据集无法包括所有可能出现的原子环境，因此，在预测过程中，模型可能会遇到一些非常陌生的结构，从而产生较大的误差。为了解决这个问题，在后续研究中将探索从小数据集中学习模型的方法，或者找寻更高效地构建原始数据集的策略。

（2）其次，可能是在构建数据集时对特征的选取并不精准。如图 2-18（d）所示，ΔF 表示两个不同原子的受力向量的差异，ΔG 则表示用于表征这两个原子的对称函数向量的差异。在理想情况下，选取的特征应当与原子局域环境一一对应，应完全位于 $y = x$ 线上，即特征向量的差值与其对应的原子受力的差值一致。如果数据点位于 $y = x$ 线的上方，意味着力的差异较大而特征向量的差异较小，即 G 不能完全反映 F；若位于 $y = x$ 线下方，则可能是 G 过度表征了对应原子的环境，甚至可能存在多个 G 代表同一原子环境的情况。为确保预测精度，应尽可能保证数据点位于 $y = x$ 线或该线下方，并确保 $y = x$ 线上方没有数据点。从图中可以看出，选取的特征函数大部分位于 $y = x$ 线下方，这可能会导致多个 G 代表同一原子环境，从而给神经网络带来困扰，因此产生预测误差。未来研究中，考虑引入特征神经网络模型来自动训练并确定特征函数的参数。

（3）再次，对称函数的累加可能丢失了部分局域环境特征。对于中心原子，其对称函数是通过先计算所有近邻原子的特征函数，然后进行累加得到的。在这个过程中，可能会丢失部分原子配位信息。为解决这个问题，在后续研究中尝试通过图神经网络，直接学习中心原子和近邻原子的位置关系作为输入，而不再采用特征函数的累加方法。

（4）最后，通过总能的平均计算得到每个原子的能量，这个平均过程也可能引入了误差。在未来的研究中，尝试通过其他第一性原理软件计算方法（如 PWmat 等）计算并输出每个原子的受力，而非整个结构的受力，这也是提高模型精度的方法之一。

2.4.7　MD：基于深度神经网络势函数的大规模分子动力学模拟

为了验证上述神经网络势函数在真实分子动力学中的稳定性，将上述人工神经网络（ANN）和已有的第一性原理计算中 Sb-Te 的赝势对相同的原子体系进行了相同参数的分子动力学模拟，并成功应用于包含 240 个原子的晶态、液态和非晶态材料的大规模分子动力学模拟中，其不同形态下分子动力学的模拟结果，晶态、液态和非晶态的比较结果如图 2-19～图 2-21 所示。神经网络势函数分子动力学的实现依赖于 PotentialMind 势函数模型和 ASE 软件，而第一性原理分子动力学（AIMD）则依赖于 VASP 软件。

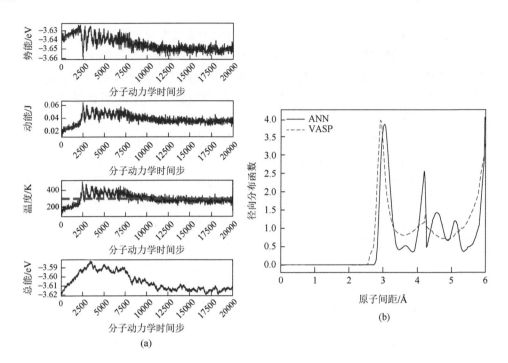

图 2-19　基于神经网络势函数的 240 个原子晶态构型大规模分子动力学模拟结果

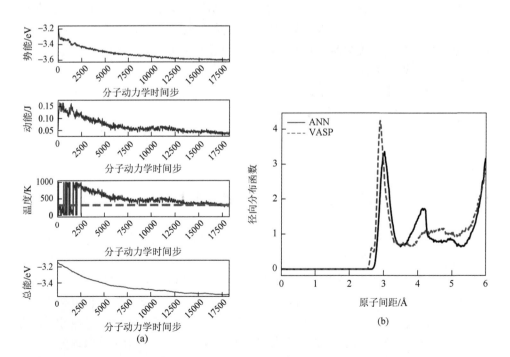

图 2-20　基于神经网络势函数的 240 个原子液态构型大规模分子动力学模拟结果

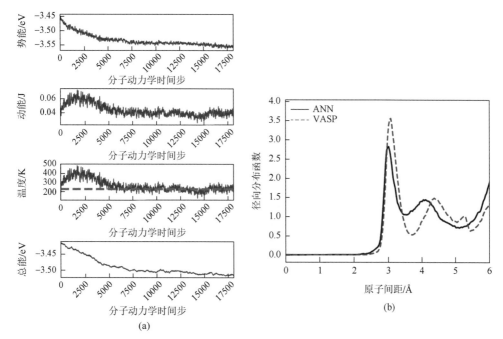

(a)

(b)

图 2-21　基于神经网络势函数的 240 个原子非晶态构型大规模分子动力学模拟结果

在包含 240 个原子的晶态模型的大规模分子动力学模拟中，如图 2-19 所示，通过总能量、动能及温度的变化趋势，以及径向分布函数（RDF）分析可以看出，在进行了 12500 步的模拟后，能量和温度都基本稳定。在径向分布函数中，第一近邻原子对应的峰值和峰的强度基本相符，但是 VASP 第二近邻原子对应的峰值强度较低。此外，ANN 函数模拟结果（黑线）出现了 VASP 模拟结果中没有表现出的尖锐小峰。

同样，将上述神经网络模型应用到 240 个原子的液态模型的大规模分子动力学模拟中，ASE 模拟过程中总能、动能和温度的变化趋势，以及径向分布函数如图 2-20 所示，可以看到在模拟 15000 步之后，能量和温度基本都趋于稳定，且径向分布函数中，第一近邻原子对应的峰值和峰的强度基本对应，但是神经网络模型第二近邻原子对应的峰值强度较差。

类似地，将上述神经网络模型应用到 240 个原子的非晶态模型的大规模分子动力学模拟中，ASE 模拟过程中总能、动能和温度的变化趋势，以及径向分布函数如图 2-21 所示，可以看到在模拟 6000 步之后，能量和温度基本都趋于稳定，且径向分布函数中，第一近邻原子对应的峰值基本对应，但是神经网络模型第二近邻之后的情况只有趋势相同，峰值的位置及强度需要进一步修复。

总体来讲，经训练的机器学习模型在预测晶态材料的能量时表现优良，但在液态和非晶态结构中的预测精度相对较低。此外，对力的预测平均误差达到

0.62eV/Å，这个值相对较高。在分子动力学模拟结果中，晶态结构的吻合程度相对较好，而液态和非晶态的结果在第一近邻位置附近比较准确，在其他位置则相对较差。产生这一现象的原因可能是能量预测的精度较低或者模拟过程中部分原子的力预测误差较大。在未来的工作中，需要进一步调整训练集中的原子环境类型，以提高模型的精度，进而提高分子动力学模拟结果的准确性。

参 考 文 献

[1] Kocer E，Ko T，Behler J. Neural network potentials：a concise overview of methods. Annual Review of Physical Chemistry，2022，73：163-186.

[2] Behler J. Atom-centered symmetry functions for constructing high-dimensional neural network potentials. The Journal of Chemical Physics，2011，134（7）：074106.

[3] Behler J，Parrinello M. Generalized neural-network representation of high-dimensional potential-energy surfaces. Physical Review Letters，2007，98（14）：146401.

[4] Sosso G，Miceli G，Caravati S，et al. Neural network interatomic potential for the phase change material GeTe. Physical Review B，2012，85（17）：174103.

[5] Mocanu F，Konstantinou K，Lee T，et al. Modeling the phase-change memory material，$Ge_2Sb_2Te_5$，with a machine-learned interatomic potential. The Journal of Physical Chemistry B，2018，122（38）：8998-9006.

[6] Bartók A，Payne M，Kondor R，et al. Gaussian approximation potentials：the accuracy of quantum mechanics，without the electrons. Physical Review Letters，2010，104（13）：136403.

[7] Artrith N，Urban A. An implementation of artificial neural-network potentials for atomistic materials simulations：performance for TiO_2. Computational Materials Science，2016，114：135-150.

[8] Wang G，Peng L，Li K，et al. ALKEMIE：an intelligent computational platform for accelerating materials discovery and design. Computational Materials Science，2021，186：110064.

[9] Wang G，Li K，Peng L，et al. High-throughput automatic integrated material calculations and data management intelligent platform and the application in novel alloys. Acta Metallurgica Sinica，2021，58（1）：75-88.

[10] Sun Z，Wang G，Zhang X，et al. Novel material design and development accelerated by materials genome engineering. Journal of Beijing University of Aeronautics and Astronautics，2022，48（9）：1575-1588.

第 3 章

半导体能带的高通量计算

3.1 半导体能带计算概述

3.1.1 半导体能带结构的重要性

自从 20 世纪 20 年代量子力学建立以后,尤其是 F. Bloch 提出了著名的 Bloch 定理,固体能带结构的具体计算成为深入了解固体电子性质的关键。第一个正式的固体能带计算公认为是 1933 年 Wigner 和 Seitz,以及 1934 年 Slater 对金属钠的计算。1947 年,美国贝尔电话实验室的 J. Bardeen 和 W. H. Brattain 利用半导体锗的晶体与金接触,制备出世界上第一个点接触晶体管。具有放大功能的器件很快从基于金属的真空管演变成了基于半导体的晶体管,对半导体的研究成为通信和电子界的热点,至今仍是极其活跃的研究领域。对半导体能带的计算是固体能带研究中最重要的任务之一。

能带论是建立在单电子近似基础上的理论,主要假定是固体中的电子可视为在晶格和其他电子所产生的一个平均势场下运动。固体的能带结构反映了在第一布里渊区内,作为单电子近似的电子能量(E)与波矢(k)之间的关系。根据德布罗意关系,$E = \hbar\omega$,因此能带结构也等价于 ω-k 色散关系。按照非相对论量子力学,自由电子的色散关系是一条抛物线。在周期性晶格结构中,布里渊区边界处的布拉格反射条件,导致电子的色散关系在该处附近严重偏离自由电子的抛物线关系。特别地,在布里渊区边界处电子的群速度为零($\mathrm{d}\omega / \mathrm{d}k = 0$),形成了驻波。因此,不同的能带之间产生了禁带,禁带中没有允许的电子态。如果某晶体的最高被填充的能带为部分填满,则呈现出金属性。反之,若最高被填充的能带在 0K 下为完全填满,则成为绝缘体或者半导体。最高被填满的能带与最低未填充的能带之间的禁带宽度称为带隙。带隙较小的绝缘体,在室温下也具有一定的导电性,被称为半导体。半导体的电子能带结构含有带隙大小、带隙类型(直接带隙或间接带隙)、载流子(电子和空穴)的有效质量等诸多信息,对其电学、光学等特性至关重要。

从原理上看,基于非相对论量子力学的薛定谔方程,以及 Bloch 定理,欲求解半导体的能带结构,只需要确定单电子有效势场的具体形式。如何给出最佳的有效势，是固体能带计算的首要问题。一旦有效势确定，能带结构原则上就已经确定。然而，具体如何求解，以及将计算量控制在实际可实现的范围内，却是近百年来人们不懈研究的课题。其中，最核心的技巧在于将电子波函数用一组基来展开。薛定谔方程本是偏微分方程，若将波函数使用级数展开，利用待定系数法，偏微分方程可直接简化为代数方程（久期方程）。为了实际可计算，无穷级数展开必须截断为有限项，这会导致基组不完备（图3-1）。可见，固体能带计算的第二个关键问题是如何选取合适的基组来展开单电子波函数。按照历史顺序回顾半导体能带的计算，有助于深入理解对这两个问题的各种处理方式。

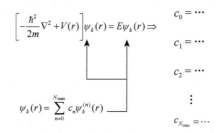

$$\left[-\frac{\hbar^2}{2m}\nabla^2 + V(r) \right]\psi_k(r) = E\psi_k(r) \Rightarrow$$

$$c_0 = \cdots$$
$$c_1 = \cdots$$
$$c_2 = \cdots$$
$$\vdots$$
$$c_{N_{\max}} = \cdots$$

$$\psi_k(r) = \sum_{n=0}^{N_{\max}} c_n \psi_k^{(n)}(r)$$

图3-1　基组展开法求解偏微分方程的原理

3.1.2　半导体能带计算的历史

1. 原胞法

Wigner和Seitz对金属钠的计算是基于他们提出的原胞法（cellular method），其基本出发点是：基于Bloch定理，晶体各个原胞内电子的波函数之间存在确定的关系，因此只需要针对一个原胞求解其电子波函数。为了数学上的简便，Wigner和Seitz假定在每个原胞内，势场都是球对称的原子势。高对称晶体的Wigner-Seitz原胞一般都是截角多面体，采用球形势场会不可避免地引入一些误差，但由于多面体的高对称性，这种偏差勉强可以接受。值得注意的是，在原胞法中有效势场指定以后并不更新，求解出的电子波函数不进行反馈，即不做自洽计算。

在麻省理工学院，Slater的两个学生Kimball（1935年）和Shockley（1936年）分别使用改进后的原胞法对两种绝缘体金刚石和NaCl进行了电子能带结构的计算。Kimball的计算较为粗糙，但成功地说明了为什么金刚石是绝缘体。其带隙估算为约50eV[1]，与实验值（约5.4eV）相去甚远。Shockley对NaCl的计算较为成功，原因在于NaCl的晶体结构相比于金刚石结构，在当时更适合使用原胞法。这些计算中，由于基组的选取较为简陋，对边界条件的处理也不尽如人意，以至无法判断带隙等参数的偏差主要来自物理上的原胞法本身还是基组的完备性等数学因素。

2. 糕模势与缀加平面波法

鉴于固体中的电子态在接近原子核时类似原子轨道，而在原子之间又可用自由电子来近似表示，类似图 3-2 的糕模势（muffin-tin potential）是比原胞法更好的有效势场。在围绕各原子半径为 r_0 的球形区域内（即芯区），糕模势等于原子势场，但半径以外（间隙区域）取为常数，一般设为零。糕模势可以很好地解决原胞法边界条件设定困难的问题。最早的基于糕模势的能带计算方法是 Slater 提出的缀加平面波（augmented plane-wave，APW）法。它的出发点是将电子波函数关于缀加平面波展开，而缀加平面波指在糕模势的间隙区域为平面波，而在芯区为一系列径向函数与球谐函数乘积的叠加。芯区内外的波函数要满足光滑连接的边界条件。然而，Slater 最初使用的缀加平面波法是非线性的。20 世纪 70 年代，Anderson 以及 Koelling 和 Arbman 等发展了线性化缀加平面波（LAPW）方法，极大地简化了缀加平面波法的计算复杂度，并且允许使用糕模势以外的其他势场，包括自洽的全势（full potential，FP）计算。目前较为流行的维也纳工业大学开发的 WIEN2k 软件就基于 FP-LAPW 方法，是最为精确的第一性原理计算软件之一。当然，在历史上缀加平面波法的出现主要是为了解决计算效率问题，早期的计算并没有迭代自洽的步骤，而是仅仅假定糕模势为合理。

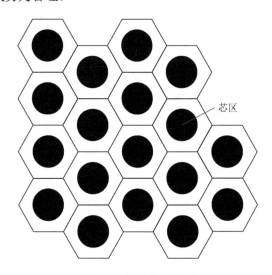

芯区

图 3-2　糕模势示意图

3. 正交化平面波法

Herring 于 1940 年提出了正交化平面波（orthogonalized plane wave，OPW）法。在固体能带计算中，完全采用平面波基组进行全电子计算代价是非常大的。平面波展开等价于进行傅里叶分析，而芯态（主量子数较低）的电子含有非常多的高频分量，即使采用大量的平面波也难以收敛。在芯态电子波函数已知的背景下，正交化平面波是将平面波扣除其在芯区波函数的投影，使其与内层电子自动正交。固体中的电子波函数往往只需要沿着少量的正交化平面波基组展开，即可获得较好的计算结果。此外，正交化平面波法并不需要假定糕模势的形式。该方法最早用于金属的电子能带结构计算，例如，Herring 和 Hill 早在 1940 年就展示了其对金属铍的良好计算结果，但最初的十年内并没有被应用于半导体的能带计算。Herman 使用正交化平面波法完成了金刚石的能带计算，并与 Callaway 一起发表对金刚石结构的半导体锗（当时技术上最为重要的半导体）的能带计算结果[2]，成为半导体能带计算领域的经典工作。他们的计算第一次展示出金刚石和锗都是间接带隙的半导体，并且存在多个能谷。在对锗的计算中，他们采用锗原子排列成晶格来确定有效势，仍然是使用模型势，而并非进行自洽计算。他们计算出锗在 Γ 点处的直接跃迁带隙为 1.45eV，并认为与实验值 0.75eV 较好地符合。由于当时的计算方法和计算能力的限制，这样的匹配程度已经很令人满意，并且不存在带隙系统性高估或低估的现象，因为模型势的选取、基组的不完备都可能使得带隙值发生无法预料的较大偏差。

4. 赝势方法

由正交化平面波法衍生出的赝势方法是至今仍居于主流的能带计算方法。在正交化平面波法中，基组之所以可以很小，是因为正交化平面波必须与芯态波函数正交，芯区的作用等效于一种排斥势，它部分抵消了离子实的静电势，使得波函数变得平滑。因此，可设想选取一种平滑的原子势来代替实际的势场，固体的价电子好像从未感受到原子核的强吸引势，即可大大减少平面波的数量。这样的等效势称为赝势，在其下求解出的电子波函数称为赝波函数。平面波赝势方法可用于自洽能带计算，也可用于直接求解电子能带结构。在后者中经常引入经验参数，称为经验赝势方法。Chelikowsky 与 Cohen 使用经验赝势方法，借助电子计算机于 1976 年完成了对 Si、Ge、GaAs、GaSb、InP、CdTe 等一系列重要半导体的能带计算[3]。他们采用了非局域（non-local）赝势，即对不同角动量 s、p、d 等电子有不同的赝势形式。经验赝势的参数依靠实验上的折射率和光谱的数据拟合。他们的能带计算达到很高的精度，至今仍被许多固体物理和半导体物理教科书采用，列为 Si、Ge、GaAs 等半导体的标准能带结构。值得注意的是，在 20 世纪 70 年代也有一些自洽的半导体能带计算，即势场与电子波函数之间要相互迭代达到自洽，但自洽计算的精度当时不高，不及经验赝势方法流行。

5. 从头计算方法

虽然 Chelikowsky 与 Cohen 的计算取得了很大的成功，但这些计算本质上是依靠实验数据，并不能实现无经验参数的从头计算。在高通量材料筛选中，多数待计算的半导体并没有实验数据参考，因此能够从头计算是必不可少的前提条件。这里有必要略微探讨为什么在电子计算机与 Fortran 语言大行其道的 20 世纪 70 年代，自洽能带计算仍然无法成为主流的原因。实际上，依靠实验数据的拟合，将半导体的带隙计算到实验值附近并不十分困难，其中某些计算本身的缺陷可被数据拟合所掩盖。无论是经验赝势非自洽计算，还是自洽计算，都面临一个更本质的问题，即单电子近似的合理性问题，这也是决定能带论是否适用的一个核心前提。在自洽能带从头计算中，若单电子近似的手续不理想，则计算出的能带结构势必与实验值有很大的偏差。单电子近似的手续，在经验赝势非自洽计算中隐含在赝势形式的选取中。然而，在自洽计算中，单电子近似如何处理交换（exchange）和关联（correlation）就成为必须解决的问题，因为交换能和关联能的错误会直接反映在电子能带结构，包括半导体带隙中。

由 Hohenberg、Kohn、Sham（沈吕九）等于 20 世纪 60 年代建立起的密度泛函理论，真正为单电子近似奠定了数学基础。首先，Hohenberg-Kohn 定理证明基态电荷密度分布可以唯一对应体系的各种性质。其次，为解决从电荷密度难以提取动能的问题，Kohn 和 Sham 提出采用一个假想的电子之间无相互关联的体系代替真实体系，对假想体系仍然使用波函数来描述，但假想体系可直接使用单电子近似。假想体系和真实体系的差别体现在一项交换-关联能（exchange-correlation energy，E_{xc}）中。原则上，只要获得较为精确的交换-关联能泛函形式，Kohn-Sham 框架下的密度泛函理论就解决了单电子近似的手续问题。

从单电子近似合理性的角度看，密度泛函理论是目前电子能带自洽计算最合适的方法。诚然，无论是局域密度近似（local density approximation，LDA）抑或是广义梯度近似（generalized gradient approximation，GGA），都只能给出近似的交换-关联能。然而，在从头计算的意义上，其精度要远高于有效势场（忽略单电子近似的手续）及 Hartree-Fock 方法（单电子近似时只计入交换能，完全忽略关联能）。至于基组的选取，与采用密度泛函理论或传统能带计算方法本身无关。密度泛函计算可以采用平面波基组搭配赝势来进行（VASP、Abinit、Quantum Espresso 等软件包），也可以选用原子基组（Gaussian、Siesta、OpenMX 等软件包），也可选用全电子势搭配缀加平面波（如 WIEN2k 软件包）。

考虑了交换能和关联能的密度泛函理论，搭配合理的基组，可以实现各种半导体、金属的总能量从头自洽计算。严格来讲，借助 Kohn-Sham 的假想体系解出的电子能量本征值并非真实的电子能级。从这些本征值衍生出的"电子能带结构"存在系统性低估半导体带隙的问题。但除了带隙值的低估外，将其近似视为固体的能带结构具有可行性，因为其与真实的能带结构非常相似。在这个意义上，才会出现"密度泛函理论的 LDA、GGA 会低估半导体带隙"的问题。并非只有密度泛函理论才有带隙问题，传统能带计算方法若不引入实验数据进行拟合，其带隙精度往往更差，并且没有系统性的规律可以参考。因此，从比较的意义上讲 LDA 和 GGA 普遍低估带隙并不是其特有的弱点，而是在不引入经验参数的前提下，提供了解决带隙精度问题的可能性。其带隙被低估的原因将在 3.2 节进行分析。

3.2　密度泛函理论的带隙问题

关于密度泛函的 LDA 和 GGA 低估半导体带隙的问题，物理学界存在着诸多解释，但仍有必要阐述清楚其间的联系或区别。本节将通过深入分析，建立起各种解释之间的联系。

3.2.1　交换-关联泛函缺乏导数不连续性

首先，Janak 定理[4]指出当允许分数占有数时，LDA/GGA 计算出的能量本征值 ε_i 满足

$$\varepsilon_i = \frac{\partial E_{KS}}{\partial f_i} = \int d^3 r \frac{dE_{KS}}{dn(r)} \frac{dn(r)}{df_i} \tag{3-1}$$

其中，E_{KS} 是 Kohn-Sham 框架下计算出的体系总能量；f_i 是量子态 i 的占有数；n 是局域电子密度。E_{KS} 包含了交换-关联能的成分，而交换-关联能的导数则是交换-关联势：

$$V_{XC}(r) = \varepsilon_{XC}([n],r) + n(r)\frac{\delta \varepsilon_{XC}([n],r)}{\delta n(r)} \tag{3-2}$$

其中，$\varepsilon_{XC}([n],r)$ 满足

$$E_{XC}(n) = \int d^3 r\, n(r)\varepsilon_{XC}([n],r) \tag{3-3}$$

这里出现了变分导数 $\delta \varepsilon_{XC}([n],r) / \delta n(r)$。对于半导体和绝缘体而言，从价带过渡到导带时，该导数将发生不连续的跳变。而现在使用的各种交换-关联泛函关于电子密度 n 都是连续的，不存在导数跳变，因此计算出的导带底和价带顶的本征值之差总是小于实际的带隙值。这就是著名的"交换-关联能缺乏导数不连续性"论断，它从一个方面揭示了 LDA/GGA 低估带隙的原因，但难以给出解决方案，因为任何实用的交换-关联泛函都只能是连续的。采用剪刀算符的确可以修正带隙，但是平移量无法从头计算，只能对比实验值得出。

3.2.2　离域化错误

LDA/GGA 存在的离域化错误（delocalization error）是指其倾向于将电子的状

态预测为过于离域化。一个典型的例子是氢分子离子（H_2^+），它也是一个著名的初等量子化学问题。将两个氢核逐渐分开至互相无作用以后，氢分子离子会解离为一个氢原子和一个氢离子，但是 LDA/GGA 倾向于给出每个氢核带半个电子的解。这一个电子被 LDA/GGA 预测得过于离域化了。其根源在于 LDA/GGA 是基于电荷密度的，允许随意出现分数电荷以降低总能量。在能量随着量子态的占有数变化的曲线（图 3-3）中，平直的折线是实际情况，而 LDA/GGA 则展示了一个凸函数（convex）特性。因此，分数占有数经常可以实现比实际情况能量更低的虚假的状态。另外，折线段在电子整数占有数的位置会发生导数的跃变，而连续的凸函数却不会跃变，这就解释了为什么 LDA/GGA 缺乏导数不连续性。

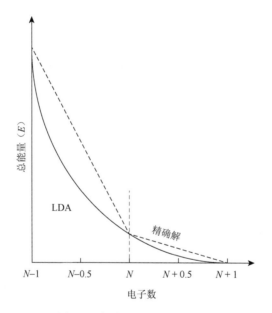

图 3-3　离域化错误的直观展示

由 LDA 不正确的凸函数特性而导致的能量差异；凸函数特性意味着可以用分数电荷获得比实际更低的能量

　　为了克服离域化错误，一个较好的方案是采用杂化泛函，也就是在 GGA 泛函中混入一定量的 Hartree-Fock 交换能。这是因为 LDA/GGA 总能量随电子占有数的变化是凸函数（convex function），而 Hartree-Fock 则是凹函数（concave function），两者适当混合可能会获得接近线性的变化趋势。目前量子化学和固体计算中最常见的杂化泛函分别是 B3LYP 与 HSE06。它们一般可以很好地解决半导体的带隙问题，而且对化学反应的激活能、分子解离、电子激发等过程的计算精度也大幅度提升。然而由于 Hartree-Fock 部分收敛很慢，其计算量比 LDA/GGA 繁重许多，计算上百个原子的体系已经比较困难。

3.2.3　电子自相互作用

　　离域化错误的观点与电子自相互作用（self-interaction）很类似。在 LDA/GGA 框架下离散的电子变成了连续的电荷分布，当计算外势场时难以严格区别该势场是来自其他电子还是来自被研究的电子本身。电子本身不会被自己产生的势场所排斥，但 LDA/GGA 无法完全根除这一人为的错误。在半导体中，填满的价带中电子一般较为局域化，有很强的自相互作用，因此多计算了价带电子被自己的势场所排斥的静电能，会导致价带能量被高估。相反地，导带电子的自相互作用往往可以忽略。价带能量相对于导带被高估就意味着带隙将被低估。在氢分子离子的例子中，电子完全局域在其中一个氢核周围时也将产生很强的自相互作用，令真实的基态能量被高估，而不真实的半个电子的状态则被预测为基态。

　　实际上自相互作用并非在 Kohn-Sham 框架下才有，早年 Fermi 等就提出了对自相互作用进行修正。Perdew 和 Zunger 在 1981 年的一篇经典文献中也提出了自相互作用修正（self-interaction correction，SIC）方法[5]。他们提出在计算之后进行后处理，依轨道直接减掉自相互作用部分的能量，对半导体带隙有很大的改善，但存在带隙过修正的问题。另外，SIC 方法本身比较复杂，难以大规模推广到计算材料学群体。

3.2.4　交换能不精确

　　电子自相互作用的错误反映出密度泛函理论在 LDA/GGA 下交换能是不精确的。正确的交换能可以完全抵消电子的自相互作用。在 Hartree-Fock 自洽场方法中，交换能是严格精确的，并且存在 Koopmans 定理。因此，Hartree-Fock 自洽场方法不存在自相互作用错误，但因为其忽略电子被激发时的关联作用，导致带隙被严重高估。在密度泛函 LDA/GGA 下，可考虑引入一定的 Hartree-Fock 交换能，能极大地缓解自相互作用错误。杂化泛函的出现不仅改善了半导体的带隙精度，而且对离域化错误导致的各种计算偏差都有较好的改进。

3.2.5　准粒子观点

　　半导体的带隙从量子场论中准粒子的观点来看，可以严格被解释为准粒子激发的能量。因此，Hedin 的准粒子方法是计算固体电子结构的理论最佳方案，一般是在 *GW* 近似下进行，也就是将自能算符在一级近似下写成单粒子格林函数（G）与动力学屏蔽的库仑相互作用（W）的乘积。动力学屏蔽就要求计算介电函数，一般在无规相近似（random phase approximation，RPA）下进行。然而，即使在 GW 乃至 G_0W_0（也就是 G 与 W 都不要求自洽）的近似下，Hedin 方程的求解仍然需要极高的计算量，很难推广至较大的体系。此外，GW 近似的结果与初始态的选择，G_0W_0、GW_0 或自洽 GW 的实现方案都有很大关系，其结果唯一性不理想。

3.2.6　自能修正与 DFT-1/2 方法

2008 年，Ferreira 等[6]提出了自相互作用修正的一种新颖方式：DFT-1/2。它源于 Slater 的过渡态方法，将其从古老的 X_α 方法中推广至现代密度泛函理论，并特别推广到了固体的计算。在这个算法中，认为带隙低估的根源在于未考虑半导体本征激发出现的价带空穴的自能，而导带电子一般占据类 Bloch 态，其自能可以忽略不计。DFT-1/2 计算半导体电子结构时，需要首先使用标准的 LDA/GGA 完成结构弛豫和总能量计算，然后增加一步自能修正的电子结构计算。在最后一步计算中，因为空穴一般局域在阴离子上，需要将阴离子对应原子的自能势（self-energy potential）叠加到该原子的赝势中，并对自能势进行适当的修剪以避免能量发散。DFT-1/2 无法同时给出正确的总能量和电子结构，因为总能量和电子结构分别要从第一步（无自能修正）和第二步（有自能修正）计算结果中提取。然而，因为计算量与 LDA/GGA 几乎持平，DFT-1/2 方法在半导体和绝缘体的超原胞计算中很有前景。

DFT-1/2 方法借鉴了准粒子的自能概念，提出对半导体本征激发的空穴进行自能修正。然而，DFT-1/2 对带隙修正的原理并不类似准粒子方法（GW 近似），而是与自相互作用修正一脉相承。用电子密度分布取代独立的电子，造成的电子自相互作用是带隙不准确的根源。自相互作用错误对密度泛函 LDA/GGA 导致半导体带隙低估的解释十分直观，即价带电子由于自相互作用，其能量被错误地计算得过高，导致带隙偏低。

3.2.7　DFT-1/2 方法的自能势、截断函数及其局限性

DFT-1/2 方法不通过计算格林函数的方法获得自能，而仅仅依靠在实空间叠加自能势的方式就完成了自能修正[7]，因此具有极高的效率。自能势的定义是

$$V_S^0(r) = V^{\mathrm{atom}}(r) - V^{\mathrm{ion}}(r) \tag{3-4}$$

其中，ion 代表剥夺半个电子以后的假想离子。在特定情况下，剥夺量也可能并非 0.5，例如，关于硅的能带计算需要引入剥夺 0.25 个电子的自能势。图 3-4 以

氧族元素为例，展示出自能势随着电子剥夺量的增加而增强。由于孤立原子具有球对称性，自能势只是关于径向半径 r 的一元函数。在导出自能势时，应当使用密度泛函理论计算，并且具体的泛函形式要与将来 DFT-1/2 固体计算时采用的泛函形式一致。

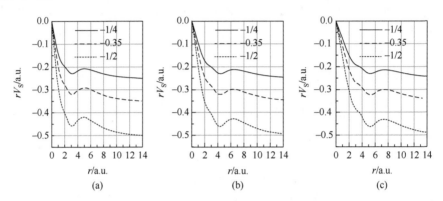

图 3-4　氧（a）、硫（b）和碲（c）元素在 PBE 泛函形式下的自能势（rV_{S}-r）曲线

自能势是长程的库仑势，若引入到周期性固体的计算中，必然会引起能量发散。为此，Ferreira 等提出需要对自能势预先进行截断：

$$V_{\mathrm{S}}(r) = V_{\mathrm{S}}^0(r)\Theta(r) \tag{3-5}$$

再引入到固体的计算中。截断函数的形式为

$$\Theta(r) = \begin{cases} \left[1 - \left(\dfrac{r}{r_{\mathrm{cut}}} \right)^n \right]^3 & r \geqslant r_{\mathrm{cut}} \\ 0 & r < r_{\mathrm{cut}} \end{cases} \tag{3-6}$$

其中，r_{cut} 是截断半径；n 是一个幂指数参数，其越大则截断越锐利。Ferreira 推荐使用 $n = 8$，并认为是在截断效果和收敛性之间达到一种平衡。根据变分原理，最佳截断半径应该使得自能取极值，也就是使得带隙取极值，实际是极大值。由此可见，当约定 n 取值以后，DFT-1/2 方法并不包含任何经验参数，只是具体判断哪些原子对应"阴离子"的角色可能会存在一些不确定性。

然而，这种截断方式造成 DFT-1/2 方法存在理论上的困难及实际计算上的精度问题。例如，同为IV族半导体，对金刚石和单晶硅需要分别进行 DFT-1/2-1/2（即对 C—C 键的每一个 C 原子都剥夺 1/2 个电子）和 DFT-1/4-1/4（即对 Si—Si 键的每一个 Si 原子都剥夺 1/4 个电子）计算；计算III-V族半导体时难以确定是否不修正III族元素，且计算出的能带结构有些与实验偏差较大。这些问题主要集中于共价结合的半导体中，探究其原因和相应的解决方案对 DFT-1/2 算法的完善和发展非常重要。

3.3　shell DFT-1/2 计算方法

　　DFT-1/2 存在的问题体现在共价半导体上，而对离子半导体的效果较好，"阴离子"的界定也不存在问题。图 3-5（a）展示了理想情况，导带电子分布在阴离子以外的区域，而价带空穴局域在阴离子周围球形区域内。以离子性超过共价性的斜锆石 ZrO_2 为例，其自能势截断半径扫描出的带隙最大值（5.46eV）与实验值（5.3eV）十分接近，如图 3-5（b）所示。

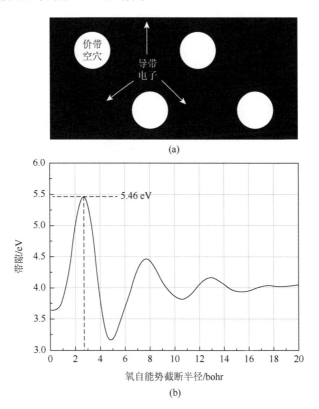

图 3-5　（a）局域化的空穴（白色球体）和离域的导带电子（黑色背景）空间分布的理想情形；（b）斜锆石 ZrO_2 中带隙值（实线）随氧自能势截断半径 r_{cut} 的变化，其中垂直虚线表示使带隙最大的最佳 r_{cut}

　　然而，对于共价半导体，价带空穴和导带电子的空间分布就不再符合理想情况。如图 3-6（a）～（d）所示，典型特征是：价带空穴位于成键的两种原子之间，并且导带电子往往在电负性强、弱的原子附近均有分布。这就导致了 DFT-1/2 算法未能有效地在实空间过滤出价带空穴。严格地讲，任何对价带空穴的自能势修正（即使是被截断的）也必然会在一定程度上影响导带的电子，从而导致计算结果不准确。然而，自然界半导体的价带空穴和导带电子的空间分布一般不是杂乱无章的。对于共价半导体而言，图 3-6（a）～（d）展示主要的问题出在邻近阴离子芯区的空间区域，因为该区域经常并无价带空穴分布，却可能有导带电子分布。如果使用球形截断函数，就不可避免地对该区域进行空穴自能修正，这就是 DFT-1/2 计算共价半导体经常出现问题的根本原因。

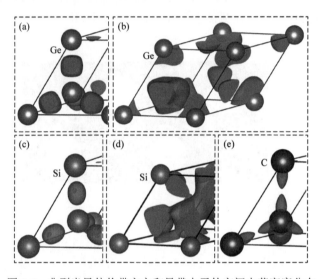

图 3-6　典型半导体价带空穴和导带电子的空间电荷密度分布

（a）Ge 价带空穴的电荷分布，临界密度为 0.05e/Å³；（b）Ge 导带电子的电荷分布，临界密度为 0.03e/Å³；（c）Si 价带空穴的电荷分布，临界密度为 0.07e/Å³；（d）Si 导带电子的电荷分布，临界密度为 0.03e/Å³；（e）C 价带空穴的电荷分布，临界密度为 0.25e/Å³

3.3.1　shell DFT-1/2 能带计算方法的提出

在深入分析后，Xue（薛堪豪）等提出 DFT-1/2 的球形截断函数其实只是更广泛的球壳型截断函数的特例[8]。球壳型的截断函数取为

$$\Theta(r)=\begin{cases}0 & r<r_{in}\\ \left\{1-\left[\dfrac{2(r-r_{in})}{r_{out}-r_{in}}-1\right]^{n}\right\}^{3} & r_{in}\leqslant r\leqslant r_{out}\\ 0 & r>r_{out}\end{cases} \tag{3-7}$$

采用这种截断函数的 DFT-1/2 方法称为 shell DFT-1/2，简称 shDFT-1/2。虽然其中引入了两个截断半径，但其截断函数仍然保持在两个临界半径 r_{in} 和 r_{out} 处一阶和二阶导数为零的优点。

图 3-7 中给出了 DFT-1/2 和 shDFT-1/2 在不同 n 值时的截断函数。对于标准的 DFT-1/2，$n=8$ 通常不足以实现快速的截断，而 $n=20$ 是一个更好的折中方案。因为原子核附近的电势和电子密度的变化比远离原子核的电势和电子密度的变化要快，所以对于内径而言，快速的截断是特别必要的。因此，shDFT-1/2 配置的标准 n 值为 20。

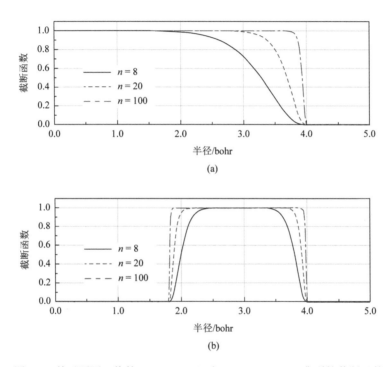

图 3-7　基于不同 n 值的 DFT-1/2（a）和 shDFT-1/2（b）典型的截断函数

3.3.2　金刚石和硅的比较

金刚石以及金刚石结构的硅、锗是典型的共价半导体。无论基于 LDA-1/2 或 shLDA-1/2 方法进行能带计算，都涉及自能势截断半径的优化问题。图 3-8（a）中比较了三种半导体的 LDA-1/4-1/4（即原胞中的两个成键原子都剥夺 1/4 个电子）和 LDA-1/2-1/2（即原胞中的两个成键原子都剥夺 1/2 个电子）计算带隙值与截断半径的函数关系。此时的结果与 shLDA-1/4-1/4 和 shLDA-1/2-1/2 计算中 $r_{in}=0$ 时相似。从图中可以看出，在所有的情况下，优化后的 r_{out} 对于 LDA-1/4-1/4 和 LDA-1/2-1/2 都是一样的。在 LDA-1/2 计算中需要在每一个空穴处减去 1/2 个电子，从图 3-6（e）中可以看出，在体相金刚石中空穴的位置主要位于 C 原子附近，大约处于 C—C 键长 1/3 处。因此，减去 1/2 个电子适用于金刚石结构的 C，而减去

1/4 个电子则不适用，因为此时空穴并不是由两个 C 原子共享的。事实上，LDA-1/2-1/2 计算得到的 C 的带隙值为 5.85eV，与实验值 5.65eV 接近；而 LDA-1/4-1/4 计算得到的带隙仅为 5.11eV。这也证明相比于 LDA-1/4-1/4，LDA-1/2-1/2 更加适用于金刚石结构的 C 的带隙计算。此时得到优化后的 r_{out} 约为 2.0 bohr。与 C 相比，Si 和 Ge 中空穴密度的空间分布则很不相同，更加局域在 Si—Si 键或 Ge—Ge 键的键中心位置。因此，由于对称性的原因，这些区域的自能势会被修正两次，使得从所有原子中剥离 1/4 个电子成为必然选择。通过上面讨论的 LDA-1/4-1/4 对 Si 和 Ge 进行计算，优化后的外径 r_{out} 相比于 C 的更大，分别为 3.2bohr 和 3.4bohr，这符合键中心处进行两次重复修正的图像。

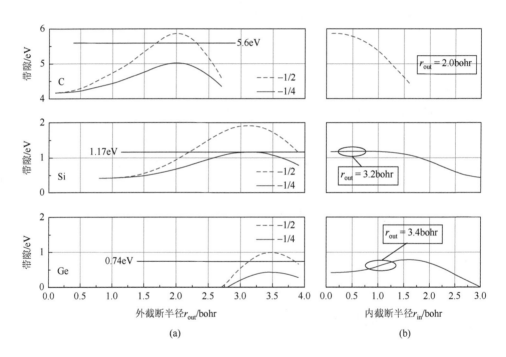

(a)

(b)

图 3-8　IV 族半导体基于 LDA-1/2 和 shLDA-1/2 计算带隙与所对应的自能势截断半径之间的关系曲线

（a）外截断半径的扫描过程；（b）在最佳外截断半径基础上做的内截断半径扫描

同时，LDA-1/4-1/4 计算得到 Si 的带隙值为 1.16eV，与实验值（1.17eV）非常吻合。而利用 LDA-1/2-1/2 计算得到的带隙值则为 1.93eV，相比于实验值严重高估，再次证明 LDA-1/4-1/4 适用于 Si 的能带计算。从图 3-8（b）中可以看出，在内径 r_{in} 从 0 增大的过程中 Si 的带隙值几乎没变，但对于 C 和 Ge，前者的带隙值随着 r_{in} 增大而减小，后者一开始随着 r_{in} 增大而增大。与 LDA-1/4-1/4 计算一样，在 shLDA-1/4-1/4 计算中同样需要在 r_{in} 和 r_{out} 中取得带隙的最大值。因此，在 C 和 Si 的 shLDA-1/2-1/2 和 shLDA-1/4-1/4 计算中两者的结果几乎与 LDA-1/2-1/2 和 LDA-1/4-1/4 一样。具体而言，C 的 shLDA-1/2-1/2 优化后的内径为零，Si 的 shLDA-1/4-1/4 优化后的内径为 0.7bohr。

为深入理解 C 和 Si 对应的优化内径的区别，可参照其载流子的空间分布 [图 3-6（c）～（e）]。近 C 核处分布着空穴，大于零的内径都会导致一部分空穴未能被修正，从而导致带隙偏低。但近 Si 核处有导带电子分布，因此非零的内径会减轻自能修正对导带的寄生影响，从而增大带隙值。由于 Si 的导带电子仅仅少量分布在近核区域，内径的影响反映在带隙的变化幅度上并不大。

3.3.3　半导体锗能带的从头计算

半导体 Ge 能带结构的计算比较有挑战性。即使 HSE06 杂化泛函计算也无法还原 Ge 准确的间接带隙（其中为了保证最高的精度，晶格常数也同样采用 HSE06 优化而得到），如图 3-9（a）所示。另外，原始的 LDA-1/2 通过对每一个 Ge 原子减去 1/4 个电子得到的能带结构仍然与实验结果相差甚远，一是将间接带隙的 Ge 预测为直接带隙，二是其计算出的带隙值远小于实验值 [图 3-9（b）]。然而，shLDA-1/4-1/4 方法给出的能带结构和对应的带隙值均与实验结果相符 [图 3-9（c）]，其自能势截断函数的优化内径和外径分别为 1.5bohr 和 3.3bohr。

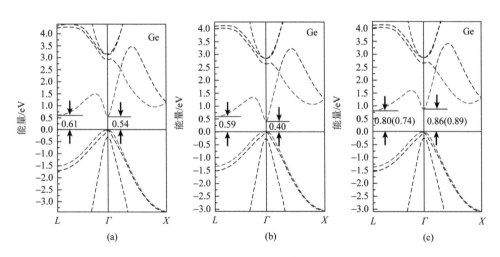

图 3-9　Ge 的能带计算结果

（a）HSE06 计算得到的 Ge 的能带图；（b）LDA-1/4-1/4 计算得到的 Ge 的能带图；（c）shLDA-1/4-1/4 计算得到的 Ge 的能带图，图中括号标记了实验带隙值

Ge 不仅截断函数的内径明显比 Si 的大，而且从图 3-6（b）中可以看出，导带电子主要集中在靠近 Ge 原子的球形区域。因此，标准的 LDA-1/2 会强烈干扰 Ge 的导带，因为它们主要集中在自能势修正所包含的球形截断函数中。在 shLDA-1/2 中，在计算带隙最大值的变分过程中由于球壳型截断函数的作用而跳过内部区域。因此，尽管 Si 由 LDA-1/2 和 shLDA-1/2 给出的能带结构相似，但在 Ge 中它们有很大的不同。类似 Ge 的共价半导体，使用 shDFT-1/2 而非原始的 DFT-1/2 才能较好地计算出电子能带结构。

3.4　用 shell DFT-1/2 方法实现半导体能带的高效计算

3.4.1　使用 shell DFT-1/2 方法进行高通量计算的步骤

在固体能带的高通量计算中，对于未知材料，存在判断其是金属或绝缘体，以及电荷剥夺量、剥夺方式的两个前提步骤。以下以 GGA 下的 PBEsol 泛函为例进行介绍。对于输入的材料结构，首先需要用 PBEsol 泛函进行结构的完全弛豫，并使用较密的 K 点网格采样布里渊区，进行静态计算，获得基态的电荷密度及各能带的电子占据数。由后者可初步判断材料是否拥有带隙。值得注意的是，由于 GGA 可能将半导体错判为金属，若高通量计算的材料体系中可能存在半导体或绝缘体，则应对全部的材料进行 shGGA-1/2 计算。若各材料可先验地断定为金属，则根据 GGA 的初筛即可跳过 shGGA-1/2 修正。

对 shGGA-1/2 执行方式的判定，需要通过差分计算出价带顶和导带底的电荷密度分布。自能修正电荷剥夺量的判断方式如下。

（1）计算出原胞减去 0.01 个电子的电荷密度分布，与基态电荷密度进行差分，获得空穴的空间分布（减去 0.01 个电子是为了避免过多地扰动基态）。

（2）计算出原胞增加 0.01 个电子的电荷密度分布，与基态电荷密度进行差分，获得导带电子的空间分布。

（3）若空穴分布在元素 A 的原子附近（或分布在 A—B 键中心位置），电子同时分布在元素 A 和元素 B 的原子附近，则需要进行 shDFT-1/4-1/4 计算，对元素 A 和元素 B 同时叠加–1/4 的自能势。

（4）若空穴分布在元素 A 附近，电子分布在其他元素的原子附近，则只对元素 A 叠加–1/2 的自能势。

确定自能修正的方案后，将对内外截断半径进行扫描。以单个原子（元素 A）为例介绍。从外径表（表 3-1）中查询其平均外径（r_{om}），施加元素 A 的自能势进行计算。

（1）将平均外径（r_{om}）上下各延展 0.5bohr，步长 0.1bohr，取内径为零，进行 DFT-1/2 计算，获得带隙最大时的外径（r_{o1}）。

表 3-1　常见元素的自能势推荐截断外径　　　　　（单位：bohr）

元素	外径	元素	外径	元素	外径	元素	外径
B	2.7	Al	3.5	Ga	4.0	In	4.3
C	2.1	Si	3.1	Ge	3.3	Sn	3.9
N	2.4	P	2.9	As	3.2	Sb	3.6
O	2.4	S	2.8	Se	3.0	Te	3.4
F	2.4	Cl	3.0	Br	3.2	I	3.5

（2）固定外径为 r_{o1}，内径从零扫描至 $r_{o1}-0.5$，步长 0.1bohr，进行 shDFT-1/2 计算，获得带隙最大时的内径（r_{i1}）。

（3）固定内径为 r_{i1}，外径从 $r_{o1}-0.5$ 扫描至 $r_{o1}+0.5$，步长 0.1bohr，进行 shDFT-1/2 计算，获得带隙最大时的外径（r_{o2}）。

（4）当外径为 r_{o2}、内径为 r_{i1} 时计算出的电子能带结构即为 shGGA-1/2 方法给出的电子能带结构。

对于双原子修正的情况，要分别对每一种原子进行内外径的扫描，获得总体的带隙最大值和相应的四个截断半径。每种原子扫描过程与上面步骤一致。

3.4.2　对Ⅲ-Ⅴ半导体的计算范例

本节中使用 shGGA-1/2 方法结合 VASP（Vienna Ab initio Simulation Package）软件包进行半导体能带的批量计算，作为范例关注Ⅲ-Ⅴ族半导体。VASP 是采用投影缀加平面波（PAW）方法的第一性原理软件包。基本计算参数设置如下：平面波截断动能为 600eV，交换-关联泛函为 PBEsol 形式。对涉及 Ga、Ge、As 或更重元素的材料，一律考虑自旋轨道耦合效应。表 3-2 给出了对 16 种Ⅲ-Ⅴ族半导体材料进行批量计算的结果，其中Ⅲ族元素涵盖 B、Al、Ga、In，而Ⅴ族元素涵盖 N、P、As、Sb。虽然需要针对一系列半径进行多次扫描，但由于布里渊区采样的 K 点数量可以大幅度降低（只需相对地选出最佳半径），其速度一般快于自洽基态电荷计算，而非自洽能带计算的耗时基本可忽略不计。与普通 GGA 计算相比，shGGA-1/2 的总耗时在同一数量级。从带隙结果看，shGGA-1/2 比 GGA 有很大提高，图 3-10 展示了这两种算法的带隙准确度对比，其中 shGGA-1/2 的结果与实验值大体一致，但 GGA 的带隙值显著低于实验值。图 3-11 具体给出了各半导体的 shGGA-1/2 电子能带结构。

表 3-2　对 16 种Ⅲ-Ⅴ半导体进行 GGA 和 shGGA-1/2 计算的结果

材料	实验带隙/eV	shGGA-1/2					GGA		
		修正方式	用时/s			带隙/eV	用时/s		带隙/eV
			半径扫描	自洽计算	能带计算		自洽计算	能带计算	
InSb	0.24	In-1/4，Sb-1/4	206	693	13	0.38	677	13	0.09
InAs	0.41	In-1/4，As-1/4	190	675	13	0.56	649	13	0.12
InN	0.7	In-1/4，N-1/4	419	885	28	0.68	832	28	0.05
GaSb	0.81	Ga-1/4，Sb-1/4	176	664	12	0.80	621	11	0.13
BSb[*]	1.17	Sb-1/2	60	424	8	1.25	423	8	0.56
GaAs	1.52	Ga-1/4，As-1/4	105	528	9	1.42	542	9	0.31
InP	1.42	In-1/4，P-1/4	190	674	12	1.53	653	13	0.54
BP	2.02	P-1/2	41	3	2	1.93	3	2	1.11
BAs	1.82	As-1/2	41	418	7	1.97	368	7	1.01
AlSb	1.69	Sb-1/2	99	531	9	2.19	538	9	0.92
GaP	2.34	P-1/2	118	572	11	2.65	540	11	1.39
AlAs	2.23	As-1/2	65	441	8	2.87	418	8	1.24
AlP	2.49	P-1/2	62	4	2	3.00	4	2	1.45
GaN	3.51	N-1/2	286	735	24	3.73	661	23	1.91
BN	5.96	N-1/2	12	3	2	6.46	3	2	4.29
AlN	6.23	N-1/2	107	7	5	6.30	6	5	4.12

*实验带隙未知，这里参考带隙给出的是 HSE06 杂化泛函的计算结果。

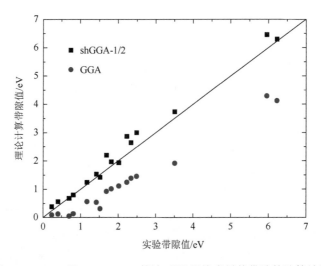

图 3-10　GGA 及 shGGA-1/2 算法对Ⅲ-Ⅴ族半导体带隙的计算结果

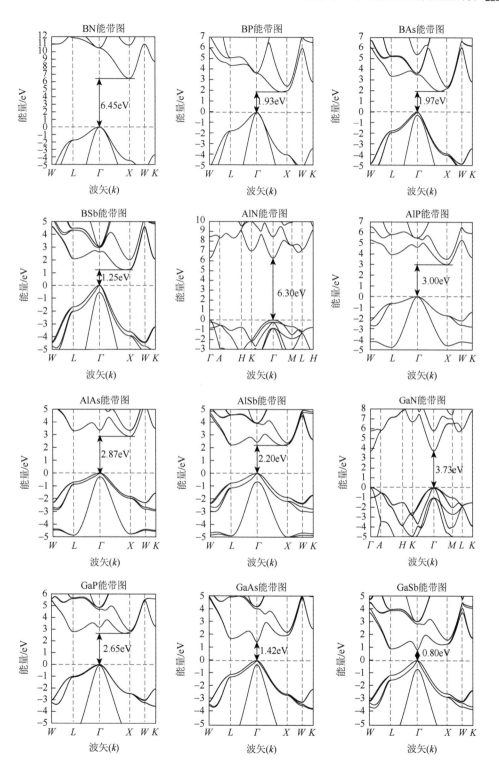

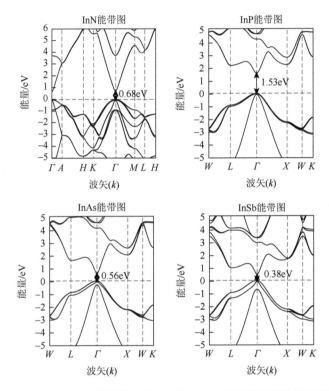

图 3-11　shGGA-1/2 算法给出的 16 种III-V族半导体材料电子能带图

　　尽管 shDFT-1/2 方法需要对执行方式和最优截断半径进行判断，其效率提升相对于杂化泛函等其他算法仍然是巨大的。以 AlN 为例（忽略自旋轨道耦合），其 shGGA-1/2 的总能带计算时间，包括半径扫描、静态计算和能带非自洽计算，仅为 119s，但同样截断动能和 K 点设置的 HSE06 杂化泛函能带计算耗时 25467s。在某些复杂体系中的测试表明，shGGA-1/2 因收敛快，计算速度甚至可以快于普通的 GGA[9]。从精度看，shGGA-1/2 给出的 AlN 带隙是 6.30eV，优于 HSE06 杂化泛函给出的 5.56eV（实验带隙值为 6.23eV）。近期，shDFT-1/2 在 InAs/GaSb 超晶格红外探测器材料的应用效果表明，即使无经验参数，其超晶格带隙值与实验值的偏差仍能控制在 5%左右[10]。综合速度和精度来看，shDFT-1/2 是特别适合高通量半导体能带计算的一种速度与精度兼备的方法。

参 考 文 献

[1]　Herman F. Elephants and mahouts—early days in semiconductor physics. Physics Today，1984，37（6）：56-63.

[2]　Herman F，Callaway J. Electronic structure of the germanium crystal. Physical Review，1953，89（2）：518-519.

[3]　Chelikowsky J R，Cohen M L. Nonlocal pseudopotential calculations for the electronic structure of eleven diamond and zinc-blende semiconductors. Physical Review B，1976，14（2）：556-582.

[4]　Janak J F. Proof that $\partial E/\partial n_i = \varepsilon$ in density-functional theory. Physical Review B，1978，18（12）：7165-7168.

[5]　Perdew J P，Zunger A. Self-interaction correction to density-functional approximations for many-electron systems. Physical Review B，1981，23（10）：5048-5079.

[6]　Ferreira L G, Marques M，Teles L K. Approximation to density functional theory for the calculation of band gaps of semiconductors. Physical Review B，2008，78（12）：125116.

[7]　Mao G Q，Yan Z Y，Xue K H，et al. DFT-1/2 and shell DFT-1/2 methods：electronic structure calculation for semiconductors at LDA complexity. Journal of Physics：Condensed Matter，2022，34（40）：403001.

[8]　Xue K H，Yuan J H，Fonseca L R C，et al. Improved LDA-1/2 method for band structure calculations in covalent semiconductors. Computational Materials Science，2018，153：493-505.

[9]　Cui H，Yang S，Yuan J H，et al. Shell DFT-1/2 method towards engineering accuracy for semiconductors：GGA versus LDA. Computational Materials Science，2022，213：111669.

[10]　Yang S，Wang X，Liu Y，et al. Enabling *ab initio* material design of InAs/GaSb superlattices for infrared detection. Physical Review Applied，2022，18（2）：024058.

第 4 章 ▎▍▌

材料计算中的不确定性
及其量化算法

不确定性广泛存在于自然系统中，它的量化研究对于基础科学原理的探索、工程产业升级乃至人类社会的稳定发展都有着重大影响。本章针对材料计算中的体积模量、互扩散系数两个重要问题，运用了广义多项式混沌、压缩感知和高斯过程三种不确定性量化方法，对计算结果即材料性能的不确定性予以量化，提出了相应的智能学习算法。

4.1 材料计算中的不确定性

如同其他科学计算领域，在材料计算中，影响目标系统状态的不确定因素主要来源于三个方面：参数不确定性、模型不确定性及计算不确定性。鉴于取样技术、成本等实际操作因素所限，大多数情况下只有少量的参数样本数据。显然，这种以部分代替整体的做法不可避免地带来了误差，且这种样本误差在产生时常常伴随着不确定性。在大数据时代，随着取样技术的进步和数据成本的降低，海量数据在测量、传输、读取过程中，依然会或多或少地受到各类随机因素的干扰，不确定性始终是社会各界探索和研究的主题。此外，研究人员在实验中得到的数据还通常会出现数值缺失或数值为零的现象。这种稀疏性在信息爆炸的现代社会中越来越为人们所注意。而样本稀疏同样带来了不确定性。同时，数据的变化性及多尺度在一定程度上也对系统的状态带来影响。

4.2 参数不确定性量化——广义多项式混沌与体积模量估测

体积模量是一个至关重要的材料参数，定义为无穷小的压力变化与体积压缩率的比值。它为材料的化学键合性质提供了基础，也为推导杨氏模量和格林艾森系数等其他相关材料性质奠定基础。因此，作为发现和设计材料的基准，体积模量常常被广泛使用。通常利用第一性原理对平衡能和体积的初始估计结果来计算材料的体积模量。

沃伊特-罗伊斯-希尔（Voigt-Reuss-Hill）方法[1]通过应用给定的均匀变形（应变）来计算总应力矩阵，从而获得晶体系统的弹性常数，然后可以从这些弹性常数确定 Voigt[2]和 Reuss 界，并将其分别作为体积模量的上限和下限，最后将它们的算术平均值（Hill 平均值）用作体积模量。第二种方法是对状态方程［如伯奇-默纳汉（Birch-Murnaghan）模型］应用初始平衡态体积的少量变形，采用通常的能量方法并拟合一组第一性原理计算数据点，根据模型系数来确定总体模量。

尽管上述数值方法已被证明可有效地计算单个材料的体积模量，但它们的高计算成本和源于各种假设的不确定性可能在材料基因组新时代的高通量分析中成为难题。例如，许多方法需要将第一性原理计算数据作为输入。其中交换相关函数（Perdew-Burke-Ernzerhof，PBE）通常由广义梯度近似（GGA）或局域密度近似（LDA）确定。如果不进行任何更新，这些近似误差将作为参数的不确定性传播，甚至可能在此过程中被放大，从而降低了估算结果的可靠性。同时，当前的状态方程是在特定的物理条件下得出的，并且可能导致特性未知的新材料出错。例如，流行的 Birch-Murnaghan 模型在中等值格林艾森系数（Grüneisen parameter）时表现良好，但在高压的情况下会变差。

4.2.1　广义多项式混沌方法

1. 能量-体积之间的关系

广义多项式混沌[1]（generalized polynomial chaos，gPC）是基于埃尔米特（Hermite）多项式混沌延伸的相关研究工作，是不确定性量化学习中重要的方法之一。具体来讲，这里在输入参数（体积 V）和输出参数（能量 E）之间建立了一个 N 阶 gPC 多项式：

$$E(V) \approx E_N(V) = \sum_{i=0}^{N} c_i \phi_i(V) \tag{4-1}$$

其中，i 是维纳-阿斯基（Wiener-Askey）多项式 $\phi_i(V)$ 的阶数；c_i 是相应的多项式系数。与传统的多项式不同，广义多项式混沌是定义在欧几里得 L^2 空间上的正交基：

$$\mathbb{E}[\phi_i(V)\phi_j(V)] = \int \phi_i(V')\phi_j(V')\omega \mathrm{d}V' = \delta_{i,j} \tag{4-2}$$

其中，$\mathbb{E}[\cdot]$ 是期望函数；ω 是加权函数；$\delta_{i,j}$ 是克罗内克 δ 函数（Kronecker-delta）。无论是传统多项式还是广义多项式混沌展开，都需要计算多项式系数 c_i。这就等同于计算目标函数和多项式的内积：

$$c_i = \frac{1}{\|\phi_i\|_{L_2}} (E, \phi_i)_{L_2}, \quad i = 0, 1, \cdots, N \tag{4-3}$$

其中，$\|\cdot\|_{L_2}$ 是欧几里得 L_2 范数；$(\cdot,\cdot)_{L_2}$ 是内积。由于很多求积公式都是基于正交多项式的，如高斯-勒让德公式，因此利用正交多项式的性质，系数的求解能用更少的数据获取更准确的结果。

前面所提到的维纳-阿斯基多项式的具体形式依赖于输入参数的分布，在这个问题中则是体积 V 的分布。围绕平衡态体积的初始猜测问题，事先不知道要采集哪些体积作为参数样本，所以采用等权重来进行采样，即 $\omega = 1$。因此，正交多项式 $\phi_i(V)$ 为勒让德多项式，且满足如下递推关系：

$$(i+1)\phi_{i+1} = (2i+1)V\phi_i - i\phi_{i-1} \tag{4-4}$$

2. 体积模量估计

在建立了 E_N 的广义多项式混沌之后，可以定义能量的全局最小值作为平衡态体积 V_0：

$$\left.\frac{\mathrm{d}E}{\mathrm{d}V}\right|_{V=V_0} \approx \left.\frac{\mathrm{d}E_N}{\mathrm{d}V}\right|_{V=V_0} = \sum_{i=0}^{N} c_i \left.\frac{\mathrm{d}\phi_i}{\mathrm{d}V}\right|_{V=V_0} = 0 \tag{4-5}$$

其中勒让德多项式的导数可以表示为

$$\frac{\mathrm{d}\phi_i}{\mathrm{d}V} = \frac{iV\phi_i - i\phi_{i-1}}{V^2 - 1} \tag{4-6}$$

根据体积模量的定义，即能量关于体积的二阶导数，可以得到

$$B = V\left.\frac{\mathrm{d}^2 E_N}{\mathrm{d}V^2}\right|_{V=V_0} = V\sum_{i=0}^{N} c_i \left.\frac{\mathrm{d}^2\phi_i}{\mathrm{d}V^2}\right|_{V=V_0} \tag{4-7}$$

注意这里的高阶导数可以由一阶导数递归得到。

3. 可靠性分析

由于广义多项式混沌的高准确性，选择其作为模型来模拟能量和体积之间的关系。通过内积 $(\cdot,\cdot)_{L_2}$：

$$\lim_{N \to \infty} \|E - E_N\|_{L_2} = \inf \left\|E - \sum_{i=1}^{N} c_i\phi_i(V)\right\|_{L_2} \tag{4-8}$$

$$c_i = \frac{1}{\|\phi_i\|_{L_2}}(E, \phi_i)_{L_2} \tag{4-9}$$

广义多项式混沌作为 $E(V)$ 到 V 的维纳-阿斯基多项式空间的正交投影，提供了加权欧几里得（L_2）范数中 $E(V)$ 的最佳近似值[1]。注意，这里 $c_{i=0}^{N}$ 是广义的傅里叶系数。

E_N 关于展开系数 N 的截断误差为

$$\lim_{N \to \infty}\|E - E_N\|_{L_2} = \lim_{N \to \infty}\int|E(V) - E_N(V)|\omega dV \leqslant \eta N^{-\alpha} \to 0 \qquad (4\text{-}10)$$

这里 η 是一个常数，$\alpha > 0$ 是能量-体积光滑曲线上的一个测度。换句话讲，对于相对光滑的函数 $E(V)$，使用一个低阶展开 $E_N(V)$ 就可以达到足够准确且计算成本相对较小的目标。

在实际问题中，根据第一性原理的数据对 $(E_k, V_k)_{k=1}^M$，可以将广义多项式关系表示成如下矩阵形式：

$$Ac = d \qquad (4\text{-}11)$$

$$A = \begin{bmatrix} \phi_0(V_1) & \cdots & \phi_N(V_1) \\ \vdots & & \vdots \\ \phi_0(V_M) & \cdots & \phi_N(V_M) \end{bmatrix} \qquad (4\text{-}12)$$

$$d = \begin{bmatrix} E_0 \\ E_1 \\ \vdots \\ E_M \end{bmatrix} \qquad (4\text{-}13)$$

上述关系中的系数 $c = \{c_i\}_{i=0}^N$ 可以根据下述不同情况确定：

（1）$M = N$，用最小正交叉插值确定唯一解。

（2）$M > N$，用最小二乘法计算数值解。

（3）$M < N$，用压缩感知确定一个稀疏解。

更多关于广义多项式混沌系数的计算可在文献[1]中找到。本节研究的是 $M \geqslant N+1$ 的情况，拟通过最小正交插值法来求解系数 $\{c_i\}_{i=0}^N$。

如果在第一性原理方法中获取数据时携带误差，将误差表示为 $\epsilon_{ab} = [\epsilon_1, \cdots, \epsilon_M]$，那么这个误差的上界在通过广义多项式混沌模型后，其欧几里得（L_2）范数 $\|\cdot\|_{L_2}$ 为

$$\epsilon_{E'} = \|E - E_N\|_{L_2} \leqslant \left[\sum_{i=N+1}^{\infty}\frac{(\int E\Phi_i\omega dV)^2}{\phi_{iL_2}^2}\right]^{\frac{1}{2}} + \|\mathcal{F}(A,\epsilon_{ab})\Phi\|_{L_2} + \|\epsilon_Q\|_{\infty} \qquad (4\text{-}14)$$

$$\mathcal{F}(A,\epsilon_{ab}) = \begin{cases} A^{-1}\epsilon_{ab}, & M = N+1 \\ c', \dfrac{\min}{c'}\|Ac' - \epsilon_{ab}\|_2, & M > N+1 \end{cases} \qquad (4\text{-}15)$$

其中，$\Phi = [\phi_0, \cdots, \phi_N]^T$ 是勒让德多项式的列向量。总体来看，式（4-14）中的第一部分代表截断误差，第二部分是第一性原理方法带来的误差，最后一部分 $\|\epsilon_Q\|_{\infty}$ 表示由离散网格上的插值引入的混叠误差。因为高斯点通常会产生与投影相同数量级的混叠误差，所以连续和离散展开对于局部平滑区间表现出类似的定性行为[1]。因

此，这里不区分二者，而是将它们组合在一起作为截断误差。

对于局部平滑区间，gPC 模型的一阶导数的误差上限可以通过 ϵ_E 对体积的一阶导数获得：

$$\epsilon_{E'} = \left\| \frac{\mathrm{d}E}{\mathrm{d}V} - \frac{\mathrm{d}E_N}{\mathrm{d}V} \right\|_{L_2} \leqslant \left\| \sum_{i=N+1}^{\infty} c_i \frac{\mathrm{d}\phi_i}{\mathrm{d}V} \right\|_{L_2} + \left\| \mathcal{F}(A, \epsilon_{ab}) \frac{\mathrm{d}\Phi}{\mathrm{d}V} \right\|_{L_2} \tag{4-16}$$

并且可以找到二阶导数的误差上限为

$$\epsilon_{E''} = \left\| \frac{\mathrm{d}^2E}{\mathrm{d}V^2} - \frac{\mathrm{d}^2E_N}{\mathrm{d}V^2} \right\|_{L_2} \leqslant \left\| \sum_{i=N+1}^{\infty} c_i \frac{\mathrm{d}^2\phi_i}{\mathrm{d}V^2} \right\|_{L_2} + \left\| \mathcal{F}(A, \epsilon_{ab}) \frac{\mathrm{d}^2\Phi}{\mathrm{d}V^2} \right\|_{L_2} \tag{4-17}$$

平衡态体积与 gPC 模型的误差范围将在很大程度上取决于其从第一性原理计算得出的初始值。这是因为所有的能量-体积方法都以从第一性原理计算提供相对准确的估计为假设，即平衡态体积在全局最小能量处的匹配。虽然这种初始猜测可能包含错误，但在采样它的邻近点 $|V_i - V_{0\mathrm{in}}| \leqslant |V_{0\mathrm{in}}P\%|$ 时，这些可能含错的部分将被重新计算。这是因为会建立一个 $E(V)$ 的模型并且利用数值方法计算出其最小值点。在实际问题中，由于第一性原理方法和计算函数零点的数值方案都足够准确，因此只要选取的邻近点不是其他局部能量最小值，真实值与 gPC 模型求得的平衡态体积或任何能量方法求得的平衡态体积的最大误差一定不大于最大体积变化，即 $\epsilon_{V_0} \leqslant |V_{0\mathrm{in}}P\%|$。

根据能量-体积关系的体积模量定义，可以找到它的误差上限：

$$
\begin{aligned}
\epsilon_B &= \left| B - (V + \epsilon_{V_0}) \frac{\mathrm{d}^2E_N}{\mathrm{d}V^2} \right| \approx \left| V_0 \frac{\mathrm{d}^2E_N}{\mathrm{d}V^2} - (V_0 + \epsilon_{V_0}) \frac{\mathrm{d}^2E_N}{\mathrm{d}V^2} - \epsilon_{V_0} \frac{\mathrm{d}^3E_N}{\mathrm{d}V^3} \right| \\
&= \left| V_0 \frac{\mathrm{d}^2E_N}{\mathrm{d}V^2} - V_0 \frac{\mathrm{d}^2E_N}{\mathrm{d}V^2} - \epsilon_{V_0} \frac{\mathrm{d}^2E_N}{\mathrm{d}V^2} - \epsilon_{V_0} \frac{\mathrm{d}^3E_N}{\mathrm{d}V^3} \right| \\
&\leqslant V_0 \epsilon_{E''} + \left| V_{0\mathrm{in}}P\% \right| \left| \frac{\mathrm{d}^2E_N}{\mathrm{d}V^2} + \frac{\mathrm{d}^3E_N}{\mathrm{d}V^3} \right|
\end{aligned}
\tag{4-18}
$$

其中，$(V_0 + \epsilon_{V_0})$ 是通过 gPC 模型而被确定的平衡态体积。

总体而言，笔者提出的计算体积模量的算法框架如下：

（1）使用第一性原理计算获得平衡态体积 $V_{0\mathrm{in}}$ 的初始猜测和围绕这个值的多个数据对 $(E_k, V_k)_{k=1}^M$。

（2）建立 gPC 模型作为能量与体积之间的关系 $E_N(V) \approx E(V)$。

（3）从 gPC 模型中计算并且更新平衡态体积的数值。

（4）利用体积模量与 $E_N(V)$ 的关系确定体积模量。

能量-体积关系中还有其他关于体积模量的定义。尽管这些表达式的误差估计会略有不同，我们的算法依然可以合并这些表达式，不会影响整个工作流程。此外，基于能量-体积关系的其他材料属性也可以从提供其定义的广义多项式混沌模型中计算出来。最后要强调的是，我们提出的框架可以串行或并行程序实现以进行高通量计算。

4.2.2 Ti₃SiC₂材料系统的体积模量

Ti$_3$SiC$_2$ 具有低度对称性的层状六方密堆积结构，并以此方式结晶。Ti$_3$SiC$_2$已被表征为具有共价键、离子键和金属键三种类型的化学键，基于这个体系目前已经建立了足够多的实验和计算结果，因此 Ti$_3$SiC$_2$ 体系是上述研究方法的理想实验案例。

首先从第一性原理计算中获取平衡态的估计值：$V_{0in}=14.522\text{nm}^3$。值得说明的是，引用了 GGA 逼近用于第一性原理计算中的交换相关泛函。晶格常数设置为：$a=0.3076\text{nm}$，$c=1.7718\text{nm}$，其中 $c/a=5.7601$，与已有的实验数据吻合[2]。从第一性原理计算中共生成了 61 个数据点用于后续数值分析。同时，将最大体积变化设置为初始平衡态体积 V_{0in} 的 1%。为获得较快的收敛速度，选择勒让德多项式的零点作为 61 个输入数据的位置：

$$V_i = V_{0in}\left[1-1\%\cos\left(\frac{i-1}{M-1}\pi\right)\right], \quad i=1,\cdots,M \tag{4-19}$$

现在，利用最小正交插值法并根据这 61 个点建立 gPC 模型。阶数 N 可以根据柯西收敛数列，即两个连续阶数的差的绝对值来确定：

$$\delta E(N) = \|E_N - E_{N-1}\|_{L_2}, \quad N\geqslant 1 \tag{4-20}$$

其中，$\|\cdot\|_{L_2}$ 是在区域 $V_{0in}(1\pm1\%)$ 里利用 200 个等距点计算出来的 L_2 范数。可以发现，截断误差 δE 随着 gPC 阶数 N 的增加快速下降。在 $N=11$ 时，截断误差下降至 10^{-6}，并且在更高阶数情况下依然呈现继续下降的趋势。另外，在 $N=3$ 时斜率就基本收敛。由于输入数据精确到小数点后第三位，因此选择截断误差约为 10^{-2}eV 的 gPC 模型是合理的，对应于例子中 $N=2$ 的情况。如图 4-1 所示，二阶和三阶 E_N 之间估计体积模量的差异约为 10^{-1}GPa。

使用二阶 gPC 模型，从定义中找到平衡态体积和体积模量的计算方法，计算显示，它们分别为 14.5224nm^3 和 212.4GPa。前者是使用二分法进行数值计算的，误差容限为 10^{-16}，与第一性原理计算的初始猜测相比，差异小于 0.01%。由于第一性原理计算结果精确到小数点后三位，即 $\epsilon_{ab}\approx10^{-2}\text{eV}$，因此可以发现输入第一性原理数据导致的体积模量误差小于 108GPa（图 4-1），不难看出明显小于其截断误差。在表 4-1 中体积模量的估计结果表示为 $(212.4\pm0.1)\text{GPa}$，它与过去的实验和理论工作非常吻合。

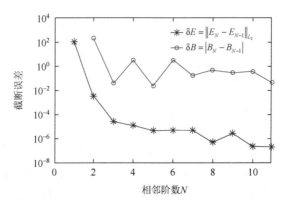

图 4-1 相邻阶数 N 之间的 gPC 模型的能量与体积模量截断误差[2]

表 4-1 使用二阶 gPC 模型、Birch-Murnaghan 模型计算和以往研究工作的 Ti$_3$SiC$_2$ 体积模量结果对比[2]

Ti$_3$SiC$_2$ 模型	体积模量/GPa
二阶 gPC 模型	212.4±0.1
Birch-Murnaghan 模型	212.4
参考文献[3]	196
参考文献[4]	179
参考文献[5]	206±6
参考文献[6]	225
参考文献[7]	204

比较使用勒让德零点的 gPC 模型与使用等距点的经典 Birch-Murnaghan 状态方程的体积模量结果，针对输入数据点的数量和位置对估计结果的变化进行研究。图 4-2 为使用二阶 gPC 模型和 Birch-Murnaghan 模型时，体积模量结果

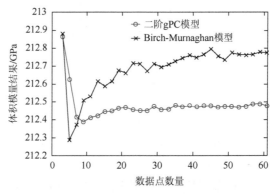

图 4-2 二阶 gPC 模型与传统 Birch-Murnaghan 模型在预测 Ti$_3$SiC$_2$ 体积模量时第一性原理数据点数量与结果的关系走势[7]

随数据点数量 M 变化的函数。显然 gPC 模型的估计结果在 $M=7$ 附近迅速收敛，而 Birch-Murnaghan 的对应体积模量结果在 $M=30$ 附近收敛，误差为 0.1GPa 。

这里要注意的是，Birch-Murnaghan 模型预先假定了材料体积与其内能之间存在的物理关系，因此其表达式包含了各种物理量，即平衡态体积、平衡能量、体积模量和 Grüneisen 系数，作为其模型参数。相比之下，gPC 模型是一种数值工具，可为目标函数 $E(V)$ 提供加权欧几里得范数上的最佳近似值，它的膨胀系数只是数值计算的产物。因此，gPC 展开在其能量-体积关系的表示中并没有包含任何物理假设。另外，如果遵循所有物理模型都适用的经典定律，利用 gPC 模型从 $E(V)$ 中估算各种物理量，则会使得 gPC 模型在物理上变得有意义。在这种情况下，gPC 模型等效于 Birch-Murnaghan 模型，也能从能量-体积关系导出的物理定义中计算平衡态体积、体积模量和 Grüneisen 系数。

通常 gPC 模型阶数的选择由以下两个方面共同决定：

（1）体积模量的误差容限。从早期对 Ti_3SiC_2 的研究[2-6]来看，材料科学中体积模量的误差容限小于 0.1GPa。图 4-3 中绘制了体积模量的柯西序列，可以发现因第一性原理计算误差所致的体积模量误差约为 10^{-8}GPa ，远小于上述误差要求。

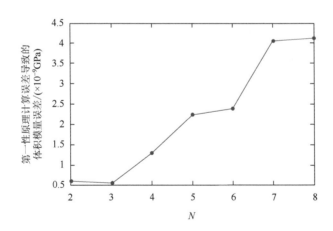

图 4-3　不同阶数 N 下因第一性原理计算误差所导致的体积模量误差[7]

（2）输入数据的计算成本与高阶展开相比，低阶 gPC 展开需要更少的数据来构建。当进行高通量材料筛选时，通常有数千个任务，但计算资源很有限，这种优势就非常显著。在 4.2.2 节 Ti_3SiC_2 这个例子中，如表 4-2 所示，二阶 gPC 展开需要 7 个第一性原理数据点，而其三阶对应需要 9 个。尽管使用最小二乘法构建 N 阶 gPC 模型需要最少的 $M=N+1$ 个数据点，理论上还有其他可用的数值方法（如压缩感知）可以用更少的数据进行估计。然而，它们通常需要更多的研究工作支撑才能进行，超出了本章研究的范围，在此不予讨论。值得强调的是，混叠误差在传播到 gPC 展开的高阶导数时会被放大。这可能会使得我们去选择更高阶的展开，但要注意的是这样也可能导致过度拟合。例如，当计算 Grüneisen 系数时，其定义为 E_N 的三阶导数：

$$-\gamma = \frac{1}{6} + \frac{V}{2B}\frac{dB}{dV}\Big|_{V=V_0} = \frac{2}{3} + \frac{V^2}{2B}\frac{d^3 E_N}{dV^3}\Big|_{V=V_0} = \frac{2}{3} + \frac{V^2}{2B}\sum_{i=0}^{N} c_i \frac{d^3 \phi_i}{dV^3}\Big|_{V=V_0} \qquad (4\text{-}21)$$

表 4-2 列举了在不同 gPC 阶数情况下的数值结果。根据上述决定 gPC 模型阶数的两个方面，发现 E_N 在三阶 gPC 展开下的结果为 1.86，这与已有的分析结果非常一致，但当 $N \geqslant 5$ 时，结果就会出错。

表 4-2　在 Ti$_3$SiC$_2$ 体系中不同阶数对应的体积模量、达到收敛时样本点数（$\leqslant 0.1$GPa）和 Grüneisen 系数的数值结果[7]

gPC 阶数 N	体积模量/GPa	样本点数	Grüneisen 系数
2	212.4	7	−0.67
3	212.4	9	1.86
4	215.7	11	1.84
5	215.7	11	−0.18
6	218.9	21	−0.09
7	219.1	21	−5.95
8	219.6	21	−5.89

　　在估计体积模量的过程中，为了研究测量数据范围对结果的影响，即相对于初始猜测 $V_{0in}(1\pm P\%)$ 的最大体积变化幅度，进行了一组具有各种范围大小（$P\%$）的实验。表 4-3 列举了二阶 gPC 展开时的 P 为 1%、10%、20% 和 30% 的结果，发现随着范围的增加，估计值会下降，且下降值非常小（$\leqslant 0.5\%$）。然而，这样的结果可能仅限于全局最小值的范围，并且显著的体积变化可能会使第一性原理数据落在自己的局部最小值的相邻区间。因此，可以得出结论，只要测量范围足够小，即不包含具有局部最小值的其他区间，则测量范围对体积模量的估计影响非常有限。

表 4-3　采用不同范围的样本点 $V_{0in}(1\pm P\%)$ 时体积模量的变化[7]

最大体积变化幅度/%	体积模量/GPa	最大体积变化幅度/%	体积模量/GPa
1	212.44	20	210.59
10	211.22	30	210.3

4.2.3　Sb$_2$Te$_3$ 材料系统的体积模量

为证明本节方法的效率，针对材料系统 Sb$_2$Te$_3$，在表 4-4 中将新算法与过去的实验和计算结果进行比较。同样，采用了二阶 gPC 展开作为能量-体积关系的近似值并计算相应的体积模量。可以发现，本节算法的结果与使用 Voigt-Reuss-Hill 方法及早期数值实验研究时的结果非常吻合。

表 4-4　在 Sb$_2$Te$_3$ 体系中，二阶 gPC 模型和基于 Voigt-Reuss-Hill 方法的模型及其他实验数据计算的体积模量 B 结果展示[7]

模型	体积模量/GPa
二阶 gPC 模型	39.9±0.1
Voigt 界	39.4
Reuss 界	37.3
Hill 均值	38.4
参考文献[8]	44.8

4.3　逆问题——多元合金的互扩散系数

在实用材料里，互扩散系数是控制物质交换的主要参数，为大量的材料过程提供了中观尺度的分析。但由于互扩散系数依赖于合金的组成成分且易受到实验数据的限制，在实际问题中很难对互扩散系数进行可靠的估计。

在计算材料科学中，通常使用经典的菲克定律来试图得到互扩散系数的数值解。根据菲克定律，一个有 $n+1$ 种物质的合金体系在一维空间里满足下述扩散方程：

$$\frac{\partial c_i}{\partial t} = \nabla\left(\sum_{j=1}^{n} D_{ij}\nabla c_j\right), \quad i=1,\cdots,n \tag{4-22}$$

其中，c_i 是组分 i 的浓度，通常可以使用扩散耦合技术来获得此参数；D_{ij} 是成分 i 与成分 j 之间的互扩散系数，其将成分 i 与成分 j 的梯度关联起来，同时依赖于浓度 c_i。值得注意的是，由于通常将第 $n+1$ 种成分视为溶剂，因此互扩散系数矩阵 $D_{n\times n}$ 存在 n^2 个待解未知数。在这种情况下，通常使用下述两种方法来解决这个欠定问题。

第一种方法主要基于 Boltzmann-Matano 的分析，其旨在求解一个不依赖于时间的一阶线性方程组。例如，对于三元体系，Kirkaldy-Matano 方法产生了 $n-1$ 个路径，而这些路径的交汇点处可以产生一个额外的方程，这样一来，原本的欠定方程便不再欠定。沿着这样的研究思路，后来的工作开始朝着寻求沿扩散路径在某个组成范围内的平均相互扩散率的方向努力。而后又有学者提出了伪二元方法，在扩散区域里只考虑两种元素之间的关系来求解原欠定方程。这些方法均是针对独立于时间的一阶线性方程组进行数值求解的，因此都具有较高的计算效率。但它们的适用性均会受到严格的实验条件的制约，特别是针对多组分系统的复杂扩散过程。

第二种主要采用数值逆方法的思想，其将互扩散系数视为与成分浓度相关的函数，并写成如多项式的形式。这样一来，求解互扩散系数的问题就可以转化为求解这些函数中待定系数的问题。再利用迭代的数值方法思想，可以不断调整这些待定的函数系数，直到将这些系数代入扩散方程后可使得方程的解在预设的误差范围内，并且同时与从实验数据中获得的成分-距离曲线或互扩散通量相契合。

总体来讲，上述这些方法的有效性很大程度上取决于耦合扩散方程的不确定性程度。当合金系统中含有更多的未知数，即 $n+1 > 3$ 时，或者互扩散系数与成分浓度之间的函数关系更为复杂时，这些方法的准确性会大大降低。为了克服这些困难，笔者提出了一种新的混合方法来计算材料系统中的互扩散系数，拟采用压缩感知的方法来求解 Boltzmann-Matano 方程中关于互扩散系数的欠定线性系统。

4.3.1 基于压缩感知的不确定性量化算法

1. 算法逻辑

经典的 Boltzmann-Matano 方法把互扩散系数视为依赖成分浓度 c 的变量。如果令 x_0 为两个成分接触面（Matano 面）的位置，并且引入一个新的变量 $\lambda = \dfrac{x - x_0}{\sqrt{t}}$，Boltzmann-Matano 方法可以将菲克第二定律转换为如下形式：

$$\frac{1}{2t}\int_{c_i^\infty}^{c_i}(x - x_0)\mathrm{d}c_i = -\sum_{j=1}^{n}D_{ij}\nabla c_j, \quad i = 1,\cdots,n \tag{4-23}$$

在这种情况下，Matano 面 x_0 就可以被计算为

$$x_0 = \frac{1}{c^+ - c^-}\int_{-\infty}^{\infty}x\frac{\partial c}{\partial x}\mathrm{d}x \tag{4-24}$$

由于互扩散系数依赖于成分浓度，即 $D_{ij}(c_1,\cdots,c_n)$，因此方程使得人们能够从金属合金的成分-距离分布曲线的实验数据中提取互扩散系数 D_{ij}。Boltzmann-Matano 方法还假设界面两侧的合金是半无限的或足够大的。这样一来，在整个实验过程中，两端的物质浓度就能不受瞬态的影响。鉴于常微分方程组通常比原始的偏微

分方程组更方便研究者进行数值计算，Boltzmann-Matano 方法已经被证明既有准确性又方便使用。基于上述情况，拟将 Boltzmann-Matano 方法作为逆过程的算法框架基础以展开后续工作。

在实际问题中，获取实验数据的过程往往会非常困难且数据的价格相对昂贵。扩散耦合技术通常与电子探针显微分析（electron probe microanalysis，EPMA）结合，一同用于获得成分-距离曲线。为制造一个可被有效利用的扩散偶，首先应将两块材料黏合在一起并保持在特定温度，从而激活初始界面处的相互扩散过程。其退火过程可能会持续数小时到数天，且具体时间取决于形成足够宽的可以供分析的相互扩散区域的速度。同时在这个过程进行之前，样品的表面还应在进行 EPMA 之前进行良好的抛光。通常会在互扩散区域内平行于元素扩散方向的一条线上选择 50～100 个采样点，设备检测每个点的成分需要几分钟的时间。因此，整个实验过程将会非常耗时，继而导致采集的数据十分昂贵。

另外，由于合金中可能会含有更多种类的组成成分，因此互扩散系数与浓度之间的函数阶数也会随之增加。这就需要更多的样本来确定互扩散系数的矩阵 D。在这种情况下，Boltzmann-Matano 系统中的实验数据会相对不足，从而产生比原方程数更多的待定互扩散系数未知数，此时该系统会变得欠定且每个扩散系数均无法唯一确定。

为了解决这些问题，并且尽可能地将少量的数据样本利用起来，拟采用压缩感知的方法来恢复互扩散系数矩阵。传统的最小二乘方法估计是基于 L^2 最小化的原理展开的。但与最小二乘方法不同，压缩感知方法选取 l_1 范数作为 l_0 拟范数解的一个凸的且更易计算的逼近，通过寻找具有最小 l_1 范数的解来求解欠定线性系统。经过多年的研究，科学界已经开发了关于压缩感知的许多数值实现方法和软件，包括 l_1-magic、SPGL1 和 SeDuMi 等。压缩感知理论的一个有趣之处在于它通常需要随机的测量，这一理论对推导出许多强有力的理论结果至关重要。在实际操作过程中，随机位置的测量往往可以给出更好的结果，因此压缩感知方法在涉及实际问题时经常被研究者采用。

将上述过程归纳起来，笔者提出了下述研究算法来计算互扩散系数：

（1）第一步，在已给的成分-距离曲线上获取 m 个样本点 $(x_1, \cdots, x_m)$。

（2）第二步，将所有采样点代入 Boltzmann-Matano 方程中，并且将其整理成 $J = \ell d$ 的形式。这里的 $J_{nm \times 1}$ 是采样点位置上的互扩散通量组成的向量，即 Boltzmann-Matano 方程中左边部分。$\ell_{nm \times n^2}$ 为样本点在其相应位置上的成分浓度梯度（∇c_j）数值，$d_{n^2 \times 1}$ 为待定的互扩散系数的向量形式。

（3）第三步，用 k 个未知系数构建互扩散系数和成分浓度之间的函数关系。

（4）第四步，将建立好的函数关系代回到第二步的形式中。在这里互扩散系数向量 $d_{n^2 \times 1}$ 被转换成了 $n^2 \times k$ 维的对角矩阵与预设函数关系中待定系数构成的向量系数 $a_{k \times 1}$ 的乘积：

$$d = \begin{bmatrix} \phi & \cdots & 0 \\ \vdots & & \vdots \\ 0 & \cdots & \phi \end{bmatrix} a \qquad (4\text{-}25)$$

上述关系中的对角块和未知向量 a 分别为

$$\phi = [Ic_1 I \cdots c_n Ic_1^2 I \cdots c_n^2 I] \qquad (4\text{-}26)$$

$$a = [a_1 \, a_2 \cdots a_i \cdots a_n]^T \qquad (4\text{-}27)$$

$$a_i = \left[a_{1i}^{(0)} \, a_{2i}^{(0)} \cdots a_{ni}^{(0)} \cdots a_{1i}^{(n)} \, a_{2i}^{(n)} \cdots a_{ni}^{(n)} \right]^T \qquad (4\text{-}28)$$

（5）第五步，利用压缩感知软件，如 l_1-magic 和 SPGL1，恢复函数系数向量 a。

（6）第六步，将 a 代入到第三步中的原始函数关系中以恢复互扩散系数矩阵 D。

这里要注意的是，该方法的数值效率在很大程度上取决于解 a 的稀疏性。此外，互扩散系数向量 d 中的元素按互扩散系数矩阵 D 中先行后列的顺序依次排列，即：

$$d = [D_{11} \cdots D_{n1} D_{12} \cdots D_{nn}]^T \qquad (4\text{-}29)$$

值得强调的是，只要允许解 a 足够稀疏，该算法框架就能够不失一般性地适用于多项式以外的任意形式的扩散浓度关系。

计算的互扩散系数的误差主要来自计算和实测互扩散通量 J 的偏差，以及 ℓ 中的浓度梯度。根据已有的研究方法的定义，引入了互扩散系数之间的相对误差：

$$\frac{\Delta D_{ij}}{\tilde{D}_{ij}} = \sqrt{\left(\frac{J_i - \tilde{J}_i}{\tilde{J}_i} \right)^2 + \left(\frac{\nabla c_j - \widetilde{\nabla c_j}}{\widetilde{\nabla c_j}} \right)^2}, \quad i = 1, \cdots, n; j = 1, \cdots, n \qquad (4\text{-}30)$$

其中，$\tilde{A}$ 是 A 的测量数据的结果。

2. 数值算例分析

例 1：三元系统的常数关系情况算例

以三元系统 $(n = 2)$ 中的互扩散系数为简单常数的情形开始讨论。假设真实的互扩散系数矩阵为

$$D = \begin{bmatrix} 1 & 0.1 \\ 0.15 & 2 \end{bmatrix} \qquad (4\text{-}31)$$

当 $t = 10^4 \Delta t$ 时，利用数值算法求得数值解后，从成分-距离曲线上随机地选取了两个位置成分浓度的样本点 $[c_1(x_i), c_2(x_i)](i = 1, 2)$。按照前面所述的算法框架，将这些样本点代入 Boltzmann-Matano 方程中，有

$$\begin{bmatrix} \dfrac{\partial c_1}{\partial x}\Big|_{x_1} & 0 & \dfrac{\partial c_2}{\partial x}\Big|_{x_1} & 0 \\[2mm] 0 & \dfrac{\partial c_1}{\partial x}\Big|_{x_1} & 0 & \dfrac{\partial c_2}{\partial x}\Big|_{x_1} \\[2mm] \dfrac{\partial c_1}{\partial x}\Big|_{x_2} & 0 & \dfrac{\partial c_2}{\partial x}\Big|_{x_2} & 0 \\[2mm] 0 & \dfrac{\partial c_1}{\partial x}\Big|_{x_2} & 0 & \dfrac{\partial c_2}{\partial x}\Big|_{x_2} \end{bmatrix} \begin{bmatrix} D_{11} \\ D_{21} \\ D_{12} \\ D_{22} \end{bmatrix} = \begin{bmatrix} J_1\Big|_{x_1} \\[2mm] J_2\Big|_{x_1} \\[2mm] J_1\Big|_{x_2} \\[2mm] J_2\Big|_{x_2} \end{bmatrix} \qquad (4\text{-}32)$$

通过假设互扩散系数和成分之间的 0 阶多项式关系，即 D_{ij}，将表达式转换为

$$d = \begin{bmatrix} \phi & 0 \\ 0 & \phi \end{bmatrix} \begin{bmatrix} \alpha_{11}^{(0)} & \alpha_{12}^{(0)} & \alpha_{21}^{(0)} & \alpha_{22}^{(0)} \end{bmatrix}^{\mathrm{T}}, \quad \phi = \begin{bmatrix} I \end{bmatrix} \qquad (4\text{-}33)$$

其中单位矩阵 I 是 2×2 的。图 4-4（a）、（b）、（c）和（d）分别绘制了基准解与采用逆方法计算得出的互扩散通量、成分浓度分布和互扩散系数的对比结果。对于这种简单情况，正如预期的那样，压缩感知提供了极为准确的估计。为了证明该算法在随机样本情况下的稳定性，沿着成分-距离曲线的任意位置采集了 100 对样本。就浓度分布中的 L_2 范数而言，整体结果的平均误差低至 10^{-3} 量级。为了便于观察，在图 4-4（e）和（f）中绘制了互扩散系数的相对误差。可以看出，在浓度终端附近的结果与在界面处相比更为不准确，这也是研究具有单扩散耦合依赖成分的互扩散系数时常见的问题，其误差来自几乎平行于互扩散系数矩阵的特征矢量方向扩散耦合的合成矢量。这种病态问题是显而易见的，因为两端的解通常是已知的。针对这一问题，可以采用来自不同组合角度的多个耦合的曲线数据，同时用一组可调参数来描述互扩散系数，从而获得更可靠的关于互扩散系数的统计估计结果。

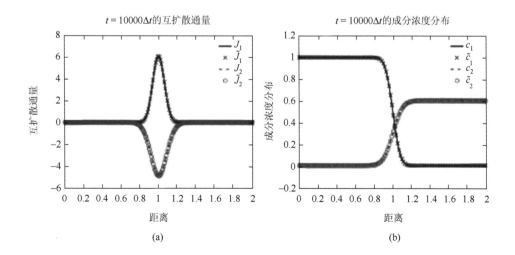

(a)　　　　　　　　　　　　　　　　　(b)

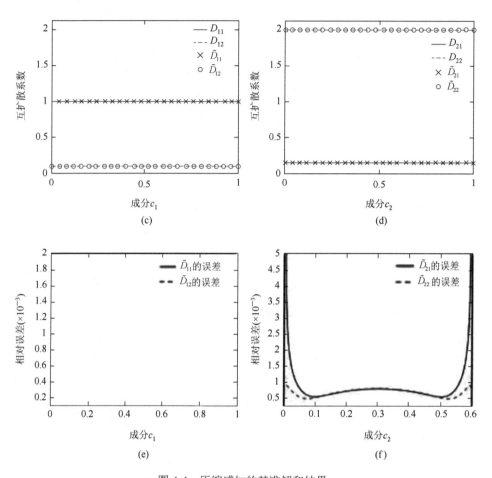

图 4-4　压缩感知的基准解和结果

（a）互扩散通量；（b）成分浓度分布；本章考虑原方程已经过无量纲化处理，且距离也通过了标准化处理，不需考虑实际距离单位。三元系统扩散系数恒定时相对于组分 c_1 和 c_2 的互扩散系数 [（c）和（d）]及其相对误差 [（e）和（f）][9]

例2：三元系统的二阶函数关系情况算例

在三元系统里，当真实的互扩散系数为依赖于各个组成成分的二阶多项式关系的情形，即：

$$D = \begin{bmatrix} 1-0.1c_1-0.1c_2+0.1c_1^2 & 0.1-0.1c_1+0.1c_2 \\ 0.15+0.15c_1+0.15c_2 & 2-0.2c_2-0.2c_1+0.1c_2^2 \end{bmatrix} \quad (4\text{-}34)$$

当 $t=8\times10^4\Delta t$ 时，利用高阶数值算法获取了该时刻的成分-距离曲线及相应的数值解。随后在曲线上随机选取了四个位置的样本点，即 $[c_1(x_i),c_2(x_i)]$ $(i=1,\cdots,4)$。按照设计的新算法框架，可以把这四个样本点替换到 Boltzmann-Matano 方程中。

　　在图 4-5 中，针对该逆问题，采用新算法分别将计算所得的互扩散通量、成分浓度分布和互扩散系数的数值结果与基准解进行比较。同样地，可以发现在这个数值算例中，压缩感知方法依然提供了准确、稳定的估计。其任意 100 组样本的相应浓度分布的整体平均 L_2 形式误差仍然很小，且在 10^{-3} 量级。扩散系数的相

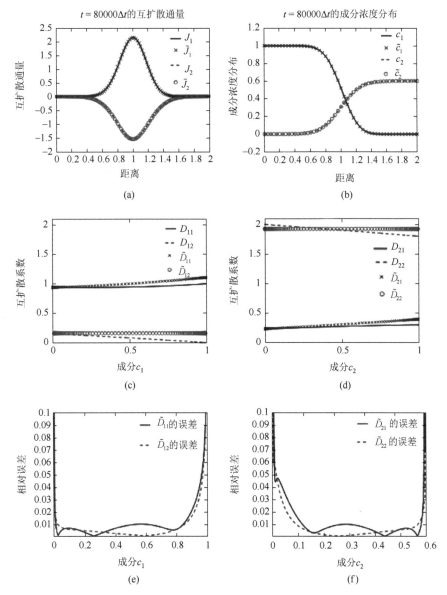

图 4-5　压缩感知的基准解和结果

（a）互扩散通量；（b）成分浓度分布；三元系统二阶扩散系数情况下相对于组分 c_1 和 c_2 的互扩散系数 ［（c）和（d）］ 及其相对误差 ［（e）和（f）］ [9]

对误差如图 4-5（e）和（f）所示。除了靠近两端的组成成分浓度的误差以外，ϵ 在曲线的大部分区域中都控制在 5% 以内。我们注意到，每个成分的中间范围的误差较大，这是因为相对于两端区域这里成分梯度更大。计算的结果和预定义的互扩散系数之间的偏差可能导致组成成分分布的不匹配，这一点是很难从成分分布中检测到的。然而，这种错配情况会表现得更加明显，因为在该表达式中浓度梯度 ∇c 被计算得出，并且其精度反过来还会随着导数的阶数而下降。尽管逆问题的这一性质经常会妨碍人们获得互扩散系数的精确表达式，但仍然可以使用压缩感知方法来获取具有高稀疏度的特解。

例 3：四元系统的一阶函数关系情况算例

考虑四元系统里互扩散系数为依赖组成成分的一阶多项式关系时的情况。假设真实的互扩散系数矩阵如下：

$$D = \begin{bmatrix} 1-0.1c_1 & 0.1 & 0.2 \\ 0.05 & 2-0.2c_2 & 0.15 \\ 0.05 & 0.15 & 2-0.2c_3 \end{bmatrix} \quad (4\text{-}35)$$

当时间 $t = 8 \times 10^4 \Delta t$ 时，利用高阶的数值算法获取该时刻的成分-距离曲线及相应的数值解。在曲线上随机地选取了四个位置的样本点 $[c_1(x_i), c_2(x_i), c_3(x_i)]$ $(i=1,\cdots,4)$，同样将它们替换到 Boltzmann-Matano 方程中，可以得到：

$$\begin{bmatrix} \frac{\delta c_1}{\delta x}\big|_{x_1} & 0 & 0 & \frac{\delta c_2}{\delta x}\big|_{x_1} & 0 & 0 & \frac{\delta c_3}{\delta x}\big|_{x_1} & 0 & 0 \\ 0 & \frac{\delta c_1}{\delta x}\big|_{x_1} & 0 & 0 & \frac{\delta c_2}{\delta x}\big|_{x_1} & 0 & 0 & \frac{\delta c_3}{\delta x}\big|_{x_1} & 0 \\ 0 & 0 & \frac{\delta c_1}{\delta x}\big|_{x_1} & 0 & 0 & \frac{\delta c_2}{\delta x}\big|_{x_1} & 0 & 0 & \frac{\delta c_3}{\delta x}\big|_{x_1} \\ \vdots & \vdots & \vdots & \vdots & \vdots & \vdots & \vdots & \vdots & \vdots \\ \frac{\delta c_1}{\delta x}\big|_{x_4} & 0 & 0 & \frac{\delta c_2}{\delta x}\big|_{x_4} & 0 & 0 & \frac{\delta c_3}{\delta x}\big|_{x_4} & 0 & 0 \\ 0 & \frac{\delta c_1}{\delta x}\big|_{x_4} & 0 & 0 & \frac{\delta c_2}{\delta x}\big|_{x_4} & 0 & 0 & \frac{\delta c_3}{\delta x}\big|_{x_4} & 0 \\ 0 & 0 & \frac{\delta c_1}{\delta x}\big|_{x_4} & 0 & 0 & \frac{\delta c_2}{\delta x}\big|_{x_4} & 0 & 0 & \frac{\delta c_3}{\delta x}\big|_{x_4} \end{bmatrix} \begin{bmatrix} D_{11} \\ D_{21} \\ D_{31} \\ D_{12} \\ D_{22} \\ D_{32} \\ D_{13} \\ D_{23} \\ D_{33} \end{bmatrix}$$

$$= \begin{bmatrix} J_1\big|_{x_1} & J_2\big|_{x_1} & J_3\big|_{x_1} & J_1\big|_{x_2} & J_2\big|_{x_2} & J_3\big|_{x_2} & \cdots & J_1\big|_{x_4} & J_2\big|_{x_4} & J_3\big|_{x_4} \end{bmatrix}^{\mathrm{T}} \quad (4\text{-}36)$$

为了恢复互扩散系数矩阵，假设互扩散系数与各个组成成分之间为一阶多项

式关系，即

$$D_{ij} = \alpha_{ij}^{(0)} + \alpha_{ij}^{(1)} c_1 + \alpha_{ij}^{(2)} c_2 + \alpha_{ij}^{(3)} c_3 \qquad (4\text{-}37)$$

基于我们的研究方法，扩散向量 d 可以表示为

$$d = \begin{bmatrix} \phi & 0 & 0 \\ 0 & \phi & 0 \\ 0 & 0 & \phi \end{bmatrix} \begin{bmatrix} a_1 \\ a_2 \\ a_3 \end{bmatrix} \qquad (4\text{-}38)$$

这里对角块 ϕ 和 a_i 分别为

$$\phi = [I\ c_1 I\ c_2 I\ c_3 I] \qquad (4\text{-}39)$$

$$a_i = \begin{bmatrix} a_{1i}^{(0)} & a_{2i}^{(0)} & a_{3i}^{(0)} & a_{1i}^{(1)} & a_{2i}^{(1)} & a_{3i}^{(1)} \cdots a_{1i}^{(3)} & a_{2i}^{(3)} & a_{3i}^{(3)} \end{bmatrix}^{\mathrm{T}} \qquad (4\text{-}40)$$

如图 4-6（a）和（b）所示，压缩感知方法在该例题中对互扩散通量和浓度分布给予了良好估计。在随机抽取超过 100 组样本且进行相应的算法操作后，发现浓度分布中 L_2 型误差的平均值在 $10^{-3} \sim 10^{-2}$。然而，在图 4-6（c）～（h）中，互扩散系数的恢复结果不容乐观。与数值算例 1 和 2 中的对应问题类似，两端性能不佳是由满足两端成分的其他可能解引起的，并且可以通过包含多个扩散耦合进行修正。另外，还注意到此时界面处的相对误差上升到 20% 左右。这种偏差主要是由数值方案的模拟错误导致的。该数值方案用于生成合成（测量）数据，然后通过压缩感知确定互扩散系数后用于做出相应的成分-距离曲线。这些误差的产生是独立于压缩感知算法框架的，如果采用更加准确的高阶数值方案，如局部不连续伽辽金（discontinuous Galerkin）有限元方法，或使用更为精细的网格，这些误差将会减小。

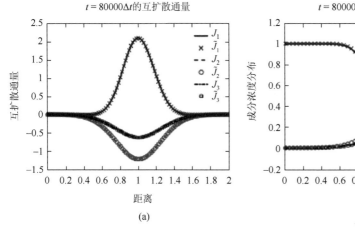

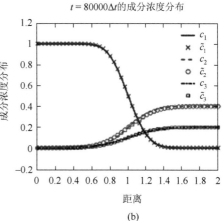

(a)　　　　　　　　　　　　　　　(b)

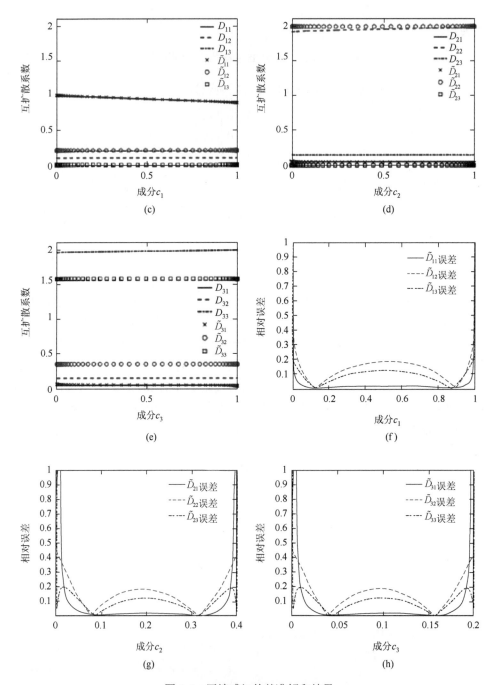

图 4-6　压缩感知的基准解和结果

(a)互扩散通量；(b)成分浓度分布；四元系统在一阶扩散系数情况下相对于组分 c_1, c_2 和 c_3 的互扩散系数[（c）～（e）]及其相对误差 [（f）～（h）] [9]

3. 结果与讨论

当数据样本点少于未知数时,压缩感知不失为一种非常好的方法。在实际操作过程中,通常选取样本点数的范围介于 $\frac{1}{3}n \times \text{size}(a)$ 和 $\frac{2}{3}n \times \text{size}(a)$ 之间,其中 a 为函数关系待定系数组成的向量, n 为耦合的 Boltzmann-Matano 扩散方程数量。例如,在三元系统里,对于设定的 0 阶、1 阶和 2 阶函数关系,选取的样本点数最少分别为 1、2 和 4。又如,在四元系统里,对于设定的 0 阶、1 阶和 2 阶函数关系,选取的样本点数则最少分别为 1、4 或 7。

除了耗时的 EPMA 实验过程外,测量数据容易出错的地方主要来自其分析步骤。通常认为,在定量分析模式下,EPMA 的实验不确定度在 2% 以内。在上述数值算例中,获得合成数据的数值方案可产生这种实验误差。研究表明,对于强度为 σ 的测量,来自压缩感知的 l_2 估计误差可以总结为

$$|\epsilon|_{l_2} = \text{polylog}(n)\frac{s}{m}\sigma^2 \qquad (4\text{-}41)$$

其中, n 是待定向量的长度; s 是非零元素的数量; m 是数据的数量。更多关于压缩感知方法的取点数量问题超出了本节的研究范围,感兴趣的读者可自行查找相关资料学习。

正如数值算例所展示的,目前还没有具体的方法论述如何在成分-距离曲线上定位具体的测量位置从而得到相应浓度测量值 $c(x)$,现在只要求采样位置均在扩散区域内即可。因此,来自压缩感知的互扩散系数的解向量并非唯一,这原本也是逆问题的固有属性。值得强调的是,在扩散建模的背景下,这些解均是"有效的",只要它们可以对成分-距离曲线提供良好的估计。

还要注意的是,对于上述压缩感知算法框架,确保 l_1 正则化系统具有定义明确的数值解的充分条件是已知的;确保这种适定属性的实际采样条件通常也依赖于随机采样,这也是在此过程中使用随机采样的原因。

最后,压缩感知的本质是获得尽可能稀疏的(系数)矩阵解。换句话讲,它提供了一种方法来修改作为成分的函数的互扩散性多项式表达的"预选"顺序,通过消除多余的系数来接近实际的表达式。

4.3.2 基于高斯过程的不确定性量化算法

高斯过程(Gaussian process,GP)常用于处理由微分方程组生成的数据。作为一种后箱回归模型,GP 被提出用于利用微分方程的导数信息进行快速参数后验估计,即使是部分观测数据。显式导数信息进一步用于改善一般 GP 对由微分方程生成的数据的性能。通过约束流形进一步利用给定微分方程组中的导数,

GP 的导数必须匹配常微分方程（ordinary differential equation，ODE）。尽管取得了成功，但这些工作通常需要明确已知的微分方程才能工作。因此，它们不能直接用以解决这里的问题。

为了解决互扩散系数稳定表征的挑战，笔者引入了一种用于表征成分相关互扩散系数的非参数贝叶斯框架 InfPolyn。

首先，用无穷多个多项式项扩展了一般多项式拟合方法。其次，将多项式系数与高斯函数进行积分，然后导出互扩散系数的非参数函数形式。为了在互扩散系统的先验假设下进一步改进模型，又引入了互扩散系数函数的对角占优先验。与大多数贝叶斯拟合问题不同，互扩散系数是相对未知的。因此，这里引入了一个潜变量来解决这个问题。最后，推导出一个可处理的模型训练联合似然函数，将 InfPolyn 与基于 Matano 的最新数值反演方法及其变体进行了比较。在具有多项式、指数和正弦互扩散系数的三元和四元系统中，InfPolyn 在相对误差方面相较于其他方法而言有显著改进。在大多数实验中，前述方法 InfPolyn 仅在 40 个 EPMA 测量值下表现出优异的性能，这在实际互扩散系数的估计中是非常理想的。

本质上，InfPolyn 是一种函数估计方法，通过采用非参数模型、GP 和特定先验知识的混合，专门用于描述互扩散系数。与经典的贝叶斯推理方法不同，InfPolyn 不需要耗时的采样过程，因此效率更高。这项关于互扩散系数表征的工作重点如下：

（1）InfPolyn 不需要对互扩散系数的特定函数形式进行假设；对过度装配和欠装配具有鲁棒性。

（2）InfPolyn 不需要大量的训练数据。

1. 问题描述

考虑具有 $(M+1)$ 个分量的一般一维扩散系统。根据菲克第二定律，扩散过程的特征是

$$\frac{\partial c^i}{\partial t} = \nabla\left(\sum_{j=1}^{M} D_{ij} \nabla c^j\right), \quad i = 1, \cdots, M \tag{4-42}$$

其中，∇ 是偏导数算子；c^i 是 i 组分的浓度，注意浓度是空间和时间 $c^i(t,x)$ 的函数；D_{ij} 是互扩散系数组分 j 的浓度梯度。在许多教科书的例子中，D_{ij} 假设为常数，但实际上，D_{ij} 取决于所有组分的浓度 $c = (c^1, \cdots, c^M)^T$。我们的目标是找到 $D_{ij}(c)$ 对于所有 $i,j = 1, \cdots, M$，理想情况下，浓度剖面图 $C = (c(t_e, x_1)^T, \cdots, c(t_e, x_N)^T)^T \in \mathbb{R}^{N \times M}$ 在某些终端时间 t_e 和空间位置 $\{x_n\}_{n=1}^N$，其中 N 是不同位置的采样点数量。为了避免混乱，表示为 $c_n = c(t_e, x_n)$。

温度这个重要的因素在计算中并没有考虑。这是实验的一般过程。为了进行实验并获得浓度分布，首先将两块材料黏合在一起，并将它们保持在一定温度下，

以激活初始界面处的互扩散。退火过程可能持续数小时到数天，这取决于分析所需的速度-有机物扩散区。在长时间的退火过程中温度保持不变，除了开始和结束阶段，这需要很短的时间。因此，对于互扩散系数表征，温度被认为是恒定的。为了制造一个扩散偶，通常在与互扩散区内元素扩散方向平行的线上选择 50～100 个样品点。通过 EPMA 对每个取样点进行分析，设备需要几分钟来检测浓度。因此，实验非常耗时，只能提供少量样品。

2. Boltzmann-Matano 多项式互扩散系数

本节遵循 Boltzmann-Matano 方法的原始工作，该方法被广泛用于从实验浓度分布中提取浓度相关的互扩散系数 $\{D_{ij}\}$。Boltzmann-Matano 方法首先在时间上集成菲克扩散定律，以获得以下系统：

$$\frac{1}{2t}\int_0^{c^i}(x-x_0)\mathrm{d}c^i = -\sum_{j=1}^M D_{ij}\nabla c^j, \quad i=1,\cdots,M \tag{4-43}$$

其中，c^i 是 i 组分的终端浓度；∇c^j 是浓度梯度；x_0 是已知的 Matano 平面，定义如下：

$$\int_{-\infty}^{x_0}(1-c(x))\mathrm{d}x = \int_{x_0}^{+\infty}c(x)\mathrm{d}x \tag{4-44}$$

对于二元体系，即 $M+1=2$，只有一个成分相关的互扩散系数 D_{11} 可通过一个扩散偶确定。基于上述方程，可以直接计算 $n=1,\cdots,N$ 的 $D_{11}(c_n)$，然后使用任何曲线拟合方法来表征 $D_{11}(c)$ 的函数。对于三元系统，即 $M=2$，需要确定 $j=\{1,2\}$ 和 $j=\{1,2\}$ 的 $D_{ij}(c)$。对于每个样本 c_n，目前只能写出两个方程，而有四个未知参数。这是一个有待求解的欠定方程组，将导致多个解。有效的解决方案是假设多项式形式的互扩散连续函数，例如，独立的二次型：

$$D_{ij}(c) = w_{ij}^0 + \sum_{i=1}^M \left(w_{ij}^{(i)}c^i + w_{ij}^{(M+i)}(c^i)^2\right) \tag{4-45}$$

其中，w 是多项式函数中的权重系数。表示方程左侧的通量 u，有 $u^i=\left(u_1^i,\cdots,u_N^i\right)$，其中 $u_n^i=\int_0^{c^i(x_n)}\frac{(x-x_0)\mathrm{d}c^i}{2t}$ $(n=1,\cdots,N)$。然后，可通过求解方程组计算 $j=1,\cdots,M$ 的 D_{ij} 估计：

$$u_n^i = -\sum_{j=1}^M D_{ij}(c_n)\nabla c_n^j \tag{4-46}$$

其中，$D_{ik}(c_n)$ 是多项式函数，完全由给定特定函数形式和 c_n 的权重系数决定。多项式函数中的所有权重系数 $W=\left\{w_{ij}^k\right\}$ 都可以通过求解优化问题来计算：

$$\underset{W}{\arg\min}\sum_{n=1}^{N}\left\|u_n^i+\sum_j^M D_{ij}(c_n)\nabla c_n^j\right\|^2 \tag{4-47}$$

其中，$\|\cdot\|^2$ 表示 L^2 范数，可以用其他范数替换。

注意：由于每个 $i=1,\cdots,M$ 的 $D_{ij}(c)$ 估计值仅取决于 u^i，并且是独立计算的，因此这里省略了指数 i，并用多项式互扩散系数重新表述了 Boltzmann-Matano 方法，以避免杂波。

$$\underset{W}{\arg\min}\sum_{n=1}^{N}u_n+\sum_j^M d_n^j\nabla c_n^{j\,2}=\underset{W}{\arg\min}\sum_{n=1}^{N}u_n+\nabla c_n^{\mathrm{T}}d_n^{\,2} \tag{4-48}$$

其中，u_n 是任意分量的通量；∇c_n^j 是 j 组分的浓度梯度，两者都是根据剖面图 C 计算得出的；$d^j(c_n)$ 是任何 $D_{ij}(c)$ 任意行的 j 列，与浓度 c_n 下所选通量相匹配；$d_n=\left(d^1(c_n),\cdots,d^M(c_n)\right)^{\mathrm{T}}$ 是 $d^j(c_n)$ 的集合。我们的目的是解释 $j=1,\cdots,M$ 时的 $d^j(c)$。

3. 互扩散系数的 InfPolyn 多项式

基于多项式的方法的挑战在于缺乏关于如何建立模型的指导原则，即多项式顺序和多项式形式的选择。目前还不清楚每个扩散系数需要几个多项式项，这样模型就不会过拟合或欠拟合。尽管可以实现正则化技术，但正则化的基本假设尚不清楚。为了获得更好的结果，需要一种系统的方法来指定具有正确先验知识的扩散系数。

为此，本节提出了一种非参数贝叶斯方法，该方法足够灵活，可以捕获复杂的非线性关系，同时通过整合所有可能的解决方案来限制自身对数据的过度拟合。

4. 无限阶多项式模型

首先，多项式回归为

$$d^j(c)=w_j^{\mathrm{T}}\phi_j(c)+\beta_j \tag{4-49}$$

其中，多项式项被表示为 $\phi_j(c)=(c^1,(c^1)^2,\cdots,c^2,(c^2)^2,\cdots)^{\mathrm{T}}$，$\phi_j(\cdot)$ 是对多项式函数形式进行编码的预定义特征映射。本质上，可以将浓度 c 投射到 r-维特征空间上使用任意映射 $\phi_j(c)\in\mathbb{R}^r$。注意，通过将第一个元素设置为 1，也可以将常数项吸收到特征映射中。在线性模型情况下，特征映射仅为 $\phi_j(c)=(1,c^{\mathrm{T}})^{\mathrm{T}}$。

显然，只有当大致知道 $\phi_j(c)$ 的函数形式时，这种多项式方法才是精确和稳定的。此外，需要估计大量参数 $\{w_j,\beta_j\}$，而不是估计权重参数，可以考虑矩阵高斯先验的权重向量 w_j：

$$w_j \sim \mathcal{N}(0, \varOmega_j) = \frac{1}{\sqrt{(2\pi)^r |\varOmega_j|}} \exp\left(\frac{-w_j^{\mathrm{T}} \varOmega_j^{-1} w_j}{2}\right) \tag{4-50}$$

其中，$\varOmega_j \in \mathbb{R}^{r \times r}$，表示权重分量之间的相关性。然后，积分出权重，并直接与允许闭式解的边际解进行运算：

$$
\begin{aligned}
p(d_j|c) &= \int p(d_j \mid w_j, c) \, p(w_j) \mathrm{d}w_j \\
&= \int (w_j \phi(c) + \beta_j) \, \mathcal{N}(w_j|0, \varOmega_j) \mathrm{d}w_j \\
&= \mathcal{N}\left(\beta_j, \left(\phi_j(c)\right)^{\mathrm{T}} \varOmega_j \phi_j(c)\right)
\end{aligned}
\tag{4-51}
$$

这也称为高斯过程。如果这里使用一个可数无穷的特征空间，即 $r \to \infty$，就正式定义了无限多项式项上的和。因此，可以称上述方法为无限多项式（InfPolyn）。该模型现在变成了一个不包含显式参数 w_j 的非参数模型。模型参数用 $(\phi_j(c))^{\mathrm{T}} \varOmega_j \phi_j(c)$ 编码，这确实表示 $\phi_j(c)$ 所跨越的特征空间中的内积。

另外，可以使用紧函数对内积进行编码，即 $k_j(c, c') = \left(\phi_j(c)\right)^{\mathrm{T}} \varOmega_j \phi_j(c)$。通过用核函数 $k_j(c, c')$ 替换显式特征映射和协方差来表示特征空间中的内积。不同的内核可以捕获不同的功能特性。例如，周期核可以捕获周期函数，如正弦函数。如果不知道核函数的显式形式，这在大多数情况下是正确的，自动相关确定（automatic relevance determination，ARD）核：

$$k_j(c, c') = \theta_{j0} \exp\left(-(c - c')^{\mathrm{T}} \left(I \odot \left(\tilde{\theta}_j^{\mathrm{T}} \tilde{\theta}_j\right)\right)^{-1} (c - c')\right) \tag{4-52}$$

在大多数情况下，特别是在回归问题[7]中，它通常提供良好的性能。在这个提法中，$\odot$ 是哈达玛积（Hadamard product），I 是单位矩阵，θ_{j0} 是核函数的比例因子，$\tilde{\theta}_j \in \mathbb{R}^{M \times 1}$ 是一个向量，具有每个输入成分的比例因子，即不同元素的浓度。为了方便，用 θ_j 表示 $\left(\theta_{j0}, \tilde{\theta}_j^{\mathrm{T}}\right)^{\mathrm{T}}$。参数 θ_j 被称为超参数，因为它们在统计上控制随机过程，而不是以行列式的方式（如前面提到的多项式拟合）。此外，除特殊说明，始终使用 ARD 内核。

5. 记忆扩散系数

假设 $d_j(c)$ 是式（4-51）所述的高斯过程，任意数量的观测值形成联合高斯分布，根据该分布可以容易地计算出闭合形式的似然。不过与经典回归问题不同，目前没有对 $d_j(c)$ 的任何直接观测，并且不能直接获得优化的超参数 $\{\theta_j, \beta_j\}$。为了解决这个问题，这里借用伪诱导点的思想，引入一组虚拟互扩散系数 $\left\{h_{jg} = d_j(z_{jg})\right\}_{g=1}^{G}$，从

虚浓度 $\left\{z_{jg}\right\}_{g=1}^{G}$ 的函数 $d_j(c)$ 中取样。这些潜在变量必须形成联合高斯分布：

$$h_j \sim \mathcal{N}\left(\beta_j 1, K_j\right) \tag{4-53}$$

其中，$h_j = \left(h_{j1}, \cdots, h_{jG}\right)^{\mathrm{T}}$，是记忆互扩散系数的集合；$\left[K_j\right]_{gg'} = k_j\left(z_{jg}, z_{jg'}\right)$，是通过核函数计算的协方差矩阵，潜在位置 $Z_j = \left\{z_{jg}\right\}_{g=1}^{G}$。通常 h_j 和 Z_j 是模型训练和预测期间需要整合的潜在变量。

6. 对角占优

如果 $i = 1, \cdots, M$ 的主要对角扩散系数 $D_{ii}(c)$ 能够完全解释扩散过程，那么抑制 $i \neq j$ 的非对角扩散系数 $D_{ij}(c)$ 以鼓励更简单的模型是合理的。为了注入这种模型偏好，这里为每个高斯过程的平均值设计了一个特殊的拉普拉斯（Laplace）先验：

$$\beta_j \sim \mathrm{Laplace}(0.01^{(1-\delta(i,j))}, 0.1) \tag{4-54}$$

其中，$\delta(\cdot, \cdot)$ 是 δ 函数；i 是匹配 $d_j(c)$ 选项的行。这里使用拉普拉斯先验而不是高斯先验来鼓励非对角位置扩散浓度的稀疏性。特定的先验参数可以根据不同的系统进行调整，以反映先验知识。

7. 联合模型训练

在之前完全指定每个互扩散系数 $d_j(c)$ 的情况下，可以通过以下方法恢复观测到的通量 u_n：

$$u_n = f_n + \epsilon_n = \nabla c_n^{\mathrm{T}} d(c_n) + \epsilon_n \tag{4-55}$$

这里使用噪声项 ϵ_n 来描述模型不足等不确定性，并假设 ϵ_n 为高斯分布，$\epsilon_n \sim \mathcal{N}(0, \sigma^2)$；$f_n$ 是未知的真实通量。对于所有超参数：$\Theta = \left\{\theta_j\right\}_{j=1}^{M}$，$B = \left\{\beta_j\right\}_{j=1}^{M}$，$H = \left\{Z_j\right\}_{j=1}^{M}$ 和 σ 为后验分布。尽管 MCMC 可以直接实现计算所有模型参数的后验概率，但考虑到超参数的数量和 MCMC 程序的效率，计算时间是巨大的。相反，选择最大后验概率（maximum a posteriori estimation，MAP）方法。对数后验分解为对数似然和先验信息：

$$\underset{\Theta, B, Z, H, \sigma}{\mathrm{argmax}} (\mathcal{L}(\Theta, B, Z, H, \sigma) + \ln p(B)) \tag{4-56}$$

其中，$\mathcal{L}(\Theta, B, Z, H, \sigma) = \ln p(u)$ 是模型的对数似然，可通过比较预测通量 f 和观测通量 u 来计算。更具体地，对数似然可通过式（4-57）计算：

$$\ln p(u) = \ln \int p(u|f) p(f) \mathrm{d}f \tag{4-57}$$

为计算方程中的积分，首先注意到

$$p(u|f) = \mathcal{N}(u \mid f, \sigma^2 I) \tag{4-58}$$

是一个简单的高斯函数。$p(f)$ 是 M 高斯数的混合物，也是高斯数，因为

$$p(f) = \sum_{j=1}^{M} \nabla c^{\mathrm{T}} d^{j}(c) = \sum_{j=1}^{M} \nabla c^{\mathrm{T}} \mathcal{N}(\mu_j, \mathcal{Q}_j)$$

$$= \sum_{j=1}^{M} \mathcal{N}\left(\nabla c^{\mathrm{T}} \odot \mu_j, \nabla c^{\mathrm{T}} \mathcal{Q}_j \nabla (c^j)^{\mathrm{T}}\right) = \mathcal{N}(\mu, \mathcal{N}) \tag{4-59}$$

在这个等式中，$\mu_j = \beta_j 1 + k_j (K_j)^{-1}\left(h_j - \beta_j 1\right)$，是预测的 j 的相互扩散期望值；$\mathcal{Q}_j = \hat{K}_j - \tilde{K}_j K_j^{-1} \tilde{K}_j^{\mathrm{T}}$，是协方差矩阵，可以得到

$$\ln p(u) = -\frac{1}{2}(\mu - u)^{\mathrm{T}}(\mathcal{Q} + \sigma^2 I)^{-1}(\mu - u) - \frac{1}{2}\ln\left|\mathcal{Q} + \sigma^2 I\right| - \frac{N}{2}\ln(2\pi) \tag{4-60}$$

目前可使用任何优化技术，如梯度下降，来完成地图优化。尽管完全独立训练条件（fully independent training conditional，FITC）近似可用于强制 $\mathcal{Q}_j$ 为对角矩阵，从而实现快速计算，但由于乘法器的存在 ∇c^j、$\mathcal{Q}$ 通常是非对角的，这种计算加速度在本章例子中不起作用。这里的主要计算方法似然是联合协方差矩阵的逆 $(\mathcal{Q} + \sigma^2 I)^{-1}$ 及其对数行列式 $\ln\left|\mathcal{Q} + \sigma^2 I\right|$。使用 LU 分解技巧，可以在时间复杂度 $\mathcal{O}(n^3)$ 和空间复杂度 $\mathcal{O}(n^2)$ 下计算这两项。对于互扩散问题，大多数的时候有 $N \leqslant 100$ 个 EPMA 样本，使得方法切实有效。

8. 互扩散系数预测

对所有模型参数进行优化，可以得出任何浓度 c 下扩散系数的后验值 c_*：

$$d^j(c_*) = \mathcal{N}\left(\mu_*^j + v_*^j\right) \tag{4-61}$$

$$\mu_*^j = \beta_j 1 + \left(k_j^*\right)^{\mathrm{T}} \left(K_j\right)^{-1}\left(h_j - \beta_j 1\right) \tag{4-62}$$

$$v_*^j = [K_j]_{**} - \left(k_j^*\right)^{\mathrm{T}}\left(K_j\right)^{-1} k_j^* \tag{4-63}$$

9. 结果与讨论

在实际实验中，互扩散系数未知且不可控，导致难以进行无偏评估。因此，这里首先对三元 $(M=2)$ 和四元 $(M=3)$ 系统的数值例子进行评估。为了模拟真实系统但又不失一般性，使用多项式和指数函数来构造互扩散系数函数。为了给出一个例子，二元系统中的四阶多项式函数表示为

$$D_{ij}(c^1, c^2) = a_{ij}^0 + \sum_{m=1}^{2} a_{ij}^{m,1} c^m + \sum_{m=1}^{2} a_{ij}^{m,2}(c^m)^2 + \sum_{m=1}^{2} a_{ij}^{m,3}(c^m)^3 + \sum_{m=1}^{2} a_{ij}^{m,4}(c^m)^4 \tag{4-64}$$

其中，对于多项式 $a_{ij}^{i,r}$ 中的每个系数，上标 r 表示多项式的次数，并且它们的值独立于均匀分布 $U(0,1)$ 生成。对高阶项进行约束，以防止扩散系数随浓度 c 急剧

增大/减小；扩散矩阵被认为是对称的，以确保扩散模拟的数值稳定性。请注意，这种对称结构的先验信息不会被注入 InfPolyn 或其他竞争模型中。对于三元体系，正演模拟的初始条件为

$$c^1(t=0,x) = 0.6 \cdot \eta(0.5-x) \qquad (4\text{-}65)$$

$$c^2(t=0,x) = 0.4 \cdot \eta(x-0.5) \qquad (4\text{-}66)$$

其中，$\eta(z)$ 是 Heaviside 函数，当 $z < 0$ 时 $\eta(z)$ 等于 0，当 $z \geq 0$ 时 $\eta(z)$ 等于 1。类似地，对于四元系统，将初始条件定义为

$$c^1(t=0,x) = 0.6 \cdot \eta(0.5-x) \qquad (4\text{-}67)$$

$$c^2(t=0,x) = 0.25 \cdot \eta(x-0.5) \qquad (4\text{-}68)$$

$$c^3(t=0,x) = 0.15 \cdot \eta(x-0.5) \qquad (4\text{-}69)$$

在定义初始条件和互扩散系数函数的情况下，使用有限差分扩散正向求解器模拟扩散过程直到终点时间，并获得终点浓度分布 C。为了保持数值稳定和精确，对空间使用二阶中心差分，对时间使用四阶龙格-库塔差分。正向求解器使用空间步长 $\Delta x = 0.000625$，表示在空间域 $[0,1]$ 上有 1601 个研磨点，终点时间设置为 $10^4 \Delta T$。同时，可以从终端浓度分布图中提取等间距样本来模拟 EPMA 过程，以提供终端浓度分布图。除非另有说明，终端浓度曲线由 40 个样品组成。由于本章关注的是扩散过程显著的中心区域，因此 EPMA 样本被限制在 $[0.44, 0.56]$ 的范围内，以避免所有 Boltzmann-Matano 方法的数值误差接近边界。在实验中，所有变量都被认为是无量纲的。为了评估不同方法的性能，这里遵循 Cheng（程开明）等的思路，并使用相对误差（relative error，RE）：

$$\mathrm{RE}_{ij}(c) = \frac{\tilde{D}_{ij}(c) - D_{ij}(c)}{D_{ij}(c)} \qquad (4\text{-}70)$$

其中，$\tilde{D}_{ij}(c)$ 和 $D_{ij}(c)$ 分别是浓度 c 的预测和真值互扩散系数。作为基于 Boltzmann-Matano 数值反演的方法，InfPolyn 与其他基于 Boltzmann-Matano 数值反演的方法进行了比较，即多项式的三阶和四阶多项式互扩散方法。压缩感知方法与四阶多项式（足以捕捉细微变化的高阶模型）相结合，以及 L^2 正则化方法，该方法将压缩感知中的 L^1 惩罚项替换为 L^2 惩罚项，并与四阶多项式函数相结合。

10. 案例分析

案例 1：多项式扩散系数

在该案例研究中，首先评估了具有四阶多项式互扩散系数的三元体系和四元体系中的注入多项式：

$$D_{ij}(c) = a_{ij}^{m,0} + \sum_{m=1}^{M} \sum_{r=1}^{4} a_{ij}^{m,r}(c^m)^r \qquad (4\text{-}71)$$

其中，每个系数 $a_{ij}^{m,r}$ 使用独立的均匀分布随机生成。为了保证矩阵 $A^{m,r}$ 的对称结构，用 $a_{ij}^{m,r} = a_{ji}^{m,r}$ 强制它们的平均水平。在一般的互扩散过程中，互扩散系数应平滑且接近常数，这也防止了数值正演解算器中的不稳定。为保证这一先验知识，用 $a_{ij}^{m,r} \sim U(0,1)10^{(r-5)}$ 约束多项式系数。相对误差 $x \in [0.4, 0.6]$ 对于三元和四元体系，如图 4-7 和图 4-8 所示。

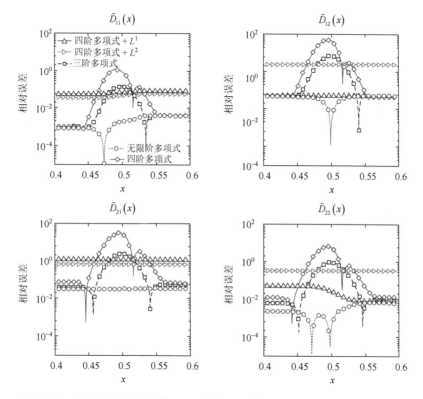

图 4-7　中心区域 x 中预测扩散系数 $\tilde{D}_{ij}(c(x))$ 的相对误差 $x \in [0.4, 0.6]$ 用于随机三元体系中的评估方法[10]

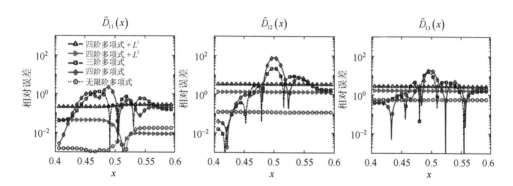

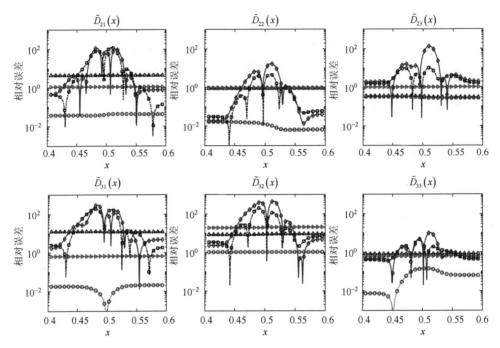

图 4-8   中心区域 x 中预测扩散系数 $\tilde{D}_{ij}(c(x))$ 的相对误差 $x \in [0.4, 0.6]$ 用于四元体系中的评估方法[10]

省略了[0.4, 0.6]之外的区域，因为相对误差只是扩展的平面线，无有用信息。从图 4-7 和图 4-8 中可以看到，四阶多项式方法具有很好的建模能力，因此可以在最低分辨率下实现。然而，如果查看整个感兴趣的区域，其总体性能是所有方法中最差的。特别是由于过度拟合的问题，四阶多项式方法表现出高度波动的性能，在实际应用中，这一性能大大降低。三阶多项式方法显示的波动略小，但最低分辨率也较小。这确实是上述基于多项式方法的模型选择难题。添加 L^1 正则化项可以缓解过度拟合问题，并大大克服图 4-7 和图 4-8 中的性能波动问题。不过这种改进会降低建模能力，导致相当平坦的相对误差。与 L^2 正则化项相结合的四阶多项式方法显示出类似的改进。

然而，很难说哪个正则化方法更好。L^1 正则化在图 4-7 中的三元体系中工作得更好，而 L^2 方法在图 4-8 的大多数情况下都比 L^1 好很多。L^1 和 L^2 正则化方法的性能不一致肯定会阻碍它们在实际问题中的应用。相比之下，在正确的先验知识指导下，得益于非参数性质，InfPolyn 显示出一致和准确的拟合，并以显著优势超越其他同类型算法。由于 InfPolyn 的模型灵活性，它可以捕捉中心的巨大变化，同时在其他平坦区域保持良好的拟合。在所有情况下，InfPolyn 不仅可以保持稳定（由平滑的相对误差曲线表示），而且在大多数区域都可以实现最小的相对误差。

此外，请注意，对角线互扩散系数通常显示较小的相对误差。这是因为在模拟集中，对角互扩散系数在扩散过程中起主导作用。对于非对角互扩散系数，相对误差通过除以较小的真实互扩散系数来放大。

案例 2：指数扩散系数

一般扩散系数可能非常复杂，因为它们不是多项式形式。为了模拟这种具有挑战性的情况，在该案例研究中，使用以下结合指数项和正弦项的互扩散系数来评估三元和四元体系中的 InfPolyn：

$$D_{ij}(c) = a_{ij}^0 + \sum_{m=1}^{M} a_{ij}^{m,1} \exp(-c^m) - \sum_{m=1}^{M} a_{ij}^{m,1} \cos(c^m) \qquad (4\text{-}72)$$

同样，为了确保前向扩散稳定性，使用前面的方法来确保矩阵 A^0、$A^{m,1}$ 和 $A^{m,2}$ 的对称结构。用相对误差测量的模型性能如图 4-9 和图 4-10 所示。

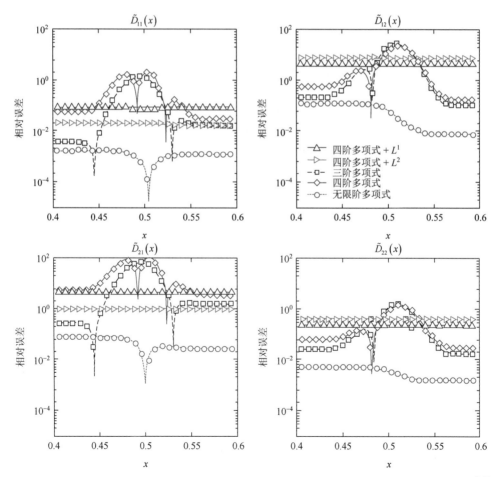

图 4-9 中心区域 x 中预测扩散系数 $\tilde{D}_{ij}(c(x))$ 的相对误差 $x \in [0.4, 0.6]$ 用于三元体系中的评估方法[10]

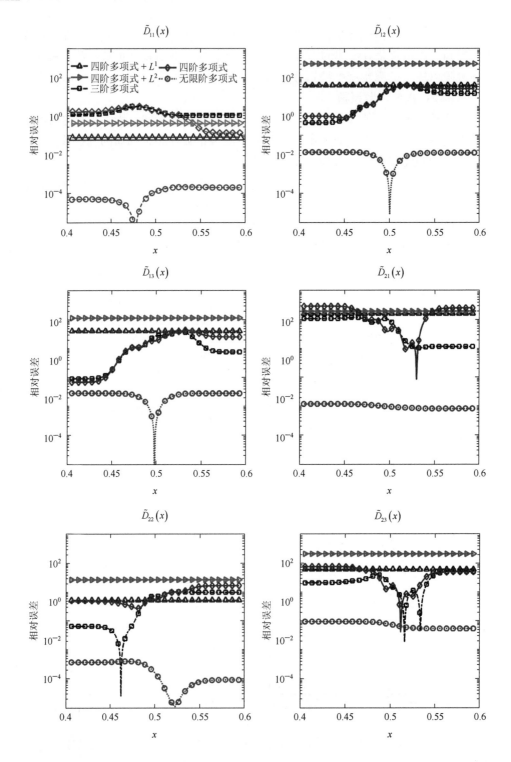

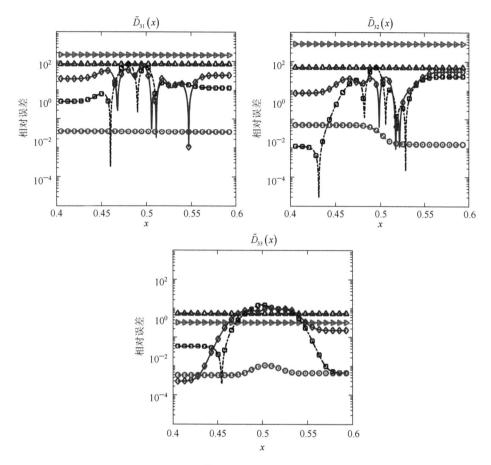

图 4-10 中心区域 x 中预测扩散系数 $\tilde{D}_{ij}(c(x))$ 的相对误差 $x \in [0.4, 0.6]$ 用于四元体系中的评估
方法[10]

在该案例研究中,在图 4-9 和图 4-10 的大多数情况下,三阶多项式方法的性能略优于四阶多项式方法。然而,三阶和四阶多项式方法的性能都因域内的流动而降低。此外,图 4-10 中多项式方法的相对误差是平坦光滑的,这表明丰富的模型容量并不一定会导致所有情况下的性能波动。图 4-10 中的 L^1 和 L^2 正则化项与四阶多项式相结合,在许多情况下退化了模型性能,而不是改善了模型性能。这表明, L^1 和 L^2 正则化项导致的不适当的隐式先验假设可能会损害模型性能,但可以通过调整惩罚权重来规避这一问题。然而,这将产生一个新问题,即如何正确确定惩罚权重的值,使我们回到模型选择的困境。相比之下,InfPolyn 表现出一致且准确的性能;除图 4-10 中的四元体系 $\tilde{D}_{31}$ 外,它在所有情况下都比竞争对手表现出更大的优势。这里还要指出,许多方法实际上无法通过图 4-10 中的四元体系,因为它们的相对误差大于 1,这意味着总的预测失败。

121

案例 3：不确定性量化分析

为了评估 InfPolyn 的一致性，在案例 1 中进行了三元系统实验。基于五个不同的随机多项式系数集，集合五个不同的扩散系数，并显示了性能统计数据。为了研究 EPMA 样本数量的影响，这里使用{20，30，40，50}个 EPMA 样本进行了每个实验。EPMA 样本的最小数量为 20，四阶多项式有 18 个系数，因此至少需要 18 个 EPMA 样本才能工作。对于给定 EPMA 样本的每个实验，通过平均相对误差（average relative error，ARE）评估模型性能：

$$\text{ARE}_{ij} = \frac{\int_{\chi}^{\infty} \text{RE}_{ij}(c(x))\mathrm{d}x}{\int_{\chi}^{\infty}\mathrm{d}x} \qquad (4\text{-}73)$$

其中，χ 是整个空间域。箱形图（tukey box plot）显示了 ARE_{11} 和 ARE_{22} 在五种不同扩散系数上的统计数据（图 4-11）。显而易见，与其他方法相比，InfPolyn 在准确性和一致性方面具有优势。同时，除四阶多项式外，所有方法的性能都不会随着 EPMA 样本数的增加而逐渐提高。我们相信，每种方法仅需 20 个 EPMA 样本就可以接近合理的扩散系数（通过最小化损失函数）。在这种情况下，更多的样品不会带来改善，而性能会随着不同的 EPMA 浓度曲线而波动。与波动相比，InfPolyn 显示出适度的变化水平，而最不稳定的是具有 L^2 正则化的四阶多项式。对于 $\tilde{D}_{11}$ 和 $\tilde{D}_{22}$，最稳定的方法是三阶多项式，这可能表明模型容量不足或拟合不足。性能改进的唯一例外是四阶多项式，它随着更多的 EPMA 样本而改进。这是过度拟合的明显迹象，可以通过引入更多的训练数据来解决。这解释了之前在案例 1 和案例 2 中遇到的过度拟合现象。性能是否会继续改善，并以图 4-11 所示的趋势超过 InfPolyn，这可能发生在 200 多个 EPMA 样品上，而在实践中变得不可行。此外，下降趋势应该在某个时间点慢慢消失，这在 $\tilde{D}_{22}$ 已经发生。

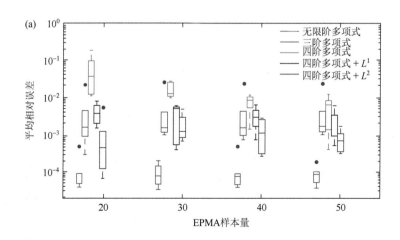

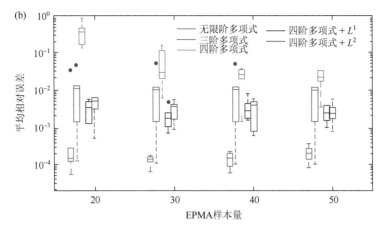

图 4-11　使用 20、30、40 和 50 个 EPMA 样本分别计算扩散系数 $\tilde{D}_{11}$（a）和 $\tilde{D}_{22}$（b）的平均
相对误差的箱形图[10]

同样值得注意的是，L^1 和 L^2 正则化技术确实可以在所有具有不同数量 EPMA
样本的情况下大幅提高四阶多项式的性能，这与经验规律一致。

案例 4：实验验证

为了说明 InfPolyn 的实际适用性，将其应用于再现从先前文献中收集的
Mg-Al、Mg-Al-Zn 和 Mg-Al-Zn-Cu 系统的实验数据中的互扩散通量。这些实验数
据包括在 781K 下退火 36960s 的 Mg-Al 扩散偶、在 868K 下退火 5400s 的 Mg-Al-Zn
扩散偶和在 755K 下退火 75530s 的 Mg-Al-Zn-Cu 扩散偶的成分分布。

由于所有组件的实验测量都是在空间域上非均匀地进行，因此使用局部多项
式插值技术对其进行重新处理，以在均匀网格上提供值，这是基于 Matano 方法的
常见预处理。然后得到 Matano 方程中的导数项和积分项。将所有预处理数据作为
输入，从扩散系统中随机抽取 100%、50% 和 25% 样本，以测试方法的稳健性。如
图 4-12 所示，InfPolyn 计算的所有三种情况下的曲线与实验数据吻合良好，实验
数据位于 95% 置信区域，表明预测的不确定性量化良好。对于 50% 和 25% 的训练
数据，左侧区域在某些时间间隔内诱发振荡。然而，InfPolyn 仍然捕捉到通量的
主要趋势，不确定性略有增加。

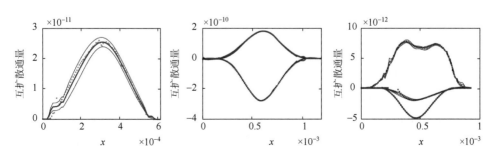

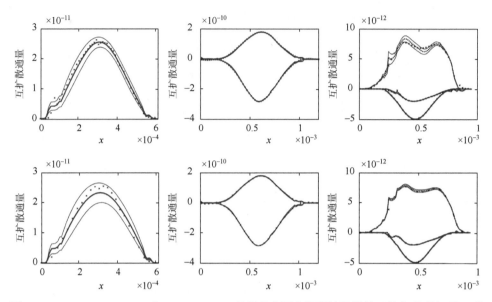

图 4-12　Mg-Al、Mg-Al-Zn 和 Mg-Al-Zn-Cu 体系的实际和预测扩散通量（从左列到右列），使用 100%、50%和 25%的所有可用样本（从上行到下行）[10]

· Mg 通量；　· Zn 通量；　· Cu 通量；　——高斯后 Mg 通量；　·····高斯后 Zn 通量；　·····高斯后 Cu 通量

4.3.3　方法小结与讨论

　　本节首先提出了一种新的数值算法来计算互扩散系数。利用 Boltzmann-Matano 方程作为基础的预测工具，我们的逆算法框架采用压缩感知方法从成分-距离曲线上的部分少量样本中提取互扩散系数。通过三个数值例子，可以得出以下结论：我们的算法对互扩散系数进行了准确估计，同时对成分-距离曲线进行了良好恢复。只要解向量足够稀疏，与基于最小二乘法的传统方法相比，我们的算法需要的数据就能达到更少。在常规方法中，必须为扩散系数和成分浓度之间的函数关系提供合理的预设，但本节中提出的新方法不会对这种函数关系强加任何额外的先验物理或模型的假设。该算法过程也不会对样品的位置施以任何偏好，只要它们位于扩散区域内即可。一方面，该算法适用于任意数量的组成成分系统；另一方面，它提供了一种新的思路用于选择和消除作为成分函数的互扩散性多项式表达的部分阶数。

　　然而，从成分浓度的角度出发，恢复互扩散系数的问题是一个不适定的逆问题，因此存在许多组可满足既定条件的数值解。数值算法可以恢复其函数结构，即预设稀疏形式的函数关系。虽然这种表示不一定是真正"正确"的函数关系，但确实选择了正确"有效"的表达来预测成分浓度。如果使用来自具有不同成分角度的多重耦合的浓度曲线数据，我们的算法在终端成分的准确性便可以得到显

著提高，同时互扩散系数也可以用一组可调整的参数来描述。最后，也可以将物
理约束纳入未来的逆算法框架中，如互扩散系数的正值性。

　　与此同时，本节还提出了一种基于高斯过程的非参数贝叶斯框架来估计互扩
散系数，并通过将其与数值逆 Boltzmann-Matano 方法相结合来证明其在准确性和
一致性方面的优势。这也成为高斯过程的局限性，因为数值逆 Boltzmann-Matano
方法具有一定的局限性。例如，它不能推广到各种复杂的二维扩散过程和复杂的
工程互扩散场景，如半导体中。然而，高斯过程可以与正向模拟等其他方法结合，
以实现在估算相互扩散效率方面的潜力。这超出了本书的范围，因此将其留作未
来的工作探索。

4.4　总　　结

　　本章针对材料计算的两个重点问题，提出了实用有效的不确定性量化方法。对
于体积模量，本章提出的广义多项式混沌方法可通过保留核心系数，大幅度减小所
需数据规模并量化结果的不确定性。广义多项式混沌方法已广泛用于科学计算诸多
领域，本章所述内容为首次应用于计算材料。对于互扩散系数，本章分别提出了基
于压缩感知和高斯过程的不确定性量化方法。前者提供了一种修改成分函数的互扩
散性多项式表达的"预选"顺序，通过消除多余的系数来接近实际的表达式。后者
是一种用于表征成分相关互扩散系数的非参数贝叶斯框架，具有扩展的模型容量和
灵活性，并与基于数值反演的 Boltzmann-Matano 方法相结合，使互扩散系数得以稳
定表征。以上两种方法在不同案例中的表现良好，压缩感知算法不仅对互扩散系数
进行了准确估计，而且对成分-距离曲线进行了良好恢复，其所需的数据与传统方法
相比缩减不少，且适用性广。高斯过程方法允许自动选择模型，还可提供直观先验
的注入。与其他方法相比，高斯过程方法在准确性和一致性方面具有一定优势。在
此由衷地期望本章所述内容能给从事材料计算、不确定性研究方面工作的读者提供
一定的帮助，同时热切盼望以上方法在未来能有更为广泛的应用。

参 考 文 献

[1]　Xiu D. Numerical Methods for Stochastic Computations. Princeton：Princeton University Press，2010.

[2]　Sun Z，Zhou J，Music D，et al. Phase stability of Ti$_3$SiC$_2$ at elevated temperatures. Scripta Materialia，2006，54：105-107.

[3]　Finkel P，Barsoum M W，El-Raghy T. Low temperature dependence of the elastic properties of Ti$_3$SiC$_2$. Journal of Applied Physics，1999，85（10）：7123-7126.

[4]　Onodera A，Hirano H，Yuasa T，et al. Static compression of Ti$_3$SiC$_2$ to 61 GPa. Applied Physics Letters，1999，74（25）：3782-3784.

[5]　Ahuja R，Eriksson O，Wills J M，et al. Electronic structure of Ti$_3$SiC$_2$. Applied Physics Letters，2000，76（16）：

2226-2228.

[6]   Scabarozi T H，Amini S，Leaffer O，et al. Thermal expansion of select $M_{n+1}AX_n$（M = earlytransitionmetal，A = agroupelement，X = C or N）phases measured by high temperature X-ray diffraction and dilatometry. Journal of Applied Physics，2009，105（1）：013543.

[7]   Wang P，Qin Y，Cheng M，et al. A new method for an old topic：efficient and reliable estimation of material bulk modulus. Computational Materials Science，2019，165：7-12.

[8]   Chen X，Zhou H D，Kiswandhi A，et al. Thermal expansion coefficients of Bi_2Se_3 and Sb_2Te_3 crystals from 10 K to 270 K. Applied Physics Letters，2011，99（26）：261912.

[9]   Qin Y，Narayan A，Cheng K，et al. An efficient method of calculating composition-dependent inter-diffusion coefficients based on compressed sensing method. Computational Materials Science，2021，188：110145.

[10]   Xing W，Cheng M，Cheng K，et al. InfPolyn，a nonparametric Bayesian characterization for composition-dependent interdiffusion coefficients. Materials，2021，14：3635.

第 5 章

锑碲相变存储材料最佳掺杂元素的高通量筛选

5.1 大数据与高通量筛选

说起高通量，就不得不先提到"大数据"（big data）。大数据也称数据密集型技术，是指使用传统数据库和软、硬件技术难以处理的大量的结构化和非结构化数据。围绕大数据的特点，学术及产业界主流意见认为其具有"5V"特性（图 5-1）：数据量（volume）、速度（velocity）、多样性（variety）、价值（value）、真实性（veracity）[1]。对于大数据，其采集、存储和计算的数据量都很大，数据产生、处理、收集的时效性要求高，数据类目和来源的途径不单一，数据类型也是多样的。通常大数据中单个数据的价值不一定很高，但结合大数据技术处理可挖掘出巨大的利用价值。一些学者更进一步概括了大数据的"6V"、"7V"甚至"8V"，将波动性（volatility）、有效性（validity）和可变性（variability）纳入其中。"5V"及延伸出来的更多层次的特性归纳很好地概括了大数据的基

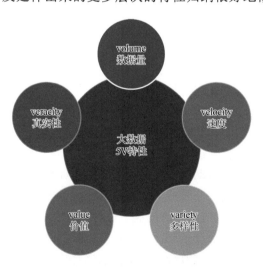

图 5-1　大数据的基本特征性

本特征，而大数据也因科技发展带来的变革性数据产生、收集、处理技术而成为电子科学、工业、商业、社交媒体、医疗保健等领域的前沿技术。

进一步，基于数据驱动理念的自动流程生成、处理、存储大数据的方法称为高通量方法。高通量方法最早推广于生物科学领域，被称为下一代测序技术的高通量测序技术（high-throughput sequencing technology），能一次性自动流程地对高达百万条量级的 DNA 分子进行序列测定，这种高通量测序技术有极大的成本、效率优势，展现了数据赋能的巨大潜力。

在材料科学领域，随着科学技术的不断发展，寻找一种新材料和优化现有材料越发变得复杂、昂贵和耗时。传统的试错纠错法是一种效率极低的方法，这在很大程度上是因为设计新材料的任务极其复杂，涉及许多因素。例如，汽车使用的高强度钢材框架，成分的细微变化或制造工艺中的轻微变动都可能使临界性质（如强度）改变 50%或以上，而对所有可能的变化原因的调查将是复杂且耗费资源的。同样，其他几乎所有材料应用领域都存在相同的问题。因此，如何更有效地快速生成和利用大数据驱动特性，如何更高效地开展先进材料的性能预测和优化设计研究，是当前学术界和工程界最为关注的问题之一。伴随着计算机技术的不断提升，一个强大的材料发现和优化新工具已经开始出现，这就是计算材料学和高通量计算筛选。

高通量自动流程筛选具有鲜明的先进优势，对于材料研发全过程加速有重要意义，而科学地进行高通量自动流程筛选的计算尤为重要。要进行高通量自动流程筛选计算，首先需要明确筛选策略。

（1）专家知识：即充分了解目标材料体系的基本性质，明确需要预测、筛选的目标性质。例如，对于相变存储材料，能带结构、电导率、热导率等是关键计算性质。

（2）实验性质与计算性质的对应关系：实验表征的相关性质不一定能够直接通过第一性原理、分子动力学等方法计算得到，基于筛选后交叉验证的考虑，需要统筹设计高通量自动流程筛选计算的物理性质或物理量。

（3）实验数据的丰富性和可靠性：对于高通量自动流程筛选及验证，实验数据的数据量及可靠性非常重要，错误的实验数据可能误导高通量自动流程筛选结果，而准确的高质量的实验数据能帮助优化高通量自动流程筛选体系。

（4）计算精度及计算量：高通量自动流程筛选不是仅靠提升单个算例的运算速度来提高效率，而是靠自动流程和并行处理实现计算及筛选效率提升。因此，与普通的计算材料学相同，高通量自动流程筛选也需要充分平衡计算资源与计算精度，"用适当的工具花费适当的时间满足任务要求"。

（5）高通量自动流程筛选范围：高通量自动流程筛选本质是解决科学问题，需要科学制定筛选范围，如过渡金属元素掺杂化合物等，以利于聚焦关键问题和关键性质。

　　高通量自动流程筛选工作流程主要由"数据产生及汇总"和"数据分析及预测"两个过程组成。

　　数据产生依赖于三个方面。第一是对已知材料进行数据汇总，其主要来源于各种商业化/开源数据库、研究者研究数据、公开文献报道等；第二是运用多尺度计算方法对现有目标体系已知材料物理模型进行高通量自动流程计算，包括构型参数、目标性质等数据；第三是运用多尺度计算方法对根据筛选策略构建的潜在候选材料物理模型进行高通量自动流程计算，包括构型参数、目标性质等数据。这三方面数据汇总，共同构成了高通量自动流程筛选的大数据库。

　　数据产生及汇总后，就需要进行数据分析及预测。通常可与目标材料体系或目标性能已知的实验数据、计算数据进行交叉对比，并结合专家领域知识确定筛选目标性质的数据及判据。进一步，根据确定的判据进行筛选比对，进行期望的筛选流程，得到相应结果并进行分析预测，必要时对流程进行回顾优化。在整个流程中，两个过程相互影响，互为优化指引，最终实现科学有效的高通量自动流程筛选，并可进一步通过适当的计算、实验进行筛选结果验证。

　　一般，高通量自动流程筛选工作流程可归纳为以下两种方式。

　　1）直接对目标物理性质进行高通量自动流程计算筛选

　　当目标性质的物理规则已经很好地建立，并且所有判据都可以通过适当的高通量计算方法在合理的资源配置下计算出来时，就可以直接对候选的物理构型进行高通量自动流程计算，并循序进行高通量自动流程筛选，其基本流程如图 5-2 所示。

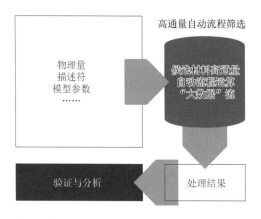

图 5-2　直接对目标物理性质进行高通量自动流程计算筛选示意图

　　具体来讲，就是利用确定的物理量、描述符或模型等作为目标计算性质，通过适当的高通量计算方法运算得到相应数据，根据判据进行筛选得到结果。

　　特别强调的是，对于描述符应当尽可能满足：

　　（1）描述符 d_i 唯一地表征材料 i 及相关的物理性质；

（2）不同（相似）的材料应具有不同（相似）的描述符值；

（3）描述符涉及的计算物理性质同样应具有适当的计算精度及计算量；

（4）描述符在满足精度要求的前提下复杂度应尽可能低。

2）通过学习方法结合高通量自动流程计算筛选

当目标性质的物理规则尚不能很好地建立，或者在现有条件下不能或不便于通过现有的高通量计算方法计算出来时，应该考虑使用机器学习/深度学习等学习方法来构建筛选模型，并循序进行高通量自动流程筛选，其基本流程如图 5-3 所示。值得注意的是，通过此种方法进行高通量自动流程筛选往往还伴随着利用前一次筛选结果优化学习参数并进行新一轮筛选的过程，这对于取得较优的高通量自动流程筛选最终结果至关重要。

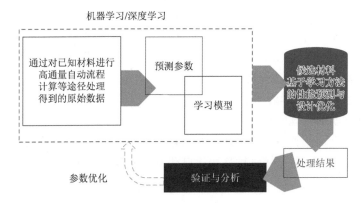

图 5-3　结合学习方法的高通量自动流程计算筛选示意图

对于本章后续所举案例，即通过适当的第一性原理高通量计算筛选出 Sb_2Te_3 的过渡金属最佳掺杂元素这一目标，其目标对象清晰，即除去镧系元素、锕系元素以外的其余 29 种过渡金属元素，所确定的具体目标判据也可以清晰地锁定为晶格畸变、掺杂形式及难易程度和电子结构，且计算量可以接受，因此，本章后续所进行的高通量自动流程计算直接对目标的晶格畸变、掺杂形成能和能带间隙进行高通量自动流程计算筛选。

5.2　相变存储器与相变存储材料

当前人类社会正逐步进入信息存储模式演进所带来的数据驱动的"大数据时代"，依靠信息社会产生的海量数据形成的大数据正在加速变革社会，新的更加先进的存储技术相继产生。

半导体存储器是一种以半导体器件作为存储介质的存储器。半导体存储器的分类如图 5-4 所示。

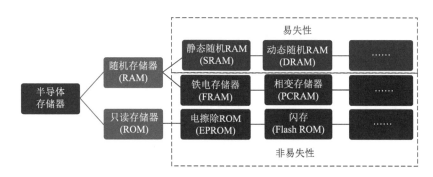

图 5-4　半导体存储器分类

其中，常见的三种半导体存储器分别是静态随机存储器（SRAM）、动态随机存储器（DRAM）和闪存（Flash ROM）。SRAM 利用晶体管来存储数据，具有超快的操作速度（1ns），但是它的存储单元面积较大，存储密度低，且工艺复杂、价格昂贵，现在一般用在 CPU 和主板上作高速缓存。DRAM 操作速度相较于 SRAM 慢，约为 10ns，但其存储密度较 SRAM 大，可以用作计算机内存。由于 DRAM 使用电容存储数据，因此断电就会丢失数据。闪存是目前应用最广泛的半导体存储器，价格便宜，存储容量大，而且数据可以进行长期保存，被广泛应用于 U 盘、存储卡等存储硬件中[2]。

随着集成电路工艺的不断发展，传统的半导体存储器已经接近其物理极限，综合性能提升难度越来越大，寻找新型半导体存储器成为热点课题。相变存储器作为兼具非易失性和随机存储两大特征的新型半导体存储器，以优异的读写能力与较低的功耗，以及与主流半导体存储器工艺的良好兼容性，被国际上公认为最有希望替代传统存储器而成为下一代主流存储技术。

相变存储器利用相变存储材料的独特特性实现数据存储和读写。相变存储材料晶态和非晶态之间存在明显的光学或者电学信号差异，实现二进制数"0"和"1"的读取。在电脉冲、激光等诱导条件下，可以进行快速可逆相变，从而实现数据的写入。并且在存储器工作温度条件下，相变存储材料的晶态和非晶态可以稳定存在，从而实现数据保存。图 5-5 展示了以电脉冲方式进行相变并以电信号对比作为数据存储的典型相变存储器结构示意图和工作原理。对相变存储材料施加一个强电脉冲使其熔融并快速冷却，形成非晶；施加一个次强电脉冲，使非晶化区域重新再结晶，形成晶体。通常将相变存储器中相变存储材料相变为非晶态（高电阻状态）时的过程定义为复位（reset），将相变存储材料相变为晶态（低电阻状态）时的过程定义为置位（set），这两者共同构成数据的写入（write）；而采用弱电流脉冲读取电阻值对比的过程称为读取（read）。

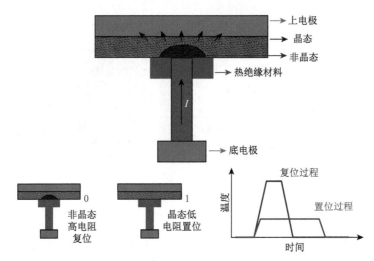

图 5-5　典型的相变存储器结构及运行机制示意图

　　相变材料相变导致的电学特性转变的研究可以追溯到 20 世纪初期美国物理学家艾伦·塔·华特曼（Alan Tower Waterman）关于 MoS_2 反欧姆定律电导率突变的开创性工作。20 世纪 60 年代，美国著名发明家斯坦福·罗伯特·沃弗辛斯基（Stanford Robert Ovshinsky）在外加电场作用下成功使碲基硫族化合物 $Ge_{10}Si_{12}As_{30}Te_{48}$ 实现了快速可逆相变，并首次提出了基于 $Ge_{10}Si_{12}As_{30}Te_{48}$ 光电信号差异实现信息存储的构想。但 $Ge_{10}Si_{12}As_{30}Te_{48}$ 的结晶速度和循环特性不够理想，不能满足实用化要求。20 世纪 80 年代末，具有超高结晶速度及良好光学性质差异的二元碲基共晶合金 GeTe，促进了相变存储材料的发展。紧接着锗锑碲（Ge-Sb-Te）体系材料的陆续发现，特别是碲化锗（GeTe）-碲化锑（Sb_2Te_3）伪二元相线材料体系的发现，使基于相变存储材料光学和电学性质差异的光盘存储器和相变随机存储器实现了商业化应用。目前已知的相变存储材料主要由 IVA、VA 和 VIA 族元素锗、锑、碲组成。图 5-6 所示为最主要的 Ge-Sb-Te 相变存储材料体系。

　　近二十年来，国际学术界和产业界也投入了大量资源进行相变存储器研发，相变存储材料及相变存储技术也伴随着半导体工艺水平的提高而蓬勃发展。国际上英特尔公司（Intel）、三星公司（Samsung）、美光公司（Micron）等均投入大量资源进行研发，国内中国科学院上海微系统与信息技术研究所、中芯国际、北京航空航天大学、华中科技大学、西安交通大学等也持续跟进。目前，英特尔公司已成功推出了商用的"傲腾"相变存储内存产品（图 5-7）。

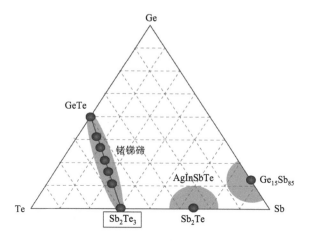

图 5-6　Ge-Sb-Te 相变存储材料体系

图 5-7　"傲腾"存储产品

5.3　锑碲相变存储材料最佳掺杂元素筛选

应用于半导体相变存储器的相变存储材料有以下几个关键性能指标：相变速度、信号对比度、循环性能、数据保持力和功耗。

（1）相变速度：相变速度直接影响数据的写入能力。对于相变存储材料，其瓶颈在于非晶态再结晶回到晶态这一过程。从商业化角度和技术要求出发，一般相变速度应在纳秒级，特别是 100ns 以内。

（2）信号对比度：信号对比度是指非晶相和晶相之间进行读取操作时的信号值差异，过低的差异会导致读取错误和信号漂移带来的数据保持力下降。一般两相信号对比值（高电阻值与低电阻值之比）应为 10^2 或 10^3 以上。

（3）循环性能：循环性能对相变存储器使用性能非常关键，直接影响读写寿命。相变存储材料经过多次相变后会产生相分离等现象，导致器件失效。一般 10^3 以上循环次数是最基本的要求。

（4）数据保持力：相变存储材料的非晶相为亚稳相，较容易在环境和时间作用下发生相的（部分）转变，导致信号读取出现错误。数据保持力一般采用 10 年数据保持温度来衡量，指在某一温度下存放 10 年数据依然保持正常。一般要求 10 年数据保持温度在 125℃以上。

（5）功耗：电子器件的功耗对于商业化非常重要。功耗过程主要由晶态相变存储材料非晶化过程制约，此过程需要的焦耳热较高，所需电流较大，是相变存储器功耗的主要瓶颈。

锑碲材料 Sb_2Te_3 是一种窄禁带 p 型半导体，具有 Ge-Sb-Te 体系中 $GeTe$-Sb_2Te_3 伪二元相线材料中最快的晶化速率，但是较低的晶化温度和低的非晶热稳定性无法保证器件具有足够的数据保持力，同时过低的晶态电阻率也需要较高的复位电流使其熔融从而非晶化，不利于降低功耗。研究者试图利用不同掺杂元素或多种掺杂元素共掺杂来解决和改善以上问题，如碳、氮、氧、铝、硅、钛、钒、铬、铜、锌、镓、银掺杂等，但又产生了元素偏析与相分离等新问题。

对于相变存储材料 Sb_2Te_3 特别是晶态 Sb_2Te_3，需要解决的关键问题非常明确。首先要解决掺杂后的相分离问题。相分离是造成相变存储器件失效的主要因素之一，产生相分离的主要原因有电场作用下的离子迁移、内应力等，电场作用下阴离子和阳离子在相变过程中发生定向迁移，多次反复的相变过程会加剧这种微变化，引起成分不均匀，最终形成相分离。此外，晶态和非晶态之间的密度变化也会形成相变应力，这种相变应力与相变过程中的内应力共同作用也会将器件材料"撕开"，形成大小不一的孔洞，而掺杂元素导致的晶格畸变进一步增大了材料内应力。同时，为了降低晶态电导率从而降低功耗，要求掺杂 Sb_2Te_3 保持原有能带间隙特征；并且为了减少成分偏析，应形成尽可能稳定的均匀分布的掺杂 Sb_2Te_3，要求元素掺杂形成能不能过高[3]。

综上，通过科学的目标分析成功设置了四个用于高通量筛选的判据。一个优秀的相变存储材料 Sb_2Te_3 过渡金属掺杂元素应满足以下判据：①足够的禁带宽度（≥0.4eV），以获得适当的电子结构；②相对低的掺杂形成能（≤0.5eV），以利于掺杂过程的实施；③X_2Te_3 和六方 Sb_2Te_3 之间的晶格参数 c 的晶格畸变度 Δc 很小（≤5%）；④X 单原子掺杂的 Sb_2Te_3 和六方 Sb_2Te_3 之间的晶格参数 c 的晶格畸变度 Δc 很小（≤0.2%）。

高通量自动流程筛选及验证工作中，第一性原理计算基于密度泛函理论（DFT），使用 VASP（Vienna Ab initio Simulation Package）程序包实现。原子核-电子相互作用通过投影缀加平面波（PAW）方法描述，电子间交换关联作用通过 Perdew-Burke-Ernzerhof（PBE）的广义梯度近似（GGA）来描述。设置截断能为

350eV，采用自动生成的 5×5×1 的 K 点网格（以布里渊区 Γ 点为中心）。所有超胞通过结构弛豫对晶格常数和原子坐标进行了充分优化，其中自洽迭代的标准设置为电子步 1×10^{-5}eV，离子步 1×10^{-2}eV/Å。为了更好地描述范德瓦耳斯力相互作用，采用 DFT-D2 方法将半经验色散势添加进第一性原理 DFT 计算中。采用 Heyd-Scuseria-Ernzerhof（HSE06）杂化泛函以获得更准确的能带间隙。基于半经典的 Boltzmann 输运理论，使用 BoltzTraP 程序以刚带模型和假定的恒定弛豫时间估算了电子输运特性。非晶态结构的 AIMD 模拟采用 Nosé 算法模拟的正则系综（NVT）和微正则系综（NVE）分别处理恒温和变温过程，模拟过程中步长设为 3fs。非晶态结构分析部分使用了 R.I.N.G.S.程序。

首先通过高通量自动流程计算了 29 种过渡金属元素的掺杂位点。假设掺杂的是 X 原子，对单个 X 原子掺杂的系统，存在四种可能的掺杂形式：取代一个 Sb 原子（表示为 X_{Sb}），取代一个位于相邻五层结构界面处的 Te 原子（表示为 X_{Te1}），取代一个五层结构中间的 Te 原子（表示为 X_{Te2}），以及间隙位置（相邻五层结构中的最大间隙，表示为 X_i）。X 原子掺杂的形成能计算公式为[4]

$$E^{f}[X] = E_{tot}[X] - E_{tot}[bulk] - \sum_i n_i\mu_i \qquad (5\text{-}1)$$

其中，$E_{tot}[X]$ 和 $E_{tot}[bulk]$ 分别是超晶胞有无 X 原子掺杂时的总能；n_i 是掺杂时在超胞中加入（$n_i>0$）或者移除（$n_i<0$）的类型为 i 的原子数量（基质原子或者杂质原子）；μ_i 是这些物质的化学势。化学势取决于实验生长条件，可能表现为富 Te 或贫 Te（或之间）的情况，Sb 和 Te 的化学势受限于表达式 $2\mu_{Sb}+3\mu_{Te}=E_{tot}[Sb_2Te_3]$。对于 X_2Te_3，X 和 Te 的化学势受限于表达式 $2\mu_X+3\mu_{Te}=E_{tot}[X_2Te_3]$。在极端富 Te 条件下，Te 的化学势上限 $\mu_{Te}^{max}=\mu_{Te}[bulk]$。从而得到 μ_{Sb} 和 μ_X 的下限分别为

$$\mu_{Sb}^{min} = (E_{tot}[Sb_2Te_3] - 3\mu_{Te}[bulk])/2 \qquad (5\text{-}2)$$

$$\mu_{X}^{min} = (E_{tot}[X_2Te_3] - 3\mu_{Te}[bulk])/2 \qquad (5\text{-}3)$$

同样，在极端贫 Te 的条件下，Te 的化学势下限为

$$\mu_{Te}^{min} = \max\left\{\begin{array}{l}(E_{tot}[Sb_2Te_3] - 2\mu_{Sb}[bulk])/3 \\ (E_{tot}[X_2Te_3] - 2\mu_{X}[bulk])/3\end{array}\right\} \qquad (5\text{-}4)$$

从而得到 μ_{Sb} 和 μ_X 的上限分别为

$$\mu_{Sb}^{max} = (E_{tot}[Sb_2Te_3] - 3\mu_{Te}^{min})/2 \qquad (5\text{-}5)$$

$$\mu_{X}^{max} = (E_{tot}[X_2Te_3] - 3\mu_{Te}^{min})/2 \qquad (5\text{-}6)$$

计算结果表明，对于过渡金属元素，无论是在贫 Te 还是富 Te 条件下，替换 Sb 原子均为最低形成能的选择。

X_2Te_3 相较 Sb_2Te_3 的晶格畸变度 Δc 与过渡金属元素原子半径对比见表 5-1。

将表格数据按照过渡金属元素在元素周期表中的排列顺序绘制图 5-8。可以看到，对于完全取代的 X_2Te_3，其相对于原始 Sb_2Te_3 的晶格畸变在同一周期内呈现"山峰状"分布，其山峰主要集中在ⅤB 族至ⅧB 族之间，这恰好与过渡金属元素原子半径的变化规律基本一致。图 5-8 中绿色山峰处正好对应于过渡金属元素原子半径的山峰处，此处的过渡金属元素原子半径普遍较小，甚至低于 130pm，与 Sb 原子的 160pm 相差巨大，而晶格畸变度较小的原子半径均接近于 Sb 原子，说明过渡金属元素原子半径是主要影响因素，原子半径越接近于 Sb 原子，其晶格畸变越小。单原子 X 掺杂$(X/Sb)_2Te_3$ 的晶格畸变度 Δc，同样具有规律性，其山峰多在ⅧB 族到ⅠB 族、ⅡB 族之间，这与元素电负性、原子的常见价态变化较为吻合，相关数据如表 5-2 所示。

表 5-1　X_2Te_3 相较 Sb_2Te_3 的晶格畸变度 Δc 与过渡金属元素原子半径对比

元素	Sc	Ti	V	Cr	Mn	Fe	Co	Ni	Cu	Zn
Δc /%	4.12	9.84	16.11	20.43	20.69	15.60	14.42	10.79	7.61	4.43
原子半径/pm	164	145	135	127	132	127	126	124	128	139
元素	Y	Zr	Nb	Mo	Tc	Ru	Rh	Pd	Ag	Cd
Δc /%	1.32	5.37	16.30	19.95	20.51	13.25	11.11	6.44	3.44	0.04
原子半径/pm	180	160	148	140	135	132	134	137	144	157
元素	—	Hf	Ta	W	Re	Os	Ir	Pt	Au	Hg
Δc /%	—	7.33	15.85	19.77	21.11	10.77	8.71	7.02	4.76	0.44
原子半径/pm	—	159	148	141	146	134	136	139	144	162

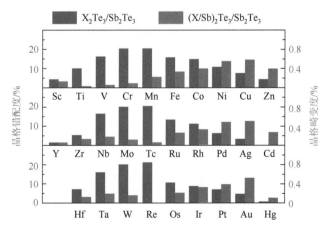

图 5-8　过渡金属元素掺杂 Sb_2Te_3 前后晶格变化程度[3]

表 5-2　过渡金属元素单原子掺杂 Sb_2Te_3 后晶格畸变度 Δc 与过渡金属元素电负性对比

元素	Sc	Ti	V	Cr	Mn	Fe	Co	Ni	Cu	Zn
Δc /%	0.13	0.03	0.05	0.08	0.21	0.33	0.40	0.55	0.58	0.39
电负性	1.36	1.54	1.63	1.66	1.55	1.83	1.88	1.92	1.9	1.65
元素	Y	Zr	Nb	Mo	Tc	Ru	Rh	Pd	Ag	Cd
Δc /%	0.05	0.13	0.17	0.11	0.06	0.26	0.34	0.39	0.51	0.27
电负性	1.22	1.33	1.59	2.16	1.91	2.2	2.28	2.2	1.93	1.69
元素	—	Hf	Ta	W	Re	Os	Ir	Pt	Au	Hg
Δc /%	—	0.12	0.19	0.16	0.003	0.21	0.33	0.39	0.52	0.10
电负性	—	1.32	1.51	2.36	1.93	2.18	2.2	2.28	2.54	2

对于能带间隙和掺杂形成能判据，同样按照元素周期表的格式进行了汇总制图，如图 5-9 所示。可以看出，掺杂后ⅠB 族、ⅡB 族、ⅢB 族、ⅣB 族的能带间隙仍然较高。而ⅣB 族到ⅧB 族的掺杂形成能不仅为正值且较高，说明其在热力学上难以较为分散地掺杂进 Sb_2Te_3 体系中，这对于形成稳定的掺杂化合物不利，对相变存储材料的循环寿命有负面效应，将会加速器件失效。

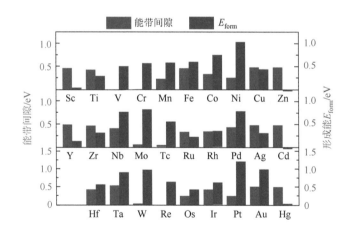

图 5-9　过渡金属元素掺杂 Sb_2Te_3 的掺杂形成能与能带间隙[3]

综上所述，根据前文设置的判据①和②，钪、钛、铜、锌、钇、锆、钌、铑、银、镉、铼和汞元素满足条件。根据判据③和④，仅剩下上述元素中的 3 种，即钪、钇和汞。为了更清楚地展现结果，进一步将所有结果按元素周期表形式绘制，如图 5-10 所示。

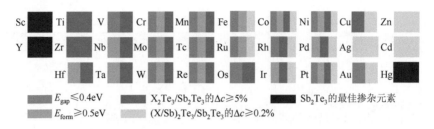

图 5-10 高通量第一性原理自动流程筛选结果汇总[3]

5.4 锑碲相变存储材料最佳掺杂元素验证

通过计算或实验方法验证高通量自动流程筛选结果是必要环节。Sc、Y 和 Hg 三个高通量自动流程筛选出的 Sb_2Te_3 最佳过渡金属掺杂元素中，考虑到 Hg 不符合无汞化电子器件发展方向，因而选取 Sc、Y 两种掺杂元素，从掺杂结构、电子结构与电热输运性质和非晶态热稳定性三个方面进行了第一性原理计算验证。

5.4.1 掺杂结构

根据先前掺杂形成能计算得到的过渡元素原子均倾向于替代 Sb 原子的结果，模拟了在 60 个原子组成的 Sb_2Te_3 超胞中掺杂 1 个（$X_{0.083}Sb_{1.917}Te_3$，1.67%）、2 个（$X_{0.167}Sb_{1.833}Te_3$，3.33%）、3 个（$X_{0.250}Sb_{1.750}Te_3$，5.00%）和 4 个（$X_{0.333}Sb_{1.667}Te_3$，6.67%）Sc 或者 Y 原子的情况[3-7]。

对于 Y 和 Sc 原子单掺杂和共掺杂，均采用最低形成能原则，逐个掺杂至 4 个掺杂原子。结果发现，Y 原子倾向于团聚在一起，总是优先替代相同 Sb 原子层的最近邻 Sb 原子或者同一五层结构单元的 Sb 原子，而 Sc 则倾向于分散在整个结构中。单掺杂 2 个、3 个、4 个 Y 和 Sc 原子最低形成能构型如图 5-11 和图 5-12 所示。这一现象可以通过平衡缺陷浓度进行解释：

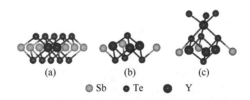

图 5-11 $Y_xSb_{2-x}Te_3$（$x = 0.167$、0.250、0.333）掺杂形成能最低的晶胞结构[7]

（a）$x = 0.167$；（b）$x = 0.250$；（c）$x = 0.333$

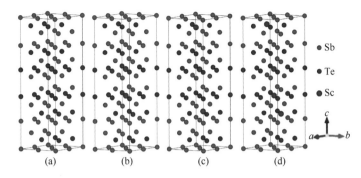

图 5-12　$Sc_xSb_{2-x}Te_3$（$x = 0.083$、0.167、0.250、0.333）掺杂形成能最低的晶胞结构[3]

(a) $x = 0.083$；(b) $x = 0.167$；(c) $x = 0.250$；(d) $x = 0.333$

$$c = N_{\text{sites}} \exp\left(-\frac{E^{\text{f}}}{k_{\text{B}}T}\right) \tag{5-7}$$

其中，c 是掺杂原子数；N_{sites} 是掺杂原子可以占据的位置数（此处 $N_{\text{sites}} = 24$）；E^{f} 是形成能；k_{B} 和 T 分别是玻尔兹曼常数和温度。代入室温 300K，并分别将 Sc 和 Y 取代 Sb 原子的形成能 0.03eV 和 0.011eV 代入公式计算可得；对于 Sc，c 的值大约等于 7.52；而对于 Y，c 的值小于 1。因此，当第 4 个 Sc 掺杂到结构中时，Sc 原子仍倾向于分散在整个系统中，而 Y 则强烈地倾向于团聚。

而当 Sc 和 Y 共掺杂时，Sc、Te 和 Y 原子倾向于位于一条直线上，此时共掺杂形成能略低于单独掺杂 1 个 Sc 原子和 1 个 Y 原子的形成能之和，表明共掺杂具有一定的协同作用，可降低体系的总能。共掺杂后的结构仅有约 0.1%的极小晶格错配，表明共掺杂有助于减少内应力并消除相分离。这种近乎完美的低晶格错配源自两种掺杂剂的不同畸变效应（Sc 收缩晶格，而 Y 扩展晶格），两种效应的相互抵消最大限度地释放了晶格畸变。共掺杂 3 个、4 个 Y 和 Sc 原子最低形成能构型如图 5-13 所示，呈现出共掺杂的协同效应与单掺杂特性的综合作用结果。

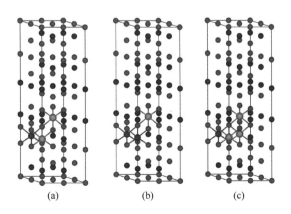

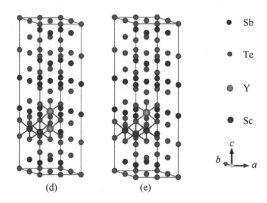

图 5-13　$Sc_{x_1}Y_{x_2}Sb_{2-x_1-x_2}Te_3$（$x_1 + x_2 = 0.250$、$0.333$）掺杂形成能最低的晶胞结构[3, 6]

（a）$x_1 = 0.083$；$x_2 = 0.167$；（b）$x_1 = 0.167$；$x_2 = 0.083$；（c）$x_1 = 0.083$；$x_2 = 0.250$；（d）$x_1 = 0.167$；$x_2 = 0.167$；
（e）$x_1 = 0.250$；$x_2 = 0.083$

5.4.2　电子结构与电热输运性质

图 5-14 展示了 Y 原子单掺杂 Sb_2Te_3 的能带结构。Y 掺杂后，在 Y 浓度最大情况下（即 $Y_{0.333}Sb_{1.667}Te_3$），带隙增大至 0.30eV，而且价带顶（VBM）和导带底（CBM）的位置从 Γ 点变到了 A 点。图 5-14（c）给出了不同 Y 浓度下的能带间隙（E_{gap}）、A 点带隙（E_{gap}^A）和 Γ 点带隙（E_{gap}^Γ）。可以看出，随着 Y 浓度增加 E_{gap}^A 减少而 E_{gap}^Γ 增加，在 $x = 0.167$ 时两者的值相等。在 $x = 0.167$ 和 0.250 时，掺杂系统有一个比 E_{gap}^Γ 和 E_{gap}^A 稍小的间接带隙。在 $x = 0.333$ 时，掺杂系统再次变为直接带隙，但是位置在 A 点而不是 Γ 点。随着 Y 的浓度从 0.083（$Y_{0.083}Sb_{1.917}Te_3$）增加到 0.333（$Y_{0.333}Sb_{1.667}Te_3$），YST 的带隙不是随着 Y 的浓度单调递增，但均比 Sb_2Te_3 的更大。值得指出的是，$Y_{0.167}Sb_{1.833}Te_3$ 具有最大的带隙，比 Sb_2Te_3 的大了 0.21eV。

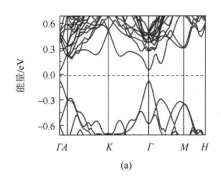

(a)

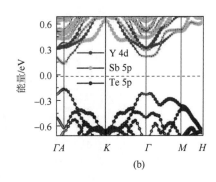

(b)

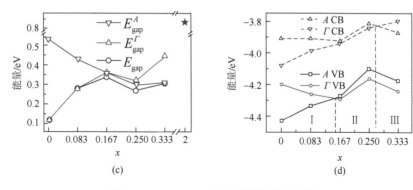

图 5-14 $Y_xSb_{2-x}Te_3$ 的能带结构与分析[7]

（a）Sb_2Te_3 能带结构，其中 Γ 点处带隙约为 0.12eV；（b）$Y_{0.333}Sb_{1.667}Te_3$ 投影能带结构，其中红色、黄色和蓝色分别代表 Y 4d、Sb 5p 和 Te 5p 电子贡献；（c）$Y_xSb_{2-x}Te_3$ 的带隙，其中五角星表示六方 Y_2Te_3 的带隙；（d）根据能带结构不同确认的 x 的三个区域，其中区域 I 、 II 和 III 分别是直接带隙、间接带隙和直接带隙，其转变的临界值 x 是 0.153 和 0.269

Sc 单掺杂 Sb_2Te_3 的电子结构如图 5-15 所示。随着掺杂浓度的增加，带隙线性增加（$Sc_{0.333}Sb_{1.667}Te_3$ 的带隙值为 0.60eV），价带顶（VBM）的位置从 Γ 变为 M，而导带底（CBM）的位置从 Γ 变为 A，从直接带隙过渡到了间接带隙。

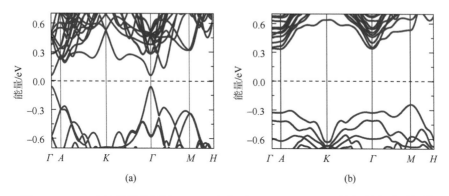

图 5-15 PBE 方法计算的原始 Sb_2Te_3（a）和 $Sc_{0.333}Sb_{1.667}Te_3$（b）的能带结构[3]

由于 PBE 计算方法通常会低估含过渡金属原子结构的带隙，因此进一步使用杂化泛函（HSE06）方法来计算投影态密度（projected density of states，PDOS），以获得更准确的带隙。图 5-16 显示了通过 HSE06 方法计算的 $Sc_xSb_{2-x}Te_3$（$x = 0$、0.083、0.167、0.250、0.333）的投影态密度，展示了各种 Sc 浓度的 Sb_2Te_3 带隙。通过 HSE06 的校正，$Sc_{0.333}Sb_{1.667}Te_3$ 的带隙从 0.63eV 增加到 1.00eV。从图中可以看出，费米能级附近的价带主要由 Te 5p 轨道组成，导带主要由 Sb 5p、Sc 3d 和 Te 5p 共同构成，且 Sb 5p 和 Sc 3d 与 Te 5p 的成键性较好，体现了 Sb-Te 和 Sc-Te 的复合成键模式。

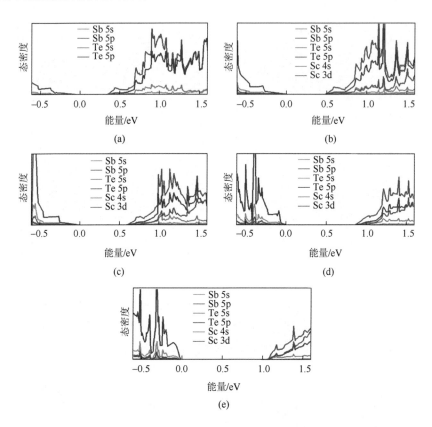

图 5-16   HSE06 方法计算的 $Sc_xSb_{2-x}Te_3$（$x = 0$、0.083、0.167、0.250、0.333）的投影态密度[3]

（a）$x = 0$；（b）$x = 0.083$；（c）$x = 0.167$；（d）$x = 0.250$；（e）$x = 0.333$

对于 Sc 和 Y 原子共掺杂，同样运用 HSE06 杂化泛函计算投影态密度，并获得更准确的带隙值，如图 5-17 所示。共掺杂 1 个 Sc 和 Y 原子可以使带隙从 0.35eV 增加到 0.53eV，其中 Sc 3d 和 Y 4d 轨道对导带的贡献很大，这反映了 Sb_2Te_3 与 Sc 和 Y 原子的综合作用影响，CBM 处平坦的带边显示了增大的载流子有效质量。含有 3 个和 4 个掺杂原子的结果显示无论共掺杂浓度是多大，都可将带隙增加到 0.5eV 以上。同时可以看出，当 Sc 原子的占比较高时，其带隙较大；而当 Y 原子的占比较高时，其带隙较小。这种带隙随共掺杂的浓度比的改变而改变的特性，使得可以在总的共掺杂浓度不变的前提下，通过调节 Sc 和 Y 掺杂元素的浓度比来有效地调节带隙，这提供了调控电子结构的有力工具。

电导率与相变器件的功耗相关。电导率计算公式如下：

$$\sigma = ne\mu_e + pe\mu_h \tag{5-8}$$

其中，$\mu_e = e\tau / m_e^*$；$\mu_h = e\tau / m_h^*$。弛豫时间 τ、载流子浓度 n（或 p）和有效质量 m^* 决定了电导率。m^* 和 E_{gap} 之间的联系可以通过 $k \cdot p$ 微扰理论得到：

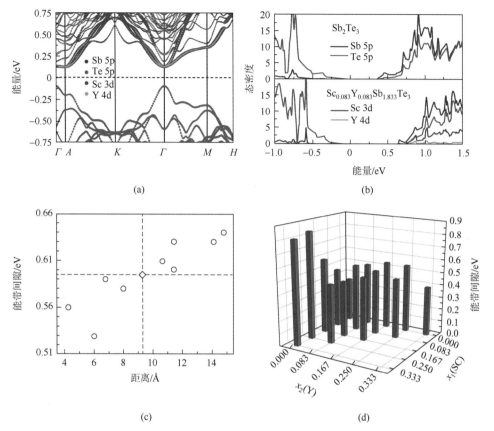

(a)　(b)

(c)　(d)

图 5-17　共掺杂 $Sc_{x_1}Y_{x_2}Sb_{2-x_1-x_2}Te_3$ 能带和带隙变化示意图[6]

（a）$Sc_{0.083}Y_{0.083}Sb_{1.833}Te_3$ 的分波能带图，藏青色、蓝色、红色和黄色分别代表 Sb 5p、Te 5p、Sc 3d 和 Y 4d 轨道，费米能级被设置为 0eV；（b）Sb_2Te_3 和 $Sc_{0.083}Y_{0.083}Sb_{1.833}Te_3$ 的 PDOS 图，轨道颜色与（a）相同，VBM 被设置为 0eV；（c）$Sc_{0.083}Y_{0.083}Sb_{1.833}Te_3$ 所有结构的带隙值与 Sc 和 Y 原子间距的关系，算术平均带隙值和平均掺杂距离分别由水平虚线和竖直虚线标记；（d）$Sc_{x_1}Y_{x_2}Sb_{2-x_1-x_2}Te_3$ 的带隙值汇总

$$m/m^* \approx 2\sum_v |c|p|v|^2 \big/ mE_{gap} \tag{5-9}$$

其中，c 和 v 分别是导带边缘和价带边缘。可以看出，较平坦的带边缘和较大的带隙有效地增加了 m^*。同时，Sc 和 Y 掺杂原子将形成散射中心，缩短了弛豫时间 τ。Sc 和 Y 掺杂与 Sb 原子同处于 +3 价，属于同价掺杂，因此对载流子浓度没有显著影响。

计算结果表明，单掺杂或共掺杂 Sc 和 Y 原子均导致室温下电导率显著降低，并且在给定掺杂浓度（x_1+x_2）时，电导率与掺杂浓度比（$x_1:x_2$）几乎没有关系。假定 Sb_2Te_3 的载流子浓度 $n=10^{20}cm^{-3}$，对同一掺杂浓度的所有情况取算术平均值，发现电导率随掺杂浓度的增加而单调降低，如图 5-18 所示。电导率的单调降低对减少相变存储器的功耗有益。

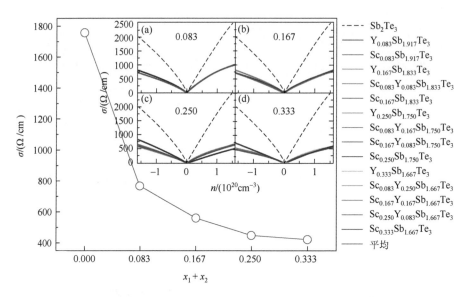

图 5-18　计算得到的平均电导率与总掺杂浓度的关系[6]

（a）$x_1 + x_2 = 0.083$；（b）$x_1 + x_2 = 0.167$；（c）$x_1 + x_2 = 0.250$；（d）$x_1 + x_2 = 0.333$

5.4.3　非晶态热稳定性

通过模拟淬火过程，使用包含 240 个原子的 $4\times4\times1$ 超胞来构建 Sb_2Te_3 和 $Sc_{0.083}Y_{0.083}Sb_{1.833}Te_3$ 的非晶模型。将该初始结构瞬时熔化并将温度保持在 3000K 以产生完全无序的排列，然后淬火至 1000K（Sb_2Te_3 的熔点为 900K）以缓解内部应力，最后淬火至 300K 以产生非晶模型。第一次淬火过程进行了 2000 步，第二次淬火过程进行了 15000 步，冷却梯度为–15K/ps。

首先，对液态和非晶态（冷却到 300K 保温后）结构进行分析。液态和非晶态 Sb_2Te_3 的径向分布函数如图 5-19 所示。可以看出，相较于液态 Sb_2Te_3，虽然非晶态 Sb_2Te_3 的长程有序结构同样缺失，但呈现出更为尖锐清晰的第一近邻、第二近邻分布峰，表明非晶态 Sb_2Te_3 的结构存在明显强于液态的短程、中程有序性。图 5-20 是液态和非晶态 Sb_2Te_3 的键角分布。非晶态 Sb_2Te_3 相较于液态 Sb_2Te_3 不再是单调的 90°左右峰值，而是在 90°和 165°附近出现明显的峰，表明存在类似于扭曲八面体的几何形状，其中 165°附近出现的明显的峰符合 4 配位的 Sb 原子的成键情况，显示了与径向分布函数相同的趋势。

在掺杂结构中，重点关注键角分布和配位数。Te—Sb—Te 和 Te—Sc—Te 键角分布如图 5-21 所示。可以看出，Sc 原子和 Y 原子的最近邻峰和次近邻峰都有非常明显的左移，分别偏移到 80°和 75°附近，而次近邻峰也偏移到了 140°附近，这展现了一种完全不同于八面体构型的短程、中程结构。进一步通过配位数

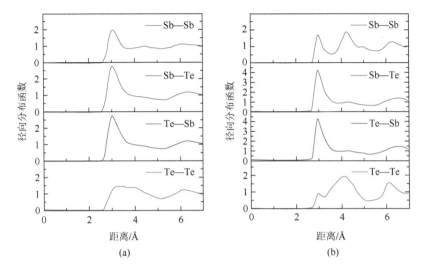

图 5-19 Sb$_2$Te$_3$ 液态（a）和非晶态（b）的径向分布函数

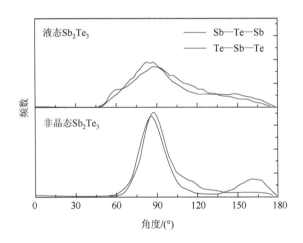

图 5-20 液态与非晶态 Sb$_2$Te$_3$ 的键角分布

分析，两个掺杂的非晶态结构相较于晶态配位数有所上升，Y 原子大约为 6 配位，而 Sc 原子大幅度超过 6 配位，说明其均不是简单的八面体结构，而是给非晶态带来了更为复杂的短程、中程结构。

在形成键合网络时，非晶态硫族化合物具有一定比例的同极键合构型，即同极 Sb—Sb 键。相变存储材料的超快晶体生长与明显共存的弱共价键和孤对电子相互作用密切相关，并且这种高占比的同极键有利于晶化[8]。表 5-3 和表 5-4 展现了非晶态 Sb—Sb 同极键占 Sb$_2$Te$_3$ 中 Sb 键合方式的 20% 左右。

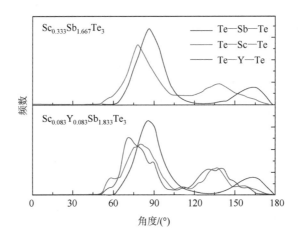

图 5-21　$Sc_{0.333}Sb_{1.667}Te_3$ 与 $Sc_{0.083}Y_{0.083}Sb_{1.833}Te_3$ 的键角分布

表 5-3　$Sc_{0.333}Sb_{1.667}Te_3$ 液态和非晶态的配位数统计

中心原子	配位数（液态）			配位数（非晶态）		
	Sb	Te	Sc	Sb	Te	Sc
Sb 配位	1.19	1.39	0.47	0.70	1.87	0.14
Te 配位	2.50	0.83	5.26	3.37	0.44	6.27
Sc 配位	0.10	0.59	0.01	0.03	0.70	0.00
总和	3.79	2.81	5.74	4.10	3.01	6.41

表 5-4　$Sc_{0.083}Y_{0.083}Sb_{1.833}Te_3$ 液态和非晶态的配位数统计

中心原子	配位数（液态）				配位数（非晶态）			
	Sb	Te	Sc	Y	Sb	Te	Sc	Y
Sb 配位	1.31	1.41	1.43	0.81	0.79	2.00	0.01	0.01
Te 配位	2.30	1.29	3.34	3.34	3.27	0.49	6.75	5.92
Sc 配位	0.06	0.09	0.01	0.01	0.00	0.19	0.00	0.00
Y 配位	0.04	0.09	0.01	0.00	0.00	0.16	0.00	0.00
总和	3.71	2.88	4.79	4.16	4.06	2.84	6.76	5.93

　　为了更加清晰地表征同极键合模式的情况，以 Sb_2Te_3 和 $Sc_{0.083}Y_{0.083}Sb_{1.833}Te_3$ 作为对比展示了非晶态超胞中的同极键合模式，如图 5-22 所示。可以看到，在非晶态结构中存在着许多 Sb—Sb 同极键，但是在添加了掺杂原子的共掺杂模型中，不仅 Sb—Sb 同极键明显减少，而且 Sc—Sb、Sc—Y、Y—Sb 等相同极性的同极键也几乎没有。掺杂原子无论是 Sc 还是 Y 都倾向于与周围的 Te 原子键合，

从而竞争性地减少了同极键这一键合模式，这对于控制相变过程和相变速率非常有帮助。

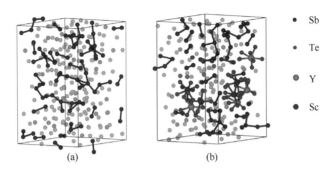

图 5-22　Sb_2Te_3（a）和 $Sc_{0.083}Y_{0.083}Sb_{1.833}Te_3$（b）中的同极键合模式[6]

为了更准确地描述 Sb—Sb 同极键的化学环境，进一步采用电子局域函数 ELF 分析了电子分布，投影在(001)平面上的电子局域函数如图 5-23 所示，在 Sb—Sb 同极键的两个 Sb 原子远端，形成了非常清晰的孤对电子。孤对电子对周围的 Sb—Te 共价键有着明显的削弱作用，使得 Sb 原子周围的环境不十分稳定，有效地减少了相变过程中键的断裂和重组的能垒，从而促进了 Sb_2Te_3 的快速相变。当掺杂了 Sc 和 Y 原子后，其取代 Sb 原子的占位能够降低这种同极键合模式的比例，掺杂原子强烈地倾向于与 Te 原子键合，从而打破了原有的快速相变机制，有效地控制了相变过程，对提升非晶态的热稳定性提供了帮助。

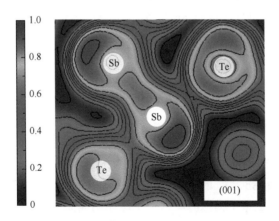

图 5-23　在(001)截面上的 Sb—Sb 同极键区域电子局域函数图[6]

可以利用非晶态电子态密度来进行更深入的分析，采用 HSE06 泛函计算的非晶态 Sb_2Te_3 和 $Sc_{0.083}Y_{0.083}Sb_{1.833}Te_3$ 的投影态密度如图 5-24 所示。可以看出，与晶

态 Sb_2Te_3 不同，Sb 和 Te 的 p 轨道电子都显示出很强的尖峰状的局域趋势，这证实了孤对电子的产生。共掺杂后，尖峰现象明显削弱，电子的局域性显著降低。同时，非晶态 $Sc_{0.083}Y_{0.083}Sb_{1.833}Te_3$ 的带隙值为 0.48eV，略低于晶态，而非晶态 Sb_2Te_3 的带隙值从晶态的 0.35eV 增加到 0.43eV，该变化与添加掺杂原子前后的局部结构变化密切相关。

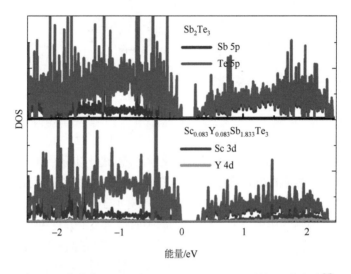

图 5-24　非晶态 Sb_2Te_3 和 $Sc_{0.083}Y_{0.083}Sb_{1.833}Te_3$ 的投影态密度[6]

　　数据可靠性与 Sb_2Te_3 的非晶态热稳定性相对应。直接通过第一性原理分子动力学（AIMD）模拟研究了掺杂 Sc 和 Y 的非晶态 Sb_2Te_3 和原始非晶态 Sb_2Te_3 的热稳定性。选取 180ps 高温回火后的结构快照，如图 5-25 所示（为了便于比较，统一选取垂直于 a 轴的取向模式）。可以看出，在 600K 保温 180ps 条件下，原始 Sb_2Te_3 已经呈现出明显的结晶状态，形成了立方亚稳相的结构特征，而 $Sc_{0.333}Sb_{1.667}Te_3$ 与 $Sc_{0.083}Y_{0.083}Sb_{1.833}Te_3$ 仍然保持着相当的无序化程度，且掺杂原子 Sc 和 Y 原子周围明显仍然为无序化状态。图 5-26 显示了非晶态 Sb_2Te_3、$Sc_{0.333}Sb_{1.667}Te_3$ 和 $Sc_{0.083}Y_{0.083}Sb_{1.833}Te_3$ 在 600K 时总能量随时间的变化。对于非晶态 Sb_2Te_3，总能量在 20ps 左右急剧下降，并在约 50ps 后重新趋于平缓。对于单掺杂 Sc 和共掺杂 Sc、Y 的非晶态 Sb_2Te_3（$Sc_{0.333}Sb_{1.667}Te_3$ 和 $Sc_{0.083}Y_{0.083}Sb_{1.833}Te_3$），其能量在整个模拟时间内均平缓无明显突变，表明掺杂后非晶稳定性得到了显著提升。总体来讲，基于掺杂的相变存储材料 Sb_2Te_3 具有比原始 Sb_2Te_3 更好的数据可靠性。图 5-27 是通过对比原始的非晶态 Sb_2Te_3、$Sc_{0.333}Sb_{1.667}Te_3$ 和 $Sc_{0.083}Y_{0.083}Sb_{1.833}Te_3$ 在 600K 下保温的应力变化，清晰地显示了残余应力随模拟退火过程的变化。原始 Sb_2Te_3 在 20～50ps 处有一个较陡峭的下降趋势，表明它已经经历了相变过程。相反，单掺杂和共掺杂 Sb_2Te_3 没有明显的变化，表明热稳定性有很好的提高。

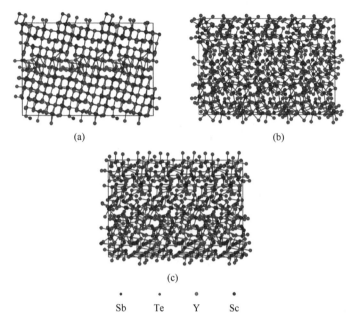

(a)　　　　　　　　(b)

(c)

Sb　　Te　　Y　　Sc

图 5-25　掺杂前后非晶态 Sb_2Te_3 在 600K 下运用 AIMD 方法保温 180ps 时的结构快照[6]

（a）Sb_2Te_3；（b）$Sc_{0.333}Sb_{1.667}Te_3$；（c）$Sc_{0.083}Y_{0.083}Sb_{1.833}Te_3$

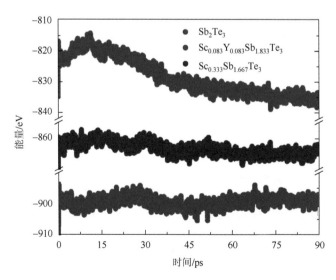

图 5-26　掺杂前后非晶态 Sb_2Te_3 在 600K 下运用 AIMD 方法保温时的能量变化[6]

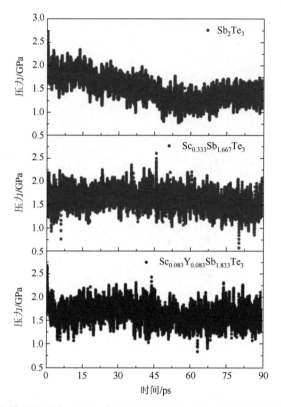

图 5-27　掺杂前后非晶态 Sb_2Te_3 在 600K 下运用 AIMD 方法保温时的应力变化[6]

参 考 文 献

[1] Zhang Y，Ren J，Liu J，et al. A survey on emerging computing paradigms for big data. Chinese Journal of Electronics，2017，26（1）：1-12.

[2] 宋志棠. 相变存储器与应用基础. 北京：科学出版社，2013.

[3] Hu S，Liu B，Li Z，et al. Identifying optimal dopants for Sb_2Te_3 phase-change material by high-throughput *ab initio* calculations with experiments. Computational Materials Science，2019，165：51-58.

[4] Zhang S B，Northrup J E. Chemical potential dependence of defect formation energies in GaAs：application to Ga self-diffusion. Physical Review Letters，1991，67（17）：2339.

[5] Li Z，Si C，Zhou J，et al. Yttrium-doped Sb_2Te_3：a promising material for phase-change memory. ACS Applied Materials & Interfaces，2016，8（39）：26126-26134.

[6] Hu S，Xiao J，Zhou J，et al. Synergy effect of co-doping Sc and Y in Sb_2Te_3 for phase-change memory. Journal of Materials Chemistry C，2020，8（20）：6672-6679.

[7] Li Z，Miao N，Zhou J，et al. Reduction of thermal conductivity in $Y_xSb_{2-x}Te_3$ for phase change memory. Journal of Applied Physics，2017，122（19）：195107.

[8] Lee T H，Elliott S R. The relation between chemical bonding and ultrafast crystal growth. Advanced Materials，2017，29（24）：1700814.

第 6 章 📊

钇锑碲高性能相变存储器

20 世纪 60 年代，Stanford Ovshinsky 发现 $Ge_{10}Si_{12}As_{30}Te_{48}$ 可在电场激发下发生快速相变，同时提出通过调控 $Ge_{10}Si_{12}As_{30}Te_{48}$ 光、电性能实现信息存储的设想。这一发现及设想激发了人们对硫族相变材料的研究热情。经过几十年发展，相变存储技术日渐成熟，目前已有多款商业化产品问世，如目前世界上最快的固态硬盘——Micron X100。相变存储技术虽然被认为是最成熟的下一代信息存储技术，却仍存在响应速度慢、器件功耗过高及生产成本昂贵等问题，限制了其在信息存储领域的发展和应用。因此，研发新的相变材料体系，突破响应速度与器件功耗限制，已成为相变存储领域的研究核心和技术关键。

在赝二元体系 $GeTe\text{-}Sb_2Te_3$ 中，Sb_2Te_3 具有结晶速度快和熔点低的特点，被认为是研发高速度和低功耗相变随机存储器（phase-change random access memory，PCRAM）的优异候选材料。但 Sb_2Te_3 结晶温度较低、热稳定性不足，无法直接用于相变存储。因此，为改善 Sb_2Te_3 热稳定性，包括碳、氮、氧、铝、硅、钛等在内的几十种元素都曾被单独或联合用于 Sb_2Te_3 掺杂改性。虽然实验取得了一定成果，但传统试错法周期长、成本高。为解决这一困局，本书第 5 章基于从头计算方法从过渡金属元素中高通量筛选出 Sb_2Te_3 的最佳掺杂元素：钇（Y）、钪（Sc）和汞（Hg）。鉴于 Hg 易挥发且有剧毒，Sc 易氧化且价格昂贵，笔者仅实验制备了 Y 掺杂的 Sb_2Te_3 相变材料，并将其集成为相变存储器件，研究信息存储性能。

6.1 钇锑碲相变材料制备与表征

相变材料作为存储介质直接决定了 PCRAM 存储性能的优劣。因此，满足互补金属氧化物半导体（complementary metal oxide semiconductor，CMOS）集成工艺且元素均匀的高质量相变材料的合成方案是实现高性能 PCRAM 的关键。分别以 $SbCl_3$ 和 TeO_2 作为 Sb 源和 Te 源，以 $NaBH_4$ 作为还原剂，以氨水控制反应 pH，水热合成了 Sb_2Te_3 纳米粉末。在此基础上，成功合成了 Y 掺杂的 Sb_2Te_3 纳米粉末。图 6-1 展示了 Y 掺杂前后 Sb_2Te_3 的晶体结构变化。X 射线衍射（X-ray diffraction，

XRD）结果显示，Sb_2Te_3 和 $Y_{0.25}Sb_{1.75}Te_3$ 纳米粉末具有相同衍射特征，包括衍射角度和相对强度，表明 Y 的掺杂行为未破坏 Sb_2Te_3 基本晶体结构。此外，掺杂 Y 后 Sb_2Te_3 特征峰向小角度偏移，表明 Y 掺杂会导致晶格膨胀。除 $Y_{0.25}Sb_{1.75}Te_3$ 外，还以相同方法制备了 $Y_{0.083}Sb_{1.917}Te_3$、$Y_{0.167}Sb_{1.833}Te_3$ 和 $Y_{0.33}Sb_{1.67}Te_3$ 纳米粉末。XRD 结果显示，减少掺杂量不会影响水热合成产物的纯度，且晶体结构维持不变。但当掺杂量提升至 0.33 时，反应产物会伴生多种杂质（Sb_2Te 和 $SbTe$）。

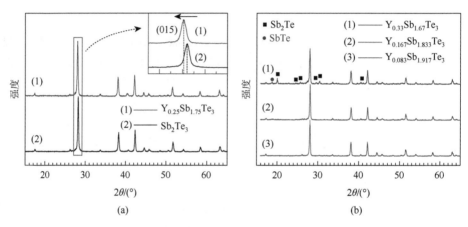

图 6-1　不同掺杂量 $Y_xSb_{2-x}Te_3$ 粉末的 XRD 图谱[1]

（a）掺杂前后晶体结构对比；（b）掺杂极限

　　为了探究 Y 掺杂对 Sb_2Te_3 存储性能的影响，采用真空热压成型方法将合成的高纯纳米粉末热压成靶，再利用磁控溅射方法制备 Sb_2Te_3 和 $Y_{0.25}Sb_{1.75}Te_3$ 纳米薄膜，并探究掺杂前后体系的微观结构和电学性能。首先利用 X 射线光电子能谱（X-ray photoelectron spectroscopy，XPS）研究了 Y 掺杂前后 Sb_2Te_3 的元素成键环境。如图 6-2 所示，$Y_{0.25}Sb_{1.75}Te_3$ 的 Te 3d 轨道电子键能比 Sb_2Te_3 减小 0.3eV，而 Sb 3d 轨道电子键能基本不变。已知，若 A—B 成键，元素 B 被电负性更小的元素 C 取代，则元素 A 的键能将减小。Y、Sb 和 Te 的电负性分别为 1.20、2.05 和 2.10，显然，掺杂元素 Y 更倾向于占据 Sb 位置，并与 Te 成键。图 6-3 是 Y 掺杂前后 Sb_2Te_3 薄膜的 X 射线反射（X-ray reflection，XRR）结果，用以探究 Y 掺杂前后 Sb_2Te_3 薄膜在结晶过程中的密度变化，衡量体系相变应力。需要指出的是，晶态薄膜是在氮气保护下，280℃退火 3min 得到的；非晶态薄膜则直接以沉积态代表。XRR 测试结果显示，退火前后 Sb_2Te_3 的密度变化从掺杂前的 4.8% 减小为掺杂后的 1.8%。这表明 Y 掺杂可有效减小体系结晶过程中的密度变化，降低体系相变应力。

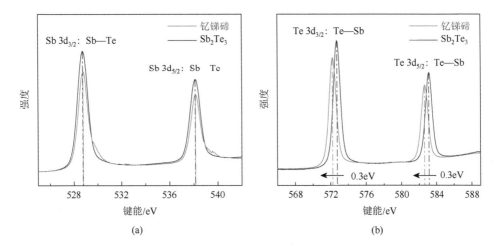

图 6-2　掺杂前后 Sb$_2$Te$_3$ 薄膜的 XPS 图[1]

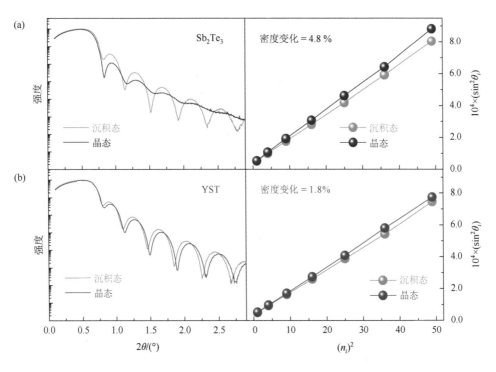

图 6-3　掺杂前后 Sb$_2$Te$_3$ 薄膜的 XRR 图谱和结晶过程中的密度变化[1]

　　为探究 Y 掺杂对 Sb$_2$Te$_3$ 形貌及生长模式的影响，利用原位加热透射电子显微镜（transmission electron microscope，TEM）表征平台细致研究了 Sb$_2$Te$_3$ 和 Y$_{0.25}$Sb$_{1.75}$Te$_3$ 薄膜的热激发结晶过程。如图 6-4 所示，沉积态 Sb$_2$Te$_3$ 薄膜存在小尺寸晶粒，衍射环清晰且尖锐（属于六方相），表明在沉积过程中 Sb_2Te_3 已发生部分结晶。在室温至 200℃升温过程中，剩余非晶态 Sb_2Te_3 发生缓慢结晶，直至240℃Sb_2Te_3薄膜完全结晶（晶粒尺寸约 50nm）。如图 6-5 所示，掺杂 Y 后，Sb_2Te_3薄膜的结晶行为发生明显改变。首先，沉积态 $Y_{0.25}Sb_{1.75}Te_3$ 薄膜更加均匀，非晶化程度更高；其次，沉积态 $Y_{0.25}Sb_{1.75}Te_3$ 薄膜虽然也存在部分结晶，但这些晶粒皆属于面心立方相；随着温度升高，$Y_{0.25}Sb_{1.75}Te_3$ 薄膜先整体晶化为面心立方相（160～180℃），再向密排六方相转变（200～240℃）。完全结晶时，薄膜晶粒尺寸只有约 5nm，明显小于 Sb_2Te_3 的 50nm，表明 Y 掺杂具有细化晶粒的作用。

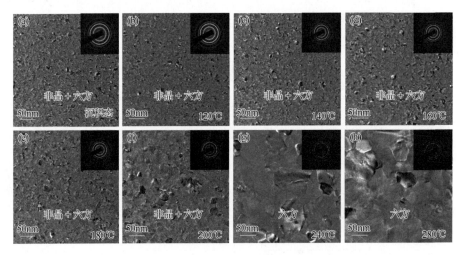

图 6-4　常规加热条件下 Sb_2Te_3 薄膜的结晶行为[1]

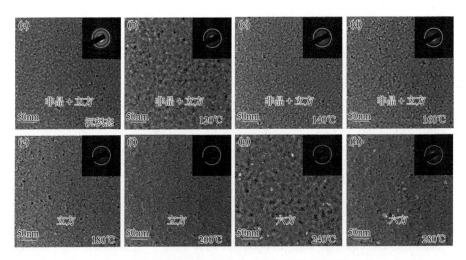

图 6-5　常规加热条件下 $Y_{0.25}Sb_{1.75}Te_3$ 薄膜的结晶行为[1]

　　图 6-6 展示了 Y 掺杂前后 Sb_2Te_3 薄膜电阻随温度的变化趋势。在升温阶段，Sb_2Te_3 和 $Y_{0.25}Sb_{1.75}Te_3$ 的薄膜电阻均逐渐减小，导致该趋势的原因有两个，即半导体热激发和非晶薄膜的逐渐结晶；在降温阶段，Sb_2Te_3 和 $Y_{0.25}Sb_{1.75}Te_3$ 的薄膜电阻均存在小幅度提升，表明晶态 Sb_2Te_3 和 $Y_{0.25}Sb_{1.75}Te_3$ 仍具备半导体欧姆特性。当温度降低至室温时，$Y_{0.25}Sb_{1.75}Te_3$ 的电阻值约是 Sb_2Te_3 的 5 倍，与霍尔测试结果一致（表 6-1）。霍尔测试结果显示，Y 掺杂导致 Sb_2Te_3 的载流子浓度下降近三个数量级，同时 Sb_2Te_3 由 p 型半导体转变为 n 型半导体。Y 掺杂可极大提高 Sb_{Te} 反位缺陷形成能，抑制反位缺陷生成，导致体系空穴数量急剧下降成为少子，最终导致 $Y_{0.25}Sb_{1.75}Te_3$ 转变为 n 型半导体。反位缺陷减少除引起半导体类型转变外，还会在一定程度上减弱晶格对载流子的散射强度，提高载流子迁移率（表 6-1）。根据霍尔效应测试结果，Y 掺杂能够导致 Sb_2Te_3 电阻率提高约 5.5 倍，与电阻-温度测试结果一致。

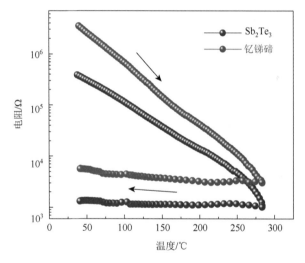

图 6-6　Y 掺杂前后 Sb_2Te_3 薄膜的电阻-温度曲线[1]

表 6-1　Y 掺杂前后 Sb_2Te_3 薄膜的霍尔效应测试结果[1]

样品	电阻率/(Ω·cm)	载流子迁移率/[cm²/(V·s)]	载流子浓度/cm⁻³	类型
Sb_2Te_3-Ⅰ	0.2328	0.19435	1.38×10^{20}	p
Sb_2Te_3-Ⅱ	0.2334	0.17347	1.54×10^{20}	p
Sb_2Te_3-Ⅲ	0.2336	0.13251	2.02×10^{20}	p
$Y_{0.25}Sb_{1.75}Te_3$-Ⅰ	1.3135	14.64104	3.25×10^{17}	n
$Y_{0.25}Sb_{1.75}Te_3$-Ⅱ	1.2928	9.74397	4.96×10^{17}	n
$Y_{0.25}Sb_{1.75}Te_3$-Ⅲ	1.2626	10.69935	4.63×10^{17}	n

6.2　钇锑碲相变存储器集成与性能测试

在中芯国际 190nm 标准 CMOS 工艺流片基础上，通过磁控溅射沉积 Sb_2Te_3 和 $Y_{0.25}Sb_{1.75}Te_3$ 存储介质，然后利用电子束蒸镀顶电极［两次物理气相沉积（PVD）之间夹杂多步紫外光刻和刻蚀过程］，集成 PCRAM 器件，并对其相变存储性能进行了测试。图 6-7（a）展示了 $Y_{0.25}Sb_{1.75}Te_3$ 基 PCRAM 在不同电脉冲宽度下的电阻-电压曲线。结果显示，该器件具有大于 $10^6\Omega$ 的高电阻和 $10^4\Omega$ 的低电阻，解码窗口（高低电阻比值）超过两个数量级。其中，高电阻有利于降低器件电流，提高能量利用率，大的解码窗口则有利于提高数据解码准确率。相变材料能够在不同脉冲作用下实现不同物相间（一般为非晶相和结晶相）的可逆转变，并依靠不同物相间巨大的光/电性能差异实现数据存储。但需要指出的是，光/电脉冲激发相变材料相变的本质仍然是热效应，即以温度和时间控制材料的相变过程。对于 PCRAM 中的 SET 操作（对应相变材料的结晶过程），减小脉冲宽度意味着器件温度和作用时间下降，势必导致相变材料结晶速度减小、结晶时间缩短、结晶程度下降，最终导致 SET 电阻增大。因此，$Y_{0.25}Sb_{1.75}Te_3$ 基 PCRAM 的 SET 态阻值会随电脉冲宽度减小而发生规律性增大［图 6-7（a）］。此外，$Y_{0.25}Sb_{1.75}Te_3$ 基 PCRAM 能够在 6ns 脉冲作用下顺利完成 SET 和 RESET 操作，其操作速度已达到国际先进水平。

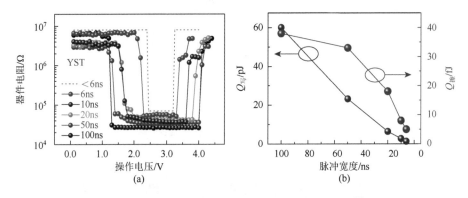

图 6-7　$Y_{0.25}Sb_{1.75}Te_3$ 基 PCRAM 的相变存储性能[1]

（a）$Y_{0.25}Sb_{1.75}Te_3$ 基 PCRAM 的电阻-电压曲线，图中虚线是根据已有数据得到的外推曲线；（b）不同脉冲宽度下的器件擦、写功耗

除器件响应速度外，器件功耗也是考察 PCRAM 实用性的关键参数。PCRAM 器件功耗可根据式（6-1）计算：

$$Q_{total} = Q_{RESET} + Q_{SET} = (V_{RESET}^2/R_{SET}) \times t_{RESET} + (V_{SET}^2/R_{RESET}) \times t_{SET} \tag{6-1}$$

其中，Q 是器件功耗；V 是阈值电压；R 是器件电阻；t 是脉冲宽度；符号下标用以指明操作过程或器件状态。图 6-7（b）汇总了 $Y_{0.25}Sb_{1.75}Te_3$ 基 PCRAM 在不同电脉冲宽度下的操作功耗。计算结果显示，器件的 RESET 和 SET 功耗均随电脉冲宽度减小而降低。当脉冲宽度减小至 6ns 时，RESET 操作功耗被降低至约 1.3pJ，远小于 Sb_2Te_3 的 31.9pJ[2]，比 $Ge_2Sb_2Te_5$（901.8pJ[3]）更低了近三个数量级。此外，当电脉冲宽度为 6ns 时，其 SET 操作功耗只有约 5.1fJ，远小于 RESET 过程。

$Y_{0.25}Sb_{1.75}Te_3$ 的超低操作功耗可归因于两个方面。首先，Y 掺杂能够降低 Sb_2Te_3 的电导率、热导率，提高器件操作过程中的能量利用率。T 型 PCRAM 器件主要由相变材料、顶电极（Al + TiN）、底电极（TiN）及必要的导电线路组成。施加阈值电压时，除相变材料两端的有效电压外，其余电压则被顶、底电极，导电线路及接触电阻损耗。此外，由于相变材料特别是电极材料的热导率较高，有效电压产生的绝大部分热量会被热扩散至周围环境，真正用于激发相变的热量只占器件总功耗的极小部分（传统 T 型 PCRAM 的热量散失率超过 99%）。根据 Y 掺杂对 Sb_2Te_3 电/热输运性质影响的研究，Y 掺杂可显著降低 Sb_2Te_3 的电导率（5.5 倍）和高温热导率。热导率降低可以将热量更好地控制在编辑区域以减少热扩散，提高能量利用率。不仅如此，低热导率意味着更小的编辑区域，而编辑区域体积与器件能耗及操作时间呈正比关系：器件能耗约为 $1/k^3$，操作时间约为 $1/k^2$，其中 k 为编辑区域体积缩小因子（$k>1$）。可见，低热导率除能够降低器件功耗外，还能加快操作速度。此外，器件电流 I 还与底电极直径 D^2 成正比。就目前 CMOS 技术水平，集成直径小于 20nm 底电极的 PCRAM 没有困难（该工作中底电极直径为 190nm）。因此，$Y_{0.25}Sb_{1.75}Te_3$ 基 PCRAM 具有进一步降低器件功耗和操作时间的潜力。

综上所述，$Y_{0.25}Sb_{1.75}Te_3$ 基 PCRAM 不仅具有比 DRAM 更低的操作功耗（DRAM 为维持存储状态，需要每隔几微秒进行一次刷新操作，单个存储单元的单次刷新功耗大于 23pJ），还具备与 SRAM 相当的操作速度（SRAM 的单次操作时间为 1～10ns）。高速操作、超低功耗及相变材料本身兼具的非易失性使 $Y_{0.25}Sb_{1.75}Te_3$ 基 PCRAM 在开发通用存储设备方面展现出极大潜力。

6.3　钇锑碲多级相变存储与相变机理

结合水热合成、热压成型和磁控溅射工艺设计的 $Y_{0.25}Sb_{1.75}Te_3$ 基 PCRAM 虽然具有高速操作和超低功耗的特点，但受材料氧化影响，该 PCRAM 的循环擦写性能尚显不足。因此，笔者团队设计了另一种制备 Y 掺杂 Sb_2Te_3（Y-Sb-Te）的实验方案：Y 单质靶和 Sb_2Te_3 商用合金靶共溅射制备 Y-Sb-Te 相变材料。图 6-8 展示了 Y 掺杂前后 Sb_2Te_3 基 PCRAM 的器件性能，包括操作速度、阈值电压、解码窗口和阻态稳定性等。与 Sb_2Te_3 这种典型的二进制存储不同，Y-Sb-Te 在器件擦写过程中存在明显的多级转变特性，并在 20ns 至 3.2ns 的电脉冲宽度范围内表现出良好的可重复性。根据器件单元阻值，可将此稳定、可逆且可分辨的三个存储状态从高到低分别命名为"0"、"−1"和"1"。得益于 Y 掺杂引起的载流子有效质量和反位缺陷形成能的提高，Y-Sb-Te 的器件单元电阻比 Sb$_2$Te$_3$ 高得多，有利于降低器件电流和功耗。此外，3.2ns 的 SET 操作速度也快于 Sb$_2$Te$_3$，已基本达到缓存要求。多级存储的优点在于增加额外存储态，提高存储密度，且基本不受半导体物理极限困扰；缺点是以熔融淬火方式得到的非晶态相变材料存在由微观结构弛豫导致的电阻漂移，即材料电阻随时间持续增大的现象。存储单元电阻一旦越过并进入另一存储态的电阻窗口，将导致解码错误，降低多级相变存储设备的可靠性。因此，电阻漂移已成为阻碍多级相变存储技术商业化的关键障碍。图 6-8（b）测试并拟合了处于三种不同存储状态下 Y-Sb-Te 多级 PCRAM 的电阻漂移趋势。其中，"0"态 Y-Sb-Te 的电阻漂移最为明显（$v \approx 0.029$）。但器件单元最高存储态的电阻漂移不会导致电阻窗口重叠，也不会影响数据精度，这也是二进制相变存储并没有将电阻漂移列入关键器件参数的原因。相比"0"态，"−1"态和"1"态 Y-Sb-Te 的漂移系数分别约为 0.007 和 0.001，比 Sb$_2$Te$_3$ 低了近 1 个数量级，如图 6-8（f）所示。

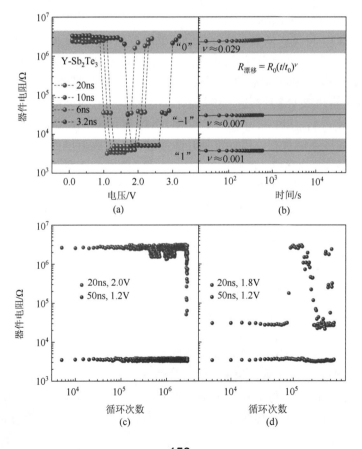

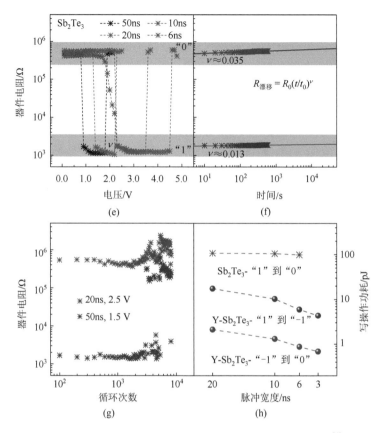

图 6-8　Y 掺杂前后 Sb$_2$Te$_3$ 基 PCRAM 的擦、写性能对比[4]

（a）～（d）钇锑碲擦写窗口、电阻漂移及循环性能；（e）～（g）碲化锑擦写窗口、电阻漂移及循环性能；
（h）钇锑碲和碲化锑的 RESET 功耗对比

除操作速度和器件稳定性外，器件循环次数是判断信息存储设备优劣的另一关键参数，甚至决定了存储设备的应用前景与市场定位。对比 Y 掺杂前后 Sb$_2$Te$_3$ 基 PCRAM 的循环性能，Y 掺杂使器件循环性能得到了极大提高，特别是 "0" 态与 "1" 态之间的循环次数已突破 3×10^6 [图 6-8（c）]，达到了固态硬盘等高密度外存设备的循环擦、写能力要求。"1" 态与 "−1" 态之间的循环能力虽稍显不足，但这并非器件失效，而是器件循环过程中脉冲发生器不稳定引起电压阈值波动，加之 "−1" 态 RESET 电压窗口较小导致的器件电阻失稳。图 6-8（h）展示了不同电脉冲宽度下的 RESET 操作功耗。Sb$_2$Te$_3$ 基 PCRAM 的 RESET 操作功耗基本维持在 100pJ 左右，与 Ge$_2$Sb$_2$Te$_5$（约 901.8pJ[3]）相比低一个量级。在赝二元 GeTe-Sb$_2$Te$_3$ 体系中，体系熔点随 Sb$_2$Te$_3$ 含量增加而逐渐降低，即 Sb$_2$Te$_3$ 在该伪二元体系（包括 Ge$_2$Sb$_2$Te$_5$）中具备最低熔点和最低 RESET 操作功耗。根据功耗计算结果，Y 掺杂能够进一步减小 Sb$_2$Te$_3$ 器件功耗，且器件功耗随电脉冲宽度减小而逐渐减小。当脉冲宽度减小至 3.2ns 时，从 "1"

态到 "−1" 态的 RESET 功耗约为 4.3pJ，而 "−1" 态到 "0" 态只有约 0.6pJ，比 $Sc_{0.2}Sb_2Te_3$ 低了近三个量级（约 560pJ）[2]。低功耗不仅能够节约能源、延长电池续航时间，还可以抑制近邻存储单元间的热串扰，提高存储设备的稳定性和可靠性。

根据器件擦写性能测试结果，Y-Sb-Te 基 PCRAM 具有三个存储态，且不同存储态之间存在多级可逆转变，即多级相变存储。结合透射电子显微学及聚焦离子束技术着重表征不同存储态下 Y-Sb-Te 的微观结构，探究多级相转变机理。为表征不同存储态的微观结构，将同一器件的三个不同单元分别循环 1000 次，并编程到各自目标存储态。经表面喷金、涂胶、聚焦离子束切割、转移和清洁等工序，将器件制成符合 TEM 表征要求的样品。图 6-9 展示了不同存储态下 Y-Sb-Te 的高分辨 TEM 图，以及由快速傅里叶变换得到的相应选区电子衍射图。根据表征结果，"1" 态 Y-Sb-Te 为六方密堆积原子排列，且具有较大的晶粒尺寸。需要注意的是，在靠近钨加热电极的区域［图 6-9（c）中两条白色虚线之间］存在部分残余非晶相。相较于相变材料，钨电极具有极高的热导率［W 约 180W/(m·K)；Sb_2Te_3 约 2.5W/(m·K)；Y-Sb-Te 约 1.5W/(m·K)］。因此，Y-Sb-Te 基 PCRAM 在执行 SET 操作时，有大量热量特别是靠近钨电极区域的热量会被迅速转移（普通 T 型 PCRAM 在擦、写过程中有 60%～72% 的热量会被钨加热电极热扩散到底部电极），而 PCRAM 是依靠存储介质的电流热效应产生热量并激发相变的。热量被过度转移的区域将因无法被加热到结晶温度而维持非晶态，导致残存非晶相。此结果与有限元模拟的 PCRAM 器件单元温度分布结果完全一致：器件操作过程中，相变存储介质的内部温度远高于与钨电极接触区域的温度。

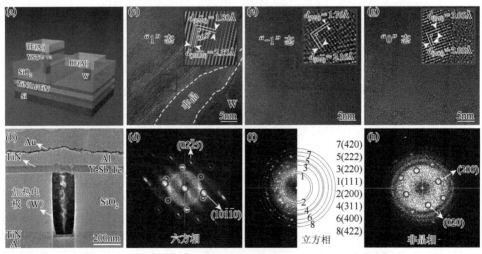

图 6-9　不同存储态下 Y-Sb-Te 基 PCRAM 微观结构表征[4]

T 型 PCRAM 器件的模型图（a）和 TEM 形貌像（b）；"1" 态［(c)、(d)］、"−1" 态［(e)、(f)］和 "0" 态［(g)、(h)］ Y-Sb-Te 的高分辨 TEM 图和选区电子衍射图

当 Y-Sb-Te 多级 PCRAM 完成第一次 RESET 操作,即完成"1"态到"–1"态的转变后, 原本"1"态的单套衍射斑点转变为由多套衍射组成的衍射环,如图 6-9 (f) 所示。结合被标注的衍射环和相应的高分辨 TEM 图 [图 6-9 (e)] 可以发现,"–1"态 Y-Sb-Te 的所有晶粒均具有立方结构, 晶格参数 $a = 6.11$Å。Y-Sb-Te 在完成存储"1"态到"–1"态的转变过程中, 晶体结构发生了从密排六方到立方的转变。"–1"态 Y-Sb-Te 除自身衍射斑点外还存在比较明显的扩散光晕,说明"–1"态时 Y-Sb-Te 除具备立方结构外还存在部分非晶相。在第二次 RESET 之后, 绝大多数晶粒都已转变为非晶相, 只有极少量的立方晶粒残存下来 [图 6-9 (g) 和 (h)]。残留晶粒在重结晶时可以充当晶核, 加快结晶过程, 因此残留晶粒对提高器件 SET 操作速度具有很大帮助。基于不同存储态 Y-Sb-Te 的微观结构表征结果得到以下结论:①"1"态和"–1"态时, Y-Sb-Te 分别是密排六方和立方结构主导的结晶相;②"0"态时, Y-Sb-Te 的主相是非晶相, 有少量面心立方晶粒残留;③Y-Sb-Te 的多级存储现象源自其六方相、立方相及非晶相之间的多级可逆相转变。

Sb_2Te_3 最常见的相是非晶相和六方相, 立方相则极不稳定。Sb_2Te_3 基 PCRAM 依靠非晶相和密排六方相间的可逆相变进行二进制存储。在赝二元 $GeTe$-Sb_2Te_3 体系 (包括 Sb_2Te_3 本身) 中, Sb 迁移在立方相到密排六方相的转变过程中充当着非常重要的角色。微动弹性带 (NEB) 计算结果显示, 掺杂的 Y 原子能够在一定程度上提高其近邻 Sb 原子的迁移势垒, 抑制 Sb 迁移。也就是说, Y 掺杂能够通过阻碍 Sb 原子迁移的方式抑制立方相到密排六方相的转变, 从而达到稳定立方相的目的。为了得到 Y 掺杂稳定立方相的实验证据, 利用 TEM 原位观察了 Y 掺杂前后 Sb_2Te_3 薄膜的结晶行为。图 6-10 展示了 Sb_2Te_3 薄膜从室温至 240℃ 的选区电子衍射图。表征结果显示, 室温时 Sb_2Te_3 已存在部分结晶, 且具有立方结构。随着温度升高, Sb_2Te_3 薄膜的结晶度逐渐升高, 在 90～120℃ 区间内被完全转变为立方结构。继续提高加热温度, 立方相 Sb_2Te_3 将在 150～180℃ 温度范围内向密排六方结构发生转变。图 6-11 展示了 Y 掺杂 Sb_2Te_3 薄膜的结晶行为。室温时, Y-Sb-Te 薄膜也存在部分结晶, 但从衍射斑的弥散程度可以看出, 沉积态 Y-Sb-Te 的结晶程度明显比 Sb_2Te_3 薄膜低, 这是因为 Y 掺杂能够提高 Sb_2Te_3 立方相的结晶温度 (从约 90℃ 提高到大于 150℃), 改善 Y-Sb-Te 的非晶热稳定性。不仅如此, 立方相到密排六方相的转变温度也从掺杂前的约 180℃ 提高到掺杂后的约 270℃, 立方相稳定性得以改善。结晶温度常被视为相变材料热稳定性的宏观参数, 较高的相变温度意味着更好的数据保持力。综上所述, Y 掺杂能够提高 Sb_2Te_3 的结晶温度及向密排六方结构转变的温度, 拓展立方相的温度区间, 使其成为继非晶相和密排六方相后的第三个存储态, 使 Y-Sb-Te 具备了多级相变存储能力。

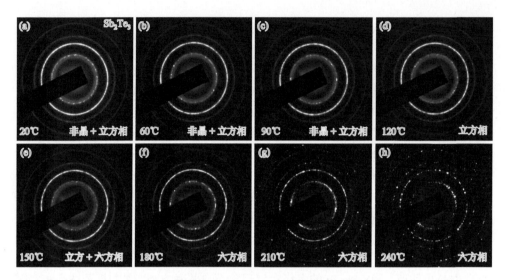

图 6-10　常规加热条件下 Sb_2Te_3 薄膜的结晶行为[4]

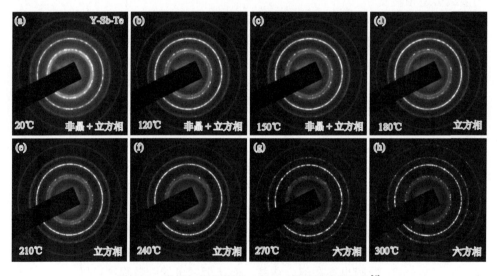

图 6-11　常规加热条件下 Y-Sb-Te 薄膜的结晶行为[4]

　　一般认为，相变材料通过以下途径实现了非晶相和晶相间的可逆转变：①施加一段短而强的电脉冲，将相变材料加热至熔化温度以上使其熔化，然后通过快速散热将熔融态相变材料淬灭至结晶温度以下，在相变材料结晶前将熔融态的无序结构冻结而形成非晶态；②施加另一段长而弱的电脉冲，将非晶态相变材料加热至结晶温度以上，实现原子重排并结晶。上述转变机制的关键在于加热时长及淬火速度：加热时间必须大于相变材料的结晶时间，以保证相变材料结晶；淬火时间则必须远小于结晶时间，以避免相变材料结晶（相变材料的淬火速度至少要

达到 10^9K/s）。Y-Sb-Te 可通过熔融淬火和结晶两个过程实现非晶相和立方相之间的可逆转变，但仍需阐明密排六方相与立方相间的可逆晶-晶转变机理。首先，需确认此晶-晶转变是 Y-Sb-Te 体系的本征行为，还是受存储单元受限环境及特殊加热方式作用下的特殊现象。为此，摒弃 PCRAM 的器件布局和加热条件，直接利用 TEM 研究 Y-Sb-Te 薄膜在电子束辐照下的结构演变行为（辐照本身并不会对相变材料结构造成影响）。需要指出的是，Y-Sb-Te 立方相到密排六方相的结构演变是一种常规现象，这里电子束辐照实验只对其逆过程进行研究。

用于电子束辐照的 TEM 样品是通过磁控溅射方法直接在钼网上生长的 20nm Y-Sb-Te 薄膜，然后置于 280℃下退火 5min 得到。电子束辐照实验将属于密排六方结构的单个晶粒作为研究对象。电子束辐照前，首先选取大小合适的晶粒，调整晶粒带轴至 [11$\bar{2}$0]，将其作为初始状态，如图 6-12（a）所示。实验过程中，以约 320pA/cm^2 的恒定电子束强度辐照该晶粒并持续观察其微观结构变化。由于 JEM Grand ARM300F 型 TEM 在扫描模式下无法量化电子束电流，这里电子束辐照实验选择透射模式。表征结果显示，初态密排六方相晶粒被电子束辐照 3min 后，开始呈现为密排六方相和立方相的混合结构，并在大约 6min 后完全转化为面心立方结构。如果继续照射，面心立方晶粒还能进一步转变为非晶态（约 8min 时）。电子束辐照实验证实，即使不采用 PCRAM 的特殊结构及加热条件，Y-Sb-Te 薄膜仍然能够实现从密排六方到立方结构的失稳化转变，即这种非典型的失稳化过程并非 PCRAM 的受限环境和不平衡加热引起的特殊现象，而是 Y-Sb-Te 的一种本征行为。

图 6-12　原位观察电子束辐照下 Y-Sb-Te 薄膜的失稳化过程[4]

对于固态结构转变行为，热力学先决条件能够揭示反应是否存在必要的驱动力，动力学可能性则决定了反应速率及最佳的反应路径。热力学先决条件规定，反应物起始态必须具有比生成物更大的自由能才能获得反应驱动力。根据定义，平衡结晶相（对应 Y-Sb-Te 的密排六方相）在固定温度下具有最小自由能。因此，立方相 Y-Sb-Te 的自由能一定大于其密排六方相，为立方相到密排六方相的转变提供反应驱动力。反之，在初始状态为密排六方相条件下，不存在由密排六方相到立方相"失稳化"过程的驱动力，也就不可能发生此固态反应。欲发生 Y-Sb-Te

失稳化，密排六方相必须远离其平衡初始态，以获得比立方相更大的自由能，从而为失稳化提供反应驱动力。因此，在发生密排六方相到立方相的失稳化转变之前，密排六方相 Y-Sb-Te 一定存在一个自由能增大过程。为探究该过程，使用具有原子分辨率的高角环形暗场像和电子能量损失谱表征电子束辐照导致体系失稳化过程中某中间态（以约 320pA/cm² 的恒定强度电子束照射 3min）的微观结构。电子束辐照后，Y-Sb-Te 晶粒两侧密排六方相的典型标志——范德瓦耳斯间隙已几乎消失不见，如图 6-13（a）所示。原子级电子能量损失谱进一步证实了该现象［图 6-13（b）和（c）］，被检测晶粒的两侧及部分中间区域的范德瓦耳斯层已被Sb 原子填充，且被填充区域不同堆垛的(110)晶面已处于同一条直线上。上述表征结果证明，该 Y-Sb-Te 晶粒在电子束辐照过程中已从初始的密排六方结构初步转变为密排六方和立方结构共同存在的中间态。不仅如此，随着范德瓦耳斯层处［如图 6-13（d）中的Ⅱ层］Sb 原子强度增加，其一侧近邻 Sb 原子层（Ⅰ层）处原子强度对应降低，而另一侧近邻 Sb 层（Ⅲ层）在原子强度上没有明显变化。可以得出结论：在密排六方相到立方相的失稳化过程中，用于填充范德瓦耳斯间隙的 Sb 原子是从相邻的 Sb 层迁移而来，并且此 Sb 迁移具有方向性和顺序性，即 Y-Sb-Te 从密排六方结构到立方结构的失稳化过程是由 Sb 原子的有序和顺序迁移引起的。

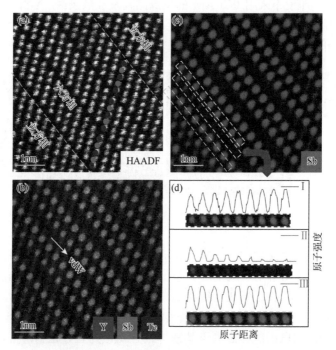

图 6-13 Y-Sb-Te 体系由 Sb 迁移导致的失稳化过程[4]

（a）～（c）Y-Sb-Te 的高角环形暗场像和电子能量损失谱；（d）Y-Sb-Te 的原子强度分析

6.4　钇锑碲基高性能相变存储器

神经拟态计算系统的模拟存储器具备同时执行数据存储和计算的能力，在计算效率和计算功耗方面远超传统的冯·诺依曼计算系统。硫族化物相变材料作为公认的新型数据存储介质在构建神经拟态设备方面也展现出极大潜力。然而，神经拟态器件对存储介质的功能要求更高，因此，器件性能的整体优化已成为开发先进相变材料的首要任务。在研发高性能钇锑碲相变材料基础上，通过优化钇掺杂含量，设计了一款具有超高整体性能的钇锑碲基 PCRAM，包括超低电阻漂移系数、高数据保持力、超低功耗、快速操作速度和良好的循环耐久性等。

结晶温度（T_c）作为非晶相变材料热稳定性的宏观指标，结晶温度越高，说明数据保持力越好。利用原位 TEM 表征平台原位测试了非晶 $Y_{8.7}Sb_{38.7}Te_{52.6}$ 薄膜的结晶过程。测试结果显示，$Y_{8.7}Sb_{38.7}Te_{52.6}$ 的结晶温度约为 180℃，远高于非晶 Sb_2Te_3 的约 90℃，这表明 Y 掺杂能够有效提高非晶 Sb_2Te_3 的热稳定性。同时，利用 Arrhenius 方程：

$$t = \tau \exp(E_a / k_B T) \tag{6-2}$$

计算了 Y 掺杂前后 Sb_2Te_3 的数据保持力 [图 6-14（a）]。其中，t 是等温加热条件下薄膜电阻降低至一半时的时间；T 和 τ 是等比例常数；E_a 是结晶活化能；k_B 是玻尔兹曼常数。计算结果表明，非晶 Sb_2Te_3 的 E_a 值为 1.47eV，$Y_{8.7}Sb_{38.7}Te_{52.6}$ 为 2.63eV。非晶 Sb_2Te_3 的 10 年数据保持力约从 62℃提高到 132℃，明显优于 $Ge_2Sb_2Te_5$ 基 PCRAM（82℃）。优异的 10 年数据保持力使 $Y_{8.7}Sb_{38.7}Te_{52.6}$ 具有一些特殊的应用潜力，如汽车电子产品（其 10 年数据保持力通常需要达到 120℃）。

利用 CMOS 技术，将 Sb_2Te_3 的最高掺杂组分，即 $Y_{8.7}Sb_{38.7}Te_{52.6}$，制成典型的钨电极接触式 T 型 PCRAM 器件。性能测试结果显示，即使所施加的脉冲宽度减小到 3.2ns，该 PCRAM 器件也可以实现 SET 和 RESET 操作，如图 6-14（b）所示。此外，$Y_{8.7}Sb_{38.7}Te_{52.6}$ 高低电阻态之间的电阻比保持在两个数量级，很好地满足了对信息存储的需求。图 6-14（c）将该器件的 RESET 电压与几种典型相变材料进行了比较。结果显示，$Y_{8.7}Sb_{38.7}Te_{52.6}$ 具有最低的 RESET 阈值电压，这对发展高密度和低功耗存储器至关重要。如图 6-14（d）所示，$Y_{8.7}Sb_{38.7}Te_{52.6}$ 基 PCRAM 的循环耐久性可达 $2×10^6$ 次以上，完全满足内存需求（10^6）。Y 原子的强拖曳效应有利于增大非晶 Sb_2Te_3 的密度，从而减小结晶过程中的密度变化（仅 0.99%，远小于 Sb_2Te_3 的 7.5% 和 $Ge_2Sb_2Te_5$ 的 7%，如图 6-15 所示）。需要指出的是，用于密度测试样品的晶相均预先利用 XRD 进行了确认（XRD 数据可参考文献[5]）。密度变化和薄膜粗糙度的降低都有利于提高器件耐久性。此外，相变材料在非晶相和晶相转变过程中的密度变化还会向材料体系引入大量的机械应力，加剧非晶相变材料老化。因此，Y 掺杂降低非晶相和晶相之间的密度变化还有利于减小非晶相的电阻漂移现象。

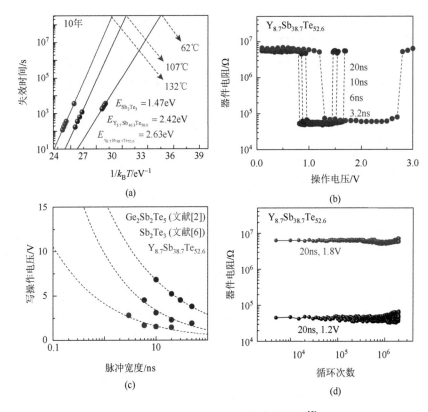

图 6-14 $Y_{8.7}Sb_{38.7}Te_{52.6}$ 相变存储性能[5]

（a）掺杂前后 Sb_2Te_3 薄膜的 Arrhenius 拟合图，用于评价材料的数据保持能力和结晶活化能；（b）$Y_{8.7}Sb_{38.7}Te_{52.6}$ 的 SET-RESET 操作窗口；（c）$Y_{8.7}Sb_{38.7}Te_{52.6}$ 和几种典型相变材料的 RESET 电压与脉冲宽度的关系[2, 4]；（d）$Y_{8.7}Sb_{38.7}Te_{52.6}$ 的循环擦写能力

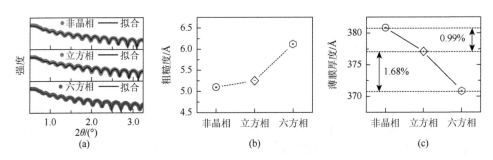

图 6-15 $Y_{8.7}Sb_{38.7}Te_{52.6}$ 的薄膜质量探究[5]

（a）非晶相、立方相和六方相 $Y_{8.7}Sb_{38.7}Te_{52.6}$ 薄膜的 XRR 曲线；（b）、（c）Bragg 拟合结果

最后，横向对比了 $Y_{8.7}Sb_{38.7}Te_{52.6}$、$Sb_2Te_3$ 和 $Ge_2Sb_2Te_5$ 基 PCRAM 器件的操作速度、操作功耗、循环擦写能力、数据保持力和电阻漂移系数等器件性能，如图 6-16 所示。为了保证性能比较的一致性，上述相变材料均被制成底电极直径为190nm 的 T 型器件(部分数据来自参考文献[2]～[4]、[6]和[7])。在 Sb_2Te_3 基 PCRAM 器件中，高、低电阻态分别对应 Sb_2Te_3 的非晶相和六方相。研究显示，非晶 Sb_2Te_3 的局部结构特征主要为简单立方体，因此非晶相和六方相之间的局部原子排列的根本差异不利于快速可逆相变，这导致 Sb_2Te_3 基 PCRAM 器件需要更长的响应时间以完成 SET 操作。Y 掺杂 Sb_2Te_3 基 PCRAM 器件的低电阻态是立方相，而其非晶局部结构特征仍为简单立方体，这使得非晶相和晶相之间的可逆相变更加容易，从而加快了器件的可逆操作速度。Y 掺杂还能够降低 Sb_2Te_3 的电导率和热导率，降低器件功耗。此外，Y 掺杂剂的强原子拖曳效应有利于提高器件的循环擦写能力，改善热稳定性，抑制电阻漂移。与 Sb_2Te_3 和 $Ge_2Sb_2Te_5$ 相比，$Y_{8.7}Sb_{38.7}Te_{52.6}$在各项器件性能方面均显示出巨大优势，证明其在发展超高存储密度及多级编程精度及效率的内存和计算设备中具有先进性。

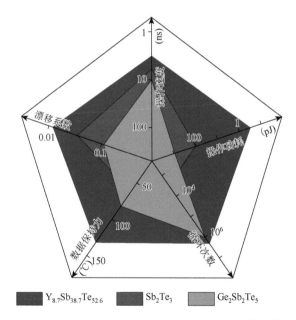

图 6-16　$Y_{8.7}Sb_{38.7}Te_{52.6}$、$Sb_2Te_3$ 和 $Ge_2Sb_2Te_5$ 基 PCRAM 的整体器件性能对比[5]

参 考 文 献

[1] Liu B，Liu W，Li Z，et al. Y-doped Sb$_2$Te$_3$ phase-change materials：toward a universal memory. ACS Applied Materials & Interfaces，2020，12（18）：20672-20679.

[2]   Rao F，Ding K，Zhou Y，et al. Reducing the stochasticity of crystal nucleation to enable subnanosecond memory writing. Science，2017，358（1）：1423-1427.

[3]   Hatayama S，Sutou Y，Shindo S，et al. Inverse resistance change $Cr_2Ge_2Te_6$-based PCRAM enabling ultralow-energy amorphization. ACS Applied Materials & Interfaces，2018，10（3）：2725-2734.

[4]   Liu B，Li K，Liu W，et al. Multi-level phase-change memory with ultralow power consumption and resistance drift. Science Bulletin，2021，66（21）：2217-2224.

[5]   Liu B，Li K，Zhou J，et al. Ultrahigh overall-performance phase-change memory by yttrium dragging. Journal of Materials Chemistry C，2023，11（4）：1360-1368.

[6]   Boniardi M，Redaelli A，Pirovano A，et al. A physics-based model of electrical conduction decrease with time in amorphous $Ge_2Sb_2Te_5$. Journal of Applied Physics，2009，105（8）：084506.

[7]   Ding K，Wang J，Zhou Y，et al. Phase-change heterostructure enables ultralow noise and drift for memory operation. Science，2019，366（6462）：210-215.

第 7 章 ▐▍▖

多元材料的结构搜索
与阻变存储材料设计

7.1　多组元阻变存储材料简介

2008 年，美国惠普公司首次开发出蔡少棠预言的第四种电子元件忆阻器（memristor，即 memory resistor）[1]。该忆阻器基于 Pt/TiO_2 材料，研究发现氧空位在金属/氧化物界面的移动引起了界面处电子传输能垒的变化，从而实现器件从低电阻态到高电阻态的转变。忆阻器的工作方式与人类的神经元和突触的信息传递方式十分类似，因此被认为是类脑计算系统的重要基础元件。非易失性存储器是忆阻器的重要应用领域之一，对应的存储器通常称为阻变存储器（resistance random access memory，RRAM），是利用忆阻器的高电阻态和低电阻态表征逻辑的"0"和"1"，用于信息的存储。RRAM 具有简单的三明治结构：上下电极之间夹着阻变介质。RRAM 器件的性能和阻变介质材料的性能密切相关：材料的高电阻态与低电阻态的转变势垒决定器件的计算/存储的速度和功耗，高电阻态和低电阻态之间是否存在其他亚稳态决定了忆阻器作为存储器件时是否有多级存储，等等[2]。因此，研发先进阻变材料是发展高性能 RRAM 的关键。

一些氧化物、硫化物、钙钛矿等均是潜在的阻变存储材料，当前通过掺杂调控材料和器件性能是重要的研究方向之一，即设计多元的阻变材料。本章内容主要围绕多元过渡金属二硫化物（transition metal dichalcogenide，TMDC）[3]和氧化物[4]的原子结构与电学性质即构效关系的计算研究，旨在为这些材料在 RRAM 或其他领域中的应用提供理论和数据支撑。对于掺杂形成的多元固溶体材料的稳定原子结构的确定，主要采用了团簇展开（cluster expansion，CE）方法，同时自行开发了团簇展开与遗传算法的集成方法（pyGACE）[4]进行多元材料的基态原子结构搜索。本章的第一性原理计算部分主要是利用 VASP 软件和 ALKEMIE 软件完成。

7.2 三元单层过渡金属二硫化物的结构与性质

7.2.1 计算方法

掺杂形成的多元固溶体体系，尤其是置换掺杂体系，通常都是掺杂原子与基体原子之间的等效替换。不同掺杂浓度下会形成一系列非对称的不等效构型。即使在同一掺杂浓度下，由于原子占位的随机性，掺杂结构也是多种多样。通过枚举的方法对掺杂结构进行 DFT 计算成本很高且工作量巨大。因此，一种能够寻找掺杂体系最低能量构型的方法显得尤为重要。团簇展开法是用于搜寻多元体系中基态结构的一种常见方法。团簇展开法已集成在"合金理论自动化工具包"（alloy theoretic automated toolkit，ATAT）中。该方法基于一系列由最近邻原子组成的团簇来估计结构的能量，整个晶体的总能可以由式（7-1）来表示：

$$E_{\sigma} = \sum_{\alpha} m_{\alpha} J_{\alpha} \left\langle \prod_{i \in \alpha_{eq}} \sigma_i \right\rangle \qquad (7\text{-}1)$$

其中，σ是由近邻原子所组成的团簇；求和符号面向所有具有不同对称性的针对团簇；m_{α}是等价对称团簇的多重性因子，表示同一种对称性的团簇数目；J_{α}是有效团簇相互作用（effective cluster interaction，ECI），该拟合系数用于表示和团簇相关的能量分布；σ_i是晶格位点 i 的占据变量。团簇展开法假定晶体结构由一系列团簇组成，晶体中的点阵位点可以随机被多种元素占据，如对于 Au-Cu 合金体系中的所有晶格位点可以被 Cu 元素和 Au 元素随机占据。当晶格位点被 Cu 原子占据时，可以假定$\sigma_i = -1$，当晶格位点被 Ag 原子占据时，则$\sigma_i = 1$。当然该模型也可以推广到多元合金，根据晶格位点占据元素的个数来确定σ_i的取值。团簇展开法的整体思想是通过 DFT 计算有限个晶体结构的能量，并用上述的多项式去拟合每一个团簇对应的 ECI 值。得到准确的 ECI 值就可以迅速计算体系中任何无序结构的能量，当得到新的晶体结构时，算法会将其分解为团簇，并利用得到的 ECI 值直接计算出总能而不需要再进行费时的 DFT 计算。在实际操作过程中，团簇的 ECI 值将根据 DFT 得到的能量与上述方程得到的能量之间的差异进行实时更新。团簇展开法可以通过交叉验证评估模型拟合的好坏，针对研究体系中通过 DFT 计算得到能量值的结构，每次从 DFT 计算过的结构中提取一个结构作为测试样本，而其他结构则用于拟合团簇的 ECI 分数，计算测试样本的拟合能量并和 DFT 能量相互对比。该交叉验证分数（crossvalidation score，CV）的具体表达式如下：

$$CV = \left(\frac{1}{n} \sum_{i=1}^{n} (E_i - \hat{E}_{(i)})^2 \right)^{\frac{1}{2}} \qquad (7\text{-}2)$$

其中，E_i是结构 i 的能量计算值；$\hat{E}_{(i)}$ 是结构 i 的能量预测值，是其他 $n-1$ 个结构的最小二乘法拟合能量。CV 值代表了团簇扩展的预测能力，该值类似于均方根误差，只不过其专门用来估计预测结构能量的误差（不包括最小二乘拟合中的结构）。通常只有当 CV 值达到一定的收敛标准时，其预测结果才能被认为是可靠的。该部分 CE 计算设定基态搜索的超晶胞大小为 18 个原子，交叉验证分数小于 0.025，K 点网格由 ATAT 设置，KPPRA = 4000。

对于第一性原理计算部分，采用 VASP 软件包，计算中采用的交换关联泛函是 GGA-PBE，赝势采用的是投影缀加平面波（PAW），平面波的截断能设置为 500eV。几何优化采用能量收敛判据，收敛精度为 0.0001eV。声子谱由 VASP 结合 Phonopy，使用密度泛函微扰法计算。晶体轨道哈密顿布居（COHP）由 Lobster 计算。电子结构均分别采用 GGA-PBE 泛函和杂化泛函 HSE06 进行计算。电子结构计算对象为 CE 搜索得到的能量最低的结构。

7.2.2　三元 TMDC 的基态原子结构搜索

这里选择的三种基体分别是二硒化钼、二碲化钼和二碲化钨，研究对象分别是它们的 H 相、T 相和 T′相。掺杂时将ⅣB 族的 Ti、Zr 和 Hf，ⅤB 族的 V、Nb 和 Ta，以及ⅥB 族的 Cr、W 等加入到三种基体中。通过理论计算手段，研究这些元素对三种基体的三个相结构的能量稳定性的影响。以 W 掺杂的二碲化钼为例，W 掺杂的二碲化钼的 H 相和 T′相在 CE 中搜索得到基态，得到两个相在不同浓度下能量最低的构型后，分别对比稳定的 H 相与亚稳的 T′相的能量差距，并画出这种能量差随着浓度变化的曲线，得到两相的稳定性与成分（掺杂浓度）之间的关系。从ⅣB 族到ⅥB 族的元素与三种 TMDC 基体的混合情况汇总在图 7-1 中，其中图 7-1（a）和（b）是过渡金属掺杂的三元二碲化钼，图 7-1（c）和（d）是过渡金属掺杂的三元二硒化钼，而图 7-1（e）和（f）是过渡金属掺杂的三元二碲化钨。

首先，根据图 7-1，可以看出除了二碲化钨本身 T′相能量更低，对于二硒化钼和二碲化钼，掺杂过渡金属能够调节三个相的相对稳定性，稳定原本亚稳的 T 相和 T′相。其次，在图 7-1（a）和（b）中，不难发现，曲线出现了明显的分离现象，ⅣB 族的元素和ⅤB 族的元素有明显区别，ⅣB 族的元素对 T/T′相的稳定作用更加明显，并且在浓度达到一定范围时，T/T′相能量低于 H 相，意味着在能量上 H 相将不再稳定，可能会出现掺杂诱发的基态相转变（ground state change，GSC）。而ⅤB 族的元素对 T/T′相的影响大多数限于减小 H 相和 T/T′相的能量差。这个趋势在图 7-1（c）和（d）中尤为明显，对于ⅥB 族的元素而言，Cr 掺杂缩小了 T′相和 H 相的能量差，W 掺杂则诱发了基态相转变。需要指出的是在ⅥB族的三元TMDC中，这里并未计算T相与H相的能量差，因为已有研究表明ⅥB族的TMDC不具有晶格动力学稳定的T相[5]，并且从图7-1（b）、（d）和（f）中可以看出，ⅥB族的TMDC的T相在能量上也是极不稳定的，与ⅤB族和ⅣB族的过渡金属二硫化物有显著的区别。可以看出，TMDC的H相、T相和T′相的相对稳定性与不同副族的掺杂元素关系密切，并且呈现出与元素所属副族的相关性。而元素本身并非主要因素，在图7-1（c）和（d）中，二硒化钼的相间相对稳定性呈现出非常明显的，与元素所属副族相关的特性，而在二碲化钨中，可以看到Ta和V的曲线几乎重合，与Hf有很大的差异。可以看出，通过掺杂来调控相稳定性时，调控效果与掺杂元素所属的副族相关性较大。

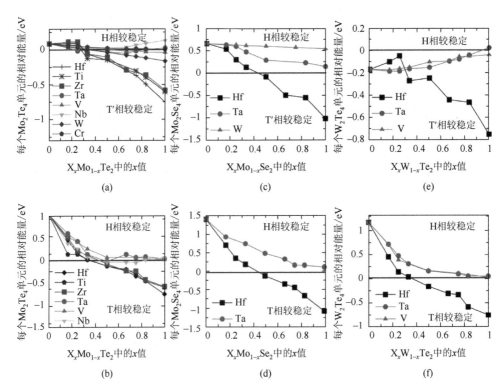

图7-1　ⅣB族、ⅤB族和ⅥB族的元素掺杂的TMDC的相间相对能量的变化示意图[3]

二碲化钼的H相和T′相（a）及H相和T相（b）的相对能量变化趋势；二硒化钼的H相和T′相（c）及H相和T相（d）的相对能量变化趋势；二碲化钨的H相和T′相（e）及H相和T相（f）的相对能量变化趋势

　　为了深入研究元素所属的副族对TMDC的相间相对稳定性的影响，这里精确考虑了价电子数目对TMDC稳定性的影响。ⅣB族和ⅤB族掺杂元素相对于ⅥB族的W和Mo缺少价电子，形成p型掺杂。因此这里把掺杂元素引入的空穴数目与相对能量的变化关系汇总在图 7-2 中。在图 7-2 中，如果一个掺杂元素的原子缺少两个价电子（即带入两个空穴），当掺杂浓度为 x 时，则平均到每一个 MX_2 单元中的空穴浓度为 $2x$；如果缺少一个价电子，则平均到每一个 MX_2 单元的空穴浓度为 x。从图 7-2 中可以很明显地观察到空穴浓度对相对稳定性的调控起主要作用。在图 7-2（b）～（d）和（f）四张图中，甚至可以看到这种调控几乎呈现为线性。由于不同副族的过渡金属主要区别在于价电子数目，因此根据图 7-2，可以从空穴角度解释这种能量稳定性变化的原因。需要指出的是，W 和 Cr 掺杂的二碲化钼也表现出了相的相对稳定性调控性质，尽管 W 和 Cr 不引入任何额外的空穴。经过分析认为，由于二碲化钨的 T′相能量低于 H 相，而二碲化铬的 T′相能量与 H 相接近，当将两种纯相进行合金化时，其总能变化近似服从 Vegard 定律，即其相间相对稳定性受到两种纯相各自浓度的控制。

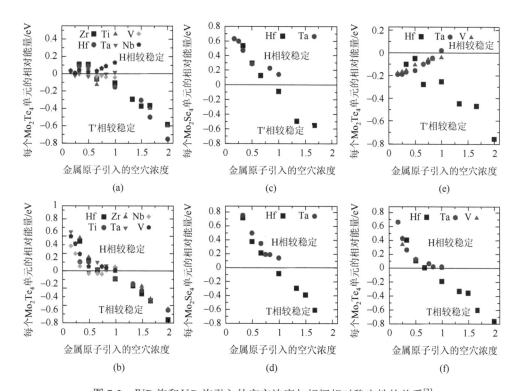

图 7-2　ⅣB 族和ⅤB 族引入的空穴浓度与相间相对稳定性的关系[3]

二碲化钼的 H 相与 T′相（a）及 H 相与 T 相（b）的相对能量与空穴浓度的关系；二硒化钼的 H 相与 T′相（c）及 H 相与 T 相（d）的相对能量与空穴浓度的关系；二碲化钨的 H 相与 T′相（e）及 H 相与 T 相（f）的相对能量与空穴浓度的关系。空穴浓度表示方法：如果一个掺杂元素的原子缺少两个价电子（即带入两个空穴），掺杂浓度为 x，则平均到每一个 MX_2 单元的空穴浓度为 $2x$，如果缺少一个价电子，则平均到每一个 MX_2 单元的空穴浓度为 x

7.2.3　三元 TMDC 的结构稳定性分析

在 7.2.2 节中，通过 CE 方法搜索得到了稳定原子结构，从能量角度分析了三个相之间的相对稳定性以及通过掺杂对相对稳定性的调控，同时发现，部分过渡金属掺杂到一定浓度时将导致 H 相失稳，T/T′相成为能量上更倾向的结构。本节将继续对三元 TMDC 固溶体进行晶格动力学研究。从晶格动力学角度，通过密度泛函微扰（DFTP）法，计算材料的声子谱，对相变前后的结构进行深入分析，对相变后的结构进行稳定性确认，研究这些掺杂相是否稳定。由于声子谱计算量非常大，为了节省计算量，选取在相对能量变化曲线上 H 相和 T/T′相相交点，即相变点前后的结构进行声子谱计算，计算结果如图 7-3 所示。

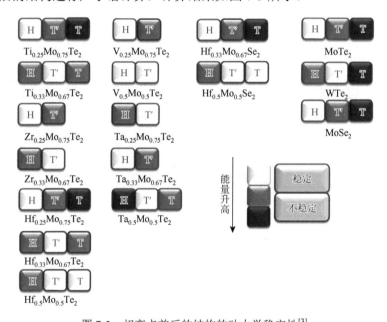

图 7-3　相变点前后的结构的动力学稳定性[3]

灰色的深浅代表能量的相对高低，越深，能量越高；绿色方框代表动力学稳定；红色方框代表动力学不稳定

图 7-3 汇总了结构的能量相对高低和声子谱相对稳定性的结果，其中，方框颜色的深浅代表相的相对能量高低，颜色越深，能量越高，红色方框表示声子谱有虚频，动力学不稳定，绿色方框表示声子谱没有虚频，动力学稳定。可以发现，除了 $Hf_{0.33}Mo_{0.67}Te_2$ 外，所有的三元 TMDC 都至少有一种相是动力学稳定的，并且大多数与能量的稳定性变化有对应关系。在图 7-3 中还发现虽然结构的总能降低，但是几乎所有的 T 相都是动力学不稳定的，这可能与纯的二碲化钼、二硒化钼和二碲化钨不具有动力学稳定的 T 相有关。纯相的动力学稳定性在图 7-3 中也

能找到。为了深入理解动力学不稳定性的起因，选择了三个结构都是动力学不稳定的 $Hf_{0.33}Mo_{0.67}Te_2$ 进行分析。首先进行了局域态密度的计算，即确定声子谱的虚频由哪些元素贡献，其次分析了虚频最大值对应的振动模，寻找结构不稳定性的根源。计算结果汇总在图 7-4 中。

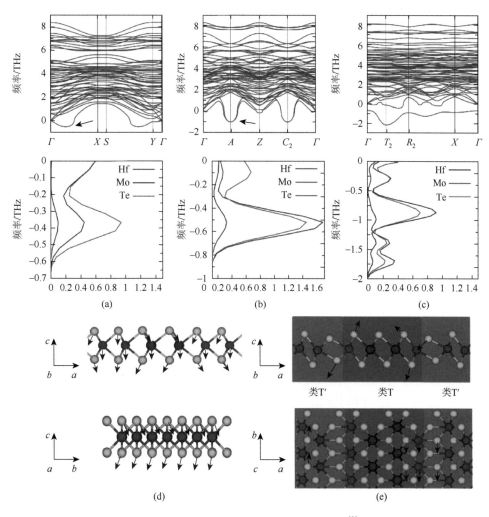

图 7-4　$Hf_{0.33}Mo_{0.67}Te_2$ 动力学稳定性分析[3]

$Hf_{0.33}Mo_{0.67}Te_2$ 的 H 相（a）、T′相（b）和 T 相（c）的声子谱和局部态密度；H 相（d）和 T′相（e）分别在（a）和（b）中箭头所指处虚频对应的振动模

图 7-4（a）对应的是 H 相在靠近 Γ 点处的虚频及态密度，态密度图揭示了其振动主要贡献的元素。从图 7-4（a）中可以看出，Hf 原子和 Te 原子是虚频的主要贡献者。图 7-4（b）是 T′相在 A 点处的虚频和态密度，与 H 相相反，Mo 原子

和 Te 原子是虚频的主要贡献者。H 相的虚频振动模式和 T′相的虚频振动模式分别如图 7-4（d）和（e）所示。在图 7-4（d）中，分别列出了 H 相中靠近 Γ 点处的虚频沿 b 轴和沿 a 轴观察的振动模式，在沿 b 轴的观察图中能看到，与 Hf 原子相连的 Te 原子具有与其他 Te 原子不同的振动方向，这可能是结构不稳定性的起源。在 T′相中，Hf 和 Te 形成了类 T 的结构，如图 7-4（e）中粉红色的区域所示，而 Mo—Te 形成了类似 T′的结构，如图 7-4（e）中绿色的区域所示。位于 A 点的虚频振动模主要是由两个区域交界处的 Mo—Te 原子振动贡献的，这表明ⅣB 族的 Hf 元素倾向于形成 T 结构，而ⅥB 族的 Mo 和 Te 仍然维持着 T′结构，这两种倾向的冲突导致了边界处的振动令结构变得不稳定，形成虚频。值得注意的是，在图 7-4（c）中，T 相的 Hf 掺杂 TMDC 存在光学支的虚频，主要是来自 Hf 和 Te 的振动贡献，光学支虚频意味着结构非常不稳定，倾向于分解或发生相变。图 7-3 中汇总的 T 相，绝大多数都有光学支的虚频。

接下来将从化学键角度分析结构的稳定性，这里采用了晶体轨道哈密顿布居（COHP）的方法来研究化学键的稳定性。该方法将态密度分配到所有化学键上，并分成成键态与反键态的贡献。在化合物的费米能级附近，若是反键态较多，则意味着化学键相对而言更加不稳定。鉴于 COHP 对比的是化学键的相对稳定性，分别计算了上述三个相都是动力学不稳定的 $Hf_{0.33}Mo_{0.67}Te_2$ 在 H 相和 T′相中的成键情况，以及稳定存在的 $MoTe_2$ 的 H 相和 T′相的成键情况，并对比掺杂前和掺杂后化学键的 COHP 变化，来判断化学键是否变得更加不稳定。计算结果如图 7-5 所示。首先计算了 $Hf_{0.33}Mo_{0.67}Te_2$ 的 H 相和 T′相的 COHP，如图 7-5（c）所示。在图 7-5（c）中，发现两个结构中反键态都主要来源于 Mo—Te 键。进一步对比了纯的 $MoTe_2$ 和 Hf 掺杂的 $MoTe_2$ 中的化学键成键情况。图 7-5（a）是纯相和掺杂相的 H 相对比，Hf 的加入使得 Mo—Te 键发生畸变，表现在 Hf 原子左边的标号为 A 的 Mo—Te 键和 Hf 原子右边标号为 B 的 Mo—Te 键长度不相等，而在纯的 H 相中，所有的 Mo—Te 键都是等长的。在图 7-5（d）中，分别计算了 A、B 键和纯相里的 Mo—Te 键的 COHP 并进行对比，发现 A 和 B 两条化学键在费米能级附近的反键态都比纯相的 Mo—Te 键要多，意味着该化学键相对而言更加不稳定。在 H 相中，显然 Hf 原子的掺杂导致 Mo—Te 键变得不稳定。图 7-5（b）是 T′相的结构，掺杂相中标号为 A 和 B 的两条不等价的化学键位于 Hf 原子形成的类 T 结构的旁边，而在纯相中，对应的键也被标成了 A 和 B，方便用于对比，计算结果可以在图 7-5（e）中找到。在 T′相中，可以发现类 T 结构旁边的 Mo—Te 键有很明显的反键态，比纯相的对应化学键要强得多。尤其是对比图 7-5（e）和（c）中反键态的曲线形状时，不难发现，结构的总反键态几乎全部来源于类 T 结构和类 T′结构交界处的 Mo—Te 键贡献。这同样意味着 Hf 原子的掺杂破坏了 T′-$MoTe_2$ 中 Mo—Te 键的稳定性，使其变得不稳定，这与之前声子谱计算的结果是吻合的。

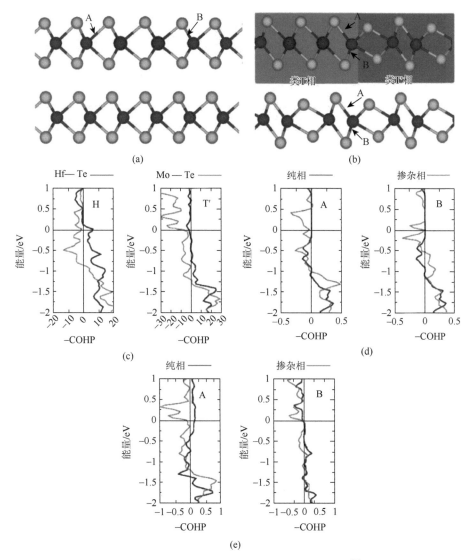

图 7-5　Hf$_{0.33}$Mo$_{0.67}$Te$_2$ 的 H 相和 T′相的 COHP[3]

H 相（a）和 T′相（b）要研究的化学键，分别使用 A 和 B 字母标识；（c）总的 COHP，并分成了 Hf—Te 键和
Mo—Te 键的贡献；（d）和（e）分别对应图（a）和（b）中所标识的化学键

7.2.4　三元 TMDC 的电子结构

以上分别从能量、动力学和化学键三个角度，研究和分析了三元 TMDC 的相稳定性。发现部分过渡金属的掺杂，如ⅣB 族的过渡金属和ⅤB 族的 V，使得 H 相逐渐失稳，而本身是半导体的 H 相，在掺杂浓度升高时电子结构会受到怎样的影响尚不清楚。因此，以下将计算 H 相的三元 TMDC 的电子结构，以探讨掺杂对电子结构的影响。

具有半导体性质的 H 相和具有金属性质的 T′相是ⅥB 族的 TMDC 的电子特性，这种独特的电子特性使ⅥB 族的 TMDC 在忆阻器领域具有潜在的应用价值，即半导体的 H 相是高阻态的，金属的 T′相是低阻态的，形成两态存储的器件。但是，三元 TMDC 的 H 相能否依旧维持其半导体的特性呢？在之前文献报道中，ⅣB 族的 TMDC 和ⅤB 族的 TMDC 大多数都是金属，而ⅣB 族的 T′相和 T 相也是金属。因此在本部分只考虑半导体相的掺杂，即 H 相在掺入其他副族的元素时，其电子结构受到的影响。计算中首先基于计算量较小的 GGA-PBE 泛函，对掺杂引起的带隙变化规律进行了初步分析。之后利用 HSE 对存在半导体-金属转变（SMT）的体系进行了研究，HSE 计算结果如图 7-6 所示。可以发现，在ⅣB 族元素掺杂的 TMDC 中，带隙中间出现了态密度，意味着杂质能级引入到带隙中间，而ⅤB 族的过渡金属掺杂显示出显著的 p 型掺杂的特性。这主要是因为ⅣB 族的金属会在基体引入两个空穴，这两个空穴同时受到两个负电中心的作用，而静电屏蔽不完全，意味着空穴移动需要更高的能量，因此低浓度掺杂时会在禁带中引入杂质能级。而ⅤB 族的金属原子只会引入一个空穴，形成典型的 p 型掺杂，使得费米能级进入价带，发生半导体-金属转变。

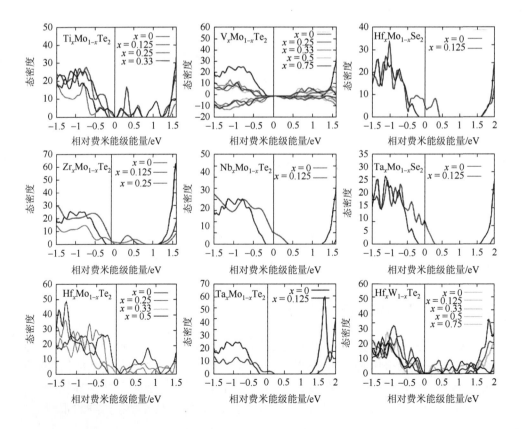

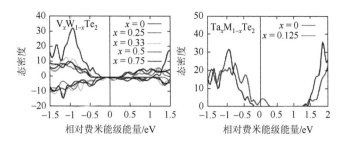

图 7-6　基于 HSE06 泛函计算的 SMT 对应浓度附近结构的态密度图[3]

在掺杂过渡金属的过程中，H 相与 T/T'相在能量上相对稳定性变化与 H 相本身的金属-绝缘体转变相伴。这对于通过掺杂调控材料性能而言十分重要。例如，作为相变存储器，希望 T'相和 H 相的能量尽可能接近，以确保在温度波动的服役条件下数据保存稳定，同时也希望 H 相和 T'相之间具有显著的电阻差异，即 H 相是半导体，T'相是金属。又或者，作为 HER 催化材料时，金属性的相显然具有更好的性能，这时候需要知道能量稳定性变化引起的相变和 H 相的金属-绝缘体转变的先后顺序。这里将存在金属-绝缘体转变及相变 TMDC 列在图 7-7 中，蓝色的误差条表示 H 相不再稳定的大致浓度范围，而黄色则表示半导体-金属转变发生的大致浓度范围。从图中可以看到，有些体系不存在蓝色误差条，即没有相变现象，有些体系没有黄色误差条，如 V 掺杂的二碲化钼，表示没有发生半导体-金属转变。

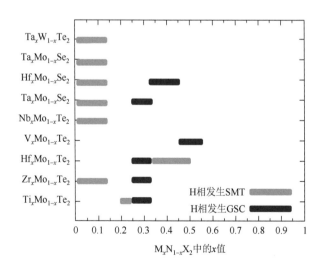

图 7-7　不同体系的 SMT 和能量驱动的 GSC 图[3]

黄色的误差条表示 SMT 的浓度范围，蓝色的误差条表示 GSC 的浓度范围

7.3 三元双层 $MoS_{2-x}O_x$ 材料的半导体-金属转变

7.3.1 引言

具有半导体-金属转变（SMT）的材料具有广泛的应用前景，尤其是在电子开关、人工智能时代的信息存储器等电子器件领域。从应用层面出发，亟须发展具有半导体-金属转变的新材料并深入研究其转变机理。过渡金属二硫化物（TMDC）是一个被广泛研究的层状材料体系，剥离的二维 TMDC 通常具有不同于体相的结构特征及优异的电子性质，研究表明 TMDC 可通过结构相变实现 SMT。二硫化钼（molybdenum disulfide，MoS_2）是一种典型的层状 TMDC 材料，其机械柔韧性好、杨氏模量高，具有高达 1100℃ 的优异热稳定性且电子性质丰富。若将 MoS_2 从体相转变到低维尺度，低维 MoS_2 的丰富性质使其成为一种多功能多用途材料。相比于二元 TMDC 材料体系，多元 TMDC 体系庞大，是否存在除结构相变之外的 SMT 及其转变机制有待深入研究。通过掺杂工程引入其他种类原子构建三元固溶体材料是一种常见手法，而且掺杂工程能够在很大程度上影响材料的性质，精确控制的掺杂工程能够调控材料的物理化学性质。例如，通过掺杂工程引入氧原子形成的 $MoS_{2-x}O_x$ 材料体系具有优异的双极阻变特性[6]。本节从 $MoS_{2-x}O_x$ 三元固溶体材料出发，利用第一性原理计算方法研究 $MoS_{2-x}O_x$ 的原子结构与性质。通过团簇展开法对 $MoS_{2-x}O_x$ 体系进行基态结构搜索，从而得到在不同掺杂浓度下结构与能量的对应关系，并通过声子谱及第一性原理分子动力学模拟研究特定掺杂浓度下结构的动力学稳定性，以及通过晶体轨道哈密顿布居分析化学键的相对稳定性，并利用机器学习辅助分析了 SMT 的根源[7]。

7.3.2 计算方法

本部分的 DFT 计算均采用 VASP 软件，计算过程中采用 GGA-PBE 交换关联泛函，所用的赝势为投影缀加平面波（PAW），其中平面波截断能为 500eV。基态能量搜寻和结构优化采用的是集成在合金理论自动化工具包中的团簇展开法。结构优化的 K 点通过参数 KPPRA = 3000 自动化生成，结构优化采用的能量收敛判据 EDIFFG = 1×10^{-4}，基态搜索的超晶胞设置为 24 个原子，交叉验证分数为 0.025。声子谱采用密度泛函微扰法及 Phonopy 软件计算，晶体轨道哈密顿布居结果采用 Lobster 软件计算。电子结构计算采用 GGA-PBE 泛函和 HSE06 杂化泛函。其中 GGA-PBE 泛函电子结构计算采用的 K 点网格密度为 $22 \times 22 \times 1$，HSE06 杂化泛函采用的 K 点网格密度为 $6 \times 6 \times 1$。结构优化和电子结构计算的所有 K 点均进行了 K 点收敛性测试，以确保计算结果的准确性。

7.3.3 基于团簇展开法的 $MoS_{2-x}O_x$ 原子结构搜寻

本小节重点阐述氧原子掺杂 MoS_2 体系（$MoS_{2-x}O_x$）的原子结构和电子性质，研究无序掺杂体系的结构稳定性以及掺杂对体系电子性质的影响。首先通过团簇展开法研究掺杂体系的原子结构，进一步通过 DFT 计算分析体系的电子性质。对于 $MoS_{2-x}O_x$ 掺杂结构，采用团簇展开法分别对单层和双层掺杂体系进行了结构搜寻。该方法可以搜寻出不同掺杂浓度下的一系列结构并比较系列结构的能量，从而找出构型最稳定的基态结构。三元体系的结构形成能 E_f 表达式如下：

$$E_f = \frac{E_{total}}{N_{site}N_{size}} - \sum_{i=1}^{n} c_i e_i^{ref} \qquad (7\text{-}3)$$

其中，E_f 是团簇展开法计算得到的结构的形成能；E_{total} 是相应结构的总能；N_{size} 是超晶胞中的原胞个数；N_{site} 是晶格中原子的占据位点；c_i 是第 i 种元素的浓度；e_i^{ref} 是第 i 种元素单个原子的能量。对于 $MoS_{2-x}O_x$ 的单层和双层掺杂体系，都采用团簇展开法进行了结构搜寻。单层和双层 $MoS_{2-x}O_x$ 体系的最低能量结构凸包图如图 7-8 所示。

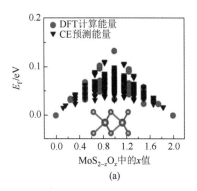
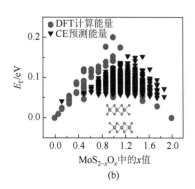

图 7-8　单层和双层 $MoS_{2-x}O_x$ 掺杂体系最低能量结构凸包图[7]

（a）单层结构凸包图；（b）双层结构凸包图，其中绿色圆形表示 DFT 计算得到的基态能量，黑色三角形表示 CE 算法的预测能量

如图 7-8 所示，对于纯的 MoS_2 和 MoO_2 结构，2H 结构具有最低能量，声子谱的计算结果显示两个二元体系均没有虚频。在用 CE 方法搜寻基态结构的过程中，DFT 计算和 CE 算法预测中都能找到最低能量结构。无论是单层掺杂体系还是双层掺杂体系，以二元 MoS_2 和 MoO_2 为参考态计算的 $MoS_{2-x}O_x$ 结构形成能为正值，即 O 原子掺杂都会导致 $MoS_{2-x}O_x$ 结构体系的能量上升，这就表明可能存在从无序的三元体系到两个有序的二元体系的相分解。但是在实际材料中，相分解可能被缓慢的动力学所抑制。因此，通过模拟 O 原子代替 MoS_2 中的 S 原子得到 $MoS_{2-x}O_x$ 掺杂结构的过程进一步计算了双层三元 $MoS_{2-x}O_x$ 的形成能。计算的形成能结果如图 7-9 所示。

如图 7-9 所示，掺杂体系的形成能为负值，意味着双层 $MoS_{2-x}O_x$ 结构可以通过氧化 MoS_2 自发形成。此外，值得注意的是通过氧化 MoS_2 制备的二维 $MoS_{2-x}O_x$ 固溶体已经作为记忆存储材料应用到电子存储器件中，实验证明该记忆存储材料在 340℃ 的操作温度下仍具有较高的热稳定性[6]。此部分已经从能量的角度说明 $MoS_{2-x}O_x$ 掺杂结构能够满足能量稳定性，并且该材料体系的成功制备及应用已经在实验中得到了证明，接下来将分析单层和双层结构的带隙随掺杂浓度的变化。

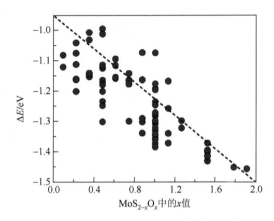

图 7-9　双层三元 $MoS_{2-x}O_x$ 结构的形成能

7.3.4　$MoS_{2-x}O_x$ 结构的电子结构计算

为了进一步研究掺杂对该体系电子性质的影响，采用 GGA-PBE 泛函计算了单层和双层 $MoS_{2-x}O_x$ 结构的带隙，并且分析了带隙随掺杂浓度的变化情况。尽管 GGA-PBE 泛函会低估带隙，但其结果仍旧能够揭示一系列结构的带隙变化规律。计算结果表明掺杂对研究体系的带隙具有较大影响，图 7-10 反映了带隙随氧原子掺杂浓度的变化情况。

如图 7-10 所示，$MoS_{2-x}O_x$ 单层结构都为半导体且带隙变化趋势较为明显，即带隙随掺杂氧原子浓度的增加而逐渐减小，并且同一掺杂浓度下不同掺杂构型的带隙差异也较大。然而在双层无序 $MoS_{2-x}O_x$ 结构中出现了半导体和金属共存的情况，而且金属态的形成能不高，这种现象十分有趣。电传导发生在层间，层与层之间仅仅依靠范德瓦耳斯弱相互作用。在 GGA-PBE 泛函计算的所有结构中，一共有 33 个金属结构。为了确保预测金属的准确性，用更为准确的 HSE06 杂化泛函将 GGA-PBE 泛函筛选的 33 个金属结构的带隙进行了重新验证，其中 9 个结构变成了具有有限带隙的半导体结构，8 个结构变成了在费米能级具有很少电子态的半金属结构，其他 16 个结构仍保持原来的金属态。由 HSE06 杂化泛函计算的所有 33 个

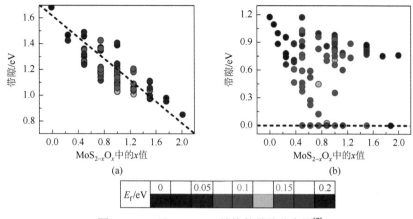

图 7-10　三元 $MoS_{2-x}O_x$ 结构的带隙分布图[7]

（a）单层结构的带隙分布图；（b）双层结构的带隙分布图，其中点的颜色表示相应结构的形成能

结构的电子态密度如图 7-11 所示。由相对于 GGA-PBE 泛函更为精确的 HSE06 杂化泛函计算得到的电子态密度结果可知，在双层掺杂结构体系中，存在半导体、半金属、金属三种相，因此研究影响相结构转变的主要因素显得尤为重要。

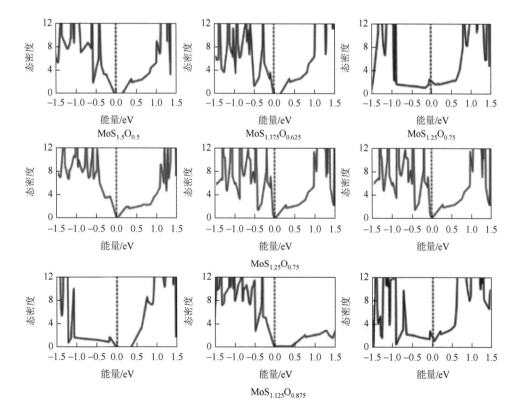

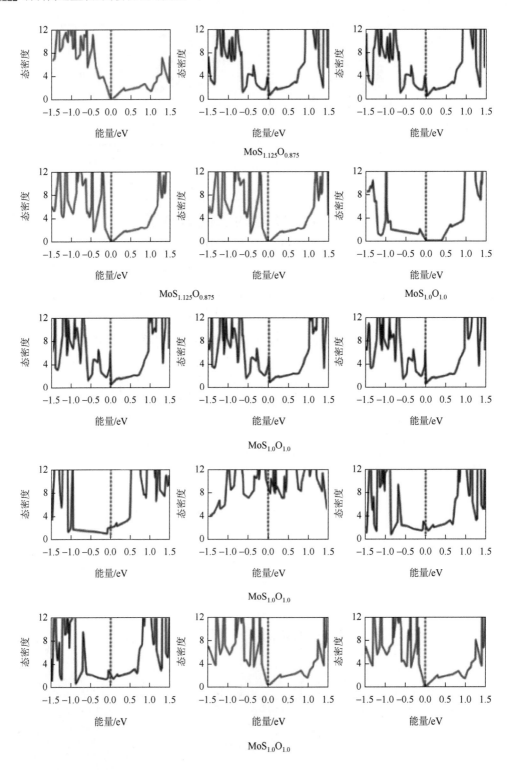

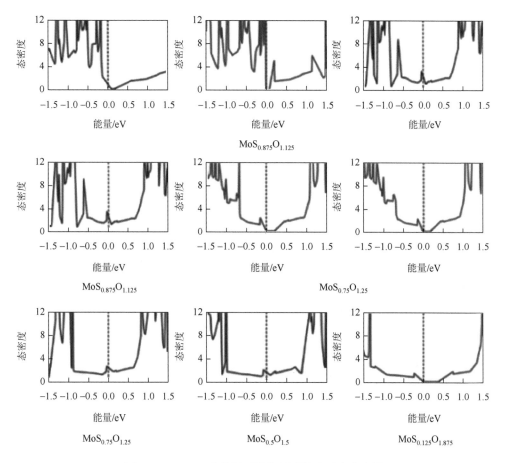

图 7-11　HSE06 杂化泛函计算得到的电子态密度图

图中结构为 GGA-PBE 泛函预筛选的 33 个金属结构，其中 9 个结构变成半导体（红色曲线），8 个结构显示出半金属特性（绿色曲线），能量值参考态为费米能级

7.3.5　$MoS_{2-x}O_x$ 结构的动力学稳定性

7.3.4 节已经通过 CE 方法搜寻了单层和双层 $MoS_{2-x}O_x$ 掺杂体系的一系列结构，得到了结构和能量之间的对应关系，并从能量角度分析了掺杂体系的相对稳定性。负的形成能表明通过氧化 MoS_2 可以制备掺杂无序 $MoS_{2-x}O_x$ 固溶体。进一步分析单层和双层 $MoS_{2-x}O_x$ 掺杂体系的带隙可知，单层结构的带隙随着掺杂浓度的增加而逐渐减小，且同一掺杂浓度下不同掺杂构型的带隙差异也较为明显。本节将主要分析双层结构体系的动力学稳定性。通过密度泛函微扰法，利用 Phonopy 软件计算结构的声子色散，并且用第一性原理分子动力学（*ab initio* molecular dynamics，AIMD）模拟方法研究在 300K 条件下体系的动力学稳定性。针对双层

MoS$_{2-x}$O$_x$掺杂体系，选取特定掺杂浓度下的金属和半导体结构进行声子谱计算，计算采用扩胞为4×4×1的包含96个原子的超晶胞，声子谱的计算结果如图7-12所示。

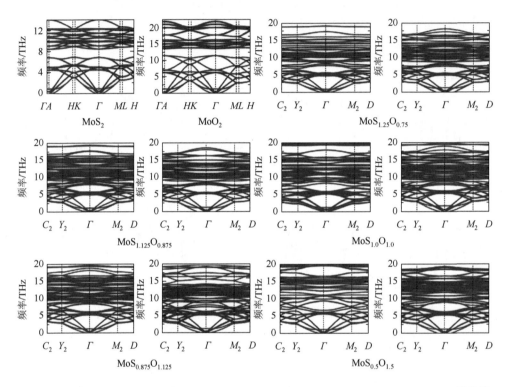

图7-12　具有相对较低形成能的MoS$_{2-x}$O$_x$（$x=0$、0.75、0.875、1.0、1.125、1.5、2）结构的声子谱图

每种成分下的左侧对应具有最低形成能的半导体态（基态），而右侧为相同成分点下相对稳定的金属态。值得注意的是，对于某些金属结构，在Γ点处会发现较小的虚频，这通常被认为是DFT的计算误差

　　如图7-12所示，声子谱的计算结果表明，在计算误差范围内半导体结构和金属结构都没有虚频，即使形成能相对半导体体系较高的金属体系也具有动力学稳定性，这意味着MoS$_{2-x}$O$_x$的金属态是亚稳态。为了研究有限温度下该掺杂体系的动力学稳定性，进一步采用AIMD研究了双层MoS$_{1.0}$O$_{1.0}$半导体和金属结构在300K条件下弛豫20ps的动力学稳定性，AIMD的计算结果如图7-13所示。可以看出，在300K条件下弛豫20ps，双层MoS$_{1.0}$O$_{1.0}$半导体和金属结构仍能保持原来的几何结构，并没有发生塌陷或弯曲，仅发生原子在其平衡位置附近的微小偏移，在0K下进行DFT结构弛豫后，300K下的变形结构仍可以优化回初始平衡状态。由AIMD模拟可以确定该材料体系的热/动力学稳定性。

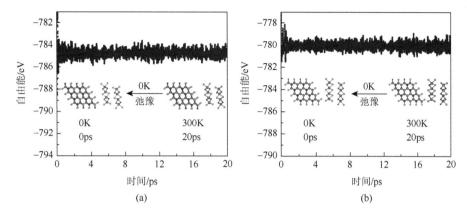

图 7-13　$MoS_{1.0}O_{1.0}$ 双层半导体和金属结构在 300K 条件下持续 20ps 的能量演化图

（a）半导体结构；（b）金属结构；插图显示 300K 条件下弛豫 20ps 的结构在 0K 下优化可以弛豫到初始结构

以上不仅从能量的角度证明了 $MoS_{2-x}O_x$ 双层结构的热力学稳定性，而且通过声子色散分析和第一性原理分子动力学模拟证明了该掺杂体系的热/动力学稳定性。由此可以得出结论，半导体态和金属态都可能在组成成分不同的 $MoS_{2-x}O_x$ 双层结构中稳定存在。鉴于单层结构不存在金属态，范德瓦耳斯间隙内原子间的相互作用和组成成分在双层结构半导体-金属转变机理中起着十分重要的作用。

7.3.6　双层 $MoS_{2-x}O_x$ 的半导体-金属转变探究

本节主要利用机器学习和特征工程探究半导体-金属转变，首先定义了双层固溶体的一系列特征，如范德瓦耳斯间隙两侧硫族原子的氧分数差（ΔF_{inter}）、最外层硫族原子的氧分数差（ΔF_{outer}）、结构总体的平均氧分数差（ΔF_{ave}）等。此外，除去自己定义的一系列特征，还采用了化学短程序特征及许多材料工程领域常用的特征参数，如键长、键角等。基于 $MoS_{2-x}O_x$ 体系中 16 个金属和 50 个半导体结构的数据集，使用上述特征以及用上述特征构建的复杂/具体的特征进行了机器学习分类任务（区分金属结构和半导体结构），同时还使用了 209 个双层 $MoS_{2-x}O_x$ 半导体结构对带隙进行了机器学习回归分析。在随机森林算法中，利用 GridSearch CV 方法对分类模型和回归模型分别进行了 5 折和 6 折交叉验证。对于机器学习分类任务，测试集上的交叉验证 $F1$ 分数高达 0.98，回归任务的 R^2 分数高达 0.875。图 7-14 展示了机器学习随机森林模型分类和回归的拟合结果。

为了进一步验证机器学习回归任务的准确性，使用相对复杂的多层感知机模型进行了机器学习回归任务。图 7-15 为机器学习多层感知机模型的单次回归结果图，该结果表明多层感知机模型可以进一步提高带隙数据回归的拟合精度，测试数据集的交叉验证 R^2 分数为 0.966。

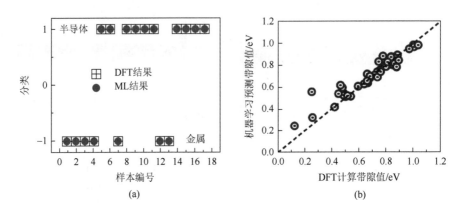

(a)　　　　　　　　　　　　(b)

图 7-14　机器学习随机森林模型的分类和回归结果[7]

（a）机器学习随机森林模型单次分类结果，其中 $y=-1$ 表示金属结构，$y=1$ 表示半导体结构，红色实心圆形为机器学习预测值，正方形为 DFT 计算值，本次分类的 $F1$ 分数为 1，5 折交叉验证 $F1$ 分数为 0.98；（b）机器学习随机森林模型单次回归结果，虚线表示机器学习预测带隙值和 DFT 计算真实带隙值相等的完美拟合结果，本次回归的 R^2 分数为 0.9，而 6 折交叉验证 R^2 分数为 0.875

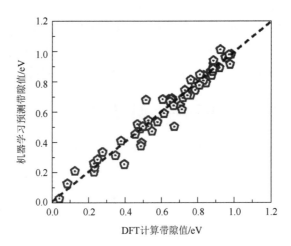

图 7-15　机器学习多层感知机模型的单次回归结果

回归的 R^2 分数为 0.966，虚线代表机器学习预测带隙值和 DFT 计算真实带隙值相等的理想情况

　　特征重要性分析表明氧原子的分布对 $MoS_{2-x}O_x$ 的带隙数据有直接影响，特别是 ΔF_{inter} 在确定 SMT 和带隙中起着最重要作用。图 7-16 描述了 ΔF_{inter} 和 $\overline{\tan\theta}$（Mo—S/O 键角正切的平均值）两个最重要的特征参数模型，并分析了这两个特征和带隙之间的相对关系。可以看出随着 ΔF_{inter} 增加，结构的带隙值会明显下降，所有组成成分的平均带隙随着 ΔF_{inter} 的升高呈近似线性下降。同时，ΔF_{inter} 特征的主导作用也可以直接说明单层 $MoS_{2-x}O_x$ 结构中 SMT 的缺失。另一个重要的特征参数是 $\overline{\tan\theta}$，与二元 MoS_2 的对应数值相比，该值可以看作掺杂体系

所受应变的大小。一个较大或者较小的 $\overline{\tan\theta}$ 值意味着在双层 $MoS_{2-x}O_x$ 结构中能够更高概率地找到小带隙半导体或者金属。

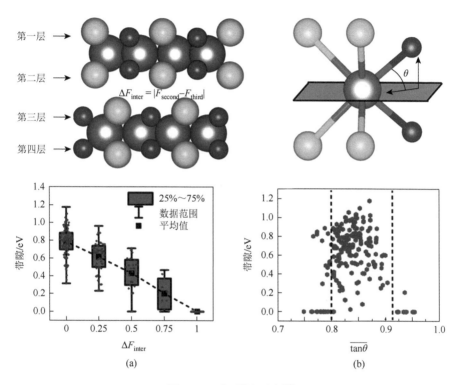

图 7-16　重要特征分析[7]

（a）最重要特征 ΔF_{inter} 的示意图，下方为带隙值与 ΔF_{inter} 特征之间的关系图；（b）键角的示意图以及带隙与 $\overline{\tan\theta}$ 之间的关系图

　　另外，皮尔逊系数显示两个特征参数的相关性几乎为 0，这就意味这两个特征参数之间没有相关性，分别独立影响双层掺杂体系的电子性质。相比之下，短程有序参数和电子结构的关联性较小，这就表明 $MoS_{2-x}O_x$ 体系中具有区别于普通有序-无序转变的新 SMT 机制。Mo—S/O 键角在确定 $MoS_{2-x}O_x$ 带隙中的重要作用可以通过紧束缚近似模型进一步解释：

$$\Delta E(k) = \sum_{i \leqslant 6} \cos 2\pi k \cdot (J_i R_i - J_s R_{S_i}) \tag{7-4}$$

其中，$\Delta E(k)$是由于 O 原子掺杂改变了 Mo 原子的局部环境，进而引起的带宽变化，求和公式遍历 Mo 周围六个最近邻硫族原子；J_i 和 J_s 分别为纯相 MoS_2 体系和掺杂 $MoS_{2-x}O_x$ 体系中的 Mo 原子和硫族原子的原子轨道重叠；R_{S_i} 为 $MoS_{2-x}O_x$

中 Mo—S/O 键的矢量；R_i 是纯相 MoS_2 中 Mo—S 键的矢量。因此，$J_iR_i - J_sR_{S_i}$ 表达式中包含了由掺杂导致的键角变化信息。此外，由于 d_{z^2} 和 p_z 原子轨道的非球面对称，J_i 和 J_s 不仅是键长的函数，同时也是键角的函数。因此，由键角变化引起的能带展宽可能导致价带顶（VBM）和导带底（CBM）重叠，进而导致双层结构中发生 SMT。

7.3.7 SMT 的电子尺度根源

本节将重点分析引起带隙变化和 SMT 的电子尺度根源。图 7-17 以双层体系中 $MoS_{1.0}O_{1.0}$ 结构为例来描述能带结构随 ΔF_{inter} 的变化。可以观察到随着 ΔF_{inter} 的增加，费米能级附近的价带和导带都发生展宽，从而导致带隙逐步收缩。最后导带底在高对称点 C_2 处的较大偏移直接导致从半导体态到半金属态（$\Delta F_{inter} = 0.75$），最后到金属态（$\Delta F_{inter} = 1$）的转变。

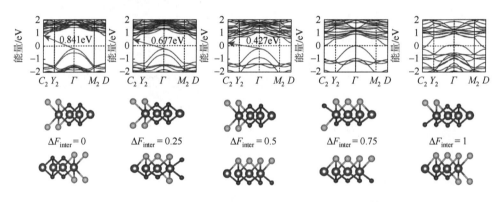

图 7-17　$MoS_{1.0}O_{1.0}$ 随着 ΔF_{inter} 增加时的能带变化[7]

能带计算基于 GGA-PBE 泛函，而 $\Delta F_{inter} = 1$ 处的金属态已经用 HSE06 杂化泛函所证实，相应结构的带隙数据在图中标记

为了确定 $MoS_{2-x}O_x$ 体系中发生的范德瓦耳斯间隙成分梯度调控的 SMT 是否具有普适性，采用图 7-17 中的原子构型分别计算了 $MoSe_{2-x}O_x$、$MoTe_{2-x}O_x$、$MoSe_{2-x}S_x$、$MoTe_{2-x}S_x$、$MoTe_{2-x}Se_x$ 体系的能带结构，结果表明出现在 $MoS_{2-x}O_x$ 体系中的 SMT 现象也同时出现在 $MoSe_{2-x}O_x$、$MoTe_{2-x}O_x$ 体系中。在 $MoTe_{2-x}S_x$ 体系中出现了半导体-半金属转变，在 $MoSe_{2-x}S_x$、$MoTe_{2-x}Se_x$ 体系中，尽管没有发生相应的 SMT 现象，但是随着 ΔF_{inter} 的增加，结构带隙发生明显减小。为了进一步分析部分三元体系中没有出现 SMT 的原因，探究了三元体系中硫族原子之间的半径差和电负性差之间的关系。在 $MoSe_{2-x}S_x$、$MoTe_{2-x}S_x$ 和 $MoTe_{2-x}Se_x$ 体系中

没有 SMT 可能是由于这三个三元体系中硫族原子之间的电负性差相对较小，或者可能是由于与 $MoS_{2-x}O_x$ 体系在基态几何结构上存在细微差异。因此，对比了各个体系中硫族原子之间的电负性差与半径差的关系。如图 7-18 所示，随着硫族原子半径差和电负性差的不断增大，研究体系逐渐从没有 SMT 现象的 $MoSe_{2-x}S_x$、$MoTe_{2-x}Se_x$ 体系过渡到存在半导体-半金属转变的 $MoTe_{2-x}S_x$ 体系，随着硫族原子半径差和电负性差的进一步增大，最终过渡到具有 SMT 的氧掺杂三元体系（$MoS_{2-x}O_x$、$MoSe_{2-x}O_x$、$MoTe_{2-x}O_x$）。可以看出，X 和 Y 之间较小的电负性差和半径差趋向于抑制 $Mo(XY)_2$ 中的 SMT。

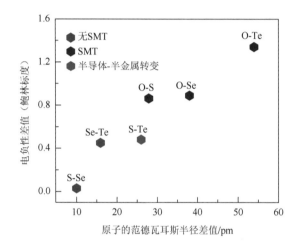

图 7-18　三元 $Mo(XY)_2$ 中两个硫族元素 X 和 Y 的电负性差与半径差关系图

总体来讲，在 $MoS_{2-x}O_x$ 三元掺杂体系中发现的 SMT 机制具有一定的普适性，值得在更多双层二维体系或双层异质结构中进行系统研究。为了分析电子在实空间中的具体分布情况，并深入了解层间相互作用，分析了相应金属和半导体结构的差分电荷密度（charge density difference，CDD）和积分电荷密度（integral charge density，ICD）。层间差分电荷密度被定义为双层 $MoS_{2-x}O_x$ 结构和形成双层结构的两个单层结构之间的电荷密度差，而与原子层平行的 x-y 横截面上 ICD 的平均值则由式（7-5）定义：

$$\overline{\rho(z)} = \frac{1}{ab}\int_0^b \mathrm{d}y \int_0^a \Delta\rho(x,y,z)\mathrm{d}x \qquad (7\text{-}5)$$

其中，a 和 b 是超晶胞的面内晶格参数；$\Delta\rho(x,y,z)$ 是层间电荷密度差。图 7-19 总结了 CDD 和 ICD 的计算结果，电荷密度分析所使用的半导体结构和金属结构与以上电子态密度（DOS）分析所选的结构相同。

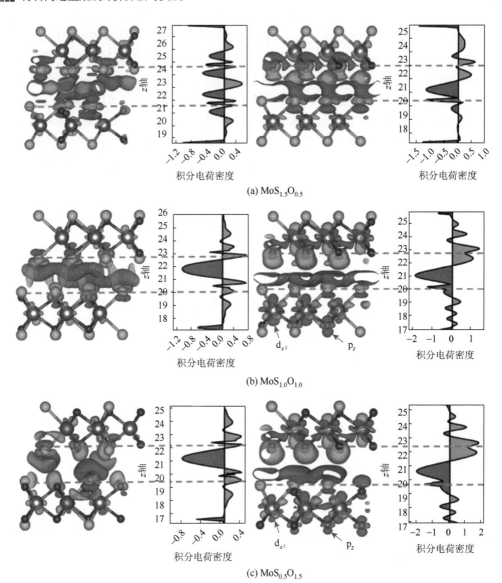

图 7-19　$MoS_{2-x}O_x$（$x = 0.5$、1.0、1.5）结构的 CDD 和 ICD 图[7]

（a）$MoS_{1.5}O_{0.5}$，等值面为 $6.5 \times 10^{-5} eV/Å^3$；（b）$MoS_{1.0}O_{1.0}$，等值面为 $1.5 \times 10^{-4} eV/Å^3$；（c）$MoS_{0.5}O_{1.5}$，等值面为 $1.35 \times 10^{-4} eV/Å^3$，黄色部分代表电子积累，蓝色部分代表电子耗散，紫色、红色和黄色原子分别为 Mo 原子、O 原子、S 原子

　　首先对比了双层 $MoS_{2-x}O_x$ 结构中的半导体结构和金属结构在范德瓦耳斯间隙的 CDD 图，对于具有中带隙的半导体结构［图 7-19（a）～（c）左侧］，由于 O 原子和 S 原子在范德瓦耳斯间隙的无序排列，电子积累和耗散中心呈对称分布。对于金属结构［图 7-19（b）、（c）右侧］，范德瓦耳斯间隙的 O 原子和 S 原子明

显分立在范德瓦耳斯间隙两侧，从而使多余的电子在范德瓦耳斯间隙形成一个类似偶极子的几何构型。金属结构的另一个显著特征是在每个 $MoS_{2-x}O_x$ 层中的 d 轨道电荷重新分布。对于 $MoS_{2-x}O_x$ 金属结构，可以明显观察到从 Mo 原子的 d_{z^2} 轨道向其他 d 轨道的电荷转移，而 O 原子的 p_z 轨道则失电子。相比之下，$MoS_{2-x}O_x$ 半导体结构中的层内电荷再分布不明显。因此，$Mo-d_{z^2}$ 的能带展宽可能与 d 电子在 d 轨道内的重新分布以及与 O 原子的相互作用有关。此外，窄带隙半导体的 CDD/ICD 图 [图 7-19（a）右侧] 看起来更像是金属与中带隙半导体之间的过渡态，这就表明从半导体到金属的转变过程中，CDD/ICD 特征也发生逐步转变。

7.4　团簇展开方法和遗传算法的集成与应用

7.4.1　引言

对于给定的化学成分组成，寻找其对应最稳定的晶体结构是材料科学研究的核心问题之一，对于多组分体系或含缺陷的体系则具有很大的挑战性。候选结构的合理取样和相对较低成本的精确能量评估是结构预测的关键。点缺陷是材料中的一种固有的缺陷，影响着材料各个方面的性质，包括机械性能、输运性质、电子性质、光电性质及热电性质。在高浓度条件下，点缺陷可以显著改变材料的电子性质，如阻变随机存储器（RRAM）中用于信息存储的氧化物：氧空位聚集形成的"导电通道"代表低电阻状态表示信号'1'，而空位均匀分布导致的高电阻状态代表信号'0'。不幸的是，对于含点缺陷材料基态结构的搜索仍然是一个难题，特别是当点缺陷浓度很高时，空位可以形成大量的不同原子构型，而且用密度泛函理论精确评估其能量会消耗大量资源。在过去的几十年中，研究人员对最稳定的晶体结构进行了有效的搜索，到目前为止，搜索算法主要集中在两种策略上。第一种是利用遗传算法、进化算法增强相空间的采样，减少 DET 计算的候选结构，又如粒子群优化、随机抽样、深度学习等。考虑到材料的组成，这些方法对于单胞的计算是非常有效的，而当单胞中的原子数较大时，DFT 的计算量必然会很高。另一种是利用经验势函数方法取代 DFT 或预先筛选 DFT 的基态候选结构。然而，与 DFT 计算精度相当的经验势仍然缺乏，尽管最近基于大量的 DFT 计算的机器学习势函数部分解决了这个问题。

除了用材料的成分作为唯一输入的"从头开始"的结构预测外，在某些情况下，还需要搜索给定晶格中的稳定原子构型。这些局部相空间的基态搜索在合金设计和半导体工业中具有重要的意义，在这些材料中，在基体中引入额外的元素或缺陷，以改善其性能。预测合金/掺杂体系的结构比从零开始预测晶体结构要容易得多，而挑战在于昂贵的能量计算。这是因为对于合金/掺杂系统，需要一个更大的超胞来避免缺陷与其紧邻单元之间的周期性相互作用。到目前为止，对于相对较大的含缺陷系统的基态搜索的技术在文献中很少有报道。处理这一问题的技术时值得一提的是团簇展开（CE）方法。CE 方法与 DFT 计算的结合已经集成在一些开源程序中，并广泛应用于合金化系统的基态搜索或在热力学计算中与蒙特卡罗模拟相结合。CE 方法的关键步骤是用 DFT 计算拟合可靠的 ECI 参数，然而，对于一个大的超胞结构，即使它的形状是固定的，拟合过程需要计算的体系数量也是巨大的。因此，基态搜索过程涉及超胞时，既需要高效的采样，也需要高效的计算。

7.4.2　遗传算法

遗传算法（GA）是在达尔文的生物进化模型的启发下建立的计算模型，被用来模拟自然进化过程从而寻找最优解。在实际应用中，遗传算法从一组候选解开始，即该研究中的晶体结构。这些第一代结构可以随机生成，也可以在一些约束下生成。用一个 fitness 函数对个体进行评价，只有评价较好的个体才能生存下来，选择合适的个体来创造下一代。产生新的子代的操作算子包括突变、交叉和反转。进化过程迭代进行，直到达到预设的标准。遗传算法模型是模拟生物进化的过程，而基态结构的搜寻也是一个迭代过程，因此，可以通过相应的映射将结构搜寻与遗传变异建立联系。具体的做法如下所述：遗传算法从一个群体开始，它代表一个问题的一组潜在的解决方案，如材料的基态结构，而一个群体则由一定数量的由基因编码的个体组成，这些基因在材料中就是不同结构位置上的原子类型，每一个都是一个具有特定染色体的实体。染色体作为遗传物质的主要载体，即多个基因的集合，决定个体形态外部表征。因此，需要在一开始就实现从表型到基因型的映射，即编码工作。由于模拟基因编码的工作是非常复杂的，可以对其进行简化，如二进制编码。种群第一代产生后，根据适者生存原则，世代进化产生了更多更好的近似解。在每一代中，根据问题域中个体的适应度选择个体，并利用自然遗传学的遗传算子进行交叉和变异，生成解集中具有代表性的新种群。这个过程将导致一个自然进化的种群，就像后代种群比上一代更适应环境，最后一代种群中最好的个体被解码，即材料的基态结构。

7.4.3　pyGACE 策略

为了找到一个相对较大的系统的基态结构，笔者团队集成了 GA 和 CE 技术，提出了 pyGACE（python genetic algorithms integrated with cluster expansion method）框架，图 7-20 即为该框架的流程。开始阶段，执行一个常规的 CE 过程，这通常是基于一个相对较小的晶胞。一旦得到导致基态或较小 CV 的合理的 ECI，便开始执行 GA，用户定义的超胞通常比初始 CE 中使用的要大。ECI 被用来构造一个目标函数以评估 GA 产生的个体的适应度值。在这里，GA 将处理比 CE 更大的超胞来考虑远距离的相互作用，避免缺陷的周期性镜像的影响。GA 筛选的基态候选结构的能量将由 DFT（E_{DFT}）和 CE（E_{CE}）同时计算，当两种能量之间存在差异较大时，这些"基态结构"（不包括在先前计算结果中的结构）及其相应的 E_{DFT} 被返回 CE 部分用于更新 ECI。反之，如果两者差异很小，或者得到的基态已经在前面的计算过程中，那么整个过程将终止。总体来讲，ECI 的拟合是框架中耗时的过程。它的拟合主要使用一个相对较小的晶胞，而成本较小的 GA 处理的是超胞结构，这一组合使得基态搜索能够在一个相对较大的体系中运行。由于 CE 和 GA 方法非常成熟，所以这里在为框架 pyGACE 构建代码时，采用了广泛使用的开源软件：对于 CE 部分，使用了在 ATAT 软件中由 MIT 实现的 MAPS 代码；在 GA 方面，使用了 DEAP 框架。对于该工作中提出的理论框架，如图 7-20 所示，这里以第一性原理计算的能量数据为精确参考，使用 VASP 软件包进行计算。采用投影缀加平面波（PAW）和广义梯度近似 GGA-PBE 形式交换关联泛函，截断能量为 520eV。

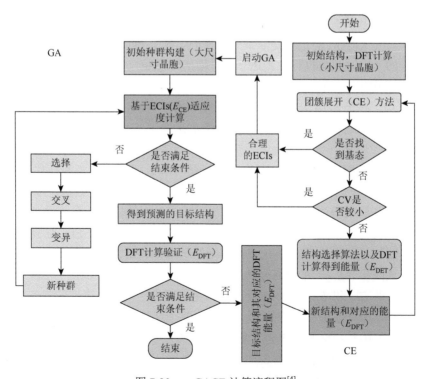

图 7-20　pyGACE 计算流程图[4]

7.4.4　pyGACE 实例应用

本节利用 pyGACE 研究了含氧空位的 HfO_{2-x} 基态稳定构型。HfO_2 是下一代纳米电子学中最有前途的介电材料之一，而且被广泛应用于新兴的 RRAM 研究中。对于 HfO_2 和许多其他过渡金属氧化物，由氧空位组成的一条导电路径可以在外场下形成和分解，从而导致低电阻和高电阻。文献中通常利用超胞法进行 DFT 计算，人为在材料中构造一条线形氧空位链来模拟导电细丝[8]。虽然可以手动尝试大量氧空位链的构型，但通过自动构造更多可能的结构以及有效地考虑更多的可能性仍然是值得深入研究的。通过 Hf-O 相图[9]可知，对于 $HfO_{2-x}(x<1)$ 体系，没有稳定的中间态存在。因此，在 HfO_2 母相结构中搜索 $HfO_{2-x}(x<1)$ 稳定的结构是可行的（不会有相变的发生导致结构的变化）。另外，从给定的 Hf-O 相图来看，$HfO_{2-x}(x<1)$ 的结构是亚稳态的，可能会分解为 Hf 和 HfO_2，然而，在实际材料中，高能相界面或动力学问题可以抑制相分解。这里考虑的氧空位的最高浓度约为 16.67%，意味着用空位取代了 64 个氧晶格位中的 16 个氧。

图 7-21 给出了 HfO_{2-x} 体系的 pyGACE 计算结果。如预期的一样，所有筛选的 HfO_{2-x} 结构都具有比两端结构高的能量。然而，如上面讨论的那样，这些亚稳的结构对研究 RRAM 的机理是非常有意义的。对于 pyGACE 计算的过程，首先，一个标准的 CE 过程被执行，到达一个合理的 CV 值（通常小于 0.025eV/原子）后为止。最初的 CE 计算包括 150 个结构，包含了符合化学计量比和非化学计量比的结构。在所有结构能量的计算中典型的结构通常是在 1~2 个原胞大小，这主要是为了拟合短距离作用，而为了考虑远距离作用，一些体积比较大的结构需要被添加进来，计算过程中添加了 2×2×2 的超胞，一共包含 96 个原子。这个关系的拟合既考虑了短距离的作用，又考虑了团簇的远距离作用，拟合结果会更加准确。然后，GA 开始运行，超胞的尺寸则被指定为包含 96 个原子的 2×2×2 超胞。值得注意的是，超胞的尺寸是用户根据研究的系统通过代码指定的。也就是说可以在一个任意大的超胞中来完成。之前 CE 的 ECI 则被用来作为之前讨论过的 fitness 函数来直接获得一个能量未知的结构的能量。通过 CE 估算的拥有较低能量（E_{CE}）的目标结构则会使用 DFT 重新计算得到"准确"的能量（E_{DFT}）。如果 E_{CE} 和 E_{DFT} 差别在设置的精度范围内（该例子选取的是 0.10eV），那么可以确定得到了最稳定的 HfO_{2-x} 结构，整个过程就结束了。否则，这些新的结构及它们的能量将会被用来建立新的 ECI，CE-GA 计算过程也将被重复。在这个 HfO_{2-x} 例子中，程序进行了 5 次 GA-CE 迭代。在每个 GA 计算过程中，运行了 90 代，种群数量保持在 150。

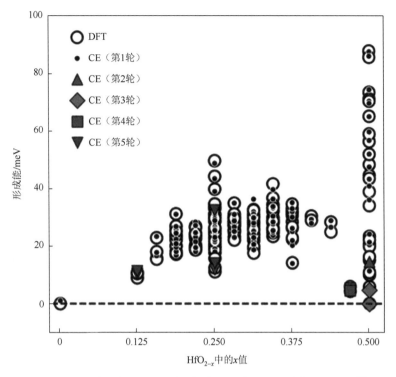

图 7-21　通过 5 次 GA-CE 循环搜索得到的 HfO$_{2-x}$ 结构的形成能[4]

不同的符号代表了不同迭代中的结构通过 CE 计算的能量，圆圈代表了 DFT 计算的能量

　　从图 7-21 中可以看出，由 pyGACE 发现的 162 种结构的能量数据中 DFT 计算结果与 pyGACE 计算结果吻合较好，交叉验证分数为 3.50meV/原子。在计算中有 5 次 GA-CE 迭代，在不同的迭代中筛选出的结构用不同符号标记。可以看出，经过几次 GA-CE 迭代后，发现了比初始 CE（第 1 轮迭代）更稳定的结构，验证了 pyGACE 的有效性。

　　图 7-22 中 HfO$_{2-x}$ 不同空位浓度（$x = 0.01$、0.02、0.03、0.04）对应的结构分别标记为 4VAC、8VAC、15VAC、16VAC。文献[10]和[11]中报道的和本章工作类似的相对稳定的结构也标记在图中，表示为 D1 和 D2。可以看出，pyGACE 最终找到了更稳定的结构，即更稳定的氧空位排列。有趣的是，可以看到氧空位的排列总体是一个细丝形状，宽度为 0.51nm，这与实验观测到的现象是一致的。进一步计算了这些结构的电子态，如图 7-22（b）～（e）所示。随着氧空位浓度的增加，更多的 d 电子堆积在价带上方，并将费米能级推向导带，形成一个比较小的带隙。结构 16VAC 具有高浓度的氧空位（16.0%），带隙大概为 0.38eV。在目前这个空位浓度范围内没有发现金属性导电细丝，这也支持了低阻态的极化跃阶导电理论。

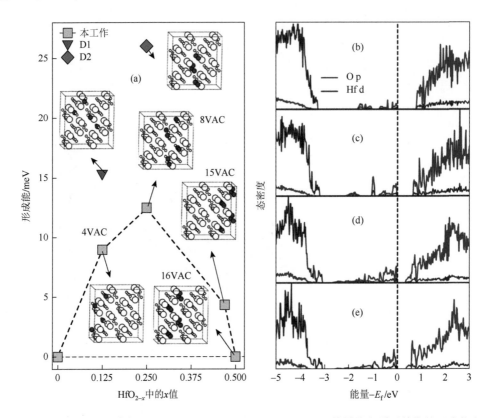

图 7-22　不同空位浓度的 HfO$_{2-x}$（x = 0.01、0.02、0.03、0.04）的最稳定原子结构的形成能和 PDOS[4]

（a）形成能，对于每个 x，相应的原子结构也在（a）中作为插图给出，其中白色圆圈代表了 O 原子和 Hf 原子（半径比较大的），而氧空位则用红色圆圈标记，D1[10]和 D2[11]为文献数据；（b）～（e）结构 4VAC、8VAC、15VAC、16VAC 的 PDOS

参 考 文 献

[1]　Strukov D B，Snider G S，Stewart D R，et al. The missing memristor found. Nature，2008，453：80.

[2]　Zhu L，Zhou J，Guo Z，et al. An overview of materials issues in resistive random access memory. Journal of Materiomics，2015，1：285-295.

[3]　Chen M，Zhu L，Chen Q，et al. Quantifying the composition dependency of the ground-state structure，electronic property and phase-transition dynamics in ternary transition-metal-dichalcogenide monolayers. Journal of Materials Chemistry C，2020，8：721-733.

[4]　Cheng Y，Zhu L，Zhou J，et al. pyGACE: combining the genetic algorithm and cluster expansion methods to predict the ground-state structure of systems containing point defects. Computational Materials Science，2020，174：109482.

[5]　Kan M，Nam H G，Lee Y H，et al. Phase stability and Raman vibration of the molybdenum ditelluride（MoTe$_2$）monolayer. Physical Chemistry Chemical Physics，2015，17：14866-14871.

[6] Wang M，Cai S，Pan C，et al. Robust memristors based on layered two-dimensional materials. Nature Electronics，2018，1：130.

[7] Chen Q，Chen M，Zhu L，et al. Composition-gradient-mediated semiconductor-metal transition in ternary transition-metal-dichalcogenide bilayers. ACS Applied Materials & Interfaces，2020，12：45184-45191.

[8] Cheng Y, Zhu L, Ying Y, et al. Electronic structure of strongly reduced（$1\bar{1}1$）surface of monoclinic HfO$_2$. Applied Surface Science，2018，447：618-626.

[9] Zhu L，Zhou J，Guo Z，et al. Metal-metal bonding stabilized ground state structure of early transition metal monoxide TM-MO（TM = Ti，Hf，V，Ta）. The Journal of Physical Chemistry C，2016，120：10009-10014.

[10] Bradley S R. Computational Modelling of Oxygen Defects and Interfaces in Monoclinic HfO$_2$. London：University College London，2015.

[11] Dai Y，Pan Z，Wang F，et al. Oxygen vacancy effects in HfO$_2$-based resistive switching memory：first principle study. AIP Advances，2016，6：085209.

第 8 章 ▊▍▍▏

超低热导率与高热电优值材料的
高通量第一性原理计算

8.1 超低热导率新型Ⅳ-Ⅴ-Ⅵ族层状半导体

8.1.1 研究背景与计算方法

热电器件能够实现热能和电能的直接转换，提供清洁能源。热电转换效率由热电材料的热电优值（figure of merit，ZT）决定：ZT 值越大，转换效率越高。ZT 值的大小则主要由材料的电子和声子输运性质共同决定：$ZT=S^2\sigma T/(\kappa_e+\kappa_l)$，其中 S 为塞贝克系数，σ 为电导率，κ_e 和 κ_l 分别为电子和声子热导率，T 为工作温度。显然，提高热电性能的理想方法是得到声子玻璃电子晶体（phonon glass，electron crystal，PGEC）。然而高度耦合的电子输运参数（S、σ、κ_e）使得 PGEC 不易实现。因此，寻找具有极低本征晶格热导率的材料至关重要。

通过传统的试错-纠错方法找到新的热电材料周期长、成本高。如今结合高通量计算和机器学习方法成为加速目标材料发现的新研发模式。本节[1, 2]的主要计算是通过集成了 VASP 软件的 ALKEMIE 智能化平台完成。采用 GGA-PBE 泛函作为交换关联泛函来描述电子-电子间的交换关联作用。价电子与离子之间的相互作用由 PAW 赝势表征，其中ⅣA、ⅤA 和ⅥA 族原子的价电子构型分别为 s^2p^2、s^2p^3 和 s^2p^4。平面波基组的截断能设置为 400eV，能量和力的收敛标准分别为 1×10^{-6}eV 和 0.01eV/Å。采用 DFT-D2 方法来描述层状晶体结构中的弱范德瓦耳斯（van der Waals，vdW）相互作用。电子带隙通过 Heyd-Scuseria-Ernzerhof 混合泛函（HSE06）计算得到。用 Phonopy 软件计算了声子色散曲线和原子间二阶力常数。考虑第三近邻及其以内原子间的相互作用，结合 Python 程序 thirdorder.py 和 VASP 计算了原子间三阶力常数。基于计算得到的二阶和三阶力常数，使用 ShengBTE 软件求解了线性声子玻尔兹曼输运方程（Boltzmann transport equation，BTE），进而计算了材料的声子热输运性质和晶格热导率。用

LOBSTER 计算投影晶体轨道哈密顿布居（projected crystal orbital Hamilton population，pCOHP）。在恒定弛豫时间（τ）和刚带近似的基础上，利用 BoltzTraP 软件求解电子的半经典 BTE 来计算电子输运性质。通过比较实验已测量的电导率（σ）和计算得到的 σ/τ，获得了四种 GeTe-Sb$_2$Te$_3$（GST）化合物的弛豫时间，其中 Ge$_1$Sb$_2$Te$_4$ 和 Ge$_2$Sb$_2$Te$_5$ 为 10fs；Ge$_1$Sb$_4$Te$_7$ 和 Ge$_3$Sb$_2$Te$_6$ 为 12fs。在Ⅳ-Ⅴ-Ⅵ化合物中，对与 GST 化合物具有相同化学计量比的新型化合物，采用了与相应 GST 化合物相同的弛豫时间。

8.1.2　结构稳定性

基于 Ge$_1$Sb$_2$Te$_4$、Ge$_1$Sb$_4$Te$_7$、Ge$_2$Sb$_2$Te$_5$ 和 Ge$_3$Sb$_2$Te$_6$ 的最稳定层状堆垛结构［图 8-1（a）］，通过同族元素替换共得到 144 个可能的伪二元Ⅳ-Ⅴ-Ⅵ化合物，如图 8-1（b）和（d）所示。具有相同化学计量比的化合物具有相同的原子堆垛顺序。Ⅳ-Ⅴ-Ⅵ化合物的共同结构特征是相邻的Ⅵ原子层通过弱的范德瓦耳斯力连接，图 8-1（c）表示了它们晶体结构的第一布里渊区。由于 144 个Ⅳ-Ⅴ-Ⅵ化合物中只有少数经过实验研究，因此首先需要验证它们结构的稳定性。第一步通过计算形成能（E_f，单位为 eV/原子）评估所有化合物相对于其组成元素材料的热力学稳定性，计算公式是

$$E_{\mathrm{f}} = \frac{E_{\mathrm{A}_x\mathrm{B}_y\mathrm{C}_z}^{\mathrm{bulk}} - xE_{\mathrm{A}}^{\mathrm{bulk}} - yE_{\mathrm{B}}^{\mathrm{bulk}} - zE_{\mathrm{C}}^{\mathrm{bulk}}}{x+y+z} \tag{8-1}$$

其中，E^{bulk} 是体材料的总能。$E_{\mathrm{A}_x\mathrm{B}_y\mathrm{C}_z}^{\mathrm{bulk}}$ 的单位为 eV，各组成单质元素总能（即 $E_{\mathrm{A}}^{\mathrm{bulk}}$、

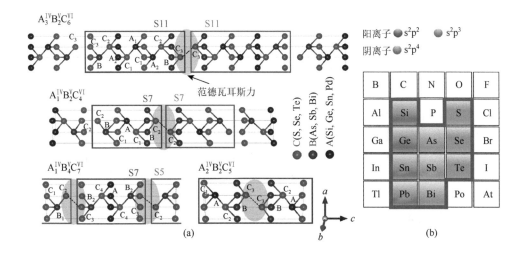

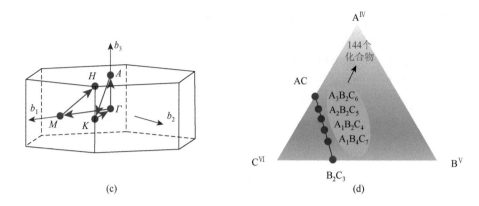

图 8-1　（a）IV-V-VI化合物的晶体结构，其中线框代表最小原子堆垛结构重复单元，IV-VI层间是弱 vdW 相互作用；（b）选择替换的主族元素（IV＝Si、Ge、Sn、Pb；V＝As、Sb、Bi；VI＝S、Se、Te），其中IVA、VA 和VIA 元素的价电子构型分别为 s^2p^2、s^2p^3 和 s^2p^4；（c）IV-V-VI六方单胞结构的第一布里渊区；（d）由IV-V 和 V$_2$-VI$_3$ 体系构成的 144 个潜在的IV-V-VI赝二元合金化合物，包括 $A_3B_2C_6$、$A_2B_2C_5$、$A_1B_2C_4$ 和 $A_1B_4C_7$ 体系[1]

E_B^{bulk} 和 E_C^{bulk}）单位为 eV/原子。判断依据是：形成能为正值的化合物是热力学不稳定的。由计算结果发现，这 144 个三元IV-V-VI硫族化合物都具有负值的形成能，表明所有IV-V-VI晶体相对于其化学组成元素是热力学稳定的。

需要指出的是，上述形成能的计算只是相对于其组成元素，并未考虑对应的二元或者三元稳定竞争相。于是，为进一步评估这些材料的热力学稳定性和实验可制备性，孙志梅教授团队采用了 Materials Project 数据库中的凸包（convex hull）结构模块计算化合物分解成其竞争稳定相所需的能量。通常分解能较小的化合物可认为是热动力学稳定或亚稳的，这个能量标准是 100meV/原子，即高于该值时则被认为实验上难以制备。结果表明，12 个硫基和 6 个硒基化合物的分解能超过了 100meV/原子，说明它们在能量上是不稳定的，因此很难在实验上合成，后续讨论中不再考虑。

对于剩下的 126 个化合物，图 8-2（a）显示了详细的稳定性筛选过程及相应的化合物数量和种类变化。根据三方晶系的 Born 准则判定了它们的力学稳定性，发现共有 6 个化合物不满足力学稳定性标准。随后，进一步计算了 120 个化合物的声子谱以评估它们的晶格动力学稳定性。发现几乎一半，尤其是硫基化合物，在声子谱中具有明显的负声子频率，意味着这些化合物是晶格动力学不稳定 [图 8-2（b）]。通过上述一系列的稳定性筛选过程，最终从 144 个化合物中预测了 70 个稳定的化合物，它们在热力学、力学和晶格动力学上都具有很好的稳定性。值得注意的是。70 个化合物中有 14 个已被实验合成，这些材料的计算晶格参数与实验值非常一致，从而证明了理论预测的准确性。

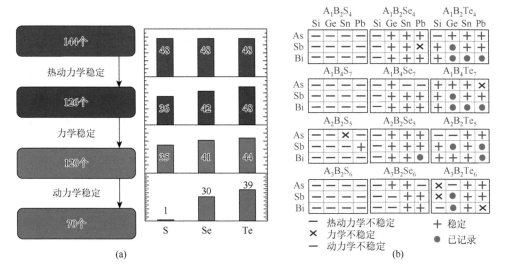

(a)　　　　　　　　　　　　　　　(b)

图 8-2　（a）筛选过程中化合物数目的演变；（b）144 个可能的Ⅳ-Ⅴ-Ⅵ化合物的稳定性[1]
图中蓝色"—"、黑色"×"和红色"—"符号分别表示热动力学不稳定、力学不稳定和动力学不稳定的化合物，
"＋"对应于预测的稳定化合物，黄色节点表示实验已合成材料

8.1.3　晶格热导率

用 HSE06 泛函计算的 70 个稳定化合物的电子带隙在 0.17～1.03eV 之间。原则上，可以通过计算原子间二阶和三阶力常数来求解声子的线性玻尔兹曼输运方程，获得这些稳定Ⅳ-Ⅴ-Ⅵ族半导体的本征晶格热导率。然而，精确计算出这 70 个化合物的原子间三阶力常数，需耗费巨大计算资源。因此，亟须寻找一种高效的方法来预测Ⅳ-Ⅴ-Ⅵ族半导体的声子热输运特性。此前，有研究发现三阶力常数在晶体结构相同的不同方钴矿材料间表现出高度的相似性。假若在Ⅳ-Ⅴ-Ⅵ族半导体中也存在这种相似性，那么就可以用 4 个化合物（即从 $A_1B_2C_4$、$A_1B_4C_7$、$A_2B_2C_5$、$A_3B_2C_6$ 各选一个）的三阶原子间力常数作为"移植力常数"，来预测其他 66 个半导体的晶格热导率。该方法只需要精确求解出 4 个化合物的三阶力常数即可，从而将极大地提高计算效率。为了提高力常数的可移植性，选择了 4 个 GST 化合物的三阶力常数作为"移植力常数"，其精度是成功预测其他化合物晶格热导率的先决条件。利用 4 个 GST 化合物的二阶和三阶力常数，通过 ShengBTE 软件完全迭代求解玻尔兹曼输运方程，计算得到了 $Ge_1Sb_2Te_4$、$Ge_1Sb_4Te_7$、$Ge_2Sb_2Te_5$ 和 $Ge_3Sb_2Te_6$ 的晶格热导率 κ_l，如图 8-3 所示。$Ge_1Sb_2Te_4$、$Ge_1Sb_4Te_7$、$Ge_2Sb_2Te_5$ 和 $Ge_3Sb_2Te_6$ 的晶格热导率随温度的升高而减小，在整个研究的温度范围内 κ_l 与温度之间的关系表现出 T^{-1} 行为，表明这 4 个 GST 化合物中的声子散射主要是 Umklapp 散射。在 300K 时，$Ge_1Sb_2Te_4$、$Ge_1Sb_4Te_7$、$Ge_2Sb_2Te_5$ 和 $Ge_3Sb_2Te_6$ 的 κ_l

分别为 1.16W/(m·K)、0.99W/(m·K)、1.19W/(m·K)和 1.09W/(m·K)，其中 $Ge_2Sb_2Te_5$ 的值与已有研究的理论预测值 1.20W/(m·K)非常一致。同时，$Ge_1Sb_2Te_4$ 的计算值与实验值 1.06W/(m·K)也十分接近，进一步验证了该理论计算的可靠性，也证明了"移植力常数"的准确性。需要说明的是，GST 化合物的晶格热导率预测值略高于实验值，这是因为在计算中考虑的是完美晶体，忽略了缺陷的影响。此前的研究已经证实，在考虑空位后，计算得到的 GST 的晶格热导率与实验值基本一致。

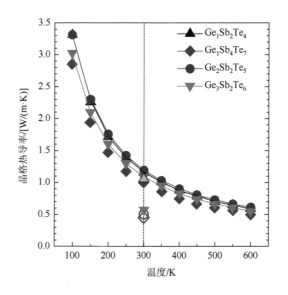

图 8-3　4 个 GST 化合物的晶格热导率随温度变化的关系[1]

300K 下的黑色、红色、蓝色和绿色单点分别表示 $Ge_1Sb_2Te_4$、$Ge_1Sb_4Te_7$、$Ge_2Sb_2Te_5$ 和 $Ge_3Sb_2Te_6$ 的实验测量室温晶格热导率

随后，利用 4 个 GST 化合物的三阶原子间力常数预测了其余 66 个Ⅳ-Ⅴ-Ⅵ半导体的室温本征晶格热导率 [图 8-4 (a)]。为了验证Ⅳ-Ⅴ-Ⅵ族半导体中三阶原子间力常数是否具有高度的相似性或者说用"移植力常数"求解晶格热导率方法的可靠性，进行了交叉验证：随机选择了一些化合物并计算出它们自身的原子间三阶非谐力常数，然后迭代求解 BTE，以得到它们精确的晶格热导率。选择图 8-4 (a) 中红色椭圆线上和黄色区域中的化合物，共计 24 个，以保证选择的多样性和离散化。为了便于后续分析讨论，将使用化合物自身三阶力常数和"移植力常数"迭代求解 BTE 得到的晶格热导率分别表示为 $\kappa_{\text{exact-iterative}}$ 和 $\kappa_{\text{trans-iterative}}$。交叉验证的结果如图 8-4 (b) 所示，可以看到，$\kappa_{\text{exact-iterative}}$ 和 $\kappa_{\text{trans-iterative}}$ 之间基本一致，说明了Ⅳ-Ⅴ-Ⅵ族半导体中的三阶原子间力常数高度相似，进而也证实使用"移植力常数"求解晶格热导率方法的可靠性。因此，$\kappa_{\text{trans-iterative}}$ 即可代表Ⅳ-Ⅴ-Ⅵ化合物

的晶格热导率，结果表明这些新型三元硫族半导体的室温本征晶格热导率极低，介于 0.28W/(m·K) 和 2.02W/(m·K) 之间 [图 8-4 (a)]。更重要的是，在这些Ⅳ-Ⅴ-Ⅵ族晶体中，约 80%化合物的晶格热导率小于 1W/(m·K)，远低于典型热电半导体 PbTe 的值 [约 2.3W/(m·K)，300K]，显示了Ⅳ-Ⅴ-Ⅵ半导体在热电领域应用的可能性。

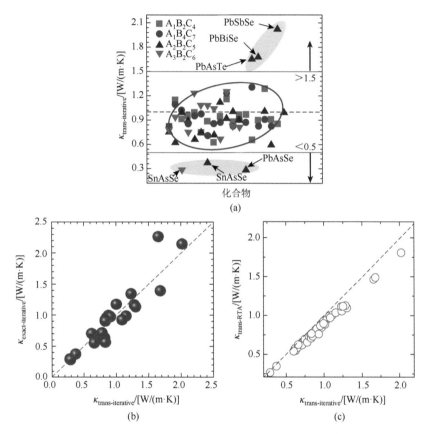

图 8-4　（a）用"移植力常数"得到的 66 个化合物的室温晶格热导率；（b）选定的 24 个化合物的 $\kappa_{\text{trans-iterative}}$ 与 $\kappa_{\text{exact-iterative}}$ 的比较；（c）66 个Ⅳ-Ⅴ-Ⅵ半导体的 $\kappa_{\text{trans-iterative}}$ 和 $\kappa_{\text{trans-RTA}}$ 的比较[1]

此外，对于Ⅳ-Ⅴ-Ⅵ族半导体，还计算了它们在弛豫时间近似（relaxation time approximation，RTA）下的晶格热导率，此时 κ_l 可表示为

$$\kappa_l = \frac{1}{NV}\sum_\lambda \frac{\partial f_\lambda}{\partial T}(\hbar\omega_\lambda)v_\lambda^2\tau_\lambda \tag{8-2}$$

其中，N 是布里渊区中均匀空间的 k 点数；V 是晶胞体积；v_λ 和 τ_λ 是声子模式 λ 的群速度和寿命；f_λ 是玻色-爱因斯坦分布函数；声子寿命的倒数（$1/\tau_\lambda$）等于散射率，即非谐散射率（$1/\tau^{\text{anh}}$）和同位素散射率（$1/\tau^{\text{iso}}$）的和，其中 $1/\tau^{\text{anh}} = 2\Gamma_{\lambda\lambda'\lambda''}^{\pm}$。

$\Gamma^{\pm}_{\lambda\lambda'\lambda''}$ 可表述为

$$\Gamma^{\pm}_{\lambda\lambda'\lambda''} = \frac{\hbar\pi}{8N}\left\{\begin{matrix}2(f_{\lambda'}-f_{\lambda''})\\f_{\lambda'}+f_{\lambda''}+1\end{matrix}\right\}\frac{\delta(\omega_\lambda\pm\omega_{\lambda'}-\omega_{\lambda''})}{\omega_\lambda\omega_{\lambda'}\omega_{\lambda''}}\left|V^{\pm}_{\lambda\lambda'\lambda''}\right|^2 \tag{8-3}$$

其中，+ 号表示吸收过程，而-号表示发射过程。散射矩阵 $V^{\pm}_{\lambda\lambda'\lambda''}$ 可表示为

$$V^{\pm}_{\lambda\lambda'\lambda''} = \sum_{i\in u.c.}\sum_{j,k}\sum_{\alpha\beta\gamma}\Phi^{\alpha\beta\gamma}_{ijk}\frac{e^{\alpha}_{\lambda}(i)e^{\beta}_{p',\pm q'}(j)e^{\gamma}_{p'',-q''}(k)}{\sqrt{M_iM_jM_k}} \tag{8-4}$$

其中，$\Phi^{\alpha\beta\gamma}_{ijk}$ 是三阶力常数。图 8-4（c）比较了 300K 下的 $\kappa_{\text{trans-iterative}}$ 和 $\kappa_{\text{trans-RTA}}$，后者是利用"移植力常数"在 RTA 近似下求解 BTE 得到的晶格热导率。结果显示，$\kappa_{\text{trans-RTA}}$ 仅略小于 $\kappa_{\text{trans-iterative}}$，这是因为 RTA 方法将正常的三声子散射过程（即 N 过程）视为热阻，从而使得晶格热导率降低。上述结果表明 RTA 方法适用于所发现的IV-V-VI硫族半导体，因而将用于对低晶格热导率机理的分析中。

8.1.4 低晶格热导率机理

为了揭示IV-V-VI族半导体超低本征晶格热导率的起源，全面研究了它们声子的热传输特性，在此以 $Sn_2As_2Se_5$ [300K 时 $\kappa_1 = 0.37$W/(m·K)] 为例进行详细讨论。图 8-5（a）显示了 $Sn_2As_2Se_5$ 的声子色散曲线，其中 ZA、TA 和 LA 三个声学分支分别显示为红色、蓝色和橙色，黑色线则表示光学分支。从声子谱中可观察到低频光学支未与声学分支交叉。这种现象从图 8-5（b）看得更加清楚，在 35～65cm^{-1} 的频率区间内，光学声子和 LA 之间出现了多个未交叉点。类似的行为也出现在了一些其他低晶格热导率材料中，如 TlInTe$_2$、PbTe 和 AgBiS$_2$。为了理解这种无交叉的声子耦合作用对声子热输运性质的影响，进一步计算了 300K 时的声子群速度和格林艾森系数 γ。

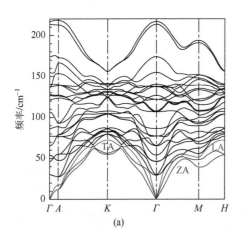

(a)

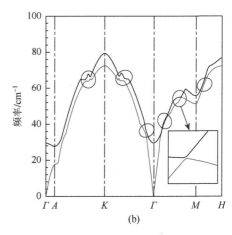

(b)

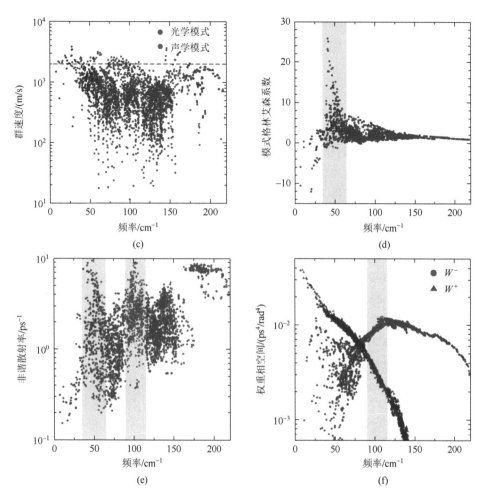

图 8-5　Sn$_2$As$_2$Se$_5$ 的（a）声子色散曲线，其中红色、蓝色和橙色线分别表示 ZA、TA 和 LA 声学分支；（b）低频光学支未与 LA 交叉图；（c）声子群速度；（d）模式格林艾森系数；（e）非谐散射率；（f）权重相空间[1]

　　图 8-5（c）显示了各个振动模式的群速度。低频（0~35cm^{-1}）声学声子具有较大的声速，在 500~4000m/s 之间，这是因为在该频率区间内，声学分支具有很高的色散程度。然而，在未交叉频率范围内（40~70cm^{-1}），声学声子速度明显减小，降低至 30~2000m/s，说明无交叉的行为降低了声子在晶格中的传播速度，因此抑制了声子的热传导。为了更深入理解声子的低传播速度，还计算了Ⅳ-Ⅴ-Ⅵ半导体的弹性模量，因为声子声速与弹性模量之间存在以下近似关系：

$$v_{\mathrm{L}} \approx \sqrt{\frac{E}{\rho}} \ , \ v_{\mathrm{T}} \approx \sqrt{\frac{G}{\rho}} \tag{8-5}$$

其中，v_L 和 v_T 分别是纵向和横向群速度；E 是杨氏模量；G 是剪切模量；ρ 是密度。其中弹性模量的计算是基于 Voigt-Reuss-Hill 近似。平均声速 v_m 可表示为

$$v_m = \left[\frac{1}{3}\left(\frac{1}{v_L^3} + \frac{2}{v_T^3}\right)\right]^{-\frac{1}{3}} \tag{8-6}$$

结果表明，IV-V-VI化合物的 v_m 在 1154～2891m/s 之间，远低于低热导氧化物材料 Ln-Nb-O（Ln = Dy、Er、Y、Yb）的声速（3199～4302m/s）。这是因为IV-V-VI硫族晶体的杨氏模量为 22～93GPa，明显小于 Ln_3NbO_7 合金（Dy_3NbO_7: 235GPa，Er_3NbO_7: 225GPa，Y_3NbO_7: 236GPa，Yb_3NbO_7: 200GPa）。此外，IV-V-VI化合物的杨氏模量和平均声速甚至低于一些结构更复杂的四元合金，如 Ba_2YbAlO_5（109GPa，2901m/s）和 Ba_2DyAlO_5（117GPa，3078m/s）。因此，从IV-V-VI族半导体具有低弹性模量这一事实，可以很好地理解它们的低声速。

格林艾森系数是影响晶格热导率的另一个关键因素：格林艾森系数越大，声子非谐散射率越高，即声子寿命越短，晶格热导率也就越小。$Sn_2As_2Se_5$ 在室温下的总格林艾森系数为 1.99，比畸变晶体 α-MgAgSb 的值（1.51）略大，因而 $Sn_2As_2Se_5$ 的室温晶格热导率[约 0.4W/(m·K)]小于 α-MgAgSb[约 0.6W/(m·K)]。从图 8-5（d）看到，未交叉区域中声子模式的格林艾森系数高达 30，远远超过了 Tl_3VSe_4 的最大值（约 10）。如此高的值使该频率范围内的声子具有极强的非谐散射率[图 8-5（e）]，从而缩短声子寿命并降低晶格热导率。此外还发现，在频率 100cm^{-1} 附近存在一个极大散射率峰，然而在对应区域的格林艾森系数很小。为了解释这种现象，又进一步分析了三声子散射的加权相空间 W。它表征了每个声子模式参与的散射通道数量，即 W 越大，散射通道数量越多，意味着散射率越高。从图 8-5（f）可以看出，在低于 80cm^{-1} 时，声子散射受吸收过程控制（W^+），而当频率高于 80cm^{-1} 时，以声子的发射过程（W^-）为主。更重要的是，发射过程在 100cm^{-1} 达到峰值，从而使得在 100cm^{-1} 的频率附近出现极大的非谐散射率峰。

根据声子平均自由程（mean free path，MFP）定义：$l_\lambda = v_\lambda \cdot \tau_\lambda$，还计算了 $Sn_2As_2Se_5$ 在 300K 时的 MFP，如图 8-6（a）所示。显然，所有声子的 MFP 都很小（<20nm），其中大多数都低于 1nm，一部分是因为很强的非谐散射率，一部分是因为低声速。$Sn_2As_2Se_5$ 的声子平均自由程与甲基铵碘化铅（MAPbI$_3$）相当，因此二者也具有相近的晶格热导率[MAPbI$_3$ 为 0.31W/(m·K)]。在未交叉频率区域附近，低的声速和短的声子寿命使 MFP 降低至 0.1～2nm。图 8-6（b）给出了归一化的累积晶格热导率随 MFP 的变化。可以看出，MFP 低于 2nm 的声子对晶格热导率的贡献达到了 50%，而 MFP 大于 10nm 的声子仅为 13%，这表明 $Sn_2As_2Se_5$ 中的晶格热传导主要由短 MFP 振动模式主导。

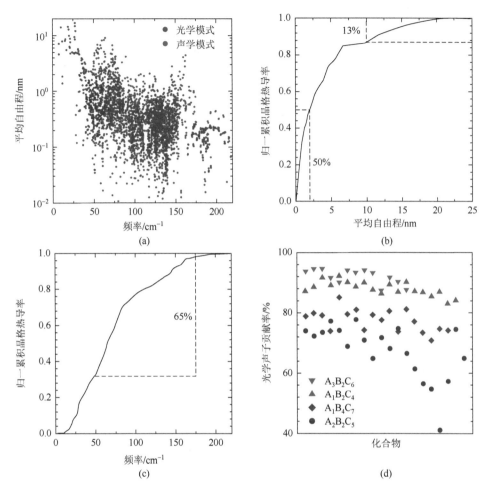

图 8-6 （a）平均自由程；（b）作为 MFP 函数的归一化累积室温晶格热导率；（c）归一化累积室温晶格热导率与声子频率的关系；（d）70 个IV-V-VI族稳定半导体的光学声子对室温晶格热导率的贡献率[1]

图 8-6（c）为归一化累积晶格热导率随声子频率的变化关系。结果表明，累积晶格热导率在 175cm^{-1} 处基本达到饱和，说明频率高于 175cm^{-1} 的声子对总晶格热导率基本没有贡献，这主要是因为它们具有极强的非谐散射率，从而导致了极低的 MFP（<0.3nm）。更有趣的是，50~175cm^{-1} 频率区间的声子（基本上是光学声子）对晶格热导率的贡献高达 65%，而那些低频振动模式（基本上是声学声子）的占比很小。通常半导体材料中光学声子对晶格热导率的贡献很小，而声学声子起主要作用。事实证明 $Sn_2As_2Se_5$ 的情况不符合传统的认知，其光学模式对晶格热导率的贡献达到了 71%。造成这一特殊现象的原因主要有以下两点：①$Sn_2As_2Se_5$ 中，光学支分散程度高使得光学声子具有很高的声子群速度，与

声学声子的群速度接近甚至更高；②声学声子具有很大的格林艾森系数，这导致了强的声学声子非谐散射率，使得声学声子模式的热输运受到严重抑制，因此对晶格热导率的贡献很低。不仅在 $Sn_2As_2Se_5$ 中，在所发现的这一族三元Ⅳ-Ⅴ-Ⅵ半导体中，都是光学声子对晶格热导率的贡献为主，并且随着晶胞原子数的增加，占比也逐渐变大，如 $Ge_3Sb_2Te_6$（95%）> $Ge_1Sb_2Te_4$（90%）> $Ge_1Sb_4Te_7$（80%）> $Ge_2Sb_2Te_5$（74%）[图 8-6（d）]。这是因为随着原子数的增多，光学分支的数目不断增加，即光学声子数量增多，从而对热导贡献进一步增加。对于一些其他低晶格热导率Ⅳ-Ⅴ-Ⅵ硫族半导体，如 $Ge_1As_2Se_4$、$Ge_1As_4Te_7$、$Pb_2As_2Se_5$ 和 $Sn_3As_2Se_6$ 等，它们都表现出和 $Sn_2As_2Se_5$ 相似的声子热输运行为。

　　Ⅳ-Ⅴ-Ⅵ化合物还表现出显著的各向异性热传导，如图 8-7（a）所示。在这里，定义晶格热导率各向异性的大小为 κ_x/κ_z，κ_x 和 κ_z 分别是沿 a 轴（x 方向）和 c 轴（z 方向）的晶格热导率。显然，Ⅳ-Ⅴ-Ⅵ半导体中的 κ_x/κ_z 均大于 1，其中大部分甚至超过了 3，表明沿 c 轴的声子热传播受到严重抑制。例如，GST 化合物在整个研究温度范围内，各向异性都超过了 4 [图 8-7（b）]。为了理解Ⅳ-Ⅴ-Ⅵ族半导体中的晶格热导率各向异性，以 $Ge_1Sb_2Te_4$、$Ge_1Sb_4Te_7$、$Ge_2Sb_2Te_5$ 和 $Ge_3Sb_2Te_6$ 为例进行了详细的讨论和分析。首先，计算了它们的积分 pCOHP，即 IpCOHP，IpCOHP 的绝对值大小直接定量表征了化学键之间的结合强度。从表 8-1 中看到，Te—Te 层之间的化学键强明显弱于 Ge—Te 和 Sb—Te 键。例如，在 $Ge_1Sb_2Te_4$ 中，Ge—Te、Sb—Te 和 Te—Te 的平均|IpCOHP|值分别为 1.774eV、1.658eV 和 0.146eV，这源于 $Ge_1Sb_2Te_4$ 中 Te—Te 键的化学键长（3.830Å）远大于 Ge—Te（2.958Å）和 Sb—Te（3.071Å）的键长。而且 GST 化合物中 Te—Te 的键长也远大于 Te 原子之间的共价半径之和（2.760Å）。以上结果直接证明了 GST 晶体中 Te—Te 层间的弱相互作用。因此，沿 c 轴的 Te—Te 弱键合作用在很大程度上会降低声子在该方向上的传播速度，且会增强声子在该方向的散射率，从而降低该方向上的晶格热导率。

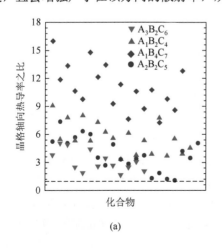

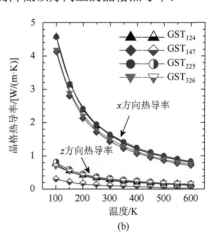

(a)   (b)

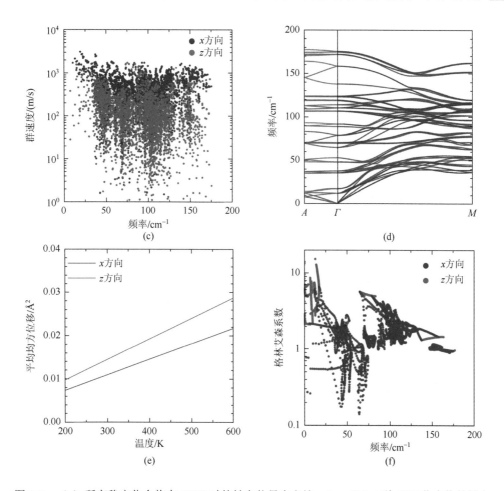

图 8-7 （a）所有稳定化合物在 300K 时的轴向热导率之比 κ_x/κ_z；（b）4 种 GST 化合物的轴向晶格热导率随温度的变化；（c）$Ge_1Sb_2Te_4$ 沿 x 和 z 方向的声子群速度；（d）$Ge_1Sb_2Te_4$ 在 z 方向和 x 方向上的声子色散曲线；（e）$Ge_1Sb_2Te_4$ 的轴向平均原子均方位移；（f）通过准谐近似得到的 $Ge_1Sb_2Te_4$ 的轴向格林艾森系数[1]

表 8-1 4 种 GST 化合物的原子间平均|IpCOHP|和键长[1]

化合物	|IpCOHP|/eV			键长/Å		
	Ge—Te	Sb—Te	Te—Te	Ge—Te	Sb—Te	Te—Te
$Ge_1Sb_2Te_4$	1.774	1.658	0.146	2.958	3.071	3.830
$Ge_1Sb_4Te_7$	1.772	1.660	0.154	2.958	3.070	3.820
$Ge_2Sb_2Te_5$	1.780	1.659	0.148	2.957	3.071	3.830
$Ge_3Sb_2Te_6$	1.780	1.670	0.140	2.957	3.071	3.830

为了更好地理解各向异性晶格热传导，进一步分析了 GST 化合物的轴向声子群速度，以 $Ge_1Sb_2Te_4$ 为例进行说明。从图 8-7（c）可以看到，沿 x 轴的声子群速度远大于沿 z 轴的速度，这源于沿 x 方向（$\varGamma$-M 路径）的声子频率比 z 方向（$\varGamma$-A 路径）更加分散［图 8-7（d）］。同时，声子的轴向传输差异性与上述对化学键的定性分析是一致的。因此，各向异性热传导有一部分原因来自各向异性的声子群速度。除了沿 z 方向具有较低的声速外，由于 Te—Te 层间的弱相互作用，沿 z 方向可能会有较大的原子热位移。因此，在简谐近似下进一步计算了轴向平均原子均方位移［图 8-7（e）］。结果表明，在 300K 时，沿 c 轴的平均原子均方位移（$0.015Å^2$）高于沿 a 轴的值（$0.010Å^2$），这种大的晶格热位移会使 c 轴方向的声子非谐性更强，从而降低声子在该方向上的晶格热导率。为了验证 c 轴方向的强非谐性，在准谐近似下计算了声子模式的格林艾森系数，结果如图 8-7（f）所示。可以看到，$\varGamma$-A 路径上声子，尤其是低频声子，格林艾森系数达到了 15，远大于 $\varGamma$-M 路径上声子的值，说明沿 c 轴方向的声子非谐性要高于 a 轴，从而使声子在该方向的热输运被抑制。此外，统计了轴向声子的均方根格林艾森系数，其中沿 z 方向的值为 3.2，明显高于 x 轴向的值 1.9。c 轴方向的 Te—Te 弱键合作用导致了各向异性声速和各向异性非谐性，从而造成了显著的各向异性热传导，使 c 轴方向的晶格热导率远小于 a 轴方向。

8.1.5 基于机器学习预测Ⅳ-Ⅴ-Ⅵ半导体热电性能

本节将结合高通量计算和机器学习进一步探究Ⅳ-Ⅴ-Ⅵ半导体在热电领域的应用前景[2]。ZT 值的大小直接决定了热电材料的性能；同时，在给定的温度下，实现最大 ZT 值（ZT_{max}）时所对应的最优掺杂类型为实验研究提供了参考。因此，将 ZT_{max} 和实现 ZT_{max} 时的掺杂类型作为机器学习预测的两个标签。首先从 70 个Ⅳ-Ⅴ-Ⅵ半导体中随机选择了 40 个作为机器学习（ML）训练的输入化合物，同时选择了 12 个研究温度（从 100K 到 650K，间隔为 50K），从而创建了包含 480 个实例的数据库。每个实例都由 31 个材料特征描述，其中包括原子数、原子半径、价电子构型、电负性、平均原子质量、温度，以及与元素周期表相关的性质（表 8-2）。图 8-8（a）显示了所有 31 个特征之间的相关系数。显然，很多不同的特征之间的相关系数极高，表明它们之间具有强关联性。为了避免 ML 模型训练的复杂性，选择合适数量的描述符至关重要。进一步通过删除那些相关系数高于 |0.90| 的描述符来实施特征筛选，最终得到了 11 个合适的特征，而获得这些特征不需要任何复杂和昂贵的计算［图 8-8（b）］。因此，对每个实例最终只需用 11 个描述符来描述即可，从而得到了一个用于开发 ML 模型的输入数据矩阵，其中数据点总数为 5280（即 480×11）。为了验证训练得到的 ML 模型的可靠性，进一步将此数据集分为 75% 的训练集（3960 个数据点，包含 30 个化合物）和 25% 的

验证集（1320 个数据点，包含 10 个化合物）。为了防止过拟合，又进一步将训练数据集的 70%用于训练 ML 模型，而剩下的 30%的数据点则用于实时测试。

表 8-2　初始 31 个描述符的定义[2]

描述符	定义
N_A、N_B、N_C	原胞中 A、B、C 原子个数
N_T	总原子数
V_A、V_B、V_C	价电子构型
R_A、R_B、R_C	元素周期表中行号
Z_A、Z_B、Z_C	元素周期表中原子序数
r_A、r_B、r_C（pm）	原子半径
r_{CA}、r_{CB}、r_{CC}（pm）	共价半径
P_A、P_B、P_C	电负性
P_{Av}	平均电负性
P_{Sd}	电负性标准偏差
a/b、c（Å）	晶格常数
M_{Av}（g/mol）	平均原子摩尔质量
L_{AC}、L_{BC}（Å）	键长
L_{Av}（Å）	平均键长，$L_{Av} = 1/2 (L_{AC} + L_{BC})$
T（K）	温度

注：描述符括号内的内容代表对应描述符的物理单位。

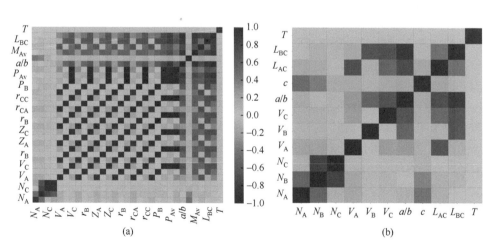

图 8-8　31 个初始特征之间（a）和最后 11 个特征之间（b）的相关系数[2]

　　由于计算能力的快速发展和图形处理单元的加速，这里直接采用深度神经网络（deep neural network，DNN）作为机器学习的模型。需要注意的是，DNN 模型在有限的小数据集中非常容易出现过拟合或欠拟合情况。为了避免得到过拟合和欠拟合的模型，并保证训练的高精度，采用了添加批量归化（batch norm）层、舍弃（dropout）层和交叉验证三种方法。此外，选择一组合适的超参数对于获得有效的神经网络模型至关重要，一般包括激活函数、优化算法、隐藏层数、每个隐藏层中的节点数以及权重和偏差的初始化。因此，需要广泛测试不同超参数对 ML 模型的收敛性和准确性的影响。

首先，测试了三种激活函数类型，即 Sigmod、Tanh 和 Relu。图 8-9（a）表明使用 Sigmod 激活函数的训练集的均方误差（mean square error，MSE）为 0.00531，与 Tanh 函数（0.00576）[图 8-9（b）] 相当，但相对小于 Relu 的值 0.01037 [图 8-9（c）]，说明 Sigmod 和 Tanh 函数具有更高的训练精度。然而，Sigmod 和 Tanh 的均方根误差（root mean square error，RSME）分别为 0.16156 和 0.27545，明显大于 Relu 的值 0.06520，这意味着前两个函数对于 ZT_{max} 的预测精度比 Relu 低得多。三个激活函数的预测精度分别是：Sigmod 为 83.844%，Tanh 为 72.455%，Relu 为 93.480%。除了预测精度低之外，Sigmod 和 Tanh 函数还出现了严重的欠拟合问题，因为它们的测试数据集的 MSE 远大于训练数据集的值。相比之下，Relu 函数则表现出更好的拟合行为，因为它的训练和测试数据集具有相似的学习曲线和接近的 MSE 值。在这三个激活函数中，Relu 拥有最大的决定系数值（$R^2 = 0.95014$），表明 Relu 与另外两个函数相比具有更加优越的全局拟合性能。因此选择 Relu 作为激活函数。其次，基于 Relu 函数，进一步测试了不同反向传播算法对于 ML 模型的影响。结果表明，与自适应矩估计（adaptive moment estimation，Adam）算法相比 [图 8-9（c）]，随机梯度下降（stochastic gradient descent，SGD）算法尽管收敛速度和预测精度都略低 [图 8-9（d）]，但是训练和测试数据集的学习曲线几乎是一致的，且二者之间的 MSE 的差值进一步减小，甚至可忽略，表明 SGD 算法进一步降低了 Adam 中存在的欠拟合行为。因此，选择 SGD 作为优化算法，它也能达到 90% 以上的预测精度。最后，在 Relu 激活函数和 SGD 算法的基础上，还测试了不同隐藏层 [图 8-9（e）] 和节点数 [图 8-9（f）] 的影响，结果表明二者对于拟合精度的影响微小，但增加了训练的成本。因此，Relu 激活函数、SGD 算法及对应节点为 100、50 和 20 的三个隐藏层的组合将被用作预测 ZT_{max} 的 ML 模型（定义为模型- I）。

值得注意的是，ZT_{max} 的预测是一种连续问题，而最优掺杂类型的估计是分类问题，它只有两个输出（即 n 型和 p 型），因此更容易出现过拟合或欠拟合。于是，基于模型- I，通过迁移学习训练了一个不同的 ML 模型，以预测不同温度下最优掺杂类型。图 8-10 显示了各种超参数的测试过程。为了避免出现过拟合和欠拟合的现象，同时减小训练误差，采用 Tanh 激活函数、SGD 算法和对应节点为 100、100、50、20 的四个隐藏层的组合（模型- II）来预测最佳掺杂类型 [图 8-10（e）]。这是因为相比于其他模型，模型- II 中训练数据集（0.20965）和测试数据集（0.20990）之间的交叉熵差异可以忽略不计，即不存在过拟合和欠拟合的情况。

此外，与其他两个非过拟合和非欠拟合 ML 模型相比，模型-Ⅱ训练数据集的交叉熵又最小，从而训练误差最小，预测精度可高达 96.429%。

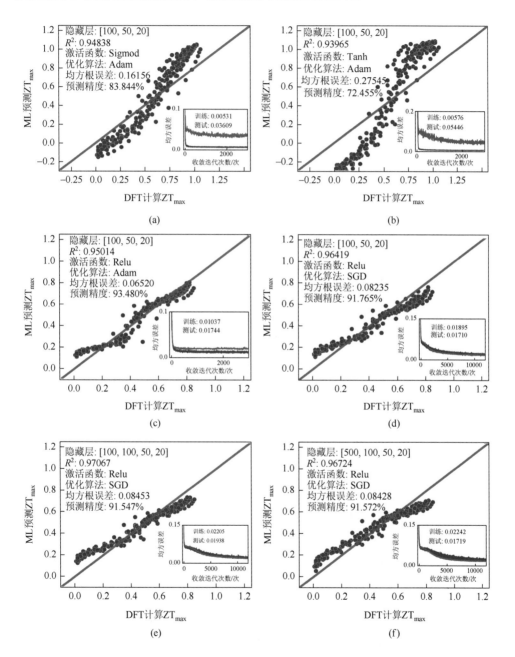

图 8-9　基于具有不同激活函数、优化算法和隐藏层的深度神经网络机器学习模型预测的 ZT_{max} 与 DFT 计算值比较，插图表示 ML 训练（蓝线）和测试（红线）时收敛过程和均方误差[2]

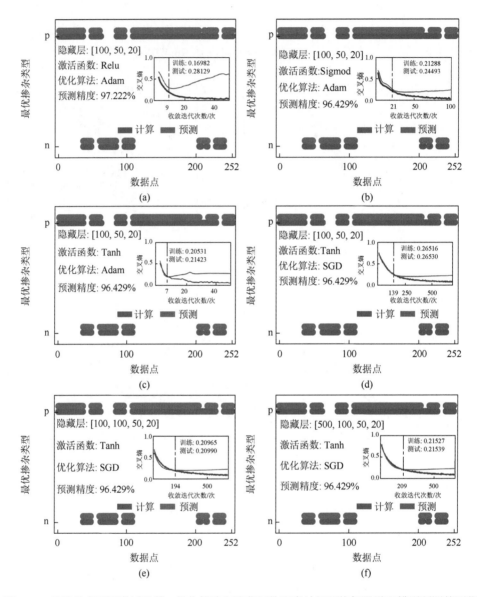

图 8-10　基于具有不同激活函数、优化算法和隐藏层的深度神经网络机器学习模型预测的更优掺杂类型与 DFT 计算结果相比，插图表示训练和测试期间的收敛过程和交叉熵，其中黑色垂直线与训练和测试学习曲线的交点纵坐标为二者的交叉熵值[2]

　　为了进一步测试得到的模型-Ⅰ和模型-Ⅱ的可靠性，使用了验证数据集来进行交叉验证。DFT 计算和 ML 预测的 ZT_{max} 结果如图 8-11（a）所示，其中 MSE 为 0.00836，R^2 达到 0.95159，从而证明了模型-Ⅰ的准确性。图 8-11（b）表明，在总共 120 个验证数据点中，模型-Ⅱ的预测准确率高达 91.667%。于是，应用这两个高效且准确的模型来估计剩余 30 个半导体化合物在不同温度下的 ZT_{max} 和对应的最佳掺杂类型。从图 8-11（c）和图 8-12 中可以明显看出，所有化合物的 ZT_{max} 值都随着温度的升高而增加。在这个 Ⅳ-Ⅴ-Ⅵ 族中，发现了数个有潜力的热电半导体，它们在 650K 下的 ZT_{max} 达到 0.8 左右，尤其是 n 型 $Pb_2Sb_2S_5$，其 ZT_{max} 为 1.2。除此之外，从图 8-11（c）还观察到 Te 基化合物在 n 型掺杂下达到 ZT_{max}，而 Se 基半导体则拥有 p 型 ZT_{max}。这种情况也出现在几乎所有 Se 基和 Te 基的化合物中。为了探索 $Pb_2Sb_2S_5$ 优异的 n 型热电性能并了解 Se 基和 Te 基化合物的掺杂

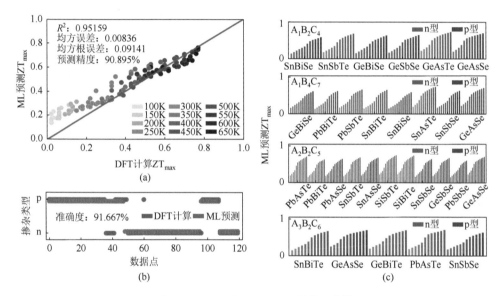

图 8-11　ML 预测和 DFT 计算的比较[2]

（a）不同温度下的 ZT_{max}；（b）对应的掺杂类型（共 120 个数据点）；（c）ML 预测了其余 30 个半导体在 12 个温度点（从 100K 到 650K，间隔为 50K）下的 ZT_{max} 和相应的最佳掺杂类型

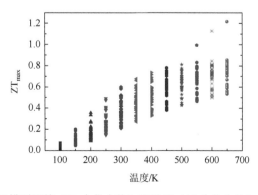

图 8-12　用于机器学习模型训练（30 个化合物）和验证（10 个化合物）的所有 40 个输入化合物在不同温度下的 ZT_{max} 值[2]

类型差异，在后续的讨论中以 $Pb_2Sb_2VI_5$（VI = S、Se、Te）化合物为例，系统地研究了它们的电子结构和传输特性。

8.1.6 电子结构

从图 8-13（a）～（c）看到，$Pb_2Sb_2S_5$、$Pb_2Sb_2Se_5$ 和 $Pb_2Sb_2Te_5$ 都是直接带隙半导体，它们的导带底（conduction band minimum，CBM）和价带顶（valence band maximum，VBM）都位于 Γ 高对称点。而且这三种半导体具有相似的投影能带结构［图 8-13（d）～（f）］。它们的价带基本上是由VIA族原子的 p 价电子贡献，而导带则由 Pb 6p 和 Sb 5p 价电子主导。考虑到 Pb/Sb p 电子态对价带边缘的贡献很小，可以通过 Pb 或 Sb 缺陷工程来调节空穴浓度而不会显著影响价带的结构，从而进一步提高热电性能。例如，引入类施主杂质 In 取代同构化合物 $Ge_2Sb_2Te_5$ 中的 Ge 原子，在 700K 时可使其 ZT_{max} 达到约 0.8，与未掺杂体系相比提高了近 2 倍。从能带结构中还发现，$Pb_2Sb_2S_5$ 的最高价带（highest valence band，HVB）整体上要比 $Pb_2Sb_2Se_5$ 和 $Pb_2Sb_2Te_5$ 的 HVB 平坦，表明 $Pb_2Sb_2S_5$ 价带边缘的态密度（density of states，DOS）要大于 $Pb_2Sb_2Se_5$ 和 $Pb_2Sb_2Te_5$。同时，这三个化合物中，$Pb_2Sb_2Te_5$ 的最低导带（lowest conduction band，LCB）是最平坦的，CBM 附近的 DOS 将最高。后续会进一步讨论该问题及其对电子输运性质的影响。

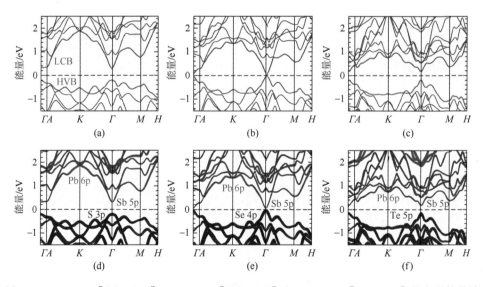

图 8-13 $Pb_2Sb_2S_5$［（a）、（d）］、$Pb_2Sb_2Se_5$［（b）、（e）］和 $Pb_2Sb_2Te_5$［（c）、（f）］的电子能带结构和投影能带结构[2]

费米能级为 0eV，（a）～（c）中的橙色和绿色线分别代表最高价带和最低导带，（d）～（f）中的蓝色、红色和绿色点分别表示VI p、Sb 5p 和 Pb 6p 价电子的贡献为进一步了解它们的电子结构, 图 8-14(a)～(c)绘制了 $Pb_2Sb_2S_5$、$Pb_2Sb_2Se_5$ 和 $Pb_2Sb_2Te_5$ 的投影态密度 (projected density of states, PDOS)。从 PDOS 中可以更加清楚看到, 价带顶部以VI p 电子为主, 靠近 CBM 的量子态主要来自 Pb 和 Sb 的 p 电子, 部分来自VI族元素的 p 电子。而且 Pb 6p 和 Sb 5p 电子广泛分布在 -6～$0eV$ 之间, 在该能量范围内与VI p 价电子耦合, 反映出 Pb—VI 和 Sb—VI 键之间的共价键特性。尽管 Pb 6s 和 Sb 5s 主要分布于费米能级 E_f 以下的深能量区域 (-10～$-6eV$), 但是在 VBM 附近还存在小的 Pb/Sb s 电子峰。为深入探究不同原子间的电子相互作用, 计算了 pCOHP, 如图 8-14 (d)～(f) 所示。$-pCOHP$ 为负值表示反键态, 正值则代表成键态。显然, 在略低于 E_f 的能量区间内, Pb/Sb s 与VI p 电子之间的相互作用形成了 Pb 6s-VI 5p 和 Sb 5s-VI 5p 反键态 ($-pCOHP<0$)。而 Pb/Sb p-VI p 在 -6～$0eV$ 范围内的 $-pCOHP>0$, 表明它们之间成键, 从而有利于稳定电子结构。

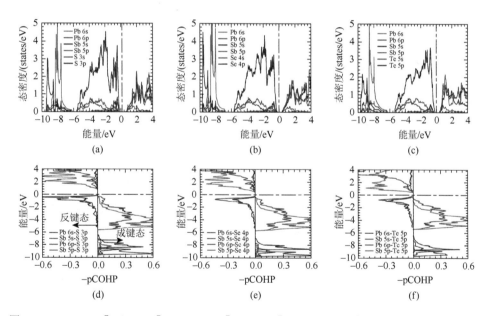

图 8-14　$Pb_2Sb_2S_5$ [(a)、(d)]、$Pb_2Sb_2Se_5$ [(b)、(e)] 和 $Pb_2Sb_2Te_5$ [(c)、(f)] 的投影态密度和 pCOHP[2]

图 8-15 绘制了 $Pb_2Sb_2S_5$、$Pb_2Sb_2Se_5$ 和 $Pb_2Sb_2Te_5$ 的价带和导带边缘的总 DOS。一般 DOS 随能量的快速变化有利于获得大的塞贝克系数, 因为塞贝克系数 (S) 与 DOS 具有如下关系:

$$S = \frac{8\pi^2 k_B^2}{3eh^2} m_d^* T \left(\frac{\pi}{3n}\right)^{2/3} \tag{8-7}$$

$$\text{DOS} = g(E) = \frac{8\pi \left(m_d^* \right)^{2/3} (2E)^{1/2}}{h^3} \qquad (8\text{-}8)$$

其中，n 是载流子浓度；m_d^* 是 DOS 有效质量；e 是电子电荷量；h 是普朗克常数。可以看到，$Pb_2Sb_2S_5$ 在 VBM 附近的价态 DOS 比 $Pb_2Sb_2Se_5$ 和 $Pb_2Sb_2Te_5$ 的价态 DOS 大得多〔图 8-15（a）〕，而 $Pb_2Sb_2Te_5$ 靠近导带边缘的 DOS 明显大于另外两个化合物〔图 8-15（b）〕，这与之前对能带结构的分析非常吻合。这意味着在 p 型掺杂下，$Pb_2Sb_2S_5$ 将具有更大的 $|S|$ 值，而 n 型掺杂下，$Pb_2Sb_2Te_5$ 的 $|S|$ 值会更大。同样，通过能带边缘的 DOS 分析可知，p 型 $Pb_2Sb_2S_5$ 和 $Pb_2Sb_2Se_5$ 的 $|S|$ 值将会比 n 型大，而 n 型 $Pb_2Sb_2Te_5$ 的 $|S|$ 值会比 p 型大。其他 Se 基和 Te 基半导体，与 $Pb_2Sb_2Se_5$ 和 $Pb_2Sb_2Te_5$ 具有相似的电子结构特性。

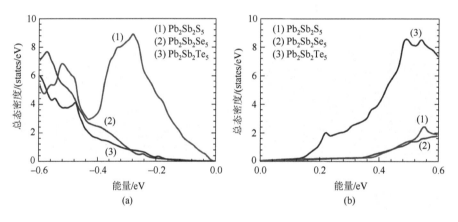

图 8-15　$Pb_2Sb_2S_5$、$Pb_2Sb_2Se_5$ 和 $Pb_2Sb_2Te_5$ 的价带（a）和导带（b）边缘的总 DOS[2]

图中零能量点代表各自的 VBM 和 CBM

8.1.7　热电输运性质

在电子结构的基础上，系统分析了 $Pb_2Sb_2S_5$、$Pb_2Sb_2Se_5$ 和 $Pb_2Sb_2Te_5$ 的电子输运性质。图 8-16（a）和（e）绘制了它们在 650K 下的塞贝克系数 S 与载流子浓度 n 的关系。在 n 型掺杂下，S 为负值，而 p 型掺杂时则为正值。结果表明，$Pb_2Sb_2S_5$、$Pb_2Sb_2Se_5$ 和 $Pb_2Sb_2Te_5$ 的 $|S|$ 均随着载流子浓度的增加而降低。在相同的 p 型掺杂浓度下，$Pb_2Sb_2S_5$ 的 $|S|$ 值要远大于 $Pb_2Sb_2Se_5$ 和 $Pb_2Sb_2Te_5$，而在 n 型掺杂下，$Pb_2Sb_2Te_5$ 则具有最大的 $|S|$。还观察到，$Pb_2Sb_2S_5$ 和 $Pb_2Sb_2Se_5$ 的 p 型塞贝克系数要高于它们在 n 型掺杂下的值，而 $Pb_2Sb_2Te_5$ 在 n 型掺杂下的 $|S|$ 明显大于其 p 型。以上的结果与之前对能带边缘总 DOS 的定性分析完全一致。

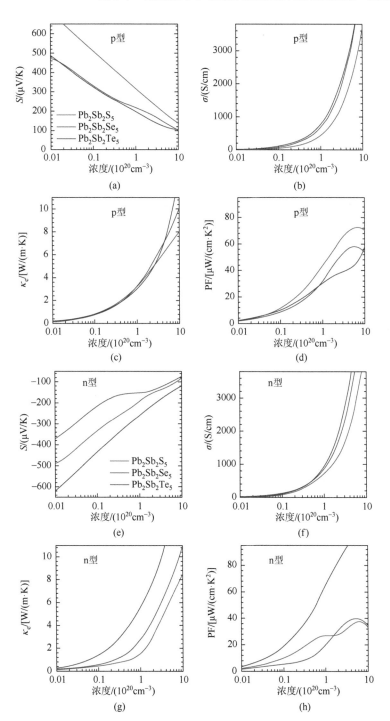

图 8-16　Pb₂Sb₂S₅、Pb₂Sb₂Se₅ 和 Pb₂Sb₂Te₅ 在 650 K 时 p 型和 n 型电子输运特性[2]

（a）、（e）塞贝克系数绝对值；（b）、（f）电导率；（c）、（g）电子热导率；（d）、（h）功率因数

图 8-16（b）和（f）显示了 $Pb_2Sb_2S_5$、$Pb_2Sb_2Se_5$ 和 $Pb_2Sb_2Te_5$ 的电导率 σ 随载流子浓度的变化。通常，具有较大塞贝克系数的半导体，其电导率就会较低。在 p 型掺杂下，这三个硫族半导体符合这种情况。在相同的空穴浓度下，$Pb_2Sb_2Te_5$ 的 σ 略大于 $Pb_2Sb_2Se_5$，而 $Pb_2Sb_2S_5$ 的值最小。根据上述塞贝克系数的结果，$|S|$ 满足的关系是 $Pb_2Sb_2S_5 > Pb_2Sb_2Se_5 > Pb_2Sb_2Te_5$。然而，对于 n 型掺杂，具有最大 $|S|$ 的 $Pb_2Sb_2Te_5$ 也具有最高的 σ。这是因为 $Pb_2Sb_2Te_5$ 中存在着多导带电子能谷（图 8-17），当费米能级穿过导带边缘时，这些能谷中的电子都将参与电子输运，从而增加电导率。图 8-16（c）和（g）为 $Pb_2Sb_2VI_5$ 晶体的电子热导率 κ_e 随载流子浓度的变化图。显然，对于 p 型和 n 型掺杂，$Pb_2Sb_2S_5$、$Pb_2Sb_2Se_5$ 和 $Pb_2Sb_2Te_5$ 的 κ_e 都随载流子浓度的增加而增加。值得注意的是，即使在 $1 \times 10^{20}\,cm^{-3}$ 的较高载流子浓度下，$Pb_2Sb_2S_5$ 也具有非常小的 n 型电子热导率，这对于实现其高 n 型热电性能起着重要作用。基于塞贝克系数和电导率，进一步计算了功率因数（power factor，$PF = S^2\sigma$），如图 8-16（d）和（h）所示。结果表明，$Pb_2Sb_2S_5$ 的 p 型 PF 略大于 $Pb_2Sb_2Se_5$ 和 $Pb_2Sb_2Te_5$，这是因为 $Pb_2Sb_2S_5$ 具有最高的 p 型塞贝克系数。对于 n 型掺杂，与 $Pb_2Sb_2S_5$ 和 $Pb_2Sb_2Se_5$ 相比，高 S 和 σ 使得 $Pb_2Sb_2Te_5$ 的 PF 明显大得多。此外，$Pb_2Sb_2Se_5$ 的 p 型 PF 高于 n 型，而 $Pb_2Sb_2Te_5$ 则相反，这也证实了 $Pb_2Sb_2Te_5$ 在 n 型掺杂中的热电性能将优于其 p 型掺杂，而 $Pb_2Sb_2Se_5$ 在 p 型掺杂时性能则更好。一些高热电性的 Se/Te 基化合物的电子输运性质分别表现出与 $Pb_2Sb_2Se_5$ 和 $Pb_2Sb_2Te_5$ 相似的特性。

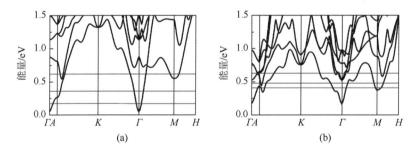

图 8-17　$Pb_2Sb_2Se_5$（a）和 $Pb_2Sb_2Te_5$（b）在电子浓度为 $1 \times 10^{19}\,cm^{-3}$（红线）、$1 \times 10^{20}\,cm^{-3}$（蓝线）和 $1 \times 10^{21}\,cm^{-3}$（绿线）时的费米能级[2]

晶格热导率是决定材料热电性能的关键物理量之一。图 8-18（a）显示了 3 个化合物不同温度下的 κ_l，其中 $Pb_2Sb_2S_5$ 的晶格热导率最低，而 $Pb_2Sb_2Se_5$ 的晶格热导率最高。在 300K 时，$Pb_2Sb_2S_5$、$Pb_2Sb_2Te_5$ 和 $Pb_2Sb_2Se_5$ 的 κ_l 分别为 $0.55\,W/(m\cdot K)$、$0.71\,W/(m\cdot K)$ 和 $1.83\,W/(m\cdot K)$，650K 时降低至 $0.25\,W/(m\cdot K)$、$0.33\,W/(m\cdot K)$ 和 $0.85\,W/(m\cdot K)$。因此，$Pb_2Sb_2S_5$ 的优异热电性能与其低本征晶格热导率也密切相关。

为进一步理解 $Pb_2Sb_2S_5$、$Pb_2Sb_2Te_5$ 和 $Pb_2Sb_2Se_5$ 中的声子热输运行为，还计算了它们的声子群速度。从图 8-18（b）可以看出，声子群速度的大小顺序为 $Pb_2Sb_2S_5 >$ $Pb_2Sb_2Se_5 > Pb_2Sb_2Te_5$，这与根据弹性模量估计的平均声子群速度趋势是一致的，即 $Pb_2Sb_2S_5$（2392m/s）$> Pb_2Sb_2Se_5$（2195m/s）$> Pb_2Sb_2Te_5$（1919m/s）。然而，结果是 $Pb_2Sb_2S_5$ 的晶格热导率最小，而声子群速度最大，表明声子群速度不是导致 $Pb_2Sb_2S_5$ 具有最低晶格热导率的原因。

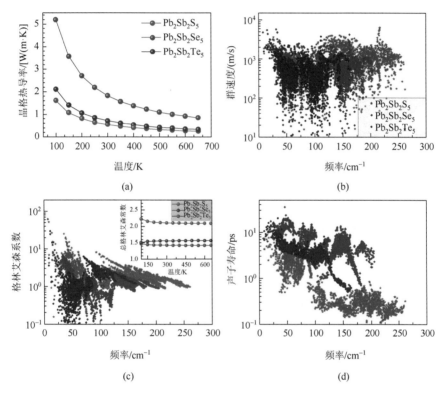

图 8-18　$Pb_2Sb_2VI_5$ 三个化合物的声子热输运性质[2]

（a）晶格热导率；（b）群速度；（c）模式格林艾森系数，插图是不同温度下的总格林艾森系数；（d）室温声子寿命

为此，进一步计算了它们的格林艾森系数 γ，结果如图 8-18（c）所示。相比于 $Pb_2Sb_2Se_5$ 和 $Pb_2Sb_2Te_5$，$Pb_2Sb_2S_5$ 具有更大的 γ，尤其是在低频范围内（<75cm^{-1}），表明 $Pb_2Sb_2S_5$ 中的非谐声子相互作用更强。总的格林艾森超参数 γ_t 能更好地体现它们之间的差别。从图 8-18（c）中插图可以明显看到，在整个研究的温度范围内，$Pb_2Sb_2S_5$ 的 γ_t 值远大于 $Pb_2Sb_2Se_5$ 和 $Pb_2Sb_2Te_5$，这就导致了在 $Pb_2Sb_2VI_5$ 半导体中，$Pb_2Sb_2S_5$ 具有最强的非谐声子散射率，即 $Pb_2Sb_2S_5$ 的声子寿命最短 [图 8-18（d）]，从而具有最低晶格热导率。

最后，基于上述得到的电子输运系数和晶格热导率，获得了 $Pb_2Sb_2S_5$、$Pb_2Sb_2Te_5$ 和 $Pb_2Sb_2Se_5$ 化合物在650K下ZT值随载流子浓度的变化关系，如图8-19所示。结果表明，在 p 型掺杂下，$Pb_2Sb_2S_5$ 的最高 ZT 值为0.80（载流子浓度为 $7.5\times10^{19}cm^{-3}$ 时），略高于 $Pb_2Sb_2Se_5$（$ZT_{max}=0.52$）和 $Pb_2Sb_2Te_5$（$ZT_{max}=0.60$），二者对应的最佳载流子浓度分别为 $1.7\times10^{20}cm^{-3}$ 和 $4.3\times10^{19}cm^{-3}$。p 型 $Pb_2Sb_2S_5$ 的高 ZT 值可归因于其具有较大的 p 型功率因数和较低的晶格热导率。重要的是，n 型 $Pb_2Sb_2S_5$ 在 650K 下的 ZT_{max} 达到约 1.2（对应最佳载流子浓度为 $4.9\times10^{19}cm^{-3}$），与 n 型碲化铋合金相近（$ZT_{max}=1.1\sim1.2$），意味着 n 型 $Pb_2Sb_2S_5$ 是极具潜力的中温热电半导体材料。由于高的 n 型塞贝克系数和 n 型电导率，$Pb_2Sb_2Te_5$ 在 n 型掺杂下的 ZT_{max} 为0.73（对应载流子浓度为 $3.6\times10^{19}cm^{-3}$），大于其 p 型 ZT_{max}；而 $Pb_2Sb_2Se_5$ 的 n 型热电性能不如 p 型（载流子浓度为 $1.68\times10^{20}cm^{-3}$ 时，$ZT_{max}=0.38$），这是因为它的 n 型塞贝克系数低于其 p 型。最终可以得出结论：$Pb_2Sb_2Te_5$ 在 n 型掺杂下的热电性能优于 p 型，而 $Pb_2Sb_2Se_5$ 则相反，这源于 $Pb_2Sb_2Se_5$ 和 $Pb_2Sb_2Te_5$ 在电子结构和电子输运性质上的显著差异，这一结论也可应用于其他 Se/Te 基半导体。

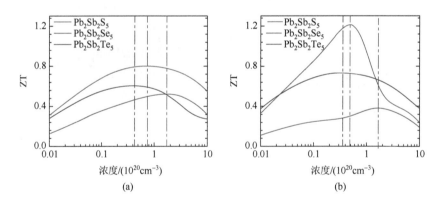

图8-19 p 型（a）和 n 型（b）$Pb_2Sb_2\rm{VI}_5$ 化合物在 650K 时的 ZT 值随浓度变化关系[2]

8.2 高通量筛选优良高温热电性能的新型金属氧化物

8.2.1 研究背景和计算方法

金属氧化物热电材料因优异的化学稳定性，在 700℃ 以上的高温工作环境下具有广阔的应用前景。近年来，研究者报道了一些性能优异的高温热电材料，如 p 型层状方钴矿 $Na_xCo_2O_4$、$Ca_3Co_4O_9$ 及 n 型 $SrTiO_3$ 等。然而方钴矿氧化物的温度循环性能差，$SrTiO_3$ 品质因子 ZT 低，不足以提供高的能量转换功率。因此，寻找具有优异热电性能的新型氧化物材料具有重大意义。

本节综合利用高通量筛选、第一性原理计算、密度泛函微扰理论和玻尔兹曼输运理论，对 ALKEMIE 数据库中 8687 个氧化物进行高通量理论筛选，成功筛选了一类适用于高温环境下服役的高热电性能的金属氧化物 ATa_2O_6（A＝Mg、Ca）[3]。本节所有计算均是通过 VASP 完成的，其中高通量筛选流程如图 8-20 所示，共包含四个部分，分别是结构和成分筛选，电子结构筛选，热导率筛选，以及候选氧化物材料的热电性能验证。高通量筛选的相应算法及代码现已集成到 ALKEMIE 智能计算平台中。在计算参数方面，高通量计算使用的是 GGA-PBE 交换关联泛函；为了更加准确地描述晶体结构，对于候选氧化物使用了 PBEsol 交换关联泛函。波函数的平面波展开所用的截断能为 520eV，所采用的总能收敛标准为 5×10^{-5}eV/原子，结构弛豫和静态计算所用的 K 点网格分割密度分别为 $86Å^{-3}$ 和 $100Å^{-3}$。由于过渡金属元素的内层 d 和 f 电子存在强关联作用，因此对高通量筛选过程中计算的所有过渡金属氧化物均采用 Hubbard-U 修正方法，并相应采用了 Material Project 中所提供的 U 参数；对于候选化合物 ATa_2O_6（A＝Mg、Ca）中的 Ta 5d 电子，采用 LDA＋U 的方法计算了能带结构，并与用 HSE06 杂化泛函计算结果相对比，同时也考虑了自旋轨道耦合效应对材料电子结构的影响。电子输运性质是通过使用 BoltzTraP 并在常数弛豫时间近似（constant relaxation-time approximation，CRTA）下计算的，使用的弛豫时间 $\tau = 10^{-14}$s。此外，为了准确计算候选氧化物 $MgTa_2O_6$、$CaTa_2O_6$ 和 $SrTiO_3$ 的电子输运性质，采用剪刀操作以调节能带带隙。声子色散和二阶力常数是通过 Phonopy 计算的，三阶力常数是通过 thirdorder.py 计算并后处理的，最后使用 ShengBTE 软件求解线性声子玻尔兹曼方程，以计算晶格热导率。

结构和成分筛选　　　　　　　热导率筛选

√82个二元氧化物　　　　　　√弹性常数计算
√112个三元氧化物　　　　　　√晶格热导率计算

晶体结构数据库　　　　电子结构筛选　　　　候选热电材料
　　　　　　　　　　　　　　　　　　　　　　热电性能验证

√共计8687个氧化物　　√带隙＞0.1eV
　　　　　　　　　　　√电子输运性质

图 8-20　高通量筛选流程图[3]

8.2.2 氧化物结构和成分筛选

ALKEMIE 数据库中共有 8687 个氧化物，在综合考虑计算量及计算效率后，仅筛选单胞原子数小于 150 的二元氧化物和三元氧化物。另外，考虑到优良热电材料通常具有高对称的晶体结构，本节将排除具有单斜和正交晶系的氧化物。具体来讲，对二元化合物 A_xO_y 结构和成分筛选采用了两个筛选标准。①A 元素：ⅠA、ⅡA、ⅢA、ⅣA、ⅥA 等主族元素及过渡金属元素；②空间群号 SG 大于 74。而对三元氧化物 $A_xB_yO_z$ 采用了三个筛选规则。①A 元素：ⅠA、ⅡA 族元素即碱金属、碱土元素；②B 元素：过渡金属元素；③空间群号 SG 大于 74。通过初步筛选，得到了共包含 70 个二元氧化物和 111 个三元氧化物在内的 181 个候选氧化物。

8.2.3 电子结构筛选

研究结果表明，高性能热电材料的能带带隙至少应当为 $10k_BT_{max}$，其中 k_B 是玻尔兹曼常数，T_{max} 是最高工作温度，这能够避免电子和空穴同时发生本征激发，从而避免热电材料的塞贝克系数 S 显著降低。图 8-21（a）展示了计算出的二元和三元氧化物的带隙，其中上方虚线对应的值为 1000K 下 $10k_BT_{max}$ 值，即 0.89eV。此筛选过程仅排除带隙小于 0.1eV（下方虚线）的氧化物，剩余的 39 个二元氧化物和 59 个三元氧化物将用于后续筛选过程。

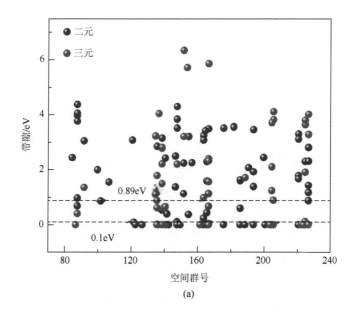

(a)

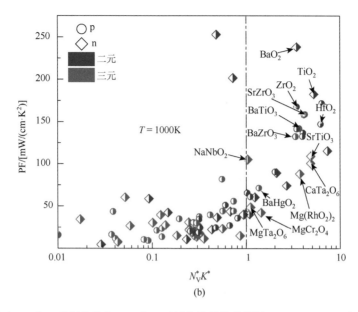

图 8-21　（a）70 个二元氧化物和 111 个三元氧化物的能带带隙；（b）1000K 下候选氧化物费米面复杂度因子 $N_V^* K^*$ 与功率因数 PF 关系图[3]

由于塞贝克系数 S 和电导率 σ 之间存在复杂的耦合关系，因此使用一个电子结构描述符——费米面复杂度因子 $N_V^* K^*$，用以量化电子结构对 S 和 σ 之间的解耦效应，该费米面复杂度因子定义为[4]

$$N_V^* K^* = \frac{m_s^{*3/2}}{m_c^*} \tag{8-9}$$

其中，m_s^* 和 m_c^* 分别是由 BoltzTraP 输出计算出的电导率有效质量和塞贝克有效质量。图 8-21（b）展示了 1000K 时费米面复杂度因子 $N_V^* K^*$ 与功率因数 PF 的关系。通常高的 $N_V^* K^*$ 值意味着优异的电传输性能。

在 n 型和 p 型半导体的高通量计算中，候选材料的功率因数均是在 CRTA 下计算的，本节在 $10^{16} \sim 10^{22} cm^{-3}$ 掺杂浓度范围内选取了 24 个固定载流子浓度，然后得出具有最大 PF 值的载流子类型（p 型或 n 型），并据此确定最佳的载流子浓度。最后，根据载流子类型和最佳载流子浓度计算费米面复杂度因子。本节采用了 $N_V^* K^* > 1$ 作为电子结构筛选基准，以表征电子结构对电子输运性质的影响。从图 8-21（b）可以看出，功率因数 PF 随着费米面复杂度因子增加而增加，表明 $N_V^* K^*$ 能很好地描述所研究氧化物电子结构。在 $N_V^* K^* > 1$ 的范围内，二元氧化物的功率因数通常大于三元氧化物。其中最高功率因数是 BaO_2，但 BaO_2 的低熔点（450℃）不利于其在高温下的应用。另外，费米面复杂度因子也正确地筛选出了一些广泛报道的高温热电氧化物材料，如 $SrTiO_3$、$SrZrO_3$、$BaTiO_3$。

8.2.4 晶格热导率筛选

在高通量计算中，通过第一性原理求解声子玻尔兹曼输运方程，以计算晶格热导率，是十分耗时的。因此，可以采用 Slack 半经验方程来计算晶格热导率：

$$\kappa_{\mathrm{L}} = A(\gamma) \cdot \frac{\bar{M} \theta_{\mathrm{D}}^3 \delta}{\gamma^2 n^{2/3} T} \quad (T \geqslant \theta) \tag{8-10}$$

其中，$A(\gamma) = 2.43 \times 10^7 / (1 - 0.514/\gamma + 0.228/\gamma^2)$；$\bar{M}$ 是平均原子质量；δ^3 是平均原子体积；θ_{D} 是德拜温度；γ 是格林艾森（Grüneisen）系数。以上参数均可通过弹性常数计算得出。本节将氧化物服役温度设定为 1000K，同时考虑到晶格热导率与温度之间的非线性关系，计算了热导率非晶极限 Clarke 热导率。在计算的 Slack 热导率低于 Clarke 热导率情况时，即 Slack 方程完全失效的情况下，本节采用该氧化物的 Clarke 热导率。Clarke 热导率计算公式为

$$\kappa_{\min}^{\mathrm{Clarke}} = 0.87 k_{\mathrm{B}} \left(\frac{N_{\mathrm{A}} n \rho}{M} \right)^{2/3} \left(\frac{E}{\rho} \right)^{1/2} \tag{8-11}$$

其中，E 是杨氏模量；M 是每单位晶胞的质量；n 是每单位晶胞的原子数；N_{A} 是阿伏伽德罗常数；ρ 是密度。

候选氧化物的晶格热导率 κ_1 和格林艾森系数 γ 如图 8-22 所示。

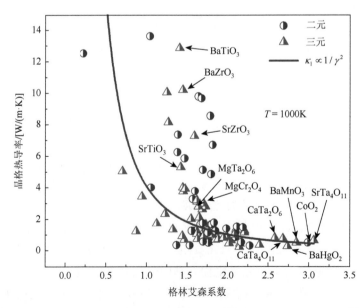

图 8-22 1000K 下候选氧化物的格林艾森系数和晶格热导率关系图[3]

可以看到，κ_1 与 γ 服从 $\kappa_1 \propto 1/\gamma^2$ 的关系，因此格林艾森系数适用于所研究的氧化物体系。一些位于图 8-22 右下角的氧化物，如 $CaTa_2O_6$ 有大的 γ 值及低热导率。然而由于 $CaTa_2O_6$ 晶体结构为多型性，并且当加热到 800℃时，会发生立方相钙钛矿结构到正交结构的相变，因此后续筛选仅考虑 $CaTa_2O_6$ 的立方相结构。同时注意到图 8-21（b）中一些具有高 PF 的氧化物，如 $BaTiO_3$、$BaZrO_3$ 等，均具有非常大的晶格热导率，这也是导致这些体系热电优值不高的主要原因。此外，可以发现 $MgTa_2O_6$ 及 $MgCr_2O_4$ 有着适中的热导率值，然而由于 $MgCr_2O_4$ 具有磁性，因此这里暂不考虑。值得一提的是，在计算晶格热导率时，由于 Slack 公式中没有计入光学支声子贡献，因此所计算的晶格热导率会偏小。因此，对于一些氧化物如 $SrTa_4O_{11}$、$BaHgO_2$、$BaMnO_3$，采用对应的 Clark 热导率。最后，位于图 8-22 右下角的氧化物功率因数极低 [图 8-21（b）]，因而不纳入后续考虑范围内。

8.2.5　候选氧化物的电输运性能

综合上述电子结构和晶格热导率筛选结果，可以发现一类新型、无毒、地球富含元素的新型高温热电氧化物 ATa_2O_6（A = Mg、Ca）。为了验证此类氧化物的热电性能，本节使用 $SrTiO_3$ 作为基准。候选氧化物 ATa_2O_6（A = Mg、Ca）和 $SrTiO_3$ 的晶体结构如图 8-23 所示。$MgTa_2O_6$（空间群 $P4_2/mnm$）是由沿着 c 轴堆叠的 3 个金红石型晶胞组成的，其中阳离子 Mg 和 Ta 均与 6 个 O 原子键合，从而形成角共享和边共享八面体的有序网络；立方 $CaTa_2O_6$ 的空间群为 $Pm\bar{3}$，能够通过从熔化状态下快速晶化得到；而 $SrTiO_3$（空间群 $Pm\bar{3}m$）的晶体结构为立方钙钛矿类型，其中 Ti 原子局域环境为六配位 O 原子，而 Sr 原子与 4 个 TiO_6 八面体键合。

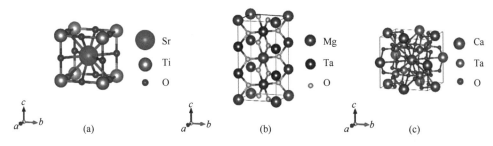

图 8-23　$SrTiO_3$（a）、$MgTa_2O_6$（b）和 $CaTa_2O_6$（c）晶体结构[3]

图 8-24 展示了在不同温度下，$MgTa_2O_6$、$CaTa_2O_6$ 和 $SrTiO_3$ 的塞贝克系数随载流子浓度的变化关系。可以看到塞贝克系数 S 均随温度升高而减小，且在

$10^{18}\sim10^{22}\text{cm}^{-3}$ 载流子浓度区间内是逐渐减小。值得注意的是，$MgTa_2O_6$ 的塞贝克系数优于 $CaTa_2O_6$ 和 $SrTiO_3$。例如，在 1000K，载流子浓度 $n=1\times10^{20}\text{cm}^{-3}$ 条件下，$MgTa_2O_6$、$CaTa_2O_6$、$SrTiO_3$ 的塞贝克系数分别约为 410μV/K、320μV/K、360μV/K。

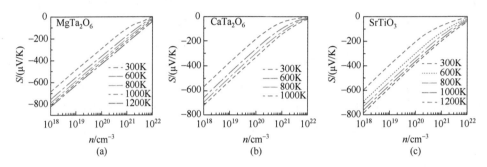

图 8-24 $MgTa_2O_6$（a）、$CaTa_2O_6$（b）和 $SrTiO_3$（c）的温度依赖的塞贝克系数随载流子浓度变化关系图[3]

在简并统计量和单带导电的近似下，塞贝克系数 S 可以由 Bethe-Sommerfeld 展开的莫特公式表示：

$$S=\frac{\pi^2 k_B^2 T}{3e}\left\{\frac{1}{n}\frac{dn(E)}{dE}+\frac{1}{\mu}\frac{d\mu(E)}{dE}\right\}_{E=E_F} \tag{8-12}$$

其中，e 是载流子电荷；k_B 是玻尔兹曼常数；$n(E)$ 是载流子浓度；μ 是载流子迁移率。而载流子浓度可表示为：$n(E)=g(E)f(E)$，其中 $g(E)$ 为态密度，$f(E)$ 为费米分布函数，因而在带边缘有着高斜率的 DOS 将会导致较高的塞贝克系数。图 8-25 展示了所计算的 $MgTa_2O_6$、$CaTa_2O_6$、$SrTiO_3$ 的电子结构。从图 8-25（a）可以看出，$MgTa_2O_6$ 的导带边缘是极其平坦的，因此其态密度在导带底（conduction band minimum，CBM）附近出现了较为陡峭的斜率，如图 8-25（d）所示。另外，尽管 $CaTa_2O_6$ 和 $SrTiO_3$ 在 G 点处呈现多谷能带结构和高能谷简并特征 [图 8-25（b）和（c）]，但从图 8-25（e）和（f）中可以看到这两个氧化物在 CBM 附近具有相对平缓的 DOS 斜率，这也能很好地解释两者的塞贝克系数相近。

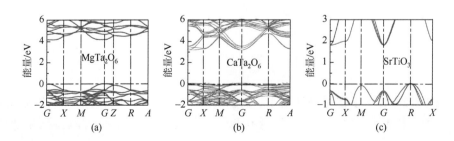

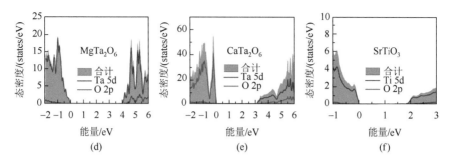

图 8-25　MgTa$_2$O$_6$ [（a）、（d）]、CaTa$_2$O$_6$ [（b）、（e）] 和 SrTiO$_3$ [（c）、（f）] 的能带结构和 PDOS 图[3]

此外，从图 8-25（d）和（e）可以看出，ATa$_2$O$_6$（A = Mg、Ca）的导带（conduction band，CB）边缘电子态主要由 Ta 5d 电子贡献，而 O 2p 电子主要对价带（valence band，VB）边缘电子态有贡献。在图 8-25（f）中，SrTiO$_3$ 的导带主要由 Ti 5d 电子构成，而价带由 O 2p 构成。A（A = Mg、Ca）原子和 Sr 原子对 CB 或 VB 的贡献均可忽略不计。图 8-26（a）、（b）和（c）分别展示了 MgTa$_2$O$_6$、CaTa$_2$O$_6$ 和 SrTiO$_3$ 的电导率 σ，可以看到电导率随着温度升高而降低，而随着载流子浓度的增加而增加；CaTa$_2$O$_6$ 和 SrTiO$_3$ 的电导率相当，而远大于 MgTa$_2$O$_6$。因此，SrTiO$_3$ 和 CaTa$_2$O$_6$ 的功率因数 PF 应大于 MgTa$_2$O$_6$ 的功率因数，如图 8-26（d）～（f）所示。这与使用费米表面复杂度因子筛选的电子结构结果是一致的 [$N_v^*K^*$（CaTa$_2$O$_6$、SrTiO$_3$）> $N_v^*K^*$（MgTa$_2$O$_6$）]。候选氧化物 ATa$_2$O$_6$（A = Mg、Ca）具有高的功率因数，从而有着优异的电输运性能，这也有利于获得较高的 ZT 值。值得注意的是，CaTa$_2$O$_6$ 的功率因数优于 MgTa$_2$O$_6$。此外，ATa$_2$O$_6$（A = Mg、Ca）和 SrTiO$_3$ 的最优载流子浓度均约为 $2 \times 10^{21} \text{cm}^{-3}$。随着温度的升高，最大 PF 所对应的载流子浓度将要求更高的掺杂水平，这表明在 ATa$_2$O$_6$（A = Mg、Ca）体系中，为了实现最大 PF，其最佳载流子掺杂浓度随工作温度的升高而增加。

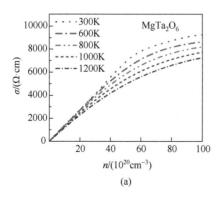

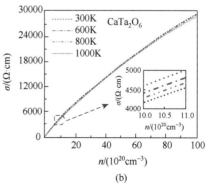

（a）　　　　　　　　　　　　　　　（b）

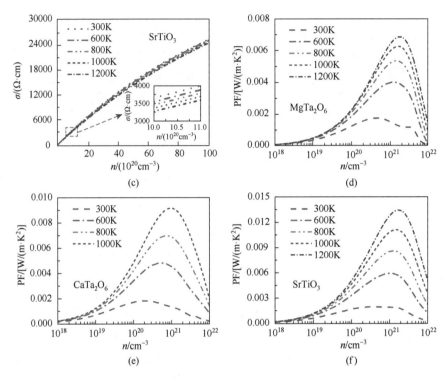

图 8-26　计算的 $MgTa_2O_6$（a）、$CaTa_2O_6$（b）和 $SrTiO_3$（c）电导率；$MgTa_2O_6$（d）、$CaTa_2O_6$
（e）和 $SrTiO_3$（f）的功率因数与载流子浓度的关系图[3]
（b）和（c）中的插图为电导率在载流子浓度为 $10\times10^{20}\sim11\times10^{20}cm^{-3}$ 的局部放大图

8.2.6　候选氧化物的热输运性能

对于 $CaTa_2O_6$，声子色散在布里渊区整个高对称点路径上均存在虚频，如图 8-27（a）所示，这与立方 $CaTa_2O_6$ 的亚稳特性相关。考虑到缺乏电子和晶格热导率的实验数据，在接下来的讨论中并不考虑 $CaTa_2O_6$。对于 $SrTiO_3$ 而言，声子色散中存在虚频模式，如沿 G-M 和 G-R 方向，如图 8-27（b）中插图所示。然而立方 $SrTiO_3$（空间群 $Pm\bar{3}m$）在其相变温度（约 105K）以上是稳定的。在此使用实验数据[5]并以 κ_L-$1/T$ 关系进行拟合，如图 8-27（b）所示。

对于 $MgTa_2O_6$ 晶格热导率的计算，首先使用 $2\times2\times2$ 和 $3\times3\times2$ 的超胞结构计算了其声子态密度，如图 8-28（a）所示。可以发现，两者态密度并无明显差异，因而用 $2\times2\times2$ 超胞计算晶格热导率的精度是足够的。另外，图 8-28（b）展示了基于 $2\times2\times2$ 所计算的声子谱，可以看出声子色散不存在虚频声子模式。因此，$MgTa_2O_6$ 在热力学上是稳定的。图 8-28（c）展示了计算的 $MgTa_2O_6$ 晶格热导率，从 300K 到 1000K，$MgTa_2O_6$ 的晶格热导率由 11.09W/(m·K)降至 3.01W/(m·K)。

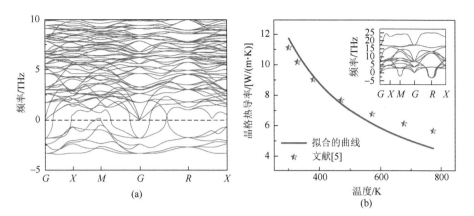

(a)

(b)

图 8-27　（a）CaTa$_2$O$_6$ 的声子色散曲线；（b）SrTiO$_3$ 晶格热导率 κ_L 与温度 T 以 κ_L-1/T 关系拟合的曲线[3]

插图展示了在 0K 下计算的 SrTiO$_3$ 声子色散曲线

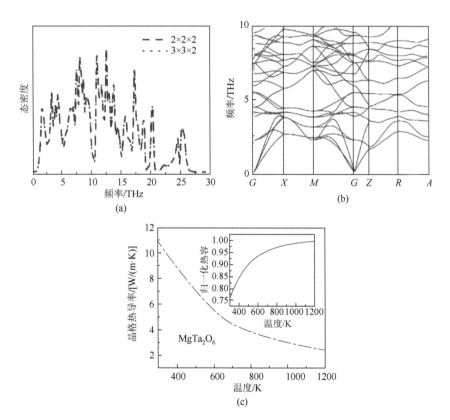

(a)

(b)

(c)

图 8-28　MgTa$_2$O$_6$ 的声子态密度和色散图[3]

（a）由 2×2×2 和 3×3×2 超胞计算的声子态密度；（b）声子色散图；（c）MgTa$_2$O$_6$ 的温度依赖的晶格热导率，插图为 MgTa$_2$O$_6$ 的归一化热容

为了进一步研究 $MgTa_2O_6$ 中声子模依赖的晶格热传导，本节计算了 $300\sim$ 1200K 温度范围内的归一化累积晶格热导率，如图 8-29（a）所示。可以看出，随着温度的升高，更多的光学支声子参与了热传导。以 300K 和 1000K 为例，频率低于 5THz 的声子在 300K 时贡献了 83.7%的热导率，而在 1000K 时贡献了 77.6% 的热导率，如图 8-29（b）和（c）所示。

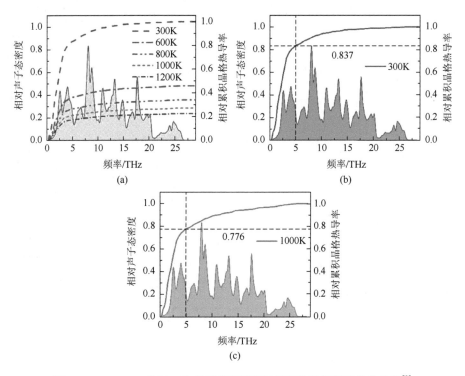

图 8-29 $MgTa_2O_6$ 的归一化声子态密度和温度相关的累积晶格热导率[3]

（a）从 300K 到 1200K；（b）300K；（c）1000K

在 300K 和 1000K 下声子模依赖的弛豫时间分别如图 8-30（a）和（b）所示。结果表明，从 300K 到 1000K，声学支 [包括横向声学（transverse acoustic，TA）和纵向声学（longitudinal acoustic，LA）模式] 声子的散射时间下降了一个数量级以上，同时光学支（optical，Op）声子的散射时间也有所减少。根据自由声子气模型，晶格热导率 κ_1 可表示为

$$\kappa_1 = \frac{1}{3V}\sum_{q,j}C_j(q)v_j^2(q)\tau_j(q) \tag{8-13}$$

其中，$C_j(q)$、$v_j(q)$ 和 $\tau_j(q)$ 分别是声子（q，j）等体积热容、群速度和弛豫时间。考虑到等体积热容 $C_j(q)$ 随着温度的升高而增加 [图 8-28（c）中插图]，可以发

现频率低于 5THz 的声子在热传输中占主导地位。因此，声子散射弛豫时间显著减小是导致晶格热导率下降的主要原因。

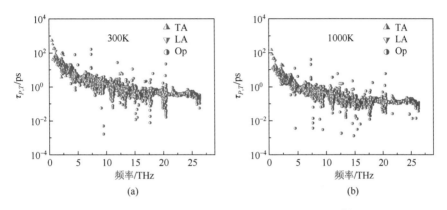

图 8-30　$MgTa_2O_6$ 不同声学支的弛豫时间分布图[3]

根据 Wiedemann-Franz 关系式：$\kappa_e = L\sigma T$，本节计算了 $SrTiO_3$ 和 $MgTa_2O_6$ 的电子热导率，其中 L 是与温度和载流子浓度相关的洛伦兹常量，取作 $2.44\times10^{-8}W\cdot\Omega/K^2$。图 8-31 展示了温度依赖的电子热导率随载流子浓度的变化趋势，可以看出电子热导率随着温度升高、载流子浓度增加而增加，且 $SrTiO_3$ 的电子热导率远高于 $MgTa_2O_6$。

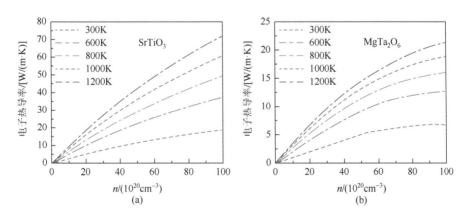

图 8-31　$SrTiO_3$（a）和 $MgTa_2O_6$（b）温度依赖的电子热导率与载流子浓度关系图[3]

8.2.7　候选氧化物的品质因子

$SrTiO_3$ 和 $MgTa_2O_6$ 的品质因数 ZT 如图 8-32（a）和（b）所示，可以发现品

质因数 ZT 随着温度的升高而增加，并在最佳浓度达到峰值，因此调节载流子浓度是优化热电性能的关键方法。对于 $SrTiO_3$ 和 $MgTa_2O_6$，获得最高 ZT 值的最佳载流子浓度分别约为 $3\times10^{20}cm^{-3}$ 和 $5\times10^{20}cm^{-3}$，远低于获得其最高功率因数的最佳载流子浓度。值得一提的是，从图 8-32（a）可以看出，计算的 $SrTiO_3$ ZT 值与其他理论预测结果[6]相近，进一步证明了本节计算的可靠性。另外，$SrTiO_3$ 极高的电子热导率抵消了其高的功率因数 PF，从而使得 1000K 时 $SrTiO_3$ 的最大 ZT 值（0.33）低于 1000K 时 $MgTa_2O_6$ 的最大 ZT 值 1.06，见图 8-32（b）。

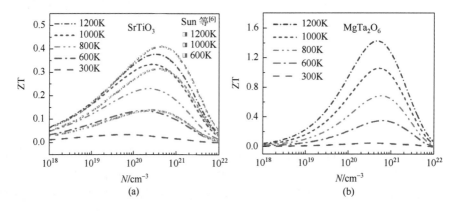

图 8-32　$SrTiO_3$（a）和 $MgTa_2O_6$（b）温度依赖的品质因数 ZT 值随载流子浓度变化的关系图[3]

参 考 文 献

[1] Gan Y，Huang Y，Miao N，et al. Novel Ⅳ-Ⅴ-Ⅵ semiconductors with ultralow lattice thermal conductivity. Journal of Materials Chemistry C，2021，9（12）：4189-4199.

[2] Gan Y，Wang G，Zhou J，et al. Prediction of thermoelectric performance for layered Ⅳ-Ⅴ-Ⅵ semiconductors by high-throughput *ab initio* calculations and machine learning. NPJ Computational Materials，2021，7（1）：176-182.

[3] Peng L，Miao N，Wang G，et al. Novel metal oxides with promising high-temperature thermoelectric performance. Journal of Materials Chemistry C，2021，9（37）：12884-12894.

[4] Gibbs Z M，Ricci F，Li G，et al. Effective mass and Fermi surface complexity factor from *ab initio* band structure calculations. NPJ Computational Materials，2017，3（1）：8.

[5] Muta H，Kurosaki K，Yamanaka S. Thermoelectric properties of reduced and La-doped single-crystalline $SrTiO_3$. Journal of Alloys and Compounds，2005，392（1-2）：306-309.

[6] Sun J，Singh D J. Thermoelectric poperties of n-type $SrTiO_3$. APL Materials，2016，4（10）：104803.

第 9 章

新型功能半导体的理论设计

9.1　二维 Janus 磁性半导体

9.1.1　领域现状

由于结构对称性破缺，二维 Janus 材料展现出特殊的物理和化学性质，引起了科研工作者的极大兴趣。研究发现，二维 Janus 材料能够大幅提高压电系数、引入本征铁磁性、提升催化效率和调控电子带隙。例如，二维 Janus 结构的 Ga_2SSe 的压电系数是其完美晶体压电系数最大值的 4 倍；Janus 结构的 $NbSeH_2$ 单层产生了本征铁磁性；二维 Janus 结构的 SeMoS 和 WSSe 表现出了更好的析氢反应催化效率；In_2SSe 单层具有可调控的带隙。显然，具有平面外不对称性的二维 Janus 材料在电、磁、催化和压电方面具有很大的应用潜能。

尽管科研工作者已付出巨大努力去研究二维材料的奇异性质，但已发现的本征铁磁二维 Janus 材料仍很少，并且制备方法也不明晰[1-3]。基于第一性原理计算，本章提出了一系列新二维 Janus 铁磁体 Cr_2O_2XY（X = Cl，Y = Br/I），这些材料具有平面外不对称性[4]。研究发现从初始的 *Pmm*2 相的 CrOX 化合物中得到的二维 *Pmm*2 相的 Cr_2O_2XY 晶体是亚稳的。由于结构相变，*Pma*2 结构的 Cr_2O_2XY 晶体更加稳定，具有更低的总能量和更好的稳定性。*Pma*2 结构的 Cr_2O_2XY 单层是本征铁磁态半导体，并且都可通过实验制备。通过施加单轴压应变，Cr_2O_2ClI 单层实现了从铁磁态半导体转变为反铁磁半导体/金属的量子相转变。

9.1.2　晶体结构与电子结构

二维 CrOX（X = Cl/Br）晶体是本征铁磁性半导体，属于正交晶系（图 9-1）。利用 Y 原子替换 CrOX 单层的一层 X 原子，得到了 Janus 结构的 Cr_2O_2XY（X = Cl，Y = Br/I，空间群为 *Pmm*2）单层。该结构在 xy 平面是矩形的亚点阵，在 z 轴方向由 X 原子和 Y 原子夹在中间。

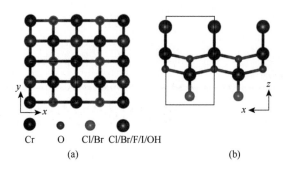

Cr   O   Cl/Br   Cl/Br/F/I/OH

(a)   (b)

图 9-1   *Pmm*2 结构的 Cr_2O_2XY 的晶体结构[4]

通过计算的声子谱来验证 Cr_2O_2XY 晶体的动力学稳定性，如图 9-2 所示。显然，*Pmm*2 结构的 Cr_2O_2ClI 和 Cr_2O_2ClBr 在动力学上是亚稳的，分别存在$-40cm^{-1}$ 和$-5cm^{-1}$ 的虚频。如声子态密度（图 9-2）所示，这些虚频是由碘原子贡献的，说明碘原子倾向于在平衡位置附近区域振动。因此，结构畸变和原子位移有利于稳定晶体结构。

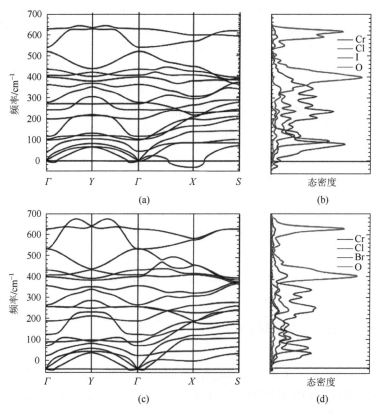

图 9-2   *Pmm*2 结构的 Cr_2O_2ClI 超胞的声子谱（a）和态密度图（b）；*Pmm*2 结构的 Cr_2O_2ClBr 超胞的声子谱（c）和态密度图（d）[4]

　　为了评估室温下的热力学稳定性，在 300K 下对 Cr_2O_2ClI 和 Cr_2O_2ClBr 晶体 5×6×1 的超胞进行了第一性原理分子动力学模拟（图 9-3）。Cr_2O_2ClI 和 Cr_2O_2ClBr 晶体经过 10ps 的分子动力学模拟后，均发生了一定程度的结果畸变，尤其是 Cr_2O_2ClI。对分子动力学模拟后畸变的结构进行了结构优化，得到了新的稳定的 $Pma2$ 结构的 Cr_2O_2XY 晶体，如图 9-4 所示。

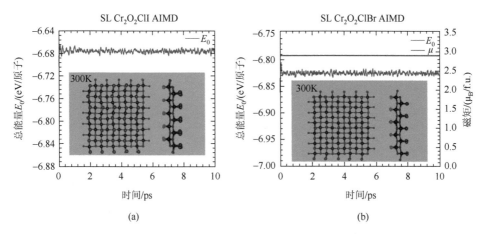

图 9-3　$Pmm2$ 结构的 Cr_2O_2ClI 超胞（a）和 Cr_2O_2ClBr 超胞（b）的总能量及磁矩的第一性原理分子动力学模拟[4]

插图为 300K 下 Cr_2O_2ClI 超胞和 Cr_2O_2ClBr 超胞经过 10ps 的第一性原理分子动力学模拟后的结构

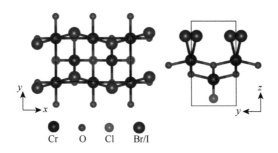

图 9-4　$Pma2$ 结构的 Cr_2O_2ClBr 和 Cr_2O_2ClI 的晶体结构[4]

　　相比之前的 $Pmm2$ 结构，$Pma2$ 结构的 Cr_2O_2XY 单层具有更低的总能量和更好的稳定性。因此，引入结构相转变和外层离子（如碘离子、溴离子）相反方向的位移后，Janus 结构的 Cr_2O_2XY 单层的稳定性得到了改善。至今尚未报道过这种由卤素原子相反方向位移引起的异常的结构对称性破缺，这很可能促进 Janus 结构材料的发展。不同空间群的 Cr_2O_2XY 单层的结构参数如表 9-1 所示。为了进一步证明 $Pma2$ 结构的 Cr_2O_2XY 单层的稳定性，再次计算了其声子谱，如图 9-5

所示。显然，*Pma2* 结构的 Cr$_2$O$_2$XY 单层的声子谱没有虚频，说明该结构是稳定的。因为 *Pma2* 结构更加稳定，所以本节后面的工作都是基于 *Pma2* 结构的 Cr$_2$O$_2$XY 晶体，除非有额外的声明。

表 9-1 用两种不同合成路径得到的亚稳态的 *Pmm2* 结构或者稳定态的 *Pma2* 结构的 Cr$_2$O$_2$ClI 和 Cr$_2$O$_2$ClBr 单层的晶格常数及相应的形成能 E_{f1} 和 E_{f2}

二维晶体	a/Å	b/Å	E_{f1}/eV	E_{f2}/eV
Cr$_2$O$_2$ClI（*Pmm2*）	3.960	3.382	2.109	−1.794
Cr$_2$O$_2$ClBr（*Pmm2*）	3.941	3.310	0.780	−0.735
Cr$_2$O$_2$ClI（*Pma2*）	6.711	3.965	2.082	−1.820
Cr$_2$O$_2$ClBr（*Pma2*）	6.628	3.944	0.779	−0.737

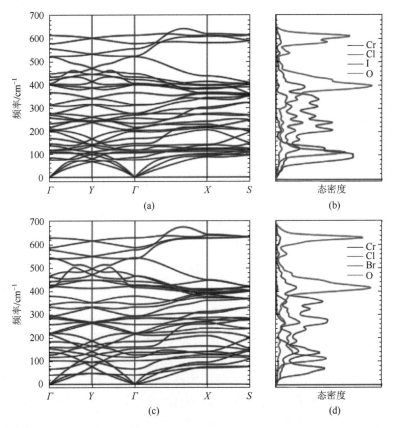

图 9-5 *Pma2* 结构的 Cr$_2$O$_2$ClI 和 Cr$_2$O$_2$ClBr 单层的声子谱和态密度图[4]

9.1.3　合成方法

在实验中，通过严格控制的硫化过程，研究人员已经成功将单层 $MoSe_2$ 的上层 Se 原子替换成了 S 原子，从而得到了 Janus 结构的 SMoSe 薄片。因此，也可以用类似的方法得到 Janus 结构的 Cr_2O_2XY 单层。为了评估这种方法合成 Janus 结构的 Cr_2O_2XY 单层的可行性，提出了以下两种不同的合成方法，并且计算了每种方法对应的形成能 E_{f1} 和 E_{f2}。方法 1 是用 Y 原子替换 CrOX 的一层 X 原子：$4CrOX + Y_2 \longrightarrow 2Cr_2O_2XY + X_2$；方法 2 则是用 X 原子替换 CrOY 的一层 Y 原子：$4CrOY + X_2 \longrightarrow 2Cr_2O_2XY + Y_2$，如图 9-6 所示。其中，X 和 Y 分别对应 Janus 结构的 Cr_2O_2XY 的第三个和第四个元素。相应的形成能可通过下式计算：

$$E_{f1} = 2E(Cr_2O_2XY) + E(X_2) - 4E(CrOX) - E(Y_2)$$

$$E_{f2} = 2E(Cr_2O_2XY) + E(Y_2) - 4E(CrOY) - E(X_2)$$

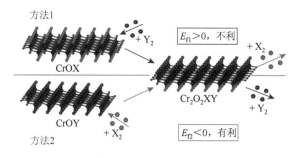

图 9-6　合成 Janus Cr_2O_2XY 单层的两种方法[4]

E_{f1} 和 E_{f2} 分别对应两种方法的形成能

计算结果如表 9-2 所示。显然，通过这两种合成方法制备同种结构的 Cr_2O_2ClI 和 Cr_2O_2ClBr 单层，计算得到的形成能差别很大。幸运的是，第二种方法对应的形成能是负的，证明实验上更倾向于通过方法 2 合成 Janus 结构的 Cr_2O_2XY 单层。

表 9-2　用两种不同合成方法得到的 **Pmm2** 相的 Cr_2O_2XY 单层的形成能 E_{f1} 和 E_{f2}（单位：eV）

二维晶体	E_{f1}	E_{f2}
Cr_2O_2ClBr	0.78	−0.74
Cr_2O_2ClI	2.11	−1.79

9.1.4 磁性基态

为了研究 Janus 结构 Cr_2O_2XY 单层的磁性基态，考虑了四种磁性构型，包括一种铁磁（FM）态和三种反铁磁（AFM）态。通过比较铁磁态和反铁磁态的总能量，得到了 CrOX、CrOY 和 Cr_2O_2XY 单层的磁性基态。结果发现，在 CrOX 和 CrOY 单层中，只有 CrOI 单层是反铁磁态的，而其余结构都是铁磁态的。此外，发现 Cr_2O_2ClI 和 Cr_2O_2ClBr 单层都是本征铁磁态的。同时，也注意到相比 Br—Cr—Br 键和 I—Cr—I 键，Cl—Cr—Cl 键具有更高的铁磁交换能。因此，Cl—Cr—Cl 键主导了 Janus 结构的 Cr_2O_2XY 单层的磁性基态，导致了相对负的铁磁态与反铁磁态能量差 E_{FM-AFM}，使其展现出铁磁性，如表 9-3 所示。CrOX、CrOY 和 Cr_2O_2XY 单层中具有铁磁基态的结构均有比较大的自旋极化程度，净磁矩大约为 $3\mu_B/TM$（TM 表示过渡金属）。

表 9-3 CrOX、CrOY 和 Cr_2O_2XY 单层的铁磁态和反铁磁态的总能量差 E_{FM-AFM}、磁性基态（G.S.）和磁矩 μ

二维晶体	E_{FM-AFM}/(meV/TM)	G.S.	μ/(μ_B/TM)
CrOCl	−12.1	FM	3.00
CrOBr	−9.5	FM	3.00
CrOI	10.8	AFM	0.00
Cr_2O_2ClBr	−11.0	FM	3.00
Cr_2O_2ClI	−5.0	FM	3.00

9.1.5 应变下的电磁性质研究

应变工程是一种调节体相和二维材料电子结构的有效方法。为了研究 Cr_2O_2ClI 和 Cr_2O_2ClBr 单层在应变下的电性质和磁性质转变，对其分别施加了沿 x 轴和 y 轴的单轴应变。首先研究了这些单层的磁性基态，发现 Cr_2O_2ClI 和 Cr_2O_2ClBr 单层在小应变下始终是铁磁态的（图 9-7）。同时，也注意到当沿 x 轴方向的压应变为5%时，Cr_2O_2ClI 单层的铁磁态和反铁磁态的能量差很小，仅为−2meV/TM。我们想知道 Cr_2O_2ClI 单层的基态是否可以转变为反铁磁态，于是沿 x 轴方向对 Cr_2O_2ClI 单层施加了更大的压应变。令人惊讶的是，铁磁态的 Cr_2O_2ClI 单层在沿 x 轴7%的压应变下转变为反铁磁态，这证明了应变调节磁性的可能性（图 9-8）。

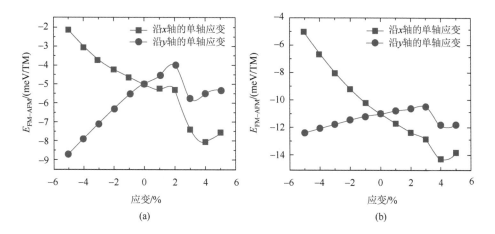

图 9-7　Cr_2O_2ClI（a）和 Cr_2O_2ClBr（b）单层在沿 x 轴和 y 轴的 ±5%范围内的单轴应变下，铁磁态与反铁磁态的能量差 E_{FM-AFM}[4]

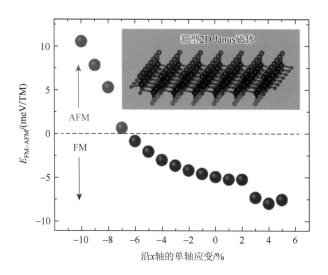

图 9-8　Cr_2O_2ClI 单层的磁性基态随沿 x 轴方向的单轴应变的变化[4]

Cr_2O_2ClI 和 Cr_2O_2ClBr 单层在沿 x 轴和沿 y 轴的应变下的带隙变化如图 9-9 所示。此处以 x 轴应变下的结果为例。显然在没有应变的情况下，Cr_2O_2ClI 和 Cr_2O_2ClBr 单层均为半导体，带隙分别为 0.70eV 和 1.63eV。Cr_2O_2ClI 和 Cr_2O_2ClBr 单层的带隙变化显示出相同的趋势，当对其施加沿 x 轴方向的应变时，随着拉应变增大，上自旋的带隙增大，而下自旋的带隙则有所减小。另外，计算了 Cr_2O_2ClI 单层在沿 x 轴 6%～10%的压应变下的带隙。有趣的是，随着单轴压应变的增大，Cr_2O_2ClI 单层发生了从铁磁态半导体到反铁磁态半导体（–7%的应变）和反铁磁态金属（–8%的应变）的量子相转变（表 9-4），这些二维 Janus 材料有应用于超薄磁性应变传感器的可能性。

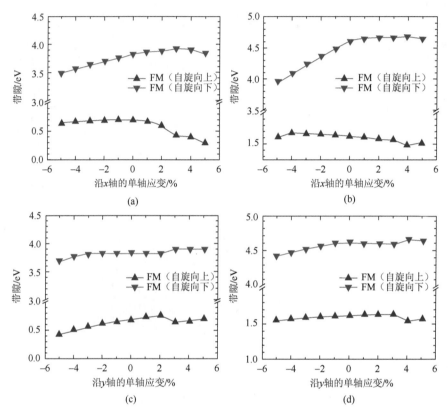

图 9-9　Cr_2O_2ClI［（a）、（c）］和 Cr_2O_2ClBr［（b）、（d）］单层自旋向上的带隙和自旋向下的带隙随单轴应变的变化[4]

表 9-4　*Pma*2 结构的 Cr_2O_2ClI 单层在沿 *x* 轴方向的单轴应变下的铁磁态与反铁磁态的总能量差 $E_{FM}-E_{AFM}$、磁性基态（G.S.）、晶格常数 *a* 和 *b*，上自旋带隙 E_g（↑）和下自旋带隙 E_g（↓）以及用方法 2 合成 Cr_2O_2ClI 单层所对应的形成能 E_{f2}

应变/%	$E_{FM}-E_{AFM}$(meV/TM)	G.S.	*a*/Å	*b*/Å	E_g(↑)/eV	E_g(↓)/eV	E_{f2}/eV
−10	10.48	AFM	6.040	8.029	0.000	0.000	−1.096
−9	7.75	AFM	6.107	8.023	0.000	0.000	−1.276
−8	5.23	AFM	6.174	8.020	0.000	0.000	−1.427
−7	0.62	AFM	6.241	7.986	0.520	0.520	−1.368
−6	−0.92	FM	6.308	7.978	0.587	0.580	−1.486

9.1.6　电子结构研究

为了更深入地理解磁学性质，计算了包含自旋的电子能带结构图和投影态密度图。如图 9-10 所示，本征铁磁态的 Cr_2O_2ClI 单层是间接带隙半导体，带隙为 0.70eV。Cr_2O_2ClI 单层的价带顶在 Γ 点和 X 点之间，由下自旋控制，主要是 I 5p 轨道的贡献。而导带底在 Y 点，由上自旋控制，主要是 Cr 3d 轨道和 I 5p 轨道的贡献。在 Cr_2O_2ClI 和 Cr_2O_2ClBr 单层的费米能级附近都观察到了一维范霍夫奇点，这在一些其他二维材料中也有所发现。在沿 x 轴的单轴压应变下，Cr_2O_2ClI 单层可以实现铁磁态半导体到反铁磁态半导体（–7%的应变）或反铁磁态金属（–8%的应变）的量子相转变。

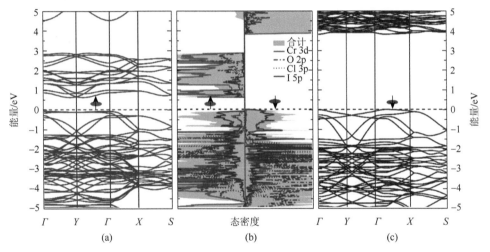

图 9-10　在没有应变情况下，Cr_2O_2ClI 单层的上自旋（a）和下自旋（c）对应的电子能带结构及自旋投影态密度图（b）[4]

在 0eV 的虚线表示费米能级

9.2　新型超宽带隙半导体

9.2.1　领域现状

金属卤氧化物是一类新兴二维材料，其通式为 MOX（O：氧；X：卤素；M：金属），通常呈现由两层 X 层和夹在其中间的起伏状的 MO 双层构成的层状结构。这些层状化合物根据不同的化学式，具有多种独特的性质。TiOX 是一种 Mott-Hubbard 绝缘体，在掺杂时或应变下会诱发绝缘体到金属的转变，且具有共振价键和高温超导性。同样，VOCl 也被认为是多轨道 Mott 绝缘体，并显示出低温下的反铁磁性。FeOCl 也是低温反铁磁体，并在环境治理中具有潜在应用。近来，由于金属氧化物的二维性质与它们的体相晶体性质截然不同，因此二维形式的金属卤氧化物受到持续关注。例如，已预测 CrOX 单层将显示出较大的铁磁有序性、良好的自旋极化和较高的居里温度。单层 BiOX、InOI 和 GaOI 是有潜力的光催化剂和紫外线光电探测器。

作为层状金属卤氧化物家族的重要成员，稀土卤氧化物具有许多有趣的特性和有用的功能。目前发现体相的 ScOCl 和 ScOBr 以正交的 FeOCl 型结构（空间群编号 59，*Pmmn*）结晶。许多镧系元素卤氧化物具有与四方 PbFCl 相同的晶体对称性（空间群编号 129，*P4/nmm*），而其中一些则具有三方的 YOF 型或 SmSI 型结构（空间群编号 166，$R\bar{3}m$）。已经通过实验制备了三方和四方的 YOCl 晶体。但是，对于体相 YOBr，目前仅报道了四方相。尽管对钪/钇卤氧化物的实验和理论研究已经有了初步的成果，但 YOBr 的三方相是否存在尚未可知；这些 YOX 晶体能否发生相变及其相变机理不清；缺乏对二维钪/钇卤氧化物的全面了解[5]。

9.2.2　晶体结构与高压相变

压力下体相 ScOCl 和 ScOBr 晶体具有 FeOCl 型的正交结构［图 9-11（a）］，

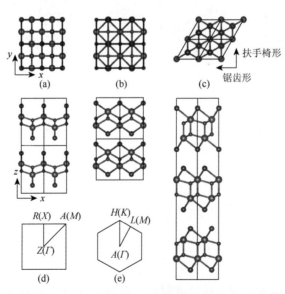

图 9-11　（a）空间群编号为 59，*Pmmn* 的斜方 ScOX 的晶体结构；（b）空间群编号为 129，*P4/nmm* 的四方 YOX（P-YOX）的晶体结构；（c）空间群编号为 166，$R\bar{3}m$ 的正交 YOX（R-YOX）的晶体结构，其中顶部和底部分别是俯视图和侧视图，晶胞由实线突出显示，金属、氧和卤素原子分别以黄色、蓝色和红色显示，四方（d）和三方（e）YOX 晶体的第一布里渊区[5]

YOCl 和 YOBr 则可能以两种形式结晶：PbFCl 型的四方结构 [P-YOX，图 9-11（b）]
和 YOF 型或 SmSI 型的三方结构（R-YOX）。YOF 型或 SmSI 型都具有相同对称
性的层状结构，每层都由同元素的原子按照 X—M—O—O—M—X 的顺序堆垛而
成，两种结构的不同之处仅仅在于层与层之间的堆垛顺序不同（假设 YOF 以 ABC
的顺序堆积，则 SmSI 为 ACB）。由于两种结构的总能相差小于 1meV，且 YOF
型结构 [图 9-11（c）] 总体上能量更低，因此后续的计算采用 YOF 型结构进行。
表 9-5 为基态条件下，用不同的交换关联函数计算的几种化合物的晶格常数和带
隙。与实验结果相比，GGA-PBE 方法比 GGA+U 方法更好地再现了晶体结构，
因此，所有结构特性均使用 GGA-PBE 功能进行计算。而参考 HSE06 泛函计算的
带隙值，GGA+U 的结果更加可靠，因此在后面，除非另有说明，电子能带结构
和有效质量通过 GGA+U 计算。

表 9-5　实验和计算的体相晶体的晶格常数（ a、b、c）、体积 V 及实验和计算数据之间的相对
差，根据 GGA 和 GGA+U 方法计算的电子带隙 E_g，并与 HSE06 泛函作对比

材料	晶格常数						带隙	
	方法	a/Å	b/Å	c/Å	V/Å³	体积差/Å	方法	E_g/eV
ScOCl	实验	3.465	3.955	8.178	112.072	—	HSE06	6.26
	GGA	3.446	3.954	8.123	110.659	−1.26	GGA	4.06
	GGA+U	3.665	4.234	8.178	126.900	13.23	GGA+U	6.00
ScOBr	实验	3.551	3.954	8.700	122.146	—	HSE06	5.26
	GGA	3.532	3.948	8.643	120.517	−1.33	GGA	3.17
	GGA+U	3.733	4.220	8.703	137.104	12.25	GGA+U	5.01
R-YOCl	实验	3.776	3.776	27.950	345.125	—	HSE06	5.97
	GGA	3.796	3.796	28.004	349.494	1.27	GGA	4.33
	GGA+U	3.909	3.909	27.968	370.170	7.26	GGA+U	4.83
R-YOBr	实验	—	—	—	—	—	HSE06	5.05
	GGA	3.829	3.829	29.817	378.600	—	GGA	3.68
	GGA+U	3.937	3.937	29.869	400.986	—	GGA+U	4.11
P-YOCl	实验	3.908	3.908	6.605	100.895	—	HSE06	6.60
	GGA	3.904	3.904	6.604	100.630	−0.26	GGA	5.02
	GGA+U	4.057	4.057	6.600	108.638	7.67	GGA+U	5.10
P-YOBr	实验	3.845	3.845	8.255	122.042	—	HSE06	5.82
	GGA	3.837	3.837	8.337	122.772	0.60	GGA	4.42
	GGA+U	3.983	3.983	8.013	127.138	4.18	GGA+U	4.46

9.2.3　三方 YOBr 的合成及其电子结构

　　目前只合成了四方结构的 YOBr，三方结构的 YOBr 是否存在尚未可知。因此，首先根据预测的声子谱评估了其晶格动力学稳定性。如图 9-12（a）所示，没有观察到任何虚频，表明体相 R-YOBr 晶体是动力学稳定的。然后根据胡克定律，通过对晶体进行六次有限变形来计算弹性刚度张量。表 9-6 和表 9-7 总结了体积、剪切、杨氏模量和泊松比等计算结果。根据 Born 弹性稳定性判据，所有的 ScOX 和 YOX 晶体，包括 R-YOBr 都是力学稳定的。有趣的是，在图 9-12（c）中，还发现三方 YOBr 具有比四方 YOBr 更低的基态能量，证明在基态条件下，三方 YOBr 是热力学稳定的。综上，三方 R-YOBr 晶体显示出很高动力学、力学和热力学稳定性，因此有望通过实验合成。

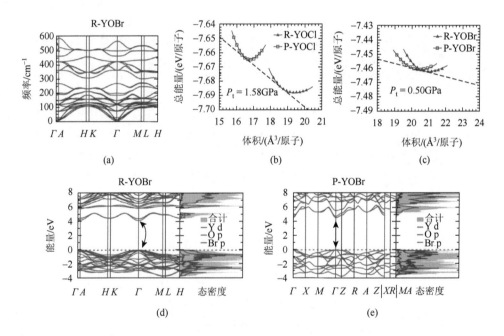

图 9-12　（a）体相 R-YOBr 晶体的声子谱；YOCl（b）和 YOBr（c）的三方相和四方相的总能量与体积的关系，相变压力 P_t 由公共切线估算；R-YOBr（d）和 P-YOBr（e）晶体的电子能带结构和态密度，0eV 处的虚线表示费米能级[5]

　　由于外部压力通常会在晶体中引发出乎意料的物理现象，因此从状态方程探索了在静压力下体相 YOBr 和 YOCl 的结构相变。图 9-12 描述了在不同体积下四方和三方 YOX 相计算出的总能量，EOS 根据 Murnaghan 方程拟合：

$$E(V) = E_0 + B_0 V_0 \left[\frac{(V/V_0)^{1-B_0'}}{B_0'(B_0'-1)} + \frac{1}{B_0'} \frac{V}{V_0} - \frac{1}{B_0'-1} \right]$$

其中，E_0 和 V_0 分别是零压下的平衡能量和体积；B_0 和 B_0' 分别是体积模量和压力为 0 时模量对压力的偏导数。B_0 和 B_0' 定义为：$B_0 = -V(\partial P/\partial V)_T$ 和 $B' = (\partial K/\partial P)_T$，其中 $P = -(\partial E/\partial V)_S$。Murnaghan 方程在 V/V_0 约高于 90%时仍然保持着令人满意的拟合结果。由于计算模拟的条件是 $T = 0$，因此吉布斯自由能 $G = E + PV - TS$ 等于焓 $H = E + PV$。因此，相变发生在焓变为 0 的条件下。也就是说，相变压力（P_t）可以由 E-V 曲线的公切线求出。最终得到结果，YOCl 和 YOBr 分别在 1.58GPa 和 0.50GPa 的外压下，从三方结构转变为四方结构。如图 9-13 所示，相变压力在两相的焓压曲线中更明显。上面的 E-V 曲线还表现出一些其他静态特性，这些特性列在表 9-6 中。三方结构具有更低的基态能量和更松散的结构。也就是说，在静态条件下，三方结构是稳定相，四方结构则为高压相。与 YOCl 对比，YOBr 晶体具有更接近的基态能量、平衡体积和可压缩性，这导致更低的相变压力。如图 9-12（d）和（e）所示，YOBr 中压力诱导的相变还伴随着间接-直接的电子能带变换，其中高压四方相是直接带隙半导体和低压三方半导体具有较小的间接带隙。YOX 的态密度也发生了明显变化，价带的变化受 YOX 中氧原子的 p 电子和卤素原子的 d 电子控制，这很明显表明阴离子在压力下结构相变过程中发生运动，从而导致可能的轨道重建。由于 YOCl 和 YOBr 的电子态密度表现出了相似的变化，因此这里以 YOBr 为例，对这种变化的原子加以研究。价带顶（VBM）由 O 和 Br 原子的 p 电子控制，其中导带底（CBM）由 Y 原子的 d 电子贡献。如表 9-8 所示，与 P-YOBr 相比，R-YOBr 具有更短的 Y—Br 键和更长的 Y—O 键，表明 R-YOBr 的 Br 原子和 P-YOBr 的 O 原子可以接收更多来自 Y 原子的电子，因此，在费米能级以下，R-YOBr 中的 Br p 的 DOS 和在 P-YOBr 中的 O p 的 DOS 稍大；而其 CBM 上的 DOS 略有不同，可能是由于 O—Y—O 的化学键长不同。

表 9-6 零压力下块体晶体的三角（R）或四方（P）结构的物理量

指标	YOCl		YOBr	
	R	P	R	P
$V/\text{Å}^3$	116.5	100.63	126.2	122.77
c/a	2.46	1.69	2.6	2.17
E_{tot}/eV	−46.13	−45.99	−44.77	−44.76
B_0/GPa	28.8	75.4	31.6	29.1

续表

指标	YOCl		YOBr	
	R	**P**	**R**	**P**
	R-P 相转变			
$\Delta V/V_0$/%	−13.62		−2.72	
P_t/GPa	1.58		0.5	

注：平衡体积（V）、结构参数 c/a 和总能量（E_{tot}），以两个公式表示。B_0 是通过状态方程（EOS）曲线的热力学方程计算的体积模量。相变压力（P_t）在文中定义。$\Delta V/V_0$ 是 R 相和 P 相之间体积的相对变化，其中 V_0 是 R-YOX 在零压力下的平衡体积。

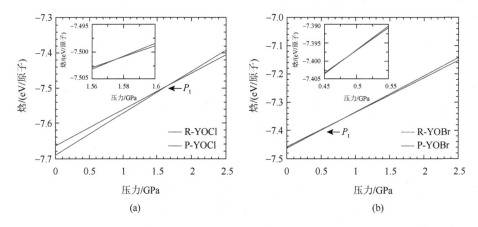

图 9-13　YOCl（a）和 YOBr（b）的三方相和四方相的压力与焓的关系[5]

P_t 为相变压力，插图描述了相变压力附近的曲线

表 9-7　体相晶体的弹性常数 C_{ij}

物理量		ScOCl	ScOBr	R-YOCl	P-YOCl	R-YOBr	P-YOBr
弹性常数/GPa	C_{11}	153.2	142.9	122.1	157.1	116.4	141.5
	C_{12}	45.9	42.9	41.2	52.0	40.0	35.2
	C_{13}	12.9	14.7	14.2	63.9	14.9	18.7
	C_{14}	—	—	1.9	—	1.6	—
	C_{22}	139.8	131.9	—	—	—	—
	C_{23}	13.9	16.4	—	—	—	—
	C_{33}	28.6	36.5	37.8	91.4	42.4	32.4
	C_{44}	10.3	9.9	8.6	25.9	7.8	15.8
	C_{55}	13.2	13.9	—	—	—	—
	C_{66}	57.9	53.8	40.5	66.6	38.2	50.2
体积模量/GPa	B_V	51.9	51.0	46.8	85.0	46.1	51.2
	B_R	26.3	31.9	31.7	80.3	34.1	30.2
	B_{VRH}	39.0	41.4	39.2	82.6	40.1	40.7

物理量		ScOCl	ScOBr	R-YOCl	P-YOCl	R-YOBr	P-YOBr
体积模量/GPa	G_{VRH}	25.7	25.2	20.3	35.2	19.2	27.3
	E_{VRH}	63.1	62.8	52.0	92.4	49.7	66.9
	v_{VRH}	0.23	0.25	0.28	0.31	0.29	0.23

注：ScOX 和 YOX 分别具有 9 个和 6 个独立的弹性常数，R-YOX 中的 $C_{66} = (C_{11}-C_{12})/2$。$B_V$、$B_R$ 和 B_{VRH} 分别是基于 Voigt、Reuss 和 Hill 方法的体积模量。G_{VRH}、E_{VRH} 和 v_{VRH} 分别是基于 Hill 方案的剪切模量、杨氏模量和泊松比。

表 9-8　体相 YOBr 优化的键长、键角

化合物	$d_{Y-Br}/Å$	$d_{Y-O}/Å$	$\theta_{Br-Y-Br}/(°)$	$\theta_{O-Y-Br}/(°)$	$\theta_{O-Y-O}/(°)$
R-YOBr	2.93	2.27/2.28	82	78	76/114
P-YOBr	3.18	2.23	74	75	75

9.2.4　单层的制备与稳定性

制备二维材料最常用方法之一是机械剥离或液体解理。为了评估从实验中制备这些单层的可能性，模拟了剥离过程并估计了剥离能［图 9-14（a）］。与基准材料石墨烯（0.31J/m²）相比，ScOX、R-YOX 和 P-YOBr 单层的剥离能较小，这表明它们有可能像石墨烯一样，通过从体相中剥离进行实验上的制备。值得注意的是，四方相的剥离能比三方相大，这是因为三方相的层间距离更长，更易于机械解理。另外，P-YOCl 的剥离能（0.69J/m²）在这些晶体中最大，但比可实验制备的 Ca₂N（1.08J/m²）单层的剥离能小。因此，所有这些二维晶体都可以在实验上制备。这些计算结果还证明了二维 ScOX 和 YOX 的弱范德瓦耳斯相互作用，意味着作为异质结构材料的巨大潜力。

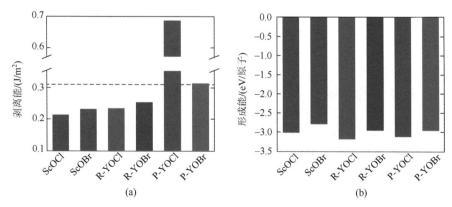

图 9-14　计算 MOX 单层的剥离能（a）和形成能（b）[5]

虚线表示石墨烯的数据

为了确定单层的能量稳定性，根据以下公式计算它们的形成能：$\Delta H = (E_t - n_M E_M - n_O E_O - n_X E_X)/n$，其中 E_t 是单层 MOX 的能；E_M、E_O 和 E_X 分别是稀土晶体、气态 O_2 分子和 Cl_2 分子或 Br 晶体的能量。如图 9-14（b）所示，ΔH 值为负（$-3.2\sim-2.8eV$），表明单层 MOX 的合成反应是放热反应。此外，单层 R-YOX 晶体比 P-YOX 具有更低的形成能，这表明三方相具有更好的热力学稳定性。因此，后续所有计算基于 ScOX 和 R-YOX 单层。最后，通过声子色散曲线证明了 ScOX 和 R-YOX 的动力学稳定性。如图 9-15 所示，在 Γ 点附近仅有很小的虚频（$-2.9\sim-4.1cm^{-1}$），可忽略不计，表明这些单层都是动力学稳定的。

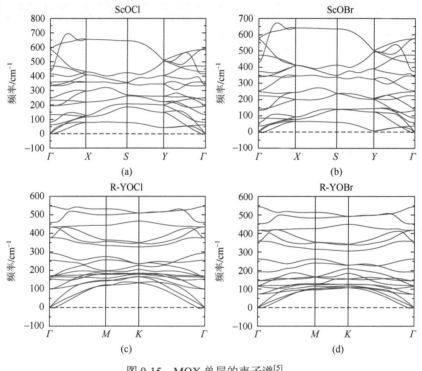

图 9-15　MOX 单层的声子谱[5]

9.2.5　应变下的单层

令人惊讶的是，与带隙明显依赖于层数的典型层状材料（如 MoS_2）不同，所有 MOX 单层与它们的体相相比都具有非常接近的带隙值（表 9-5 和表 9-9），量子限制效应对这些 MOX 的能带影响很小。计算出的电子能带结构和态密度如图 9-16 所示。显然，单层 ScOX 是超宽间接带隙半导体，其中二维 R-YOX 显示出弱间接带隙。可以看到，这些二维晶体的 CBM 在 Γ 点，主要由 M d 和 O p 轨道贡献，而它们的 VBM 在 ScOX 的 Y 点和 R-YOX 的 Γ 点附近，由氧和卤素原子的 p 轨道占据主导地位。而且二维 ScOCl 和 ScOBr 中的导带形状非常相似，表明它们应该具有非常接近的有效质量。这正如在表 9-10 中得到的结果。由于中等的有效质量和非常小的形变势常数，单层 ScOBr 沿 x 方向显示出相对较高的空穴迁移率，约为 4086cm^2/(V·s)，而二维 R-YOBr 具有最小的有效质量，从而导致了沿 zigzag 和 armchair 方向的电子迁移率分别约为 2051cm^2/(V·s) 和 1803cm^2/(V·s)。ScOBr 和 R-YOBr 单层的载流子迁移率明显高于黑磷薄膜，而 ScOCl 和 R-YOCl 的载流子迁移率与 MoS$_2$ 单层相当。由于所有 MOX 单分子层都是具有宽禁带范围和高载流子迁移率的超宽带隙半导体，因此在高功率、高温、高频和抗辐射环境下的电子和光电器件领域具有应用潜力。

表 9-9　采用 GGA-PBE 计算得出的晶格参数，以及通过 GGA、GGA + U 和 HSE06 函数计算的带隙能量

材料	a/Å	b/Å	E_g/eV		
			GGA	GGA + U	HSE06
ScOCl	3.436	3.947	4.12	6.10	6.37
ScOBr	3.527	3.942	3.15	5.11	5.25
R-YOCl	3.781	3.781	4.43	5.02	6.04
R-YOBr	3.818	3.818	3.68	4.22	5.05

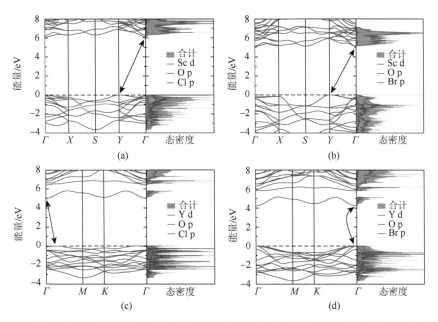

图 9-16　通过 GGA + U 计算的 ScOCl（a）、ScOBr（b）、R-YOCl（c）和 R-YOBr（d）单层的能带结构和总/投影态密度[5]

费米能级设置为零，如虚线所示

表 9-10　计算出的形变势常数（E_d）、弹性模量（C_{2d}）、以自由电子质量为单位的电子或空穴的有效质量（m^*/m_0）及 300K 下沿 x 和 y 或 zigzag 和 armchair 方向的载流子迁移率（μ）和电子的弛豫时间（τ）

材料	方向	载流子类型	E_d/eV	C_{2d}/(J/m²)	m^*/m_0	μ/ [cm²/(V·s)]	τ/fs
ScOCl	x	h	5.12	113.67	3.67	4.58	0.010
		e	5.16	113.67	0.63	154.64	0.055
	y	h	1.62	99.04	1.17	393.87	0.261
		e	2.85	99.04	1.33	98.43	0.074
ScOBr	x	h	0.22	112.37	2.81	4085.71	6.519
		e	5.39	112.37	0.47	249.63	0.067
	y	h	3.48	98.77	0.68	247.41	0.096
		e	3.41	98.77	1.11	97.49	0.062
YOCl	zigzag	h	9.67	100.58	1.57	6.19	0.006
		e	3.99	100.58	0.62	234.18	0.082
	armchair	h	10.79	97.90	17.57	0.04	0.004
		e	3.94	97.90	0.62	233.29	0.082
YOBr	zigzag	h	1.64	101.81	1.56	221.97	0.196
		e	1.42	101.81	0.59	2050.67	0.688
	armchair	h	1.80	99.11	3.34	38.86	0.074
		e	1.50	99.11	0.59	1803.20	0.605

　　应变工程可以有效调控材料的晶体结构和电子能带。首先，我们认为在单轴应变下，三方和四方的单层 YOCl 和 YOBr 之间比体相具有更高的能量差，故不太可能发生相变（图 9-17）。因此，可以继续探索应变对基态单层的电子结

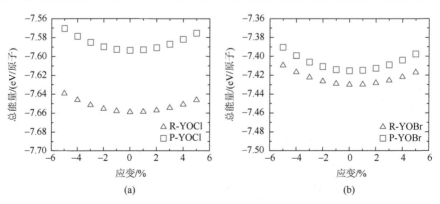

图 9-17　单轴应变下三方和四方 YOCl（a）和 YOBr（b）单层的总能量[5]

构的影响。在图 9-18 中，单轴应变下，除了单层 R-YOCl 表现出带隙从压缩应变到拉伸应变的单调减小，其余单层 MOX 的带隙显示出不规则的变化，但是大的应变整体上降低了带隙。二维 ScOCl 和 ScOBr 的应变响应看起来非常相似。有趣的是，在单轴应变下，单层 ScOCl 和 R-YOBr 中存在间接带隙至直接带隙的转变。为了进一步研究这些现象的产生机理，计算了应变对带边的影响（图 9-19）。显然，在应变下，二维 R-YOCl 的带隙减小是由于 VBM 和 CBM 的近乎单调移动，而带边（尤其是 VBM）的非单调移动导致其他 MOX 中带隙的不规则变化。此外，应注意的是，应变诱发的间接-直接带隙转变主要是由氧和卤素原子的 p 电子组成的最高价带所主导（图 9-20）。因此，可以通过施加外部应变来有效地调节二维 MOX 的电子特性，使得二维 MOX 在柔性电子器件中有可能得到应用。

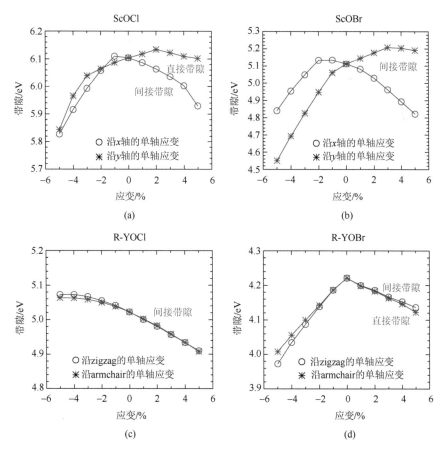

图 9-18　通过 GGA＋U 计算的在单轴应变下 ScOCl（a）、ScOBr（b）、R-YOCl（c）和 R-YOBr（d）单层的带隙[5]

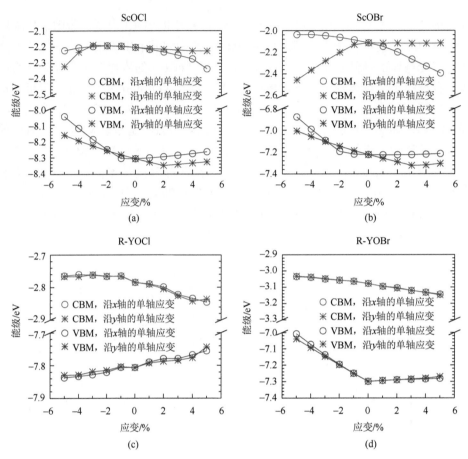

图 9-19　MOX 单层应变下的 CBM 和 VBM[5]

真空能级设置为零

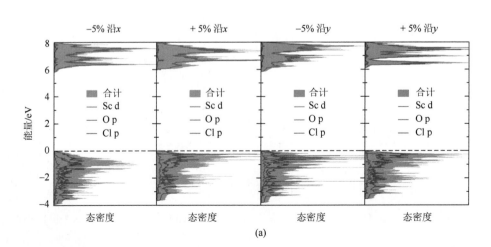

(a)

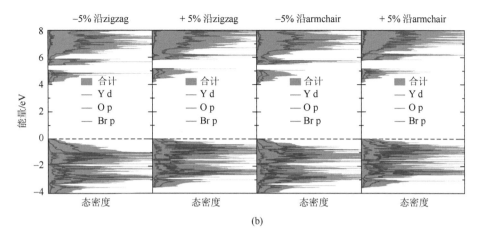

(b)

图 9-20　在 –5% 和 + 5% 单轴应变下沿不同方向的 ScOCl（a）和 R-YOBr（b）单层的电子
态密度[5]

9.2.6　光吸收与光催化

光学性质是半导体最重要的物理特性之一。为了获得更准确的吸收系数，介电常数的计算采用了 TDHF 方法。如图 9-21（a）和（b）所示，所有的 MOX 单层薄膜在紫外光谱中都具有很强的吸收能力，在这一能量范围内，可以观察到许多吸收峰。ScOCl 和 ScOBr 单层在约 3.8eV 和 3.0eV 的光子能量下对光发生响应，此后吸收强度随光子能量的增加而变化，沿 x 方向在 4.2eV 和 3.4eV 的光子能量下分别达到最大值。可以观察到，由于激子效应，在 HSE06 带隙以下（6.4eV 和 5.3eV）的光能范围内出现了几个吸收峰。主峰出现在带隙附近，最大吸收达到 25%～30%。R-YOCl 和 R-YOBr 单层的吸收光谱似乎与带隙相关，最大吸收约 25%。上述结果表明，这些二维 MOX 沿面内偏振的所有吸收峰都位于 3.1eV 以上的光能范围内，这对其在紫外光谱范围光电器件中的实际应用是有益的。特别地，在 5.3～6.5eV 光子能量的日盲光谱区域（200～280nm）中，MOX（尤其是 YOX）单层具有有利的吸收。日盲型深紫外线光电检测系统通常在恶劣环境中运行，而超宽带隙材料通常适用于更高电压、高频和高温的应用。因此，MOX 在日盲紫外光电器件中有着天然的潜在应用。此外，ScOX 还具有显著的各向异性吸收系数，因此有可能在偏振光传感器中得到利用。

超宽带隙半导体还是用于水分解的高效光催化剂，当用紫外线照射时，其外量子效率创纪录地高达 96%。图 9-21（c）描绘了单层 MOX 相对于真空能级的价带/导带电势，并与水分解的氧化还原电势（H^+ 为 –4.44eV，O_2 为 –5.67eV）进行了比较。

所有的二维 MOX 都具有明显地跨越了酸性条件（pH = 0）下水的氧化还原电势的能带，这表明它们可能用于催化水解反应。此外，水的氧化还原电势在很大程度上受 pH 的影响：$E_{H^+/H_2O} = -4.44 + pH \times 0.059eV$，$E_{O_2/H_2O} = -5.67 + pH \times 0.059eV$。因此，还考虑了在中性环境（pH = 7）中水氧化还原电势。二维 MOX 的能带仍处于光催化水解的有利位置，这表明它们在紫外线照射下光催化水分解反应有着巨大的潜力。由于大多数光催化水分解反应都是在催化剂表面进行的，因此计算了水分子在二维 MOX 表面上的吸附能，定义为 $E_{ad} = E（H_2O/MOX）-E（H_2O）-E（MOX）$，其中 $E（H_2O/MOX）$ 是吸附结构的总能量，$E（H_2O）$ 和 $E（MOX）$ 分别是孤立的水分子和纯二维 MOX 模型的总能量。结果表明，二维 MOX 的吸附能（每个水分子对 ScOCl、ScOBr、R-YOCl 和 R-YOBr 的吸附能分别为 0.16eV、0.15eV、0.14eV 和 0.14eV）甚至比二维 InSe 光催化剂（–0.05eV）小，负值表示很强的吸附能力，有利于水分解反应。因此，二维 MOX 是在紫外线照射下光催化水分解的潜在候选材料。

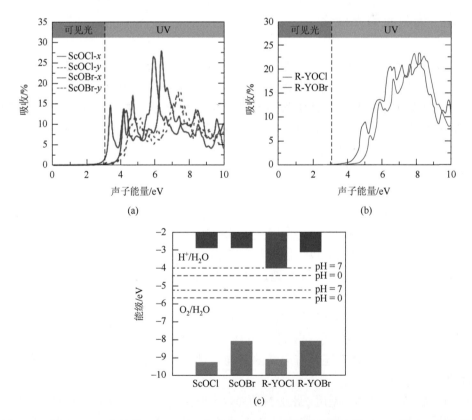

图 9-21　基于 TDHF 方法的 ScOX（a）和 R-YOX（b）单层的吸收光谱；（c）基于 HSE06 泛函，MOX 单层的价带/导带电势，其中真空能级设为 0，虚线为 pH = 0/7 时的水氧化还原电势[5]

258

9.3　二维 $In_2Ge_2Te_6$ 多功能半导体

9.3.1　领域现状

在未来微电子器件中有望使用的候选材料中，二维材料展现出许多令人瞩目的优势，如厚度极小，易于组装或集成到异质结构器件中。石墨烯是第一种分离出的单层材料，但没有电子带隙，极大地限制了其实际应用。与石墨烯相反，被广泛研究的二维材料 MoS_2 对于在微电子和光电器件中的应用带隙过大（1.9eV）。据报道多层的 $Cr_2Ge_2Te_6$ 表现出固有的磁性，并且带隙很小（0.74eV）；与 $Cr_2Ge_2Te_6$ 具有相同晶体结构的 $In_2Ge_2Te_6$ 已被合成，可用在热电领域，但其二维形式未知。目前，尽管在一些已知的二维单层中可能会感应出磁性，但大多数已被充分研究的二维半导体仍未表现出可控的自旋顺序。尽管在二维半导体的开发方面不断做出努力，但寻找理想的二维候选物仍然是固体物理学和材料科学领域的热点[6, 7]。

另外，界面堆垛的变化已被证明是设计二维双层材料的物理和化学性质的有效方法。例如，电子带隙和声子频率随扭曲角而变化，可通过化学气相沉积在堆垛的 MoS_2 双层中实现。在石墨烯双层中，精确控制魔角会引入许多出色的特性和相关的电子相（如超导和绝缘态），这在二维材料科学中也是一个不断发展的领域。尽管最近已采用静水压来调节石墨烯莫尔超晶格的动态能带结构和扭曲的双层石墨烯中的电子相互作用及超导电性，但范德瓦耳斯（vdW）压力调控这些二维系统的电子和堆垛特性的情况尚未可知，vdW 相互作用目前被认为可以控制平面外变形。

本节通过材料学大数据、第一性原理计算和分子动力学模拟成功地解决了上述挑战[8]。首先报道了二维直接带隙半导体（单层和多层 $In_2Ge_2Te_6$）具有出色的综合性能。通过剥离能计算和晶格动力学，发现所提出的二维晶体具有高稳定性，并且可以像石墨烯一样通过机械解离从体相层状晶体中进行可能的制备。此外，与目前最有效的单结 GaAs 太阳能电池相比，这些二维晶体在整个可见太阳辐射光谱范围内表现出显著的光吸收系数，并且具有很高的理论功率转换效率。该研究证明，在静电载流子掺杂下，可以在单层 $In_2Ge_2Te_6$ 中实现新型的量子相变，展现了其在纳米级自旋电子器件中的潜在应用。以 $In_2Ge_2Te_6$ 双层为模型系统，进一步揭示了可以通过施加适度的 vdW 压力来调整电子和堆垛特性。所有这些特性使二维 $In_2Ge_2Te_6$ 晶体成为未来微电子学和光电子学中非常有前景的候选材料。

9.3.2 晶体结构与电子结构

体相 $In_2Ge_2Te_6$ 是具有三方对称性 $R\bar{3}$ 的层状化合物（空间组编号 148）。晶体结构是由铟和锗原子在伪二维 xy 平面中连接的碲原子通过六方密堆积构成 [图 9-22（a）]，通过 vdW 相互作用沿 z 轴堆垛 [图 9-22（b）]。xy 平面上有两种八面体类型，即 Ge_2Te_6 和 $InTe_6$ 八面体，它们分别由成对的锗原子和一个铟原子占据八面体中心。

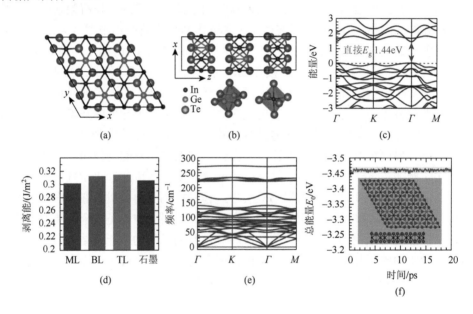

图 9-22　$In_2Ge_2Te_6$ 晶体的几何形状：（a）2×2 的单层超胞的俯视图，（b）沿 y 轴的侧视图及八面体的体相结构图；（c）单层的电子能带结构，费米能量为 0eV 并用虚线表示；（d）与石墨相比，计算出的多层 $In_2Ge_2Te_6$ 晶体的剥离能，其中 ML 表示单层，BL 表示堆叠双层，T_L 表示堆叠三层；（e）声子谱曲线；（f）单层总能量的 AIMD 演变，插图显示了 10000 AIMD 时间步长后单层结构的示意图 [原子的颜色与（a）和（b）中的相同] [8]

表 9-11 总结了体相和多层晶体计算出的晶格常数和电子带隙。与实验数据相比，GGA + D3 很好地定量再现了体相 $In_2Ge_2Te_6$ 的结构性质。如表 9-11 所示，多层 $In_2Ge_2Te_6$ 晶体的晶格参数（a）都与体相晶体非常接近，表明层间 vdW 相互作用和表面弛豫的影响可忽略不计。相反，量子限制对 $In_2Ge_2Te_6$ 的层数相关电子带隙有很大的影响。有趣的是，体相晶体是间接带隙半导体（图 9-23），而单层晶体具有直接带隙 [图 9-22（c）]。随着层数的减少，带隙从体相 0.91eV 的间接带隙变为单层 1.44eV 的直接带隙（表 9-11），增加了 58%，显著大于 MoS_2（47%；体

相为 1.29eV，单层为 1.90eV）。此处，根据形变势理论估算了迁移率，因此没有考虑具有缺陷晶体中的散射或小极化子的形成。

表 9-11 计算的单层(ML)、AA 和 AB 堆叠双层(BL)、ABC 堆叠三层(TL)和体相晶体 $In_2Ge_2Te_6$ 的晶格常数 a、范德瓦耳斯间隙和电子带隙 E_g

晶体	$a/Å$	vdW 间隙/Å	E_g/eV
ML	7.201	—	1.44
BL-AA	7.203	3.361	1.17
BL-AB	7.201	3.367	1.21
TL	7.204	3.310	1.12
体相	7.203，21.485 (7.086，21.206)	3.315 (3.282)	0.91

注：选取 GGA 与 D3-Grimme 的 vdW 校正及 HSE06 泛函，括号中为通过实验得到的数据。

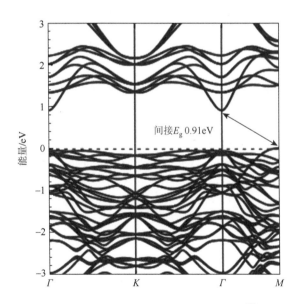

图 9-23 计算的体相晶体电子能带结构[8]

费米能量为 0eV

　　有趣的是，载流子迁移率（表 9-12）也受层数的很大影响。沿[010]方向，单层的最大载流子迁移率预计为 98.3cm²/(V·s)，比常见的二维材料 MoS_2 单层大 [21cm²/(V·s)，基于蒙特卡罗和 DFT 模拟]。AB 型堆垛的双层晶体增强到 486.4cm²/(V·s)，体相增强到 4074.9cm²/(V·s)（表 9-12），证实了存在明显的量子限制效应。但是，多层 $In_2Ge_2Te_6$ 的载流子迁移率不如石墨烯和黑磷高

[$\geqslant 10^4 \mathrm{cm}^2/(\mathrm{V\cdot s})$]，这可能限制了它们在高速场效应晶体管中的应用。另外，多层和体相晶体具有与 Si 和 GaAs [$\geqslant 10^3 \mathrm{cm}^2/(\mathrm{V\cdot s})$] 相当的载流子迁移率，并且带隙比石墨烯大，表明其在光电器件中的潜在应用，这将在稍后进行讨论。

表 9-12　计算出的单层（ML）、AB 堆叠的双层（BL）和体相 In$_2$Ge$_2$Te$_6$ 在 300K 下的形变势常数 E_{DP}、二维平面内刚度 C、有效质量 m^*/m_0 和载流子迁移率 μ

层数	载流子	E_{DP}/eV	C/(N/m)	m^*/m_0	μ/[cm^2/(V·s)]
ML	e[100]	5.549	38.370	0.692	36.9
	h[100]	3.549	38.370	1.644	16.0
	e[010]	8.261	38.910	0.287	98.3
	h[010]	6.261	38.910	0.696	29.1
BL-AA	e[100]	5.302	62.624	0.658	73.1
	h[100]	3.052	62.624	1.541	40.2
	e[010]	9.333	63.863	0.313	106.3
	h[010]	7.583	63.863	0.672	34.9
BL-AB	e[100]	4.852	62.027	0.481	161.7
	h[100]	3.352	62.027	3.744	5.6
	e[010]	5.008	63.098	0.271	486.4
	h[010]	3.758	63.098	0.734	117.8
体相	e[100]	9.537	196.129	0.104	2830.7
	h[100]	5.710	196.129	0.945	95.6
	e[010]	9.096	251.913	0.103	4074.9
	h[010]	4.411	251.913	0.619	479.7

注：e 和 h 分别表示电子和空穴载流子。

9.3.3　实验制备可行性

二维晶体通常可以通过机械剥离和液体解离从其 vdW 键合的体相晶体中制备。通过模拟解理过程估算二维 In$_2$Ge$_2$Te$_6$ 的剥离能。如图 9-22（d）所示，预测的基准材料石墨的剥离能约为 0.31J/m^2，并与实验测量值 [(0.32 ± 0.03)J/m^2] 和先前的理论计算数据（0.32J/m^2）相近，证明了上述计算的可靠性和准确性。对于二维单层、双层和三层 In$_2$Ge$_2$Te$_6$，剥离能预计约为 0.30J/m^2，非常接近石墨烯、As$_2$S$_3$（0.28J/m^2）和 CrOCl（0.21J/m^2）。正如先前预测的 As$_2$S$_3$ 和 CrOCl 单层已在最近的实验中成功制备，因此，预期单层和多数 In$_2$Ge$_2$Te$_6$ 层应该能够在空气中由机械剥离或类似的方法从体相中制备二维晶体。由于相邻层之间的 vdW 相互作用弱，这些二维晶体也是未来纳米电子应用中 vdW 异质结构或复合材料构造的潜在候选单元。

9.3.4　晶体稳定性

进行晶格动力学和分子动力学模拟，以评估二维 $In_2Ge_2Te_6$ 单层的结构稳定性。根据图 9-22（e）中的声子谱曲线，没有声子虚频，表明单层 $In_2Ge_2Te_6$ 是动力学稳定的。单层中光学声子模的最高频率约为 $270cm^{-1}$，这表明化学键合较弱。在 300K 下从头算分子动力学（AIMD）模拟表明单层是稳定的，因为 20ps 运行时间后晶格结构保持良好 [图 9-22（f）]。系统的时间依赖性总能量进一步证实了明显的热稳定性，该能量在 20ps 内仅显示出很小的振荡。在 AIMD 模拟时，晶格中的所有离子都围绕局部极小值振动，并且未观察到相变或分离，这表明二维 $In_2Ge_2Te_6$ 晶体在 300K 时是高度稳定的。

9.3.5　量子相变

二维 $In_2Ge_2Te_6$ 单层的电子结构在费米能量以下显示出相对平坦的价带 [图 9-22（c）]，从而导致非常高的态密度峰。这种有趣的特性称为一维范霍夫奇点，通常表示电子的不稳定性，因此可以调控量子相变，如二维 GaSe、InP_3 和纳米带所报道的那样。图 9-24（a）显示了在各种载流子浓度下静电掺杂的二维 $In_2Ge_2Te_6$ 单层的计算相图。有趣的是，电子不稳定性可由空穴和电子掺杂的交换相互作用驱动。此外，空穴掺杂的单层先后展现出非磁性和铁磁性的金属态，这在空穴掺杂的 GaSe 和 InP_3 单层中也类似地观察到。在电子掺杂下，当载流子密度在 $1.08\times10^{14}\sim2.12\times10^{14}cm^{-2}$ 之间时，$In_2Ge_2Te_6$ 单层首先表现为非磁性金属，然后显示出铁磁金属性。进一步增加电子掺杂密度（$>2.12\times10^{14}cm^{-2}$）可引起从铁磁到反铁磁金属态的异常磁转变。这些量子相变可以通过施加电解质栅极在实验上实现，电解质栅极对电子和空穴的载流子密度最高可达 $4\times10^{14}cm^{-2}$，甚至可以将样品与更高价元素合金化，如 Ge/Bi 置换 In 位点、Sb/Bi 置换 Ge 位点。除了半导体到金属的转变，二维 $In_2Ge_2Te_6$ 单层还表现出电可调谐的磁性，与 $Cr_2Ge_2Te_6$ 相比，具有一种不同的磁行为，可望成为电磁现象的基础研究及自旋电子器件的潜在应用的候选材料。

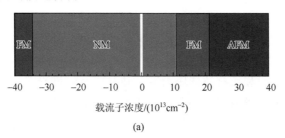

载流子浓度/($10^{13}cm^{-2}$)

(a)

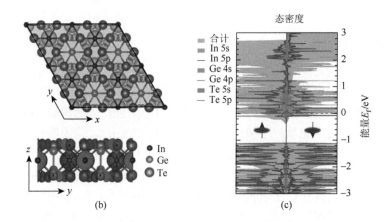

图 9-24 （a）静电掺杂下二维 $In_2Ge_2Te_6$ 单层中的量子相变图，其中负和正载流子浓度分别对应于空穴和电子掺杂，NM 表示非磁性，FM 表示铁磁性，AFM 表示反铁磁性，零处的白色阴影区域表示原始系统的半导体状态；（b）沿 z 和 x 轴的自旋电荷密度差（紫色阴影）的等高面；（c）在电子掺杂浓度为 $1.6 \times 10^{14} cm^{-2}$ 情况下 2×2 的单层超胞的自旋相关态密度（DOS），费米能级为 0eV[8]

为了进一步理解量子相变，图 9-24（b）和（c）展示了电子掺杂浓度为 $1.6 \times 10^{14} cm^{-2}$ 的单层二维晶体的自旋电荷密度差和态密度。显然，如周围的自旋电荷密度所示，磁性态主要是来自 In 和 Te 原子的价电子。图 9-24（c）所示的自旋相关的投影态密度也证明了这一点，其中费米能级附近的电子态主要由 In 原子的 5s 轨道和 Te 原子的 5p 轨道贡献。在费米能级以下，它主要由 Te 5p 轨道决定。在不同掺杂浓度的二维单层晶体的电子态密度中也可以观察到类似现象。因此，通过 Te 缺陷工程技术有望进一步调控二维 $In_2Ge_2Te_6$ 的性能。

9.3.6 范德瓦耳斯压力下的原子堆垛

范德瓦耳斯（vdW）压力可以在纳米外壳中引发新的物理现象，并产生新的化合物。为了调控在层状 $In_2Ge_2Te_6$ 中 vdW 相互作用，在这里构造了 AA 和 AB 堆垛的双层，如图 9-25（a）所示。不同幅度 vdW 压力沿双层晶体的 vdW 方向垂直施加，这可以通过扫描隧道显微镜尖端或通过制造封装在氮化硼或多层石墨薄片之间的样品，在实验上控制两个薄片之间的距离进而控制变形。

图 9-25（b）显示了相对总能量（$E_{AA}-E_{AB}$）随压力和 vdW 间隙的变化而变化。显然，在零压力和所有拉伸压力下，独立式 AB 堆垛双层始终为基态，因为其总能量低于 AA 堆垛双层。随着压缩压力的增加（对应 vdW 间隙减小），相对压力在 1.56GPa 时变为零（即层间距离减小 0.62Å），表明可能发生 AB 型堆垛到

AA 型堆垛的转变，这可能是由于相邻层之间没有新形成的化学键导致的空间效应。晶格动力学模拟进一步表明，AA 堆垛的双层在 1.56GPa 时是稳定的，因为在计算的声子色散曲线中未找到虚模 [图 9-25（c）]。此外，这些 AA 和 AB 堆垛双层的电子结构是不同的，如图 9-25（d）所示，这将有助于实验表征这些堆垛结构。计算得出的态电子密度表明，AA 和 AB 堆垛的双层的价带非常相似，而在其导带中观察到最明显的差异。AA 堆垛的双层中的导带最小值比 AB 堆垛的双层中的导带最小值要小，这导致前者更小的电子带隙（约 40meV），表明它们的不同电子性能。在电子能带结构中可以找到进一步的证据 [图 9-25（e）和（f）]，AB 堆垛的双层与单层共享一些能带特征，如价带顶部和导带底部的色散带，而 AA 堆垛的双层则具有相对平坦的带，尤其是在导带底附近。结果表明，与 AA 堆垛的晶体相比，AB 堆垛的双层显示出更高的总体载流子迁移率（表 9-12）。值得注意的是，对于在压缩 vdW 压力下的两种堆垛，Γ 点附近的最低导带向下移动向费米能级，电子带隙减小，而最高价带没有明显改变（表 9-13）。因此，可以通过 vdW 压力调整 AA 和 AB 堆垛双层的电子和堆垛特性，并通过实验对其进行电检测，这表明其在纳米电子传感器的潜在应用价值。

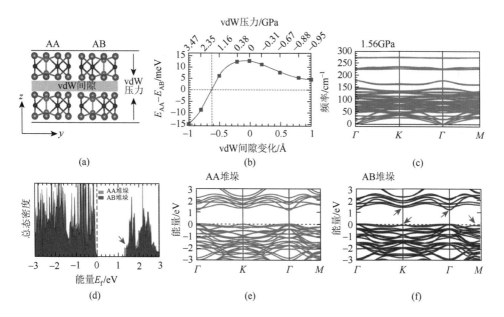

图 9-25　（a）在 vdW 压力下，AA 和 AB 型堆垛的双层的示意图；（b）双层系统相对于 vdW 压力和间隙变化的相对总能量，虚线表示零能量点和转变压力；（c）在 1.56GPa 的 vdW 压力下，AA 堆叠的双层的声子色散曲线；（d）在零压力下 AA 和 AB 型双层的总电子密度；AA（e）和 AB（f）双层的电子能带结构，费米能量设为 0eV 并用虚线表示，红色箭头表示明显不同的价带顶和导带底的能带[8]

表 9-13　在压缩和拉伸压力下，AA 和 AB 型堆垛的双层的电子带隙及 SLME 的计算值

ΔvdW/Å	E_g/eV		SLME/%	
	AA	AB	AA	AB
−0.5	0.99	1.10	30.00	31.68
0.0	1.17	1.21	32.04	32.10
0.5	1.23	1.25	31.89	31.86

注：ΔvdW = −0.5Å，+0.5Å。

9.3.7　光电性质

如上所述，$In_2Ge_2Te_6$ 单层的直接带隙为 1.44eV，非常接近 GaAs 的带隙，表明其在光电和光伏应用中具有巨大的潜力。为了评估光学性能，预测了 $In_2Ge_2Te_6$ 的单层、双层和三层形式的吸收系数，并与 GaAs 和 Si 晶体的吸收光谱对比。如图 9-26（a）所示，可以看到计算得到的 GaAs 和 Si 的吸收光谱与实验测量值较为吻合，其中理论值与实验值之间的微小差异可归因于计算未考虑实际晶体样本的表面粗糙度和温度效应。有趣的是，单层 $In_2Ge_2Te_6$ 晶体的整体面内吸收系数相当大（约 10^5cm^{-1}），与 GaAs 相当，而远大于本征硅。特别是在 520～700nm 波长范围内，所有二维 $In_2Ge_2Te_6$ 晶体都比 GaAs 表现出强得多的吸光度［图 9-26（a）］。另外还发现，AA 和 AB 堆垛的双层显示出相似的吸光度，这表明堆垛配置对吸收性能没有很大的影响。得益于优异的可见光吸收，这些二维晶体为原子级厚度光电器件提供了巨大的可能性，这将在下面进一步讨论。

根据 SQ 理论，可以使用吸收系数计算转换效率［光谱极限的最大理论光电转换效率（SLME）］从而描述太阳能电池的光伏性能。对于典型厚度约为 2mm 的薄膜太阳能电池，在图 9-26（b）中总结了在标准 AM 1.5G 太阳光谱下所预测的光伏

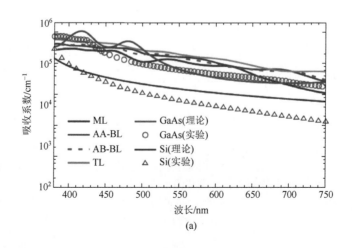

(a)

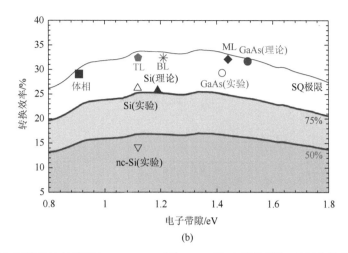

(b)

图 9-26 （a）与可见光波长范围（380～750nm）的 GaAs 和 Si 晶体相比,时间依赖的 Hartree-Fock 方法计算的二维 $In_2Ge_2Te_6$ 的光吸收光谱；（b）AM 1.5G 阳光下单层（ML）、AB 堆叠双层（BL）、ABC 堆叠三层（TL）和体相 $In_2Ge_2Te_6$ 晶体的理论光伏转换效率,以及 GaAs 和 Si 的实验数据,阴影区域表示 Shockley-Queisser（SQ）极限的 50%、75%和 100%[8]

转换效率,这种假设应在以后的实验中进行严格验证。以最高效的单结 GaAs 太阳能电池为基准,其转换效率经计算为 31.4%,与先前的模拟结果（32%）高度吻合,略高于实验中的记录数值（29.1%）,这表明我们的理论估算具有良好的可靠性。引人注目的是,单层 $In_2Ge_2Te_6$ 晶体的预测转换效率为 31.8%,与 GaAs 相当。在 $Ge_2Ge_2Te_6$ 晶体中双层（32.1%）和三层（32.2%）的效率甚至高于 GaAs 和二维三层硅烯（29%）,而体相材料的效率为 28.8%,接近于 SQ 极限,表明它们在光伏和光电应用中的巨大潜力。由于二维 $In_2Ge_2Te_6$ 可能在红外区域表现出较大的吸收,这可能导致操作过程中产生大量热量并可能发生降解反应,因此应特别注意高温光电器件的设计。

如 SQ 极限所示,电子带隙对光伏转换效率有很大的影响。图 9-27 展示了

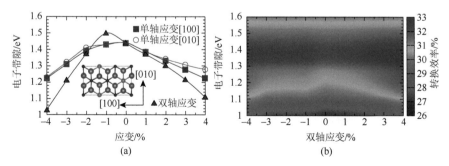

图 9-27 （a）使用 HSE06 函数计算的 $In_2Ge_2Te_6$ 单层在各种应变下的电子带隙；（b）双轴应变下单层 $In_2Ge_2Te_6$ 晶体的光伏转换效率[8]

在单轴和双轴应变下 In$_2$Ge$_2$Te$_6$ 的单层正交晶胞的带隙。显然，通过施加应变可以将带隙很好地从约 1.0eV 调控到 1.5eV，并且它的渐变不像磷烯和许多其他二维材料在压缩和拉伸载荷下发生的单调性变化。这种有趣的行为是由于上述一维状的范霍夫奇点（几乎平坦的价带），这也导致在各种应变下 VBM 的非单调位移（图 9-28）。

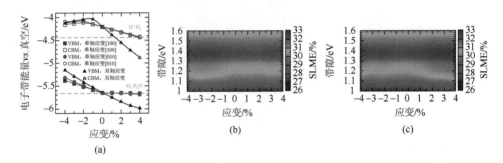

图 9-28　（a）使用 HSE06 泛函，在各种应变下相对于真空的单层电子带边缘计算值，橙色虚线表示在 pH = 0 时水分解的氧化还原电势；沿[100]（b）和[010]（c）方向在单轴应变下单层晶体的 SLME 图[8]

图 9-27（b）总结了双轴应变单层 In$_2$Ge$_2$Te$_6$ 与各种带隙耦合的 SLME 转换效率。在适当的应变下，可以在 1.32～1.42eV 获得非常大的 SLME。在改善应变晶体的转换效率方面，带隙似乎比光学吸收更重要，因为应变晶体的吸收光谱在应变作用下略有变化，并且仍与 GaAs 相当（图 9-29）。由于 SLME 随带隙而发生明显变化［图 9-27（b）］，因此有可能引入外部电场/磁场来优化带隙，从而改善这些二维晶体的光伏性能。

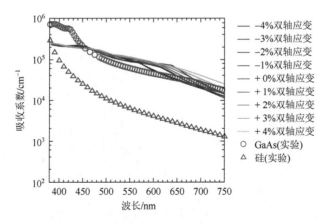

图 9-29　与 GaAs 和硅晶体相比，使用 HSE06 泛函计算单层在双轴应变下的光吸收系数[8]

9.4　新型高性能三元硫族光电半导体的高通量设计

9.4.1　研究背景与计算方法

众所周知，太阳能是最有前途的可再生能源之一，光电能源转换技术（或称为光伏技术）利用光电半导体材料的光生伏打效应，可将其直接转换为电能，为解决世界能源危机和大气污染提供了一个有效的可持续方案。因此，研发高性能的新型光电能源转换半导体材料是光伏技术持续进步和发展的关键因素之一。但是，传统的"爱迪生式"实验试错法周期长且成本高，这极大地限制了新材料的研发效率。近年来，随着高性能计算的快速发展，数据驱动的高通量第一性原理计算已成为加速材料研发的新模式，且已广泛应用于探索能源和信息等各类新型功能材料中。然而，许多针对光电半导体材料的高通量计算研究过度依赖于已有的材料数据库，它们直接从开源或者商用材料数据库的海量化合物中筛选目标材料，这在本质上并未挖掘出新材料。因此，亟须一种材料设计新策略来实现对未知材料空间的有效探索。

Si（空间群 $Fd\bar{3}m$，空间群号 No.227）、GaAs/CdTe（$F\bar{4}3m$，No.216）、$Cu_2ZnSnSe_4$（$I\bar{4}2m$，No.121）和卤化物钙钛矿（$Pm\bar{3}m$，No.221）是目前最为广泛研究和实际应用的光电能源转换半导体材料，并且它们都具有很高的结构对称性。为此，从晶体结构的角度出发，许多研究聚焦于从高对称和/或轻微扭曲的晶体中研发新型高性能光伏半导体。事实上，许多具有较低结构对称性的半导体也表现出优异的光电转换性能，如三方 $Cs_3Sb_2I_3$（$Pm\bar{3}1$，No.164）、正交 $Sn_2Sb_2S_5$（$Pnma$，No.62）和单斜 $NaSbS_2$（$C2/c$，No.15）。基于晶体学群-子群关系，对以上材料进行了空间群对称性分析。结果发现，$Fd\bar{3}m$、$F\bar{4}3m$、$I\bar{4}2m$、$P\bar{3}m1$、$Pnma$ 和 $C2/c$ 都是空间群 $Pm\bar{3}m$ 的子群。这意味着，对于实验和理论上尚未知的晶体，可以根据晶体学群论的群-子群定理对已知的高对称性晶体进行对称约简，生成所有对称性密切相关的原型结构。

为此，本节提出了基于群-子群关系的高通量材料设计新策略，并从广袤的未知材料空间中发现了大量空间群对称性密切关联但晶体结构各异的新型高性能三元硫族光电能源转换半导体材料，为未来实验研究和太阳能电池应用提供了绝佳的目标材料，也为探索更多性能优异的光伏半导体开辟了一条新路径[9]。首先，以空间群 $Pm\bar{3}m$ 作为母群，通过晶体学群-子群关系分析，以及对原胞中原子数、化学组成和配位结构的筛选，从可用晶体中开发了 78 个空间群对称性密切关联但结构各异的原型结构。随后，结合化学组分调控，构建了一个包含 21060 个 ABC_3 三元硫族化合物的大型计算材料数据库，并通过自设定的一套高通量计算筛选流程，包括能量、电子结构及相稳定性，从中确定了 97 个候选半导体，其中 93 个是未知的全新材料，有望在将来的实验中制备合成。最终，发现 22 个室温热稳定性优良的半导体，它们具有合适电子带隙（1.0～1.6eV）和极小直接-间接带隙差（<0.07eV）的优异电子结构特性，同时还表现出超强的可见光吸收系数（10^4～$10^6 cm^{-1}$），这使它们在室温下的理论最大光伏转换效率超过了 30%，远高于商业的 Si 太阳能电池，与目前最高效的单结 GaAs 太阳能电池相媲美甚至略高。对最高效候选半导体 $P_4In_4Se_{12}$（空间群 $P2_1/c$，No.14）的热稳性和电子结构进行详细分析，发现其在 900K 下具有很好的热稳定性，而超过 1000K 则会发生热失稳，同时还揭示出它具有与 Si 和 GaAs 相似的共价键成键特征、很小的载流子有效质量（$m_e^* = 0.37m_0$，$m_h^* = 0.18m_0$）及潜在的良好缺陷耐受性。

本节的高通量第一性原理计算主要是在自主开发的高通量智能平台 ALKEMIE 中，通过基于密度泛函理论的 VASP 软件实现。所采用的交换关联泛函是 GGA-PBE，而赝势则是 PAW，其中ⅢA、ⅣA、ⅤA 和ⅥA 族元素的价电子构型分别为 s^2p、s^2p^2、s^2p^3 和 s^2p^4。在晶体结构的全局优化中，力和能量收敛的标准分别设置为 0.05eV/Å 和 $1×10^{-5}$eV。平面波基组的截断能为 400eV，使用的 k 点网格密度为 0.04（2π/Å）。应用了半经验色散校正 D3-Grimme（即 DFT-D3）方法来修正晶体结构中的弱 vdW 相互作用。用 HSE06 杂化泛函精确计算了电子带隙，其中 Hartree-Fock 交换作用项的比例为 25%。基于 DFPT 方法和有限位移法，利用 Phonopy 计算了声子谱，超胞的尺寸为 2×2×2（≥80 个原子），并将力和能量的收敛标准分别提高到了 0.001eV/Å 和 $1×10^{-7}$eV。在带有 Nosé 恒温器的 NVT 系综下进行了 AIMD 模拟，结构模型为 2×2×2 的超胞，原子数超过了 80，且模拟的运行时长设为 10ps，步长是 2fs。利用 HSE06 杂化泛函，基于频率依赖的介电系数计算得到了光吸收系数。采用了基于 SQ 理论的 SLME 预测光伏转换效率。

9.4.2 原型晶体结构与计算材料数据库

从群-子群定理分析可知，具有较低对称性的子群可从高对称性的母群推出。为了得到数量最多且对称性密切关联的空间群子群，选择了在体相晶体中具有最高对称性 O_h 点群的空间群 $Pm\bar{3}m$ 作为母群，来设计和研发新型高性能光电半导体。图 9-30 绘制了从母群 $Pm\bar{3}m$ 到最低对称性子群 $P1$（即 $Pm\bar{3}m > P1$）的演化过程示意图，最终共得到了包含 $Pm\bar{3}m$ 自身在内的 203 个空间群子群。随后，开始聚焦于从可用的晶体中开发出具有相应空间群子群的原型晶体结构。毫无疑问，若不加任何限制性的筛选条件，则可得到成千上万种可能的原型晶体结构，这在有限的计算资源下是根本无法实现的。因此，为了获得计算资源可支撑的适量晶体结构，需要设定一定的限制条件。在此，设定了三个筛选条件：①化学计量比为 1∶1∶3；②原胞中的原子数不超过 40；③结构中有完美/扭曲的四面体配位或/和八面体配位（图 9-30）。需要指出的是，这些任意性或者经验性的限制条件在未来的研究中都可以去除，此处仅仅是从计算资源的角度进行考量的。在该研究中，我们只关注与传统钙钛矿化学组成相同的 ABC$_3$ 三元化合物，前者是目前备受瞩目的一类高效太阳能电池光电半导体材料。当然，该化学计量比可以是任意形式 A$_x$B$_y$C$_z$（x、y、z 为正整数），如 1∶2∶4、2∶1∶6、2∶1∶4、3∶2∶9、3∶4∶9、2∶2∶5 和 1∶4∶7 等，也可扩展到二元、四元甚至更多元的组成。同时，考虑到原胞结构的大小及其带来的计算量，只选择那些原胞中原子数小于等于 40 的原型晶体结构。为进一步获得合适数量的原型结构，仅考虑那些含有四面体配位或/和八面体配位（完美或者微扭曲）的晶体结构。该筛选条件是基于经验性的观察而设定的：在主流的高性能光电能源转换半导体（如 Si、GaAs/CdTe、卤化物钙钛矿、InP/GaInP、Cu$_2$InZnSe$_4$）中均具有此类微观配位结构。当然，那些晶体结构中不含四面体或/和八面体配位的材料，在太阳能电池的应用中也极具前景。通过以上筛选，最终得到了 78 种原型结构，它们属于 67 个不同的空间群。为了便于表示，在此将这 78 种结构命名为 P1～P78，它们的具体信息，包括空间群、空间群号、对应的同构化合物、原胞中原子数及配位结构类型可详见参考文献[9]。

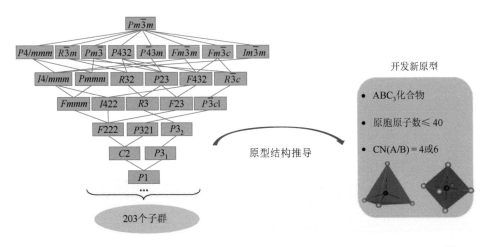

图 9-30　$Pm\bar{3}m > P1$ 的群-子群关系简要示意图和开发原型晶体结构的三个标准[9]

图 9-31 显示了其中 8 种代表性的原型晶体结构。需要指出的是，对于某些空间群，可能对应着多种不同的原型晶体结构，如 Hg$_2$P$_2$Se$_6$ 和 Ca$_6$Si$_6$O$_{18}$，它们具有相同的空间群，为 $P\bar{1}$，但是二者的晶体结构显著不同。为了进一步构建后续高通量计算材料数据库，对这 78 种原型晶体结构进行了化学组分调控。在此，

选择了ⅢA、ⅣA、ⅤA和ⅥA族元素进行化学替换，具体元素如图 9-32 所示。这主要是因为大多数高性能光电能源转换半导体材料，如 Si、GaAs、GaInP、Cu(In, Ga)(Se, S)$_2$ 等，都含有这些组成元素。A 和 B 原子位置被不同的ⅢA、ⅣA和ⅤA 主族元素（Al、Ga、In、Si、Ge、Sn、P、As、Sb、Bi）所取代，而 C 原子位置则被硫族原子 S、Se 或 Te 所占据。于是，通过化学元素替换，最终在每种原型晶体结构类型下都生成了 270 个 ABC$_3$ 化合物。由于共有 78 种晶体原型结构，因此构建了包含 21060 个三元硫族晶体的初始材料数据库，用于接下来的高通量计算筛选光电能源转换半导体中。图 9-32（c）绘制了高通量筛选的基本流程，下面对其具体过程进行详细讨论分析。

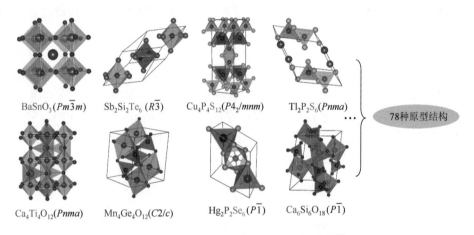

图 9-31　8 种具有代表性的原型晶体结构[9]

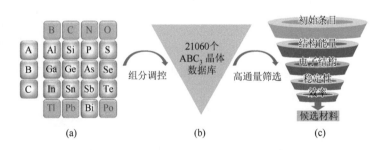

图 9-32　（a）对 78 种原型结构进行化学组分调控所考虑的替换元素；构建了含 21060 个 ABC$_3$ 化合物的初始计算材料数据库（b）并用于高通量计算筛选（c）[9]

9.4.3　高通量计算筛选

众所周知，晶体结构的稳定性对于材料的实际应用至关重要，因为它直接决定了器件的使用寿命。对于确定的材料，稳定性与其化学组成密切相关。首先计算了每个 ABC₃ 化合物相对于其组成元素的形成能 E_f，以评估它们的热力学稳定性，计算结果如图 9-33（a）所示。发现共有 3694 个 ABC₃ 化合物的形成能大于 0，包括 1104 个硫化物、983 个硒化物和 1607 个碲化物，表明它们相对于其化学组成元素是热力学失稳的，于是还剩下 17366 个三元硫族化合物。考虑到对于一个给定的 ABC₃ 组分，其具有多种不同的晶体结构，我们视它总能最低的三种晶体结构是能量稳定的，于是进一步得到了 810 个 ABC₃ 化合物［图 9-33（b）］。

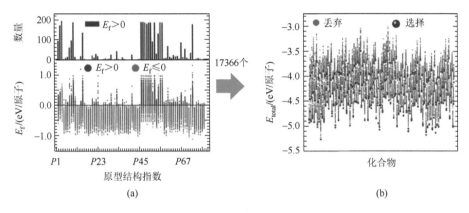

图 9-33　（a）78 种原型结构中形成能大于 0 的化合物数量及其化合物的形成能，保留形成能小于 0 的化合物；（b）对于给定的一个 ABC₃ 组分，选择其总能最低的三种晶体结构[9]

根据 SQ 极限效率与电子带隙之间的关系，适合作为光电能源转换半导体材料的电子带隙应该在 0.8～1.8eV 范围内。因此，下一步将计算这 810 个三元硫族化合物的电子带隙。需要注意的是，为降低计算成本并提高筛选效率，先采用较为粗糙的算法快速预测出电子带隙，这对于大数据量的高通量计算是至关重要的。为此，先使用精度较低的 GGA-PBE 泛函方法，其计算出的电子带隙表示为 E_g^{PBE}，用 E_g^{PBE} 作为电子带隙的粗筛描述符。图 9-34（a）显示了 810 个 ABC₃ 化合物的 E_g^{PBE}，其主要分布在 0～2.5eV 之间。在许多研究中，观察到 PBE 泛函得到的带隙通常会比实际带隙低 0.5～0.6eV，于是将粗筛的标准设置为 $0.2\text{eV} \leqslant E_g^{PBE} \leqslant 1.3\text{eV}$。使用该经验性的筛选条件可能会漏筛掉一些潜在的光电半导体，但考虑到后续电子带隙精筛时所需的高计算成本，假设 E_g^{PBE} 的筛选标准适用于大部分 ABC₃ 化合物。结果得到 351 个 E_g^{PBE} 在 0.2～1.3eV 区间的半导体。随后，利用 HSE06 杂化泛函对这 351 个半导体进行了带隙精筛，所得结果 E_g^{HSE} 如图 9-34（b）所示。对于实验已制备的 Sb₂Si₂Te₆-P10（空间群 $R\bar{3}m$，No.166），其 E_g^{HSE} 值为 0.67eV，与实验值 0.60eV 非常吻合，表明 E_g^{HSE} 计算的准确性。从图 9-34（b）中看到，当 E_g^{PBE} 大于 1.2eV 时，E_g^{HSE} 超过了 1.8eV，而 E_g^{PBE} 小于 0.3eV 时，E_g^{HSE} 则基本低于 0.8eV，表明 E_g^{PBE} 筛选范围的可靠性。最终，E_g^{HSE} 带隙值在 0.8～1.8eV 之间的半导体共有 260 个。

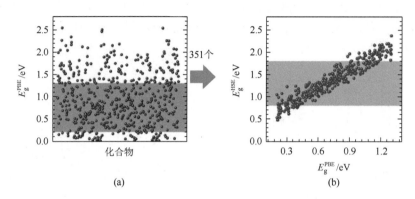

(a)   (b)

图 9-34　（a）基于 PBE 泛函计算的电子带隙（E_g^{PBE}），保留 E_g^{PBE} 在 0.2～1.3eV 之间的化合物；（b）对比 E_g^{PBE} 与 E_g^{HSE}（HSE06 泛函计算），筛选出 E_g^{HSE} 为 0.8～1.8eV 的半导体[9]

　　基于 SLME 模型，最小直接带隙（E_{direct}）和本征带隙（E_g）之间的差值（$\Delta E_g = E_{direct} - E_g$）决定了电子-空穴辐射复合电流系数 f_r，它们的关系为 $f_r = e^{-\Delta E_g / k_B T}$。显然，$\Delta E_g$ 越小，f_r 越大，则越有利于提高光伏转换效率，于是可以用 ΔE_g 作为进一步的电子结构筛选描述符。因此，基于 PBE 泛函计算了 260 个半导体的电子能带，以获得它们的 ΔE_g，结果如图 9-35 所示。对于直接带隙半导体，$\Delta E_g = 0$，f_r 达到最大值 1，因此予以保留。而对于间接带隙半导体，$\Delta E_g > 0$，$f_r < 1$，且带隙差越大，非辐射复合越高，效率越差。有研究认为 $\Delta E_g < 0.2$eV 的间接带隙半导体都具备光电应用潜力，例如，卤化物钙钛矿 $CH_3NH_3PbI_3$ 是高效间接带隙光伏半导体。这是因为较小的 ΔE_g 所带来的非辐射复合可通过适当增加膜厚来补偿，其可使光生少子的扩散长度增加，这有利于载流子在复合消失前穿过器件，进而延长了少子的寿命并提高了光伏性能。例如，Si 太阳能电池中的 Si 吸收层通常厚于 GaAs。在此，设置了一个稍大的上限 0.25eV，该值也被应用于其他高通量计算研究中。通过 $\Delta E_g \leqslant 0.25$eV 的筛选规则，候选半导体的数量进一步从 260 个减少到了 216 个。需要指出的是，晶体缺陷也可能影响光伏材料性能，因为它们可以在带隙中产生深电子能级而形成电子陷阱，这会增强载流子的非辐射复合，进而降低光伏转换效率。例如，Cu_2ZnSnS_4 中的 $Cu_{Zn} + Sn_{Zn}$ 和 $2Cu_{Zn} + Sn_{Zn}$ 的团簇缺陷在带隙中产生了深施主能级，并使带隙明显减小，从而严重降低了它的光伏转换效率。然而，对于结构各异的大量 ABC_3 化合物，缺陷特性的研究超出了本节范围，有待

将来进一步研究。

为了评估这 216 个半导体的实验可制备性，采用凸包结构来计算它们分解成竞争稳定相的能量 ΔH_{hull}。一般 ΔH_{hull} 越大，说明热力学分解驱动力越高，则实验上越难合成。在此，视 $\Delta H_{hull} \leq 50 \text{meV}/$原子的材料是实验可合成的，计算的结果如图 9-36 所示。通过 ΔH_{hull} 的筛选，成功获得了 145 个满足标准的候选半导体材料，认为它们可在实验上被制备出来。进一步，为评估这 145 个半导体的晶格动力学稳定性，还计算了它们的声子色散曲线。结果表明，共有 48 个化合物的声子谱中有明显的负声子频率，因而是晶格动力学失稳的。最终，通过以上的高通量筛选流程，成功得到了 97 个结构稳定且具有合适电子结构的候选光电半导体，其中有 4 个材料已在之前的实验中合成，其他 93 个是全新的硫族半导体。

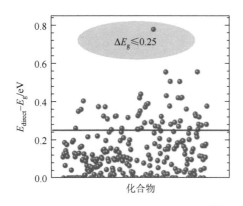 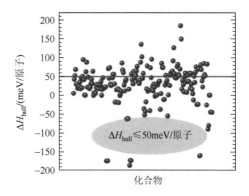

图 9-35　最小直接带隙与本征带隙差[9]
差值小于等于 0.25eV 的半导体予以保留

图 9-36　216 个候选半导体相对于其竞争稳定相的 ΔH_{hull}[9]

保留 ΔH_{hull} 不高于 50meV/原子的半导体

9.4.4　光伏性能

基于 SQ 理论，在标准 AM 1.5G 太阳光谱下，预测了 97 个候选半导体在典型膜厚 2μm 下的室温最大理论光伏转换效率 SLME，结果如图 9-37（a）所示。从图 9-37（a）中的插图还可以清楚地看到，预测得到的 Si 和 GaAs 的理论最大光伏转换效率分别为 25.7% 和 31.4%，与实验值（Si：约 26%；GaAs：约 30%）非常接近，验证了当前理论预测的可靠性。从图中看到，在 97 个候选光电半导体中，有 67 个 ABC_3 化合物的光伏效率值高于 Si，更重要的是其中有 22 个半导体的光伏转换效率超过了 30%，与创纪录的单结 GaAs 太阳能电池相媲美。这 22 个优异的候选半导体的高效率值可归因于它们合适的电子带隙（E_g^{HSE}：1.0～1.6eV）[图 9-37（b）]、超低的直接-间接带隙差（ΔE_g：0～0.07eV）[图 9-37（b）]

和高的可见光吸收系数（$10^4 \sim 10^6 \mathrm{cm}^{-1}$）。在此，选择 SLME 值前六的候选材料（＞32%）[图 9-37（b）]，展示了它们的可见光吸收光谱 [图 9-37（c）] 和不同膜厚下的 SLME [图 9-37（d）]。从图 9-37（c）中可以清楚地看到，这 6 个高光伏转换效率候选半导体的可见光吸收系数极强，尤其是在 380~600nm 的波长范围内，超过了 $10^5 \mathrm{cm}^{-1}$，远大于 Si 的吸收系数，并且与 GaAs 的光吸收系数相近甚至略高。图 9-37（d）揭示出它们的 SLME 值在 0.7μm 处基本达到饱和，表明这些块状晶体在较薄膜厚下即可实现高转换效率，因此在薄膜太阳能电池的应用中展现巨大前景。

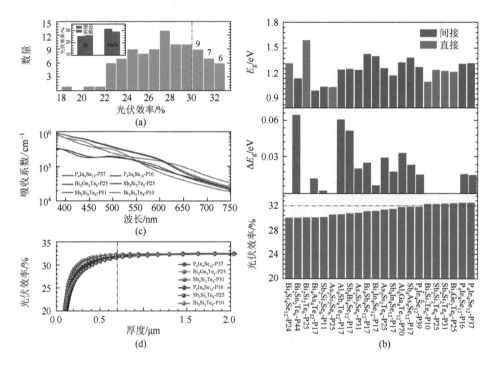

图 9-37　（a）分布于 SLME 不同区间内的化合物数量，插图为 Si 和 GaAs 的理论和实验光伏转换效率；（b）光伏效率排名前 22 的半导体的电子带隙、带隙类型和具体的 SLME；光伏效率排名前 6 化合物（SLME＞32%）的可见光吸收系数（c）和 SLME 随膜厚的变化（d）[9]

9.4.5　晶体稳定性与电子结构

接下来，以效率值最高的 $P_4In_4Se_{12}$-P37（空间群 $P2_1/c$，No.14）为例进行分析和讨论。$P_4In_4Se_{12}$-P37 的竞争稳定相为 In_2Se_3、PSe 和 $In_2(PSe_3)_3$，即当 $P_4In_4Se_{12}$-P37 发生热力学失稳时，最有可能分解为三者的混合物。图 9-38（a）表明，$P_4In_4Se_{12}$-P37 的声子谱中没有出现任何负声子频率。与具有虚频声子的钙钛矿相比，$P_4In_4Se_{12}$-P37 具备更加优异的晶格动力学稳定性。声子谱的计算没有考虑温度，即是在 0K 条件下得到的，而实际的材料在一定温度下的结构稳定性对于器件的长期运行至关重要，因此通过 AIMD 模拟评估了 $P_4In_4Se_{12}$-P37 的室温热稳定性，结果如图 9-38（b）所示。从中可以看到，$P_4In_4Se_{12}$-P37 的晶体结构在 10ps 的模拟运行时间后基本保持不变，表明其在热扰动下保持了结构的完整性，展现出很好的室温热稳定性。同时，在整个时间区间内，它的结构总能在极窄范围内振荡，约为 0.02eV/原子，进一步证明了 $P_4In_4Se_{12}$-P37 在 300K 下具有优异的热稳定性。此外，还分别在 600K、900K 和 1000K 下进行了 AIMD 模拟，发现 $P_4In_4Se_{12}$-P37 在 900K 以下的温度范围内都是热稳定的。然而，当晶体加热到 1000K 时，其结构开始发生分解而变得杂乱无章，并且总能随着模拟时间的增加逐渐增加，发生了热失稳。

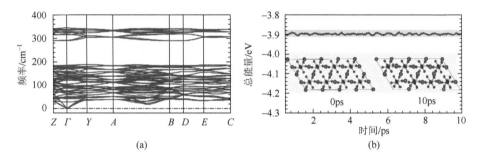

(a)　　　　　　　　　　　　　　(b)

图 9-38　$P_4In_4Se_{12}$-P37 的声子色散曲线（a）和 300K AIMD 模拟中总能随模拟时间的变化（b）[9]

（b）中插图为 $P_4In_4Se_{12}$-P37 在 AIMD 模拟开始（即 0ps）和运行 10ps 后的晶体结构

为了深入理解高光伏转换效率，利用 HSE06 泛函计算了 $P_4In_4Se_{12}$-P37 的能带和态密度，结果如图 9-39 所示。从图 9-39（a）中可以看到，$P_4In_4Se_{12}$-P37 是间接带隙半导体，价带最大值（VBM）位于 Γ 点和 Y 点之间，而导带最小值（CBM）坐落在 A-B 路径上。而且 CBM 处的能量仅比 VBM 对应的高对称点的导带最低能量低 0.02eV，即 $P_4In_4Se_{12}$-P37 的 ΔE_g 为 0.02eV，比 $CH_3NH_3PbI_3$（约 0.03eV）还略低。而且 $P_4In_4Se_{12}$-P37 的电子带隙为 1.32eV，非常接近 SQ 理论下的最佳带隙 1.34eV，这也使它的 SLME 值非常接近单结太阳能电池的理论最高光伏转换效率（33.7%）。还注意到，通过 GGA-PBE 泛函预测的带隙类型（间接带隙）和 ΔE_g（约 0.02eV）与 HSE06 的结果非常一致，表明之前用 PBE 方法计算得到的 ΔE_g 作为带隙差筛选描述符是可靠的。进一步，通过计算 CBM 和 VBM 附近的最低导带和最高价带的能量二阶导数，还从电子能带结构中获得了电子和空穴有效质量（m_e^* 和 m_h^*）。由于 VBM 和 CBM 处有两个不同方向，因而计算出的结果也有两个。此处采用较小的那个来表征载流子的有效质量,其常用于实验上描述载流子的传输。结果表明,$P_4In_4Se_{12}$-P37 的载流子有效质量为 $m_e^* = 0.37m_0$ 和 $m_h^* = 0.18m_0$,与 $CH_3NH_3PbI_3$ 的电子和空穴有效质量相近($m_e^* = 0.25m_0$ 和 $m_h^* = 0.36m_0$)。它的低有效质量可提高载流子迁移率,且有利于降低激子结合能以实现空穴-电子对的有效分离,这对于光伏半导体都是至关重要的特性。图 9-39(b)绘制了 $P_4In_4Se_{12}$-P37 的 PDOS。从中可以看到,$P_4In_4Se_{12}$-P37 的导带主要由 Se 4p 和 In 5s 电子贡献,而价带主要被 Se 4p 轨道所占据,表明可通过 Se 缺陷工程来进一步调控它的电子结构性质。

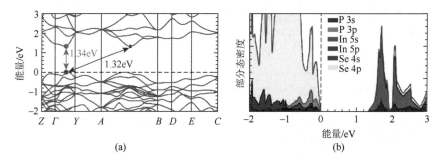

(a)   (b)

图 9-39 $P_4In_4Se_{12}$-P37 的电子能带结构(a)和 PDOS(b)[9]

(a)中的带隙分别表示最小直接带隙(1.34eV)和本征间接带隙(1.32eV),费米能级设置在价带顶部,为 0eV

9.5 本 章 小 结

本章基于第一性原理计算,提出了一系列新的二维 Janus 铁磁体 Cr_2O_2XY(X = Cl,Y = Br/I),这种材料具有平面外不对称性。研究发现从初始的 *Pmm*2 相的 CrOX 化合物中得到的二维 *Pmm*2 相的 Cr_2O_2XY 晶体是亚稳的。由于结构相转变,*Pma*2 结构的 Cr_2O_2XY 晶体更加稳定,具有更低的总能量和更好的稳定性。*Pma*2 结构的 Cr_2O_2XY 单层是本征铁磁态半导体,并且都可以通过实验制备。通过施加单轴压应变,Cr_2O_2CII 单层实现了从铁磁态半导体转变为反铁磁半导体/金属的量子相转变。我们的工作为设计新的 Cr_2O_2XY 单层提供了新思路,将会激励科研人员对材料的自旋电子学应用做进一步的研究。

通过第一性原理计算,本章预测了具有优异性能的新型三方 YOBr 和单层晶体。研究表明,与已知的实验结果相比,三方 YOBr 在能量、动力学和力学上均稳定,并且显示出较低的能量。我们提出,在静水压下,体相 YOBr 晶体发生从 $R\bar{3}m$ 到 *P*4/*nmm* 相的结构转变,并伴随着间接-直接的带跃迁。通过进一步探索相关的金属卤氧化物 MOX(M = Sc/Y 和 X = Cl/Br)晶体,发现由于剥离能小,它们的单层可通过类似石墨烯的机械剥离方法制备。这些 MOX 单层具有出色的稳定性、超宽带隙和高载流子迁移率。单轴应变下的 ScOCl 和三方 YOBr 单层发生间接-直接带隙跃迁。此外，重点介绍了这些 MOX 单层膜出色的紫外光吸收率和明显的能带边缘，表明它们在紫外光电子学和光催化领域具有很大的应用前景。我们的发现为探索稀土卤氧化物在压力/应变下的相变开辟了新途径，并为未来的光电器件提供了有潜力的超宽带隙半导体。

进一步，通过材料大数据和第一性原理计算，预测了具有优异电子和光学性能的新型二维 $In_2Ge_2Te_6$ 半导体。这些二维晶体具有直接的带隙（从 1.12eV 到 1.44eV），具有中等的载流子迁移率 [高达约 $486cm^2/(V\cdot s)$]，并具有出色的动力学和热稳定性，这对于未来的微电子、电子和光电应用有极大的吸引力。这些二维晶体显示出低的剥离能（约 $0.30J/m^2$），因此可通过机械解离法制备。最令人感兴趣的是，它们在整个太阳可见光谱区中显示出高吸收率和高光伏转换效率（$\geqslant 31.8\%$），这与最高效的单结 GaAs 太阳能电池（31.4%）和三层硅烯（29%）相当。此外，在提出的二维 $In_2Ge_2Te_6$ 晶体中发现了两种类型的相变。我们发现，可以通过静电载流子掺杂在单层 $In_2Ge_2Te_6$ 中实现从半导体到 FM/AFM-金属态的异常量子相变，并且这些跃迁主要由 In 5s 和 Te 5p 电子轨道贡献。使用 $In_2Ge_2Te_6$ 双层作为原型系统，进一步揭示了在 1.56GPa 范德瓦耳斯压力时可能发生 AB 到 AA 的堆垛转变，并研究了范德瓦耳斯压力下电子结构的变化，表明范德瓦耳斯压力是方便有效的操纵超薄二维晶体的电子和堆垛特性的方法。总之，该工作将促进对高性能二维ⅢA-ⅣA 半导体在未来的自旋电子和光电子器件中的潜在应用和基础研究。

最后，提出了一种结合晶体学群-子群关系和高通量计算的材料设计新策略，并成功预测了数种新型稳定的高性能三元硫族光电半导体。以空间群作为母群，通过晶体学群-子群关系分析，以及对原胞中原子数、化学组成和配位结构的筛选，从可用晶体中开发了 78 个空间群对称性密切关联但结构各异的原型结构。结合化学组分调控，构建了一个包含 21060 个 ABC_3 三元硫族化合物的大型计算材料数据库，并通过自设定的一套高通量计算筛选流程，包括能量、电子结构及相稳定性，从中确定了 97 个候选半导体，其中 93 个是未知的全新材料，有望在将来的实验中制备合成。最终，发现 22 个室温热稳定性优良的半导体，它们具有合适电子带隙（1.0～1.6eV）和极小直接-间接带隙差（<0.07eV）的优异电子结构特性，同时还表现出超强的可见光吸收系数（10^4～$10^6 cm^{-1}$），这使它们在室温下的理论最大光伏转换效率超过了 30%，远高于商业的 Si 太阳能电池，与目前最高效的单结 GaAs 太阳能电池相媲美甚至略高。对最高效候选半导体 $P_4In_4Se_{12}$-P37 的热稳定性和电子结构进行详细分析，发现其在 900K 以下具有很好的热稳定性，而超过 1000K 则会发生热失稳。同时，还揭示出它具有与 Si 和 GaAs 相似的共价键成键

特征、很小的载流子有效质量（$m_e^* = 0.37m_0$，$m_h^* = 0.18m_0$）及潜在的良好缺陷耐受性。该工作为实验研究和实际应用提供了出色的候选材料和重要的理论基础，也为新材料的设计提供了新的思路和方向。

参 考 文 献

[1] Miao N，Xu B，Bristowe N C，et al. Tunable magnetism and extraordinary sunlight absorbance in indium triphosphide monolayer. Journal of the American Chemical Society，2017，139：11125-11131.

[2] Huang B，Clark G，Navarro M E，et al. Layer-dependent ferromagnetism in a van der Waals crystal down to the monolayer limit. Nature，2017，546：270-273.

[3] Gong C，Li L，Li Z，et al. Discovery of intrinsic ferromagnetism in two-dimensional van der Waals crystals. Nature，2017，546：265-269.

[4] Jiao J，Miao N，Li Z，et al. 2D magnetic Janus semiconductors with exotic structural and quantum-phase transitions. The Journal of Physical Chemistry Letters，2019，10：3922-3928.

[5] Li W，Miao N，Zhou J，et al. Pressure-mediated structural phase transitions and ultrawide indirect-direct bandgaps in novel rare-earth oxyhalides. Journal of Materials Chemistry C，2021，9：547-554.

[6] Wu S，Ross J S，Liu G B，et al. Electrical tuning of valley magnetic moment through symmetry control in bilayer MoS_2. Nature Physics，2013，9：149-153.

[7] Cao Y，Fatemi Y，Fang S，et al. Unconventional superconductivity in magic-angle graphene superlattices. Nature，2018，556：43-50.

[8] Miao N，Li W，Zhu L，et al. Tunable phase transitions and high photovoltaic performance of two-dimensional $In_2Ge_2Te_6$ semiconductors. Nanoscale Horizons，2020，5：1566-1573.

[9] Gan Y，Miao N，Lan P，et al. Robust design of high-performance optoelectronic chalcogenide crystals from high-throughput computation. Journal of the American Chemical Society，2022，144：5878-5886.

第 10 章

硫系玻璃的第一性原理
与分子动力学模拟

10.1　相变存储器及硫系玻璃的物理性质

10.1.1　相变存储器

当前世界正处在信息技术快速发展的时代纪元，对数据存储与计算能力的需求正以指数方式急剧增长。移动电子设备、高清视频设备、智能传感设备等促进了人工智能及超级计算机在内的基础研究和先进技术设备的飞速发展，导致全球性数据的爆发性增长。科学家预测 2030 年全球的总数据量将会达到 1 尧字节（yottabyte，YB），这很快会超出当前世界上计算和内存设备的存储能力总和。因此，对计算和存储架构进行变革将成为不可避免的趋势[1-3]。

目前，主流计算机设备都采用计算单元和存储单元分开的冯·诺依曼架构，即对于每一个数据操作步骤，数据都先被发送到中央处理器（central processing unit，CPU）进行处理，然后再传送回存储单元。在存储器中，为了保证成本和效率的平衡，存储速度和存储能力存在"金字塔形"的等级制度，见图 10-1。在图中可以看出，动态随机存储器（dynamic random access memory，DRAM，即内存）和静态随机存储器（static random access memory，SRAM，即 CPU 缓存）同属于易失性存储器，一旦断电，这些存储的数据会随之消失，但由于读写速度极快，因而其成为存储器市场上最主要的缓存设备。而基于闪存（Flash）的固态硬盘（solid state drive，SSD）和基于磁存储的硬盘驱动器（hard disk drive，HDD）尽管速度很慢，但是非易失性存储器，即在设备断电之后数据不会消失，并且随着移动互联网技术的飞快发展，非易失性存储器被广泛运用在手机、数码相机等便携类电子产品中。

自摩尔定律提出以来，信息产业遵循该规律飞速发展，并且半导体工艺特征尺寸持续缩小，当前晶体管的特征尺寸已缩小至 5nm 工艺节点以下，接近了原子分子的团簇尺寸，因此电气与电子工程师协会（IEEE）预测，不久工艺节点将达到

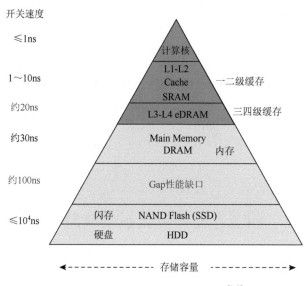

图 10-1　存储器架构及性能对比[1-3]

物理极限，现行摩尔定律将走向终结。特征尺寸首先走向极限的就是存储器，其中最具代表性的就是闪存和内存，它们的特征尺寸目前均已达到工艺极限。以闪存为例，当器件特征尺寸低于 20nm 后，过大的漏电流会导致其无法稳定工作，并且尺寸进一步微缩的成本不断升高。针对存储器当前的发展瓶颈，一方面在不继续缩减工艺尺寸的前提下，在传统存储器结构上通过三维堆叠以增加存储密度，最具代表性的为三维闪存（3D NAND Flash）技术。其中，三星电子、美光科技等公司已经实现全面量产一百层以上的三维闪存，而我国长江存储科技公司的 232 层三维闪存产品已实现量产。另一方面，以相变随机存储器（phase change random access memory，PCRAM）为代表的新一代半导体存储替代技术不断发展。通过英特尔公司和美光科技的共同研发，基于相变材料三维交叉阵列结构的傲腾系列固态硬盘已经于 2017 年作为存储级内存（storage class memory，SCM）进入市场，并期望能够作为闪存替代产品。2018 年 5 月 31 日，英特尔公司宣布基于相变材料 3D XPoint 技术的第一个持续内存产品问世，该产品的速度比内存稍慢，但其具有 512GB（gigabyte，吉字节）的大存储容量及非易失性的特征。假设它能与内存进行集成，计算运行效率将能提高几个量级。此外，更快的操作速度往往伴随着存储容量下降和制造成本上升（图 10-1），但相变存储器集结了高速、非易失性、高存储密度及低制备成本等诸多优势，因此相变存储器期望能够作为连接 SSD、DRAM 和 SRAM 的中间级而极大地提升电子设备的效率，并且在新兴的类脑神经形态计算、存储计算融合等方面也具有良好的应用前景。

相变存储器的工作原理是利用相变存储材料在晶态和非晶态（晶态为低阻态，

非晶态为高阻态）之间巨大的阻值差异来实现对二值信息 "0" 和 "1" 的存储。
自然界中诸多材料都具有晶态与非晶态的两态，与之相比，相变存储材料的特征
在于可以通过施加电脉冲或者光脉冲在晶态与非晶态之间实现可逆的快速变换。
当施加短而高的脉冲时，相变材料可以从晶态转变为非晶态（擦除操作，RESET），
而施加长而低的脉冲时，相变材料可以从非晶态转变为晶态（写入操作，SET），
见图 10-2。除擦和写之外，相变存储器还可以通过施加微弱的脉冲信号以读取其
当前的阻值状态（READ，读取操作）。

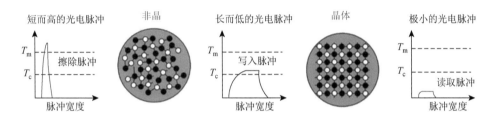

图 10-2　相变存储器的工作机制[1-3]

　　传统相变存储器主要使用一种蘑菇形结构，见图 10-3（a）。当在单元两端施
加激励时，处于限制孔中的加热电极会产生大量焦耳热，导致与加热电极接触的
相变材料发生相变，有效区域为图 10-3（a）中的蘑菇形区域。对于蘑菇形结构的
相变单元，其工作时要求连接的选通管拥有足够大的驱动电流（通常高达
40MA/cm^2），这在一定程度上限制了存储单元的尺寸微缩。为了减小存储单元的
驱动电流，需要通过器件结构设计、存储材料创新、减小热损耗等方法来使存储
单元的有效区域最小化。边缘接触型（Edge）结构［图 10-3（c）］和 "U 型沟槽"
型结构［图 10-3（d）］具有 RESET 电流小的优点，其接触面积大小是由相变层
加热电极的厚度决定的，因此与蘑菇形结构存储器件相比，有效区域体积大大减
小，但是该结构的器件体积相对更大。为了在器件单元特征尺寸以下尽可能减
小临界接触面积，设计了自对准 "U 型沟槽" 壁结构［图 10-3（e）］和 "交叉间
隔" 结构［图 10-3（f）］。"交叉间隔" 结构的临界接触面积受一个方向上相变层
的厚度和另一个方向上加热电极的限制，自对准 "U 型沟槽" 壁结构则使用侧壁来
定义最小特征尺寸。除此之外，另一种常见的器件结构是限制（confined）型结构
［图 10-3（b）］。限制型结构最大的优点是限制区域的电流密度最大，能量利用效
率高，与蘑菇形结构相比功耗可降低 65%。这种结构的存储器件单元间的间隔更
大，有效降低了相邻单元的热串扰。2015 年，英特尔公司和美光科技联合发布了基
于双层 1S1R 的 3D XPoint 相变存储器芯片，其结构为交叉阵列结构［图 10-3（g）］，
该种结构具有工艺和操作相对简单、堆积密度大等优点。随着相变存储产业的不

断发展推进，人们也在继续深入研究相变材料非晶态和晶态的特性，尤其是目前在相变存储产业中通过三维堆叠来实现高密度存储的技术不断快速发展，因此对基于相变材料的相变随机存储器的循环特性、使用寿命等性能的要求引起了广泛关注。

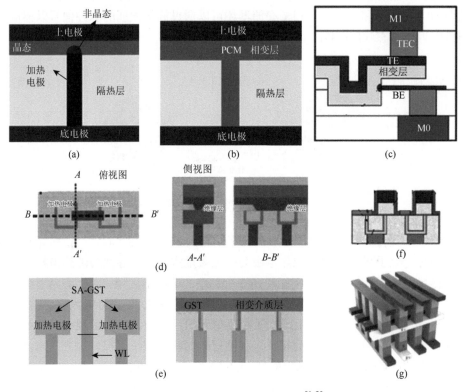

图 10-3　相变存储器的器件结构[1-3]

（a）蘑菇形结构；（b）限制型结构；（c）边缘接触型结构；（d）U 型沟槽；（e）自对准"U 型沟槽"壁结构；（f）"交叉间隔"结构；（g）基于交叉阵列结构的 3D XPoint

10.1.2　硫系相变存储材料

1968 年，著名科学家 Ovshinsky 首次观察到了硫系化合物可以在电场作用下发生快速且可逆的转变特性，并在他的开创性论文《无序结构中的可逆电学转换现象》中阐明了相变存储技术的基础。在之后的几十年中，相变存储技术受到研究者的广泛关注（表 10-1）。20 世纪末基于相变介质的可擦写光学存储技术逐步发展成熟并走向商业化，而近年来三维相变存储器技术的兴起（表 10-1），将相变存储技术带入新一波发展浪潮[1, 2]。

表 10-1　相变存储器在国内外发展的重要技术节点

年份	事件
1968	S. R. Ovshinsky 基于相变材料的阈值转换特性首次提出相变存储技术的概念
1970	R. G. Neale 等制备出利用 p-n 结选通的 256 位的相变存储器阵列
1978	R. R. Shanks 等制备出 1024 位的相变存储器阵列,该存储阵列写入速度为 15ms,写入电流为 6mA,擦除速度为 2μs,擦除电流为 25mA
1999	专门从事相变存储技术研究的公司 Ovonyx 成立
2000	英特尔公司注资 Ovonyx,并从 Ovonyx 获得相变存储技术的授权;意法半导体公司从 Ovonyx 获得相变存储技术授权
2004	三星电子发布利用 MOSFET 选通的 64Mb 相变存储芯片,该芯片写入速度最低为 150ns,写入电流为 0.3mA,擦除速度最低为 10ns,擦除电流为 0.6mA,循环擦写次数可达 10^9 以上
2008	三星电子基于 90nm 工艺制备出利用二极管选通的 512Mb 容量的相变存储器芯片,该芯片在 1.8V 的供电电压下最高可以实现 4.64MB/s 的写入速度
2010	Numonyx 基于 45nm 工艺推出利用三极管选通的 1Gb 容量的相变存储片,该芯片供电电压为 1.8V,写入电流为 100μA,擦除电流为 200μA,循环擦写次数可达 10^9
2010	华中科技大学与武汉新芯(长江存储科技公司全资子公司)合作研制成功 1Mb 相变存储器芯片
2011	中国科学院上海微系统与信息技术研究所与中芯国际合作研制成功 8Mb 相变存储器芯片
2015	英特尔公司/美光科技发布了基于双层 1S1R 的 3D XPoint 相变存储器芯片,擦写速度和循环次数比 NAND Flash 高 1000 倍,容量 128Gb
2019	长江存储科技公司与华中科技大学合作开发三维相变存储器芯片产品

　　典型的 Ge-Sb-Te(GST)相变材料三元相图见图 10-4,其中记录了大多数已确定的相变存储材料体系。最初被应用的相变材料是 Te 基共晶合金 $Te_{85}Ge_{15}$,将其进行 Sb、S、P 掺杂获得用于电子存储的电开关,然而其高达微秒级的结晶时间使得开关速度难以提升,限制了进一步发展。在此之后,以 GeTe 为代表的相变存储材料进入了人们的视线,这类材料具有结晶速度快、光反射对比度和电阻

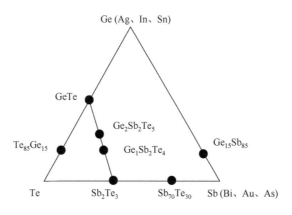

图 10-4　相变存储器的材料体系

对比度高等特点，能够用于光学存储和电存储。这类材料的发现引发了研究者对 GeTe-Sb$_2$Te$_3$ 连接线上的伪二元相变材料（如 Ge$_2$Sb$_2$Te$_5$、Ge$_1$Sb$_2$Te$_4$ 等）的研究。除此之外，基于 Sb-Te 的掺杂型相变材料（如 Ag$_4$In$_3$Sb$_{67}$Te$_{26}$、Ge$_4$In$_3$Sb$_{67}$Te$_{26}$）也被发现在存储方面具有优异的性能。近年来，以 Ge$_{15}$Sb$_{85}$ 为代表的第三类相变材料受到广泛研究，和最初发现的硫族化合物不同，这种不含 Te 的相变材料体系被证明具有极快的相变速度和较小的密度变化[1, 2]。

不同类相变材料性质上的巨大差异主要是由材料结晶机制和晶态结构的差异决定的。例如，传统的 Ge$_2$Sb$_2$Te$_5$ 相变材料，其结晶过程为成核主导型；而对于二元相变材料 Ge$_{15}$Sb$_{85}$，其结晶过程为生长主导型，该结晶机制不需要材料中拥有足够多的临界晶核，因此结晶速度更快，并且随着材料尺寸的减小相变速度可进一步提高。为了提高相变存储器的性能，掺杂是相变材料常用的改性方法，掺杂元素包括 C、N、O、Ti、Al、Cu、Sc、Y、Cr 等。常用的掺杂方法包括共溅射法、气体通入溅射法、热扩散法、离子注入法等。相变材料掺杂能改善材料的某些性能，但也可能劣化其他性能，实际应用时需要在相变速度、功耗和可靠性等性能之间取得平衡。

构建超晶格结构也是相变材料改性最有效的方法之一，其按照子层材料形成方式的不同可分为组分超晶格及掺杂超晶格两种。相变材料改性主要采用的是组分超晶格结构，即通过将两种性能互补的相变材料（或一种相变材料加上一种特殊功能材料）交替堆叠形成多层超薄膜复合结构来达到改善相变材料性能的目的。常见的超晶格相变结构包括 GeTe/Sb$_2$Te$_3$、GeTe/Bi$_2$Te$_3$、Ge$_1$Sb$_2$Te$_4$/Sb$_2$Te$_3$、Ge$_2$Sb$_2$Te$_5$/Sb 等。超晶格相变材料能显著改善相变材料的相变速度、功耗和阻值漂移。

10.1.3 相变存储机制

为了提升相变存储器的性能，必须对相变材料相变过程进行调制，而如何调制又是建立在对相变机制深刻的认识与理解之上。相变过程涉及材料的熔化、凝固等过程，凝固过程可以形成晶态、非晶态等不同的固体结构类型。理解相变机制的首要任务便是厘清液态与固态、晶态与非晶态之间的热力学和动力学关系[3]。

固体从非晶态到晶态的转变过程可以分为形核及晶核的生长这两个过程。形核过程又可以根据形核的位置划分为均匀形核及非均匀形核：均匀形核，即晶核在液体母相中均匀形成，未受到材料边界或杂质的影响；非均匀形核，即液体中的晶核优先从杂质或材料边界处开始形成。由于材料中不可避免地存在杂质和表面，实际中材料的形核方式以非均匀形核为主，但从形核原理来看，非均匀形核是将均匀形核扩展至边界处后的一种情况。在非均匀形核中，当晶核与边界的接

触角 θ 趋近于 $180°$ 时，非均匀形核将等同为均匀形核。因此，均匀形核的原理是理解形核过程的基础。图 10-5 展示了均匀形核、非均匀形核及非均匀形核中晶核与边界的接触角示意图。

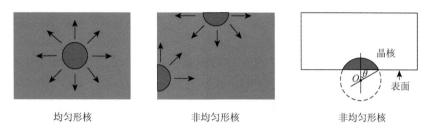

均匀形核　　　　　　　非均匀形核　　　　　　　非均匀形核

图 10-5　均匀形核、非均匀形核及非均匀形核中晶核与边界接触角示意图[3]

在均匀形核中，固态与液态体系自由能的差值 ΔG 可以表示为

$$\Delta G = \frac{4}{3}\pi r^3 \Delta G_V + 4\pi r^2 \gamma_S \qquad (10\text{-}1)$$

其中，r 是新形成晶核的半径；ΔG_V 是单位体积内固、液两相自由能的差值；γ_S 是所形成晶核的比表面能。式中第一项表示体积增加引起的固、液两相的自由能变化，因为 $\Delta G_V < 0$（晶化驱动力），所以体积自由能变化为负。第二项表示固、液两相间界面增加引起的自由能变化，$\gamma_S > 0$，表面积自由能变化为正。当 r 较小时，ΔG 的正负主要由第二项决定，此时 $\Delta G > 0$ 且随着 r 的增大而增大，晶核此时不能自发长大。在 r 逐渐增大的过程中，由于第一项为 r 的三次幂，因此第一项所占的比例迅速增加，逐渐使得 ΔG 随着 r 的增大由增加转变为降低，并最终转变为负数，此时在能量的驱动下晶核可以自发长大。ΔG 随 r 变化的曲线见图 10-6，形核需要跨过的能垒 ΔG^* 为形核功，而此时晶核的大小称为晶核的临界尺寸。

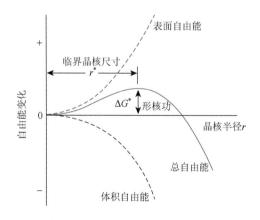

图 10-6　体积自由能、表面自由能及总自由能与晶核半径的关系曲线

晶核长大的过程按其生长的方向可划分为连续生长、二维晶核及螺型位错生长，按其生长过程中主要的限制因素可划分为非扩散型生长和扩散型生长。在非扩散型生长中，晶核周围的液相中具有足够的原子可供晶核吸附，此时晶核长大的速率主要取决于周围原子越过固-液界面的概率。而在扩散型生长中，晶核周围没有足够的原子可跃迁至晶核表面，晶核长大所需的原子需要从较远处扩散至晶核表面，因此晶核生长的过程主要受限于原子的扩散速率。

尽管研究者很早就发现了相变材料可以在晶态和非晶态之间发生快速转变，但是对于快速转变的机制则提出了不同的看法。在晶态 $Ge_2Sb_2Te_5$ 中所有 Ge 原子都处于八面体环境，而在非晶态中则有一部分 Ge 原子处于四面体位置。据此日本产业技术综合研究所 Kolobov 等提出了"伞形翻转"（umbrella flip）模型，认为 Ge 原子可以从晶体的八面体位置翻转到非晶的四面体位置，所以相变材料可以在晶态和非晶态之间快速可逆地转变。然而，几年后约翰·霍普金斯大学的徐明等发现 Ge 在非晶态中也位于八面体的结构中间，否定了"伞形翻转"机制的前提条件。亚琛工业大学 Welnic 等研究了相变材料中局部结构与物理性质之间的关系，结果表明尽管 Ge 原子的重排最为明显，但电子态变化最明显的是费米能级附近的 Te，从而导致电子性质显著变化，如能隙增大等。此外，Akola 和 Kalikka 等则认为相变材料中的内部空位是快速相变的原因，因为它为非晶态中无序结构的重排和方向的调整提供了必需的空间。剑桥大学 Hegedus 和 Lee 等认为平面四元环是非晶态快速结晶的关键，因为在 $Ge_2Sb_2Te_5$ 的结晶过程中四元环会逐步增多，非晶态中的四元环可以作为晶种缩短形核和晶核孵化的时间，并且非晶态中有序的平面结构对降低晶相与非晶相之间的界面能发挥着至关重要的作用。

10.1.4　硫系选通管材料及阈值转换机制

近年来，随着大数据时代需求的不断增长，存储器技术也在快速发展。其中，非易失性存储器市场不断扩大，需要越来越大的存储密度和容量。基于硫族化合物的高阻非晶态和低阻晶态的物理结构变化的相变存储器，是最有前途的候选存储类存储器。为了实现高密度存储，存储器的结构已经由平面结构转变为三维结构。如今，闪存已经实现了商业化的 3D 堆叠闪存 NAND Flash，到现在已经实现 100 多层堆叠。3D XPoint 是英特尔公司在 2015 年发布的一款商业化的三维相变存储器（图 10-7），表现出优异的运行速度、器件寿命和存储密度等性能[4, 5]。

半导体产业越来越关注交叉开关存储阵列以实现小尺寸和高密度，三维交叉点结构已成为内存结构的主流。3D XPoint 使用的结构被认为是这种简单的交叉点结构（图 10-7）。该交叉点结构可以减小单元尺寸到一个有效密度为 $4F^2$（F 为

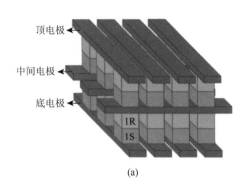
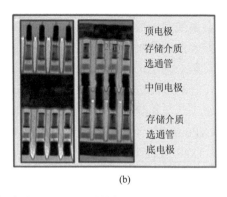

顶电极

中间电极

底电极

1R
1S

顶电极
存储介质
选通管

中间电极

存储介质
选通管
底电极

(a)　　　　　　　　　　　　　　(b)

图 10-7　典型的三维相变存储器是由相变材料和 OTS 选通管材料堆叠而成的

（a）三维相变存储器结构示意图；（b）TEM 剖面示意图

器件工艺的特征尺寸）的大型三维堆叠阵列。这种器件结构通常采用半电压（half voltage）选择方案，即将读电压施加到目标相变存储单元，而阵列中的其他线路保持一半的电压偏置。然而与所选单元在同一行或同一列的临近单元会变为半偏置的，并且会造成不理想的电流通路，产生"漏电流"。这减少了器件读出"1"状态（低阻态，low resistance state，LRS）和"0"状态（高阻态，high resistance state，HRS）对应的电阻之间的总电阻差值，限制了阵列的尺寸并增加了电路功耗。因此，需要在交叉点阵列中的每个互连节点上增加一个非线性开关器件（即选通管），以抑制来自半偏置单元的潜在电流，当只施加一半的读电压时，超低的关态电流（I_{OFF}）通过选通管；当施加的全读电压超过选通管的开启阈值电压（V_{TH}）时，选通管将维持一个足以驱动目标相变存储单元的高电流，即开态电流（I_{ON}）。

到目前为止，研究人员已经提出了多种备选的选通管器件。首先最为经典的是二极管和金属氧化物半导体场效应管（metal oxide semiconductor field-effect transistor，MOSFET），但是由于器件缩放问题，二极管和金属氧化物半导体场效应管不再适用于三维交叉点结构。其他新型的选通管有导体-绝缘体转换（mott-insulator transition，MIT）开关、场辅助超线性阈值（field-assisted-superliner-threshold，FAST）开关、导电桥阈值开关（conductive bridge threshold switch，CBTS）和奥氏双向阈值开关（Ovonic threshold switch，OTS）选通管。目前，选通管器件是限制三维堆叠阵列结构性能的主要因素，要集成相变存储器和选通管需要满足以下几点要求：①选通管应能提供一个大于 10^3 的选通比/非线性比（电流之比）以实现密集的存储阵列（实际的选通比应根据芯片的密集程度来匹配）；②选通管需要实现 10^6 以上次循环，寿命应高于相变存储器（理论上选通管循环擦写次数应该比存储器多一个数量级），同时为了与相变存储器读写匹配，选通管也应在 10ns 内完成状态切换；③选通管应能提供大于 10MA/cm² 的电流密度来熔化淬火相变存储器中的硫族化合物；④选通管的非线性行为应能够承受 450℃下 30min

的金属线和绝缘层沉积的后端工艺；⑤最重要的是选通管需要由一个与相变存储器兼容的工艺制造，同时又需要避免高温薄膜沉积，以免造成硫族化合物的相分离。至今为止，在所有选通管候选项中，大部分选通管不能全部满足以上几个条件，但是 OTS 选通管能较好地满足这些条件，它不仅能提供高的开态电流，而且制造工艺与相变存储器兼容，因此在 2009 年英特尔公司的报道中已被成功用于 3D XPoint 中，但是所使用的材料的确切成分当时还不为人所知。

OTS 选通管与相变存储器之所以制造工艺兼容，是因为它们都是采用硫族化合物材料作为基础。由于成分和化学计量数不同，这些器件会表现出不同的电行为，且这两种器件的工作原理也不同。相变存储器的电阻下降归因于非晶态硫族化合物的结晶，它利用了晶态和非晶态之间的可逆转变，形成了明显的电阻对比。为了快速进行相变，相变材料应为玻璃形成能力较差的非晶，通常是 GeTe、Sb_2Te_3、或者是 $GeTe$-Sb_2Te_3 的伪二元合金，但是通过掺杂一些特定元素，PCM 也逐渐向多元化合物材料发展。然而，OTS 单元则必须保持在非晶相，不允许在操作过程中发生相变，但是在其低电导和高电导状态之间需要快速完成切换，通常是基于 GeSe 和 $GeTe_6$，或者是掺杂 As、N 和 Si 等元素的这类硫族化合物。OTS 和 PCM 两种器件在施加电压达到阈值电压 V_{TH} 时，两个单元都会出现负微分电阻行为，都有毫安级的电流通过；当逐渐移去施加的电压时，相变存储单元维持高导电状态（$10^2 \sim 10^4 \Omega$ 电阻），而 OTS 单元在一定电压范围内（$0 < V_{hold} < V_{TH}$），电阻重新返回到最初的高阻值状态，见图 10-8。

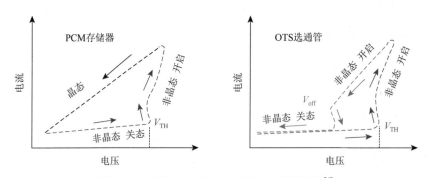

图 10-8　典型 PCM 与 OTS 电流-电压测试图[4]

迄今为止，学术界提出了两种机制来解释这种差异：第一种是基于成键机制，相变存储材料具有其独特的成键机制，即"元价键"（metavalent bonding）。这种"元价键"机制是亚琛工业大学 Wuttig 等首先提出的。而 OTS 材料采用的是传统的共价键机制。第二种解释则是认为非晶 OTS 材料的结晶温度较高，结晶速度慢，状态不易受温度波动的影响，这种解释在之前的一些研究中已经得到过支持。

　　1964 年，Noverthover 和 Pearson 在 As-Te-I 体系中首次观察到了 OTS 现象。1966 年，Ovshinsky 也在他的专利中描述了所发现的 OTS 行为和可能的器件结构。1968 年，他还报道了 $Ge_{10}As_{30}Te_{48}Si_{12}$ 硫化物的 OTS 行为，并注意到在不掺杂 As 原子的情况下会导致 PCM 的结晶行为，即图 10-8 中所示的相变存储材料的电流-电压特性行为。随后，陆续有一批研究人员继续从事 OTS 材料的研究工作，1970 年首先提出了集成相变存储器作为选通管的想法。2009 年，3D XPoint 相变存储器阵列的突破性成果重新点燃了人们对 OTS 选通管的兴趣，此后涌现出了大量的可能作为 OTS 的材料，总结在图 10-9 中。

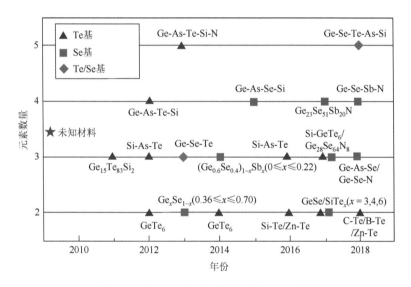

图 10-9　自 2009 年以后新出现的 OTS 材料

　　第一种被开发的材料族是一种基于 Te 的合金（图 10-9），其中以 $GeTe_6$ 为代表，同时掺杂了 As、Si、N 或 Se 等元素。这些材料具有切换时间短的优点，例如，Ge-As-Te-Si-N 和 $GeTe_6$ 的 OTS 材料的切换速度均小于 5ns。此外，C-Te 和 B-Te 的 OTS 材料可在 2ns 内完成切换。第二种被开发的材料族是以 Se 为基础的合金，同时发现在这种材料中加入 Ge 元素似乎是必要的。GeSe OTS 材料由于良好的热稳定和低的关态电流密度而越来越受到研究人员的关注。通常，N、Si、As 或 Sb 元素被掺杂进去以优化选通管的性能。一种掺杂了 Si 和 As 元素的硫族化合物被认为是 3D XPoint 中使用的非晶选通管材料。在某些情况下，Te 和 Se 元素会同时用在 OTS 选通管中，如 GeSeTe 和 GeAsTeSiSe 合金，这类材料结合了基于 Te 和基于 Se 的选通管材料的优点。从图 10-9 中还可以看出，OTS 材料的构成在过去几年里变得越来越复杂，从最初的二元硫族化合物向 4 种、5 种或更多的元素种类发展。但这样会导致难以实现精确的化学计量比，即使克服了这个挑战，在经常施加强电场的情况下，不同原子也会向正极或负极的电迁移导致 OTS 材料的成分发生偏析，进而影响器件的寿命。

至今，虽然人们提出了许多不同种类的 OTS 选通管材料，但是人们对其转变的内在机制的理解还不是特别清楚。目前比较有代表性的机制有三种解释，分别是热逃逸模型、场致形核模型和纯电子模型，见图 10-10。图 10-10（a）展示了 Korll 等在 20 世纪 70 年代提出的热逃逸模型。该模型认为通过 OTS 选通管单元的电流会随着外加电压的增加而增加。电流增加产生的焦耳效应会导致 OTS 选通管中的硫族化合物薄膜材料的温度增加，进而导致 OTS 材料产生更多的非平衡载流子。当温度升高到足够大时，载流子数量足够引起正反馈，电导率就会呈指数变化急剧增加。一旦电压达到阈值转换电压 V_{TH}，接着电压就会降低以维持较高的电流密度，产生阈值开关效应。然而与实验所得的电导-温度关系数据不能达成一致，以及一些研究者在模拟过程中未发现负的微分电阻行为，这个热逃逸模型受到了很大的挑战。Karpov 等于 2007 年在论文中提出了基于经典形核理论的场致形核模型［图 10-10（b）］。硫族化合物从非晶态结晶为晶态，需要经过形核和生长过程。根据经典形核理论，只有在原子核超过临界尺寸之后晶体才会开始生长。在所施加的外电场的作用下，在硫族化合物薄膜/电极界面上形成亚临界核，从而降低了器件的电导率。然而在移去电场后，这些不稳固的亚临界核会消失，导致 OTS 材料的瞬态特性以及低阻到高阻的弛豫过程。相反，如果这个外加电场维持，这些亚临界核会变为稳定的超临界核，即使之后再移去电场也不会受影响。这些超临界核可以生长成晶丝，导致单元在高导电性结晶状态下冻结，进而引起相变结晶行为。场致形核模型成功预测了实验观测到的阈值电压（V_{TH}）-温度（T）关系和切换时间。然而，该模型预测的非晶态 GeSe OTS 材料的导电性与实验观测到的 GeSe 晶体的 OTS 材料导电性相比很差，导致这种场致形核机制也受到了很大的冲击。图 10-10（c）是纯电子模型，有两种不同的解释。第一种纯电子模型可以追溯到 Kaplan 和 Alder 在 1971 年发表的著作，他们发现纯热模型不能实现在 OTS 材料中观察到的负微分电阻现象。1980 年，Alder 等将阈值开关效应描述为载流子的产生与复合机制的相互作用。在他们描述的模型中，价带以上的陷阱对电导率起着关键作用。具体来讲，在施加低电场的情况下，载流子产生机制还不明显，电场导致的载流子被陷阱捕获，进而导致低电导率。然而在强电场下，产生机制占主导地位，此时所有的陷阱都已经被载流子填满，导致多余的载流子在禁带中很容易移动，进而导致阈值开关发生。这些载流子构成的电流通道导致非晶态的开启状态。只要任何电流通道存在，只需要电压高于 V_{hold} 就能够让它恢复到非晶开启状态（on-state）。随着电压进一步降低，复合机制占据主导地位，导电通道逐渐消失，使 OTS 单元过渡到非晶关闭状态（off-state）。之后 Redaelli 等在该模型的基础上引入了来自载流子的碰撞电离。第二种纯电子模型则是由 Ielmini 等提出的，考虑了陷阱是如何对导电性产生影响的，见图 10-10（c）中右侧图。在强电场作用下，载流子可以通过热激发或隧道效应从深陷阱态跃迁至浅陷阱态。受激载流子的能量再分配会导致载流子的非平衡分布和材料内部的非均匀电场。当足够的载流子被激发到浅陷阱态时，阈值开关行为出现。Ielmini 的纯电子模型已经被广泛接受，因为该模型成功解释了完整的 OTS 电流-电压关系。最近 Clima 等使用第一性原理模拟证明了电场会促进载流子的再填充，从而提高 OTS 材料的电导率。同时，还有研究者对 OTS 材料和传统的相变材料进行比较，发现 OTS 材料一般在禁带中会产生缺陷态和一些浅陷阱状态，也进一步证明了该模型的可靠性。

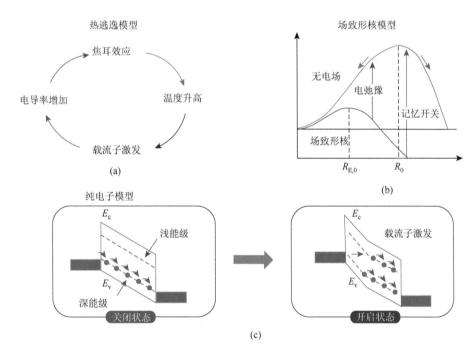

图 10-10　阈值转换特性的几种可能机制

（a）热逃逸模型；（b）场致形核模型；（c）纯电子模型

10.2　非晶材料的建模和分析方法

10.2.1　第一性原理分子动力学

本章中的非晶材料模型都是由第一性原理分子动力学（*ab initio* molecular

dynamics，AIMD）模拟得到的。分子动力学（molecular dynamics，MD）是物理、数学和化学的基本原理和基本方法与计算机技术相结合而形成的一门综合模拟技术，可以通过计算机模拟的方法来预测分子的行动轨迹。对于一些通过目前的实验手段很难探究清楚的科学问题，如相变存储材料的快速转变机制、非晶态的局部结构和压力对过冷液态的结构影响等，通过计算机进行分子动力学模拟可以得出很好的答案。由此可见，分子动力学模拟在解决一些科学问题中具有很高的应用潜力和价值。根据理论方法的不同，可以将分子动力学分为经典分子动力学和第一性原理分子动力学。经典分子动力学是以牛顿力学为基础，通过在系统中多次取样的方法构建体系的构型积分，并根据构型积分的结果进一步计算体系的热力学等宏观性质，可以广泛应用于物理、化学、生物、材料、医学等诸多领域。常用的经典分子动力学软件有 LAMMPS、GROMACS、AMBER、CHARMM 和 NAMD 等[6]。

第一性原理分子动力学则是 Car 和 Parrinello 将密度泛函理论与分子动力学相互结合而形成的计算方法。该方法不仅让体系中原子核按牛顿力学运动，还模拟了电子的运动，让电子的基态波函数按一定规律变化，从而实现第一性原理分子动力学模拟。常用的第一性原理分子动力学软件有 VASP、CASTEP 和 CPMD 等。其中 VASP 软件包是由维也纳大学开发的，由于其不仅计算原子核的运动，还考虑电子的运动情况，因此计算精度比经典分子动力学高。但是由于电子的运动提高了其计算工作量，需要占用更多的计算资源，因此其计算体系通常比较小。对于本章研究的相变存储材料的非晶态，其只有短程结构和中程结构序而没有长程结构序，因此模拟体系的大小对其结构影响不大。为了更好地研究相变材料的快速相变机制，充分地认识其非晶态结构必不可少。基于此，通常利用具有更高计算精度的第一性原理分子动力学方法来研究相变材料的非晶态结构和各种性质[6]。

利用第一性原理分子动力学对非晶进行建模的步骤见图 10-11。首先建立一个超晶胞（supercell）。超胞中一般含有 200～500 个原子，原子太少，晶格的周期性边界条件效应会很突出；原子太多，在目前的超算运算能力下计算时间会太长且内存消耗太大。原子初始位置的分布随意，但是越混乱越好。然后，在极高温度（3000K）下将该超胞熔化并保持一段时间，保证其初始结构被完全打乱。于是便可对该超胞进行快速冷却，由于非晶的最终构型和冷却速率会有密切的关系，在选择冷却速率时需要考量实际的实验速度或者目标非晶的构型。最后，将该超胞在室温下弛豫一段时间便可得到室温下的非晶模型。如果需要计算基态的电子结构，则需进一步在 0K 下进行收敛自洽计算。

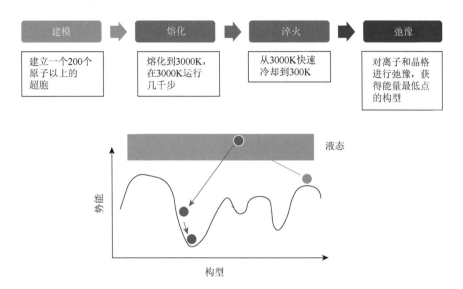

图 10-11　利用第一性原理分子动力学对非晶进行建模的步骤

10.2.2　非晶模型结构分析方法

非晶不同于晶体，其原子排列不具备长程有序性，因此无法用晶体的对称性来表征其结构。非晶虽然没有长程有序性，但是表现出了短程及中程的有序结构。本节主要介绍如何来表征这些非晶模型中的中短程的有序结构[6]。

1. 对关联函数

原子对关联函数（pairing correlation function，PCF）也称原子对分布函数（pair distribution function，PDF）或径向分布函数（radial distribution function，RDF），是表征液态和非晶态材料局部结构的常用参数（注意这些函数之间有时会有一个 $4\pi r^2$ 因子的差别）。对关联函数 $g(r)$ 表示给定原子周围发现原子的概率。对关联函数可以表示为

$$g(r) = \frac{V}{N}\left\langle \frac{n(r,\mathrm{d}r)}{4\pi r^2 \mathrm{d}r} \right\rangle \tag{10-2}$$

其中，V 是体积；N 是总原子数；$n(r, \mathrm{d}r)$ 是指定原子距离为 r、厚度为 $\mathrm{d}r$ 的球壳内原子数目。实验上，通常用 X 射线衍射来测量材料的结构因子 $S(Q)$，然后通过傅里叶转换来获得实验上的对关联函数。通过对比实验和计算所获得的 $g(r)$ 的吻合度，就能够证明计算所得到的结构是否与实际相符，从而为进一步分析理论数据提供了保证。各种不同结构材料的 $g(r)$ 见图 10-12。

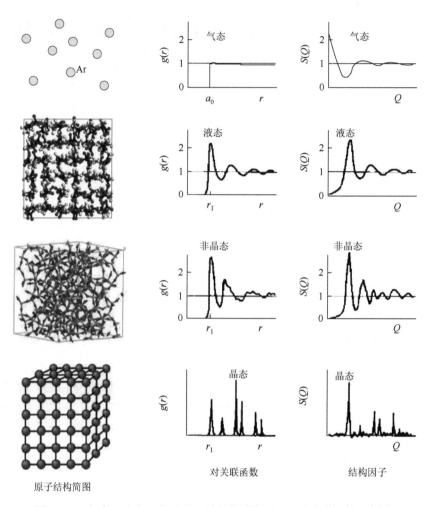

原子结构简图　　　　　　对关联函数　　　　　结构因子

图 10-12　气态、液态、非晶态及晶态的结构因子和对关联函数示意图

2. 配位数

对关联函数只能反映某种原子周围的原子疏密状况，但是对于该种原子周围原子的个数，则可以通过原子的配位数（coordination number，CN）给出。配位数是指中心原子周围与其相邻的原子个数。截断距离 R 内除中心 A 原子外的原子个数之和为 A 原子的配位数。通常情况下，截断距离 r 取在对关联函数的第一个波谷附近，通过对关联函数 $g(r)$ 在截断距离内的积分获得原子的配位数 CN，可表示为

$$\mathrm{CN} = 4\pi \int_0^R \rho g(r) r^2 \mathrm{d}r \qquad (10\text{-}3)$$

其中，$\rho = n/V$，是体系中的原子数密度。与对关联函数类似，不考虑元素的种类

时，可以获得系统总体的配位数。如果考虑到元素的种类，则可以对偏对关联函数进行积分，最终获得某种元素的配位数。更进一步，可以获得某种元素周围指定种类元素的配位数。

3. 键角分布函数

在得到中心原子的配位数后，如果能进一步知道这些配位原子与中心原子之间形成的角度，则可以初步推断出体系中的局部结构。键角分布函数（bond angle distribution function，BADF）通常是指截断半径内任意两个原子与中心原子所成角度的统计情况。在截断范围内以 i 原子为中心，j、k 原子为任意两个不同的原子，那么 θ 则为三个原子所构成的角度，见图 10-13。如果知道三个原子中任意两个原子间的距离，那么通过余弦定理可以得到角度 θ。

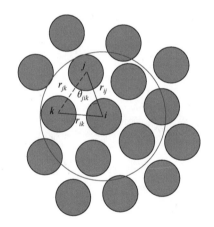

图 10-13　体系中键角分布函数示意图（以 θ_{jik} 为例）

红色圆环表示截断范围

对体系中所有的角度进行统计则得到整个体系的键角分布函数，同样地，对截断范围内特定组态的角度进行统计则得到特定组态的键角分布函数。对于液态和非晶态体系，只有短程结构序而没有长程周期性，因此键角分布函数成为表征其局部结构的有效参数。

4. 原子团簇校正法

原子团簇校正（atomistic cluster alignment，ACA）法是研究液态和非晶态体系中短程和中程结构的一种有效、方便的方法，被广泛应用于金属玻璃和相变存储材料的结构研究中。原子团簇校正法以体系中的团簇为研究对象，根据团簇对准方案的不同可以分为两种类型：团簇自校正方法和模板校正方法。

团簇自校正方法是原子团簇校正法中的第一种分析方法。首先，从系统中随机地挑选由相同数目的原子组成的大量团簇（通常取 2000 个团簇）；然后将所有团簇的中心原子放置在相同的位置，并对团簇进行刚性旋转，使不同团簇之间的总均方距离最小；最后，通过 Gaussian 展宽法计算原子的空间密度分布，给定一个适当的等值面值可以得到体系的平均短程结构。图 10-14（a）和（c）展示了在 $Zr_{35}Cu_{65}$ 玻璃态中，未经过团簇自校正方法处理前的轮廓，所有团簇组成的结构组态比较混乱，没有呈现出明显的结构特征。经过团簇自校正方法处理后，团簇的结构变得非常清晰，呈现出二十面体结构，见图 10-14（b）和（d）。由此可见，团簇自校正方法可以直观地反映混乱系统中的局部结构。

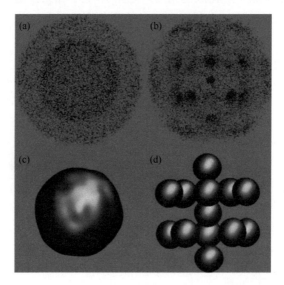

图 10-14　原子团簇校正法用于 $Zr_{35}Cu_{65}$ 玻璃态示例

团簇自校正前（a）和后（b）金属玻璃态中团簇的分布情况；（c）和（d）分别是它们原子数密度等值面的轮廓

5. 派尔斯（Peierls）畸变因子

根据以前的研究可知，液态和非晶态的 Ge-Sb-Te 合金主要由大量的八面体和少量的四面体结构组成。由于体系中存在派尔斯畸变，局部结构会呈现不同程度的畸变。为了衡量八面体的畸变程度，定义了派尔斯畸变（PLD）因子，它是每个八面体中对角线上长键和短键差值的平均值，因此每一个八面体结构只对应一个 PLD 因子。一个八面体结构中有三条对角线，每条对角线上将得到一个长短键的差值，对三条对角线上的长短键之差进行平均为一个八面体的 PLD 因子。可以看出，标准八面体的 PLD 因子等于零。

6. 环统计

利用拓扑网络（液体、晶体或非晶系统）中原子的节点和化学键的链路可以表示系统的结构信息。在这样的网络中，一系列按顺序连接而没有重叠的节点和链路称为路径。根据这个定义，环就是一个封闭的路径。在液态和非晶态体系中，通常利用不可约环来表征体系的拓扑结构，不可约环不可以分解为更小的环（图 10-15）：如果不存在 B 路径，由 A 路径和 C 路径构成的 AC 环不可以分为更小的环，即为不可约环；如果存在 B 路径，AC 环可以分为更小的 AB 环和 BC 环，因此不能称为不可约环。考虑环中键的个数，可以将不可约环分为奇数环和偶数环。在无缺陷的晶体结构中，由于阳离子和阴离子交替排列，无缺陷晶体中的环都是偶数环。当环中存在奇数个同极键时，则会形成奇数环。可以看出，统计一个拓扑体系中的奇数环和偶数环，可以判断出系统中结构的有序性。

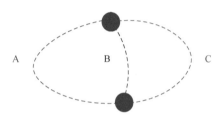

图 10-15　环统计中的不可约环

7. 局部结构序参数

局部结构序参数（local structure order parameter）q 利用团簇中原子间的角度来判断团簇的结构类型，可以表示为

$$q = 1 - \frac{3}{8} \sum_{i>k} \left(\frac{1}{3} + \cos\theta_{ijk} \right)^2 \tag{10-4}$$

其中，θ_{ijk} 是截断范围内 i 原子、k 原子与中心 j 原子所成的角度。$q=1$ 表示团簇为标准的四面体，$q=0$ 表明团簇为标准的八面体。在液态和非晶态体系中，局部结构通常呈现一定程度的畸变。对于配位数为 4 的原子组态，积分 0.8～1.0 范围内的局部结构序参数 q，可以得到体系中四面体的比例。实际值与标准值的差异，可以在一定程度上反映四面体的畸变情况。

10.3　传统硫系相变玻璃的局部结构和动力学模拟

10.3.1　非晶 Ge-Sb-Te 的局部结构和动力学模拟

$Ge_2Sb_2Te_5$ 是典型的相变材料，探究其非晶态的局部结构和动力学性质，有助于加深对于相变材料的认识。本节通过第一性原理分子动力学方法模拟了 $Ge_2Sb_2Te_5$ 从高温液态快速降温到室温的非晶化过程，并探究了局部结构演化和动力学行为[6]。

在 300K 下,通过计算模拟得到的 $Ge_2Sb_2Te_5$ 的结构因子与通过 X 射线衍射方法得到的实验数据非常吻合 [图 10-16 (a)],说明模拟方法得到的非晶态结构是可信的。图 10-16 (b) 给出了降温过程中 $Ge_2Sb_2Te_5$ 的对关联函数随温度的变化情况。当温度为 1273K 时,对关联函数的第一峰位于 2.87Å 附近。随着温度逐渐降低到 300K,第一峰的位置向左移动,并且幅度变得更加突出,这说明在非晶化过程中 $Ge_2Sb_2Te_5$ 的局部结构变得更加清晰。除此之外,当温度低于 900K 时,对关联函数在 4.26Å 附近出现了第二峰,且随温度降低而逐渐增大。当温度降至 300K 时,对关联函数曲线中的第一峰和第二峰非常明显,说明非晶态 $Ge_2Sb_2Te_5$ 中不仅存在短程结构,还存在中程结构。

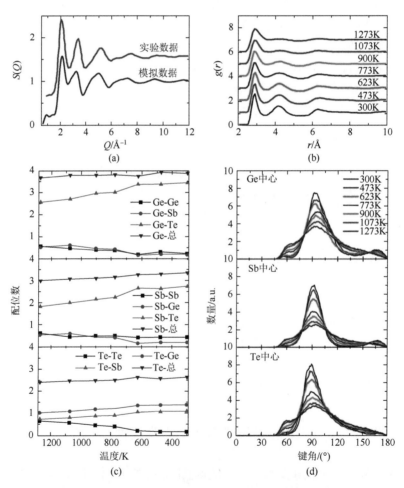

图 10-16　$Ge_2Sb_2Te_5$ 非晶态与液态的局部结构信息[6]

(a) 300K 时实验和计算的结构因子;不同温度下的对关联函数 $g(r)$ (b)、配位数 (c) 和键角分布函数 (d),其中截断半径为 3.2Å

　　图 10-16（c）给出了 $Ge_2Sb_2Te_5$ 中 Ge、Sb 和 Te 原子的配位数随温度的变化情况。在快速降温的过程中，Ge、Sb 和 Te 原子的总配位数变化并不大。当温度为 300K 时，三种元素的总配位数分别为 3.88、3.36 和 2.64。进一步分析每种元素的配位数分布情况，可以发现 Ge、Sb 和 Te 的总配位数中，Ge-Te 和 Sb-Te 键占据很大比例，说明 Ge 和 Sb 原子作为阳离子倾向与阴离子 Te 结合形成 ABAB（A：Ge 或 Sb，B：Te）结构序。在液态时，仍有一部分原子与同属性原子结合形成错键（Ge-Ge、Ge-Sb、Sb-Sb 和 Te-Te），使液态中有序性降低；随着温度的降低，错键的数量逐渐减少，使得非晶态 $Ge_2Sb_2Te_5$ 中的 ABAB 结构序增强。

　　图 10-16（d）给出了 $Ge_2Sb_2Te_5$ 中以 Ge、Sb 和 Te 原子为中心结构组态的键角分布函数。三种组态键角分布函数的主峰均位于 90°附近，表明它们都倾向于形成八面体结构。在 60°附近也出现了一个小峰，表明液态 $Ge_2Sb_2Te_5$ 中还存在少量的三角组态。随着温度降低，峰的高度增强，表明局部八面体结构增加。以 Ge 和 Sb 原子为中心的组态在 170°附近出现了小峰，说明八面体结构存在一定程度的扭曲。

　　为了进一步确认 $Ge_2Sb_2Te_5$ 的局部结构，利用原子团簇校正法的团簇自校正方法可以直观地显示液态和非晶态 $Ge_2Sb_2Te_5$ 的平均短程结构。在原子运动轨迹中随机挑选 3000 个团簇，其中每一个团簇都由一个中心原子和六个近邻原子组成。令所有团簇的中心原子重合，对团簇进行旋转和平移操作，使得所有原子间的平均平方距离最小，并得到原子数密度图。最后，通过 Gaussian 展宽法可以得到液态和非晶态 $Ge_2Sb_2Te_5$ 的平均短程结构。在 1273K 时，以 Ge、Sb 和 Te 为中心的团簇都处于无序的构型中，说明液体 $Ge_2Sb_2Te_5$ 的局部结构没有均匀的短程结构序。在 773K 时的过冷液态中，以 Ge 和 Sb 为中心的原子密度轮廓呈现出八面体结构，表明以 Ge 和 Sb 为中心的短程结构开始形成八面体结构；然而以 Te 为中心的原子轮廓仍然没有出现明显的结构序，说明 Te 原子与相邻原子键合作用弱，不容易形成八面体类型的短程结构。当温度下降到 300K 时，以 Ge 和 Sb 为中心的原子密度轮廓变大，说明随着温度的降低体系中形成了更多的八面体结构；而以 Te 为中心的原子密度轮廓也最终改变为八面体结构。

　　模板校正是原子团簇校正法的另一种应用，它通过比较所选团簇与标准模板结构相似性来确定所选团簇的具体结构，并定量地统计体系中模板结构所占的比例。在模板校正方法中，先建立标准结构模板（如四面体、八面体、面心立方结构、体心立方结构和密排六方结构等各种短程结构）并将其固定，然后在旋转体系中选取中团簇，使模板与所选团簇之间的均方距离最小。可以通过一个直接的参数"结构拟合值"f 来直接描述模板和团簇的结构相似性：

$$\Delta r_T^2 = \min_{C=1,\cdots,n_C} \Delta r_{C,T}^2 \qquad\qquad (10\text{-}5)$$

$$f = \min\left(\frac{1}{n_T}\sum_{T=1}^{n_T}\Delta r_T^2\right) \qquad\qquad (10\text{-}6)$$

其中，$\Delta r_{C,T}^2$ 是团簇中 C 原子和模板中 T 原子之间的距离；Δr_T^2 是模板中 T 原子与团簇中所有 n_C 原子之间的最小平方距离。结构拟合值 f 表示模板与实际团簇之间的差异，$f=0$ 表示所选团簇的结构与模板完全相同，结构拟合值 f 越大表示选择的团簇与模板的偏差越大。通常选择 $f=0.2$ 作为结构相似性的截断值。

选用五种标准模板结构（四面体、3-元八面体、4-元八面体、5-元八面体和 6-元八面体）定量确定 $Ge_2Sb_2Te_5$ 中这五种短程结构的比例随温度的变化情况。结果表明，中短程结构的比例在 1273～900K 和 623～300K 范围内变化较小，但是在 900～623K 范围内则变化非常明显，说明短程结构的变化主要发生在过冷液态阶段。在 1273K 时，$Ge_2Sb_2Te_5$ 主要由 3-元、4-元、5-元缺陷八面体和四面体组成，其比例分别为 27.6%、49.5%、12.2% 和 7.3%，说明缺陷八面体是液态 $Ge_2Sb_2Te_5$ 的主要组成部分，并且这些八面体主要以低配位八面体的形式存在，如 3-元、4-元缺陷八面体。当温度从 1273K 降低到 300K 时，3-元和 4-元缺陷八面体的比例分别下降为 13.1% 和 39.7%，而 5-元和 6-元八面体的比例则分别增加到 25.1% 和 13.0%，表明降温过程中低配位（3-元、4-元）八面体有向高配位（5-元、6-元）八面体转变的趋势。至于四面体的比例，它在 300K 时达到 8.4%。在整个冷却过程中，所有八面体结构的比例（3-元、4-元、5-元、6-元八面体之和）始终保持在 90.5% 左右，四面体的比例则保持在 8.0% 左右，说明液体和非晶态 $Ge_2Sb_2Te_5$ 主要由八面体结构组成，其中四面体所占的比例非常小。

对于以 Ge 为中心的五种短程结构的比例变化情况，在温度从 1273K 到 300K 的冷却过程中，3-元八面体逐渐消失，4-元八面体的比例由 49.4% 下降到 16.4%，5-元八面体的比例则由 14.8% 上升为 31.1%，6-元八面体的比例则上升为 26%。总体来讲，在降温过程中以 Ge 为中心的八面体结构的总比例（3-元、4-元、5-元、6-元八面体之和）从 82.5% 下降到 74.1%。至于四面体，它的比例则由 16.7% 提高到 25.9%。因此可以推断，一部分以 Ge 为中心的八面体团簇在 $Ge_2Sb_2Te_5$ 的非晶化过程中转变为以 Ge 为中心的四面体结构。

而对于以 Sb 为中心的几种短程结构的比例变化情况，当温度从 1273K 下降到 300K 时，以 Sb 为中心的四面体结构与上述以 Ge 为中心的四面体结构呈现出明显不同的变化趋势，它随温度的降低而减少；而以 Sb 为中心的八面体结构则呈现出与上述以 Ge 为中心的八面体结构相似的变化趋势。3-元八面体逐渐消失，4-元八面体的比例从 52.7% 下降到 27.3% 并在 773K 和 623K 之间呈现出明显的变化，而 5-元八面体的比例则由 17.1%增加到 38.7%，6-元八面体的比例则由 17.1%增加到 28.9%并在 773K 到 623K 之间增幅显著。这些短程结构的变化趋势表明有许多 4-元八面体向 5-元和 6-元八面体转变。至于四面体结构，它的比例从 7.4%下降到 0，说明非晶态 $Ge_2Sb_2Te_5$ 中不存在以 Sb 为中心的四面体结构。同时，以 Sb 为中心的八面体结构的总比例从 92.1%增加到 97.5%，说明以 Sb 为中心的四面体结构在快速冷却过程中向八面体结构转变。

温度从 1273K 快速下降到 300K 的过程中，以 Te 为中心的几种短程结构的比例变化，只有 3-元和 5-元八面体的变化趋势与上述以 Ge 和 Sb 为中心的情况相同，3-元八面体的比例从 35%下降到 22.2%，5-元八面体的比例从 9.1%上升到 17.2%。与以 Ge 和 Sb 为中心的短程结构的趋势相反，4-元八面体的比例从 48.2%增加到 53.9%。对于四面体和 6-元八面体，两种结构的比例在冷却过程中始终接近于零。在整个冷却过程中，以 Te 为中心八面体的比例之和约为 93%，说明随着温度的降低，3-元八面体结构逐渐转变为 4-元和 5-元八面体结构。

比较以 Ge、Sb 和 Te 为中心的短程结构在快速冷却过程中的比例变化情况，可以看出在以 Ge 和 Sb 为中心的团簇中，3-元和 4-元八面体变化为 5-元和 6-元八面体；而以 Te 为中心的团簇中，则由 3-元八面体变化为 4-元和 5-元八面体。由此可见，在 $Ge_2Sb_2Te_5$ 的非晶化过程中，低配位八面体有向高配位八面体转变的趋势。此外，在以 Ge 为中心的组态中，由于四面体的形成，以 Ge 为中心的八面体比例之和减小；而以 Sb 为中心的八面体比例之和则由于四面体的消失而增加；以 Te 为中心的八面体比例之和则始终保持稳定。由此可以看出，$Ge_2Sb_2Te_5$ 在非晶化过程中最显著的特征是，部分以 Ge 为中心的八面体转变为四面体，而以 Sb 为中心的四面体则转变为八面体结构。

图 10-17 展示了以 Ge 和 Sb 为中心的四面体和 6-元八面体的具体结构和空间分布。在 1273K 时，大多数以 Ge 为中心的四面体由一个中心的 Ge 原子和四个相邻的 Te 原子组成，呈现 sp^3 杂化。其中只有少量的 Te 原子被 Ge 或 Sb 原子所取代，与中心原子键合形成"错键"。有趣的是，少量以 Sb 为中心的团簇也呈现出四面体结构，这些四面体的中心原子 Sb 倾向于与 Ge 或 Sb 原子结合。在 773K 时，除了以 Ge 和 Sb 为中心的四面体外，体系中还产生了以 Ge 和 Sb 为中心的 6-元八面体，它们倾向于与 Te 原子键合形成有序的 ABAB 结构序。在 300K 时，以 Sb 为中心的四面体消失，只剩下少量以 Ge 为中心的四面体。这是由于形成 sp^3 杂化的 Ge-Te 键比较稳定。在 6-元八面体结构中，仍然存在少量的错键。

除了短程结构外，非晶态 $Ge_2Sb_2Te_5$ 还存在一定的中程结构。为了探究快速降温过程中中程结构的变化情况，图 10-18（a）～（c）给出了不同温度下四面体和 6-元八面体中心原子的分布和连接情况，其中截断距离选取位于对关联函数第二

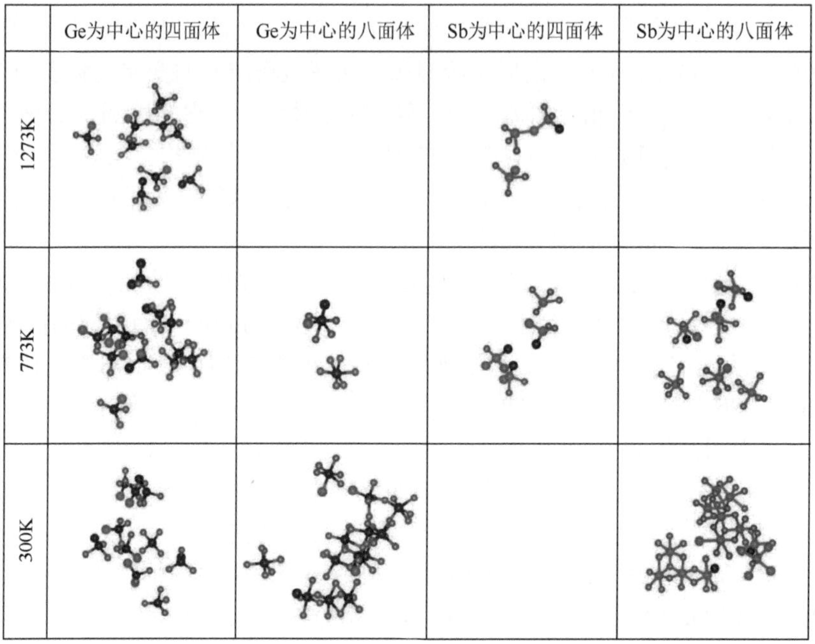

图 10-17　不同温度下以 Ge 和 Sb 为中心的四面体和 6-元八面体的结构和分布情况

蓝色、绿色和橘黄色球分别代表 Ge、Sb 和 Te 原子

谷附近的 5.2Å。在 1273K 时，体系中不存在 6-元八面体。为了清晰地显示连接情况，图中只显示四面体和 6-元八面体在 1273K、773K 和 300K 下的中心原子。灰球和红球分别表示四面体和 6-元八面体的中心原子；图 10-18（d）～（f）分别为图 10-18（a）～（c）中四面体和 6-元八面体的连接情况，正方形、虚线和三角形分别表示团簇通过共享一个、两个和三个顶点连接，椭圆表示两个簇的中心原子相互连接，红色虚线表示团簇之间通过顶点的键合相互连接的多面体，只存在少量的四面体结构，并且这些四面体相互连接形成较长的链状结构，呈现出明显的聚集现象，见图 10-18（a）。这些四面体之间可以通过两种方式相互连接［图 10-18（d）］：共用一个顶点或一条边（两个顶点），通过这两种连接方式的随机组合可以形成较大的中程结构。

　　在 773K 时，体系中四面体的位置虽然与 1273K 时的位置不同，但是它们仍然聚集在一起；并且在四面体周围有少量 6-元八面体形成［图 10-18（b）］。图 10-18（e）展示了这些四面体和 6-元八面体的连接情况，四面体之间通过共用一个顶点、一个中心原子或一条边相互连接；6-元八面体之间通过共用一个顶点或一条边相互连接；而四面体和 6-元八面体之间则可以通过共用一个中心原子、一个顶点或一条边相互连接。

304

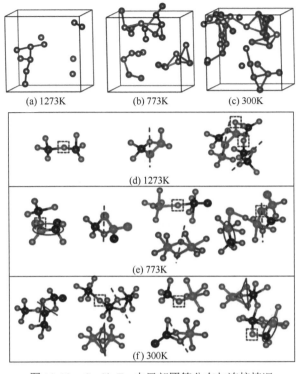

图 10-18　$Ge_2Sb_2Te_5$ 中局部团簇分布与连接情况

　　当温度下降到 300K 时，体系中形成了更多的 6-元八面体，这些 6-元八面体相互连接形成更大的团簇；四面体则随机地分布在体系中并与这些团簇连接 [图 10-18（c）]。图 10-18（f）则给出了非晶态 $Ge_2Sb_2Te_5$ 中四面体和 6-元八面体的具体连接方式，通过分析可以发现：①四面体之间仅通过顶点相互连接；②6-元八面体可以通过共用一个顶点、一条边或一个表面（三个顶点）与其他 6-元八面体连接；③四面体可以通过共用一个顶点、一条边或一个中心原子与 6-元八面体连接。综上所述，在高温液态（1273K）和过冷液态（773K）中，四面体通过共享顶点、边或中心原子聚集在一起；但是在非晶态时四面体则稀疏地分布在模拟胞中。相反，6-元八面体的数目在冷却过程中迅速增长，并最终在非晶态相互连接形成更大的团簇。

　　对于体系中 ABAB 环随温度的变化情况，4-元环和 6-元环始终占有很大的比例，说明异型键倾向于形成特定的短程结构。考虑到 $Ge_2Sb_2Te_5$ 在冷却过程中始终存在一定量的错键，研究了 $Ge_2Sb_2Te_5$ 在 1273K、773K 和 300K 时不可约环的分布情况。体系中的不可约环从 3-元环变化到 20-元环，说明 $Ge_2Sb_2Te_5$ 中存在着一定的短程和中程序。比较不可约环与 ABAB 环可以发现，除了大量的小环外，体系中还存在许多大环（从 9-元环变化到 20-元环），说明同极键在中程结构中发挥着重要的作用。在 1273K 时，3-元环到 5-元环的比例比较大，6-元环到 20-元环的比例比较小。当温度降低到 773K 时，3-元环的数目减少，而 6-元环的数目明显增加。在这个温度下，4-元环、5-元环和 6-元环的比例非常大，而 7-元环到 20-元环的比例很小。当温度降低到 300K 时，3-元环几乎消失，而 4-元环和 6-元环的比例变得更大。有趣的是，15-元到 17-元环之间出现了一个小的峰。这个现象很可能是由纳米空位造成的。综上所述，不可约环在非晶化过程中呈现两种相反的趋势，即变成更小的环，或变成更大的环。

为了研究 $Ge_2Sb_2Te_5$ 在快速降温过程中的动力学性质，计算了 $Ge_2Sb_2Te_5$ 中不同原子的均方位移（MSD）随温度的变化情况，见图 10-19。它们在液态和过冷液态下均呈现线性行为。随着温度的降低，均方位移的斜率减小，说明在快速降温的过程中原子的迁移率降低。比较 Ge、Sb 和 Te 三种元素在不同温度下的均方位移，可以发现 Ge 原子在液体（900K 以上）和过冷液体（623～900K）中移动的速度最快，而 Sb 在液体中运动最慢，Te 在过冷液体中运动最慢。

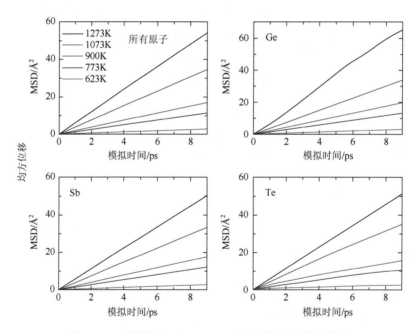

图 10-19　不同温度下 $Ge_2Sb_2Te_5$ 中不同原子的均方位移

扩散系数 D 是表示液体和固体扩散程度的物理量。得到均方位移后，扩散系数可由爱因斯坦公式［式（10-7）］计算得到：

$$D = \frac{1}{6} \frac{\partial}{\partial t} \lim_{t \to \infty} \langle R_\alpha^2(t) \rangle \qquad (10\text{-}7)$$

其中，R_α 是粒子的位移。从公式可以看出，扩散系数与均方位移的斜率有关。此外，扩散系数也遵循 Arrhenius 方程：

$$D = D_0 \exp\left(-\frac{E_\alpha}{k_B T}\right) \tag{10-8}$$

其中，D_0 是前置因子；E_α 是激活能；k_B 是玻尔兹曼常量。图 10-20 给出了 $\ln D$ 和 $1/T$ 之间的关系。$\ln D$ 随 $1/T$ 减小，说明计算的扩散系数随温度的降低而减小。利用线性拟合，分别得到了液体 $Ge_2Sb_2Te_5$ 的前置因子和激活能。在 1273K 和 523K 之间，前置因子和激活能分别为 $1.42 \times 10^{-7} m^2/s$ 和 0.33eV；随着温度的继续降低，前置因子和激活能分别变为 $0.009 \times 10^{-7} m^2/s$ 和 0.08eV。这表明 $Ge_2Sb_2Te_5$ 在 523K 时由过冷液态转变为非晶固态。

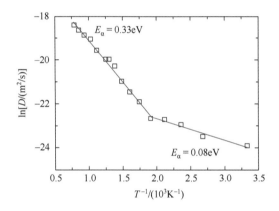

图 10-20 不同温度下 $Ge_2Sb_2Te_5$ 的扩散系数

实线为线性拟合结果

位于 Sb_2Te_3（ST23）和 GeTe（GT11）合金线上的伪二元合金 Ge-Sb-Te（如 Sb_2Te_3、$GeSb_2Te_4$ 或 $GeTe$-Sb_2Te_3、$Ge_2Sb_2Te_5$ 或 $2GeTe$-Sb_2Te_3、$Ge_3Sb_2Te_6$ 或 $3GeTe$-Sb_2Te_3 和 GeTe 等）都表现出优异的相变性能。为了满足商业应用中高密度和微型化的要求，充分了解相变存储材料的微观结构是非常有必要的。本节利用基于密度泛函理论的 VASP 软件包进行分子动力学模拟，分别得到非晶态的 Sb_2Te_3、$GeSb_2Te_4$、$Ge_2Sb_2Te_5$、$Ge_3Sb_2Te_6$ 和 GeTe。

为了更好地了解这些非晶态 Ge-Sb-Te 合金的短程结构差异，利用原子团簇校正法的团簇自校正方法，分别得到各种合金不同组态的均匀短程结构。根据中心原子的不同，分别得到以 Ge、Sb 和 Te 为中心团簇的均匀短程结构。虽然所有均匀的短程结构均呈现八面体结构，但是以不同元素为中心的短程结构仍然存在差异。同一团簇中不均匀的等值面表示缺陷存在，而不对称的轮廓则表示团簇中畸变存在。与 Ge 和 Sb 为中心的短程结构相比，以 Te 为中心的短程结构的轮廓相对较小，说明以 Te 为中心的团簇中含有更多的低配位缺陷八面体。此外，随着合金中 GeTe 组分的增加，以 Ge 为中心的短程结构发生了显著变化，说明缺陷八面体的配位数对 GeTe 组分比较敏感。

利用原子团簇校正法的模板校正方法，构建 5 个标准结构模板［四面体、3-元八面体、4-元八面体、5-元八面体和 6-元八面体，见图 10-21（a）］，对非晶态 Ge-Sb-Te 合金的局部结构进行分类并分别确定其比例。图 10-21（b）展示了非晶态 Ge-Sb-Te 合金中五种短程结构的整体比例，非晶态 Ge-Sb-Te 合金由少量的四面体和大量的八面体结构组成。随着 Ge-Sb-Te 合金中 GeTe 含量的增加，四面体的比例逐渐增加；在非晶态 GeTe 中四面体的比例达到最大值（18.3%）。在五种 Ge-Sb-Te 合金中，八面体的结构均以 4-元缺陷八面体为主。随着 Ge-Sb-Te 合金中 GeTe 含量的增加，6-元八面体的比例相对稳定，约为 13%，而 3-元、4-元、5-元缺陷八面体的比例则变化明显。除了四面体和各种八面体结构外，Ge-Sb-Te 合金中仍有一些局部结构不能用五种模板确定，只能作为其他结构。这可能是由于这些团簇的配位数太低，并且团簇的畸变程度大，与五种标准模板结构的相似性很低。除了 $Ge_2Sb_2Te_5$ 外，这些无法识别的其他结构随 Ge-Sb-Te 合金中 GeTe 含量的增大而减少，说明 GeTe 含量的增大可以减小非晶体系的畸变。

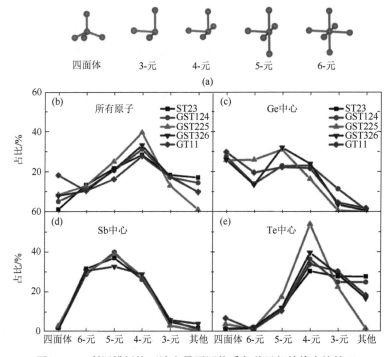

图 10-21　利用模板校正法定量不同体系各种局部结构占比情况

（a）五种短程结构的模板；（b）~（e）非晶态 Sb_2Te_3（ST23）、$GeSb_2Te_4$（GST124）、$Ge_2Sb_2Te_5$（GST225）、$Ge_3Sb_2Te_6$（GST326）和 GeTe（GT11）中不同短程结构所占的比例

图 10-21（c）给出非晶态 Sb_2Te_3、$GeSb_2Te_4$、$Ge_2Sb_2Te_5$、$Ge_3Sb_2Te_6$ 和 GeTe 中以 Ge 原子为中心几种短程结构的比例。有趣的是，所有非晶态合金中四面体的比例都在 28%左右，而无法识别的其他结构的比例都接近于零。五种非晶态合金的结构差异主要集中在八面体结构的组分上。$GeSb_2Te_4$ 和 GeTe 的短程结构主要集中在 4-元和 5-元八面体上，而 $Ge_2Sb_2Te_5$ 和 $Ge_3Sb_2Te_6$ 的短程结构主要集中在 5-元八面体上。图 10-21（d）给出了以 Sb 原子为中心的团簇中各种短程结构的比例。除了 5-元八面体在不同合金中的比例上下波动外，其他各种短程结构的比例都非常接近，说明非晶态 Ge-Sb-Te 合金中以 Sb 原子为中心的短程结构对 GeTe 含量的多少并不敏感。对于以 Te 原子为中心的原子组态，3-元和 4-元缺陷八面体所占的比例非常大，见图 10-21（e）。与以 Ge 和 Sb 原子为中心的短程结构不同，以 Te 原子为中心的短程结构中未确定的其他结构也占有很大的比例。

比较非晶态 Ge-Sb-Te 合金中以 Ge、Sb 和 Te 原子为中心的短程结构，其中 GeTe 含量的增加对以 Ge 和 Te 原子为中心的短程结构影响较大，对以 Sb 原子为中心的短程结构影响较小。非晶态合金中四面体均来源于以 Ge 为中心的团簇，每一种合金中四面体在以 Ge 原子为中心的团簇中占有相似的比例，但由于合金中 Ge 原子含量的增加，四面体在总团簇中的比例随着 GeTe 含量的增加而增加。八面体结构的差异主要来源于以 Ge 和 Te 原子为中心的团簇，在以 Ge 原子为中心的短程结构中，高配位（5-元和 6-元）八面体占据的比例较大；在以 Te 原子为中心的短程结构中，低配位（3-元和 4-元）八面体占据的比例较大。而大多数未识别的其他结构则主要来源于以 Te 原子为中心的原子组态。

比较这些非晶态合金中的不可约环结构，其中 4-元、5-元和 6-元环占据很大的比例，说明非晶态 Ge-Sb-Te 合金中的短程结构非常明显。有趣的是，在 Sb_2Te_3、$GeSb_2Te_4$ 和 $Ge_2Sb_2Te_5$ 中，由于纳米空位的存在，16-元环附近出现了一个小的峰。然而，随着非晶态 Ge-Sb-Te 合金中 GeTe 含量的增加，16-元环附近的峰逐渐消失，说明非晶态 Ge-Sb-Te 合金中 GeTe 含量的增加可以抑制纳米空位的形成。统计这些合金中奇数环和偶数环的比例，发现非晶态 Sb_2Te_3 中奇数环的比例相对较小，随着 Ge-Sb-Te 合金中 GeTe 含量的增加，非晶态 Ge-Sb-Te 合金中奇数环的比例逐渐增大。最终，在非晶态 GeTe 中奇数环的比例接近偶数环的比例。

10.3.2　非晶 Sb-Te 的局部结构和动力学模拟

Sb_2Te_3 是 $Ge_2Sb_2Te_5$（$2GeTe$-Sb_2Te_3）的重要组成部分，同时也是一种相变材料[7]。对 Sb_2Te_3 在液态和玻璃态的结构转变及动力学性质的温度依赖特性的研究，将有助于实验上对该材料的制备和理解其相变机制。本节利用第一性原理分子动力学方法，通过熔化退火得到非晶态 Sb_2Te_3。

不同温度下 Sb_2Te_3 的原子数密度（ρ）见图 10-22。从曲线中可以看出，密度曲线分为三段，两个拐点分别在 1023K 和 423K。当液态 Sb_2Te_3 迅速冷却时，首先会变成过冷液态，由于降温速率太快，最终体系变成玻璃态。该材料处于 1023～423K 之间时可视为过冷液态，低于 423K 则视为非晶固态。

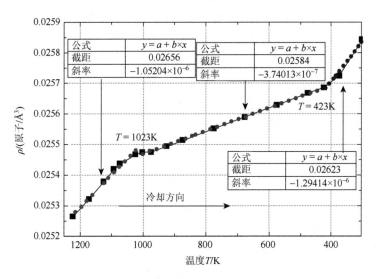

图 10-22　模拟得到的原子数密度随温度的变化

点为计算结果，绿点代表液态，红点代表过冷液态，蓝点代表玻璃态。黑线为分段拟合结果，液态、过冷液态和玻璃态的拟合斜率分别约为-1.05×10^{-6}、-3.74×10^{-7} 和-1.29×10^{-6}

图 10-23 左侧展示了均方位移（MSD）曲线，液态及过冷液态（温度高于 573K）的均方位移均呈直线，表现出较好的液态性质。图 10-23 右侧给出了扩散系数 D 与温度的关系。液态整体、Sb 原子和 Te 原子的激活能 E_a 可以由拟合直线的斜率得出，分别为 24.35kJ/mol、23.59kJ/mol 和 24.81kJ/mol。Sb 和 Te 的前置因子 D_0 分别为 $1.006\times10^{-7}m^2/s$ 和 $1.258\times10^{-7}m^2/s$。Te 的自扩散系数略大于 Sb，说明 Te 原子的扩散速率整体略快于 Sb 原子。

比较 Sb_2Te_3 高温到低温总体和部分配位数变化情况，发现 Sb-Te 和 Te-Sb 的配位数随温度的降低而明显增加，证明 Sb 和 Te 原子之间堆积更加紧密。Sb 原子的配位数主要是 3 和 4，Te 原子的配位数主要是 2 和 3。同时发现在液态 Sb_2Te_3 中存在大量的同极键（Sb-Sb 和 Te-Te）。化学短程有序性描述了不同原子间的相互作用，决定了二元合金的结构和性质。在无序系统中，Warren-Cowley 化学短程有序性参数可以有效地对其进行评估，表示为

$$\alpha_{ij} = 1 - N_{ij} / c_j N_{tot} \qquad (10\text{-}9)$$

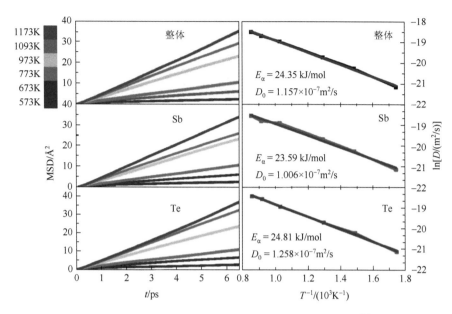

图 10-23　不同温度下 Sb_2Te_3 的 MSD 和自扩散系数 D [7]

其中，N_{ij} 是 i 类原子周围 j 类原子的配位数；N_{tot} 是 i 类原子的总配位数；c_j 是 j 类原子所占组分比例。比较不同温度下 Sb_2Te_3 的 Warren-Cowley 化学短程有序性参数，发现负值 $\alpha_{Sb\text{-}Te}$ 表明倾向于形成具有吸引力的 Sb-Te 键，而正值 $\alpha_{Te\text{-}Te}$ 和 $\alpha_{Sb\text{-}Sb}$ 则表明不利于形成 Te-Te 和 Sb-Sb 键。因此，Sb 和 Te 原子之间存在亲和作用，而 Te-Te 和 Sb-Sb 原子对存在相对的排斥作用。有趣的是，随着温度的降低，Sb 和 Te 原子之间的键能变得更强，而同极键的形成概率更小。这表明冷却后结构变得更加有序，这与部分配位数的分析结果一致。

为了进一步了解 Sb_2Te_3 的化学和拓扑有序性信息，计算了不同温度下的键角分布函数。键角分布函数 $g_3(\theta)$ 表示特定原子与其相邻两个原子在截断半径内的键角分布情况。为了方便比较，将六个部分键角分布函数分为以 Sb 为中心和以 Te 为中心两组。其中，Te-Sb-Te 和 Sb-Te-Sb 组态占据很大的比例，且键角分布函数的主峰均在 90° 附近。值得注意的是，在 Te-Sb-Te 中有一个位于 167° 的小峰。缺陷八面体（配位数小于 6 的八面体）几何结构键角分布函数的特征是有一个位于 90° 的主峰和一个接近 180° 的小偏峰。随着温度的降低，键角分布函数中的主峰变得更尖锐，这是由于 Sb_2Te_3 中缺陷八面体构型含量随温度的降低而增加。Sb-Sb-Te 和 Sb-Te-Te 的键角分布函数较相似，均有两个位于 55° 和 90° 附近的主峰，55° 可能对应缺陷八面体的畸变角度或是某些其他局域结构。然而，Sb-Sb-Sb 和 Te-Te-Te 的峰值强度远低于 Sb-Te-Sb 和 Te-Sb-Te，说明以 Sb-Sb-Sb 和 Te-Te-Te 成键的组合相对较少。

图 10-24 展示了 Sb_2Te_3 在 300K、673K 和 1093K 下的团簇自校正结果。总体而言，有缺陷的八面体结构在 Sb_2Te_3 中较为突出。这与晶体 Sb_2Te_3 中的八面体结构相似，液态体系中的短程有序结构与晶态中的短程有序结构相似性，是 Sb_2Te_3 的相变速度快的原因。以 Sb 为中心的团簇在玻璃态 Sb_2Te_3（300K）和过冷液态 Sb_2Te_3（673K）中均表现出八面体有序结构。然而，Te 为中心的团簇具有更复杂的结构，当温度升高到 673K 以上时，短程有序结构变得不那么清晰。因此，以 Sb 为中心的八面体团簇结构比以 Te 为中心的八面体团簇结构更容易形成。很明显，整个系统在 1093K 时处于无序状态，在液态 Sb_2Te_3 中显示出不太明确的短程结构。

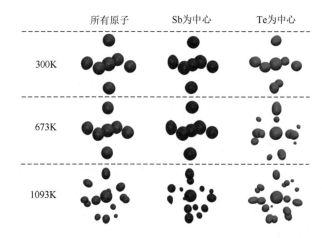

图 10-24　在 300K、673K 和 1093K 下 Sb_2Te_3 的团簇自校正结果

左边是整体（红色）局部结构；中间和右边分别代表以 Sb（蓝色）和 Te（绿色）为中心的团簇，等值面均为 0.15Å^{-3}

图 10-25 给出 300K 下确定时刻以 Sb 原子为中心的八面体团簇及它们在原胞中的分布情况。不同原子之间的距离取 3.3Å 时，八面体团簇顶点的所有 Te 原子彼此之间都无法连接，部分八面体通过 Te 原子形成的四环结构相连 [图 10-25（a）]，这是由 Te-Te 之间形成同极键决定的；当原子之间的距离取 5.5Å 时，所有八面体团簇通过多种方式形成网络结构，见图 10-25（b）。因此，可以推断 Te 原子之间存在较强的次近邻原子间相互作用。此外，这些 Sb 为中心的团簇的最近邻的六个原子几乎都是 Te 原子，这与 CN 结果一致，即在玻璃态 Sb_2Te_3 中最常见的构型是 $Sb\text{-}Te_6$。

在玻璃态体系中，除了短程有序外，不同的短程有序结构通过某种连接也可以形成中程有序结构。在相变材料中，不同短程有序结构通过环状结构彼此相连形成中程有序结构。比较晶体 Sb_2Te_3 和玻璃态 Sb_2Te_3 中不可约环的统计含量发现，

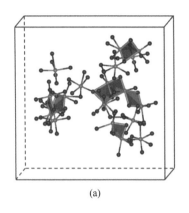 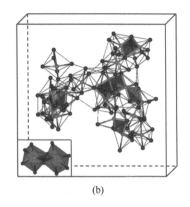

（a）　　　　　　　　　　　　　（b）

图 10-25　玻璃态下 Sb_2Te_3 立方晶胞内 Sb 为中心的八面体团簇的分布和连接情况

（a）原子之间的距离取 3.3Å（Te-Te 对关联函数的第一谷位置）时的情况；（b）原子之间的距离取 5.5Å
（Te-Te 对关联函数的第二谷位置）时的情况。绿球代表 Sb 原子，紫球代表 Te 原子。玻璃态 Sb_2Te_3 所连接的
四环用金色键围成的红色多面体表示。插图显示了两个缺陷的八面体通过四环相互连接

在晶体 Sb_2Te_3 和玻璃态 Sb_2Te_3 中，四环的比例最高，表明晶体和玻璃态 Sb_2Te_3 之间存在结构相似性。在图 10-25 所示的以 Sb 为中心的八面体团簇网络结构中，最丰富的环是由 A（Sb）和 B（Te）原子交替排列的"ABAB 四方环"，占四环的 76.2%。非常有意思的是，这些缺陷八面体是通过四环相互连接的，显示在图 10-25（b）的插图内。这一发现有力揭示了玻璃态 Sb_2Te_3 结构中四环和缺陷八面体之间的紧密联系。

为了进一步提高 Sb_2Te_3 的性能，掺杂其他元素是一种有效方法。$Sc_{0.2}Sb_2Te_3$ 由于能显著提高 Sb_2Te_3 的结晶速度，并提高非晶结构在室温下的稳定性，引起了很大关注。然而，对于过冷液态和非晶态 $Sc_{0.2}Sb_2Te_3$ 的局部结构还缺乏系统的研究，这对未来相变存储材料的进一步应用至关重要。利用第一性原理分子动力学方法，模拟了 $Sc_{0.2}Sb_2Te_3$ 从高温液态快速冷却到非晶态的动力学过程。以 Sc、Sb 和 Te 原子为中心的团簇的集体校正结果见图 10-26（a）。在 1000K 时，以 Sc 原子为中心的局部结构轮廓呈现八面体结构，而以 Sb 和 Te 原子为中心的局部结构则没有呈现出清晰的结构特征。当温度下降到 700K 时，以 Sc 原子为中心的局部结构仍保持八面体结构且其轮廓明显增大，以 Sb 原子为中心的局部结构也转变为一个八面体结构，而以 Te 原子为中心的局部结构仍然没有明显的结构序，说明以 Sc 原子为中心的八面体结构增多，以 Sb 原子为中心的团簇在较低温度下有向八面体结构转变的趋势。当温度最终降为 300K 时，以 Sc 和 Sb 原子为中心的八面体结构轮廓增大，以 Te 原子为中心的结构轮廓趋向于形成缺陷的八面体结构，说明在 $Sc_{0.2}Sb_2Te_3$ 的非晶化过程中，以 Sc、Sb 和 Te 原子为中心的局部结构均倾向于形成八面体结构。

313

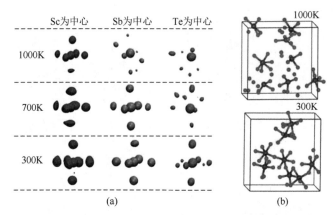

图 10-26　（a）不同温度下 $Sc_{0.2}Sb_2Te_3$ 中不同组态的原子密度轮廓，等值面为 $0.3Å^{-3}$；（b）以 Sc（红色）原子为中心的团簇在 1000K 和 300K 下的分布情况，绿色原子表示 Te

　　探索以 Sc 原子为中心的团簇的空间分布和成键情况，可以进一步了解 Sc 原子在液态和非晶态 $Sc_{0.2}Sb_2Te_3$ 中发挥的作用。图 10-26（b）给出以 Sc 原子为中心的团簇的分布和成键情况，每个团簇由一个中心 Sc 原子及六个最近邻原子组成。在 1000K 时，以 Sc 原子为中心的团簇随机地分布在模拟胞中，并不是所有的近邻原子都与中心原子成键，但是高配位（5-元和 6-元）团簇的数量仍然相当可观。在 300K 时，以 Sc 原子为中心的团簇往往通过共享一个顶点相互连接，且大多数团簇都呈现出高配位的组态。因此，可以看出 Sc 原子在液态和非晶态 $Sc_{0.2}Sb_2Te_3$ 中都具有较强的八面体键合能力。

　　进一步研究了以 Sc、Sb 和 Te 原子为中心八面体结构的比例随温度的变化情况。在 1000K 时，$Sc_{0.2}Sb_2Te_3$ 中以 Sc、Sb 和 Te 原子为中心的所有八面体结构的比例分别为 55.4%、59.0% 和 32.5%。随着温度逐步降低到 300K，它们的比例逐渐增大，最终分别达到 77.5%、93.1% 和 61.3%。在降温的过程中，以 Sc、Sb 和 Te 原子为中心的八面体的比例总是存在一定关系：$F_{Sb} > F_{Sc} > F_{Te}$。这一关系似乎与团簇自校正结果相矛盾。为了解释这个现象，$Sc_{0.2}Sb_2Te_3$ 中 6-元八面体的比例变化得到了进一步研究，这是因为它在团簇自校正过程中受缺陷和畸变的影响较小。在 1000K 时，$Sc_{0.2}Sb_2Te_3$ 中只观察到少量以 Sc 原子为中心的 6-元八面体，随着温度下降到 700K，它的比例缓慢增加，随着温度的进一步下降，它的比例急剧增加。在 300K 时，以 Sc 原子为中心的团簇中 6-元八面体占据非常大的比例，高达 65.0%。以 Sb 原子为中心的 6-元八面体则在 700K 时首次被观测到，并在随后的冷却过程中缓慢增加。而以 Te 为中心的 6-元八面体在整个降温过程中都非常少。由此可见，以 Sc 原子为中心的团簇最容易形成 6-元八面体。

　　图 10-27 给出同中心 Sc 原子键合的近邻原子的序数随模拟步数的变化情况。在 1000K 时，液态 $Sc_{0.2}Sb_2Te_3$ 中与 Sc 原子成键的原子个数为 5。随着时间的增加，一

些近邻的成键原子被其他原子所取代，但大部分近邻原子仍然与中心 Sc 原子成键，这表明 Sc 原子即使在高温下也能形成稳定的化学键。700K 时，过冷液态 $Sc_{0.2}Sb_2Te_3$ 中 Sc 原子的配位数增加到 6。随着时间的变化，只有少数键合原子在弛豫过程中被其他原子取代，说明以 Sc 为中心的短程结构在过冷液态 $Sc_{0.2}Sb_2Te_3$ 中具有较高的稳定性。300K 时，非晶态 $Sc_{0.2}Sb_2Te_3$ 中与 Sc 原子键合的近邻原子基本不随时间变化。

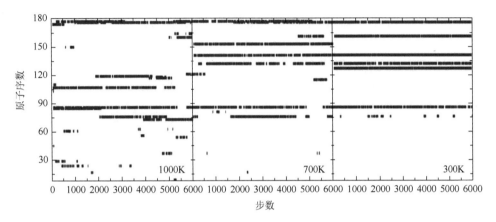

图 10-27　不同温度下以 Sc 原子为中心的近邻原子的序数随模拟步数的变化情况

截断距离为 3.2Å

$Sc_{0.2}Sb_2Te_3$ 中掺入的 Sc 元素非常少，但是它的结晶速度显著提高。为了解释这个问题，图 10-28 给出了 6-元、5-元、4-元和 3-元八面体结构，可以看出，它们中可以形成平面四环的结构位点分别为 12 个、8 个、5 个和 3 个。随着八面体配位数的降低，其中用以形成平面四环的位点也快速减少。非晶态 Sb_2Te_3 中 3-元和 4-元八面体占据很大的比例，以 Sc 原子为中心的八面体结构都具有很高的配位数（5-元和 6-元）。虽然合金中 Sc 原子的含量很少，但以 Sc 原子为中心的八面体结构可以为平面四环的形成提供大量的位点。此外，这些以 Sc 原子为中心的八面体结构非常稳定，可以稳定 Sb-Te 四环，降低成核的随机性。

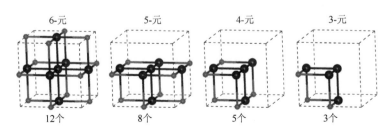

图 10-28　ScSbTe 结晶时晶核的结构。蓝色球分别构成 6-元、5-元、4-元和 3-元八面体结构，绿色球表示八面体结构中用以形成平面四环的结构位点

10.3.3 非晶 Ge-Sb 的超快结晶机制

与快速非晶化过程相比，结晶过程更耗时，减少 PCM 的结晶时间可以有效加快相变存储器件的速度。然而关于 Ge₁₅Sb₈₅ 结晶行为的研究并不充分。为了缩短模拟时间，本节通过加压的方式探究非晶态 Ge₁₅Sb₈₅ 的结晶机制[8]。

压缩过程中的应力-应变曲线见图 10-29（a）。随着应变的增长，非晶态 Ge₁₅Sb₈₅ 中应力逐渐增加，并最终转变为晶态。图 10-29（b）展示了不同压力下的对关联函数 $g(r)$。在 0GPa 下，除了在 2.93Å 处有明显的峰外，在 4.25Å 和 6.33Å 处也有较小的峰，说明非晶态 Ge₁₅Sb₈₅ 由强的短程有序（SRO）结构和弱的中程有序（MRO）结构组成。当压力低于 6.1GPa 时，SRO 变强，MRO 变化不大。当压力达到 9.2GPa 时，SRO 和 MRO 均因结晶而显著增强。图 10-29（c）为结晶过程中各种组态的配位数，其中截断半径为 3.2Å。当没有压力时，Ge-Ge 和 Sb-Ge 的配

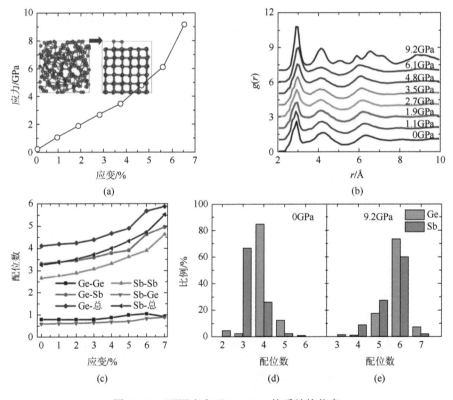

图 10-29　不同应力下 Ge₁₅Sb₈₅ 体系结构信息

（a）结晶过程中的应力-应变曲线，其中的快照显示了 Ge₁₅Sb₈₅ 的初始和最终构型，对应于非晶和结晶相；（b）结晶过程中的总对关联函数；（c）配位数；非晶态（d）和晶态（e）Ge₁₅Sb₈₅ 的配位数分布

位数分别是 0.8 和 0.6，而 Ge-Sb 和 Sb-Sb 的配位数分别是 3.3 和 2.7。Ge 和 Sb 元素的总配位数分别为 4.1 和 3.3，并不符合 "8–N" 规律（即如果该原子的价电子数为 N，则其配位数通常为 8–N）。Ge-Ge 和 Sb-Ge 的配位数随应变变化不大，而 Ge-Sb 和 Sb-Sb 的配位数随应变增加而增加，导致在结晶过程中 Ge 和 Sb 元素的配位数均增加。图 10-29（d）和（e）分别展示了非晶态和晶态的配位数分布情况。在非晶态中，Ge 的配位数集中于 4，而 Sb 的配位数集中在 3。在晶态中，Ge 和 Sb 的配位数都集中在 6，说明在压力诱导的结晶过程中，局部配位环境发生很大变化。

　　为了进一步了解 $Ge_{15}Sb_{85}$ 的化学和拓扑有序性信息，计算了不同应力下的键角分布函数（BADF）。非晶态 $Ge_{15}Sb_{85}$ 在 0GPa 时，以 Ge 为中心构型的 BADF 集中在 109°，表明以 Ge 为中心的团簇倾向于形成四面体结构。随着压力的增加，BADF 的主峰逐渐左移至 90°，说明在结晶过程中以 Ge 为中心四面体转变为八面体的结构。对于以 Sb 为中心构型的 BADF，在 0GPa 时，BADF 的主峰位于 92°，这表明非晶态 $Ge_{15}Sb_{85}$ 中以 Sb 为中心的团簇倾向于形成类似八面体的结构。随着压力的增加，以 Sb 为中心的 BADF 主峰左移至 90°，且相应密度在 9.2GPa 时发生较大变化。当压力为 9.2GPa 时，以 Ge 和 Sb 为中心的构型在 170°处都观测到一个小峰，说明晶态 $Ge_{15}Sb_{85}$ 中以 Ge 和 Sb 为中心的团簇都存在结构畸变。

　　短程结构的局部轮廓见图 10-30（a）。无压力时，非晶态中以 Ge 为中心的团簇轮廓为四面体结构，以 Sb 为中心的团簇轮廓为八面体结构。由于系统中 Ge 原子的比例相对较小，团簇的平均轮廓呈八面体构型。当压力增加到 3.5GPa 时，以 Ge 为中心的 SRO 呈现出类似八面体的结构，表明某些以 Ge 为中心的四面体转变为八面体。以 Sb 为中心的构型轮廓变大，表明形成了更多的以 Sb 为中心的八面体。当压力达到 9.2GPa 时，以 Ge 和 Sb 为中心的构型体积变大，表明在结晶过程中大量无序团簇转变为有序的八面体结构。图 10-30（b）为 0GPa 时非晶态和 9.2GPa 时晶态 $Ge_{15}Sb_{85}$ 中以 Ge 为中心的团簇分布。以 Ge 为中心四面体在非晶态 $Ge_{15}Sb_{85}$ 中没有明显的聚集，最终在晶态 $Ge_{15}Sb_{85}$ 中变成八面体。以 Ge 为中心四面体的随机分布，可以增加结晶的能垒，稳定非晶态。

　　为了揭示从非晶态到晶态的结晶机制，需要对 MRO 的演化进行深入了解。研究了以 Ge 为中心第二近邻构型的 BADF。以 Ge 为中心的构型在 0GPa 处有 A、B、C 三个峰，分别位于 40°、60° 和 98°附近。当压力增大到 6.1GPa 时，A 峰向右移动，其密度增大，B 峰高度减小，C 峰向左移动。当压力变为 9.2GPa 时，A 峰降低，B 峰明显增强，说明 A 峰在结晶过程中有向 B 峰演化的趋势。峰 C 移到 90°，其密度大大增加，表明 MRO 变得更加有序。此外，形成两个新的峰，主峰 D 位于 120°，可能起源于 60°的峰 B，因为两个 60°可以形成一个 120°，而位于 176°的小峰 E 可能是由轻微的结构变形造成的。对于以 Sb 为中心第二近邻构型的 BADF，发现其与以 Ge 为中心的情况类似。无压力时，BADF 只有三个

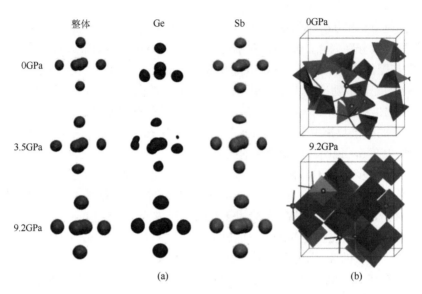

图 10-30　（a）不同压力下整体、Ge 和 Sb 为中心团簇的轮廓；（b）非晶态和晶态中以 Ge 为中心构型的分布

峰（A、B 和 C），分别位于 41°、61° 和 98°。在 6.1GPa 以下，A 峰随压力增大向右移动，B 峰减小不大，C 峰增大并向左移。但当压力达到 9.2GPa 时，A 峰大幅降低，B 峰突然增强，C 峰移动到 90° 并明显增强。此外，还观察到一个明显的 D 峰和一个小的 E 峰，分别位于 120° 和 175°。

　　环的分布情况显示非晶态 $Ge_{15}Sb_{85}$ 中 5-元环所占比例最大。当应变小于 6% 时，4-元和 6-元环的比例随压力的增加而缓慢增加，而其他环的比例变化不大。但当应变超过该范围时，5-元环突然降为零，4-元环突然增加到最大比例。环的演化表明，结晶过程可分为两个阶段：孵化阶段（应变范围 0%～6%）和快速生长阶段（应变范围 6%～7%）。除了环外，MRO 的空间结构也是揭示非晶态 $Ge_{15}Sb_{85}$ 快速结晶行为的重要因素。二面角的演化过程显示在 0GPa 时，非晶态 $Ge_{15}Sb_{85}$ 中有两个位于 0° 和 134° 的峰。当压力增加到 6.1GPa 时，位于 0° 的峰变得更尖锐，另一个峰逐渐移到 90°。此外，还观察到位于 180° 的第三个峰，说明在压力作用下，二面角从无序状态变为有序状态。当压力达到 9.2GPa 时，三个峰均显著增加。由于非晶态 $Ge_{15}Sb_{85}$ 中 5-元环所占比例最大，而晶态 $Ge_{15}Sb_{85}$ 中没有 5-元环，因此研究五环的演化对理解非晶态 $Ge_{15}Sb_{85}$ 的结晶机制具有重要意义。

　　图 10-31 显示了 5-元环的结构演化过程，其中图 10-31（a）和（b）分别为 5-元环在 0GPa 和 3.5GPa 时的分布。5-元环在无压力的非晶态 $Ge_{15}Sb_{85}$ 中随机分布，每个环中的原子在一个平面上随机波动。当压力增大到 3.5GPa 时，由于压力的影响，形成更多的 5-元环。此外，与上述二面角角度演化趋势一致，5-元环往

往形成一个特定的结构，四个原子处在一个平面，另一个原子与该平面的二面角为 90°，见图 10-31（b）中矩形区域。图 10-31（c）和（d）分别为 6.1GPa 和 9.2GPa 下的最终组态，对应于快速结晶前后。图 10-31（c）中矩形区域为 6.1GPa 时的 5-元环结构，其高度有序。除 E 和 F 原子外，大多数原子位于八面体位点附近，这两个原子由于偏离八面体位点的距离较大而被认为是间隙原子。它们把相邻的原子（如 C 和 D 原子）挤出平衡位置，形成了一个 5-元环（A-B-C-E-D-A，其中 A、B、C 和 D 原子处在一个平面上，而 E 原子不在这个平面上）。当 E 和 F 原子向八面体位点移动时，所有的原子都将返回到八面体位点，同时 C—E 键断裂，C—D 键形成。最后，随着非晶态 $Ge_{15}Sb_{85}$ 的结晶状态变化，5-元环演化为 4-元环（A-B-C-D-A），见图 10-31（d）。

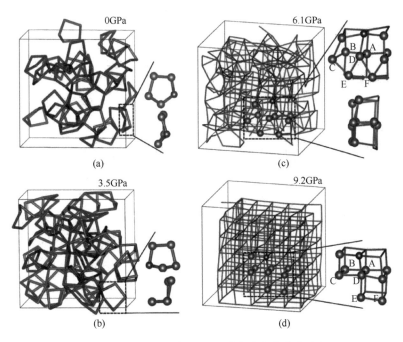

图 10-31　$Ge_{15}Sb_{85}$ 中 5-元环结构随应力演化过程

5-元环在 0GPa（a）和 3.5GPa（b）处的分布；在 6.1GPa（c）和 9.2GPa（d）下的最终构型，用蓝色虚线标出的矩形区域显示了 5-元环的演变过程，蓝色和棕色的球分别表示 Ge 和 Sb 原子

为了探究压力对晶体结构的影响，分别在 9.2GPa 和 0GPa 下对晶态 $Ge_{15}Sb_{85}$ 进行弛豫，相应的 $g(r)$ 见图 10-32（a）。当外部压力被移除时，所有的峰都向右移动，说明化学键被拉长。第一个峰的高度明显降低，说明局部结构的配位原子数减少。图 10-32（b）展示了晶态 $Ge_{15}Sb_{85}$ 在无压力下的配位数分布。不同于压力为 9.2GPa 的情况，Ge 和 Sb 的配位数都集中于 6。无压力时，Ge 和 Sb 的配位数

分别集中在 5 和 4，说明随着压力的减小，每种元素的 CN 值都减小。值得注意的是，Ge 的 CN 比 Sb 的大，说明在没有压力的情况下，晶态 $Ge_{15}Sb_{85}$ 中以 Ge 为中心的八面体仍然是高配位（5-元和 6-元）的构型，而以 Sb 为中心的八面体则变为低配位（3-元和 4-元）的构型。

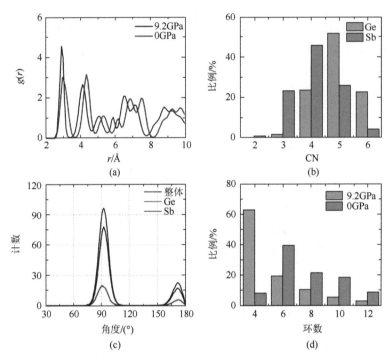

图 10-32　晶态 $Ge_{15}Sb_{85}$ 在有或无压力下的局部结构信息

（a）总对关联函数和（d）环分布；无压力 c-GeSb 中 CN（b）和 BADF（c）的分布

图 10-32（c）展示了无压力下晶态 $Ge_{15}Sb_{85}$ 中总的、以 Ge 和 Sb 为中心团簇的 BADF，其主峰仍位于 90°，呈八面体结构。以 Ge 为中心构型的主峰比以 Sb 为中心构型的主峰偏移 90°更小，说明以 Ge 为中心八面体的结构畸变小于以 Sb 为中心八面体。这可能是因为较大的畸变导致了 Sb 原子中 CN 显著减小。图 10-32（d）为 9.2GPa 和 0GPa 下环的分布，它们由 4-元环、6-元环、8-元环、10-元环和 12-元环组成。9.2GPa 下的晶态 $Ge_{15}Sb_{85}$ 主要由 4-元环组成，而无压力下的晶态 $Ge_{15}Sb_{85}$ 主要由 6-元环组成。这可能源于结构扭曲，因为它使一些原子偏离中心位点，然后将短的 4-元环转换为长的 6-元环、8-元环、10-元环和 12-元环。

图 10-33（a）描绘了晶态 $Ge_{15}Sb_{85}$ 在 9.2GPa 和 0GPa 下的电荷密度。对于每个原子，电荷均匀地位于自身和相邻原子之间，然后以微小的扭曲与相应的原子结合，形成四重环。当压力移除后，成键结构发生显著变化，如图 10-33（b）

的 A 和 B 区域所示，Ge-Sb 和 Sb-Sb 的长键和短键交替分布。图 10-33（c）～
（e）分别绘制了 Ge-Ge、Ge-Sb 和 Sb-Sb 键在 9.2GPa 和 0GPa 下的晶体轨道
哈密顿布居（COHP）。在费米能级附近，9.2GPa 下晶态 $Ge_{15}Sb_{85}$ 中 Ge-Ge、
Ge-Sb 和 Sb-Sb 的 –COHP 比无压力下的要小，说明无压力下的化学键更稳定。
在 0GPa 时，Ge-Ge、Ge-Sb 和 Sb-Sb 在费米能级以下的 –COHP 顺序为：$-COHP_{Ge-Ge}$
$>-COHP_{Ge-Sb}>-COHP_{Sb-Sb}$，说明在压力下晶态 $Ge_{15}Sb_{85}$ 中 Ge-Ge 键最稳定，而
Sb-Sb 键最不稳定。

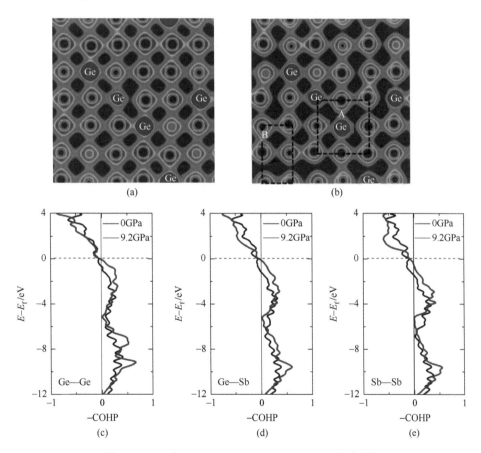

图 10-33　晶态 $Ge_{15}Sb_{85}$ 在 9.2GPa 和 0GPa 下成键分析

9.2GPa（a）和 0GPa（b）下 c-GeSb 的电荷密度；Ge-Ge 键（c）、Ge-Sb 键（d）和 Sb-Sb 键（e）的 COHP

10.3.4　非晶 Te 的局部结构模拟

位于 GeTe 和 Sb_2Te_3 伪二元合金线上的 Te 基非晶材料，通常可以作为相变存储器的存储媒质。为了进一步提高存储密度，英特尔公司发布了由 PCM 存储器

和 OTS 选通管组成的商用相变存储器 3D XPoint。有趣的是，OTS 也由非晶硫族化合物组成，如 $Ge_{15}Te_{85}$ 和 $GeTe_6$，它们具有更快的易失性阈值转变行为。非晶 Ge-Te 合金不仅可以作为 PCM，还可以作为 OTS，这取决于 Te 的含量。从 PCM（GeTe）到 OTS（$GeTe_6$）的转变可以看作是 Ge 对非晶态 Te 的调制。为了揭示这一差异，本节利用 AIMD 方法模拟了非晶态 Te 的退火过程[9]。

图 10-34（a）为 Te 在不同温度下的均方位移（MSD）。当温度逐渐降低到 300K 时，MSD 的斜率减小，说明 Te 原子的运动能力降低。图 10-34（b）为扩散系数（D）随温度的变化趋势，在 1000K 时 D 为 $0.92Å^2/ps$，在 300K 时 D 逐渐降低到 $0.01Å^2/ps$。图 10-34（c）展示了降温过程中 Te 的对相关函数 $g(r)$。1000K 时，$g(r)$ 在 2.90Å 处有一个明显的峰。随着温度的降低，峰的高度变得更高，说明非晶态 Te 中的短程结构增强。此外，在 4.36Å 处观察到第二个峰。当温度降低到 300K 时，第二个峰增强，表明非晶 Te 中形成了中程有序（MRO）。图 10-34（d）为键角分布函数（BADF）。在 1000K，仅在 95° 处观察到一个突出的峰，与标准八面体的 BADF（90°）略有偏离。随着温度的降低，BADF 的主峰增加，并在 170° 处出现一个小峰。图 10-34（e）显示 Te 在 1000K 时的平均配位数（CN）为 2.30，不符合 "8–N 规则"。随着温度的降低，Te 的配位数升高，并在 300K 时达到 2.43。

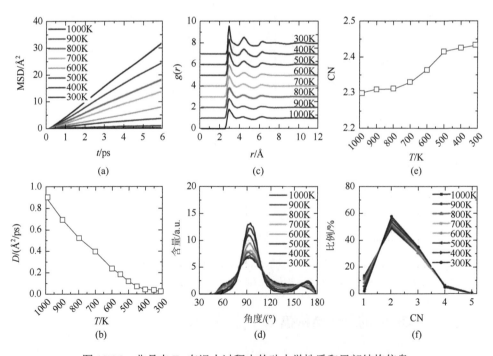

图 10-34　非晶态 Te 在退火过程中的动力学性质和局部结构信息

（a）MSD；（b）扩散系数 D；（c）$g(r)$；（d）BADF；（e）CN；（f）CN 的分布，其中截断半径为 3.2Å

图 10-34（f）为 Te 配位数的分布情况。对于 1000K 的液态 Te，配位数主要集中在 2 和 3；当温度降低到 300K 时，4 配位 Te 的含量变化不大，2 配位和 3 配位 Te 的含量增加，1 配位 Te 的含量减少到几乎为 0。这说明低配位 Te 在非晶化过程中转变为高配位 Te，非晶 Te 易于形成 3 和 4 配位（过配位）的网络结构和 2 配位的链状结构。

采用 ACA 方法可得到可视化短程结构。800K 时，液态 Te 中短程结构非常无序；500K 时，则呈现八面体轮廓；当温度降至 300K 时，八面体轮廓增强。显然，非晶态 Te 中的短程结构倾向于形成八面体构型。环统计结果显示，800K 时，4-元环的比例最大，3-元环的比例也很高。300K 时，4-元环仍然占有最大比例，3-元环明显减少，而长环（＞10）增加。这说明在非晶化过程中，3-元环转变为长环。由于长环的存在，非晶态 Te 中不可避免地形成空位。图 10-35（a）给出了非晶态和晶态 Te 的归一化电子密度（D_{norm}^e）分布。低电子密度（LED）和高电子密度（HED）的边界是晶态 Te 主峰对应的电子密度。LED 较高的灰色区域是电子难以到达的空位或 vdW 区。积分灰色区域，得到非晶态和晶态 Te 的空位体积分数分别为 25.3% 和 15.0%。这些空位可能是由于 Te 与更多的原子结合，阻碍 Te 原子在空间中的均匀分布，从而导致某些区域没有原子。图 10-35（b）和（c）分别给出非晶态和晶态 Te 中空位的分布。与晶态 Te 中的均匀分布相比，非晶态 Te 中的空位是随机分布的。这些空位可以平衡非晶中的电荷和内应力，稳定非晶态 Te。

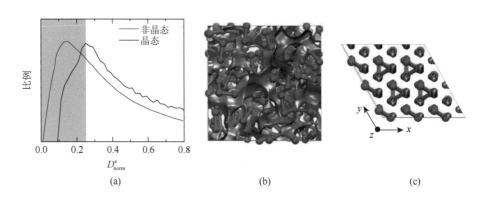

图 10-35　晶态和非晶态 Te 低电子密度区域（空位）分布情况

（a）归一化电子密度较低时在晶态和非晶态 Te 中的分布可以看作是 vdW 区，其电子密度低于晶体中的最大值；非晶态（b）和晶态（c）Te 的空位（灰色区域）分布

非晶态和晶态 Te 的电荷密度分布分别见图 10-36（a）和（b）。电荷分布在两个原子之间，表明 Te 原子在非晶态和晶态都倾向于形成共价键。键合的 Te 原子被蓝色 LED 区域隔开。在图 10-36（a）的 A 区域，Te 原子相互连接，形成一条类似于晶相中的链。在 B 区域，当一个 Te 原子与两个以上的原子连接时，形成网状结

构，其中局部结构为缺陷八面体。图 10-36（c）给出了非晶态和晶态 Te 的投影态密度（PDOS）。PDOS 主要由 p 态电子贡献，形成 p-p 杂化相互作用。晶态 Te 的禁带宽度为 0.16eV，非晶态 Te 的禁带宽度为 0.20eV。在非晶态 Te 的带隙中存在一个中间态，类似于非晶 PCM 和 OTS 选通管的情况。图 10-36（d）为非晶态和晶态 Te 的晶体轨道哈密顿布居（COHP）。在费米能级附近，–COHP 为负，说明共价键存在反键作用。非晶态 Te 的值更小，说明非晶态共价键比晶态共价键弱。

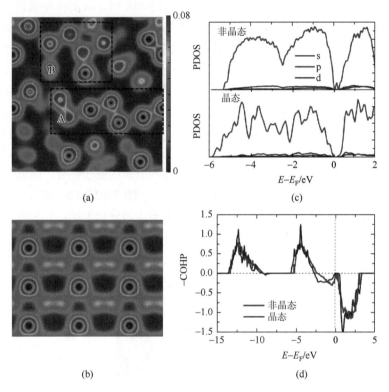

图 10-36 晶态和非晶态 Te 电子性质和成键分析

非晶态（a）和晶态（b）Te 的电荷密度等值线图；相关的 PDOS（c）和 COHP（d）

10.4 新型相变材料的非晶结构设计与材料改性

10.4.1 锑基相变材料模拟和设计

单质锑（Sb）是一种极具潜力的相变存储材料，不仅拥有超快的结晶速度，而且化学成分简单，对环境友好[10]。但是单质 Sb 也存在一个严重的缺陷，过低的结晶温度限制了它在相变存储器中的应用，即使在室温下，非晶态也会自发地快速转变为晶态,数据保持能力极差。正因如此,很多相变材料的研究都是以 Sb 为基础来展开,只需要提升其非晶相的热稳定性,就可以得到一种性能极佳的相变材料。例如,Salinga 等设计制造了基于单质 Sb 的超小尺寸(<5nm)器件,通过减小尺寸来增强界面效应,进而增强材料的热稳定性。但是这种方法对于工艺要求严格,而且界面效应可能会对存储器集成产生不确定的影响。因此,从材料设计的角度,通过掺杂来提升 Sb 材料的结晶温度是一种更高性价比的选择。

　　单质 Sb 的结构分析是材料设计和掺杂元素选择的前提。晶体 Sb 是六方相结构,其中 Sb 短程结构是一种轻微扭曲的八面体,类似于 GST 等相变材料。不同的是,Sb 的非晶相里面也全都是缺陷的八面体结构,没有四面体。显然,正是 Sb 的非晶相与晶体结构相似度太高,导致非晶相在常温下就很容易结晶。因此,可以选择 C、Si 和 Ge 元素进行掺杂改性,这些ⅣA 族元素倾向于四面体结构,有利于阻碍 Sb 非晶相在低温下的结晶过程,从而增加其热稳定性。

　　利用磁控溅射方法制备 C、Si 和 Ge 元素掺杂(含量约 10%)的 Sb 沉积态薄膜,测量薄膜退火前后的电阻率变化,见图 10-37(a)。可以看到,退火前这些薄膜都是高阻值的非晶态,然后在结晶温度附近电阻急剧下降,转变为低阻值的晶态。显然,C、Si 和 Ge 元素掺杂成功将结晶温度从约 0℃提升到了 180℃以上(Sb-C 约为 180℃;Sb-Si 约为 185℃;Sb-Ge 约为 200℃)。同时为了排除相分离的可能,用 XRD 测量了退火后的薄膜结构 [图 10-37(b)]。所有材料都只有明显的对应六方相(晶体 Sb)的特征峰,并没有出现其他相的峰。因此,这种掺杂策略成功制备了 Sb 基的高热稳定性相变材料。

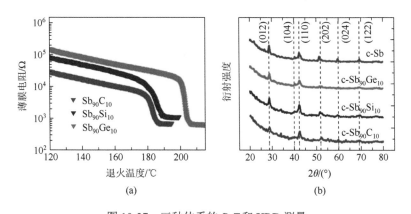

图 10-37　三种体系的 R-T 和 XRD 测量

(a)电阻率-温度(R-T)曲线;(b)退火后薄膜的 XRD 图谱

　　结合第一性原理分子动力学(AIMD),可以研究掺杂前后的非晶态结构变化。图 10-38(a)和(b)展示了非晶态中掺杂原子形成了大量的四面体结构和少量的缺陷八面体结构，而不同元素形成四面体的能力也各不同。如图 10-38（g）所示，C 形成四面体结构的能力最强，在非晶态 Sb-C 中，几乎所有的 C 原子都形成了规则的四面体［图 10-38（a）］，并且所有四面体在晶体中也没有转换成八面体［图 10-38（c）］，反而导致了周围结构的扭曲。而 Si 形成四面体的能力稍微弱了一点，虽然超过 90%的 Si 在非晶态中形成四面体，但是在晶体中仅剩下不到 20%。至于 Ge 则是最弱的，在非晶态中形成四面体的比例只有 70%，并且在晶体中全部转化为了八面体。这些元素形成四面体的能力和电子转移有关，Bader 电荷计算结果发现 C 原子（7.8）从 Sb 得电子的能力远超过 Si（4.3）和 Ge（4.1），电子强烈地向 C 原子极化，更容易形成 sp^3 杂化的四面体结构。图 10-38（h）展示了对应键角分布，其中 C 的峰位于约 109°（正四面体中心原子键角），Si 和 Ge 的峰位朝着 90°方向略微移动，说明部分 Si 和 Ge 会形成缺陷的八面体结构。

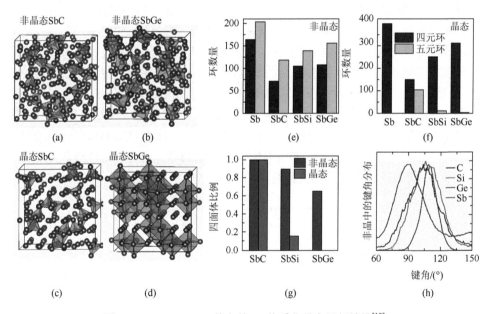

图 10-38　C、Ge、Si 掺杂的 Sb 体系非晶态局部结构[10]

非晶态的 Sb-C（a）和 Sb-Ge（b）模型；晶态的 Sb-C（c）和 Sb-Ge（d）模型；非晶态（e）和晶态（f）的环结构分布；（g）四面体比例；（h）键角分布函数

环结构分布是非晶 Sb 的重要结构特征，见图 10-38（e）和（f），非晶态中数量最多的是四元环和五元环。其中，四元环的形成是由于 p 轨道成键的作用，而 s 轨道的杂化会使这些直角键发生轻微的扭曲而形成五元环。C、Si 和 Ge 的掺杂改变了原本的结构，减少了非晶态中四元环和五元环的数量。晶态 Sb 只形成四元环，Si 和 Ge 掺杂后的晶体结构也没有发生变化。但是，掺杂的 C 原子在晶体中仍然形成四面体结构，导致了结构的扭曲并形成了五元环。基于上述结果，可以通过统计分子动力学过程中四元环的数量变化来实时监测晶体的生长轨迹。可以发现，在某一时刻，这些模型中四元环的数量急剧增加，到一定数量后保持不变，恰好对应了晶体的快速生长过程。因此，可以估算晶体生长的时间。比较不同材料的结晶时间，发现 C、Si 和 Ge 掺杂的确增加了晶体生长的时间，其中 C 元素掺杂效果最为显著。

虽然环结构分析是确定晶体生长时间的一种简单方法，但它不能用于判断晶体和非晶的界面变化，因此无法计算出具体的结晶速度。这就需要一种新方法来确定模拟过程中的某一时刻的某个原子的状态（晶态或非晶态）。一种可行的方法是通过计算原子的局部结构和位置来判断其结晶状态。只需要创建一个长方体形的模型，中间是非晶态结构，而在两侧固定了晶体结构，模拟过程中可以很明显地看到晶体朝着中心生长。但是这种方法仅限于特定形状的模型，不具有普适性。因此这里采用了一种新的方法，即通过原子均方位移（AMSD）判断原子结晶状态，AMSD 计算公式如下：

$$\text{AMSD} = \left[x(t) - x(0) \right]^2 + \left[y(t) - y(0) \right]^2 + \left[z(t) - z(0) \right]^2 \qquad (10\text{-}10)$$

其中，x、y、z 是不同时刻的原子坐标。非晶态和晶态的结构不同，原子的运动模式也有明显差别。非晶态中原子会在大范围内随机移动，而晶态中原子只在晶格点附近振动［图 10-39（a）和（b）］。计算出原子的 AMSD 见图 10-39（c），就可以很容易地区分原子属于晶态还是非晶态。利用 AMSD 判断结晶过程中不同时刻原子的状态，将转变为晶态的原子用不同颜色标记出来，就可以直接观测到晶体界面的移动［图 10-39（d）］。可以看到，晶核是从中心同时向各个方向生长，没有表现出明显的取向性。事实上，由于尺寸效应的限制，晶核并没有像经典结晶理论预测的那样以完美的球形方式生长，但仍然是一个近似球形的模型，见图 10-40（a），因此晶核的体积可以用式（10-11）来表示：

$$V = \frac{4}{3}\pi \left[v_c (t - t_0) \right]^3 \qquad (10\text{-}11)$$

其中，V 是晶核体积；v_c 是生长速度（即非晶-晶体界面的移动速度）；$t - t_0$ 是结晶进行的时间。统计不同时刻晶态原子的数量，如图 10-40（b）所示，乘以每个原子的平均体积即得到晶体体积，绘制出图 10-40（c）。显然，初始时间段晶体体积增长迅速，但是由于模型尺寸的限制，接近晶胞边界时就停滞了。用方程 $V = xt^3$ 拟合曲线就可以计算出结晶速度 v_c，结果见图 10-40（d）。单质 Sb 的生长速度计算为 69.8m/s，接近文献的结果（21m/s）。各种元素掺杂都会使结晶速度降低，其中 C 掺杂时速度降低最为显著（31.3m/s）。假设一个 100nm 厚的存储单元，单质 Sb 完成结晶只需要大约 1.43ns，掺杂 C 后大约需要 3.19ns。显然，C、Si 和 Ge 掺杂在一定程度上牺牲了结晶速度（如在纯 Sb 中加入 C 使结晶速度减半），但是大幅提升了材料的热稳定性，证明这种掺杂策略是可行的。当然，该研究的计算数据可能与实际有一定偏差，一方面由于 AIMD 模拟体系的限制，周期边界可能会极大地影响结晶速度；另一方面，在实际器件中的结晶过程可能会伴随着形核过程，这会缩短结晶时间（该过程可以用 Avrami 方法分析）。

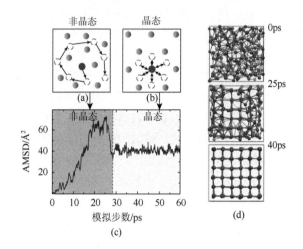

图 10-39　通过模拟计算非晶态结晶速度

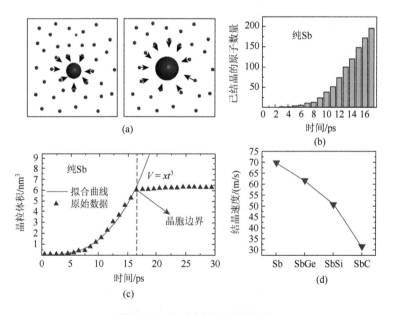

图 10-40　非晶态结晶速度拟合

（a）均匀形核模型；（b）单质 Sb 的结晶原子数；（c）晶核生长的体积变化；（d）拟合计算的晶体生长速度

经典的结晶理论可以用来解释掺杂改变结晶过程的机制。图 10-41（a）展示了结晶的驱动力（ΔG）为非晶态与晶态之间的能量差，这种能量差驱使着非晶朝着更低能量更稳定的晶态转变。而原子迁移的活化能（Q）则是一个能垒，需要吸收足够的能量才能开始快速结晶的过程。晶体生长速度可以用式（10-12）计算：

$$v_c = \lambda f_0 f_Q f_{\Delta G} = \lambda f_0 \exp\left(-\frac{Q}{kT}\right)\left[1 - \exp\left(-\frac{\Delta G}{kT}\right)\right] \quad (10\text{-}12)$$

其中，f_Q 和 $f_{\Delta G}$ 分别是激活能和驱动力的贡献；λ 和 f_0 均是常数。驱动力可以用非晶和晶体之间的平均能量差值来表示，激活能则用键能近似计算［图 10-41（b）］。显然，单质 Sb 具有最低的激活能和最高的结晶驱动力，这就是它很容易从非晶态快速转变到晶态的原因。而 Ge-Sb、Si-Sb 与 C-Sb 成键比 Sb-Sb 更强，因此结晶开始前需要吸收更多的能量来打破这些键，也就是结晶激活能更高。另外，掺杂也破坏了晶体原本的稳定性，导致结晶驱动力降低。根据上述公式，晶体生长速度正比于 f_Q 和 $f_{\Delta G}$ 的乘积，它们的变化关系见图 10-41（c）。f_Q 随温度升高而升高（绿线），而 $f_{\Delta G}$ 随温度升高而下降（红线），二者之间的乘积会产生一个峰值（蓝线），该峰的高度代表最大生长速率 v_c，其位置代表结晶温度 T_c。一方面，Sb 中的掺杂剂增加激活能 Q 并将 f_Q（绿线）向右移动，降低了结晶速度并提高了结晶温度，这是掺杂可以显著提升热稳定性的主要原因。另一方面，掺杂降低了驱动力 ΔG，导致结晶速度增加而结晶温度降低。显然激活能变化的影响大于驱动力，但是驱动力的降低也导致了 C 和 Si 掺杂的结晶温度略低于 Ge 掺杂的结果。

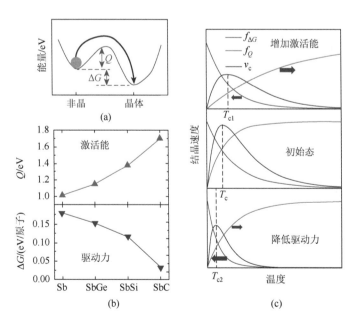

图 10-41　经典的结晶理论解释掺杂改变结晶过程机制

（a）结晶过程中的能量模型；（b）不同材料的激活能和驱动力；（c）驱动力与激活能变化对结晶温度和速度的影响

综上所述，掺杂可以提升单原子 Sb 相变材料的热稳定性，制备出高热稳定性的相变材料。C、Si 和 Ge 是ⅣA族元素，可以在八面体结构为主的非晶 Sb 中形成四面体团簇，增加晶态和非晶态之间的结构差异，显著升高结晶温度的同时略微牺牲了结晶速度。通过激活能和驱动力的变化可以理解掺杂的作用：一方面，C、Si 和 Ge 元素形成的键更强，改变了局部结构的同时显著提高了原子扩散的能垒；另一方面，掺杂降低了结晶的驱动力，这也导致 C、Si 掺杂后的结晶温度略微降低于 Ge。该研究对提高相变材料热稳定性和数据保持能力具有重要意义。

10.4.2　碳掺杂高稳定相变存储材料

相变存储器主要是通过相变材料在晶态和非晶态之间的可逆相变，产生一个大的电阻差异来实现信息存储。常用的相变材料 $Ge_2Sb_2Te_5$（GST）存在一个严重的问题，即晶态和非晶态之间有很大的密度差异（6%～8%），这限制了相变存储器的使用寿命（循环擦写约 10^6 次）。因为在相变存储器工作过程中，GST 体积变化会形成很多的空洞，见图 10-42（a）。这些空洞会逐渐聚集到底电极附近，当底电极被空洞完全覆盖就会形成断路，这是导致器件失效的一个主要原因。因此，为了延长相变存储器的使用寿命，就需要设计一种低密度变化的相变材料。GST 之所以非晶态密度远低于晶态密度，是因为 Te 元素通常有两对孤对电子，这些孤对电子无法成键，产生大量的范德瓦耳斯空隙。因此，可以选择不含硫系元素的 Ge-Sb 材料，掺杂 C 元素来制备 Ge-Sb-C 材料，实现低相变密度变化及热稳定性等其他性能的提升[11]。

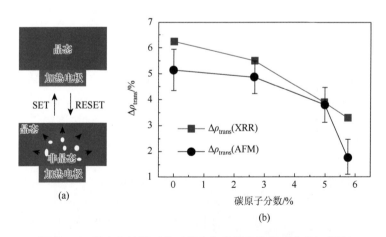

图 10-42　相变存储器工作时晶态与非晶态体积（密度）变化

（a）相变存储器件工作示意图；（b）不同含量 C 掺杂的 GeSb 晶态和非晶态之间的密度差（包括 XRR 和 AFM 测量结果）

利用磁控溅射可以制备不同 C 含量的 Ge-Sb-C 薄膜，通常沉积态薄膜是非晶态，经历高温退火后转变为晶态。通过 X 射线反射（XRR）可以测量这些沉积态（非晶态）和退火后（晶态）的 Ge-Sb-C 薄膜的密度。结果显示，退火后全反射边移动到一个更高的角度，表明薄膜密度增加。同时，全反射角 θ_c 与薄膜密度的平方根成正比，所以可以借此来计算薄膜的晶态和非晶态间密度变化（$\Delta\rho_{trans}$），见图 10-42（b）。未掺杂的 Ge-Sb 合金中初始 $\Delta\rho_{trans}$ 接近 6%，随着 C 掺杂含量增加 $\Delta\rho_{trans}$ 降低，在 C 含量约 6% 时 $\Delta\rho_{trans}$ 接近 3%，这有利于大幅延长相变存储器的使用寿命。同时利用 AFM 测量了这些薄膜相变前后厚度的变化，同样可以反映材料的密度变化。显然，AFM 测量结果和 XRR 具有相同的变化趋势，因此 Ge-Sb-C 的确是一种低密度变化的相变材料。需要注意的是，C 掺杂含量高于 6% 可能会导致非晶相中碳链的形成，造成材料改性。

为了确保 Ge-Sb-C 能够发生相变并产生足够大的电阻差，通过在 5℃/min 升温速率下的原位退火测量了 Ge-Sb-C 薄膜电阻率随温度变化的关系。图 10-43 显示了沉积状态下的非晶薄膜表现出较高的电阻率，当温度达到结晶温度（T_c）时，电阻率急剧下降，最后在晶态保持不变。较高的 T_c 表明结晶温度随着 C 含量的增加而增加，这表明 C 掺杂确实使非晶态 Ge-Sb 更加稳定，可以延长相变存储器的数据保持时间。同时，C 掺杂增加晶体和非晶电阻率也有利于降低操作电流，减小功耗。

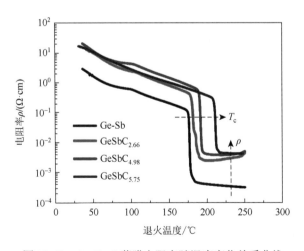

图 10-43　Ge-Sb-C 薄膜电阻率随温度变化关系曲线

进一步研究 Ge-Sb-C 材料中 C 元素对于结构的影响，利用 X 射线衍射（XRD）和 X 射线光电子能谱（XPS）来表征原子结构和化学键。沉积态薄膜和 250℃下退火 1h 后的 XRD 谱图显示 Ge-Sb-C 晶体具有类似于单质 Sb 的六方相结构，表明 Ge 和 C 随机取代了 Sb 的位置。在 C 含量低于 6%的情况下，没有发现明显的属于第二相（如 Ge 或 C）的峰，即没有发生相分离。同时，布拉格峰随 C 含量的变化不大，说明晶格参数的变化很小。

不同 C 含量的晶态 Ge-Sb-C 薄膜的 XPS 测量结果表明，虽然 Sb 3d 峰的形状并没有随着 C 含量增加而改变，但是峰位向更高的结合能方向移动。通常更高的结合能对应着更大的电负性，而这里 C、Ge 和 Sb 的电负性分别为 2.55、2.01 和 2.05，因此形成了 Sb-C 键。同时，同极性 Ge 的 Ge $2p^{3/2}$ 的峰位为 1217.3eV，Ge-C 的峰位为 1218.6eV。当 C 含量达到 2.66%时，明显形成了 Ge-C 键，且随着 C 含量的增加，Ge-C 键的峰值增强。

第一性原理分子动力学（AIMD）可以用于研究 C 元素形成的局部结构和作用机制。建立 C 掺杂的晶体模型需要考虑两种不同的可能，即取代掺杂（C 原子随机取代 Ge/Sb 原子）和间隙掺杂（C 原子嵌入 Ge-Sb 晶格的间隙）。计算比较两种模型的形成能，间隙模型能量更低因此更稳定（平均每个原子低 0.169eV），显然 C 原子更倾向于存在间隙位置。然后，AIMD 模拟熔化和快速淬火的过程可以建立非晶模型，在 0K 下结构完全弛豫之后，计算密度见图 10-44。未掺杂的晶体 Ge-Sb 的密度比非晶态的要大，数值也与实验结果吻合。随着 C 含量增加，晶态和非晶态的密度同时减小，但是晶态的密度减小更多，因此两相之间的密度差异（$\Delta\rho_{trans}$）随之减小。

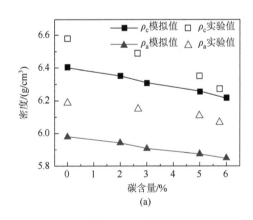
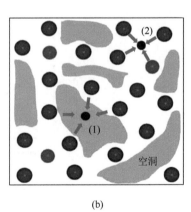

图 10-44　C 掺杂的实验和模拟密度比较及对空洞的影响

（a）模拟计算与实验测量的不同 C 含量的非晶态和晶态 Ge-Sb-C 密度；（b）C 掺杂改变 Ge-Sb-C 体积的两种可能机制，一种是占据空洞（1），另一种是增加堆积效率（2）

掺杂的 C 元素改变非晶态密度的机制可能有两种［图 10-44（b）］。其一，硫族化合物通常会形成很大的"空洞区"，这些区域通常不存在化学键作用，而是以范德瓦耳斯相互作用为主，C 原子进入并填补这些区域可以减小"空洞区"的体积

（V_{vacant}）。其二，原子结合在一起的区域称为"堆积区"（$V_{packing} = V_{total} - V_{vacant}$），C 原子也可能进入这些区域形成更强且更短的共价键，从而增加这些成键区的堆积效率。

"空洞区"分布是研究密度变化机制的关键。在周期对称的晶态中很容易找到这样的"空洞区"，通常是范德瓦耳斯空洞或者原子空位。然而，在结构无序的非晶态中，随机分布的"空洞区"难以直接测量，因此需要通过低电子密度（LED）区域来近似计算空洞的体积。通常电子分布主要集中在化学键作用强烈的区域，而空洞区域不存在化学键，电子密度很低。通过计算归一化的电子密度分布曲线下的 LED 面积即可得到空洞的浓度。结果表明，在晶态和非晶态中 C 掺杂都导致了 LED 区域增加，5% 的 C 掺杂导致了晶态和非晶态 Ge-Sb-C 中空洞体积分别增加了 2.11% 和 0.79%（基于整个晶胞体积）。

这些结果表明应该是堆积区体积变化导致了相变密度差减小。将单位质量的总体积（V_{total}）、空区（V_{vacant}）和堆积区（$V_{packing}$）体积都列在表 10-2 中，可以直观地比较分析掺杂前后体积变化。显然，随着 C 掺杂含量增加，晶态和非晶态的总体积都增大了，这与图 10-44（a）中密度的减小是一致的。虽然掺杂后晶态和非晶态中的 V_{total} 都增加了，但是非晶态体积增加幅度比晶态小，因此 ΔV 减小。

表 10-2　对相变材料进行 C 掺杂前后的体积变化及占比

体积/(cm³/100g)	晶态			非晶态		
	V_{total}	V_{vacant}	$V_{packing}$	V_{total}	V_{vacant}	$V_{packing}$
Ge-Sb	15.613	0.289 (1.85%)	15.324 (98.15%)	16.727	0.871 (5.21%)	15.856 (94.79%)
GeSbC₅	15.979	0.422 (2.64%)	15.557 (97.36%)	17.021	1.246 (7.32%)	15.775 (92.68%)
ΔV（掺杂）	0.366	0.133	0.233	0.294	0.375	−0.081

V_{total} 的变化应该是"空洞区"和堆积区共同作用的结果。随着 C 含量的增加，晶态和非晶态的 V_{vacant} 均增大。在晶态中 V_{vacant} 有少许增加，这是因为 C 原子形成了结构的扭曲，导致周围的 Ge 和 Sb 原子位移，从而产生一些小型的类似空洞的区域。非晶态比晶态中产生了更多的空洞，这与 V_{total} 的变化不一致（结晶态的 V_{total} 比非晶态增长更快，但相反，晶态的 V_{vacant} 变化更慢）。显然，堆积区的体积 $V_{packing}$ 也发生了相应的改变。实际上，在非晶态 Ge-Sb-C 中观察到 $V_{packing}$ 减小（这些区域的体积减小 0.086cm³）。这是因为在非晶态 Ge-Sb-C 中，C 形成了 C-Ge 键（2.06Å）和 C-Sb 键（2.25Å），比 Ge-Sb 键（2.97Å）或 Sb-Sb 键（3.17Å）更短。这表明 C 原子可以把相邻的原子拉得更近，从而提高原子堆积效率。而规则对称的晶体结构阻碍了原子的位移，因此 C 原子不能有效地增加堆积效率。

C 元素掺杂也会改变材料的电子性质。未掺杂的 Ge-Sb 材料主要为 p 轨道成键，Ge 与 Sb 之间没有明显的电荷转移。C 掺杂在非晶态和晶态中都形成了四面体团簇，引入了 sp^3 杂化，不仅导致 $\Delta\rho_{trans}$ 减小，同时也导致了结晶温度 T_c 和电阻率 ρ 增加。非晶态 Ge-Sb 倾向于形成与晶态相似的局部结构（八面体），因此结晶过程中很容易发生形核和生长。C 掺杂在非晶态中形成四面体，增加了非晶态和晶态之间的结构差异，因此晶体的生长受到了阻碍。C 掺杂导致的高结晶活化能显著提高了非晶态的稳定性，导致数据存储应用的数据保留时间增加。

综上所述，采用磁控溅射法在室温氩气气氛下制备了 Ge-Sb-C 薄膜。与纯 Ge-Sb 薄膜相比，在相变过程中，Ge-Sb-C 薄膜的 $\Delta\rho_{trans}$ 较小（C 含量为 5.75%时，$\Delta\rho_{trans}=3.29\%$，而 XRR 测定的纯 Ge-Sb 薄膜的 $\Delta\rho_{trans}=6.24\%$）。第一性原理计算模型表明，相变材料 Ge-Sb-C 的这种改进是由于 C 原子更倾向于在非晶相中形成紧密的四面体结构，提高了原子的堆积效率。基于这些材料和小 $\Delta\rho_{trans}$ 的相变存储器能够实现较长的编程周期（即更多的写/擦除时间）。同时，由于 C-Ge 和 C-Sb 键较强，因此结晶温度和晶态电阻率都有明显的提升，这有利于提升存储器保持数据、抵抗热串扰的能力。这些性能的提升可以使 Ge-Sb-C 材料成为一种极具应用价值的优秀相变存储材料。

10.4.3　铬掺杂反常相变存储材料

相变材料的研究是提升相变存储器的速度、功耗、使用寿命等性能指标的关键。其中，$CrGeTe_3$（CrGT）是一种特殊的相变材料，有着和一般相变材料（如 GST 等）截然相反的电阻逻辑变化（图 10-45），在晶态时电阻高（逻辑 0）而非晶态时电阻低（逻辑 1），不仅为上层的电路设计提供了更多的选择，也在减小器件功耗方面实现了突破[12]。在相变存储器中通常 RESET（非晶化）过程消耗了大部分的能量，而在 CrGT 中 RESET 过程电阻减小，增强了电渗滤效应，即电阻随非晶化区域增加而非线性减小（原本发生在 GST 的 SET 过程），因此只需要接近一半区域非晶化就可以切换到低阻态，显著降低了器件的功耗。同时，非晶态和晶态的 CrGT 的密度几乎相同（相差仅 0.4%，远小于 GST 的 8%），近乎零密度变化的相变过程避免了器件在操作过程中产生应力，保证器件可以有更长的使用寿命。不仅如此，CrGT 的结晶温度高达 276℃，十年数据保存温度更是达到了 150℃，而且相变速度保持在 30ns，兼顾了热稳定性和读写速度。CrGT 是一种具有独特性质的相变材料，必然存在对应的特殊结构，其中的机制对于丰富相变材料数据库和指导材料设计都具有重要意义。事实上，晶态 CrGT 已经被研究得很透彻，包括晶体结构和电子特性都有深入的了解。相对地，非晶态结构更为复杂无序，目前也没有相关的研究。

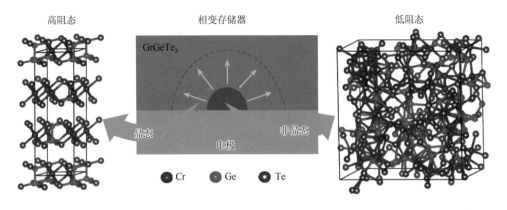

图 10-45　基于 $CrGeTe_3$ 的相变存储器结构，以及晶态与非晶态 $CrGeTe_3$ 的原子结构[12]

通过第一性原理分子动力学（AIMD）可以系统地研究 CrGT 的非晶结构。模拟高温熔化和快速冷却的过程，之后在恒温 300K 下达到热平衡状态，可以得到一系列包括 300 个原子的非晶态 CrGT 模型（图 10-45）。不同于晶态结构，非晶态中出现了大量的极性键，包括 Cr-Cr、Ge-Ge 和 Te-Te，而且非晶态中有很多配位数高于晶态的原子。同时非晶模型中 Cr 原子会聚集在一起形成紧密的团簇结构，这和一般的松散的非晶结构（非晶 GST）截然相反，因此初步推测 Cr 原子的这些异常结构有可能就是产生 CrGT 特殊性质的原因。为了更深入研究非晶 CrGT 的局部结构，计算 Cr 原子的对分布函数（PDF）和配位数（CN）分布，见图 10-46。其中 Cr-Ge 和 Cr-Te 的键长分布都集中在一个小于 3.2Å 的峰，而 Cr-Cr 出现了两个大小相似的峰，分别在 2Å 和 3Å 附近，这意味着非晶的 Cr-Cr 键可以区分为长短键。同时，非晶的 Cr 原子有着很高的配位数，平均值达到了 7.5（晶态 Cr 配位数 6），非晶 Ge 和 Te 的平均配位数（Ge：4.8，Te：3.5）也都高于晶态（Ge：4，Te：3）。而且 Cr 原子的配位原子中有高达 30.96% 的原子是 Cr 原子，只有 12.25% 是 Ge 原子，这表示 Cr 原子更倾向于与同类原子成键形成 Cr 原子团簇。

图 10-46（c）和（d）展示了非晶态 CrGT 的键角分布函数（ADF）和环结构分布，三元环的数量远远超过了其他环，而对应的键角分布也以 60° 为主。在晶态 CrGT 中，原子都是处于八面体的位置，因此只有四元环的结构和 90° 的键角。非晶 CrGT 中的这些局部结构和晶态表现出巨大的差异，因此需要更高的激活能（CrGT：3.0eV，GST：2.3eV）来推动结晶过程，因此这些三元环和 60° 键角就是非晶 CrGT 高热稳定性的主要原因。事实上金属的 Cr 单质中就会形成三元环和 60° 键角，非晶 CrGT 中这些局部结构也是 Cr 原子作用的结果，进一步说明 Cr 原子是决定非晶 CrGT 结构和性质的主导因素。

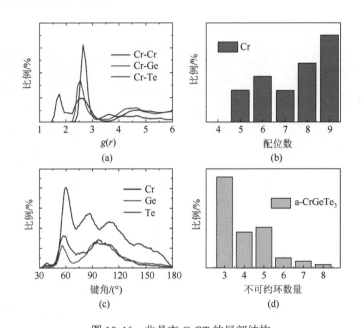

图 10-46 非晶态 CrGT 的局部结构

（a）非晶态 CrGT 的对分布函数；（b）Cr 原子配位数；（c）键角分布函数；（d）环结构分布

为了更直观地研究短程原子团簇结构并分析 Cr 原子的作用，可以采用原子团簇校正法（ACA 法）。在不含 Cr 元素的非晶态 GeTe 中，Ge 和 Te 为中心的原子平均团簇结构是规则的八面体，而在非晶态 CrGT 中这些团簇结构都有了一定的扭曲，显然受 Cr 原子影响。而 Cr 原子自身更是形成一种近似金属玻璃的团簇结构，完全不同于一般相变材料中的四面体和八面体结构。这种团簇结构体符合 Cr 的高配位和短键长的特点。因此，Cr 原子作用是非晶态 CrGT 形成特殊结构的根本原因。

Cr 元素的动力学性质和成键特性有助于深入探究其作用机制。均方位移（MSD）的计算结果如图 10-47（a）所示，在室温下 Cr 原子的运动速度是最慢的，而 Ge 原子是最快的。运动慢的 Cr 原子通常成键和结构更加稳定，不容易转变为晶态。Bader 电荷可以分析原子间的电荷转移 [图 10-47（b）]，Cr 和 Ge 得电子而 Te 失去了电子。对比分析晶体中的 Bader 电荷，这里 Cr 原子得到电子的能力有了增强，这种趋势和配位数的增加一致，而且更多的电荷转移也可以体现共价键强度增加。晶体轨道哈密顿布居（COHP）可以更准确地反映成键强度的变化 [图 10-47（c）]。这里参照对分布函数的结果将 Cr-Cr 键按键长做了分类，分别计算了长键和短键的 COHP，虽然费米能级以下都没有出现反键态，但是短键的成键态比例远超长键，这表明短的 Cr-Cr 键更加稳定，因此 Cr 原子容易聚集并且形成稳定的紧密团簇。正是这种高稳定性的 Cr-Cr 短键导致了这些团簇和局部结构的形成，最终影响了非晶 CrGT 的性质。

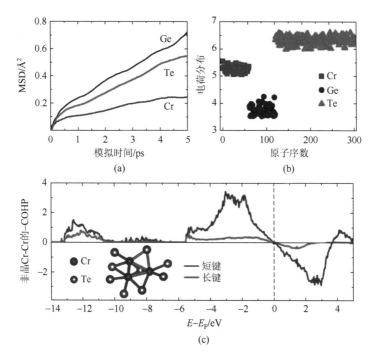

图 10-47　非晶态 CrGT 动力学、电荷转移及成键性质

（a）MSD；（b）Bader 电荷分布；（c）COHP

通过 AIMD 模拟计算得到的模型非晶密度（5.98g/cm^3）略大于晶体（5.87g/cm^3），证明了 CrGT 是一种低密度变化的相变材料。在晶态 CrGT 中存在着很大的范德瓦耳斯区域，而非晶态中这些范德瓦耳斯区域或分散或聚合形成了随机的空洞分布。这些范德瓦耳斯区域的分布很大程度影响了材料的密度。通常范德瓦耳斯区域对应着电子密度会很小，因此可以采用低电子密度（LED）分布的方法来进行表征。LED 区域代表了非晶和晶体中的范德瓦耳斯区域体积。在晶体中范德瓦耳斯区域比例约为 10.6%，而非晶中约为 13.1%，这和密度变化的趋势刚好相反。因此，非晶 CrGT 中高的原子堆积效率就是其高密度的根源。Cr-Cr 的短键长度约为 2Å，远远小于晶体中的键长，同时非晶 Cr 原子的配位数也远超过晶体，所以在相同的体积下非晶中可以堆积更多的原子，尽管空洞区域略大于晶体，但是密度仍然略大于晶体。

通过电荷分布和态密度（DOS）计算可以深入探究 CrGT 反常电阻变化的机制。非晶和晶体 DOS 见图 10-48（a）和（b），晶体 CrGT 的带隙只有 0.32eV（实验值 0.74eV），这是由于 PAW 方法通常会低估带隙的值，在材料计算中是可以接受的误差。同时，非晶 CrGT 的带隙减小以至计算的 DOS 无法观察到带隙，这也说明载流子浓度升高了。紧密的 Cr 团簇导致了非晶相中有大量高配位数的原子，这也就需要更多的电子来参与成键。如果体系不能提供足够多的电子，就形成了一种类似 p 型掺杂的效应，非晶 CrGT 中就会出现大量的空穴参与导电，导致电阻显著降低。在 CrGT 体系中，只有 Te 原子可能提供足够的电子，但是 Te 原子形成了大量的孤对电子。电子局域化函数（ELF）可以表示孤对电子的分布 [图 10-48（c）]。孤对电子具有很强的电子局域性（等值面–0.78），通常出现在空位的附近，可以看到很多黄色的"帽子"就是孤对电子分布，主要集中在 Te 原子的附近。更进一步地，Cr 附近的电荷和 ELF 分布表明 Cr 原子附近电荷密度较高而电子局限性很低 [图 10-48（c、d）]，表明 Cr 团簇附近的载流子是高度去局域化的，有利于增加导电性。因此，高配位数和大量的孤对电子存在就是非晶 CrGT 高电导的原因。

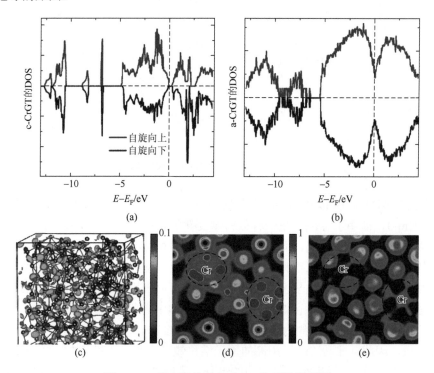

图 10-48　晶态和非晶态 CrGT 电子性质分析

（a）晶态 DOS；（b）非晶态 DOS；（c）孤对电子分布（等值面–0.78）；（d）电荷密度分布；（e）电子局域化函数分布

10.4.4　钾掺杂多级相变存储材料

在大数据时代，人们对于存储器的速度和容量都有更高的要求，这也是新型相变存储器的研究方向。最近，基于 Sc-Sb-Te 材料的研发打破了相变存储器的速度极限，实现了皮秒级的电脉冲操作。因此，研究的重心逐渐转移到存储容量上，多级相变存储技术应运而生。通常相变存储器是利用相变材料（如 GST）在高阻的非晶态（逻辑"0"）和低阻的晶态（逻辑"1"）之间可逆转变来存储信息，而多级相变存储技术则是引入了一个新的电阻态（逻辑"2"），从而在相同体积下存储更多的数据。目前实现多级存储的方法有两种，一种方法是叠加不同的相变材料，利用它们结晶温度和电阻率的差异来实现多个电阻态的切换。但是这种方法不仅增加了材料体积，工艺更加复杂，而且受界面效应影响。另一种方法则是开发新的具有本征多态的相变材料，直接在不增加任何工艺步骤的条件下实现多值存储。$K_2Sb_8Se_{13}$（KSS）就是这样一种多态相变材料，可以实现从晶态（约 1.3×10^{-3}S/cm）到非晶态 1（约 5.7×10^{-8}S/cm），再到非晶态 2（约 2.2×10^{-5}S/cm）的可逆转变[13]。在约 227℃时 KSS 会从初始的非晶态（AMO1）转变到另一个电导率更高的稳定非晶态（AMO2），并且这两个非晶态在室温下都是非易失性的。继续加热 AMO2，它会在 263℃ 左右结晶，熔化然后快速淬火后再次转化为 AMO1，从而实现一个可逆的三态相变过程（图 10-49）。KSS 是第一种展现两个稳定非晶相的相变材料，其中的机制对于推动提高相变存储器容量的研究具有重大意义。

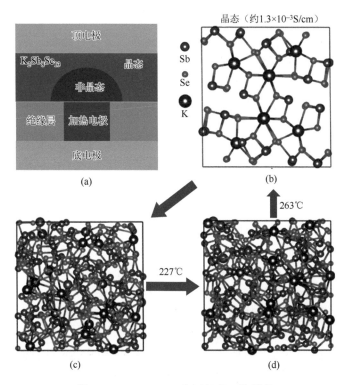

图 10-49　$K_2Sb_8Se_{13}$ 多级相变工作原理

（a）相变存储器件结构；（b）～（d）KSS 晶态、非晶态 1 与非晶态 2 之间的可逆相变[13]

可以通过第一性原理分子动力学（AIMD）来构建它们的原子模型（AMO1密度 4.95g/cm^3，AMO2 密度 5.28g/cm^3）。图 10-49（c）和（d）显示出晶胞内的原子随机均匀分布，且大多数 Se 原子与 K、Sb 原子随机成键，但也有少数单极 Se-Se 键。同时，K 原子有更多的最近邻原子，即比其他原子有更高的配位数。对分布函数（PDF）表明在两种模型中，Sb-Se 键的数量最多而 K-Se 的键长最长（约 3.8Å）。在从 AMO1 到 AMO2 的转变过程中，相应的键长几乎没有变化。在 AMO2 中，Sb-Se 和 K-Se 的 PDF 的峰强略高于 AMO1，而 Se-Se 和 Sb-Sb 则相反。因此，在从 AMO1 到 AMO2 的转变过程中，在较高的温度下一些极性键断裂的同时形成了新的非极性键，类似于消除几乎所有极性键的结晶过程。然后，键角分布函数表明 Sb 原子和 Se 原子都趋向于形成 90°键角，对应于八面体局部结构，而 K 原子在 45°和 70°处有两个较小的峰。AMO1 和 AMO2 所有键角的大小几乎相同，而 AMO2 的键角数量上似乎略有增加，这也是 AMO2 中化学键数量增加的结果。两种非晶模型的配位数分布表明 K 原子有 7 个以上的近邻，远远多于 Sb 和 Se 原子，并且在 AMO2 中 K、Sb 和 Se 的 CN 都增加了，表现出与键数相同的增长趋势。晶态 KSS 结构和立方 GST 类似，因此非晶 KSS 中四元环也是重要的结构特征，通过 rings-code 程序计算了环结构的分布。由于 AMO2 的致密结构，它比 AMO1 具有数量更多的各种环结构，其中四元环最为显著。这些新增加的环结构可能是由 AMO2 中新形成的非极性键和 90°键角导致的，这也表明 AMO2 的结构更加趋近于晶体结构。同时由于异极键和轨道杂化增加，AMO2 中出现了更多的三元环和五元环，这有利于提升 AMO2 的热稳定性。

通过原子团簇校正（ACA）方法可以直观地展示非晶模型中的短程结构，见图 10-50。以 K 原子为中心的团簇显示出无序的结构，它们在 AMO1 和 AMO2 中是相似的。这意味着 K 原子以类似离子键的方式形成团簇，与 PCM 通常的八面体基序差异很大。事实上在两种模型中，Sb 团簇似乎都有规则的八面体形状，而且 Sb 周围的局部结构在从 AMO1 过渡到 AMO2 前后保持不变。出乎意料的是，AMO2 的 Se 团簇显示了一个八面体基序，但在 AMO1 中 Se 团簇似乎更扭曲，类似在高温下的 GST。这些平均原子团簇结构证实了在从 AMO1 到 AMO2 的转变过程中，玻璃变得更有序，AMO2 的局部结构和晶体更相似。

结构差异很可能会引起电子结构的差异，从而导致两个非晶态之间的电阻差。图 10-51（a）显示了 AMO1 的(100)面的电荷分布，其中 K 和 Se 原子周围的电荷密度远高于 Sb 原子周围的电荷密度，Sb-Sb、Sb-Se 和 Se-Se 原子对附近的电子更加离域化，而 K-Se 对附近电子则相对更加孤立。图 10-51（b）显示了(100)面的电子局域函数（ELF），提供了更多关于电子局域性的信息。在 Sb-Se、Sb-Sb 和 Se-Se 周围的 ELF 轮廓表明它们倾向于形成共价键，因为它们共享电子。同时，

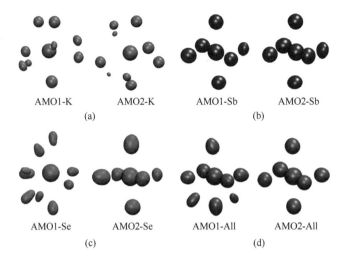

AMO1-K　　AMO2-K　　　AMO1-Sb　　AMO2-Sb

(a)　　　　　　　　　(b)

AMO1-Se　　　AMO2-Se　　　AMO1-All　　AMO2-All

(c)　　　　　　　　　(d)

图 10-50　平均原子团簇结构

（a）K 原子；（b）Sb 原子；（c）Se 原子；（d）整体原子

K-Se 键具有较强的离子性，因为价电子位于 K 和 Se 原子周围，而不是在中间的区域。差分电荷密度（CDD）见图 10-51（c），蓝色区域对应负 CDD（失去电子），大部分集中在 K 原子周围。值得注意的是，AMO2 的电荷分布计算结果和AMO1 并没有明显差异。利用 Bader charge 分析代码计算了在 AMO1 和 AMO2模型中所有原子的 Bader 电荷分布［图 10-51（d）］，定量分析电荷转移。每一个K 原子和 Sb 原子分别失去 0.8 个电子和 0.7 个电子，而 Se 原子平均得到 0.5 个电子，但是 AMO1 与 AMO2 之间无明显差异。因此，尽管局部原子结构发生了较大的变化，但在非晶态转变过程中电荷分布和成键类型并没有明显的变化。

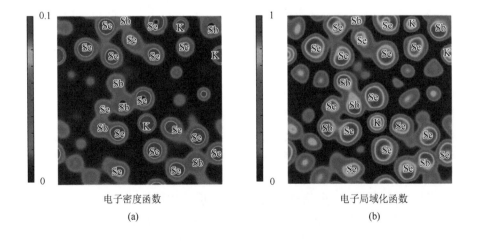

电子密度函数　　　　　　　　　　　电子局域化函数

(a)　　　　　　　　　　　　　　　　(b)

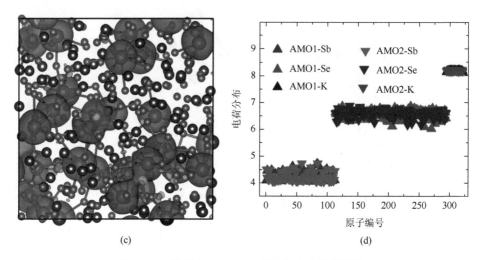

(c)　　　　　　　　　　　(d)

图 10-51　非晶态 K$_2$Sb$_8$Se$_{13}$ 成键与电荷转移分析

（a）非晶态 KSS（AMO1）中电荷密度分布；（b）电子局域化函数分布（AMO1）；（c）差分电荷密度（AMO1）；
（d）Bader 电荷分布

空洞分布是硫系相变材料（如 GST）的一个重要特征，影响了相变密度差和带隙等材料性质。实验证明 KSS 从 AMO1 到 AMO2 非晶态转变过程中密度增加了 5%，而键长几乎没有变化，因此必然伴随着空洞区域的变化。在空洞区域几乎没有电子分布，因此可以通过计算低电荷密度区域的体积来量化这些空洞。在 AMO1 中，空洞在原子团簇之间随机分布，类似于 AMO2。为了比较 AMO1 和 AMO2 的差别，可以计算归一化电子密度分布，低于 0.22 的值表示低电子密度区域。很明显，AMO1 中存在空洞的比例（18.38%）高于 AMO2（14.13%），与约 5%的密度变化一致。以往的研究表明，空洞率与非晶相变材料的带隙有关。局部结构图形之间的空洞导致了范德瓦耳斯相互作用，这可能修正能带。例如，随着空洞减少，这些原子团簇间距变得更近，导致 AMO2 中团簇间更强的相互作用，拓宽了能带并缩小了带隙。因此，两个非晶态之间的空洞差异应该是导致电阻差异的关键。

最后计算态密度（DOS）[图 10-52（a）]，从 AMO1（1.02eV）到 AMO2（0.73eV）的带隙明显减小（晶体的带隙计算为 0.51eV），这意味着载流子浓度增加。KSS 中载流子以空穴为主，同时拥有大量的孤对电子。图 10-52（b）显示了 ELF 的分布函数，灰色区域（ELF＞0.85）表示高度局域化的孤对电子，对应于图 10-52（c）中的三维模型。通过将等值面设置为 0.85，可以观察到 Sb 和 Se 原子周围都有"黄帽子"。根据定量结果，在多晶转变过程中孤对电子的数量几乎没有变化。AMO2 能形成更多的键，空洞减小带来了更强的相互作用，这意味着需要更多的电子来形成更多的共价键。缺少成键电子会导致更多的导电空穴，类似于 p 型掺杂，这也是 AMO1 和 AMO2 电阻差异的根本原因，也是 KSS 可以作为一种多级相变材料的基础。

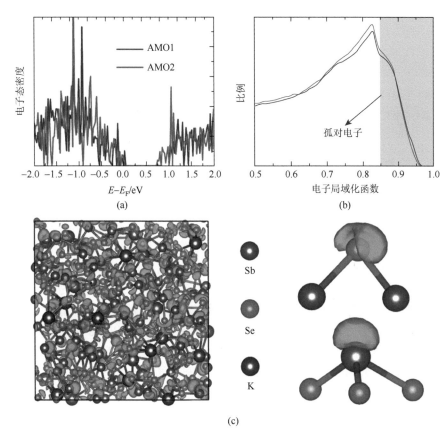

图 10-52　非晶态 $K_2Sb_8Se_{13}$ 电子性质分析

（a）态密度；（b）电子局域化函数统计分布；（c）三维电子局域化函数（等值面 0.85）

10.5　硫系选通管材料的模拟设计

相变存储器是下一代非易失性存储器的有力竞争者，相变材料（PCM）在晶态与非晶态之间快速可逆转换可以用作快速信息存储，数据读取简单归因于两相之间大的电阻和反射率对比，称为存储开关（OMS）特性。为了满足在新兴人工智能（AI）技术中的高密度存储的迫切需求，一种称为 3D XPoint 的三维堆叠结构被提出，见图 10-53。在 PCM 单元上与具有易失性的奥氏双向阈值开关（OTS）选通管集成，这两个单元分别用作数据的存储和选通[14]。

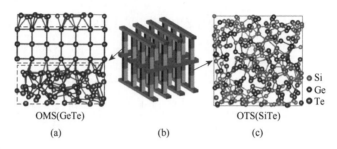

OMS(GeTe)   (b)   OTS(SiTe)

(a)   (c)

○ Si
○ Ge
○ Te

图 10-53　三维相变存储器产品（b）的主要组成是 OMS 数据存储介质（a）和 OTS 选通管（c）[14]

（a）中红色方框的无序结构代表非晶态，而有序结构是晶态。相反，理想的 OTS 材料应保持在非晶态，在整个操作过程中不发生相变，因此非晶态必须具有很高的热稳定性

　　典型的 PCM 为位于 GeTe 和 Sb$_2$Te$_3$ 伪二元线上的硫系化合物。之前的一些研究揭示了如 Ge$_2$Sb$_2$Te$_5$ 和 GeTe 的非晶相变存储材料主要由大比例的缺陷八面体和小比例的以 Ge 为中心构型的四面体组成。非晶态和晶态间的结构相似性（八面体结构）保证了 PCM 的快速结晶行为，而结构多样性（四面体结构）则起到了稳定非晶态的作用。有趣的是，OTS 选通管同样是由硫系化合物制备而成，主要材料有 GeS、GeSe、GeTe$_6$ 和 SiTe 等。这类 OTS 选通管打开/关断的电流具有典型的易失特性，与 PCM 在电学操作中的行为有明显的不同，通常为非晶硫系化合物在电场下未发生显著的相转换，称为奥氏双向阈值开关特性。迄今为止，已经投入了大量的努力研究了 OTS 材料的开关机制。除了对以 Ge 原子为中心的构型对能带结构的贡献的关注外，价键交替对（VAPs）导致的硫系原子的孤对电子也在非晶硫系化合物中有关联。通常来源于过配位的 Ge 原子的中间缺陷态同样被认为在 OTS 机制中扮演着关键的角色。最近，报道了非晶 Te 也能在带隙中产生中间缺陷态，证明了硫系 Te 原子在 OTS 行为中的重要角色。

　　二元硫系化合物 GeTe 是典型的相变材料，只需要以 Si 原子替换 Ge 原子，该材料就从 OMS 转变为 OTS 材料，实验上已经证明了非晶 SiTe 具有大的开/关比及良好的循环特性。这提出了一个有意思的问题：GeTe 和 SiTe 在价电子方面是相同的，为什么它们的性质差别比较大？本节介绍了如何对非晶硫系材料进行模拟，同时以典型的材料为例，比较了相变材料 GeTe 与选通管材料 SiTe 在非晶态的结构和电子差异性。

　　非晶 GeTe 模型和非晶 SiTe 模型的径向分布函数表明，在非晶 GeTe 模型中只有 Ge-Te 键具有显著的第一峰，表明其化学键主要以异极键（Ge-Te）形式存在。然而，在非晶 SiTe 模型中同时观察到了明显的 Si-Te 和 Si-Si 构型的第一峰。另外，在非晶 SiTe 模型中 Te-Te 结构的第一峰也变大了。这说明在非晶 SiTe 模型中除了 Si-Te 键还存在许多同极键（Si-Si 和 Te-Te）。非晶 GeTe 模型和非晶 SiTe 模型的键角分布函数（BADF）分别显示出以 Ge 为中心和以 Te 为中心构型的主峰位于

90°，说明非晶 GeTe 模型主要由八面体结构组成。而对于非晶 SiTe 模型，以 Si 为中心的团簇的主峰位于 109°左右，意味着以 Si 为中心的团簇趋向于形成四面体结构基序。而以 Te 为中心构型的主峰位于 97°附近，介于 90°（八面体角）和 109°（四面体角）之间，与八面体或四面体情况偏离都较大。非晶 SiTe 模型的径向 BADF 显示了以 Si 为中心的构型有一个相似的趋势，集中在 109°角附近，表明所有的 Si 中心团簇构型趋向于形成四面体结构。对于 Te 原子中心构型，Si-Te-Si 和 Si-Te-Te 构型只有一个明显的峰，而 Te-Te-Te 构型有另外一个位于 170°附近明显的峰。具有更多配位 Si 原子的以 Te 原子为中心的构型的第一峰向右偏移，意味着 Si-Te 键导致了 Te 中心构型与八面体结构大的偏离。

非晶 GeTe 模型和非晶 SiTe 模型的配位数（CN）分布表明在非晶 GeTe 模型中，Ge 的配位数主要集中在 4，而 Te 的配位数则集中在 3，与硫族原子应为 2 倍的"$8-N$"规则相偏离。在非晶 SiTe 模型中，有 82.6%的 Si 原子为 4 配位，而 80.35%的 Te 原子为 2 配位。这可能是因为非晶 SiTe 模型中大部分原子都遵循"$8-N$"规则，进而导致了可以大量循环操作且稳定的无序系统。具体来讲，Si-Si 的配位数是 2.48，并且 60%的 Si 原子都形成同极键，这使得非晶 SiTe 模型中包含了更多的 Te-Te 同极键。在非晶体系中这些 Si-Si 键相互连接形成链结构甚至网结构，但没有发生明显的相分离。

为了可视化证明非晶结构的短程有序性，采用了原子团簇校正（ACA）方法。在分子动力学的运动轨迹中随机选择 2000 个团簇，每个团簇由一个中心原子和其六个近邻原子组成。把这些中心原子放在一个点上并且通过平移和旋转这些团簇最小化整体的均方位移。最后，对齐的结果由 0.25Å^{-3} 等值的高斯拟合获得，如图 10-54（a）所示。非晶 GeTe 模型中的 Ge 原子中心构型和 Te 原子中心构型展示出了明显的八面体结构模式。而对于非晶 SiTe 模型，Si 原子中心构型显示出主要的四面体结构基序，而 Te 原子中心构型则表现出相对无序的轮廓。为了定量计算非晶 SiTe 模型中四面体的比例，采用了局部结构参数（q）。统计所有与中心原子 j 成键的原子对。$q=1.0$ 代表团簇没有扭曲的四面体，并且扭曲会导致更小的 q 值。一般具有 0.8～1.0 的 q 值的团簇可被视为四面体构型。图 10-54(b)展示的是非晶 GeTe 模型和非晶 SiTe 模型中四配位 Ge/Si 的 q 值分布。Si 原子中心团簇的 q 值大部分位于 0.8～1.0 的范围。随后，对这一范围的 q 积分，发现 76.5%的 Si 中心构型倾向于形成四面体结构，远大于非晶 GeTe 中以 Ge 为中心的四面体比例（31.4%）。

图 10-54（c）展示了非晶 SiTe 模型中以 Si 原子为中心的四面体。这些四面体随机分布在模拟单元中，有效提高了非晶的稳定性，一般稳定非晶态中的局部构型。另外，使用 RINGS 代码计算了非晶 SiTe 的环分布［图 10-54（d）］。与非晶 GeTe 模型情况类似，非晶 SiTe 中五元环仍占据大的比例，大约为 37%。五元环在非晶体系中相当稳定，因此可以提高非晶的稳定性。然而，在 PCM 中标志

快速结晶的四元环的比例，在非晶 SiTe 模型中减少了，可能抑制其成核与结晶生长。另外，非晶 SiTe 模型中三元环的比例有所提高，导致形成了局部三角构型。

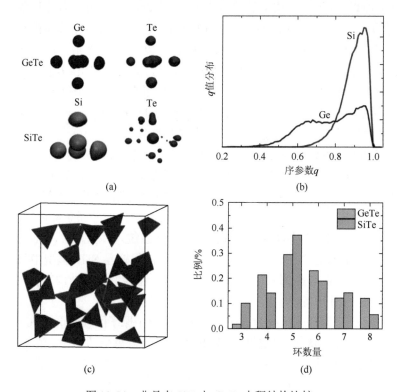

图 10-54　非晶态 SiTe 与 GeTe 中程结构比较

（a）准对齐的团簇；（b）局部结构序参数 q；（c）Si 中心四面体分布；（d）非晶 GeTe 和非晶 SiTe 的环分布，截断半径为 3.2Å

　　为了研究非晶 SiTe 模型和非晶 GeTe 模型成键性质的差异性，采用 LOBSTER 代码计算了非晶 GeTe 模型和非晶 SiTe 模型的晶体轨道哈密顿布居（COHP）。对于异极键，Si-Te 键和 Ge-Te 键的 COHP 在费米能级之下是负的，意味着这类成键是反键态。Si-Te 的 COHP 比 Ge-Te 的大，预示着 Si-Te 键强于 Ge-Te 键。对于同极键，Ge-Ge 键的 COHP 在费米能级左侧是负的，而 Si-Si 键的 COHP 是正的，表明 Ge-Ge 键是反键态，而 Si-Si 键是成键态。这可能是非晶 SiTe 保持高稳定性的原因，尽管在体系中有大比例的同极键。

　　为了进一步获得这些键的形成能，通过叠加费米能级之下的 COHP 值计算了积分的 COHP（ICOHP）。统计非晶 GeTe 模型和非晶 SiTe 模型的 ICOHP 值随键长的函数关系。化学键的密度在径向分布函数的第一个峰达到最大值，键强可以通过主峰对应键长下的形成能估计。在非晶 GeTe 模型中，Ge-Ge 键和 Ge-Te 键的形成能分别约为 3.2eV 和 3.1eV，而在非晶 SiTe 中，Si-Si 键、Si-Te 键和 Te-Te 键的形成能分别约为 4.3eV、4.2eV 和 2.5eV。Si-Si 键和 Si-Te 键的形成能远大于 Ge-Ge 键和 Ge-Te 键，而 Te-Te 键的形成能则是最小的。非晶 SiTe 中 Te-Te 键的占比是很小的，所以对非晶 SiTe 体系的化学稳定性的影响有限。Si-Si 键具有大的形成能，甚至比 Si-Te 键还大。因此，Si-Si 键在熔化淬火过程中维持，未转变为 Si-Te 键，导致了非晶 SiTe 中大比例的同极键。

非晶材料的 OTS 行为被认为与带隙中的缺陷态有关，因此计算了非晶 GeTe 模型和非晶 SiTe 模型的电子态密度（DOS），见图 10-55（a）和（b）。计算的非晶 GeTe 和非晶 SiTe 的 DOS 都显示了中间缺陷态，但起源于不同的电子轨道。晶态和非晶 GeTe 模型的带隙分别为 0.22eV 和 0.37eV，比实验值都小（0.5eV 和 0.78eV），这是因为密度泛函理论计算对带隙的低估。有趣的是，在非晶 GeTe 模型和非晶 SiTe 模型中都发现了被视作 OTS 行为来源的中间间隙态或者陷阱态。在非晶 SiTe 模型中，除了 Si 原子的贡献外，Te 原子的 p 轨道对中间间隙态的贡献变得显著。类似于纯的非晶 Te 的情况，中间间隙态由 Te 原子产生，不含 Ge/Si。同时发现，Si 原子链未占据的区域由 Te 原子填补。根据非晶 SiTe 模型中 Te 原子的配位数分布，除了大比例的二配位 Te 原子，也观察到了一配位和三配位的 Te 原子，符合价键交替对（VAPs）模型。非晶 SiTe 模型中 Te 原子的 p 轨道对价带和导带有贡献，而且孤对电子加强了 OTS 过程中 Te 原子的作用。

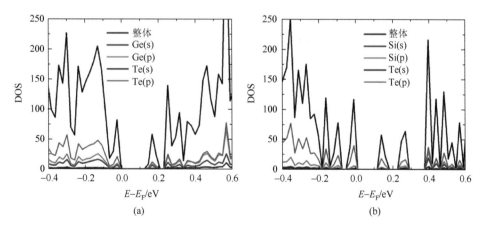

图 10-55　非晶 GeTe（a）和非晶 SiTe（b）的 DOS

采用电子局域化函数（ELF）研究了非晶 SiTe 模型的电子态和成键性质，见图 10-56。图 10-56（a）显示了非晶 GeTe 模型和非晶 SiTe 模型归一化后的 ELF 分布。在两种非晶态中都发现了两个主要的峰，分别位于 0.0 和 0.8。通常 ELF = 0.5 对应电子完全离域的离子键，而 ELF = 1 对应电子完全局域的共价键。ELF = 0.8

意味着孤对电子存在和结构扭曲导致的电子部分局域。非晶 SiTe 显示了更大的第一峰峰值，意味着非晶 SiTe 体系具有更强的离子性，导致更大的带隙。非晶 SiTe 的第二峰峰值比非晶 GeTe 的小。这可能是因为非晶 SiTe 中大部分原子遵循"8–N"规则，减少了过配位构型中的电子共享，同时消耗了更多的孤对电子。为了可视化成键类型，图 10-56（b）展示了非晶 SiTe 等值面为 0.9 的 ELF 图。蓝色和绿色小球分别代表 Si 和 Te 原子，电子分布在虚线方框区域可见。在虚线方框区域，在两个 Si 原子之间观察到了高的局域电子，表明 Si-Si 键为共价键。大部分电子位于 Te 原子成键区域的对侧，意味着孤对电子来源于 Te 原子。在 Si 原子和 Te 原子之间不存在电子，意味着 Si-Te 键的局域程度相对较低。尽管非晶 SiTe 体系中的孤对电子数量比非晶 GeTe 体系少，由于存在大量的 Te 原子，其对 OTS 行为的贡献仍十分显著。

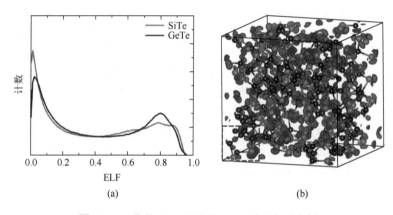

图 10-56　非晶 SiTe 和非晶 GeTe 孤对电子分析

　　研究结果表明，在非晶 SiTe 模型中形成了许多同极键（Si-Si 键和 Te-Te 键）。非晶 GeTe 模型中的 Ge 和 Te 原子配位分别集中在 4 配位和 3 配位，而非晶 SiTe 模型中的 Si 和 Te 原子配位分别集中在 4 配位和 2 配位，使得非晶 SiTe 模型中更多的原子遵循"8–N"规则。76.4%的 Si 中心构型是四面体结构，并随机分布在非晶 SiTe 体系中，而 Te 中心构型没有发现明显的结构模式。在非晶 GeTe 模型中主要的不同之处是 Ge 中心构型和 Te 中心构型主要形成缺陷八面体。环统计表明在非晶 SiTe 模型中五元环占据大的比例，甚至比非晶 GeTe 还要大。除此之外，Si-Si 键和 Si-Te 键的形成能比 Ge-Ge 键和 Ge-Te 键的大。所有这些特性都可以提高非晶 SiTe 材料的稳定性，保证其在多次操作中不会结晶，具有高耐久性。在非晶 GeTe 模型和非晶 SiTe 模型中都发现了在 OTS 过程中扮演重要角色的中间缺陷态，Te 原子的 p 轨道对非晶 GeTe 中的中间缺陷态贡献较小，对非晶 SiTe 的贡献较大。

参 考 文 献

[1] 吴倩倩. 低密度变化 Ge-Sb 基相变存储材料研究. 武汉：华中科技大学, 2019.

[2] 李博文. 基于 O 掺杂的低功耗 GeSb 相变存储器研究. 武汉：华中科技大学, 2020.

[3] 冯金龙. Ge-Sb-Te 硫系材料相变过程调制方法与机理研究. 武汉：华中科技大学, 2020.

[4] Zhu M, Ren K, Song Z. Ovonic threshold switching selectors for three-dimensional stackable phase-change memory. MRS Bull, 2019, 44: 715-720.

[5] 林琪. 基于硫系化合物的导电桥阈值开关型选通管研究. 武汉：华中科技大学, 2021.

[6] 乔崇. 相变存储材料 Ge-Sb-Te 合金非晶态结构的理论研究. 上海：复旦大学, 2019.

[7] 郭艳蓉. 相变存储材料及金属玻璃的非晶态结构和动力学性质的理论研究. 上海：复旦大学, 2020.

[8] Qiao C, Bai K, Xu M, et al. Ultrafast crystallization mechanism of amorphous Ge$_{15}$Sb$_{85}$ unraveled by pressure-driven simulations. Acta Materialia, 2021, 216: 117123.

[9] Qiao C, Xu M, Wang S, et al. Structure, bonding nature and transition dynamics of amorphous Te. Scripta Materialia, 2021, 202: 114011.

[10] Xu M, Li B, Xu K, et al. Stabilizing amorphous Sb by adding alien seeds for durable memory materials. Physical Chemistry Chemical Physics, 2019, 21: 4494-4500.

[11] Wu Q, Xu M, Xu K, et al. Increasing the atomic packing efficiency of phase-change memory glass to reduce the density change upon crystallization. Advanced Electronic Materials, 2018, 4: 1800127.

[12] Xu M, Guo Y, Yu Z, et al. Understanding CrGeTe$_3$: an abnormal phase change material with inverse resistance and density contrast. Journal of Materials Chemistry C, 2019, 7: 9025-9030.

[13] Xu M, Qiao C, Xue K H, et al. Polyamorphism in K$_2$Sb$_8$Se$_{13}$ for multi-level phase-change memory. Journal of Materials Chemistry C, 2020, 8: 6364.

[14] Gu R, Xu M, Yu R, et al. Structural features of chalcogenide glass SiTe: an ovonic threshold switching material. APL Materials, 2021, 9: 081101.

第 11 章 ▊▊▊

二维范德瓦耳斯异质结的
设计与应用

11.1 范德瓦耳斯异质结的基本概念

11.1.1 范德瓦耳斯异质结的定义

范德瓦耳斯（van dan Walls，vdW）异质结是指由两种或者两种以上的拥有不同性质的材料，通过垂直于材料表面的层间范德瓦耳斯弱相互作用组成的一类新型人造材料。自 2004 年首个单原子层石墨烯被剥离以来，一系列仅有一个原子或者几个层厚度的二维（2D）材料被成功合成，如黑磷（BP）、过渡金属二硫化合物（transition metal dichalcogenides，TMD）、二维氮化硼（boron nitride，BN）等。二维材料的数量快速增长，为由二维材料组成的范德瓦耳斯异质结提供了前所未有的机遇。因为二维材料在表面没有悬键，以及面内是通过共价键结合，因此层与层之间是通过范德瓦耳斯力黏合在一起，这使得二维材料可以不受晶格匹配和材料维度限制获得各式各样的范德瓦耳斯异质结。较强的共价键保证了二维材料平面内稳定性，而相对较弱的范德瓦耳斯力能使得堆叠的二维材料保持在一起。例如，二维材料可以和零维（0D）的量子点或者一维（1D）的纳米线或纳米带组成范德瓦耳斯异质结，这些 2D-0D 和 2D-1D 范德瓦耳斯异质结的创造为纳米级材料集成开辟了新的道路，如具有超高速或增益的宽带光电探测器，以及具有前所未有的速度和灵活性的新一代原子层厚度的晶体管。当然二维材料也可以和传统的三维（3D）体材料组成 2D-3D 范德瓦耳斯异质结，将新功能与传统的成熟电子技术相结合。

除了将 0D、1D 和 3D 材料与二维材料组成范德瓦耳斯异质结以外，将两种或者两种以上二维材料沿着垂直方向叠加形成的 2D-2D 范德瓦耳斯异质结（下面称二维范德瓦耳斯异质结）也备受关注。二维范德瓦耳斯异质结不仅可以将两种或者多种二维材料的优势结合在一起，打破单一二维材料体系性能的限制，而且还能产生超出其相应单层二维材料的新物理特性。二维范德瓦耳斯异质结的层间是由弱的范德瓦耳斯力构成，这确保了具有不同性质的二维材料能够通过堆叠的形式维持稳定，并且给范德瓦耳斯异质结在调整其电子结构方面提供了极大的灵活性。范德瓦耳斯异质结的电子能带结构在很大程度上依赖于叠加层的数量和叠加的方式，如堆叠顺序（A-B-C 或者 A-B-A 堆叠）和扭转角度。与传统的半导体异质结不同，二维范德瓦耳斯异质结是由原子级厚度的二维材料堆叠而成，因此在一定程度上抑制了层内的电荷转移，但是由于二维范德瓦耳斯异质结层与层之间是由范德瓦耳斯力相结合，在形成异质结的两种二维材料间会产生层间耦合作用，在层间产生电荷转移，从而产生层间电场并为可调节的能带结构提供了可能性。目前对范德瓦耳斯异质结进行能带调控的手段有改变二维材料的层数、对异质结施加应力应变，或者在垂直异质结表面方向上施加外部电场等。

11.1.2　二维范德瓦耳斯异质结的分类

二维范德瓦耳斯异质结根据组成异质结的单一材料的导电性可以分为金属/半导体异质结和半导体/半导体异质结。金属/半导体异质结可以应用在高迁移率场效应晶体管、光发射设备、太阳能电池等电子器件和光学器件中。当金属和半导体接触时，可以根据在界面处形成肖特基势垒大小将接触类型分为肖特基接触和欧姆接触。肖特基势垒会阻碍界面处的电子输运，势垒越大，接触电阻越大。当肖特基势垒的高度极小或者为零时，金属和半导体接触会转变为欧姆接触，此时能够显著提高电流的传输效率，因此该异质结的电流-电压（I-V）曲线是连续的线性关系。

二维半导体/半导体范德瓦耳斯异质结根据能带对准可以分为六类，分别为：Ⅰ型（对称）、Ⅱ型（交错）、Ⅲ型（破隙）、Ⅳ型、Ⅴ型和Ⅵ型，如图 11-1 所示。在Ⅰ型范德瓦耳斯异质结中，半导体 A 的导带（VB）能级和价带（VB）能级分别会高于和低于半导体 B 的相应能级，异质结中的电子和空穴都由半导体 A 向 B 转移，这就导致电子和空穴分别在半导体 B 的导带顶（CBM）和价带底（VBM）聚集，从而产生量子约束。量子约束促进电子和空穴的辐射复合，因此Ⅰ型异质结在发光二极管中具有良好的应用。对于Ⅱ型范德瓦耳斯异质结，半导体 A 的 CB 能级和 VB 能级都会高于半导体 B 的能级，异质结中的电子只能从半导体 A 的 CB 能级跃迁到半导体 B 的 CB 能级，而空穴则只能从半导体 B 的 VB 能级跃迁到半导体 A 的 VB 能级。因此，在Ⅱ型范德瓦耳斯异质结中电子和空穴分别聚集在不同层材料中，进而导致电子与空穴复合概率减小。这类异质结由于具有迷人的电子结构和光学性质已经在光伏太阳能电池、可见光催化分解水、光电检测等多方面被广泛研究。对于Ⅲ型范德瓦耳斯异质结，其中半导体 B 的 CB 能级会低于半导体 A 的 VB 能级，从而导致异质结中没有带隙存在。因此，电子和空穴的分离不会发生在Ⅲ型范德瓦耳斯异质结中。这种异质结呈现出金属特性，因此具有增强的电导率，可以用于电极材料。Ⅳ型异质结的带边位置介于Ⅱ型和Ⅲ型之间，其中一层材料 CB 能级的最小值与另一层材料 VB 能级的最大值处于相等的临界状态，此时半导体异质结的带隙值刚好为零，展现出半金属性质。Ⅴ型异质结的带边排列介于Ⅰ型和Ⅱ型之间，此时异质结上下两层材料的导带底或价带顶位置中存在其中之一相等的情况，也就是说在异质结中只存在导带偏移或者只存在价带偏移。最后，Ⅵ型异质结的能带对准要求异质结上下两层材料的价带和导带的带偏移量均为零，这种异质结是最特殊的情况，构成Ⅵ型范德瓦耳斯异质结的两种二维单层材料必须具有相等的电离能和电子亲和力，一般只有在两种各方面性质非常接近的材料中才会容易出现。

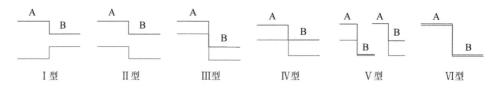

图 11-1　范德瓦耳斯异质结能带对齐示意图

11.2　范德瓦耳斯异质结集成计算与智能设计

在这个数据化时代，使用传统的人工从一堆具有不同性质的二维材料中筛选出合适的二维材料来搭建范德瓦耳斯异质结，并结合传统的第一性原理理论计算筛选范德瓦耳斯异质结是一个耗时耗力的工作。因此，如何寻找一种既快速又能够高效筛选出具有特定应用的范德瓦耳斯异质结是目前亟待解决的问题。近几年来兴起的材料基因工程技术在解决高通量计算和实现大数据分析来实现快速筛选在不同领域的应用的异质结方面有着良好的应用前景。通过构建异质结数据库，结合高通量第一性原理自动化计算和分析异质结数据可以快速发现新材料。

11.2.1　高通量数据集成计算的发展

高通量计算是指利用超级计算平台，实现大体系材料的模拟、快速计算及材料性质的预测，从而加速新材料的研发进程，降低材料研发成本的过程。早期实验上通常采用试错法来开发、研究、发现新材料，时间周期长，有时候还无法获得预期的结果。近年来，大数据应用的发展促进了材料科学向数据驱动发展。与传统的试错法相比，数据驱动研发新材料的速度更快、成本更低，为先进材料设计提供了一条非常有前景的新途径。2011 年美国材料基因工程的提出大大促进了材料科学的数据挖掘新范式的发展。近年来，按照材料基因工程提出的路线，材料计算工具的开发和应用也在飞速发展。研究者已经在高通量计算、材料数据管理和材料学中的机器学习框架或者代码方面进行了广泛的努力。例如，Materials Project 是数据驱动的高通量计算在材料科学领域应用的先驱之一，其中的 Pymatgen、FireWorks、Custodian 及 Atomate 等框架在社区中被广泛使用。AFLOW-π 是另一种通过高通量第一性原理计算的极简框架，支持数据生成、错误控制、数据管理和归档以及用于分析和可视化的后处理工具。AiiDA（自动化交互基础设施和数据库）也是一个开源 Python 基础设施，可以帮助研究人员自动化、管理、持久化、共享和再现与现代计算科学和数据相关的复杂工作流。此外，还有一些其他代码或者平台，如原子模拟环境（ASE）、Pylada、Imeall 及 MPInterfaces 都是为高通量计算而开发的。

2017 年基于 Python 开源框架，我国科学家自主开发了一套高通量自动流程可视化计算和数据管理智能平台 ALKEMIE（artificial learning and knowledge enhanced materials informatics engineering），在线网站：https://alkemine.cn。该平台包含了适用于数据驱动的材料研发模式的三个核心方面：材料高通量自动计算模拟、材料数据库及数据管理和基于人工智能和机器学习的材料数据挖掘。概括来讲，ALKEMIE 高通量计算模块可实现从建模、运行到数据分析，全程自动无人工干预；支持单用户不低于 10^3 量级的并发高通量自动计算模拟；ALKEMIE 多类型的材料数据库，通过数据库的应用程序接口（application programming interface，API）使得基于人工智能和机器学习的数据挖掘技术在新材料设计与研发中可以得到快速的应用和实践。特别地，ALKEMIE 自主开发了基于机器学习的跨尺度大规模分子动力学势函数的特色模块。更重要的是，ALKEMIE 设计了用户友好的可视化操作界面，使得工作流和数据流具有更强的透明性和可操作性。ALKEMIE 平台包括 ALKEMIE Matter Studio（MS）、ALKEMIE Data Vault（DV）和 ALKEMIE PotentialMind（PM）三部分。其具有可视化的高通量自动流程操作界面；从建模、运行到数据分析，全程自动无人工干预；支持单用户不低于 10^3 量级并发运算；针对典型算例可以实现单一尺度及跨尺度计算功能；拥有完整的 18 万条材料学数据库；可移植性、可扩展性强；目前支持 VASP、LAMMPS、QE 等计算软件；适用于对第一性原理知识掌握程度从初级到专业的所有材料研究人员。该平台针对范德瓦耳斯异质结的高通量计算，专门开发了"范德瓦耳斯异质结材料高通量自动流程"模块，实现了从二维材料高通量构建不同堆垛方式范德瓦耳斯异质结的流程自动化。

与此同时，由于高通量计算的应用，近年来材料线上数据也得以飞速扩展。这类数据库的例子包括 Materials Project、OQMD（开放量子材料数据库）、AFLOWLIB、ICSD（无机实验）、COD、CMR（ASE-database）及 Materials Cloud等。这些数据库的快速增长使得基于机器学习（machine learning，ML）进行数据挖掘的新材料开发成为可能。除了一般的 ML 代码，如 scikit-learn、TensorFlow和 PyTorch，还有一些代码（一般以 ML 代码作为引擎）已经应用于材料科学开发。例如，AFLOW-ML 是一个代表性的状态转移架构应用编程接口，用于材料属性的机器学习预测；用 FORTRAN 90 编写的 SISSO 是一种压缩感知方法，用于在大量提供的候选项中识别最佳低维描述符；MatMiner 是另一个基于scikit-learn 的数据驱动方法，用于分析和预测材料特性。此外，还有许多其他的机器学习工具用于材料科学的特定领域，如 PROphet、COMBO、Magpie 和JARVIS-ML 等。

11.2.2 半经验范德瓦耳斯修正方法

范德瓦耳斯力又称为长程分子间弱相互作用力，是一种非定向的、无饱和性的弱相互作用力。产生范德瓦耳斯力的根本原因是分子或者原子之间的静电相互作用，然而此时发挥这种作用的是分子或者原子中的偶极矩。与化学键和氢键相比，范德瓦耳斯力要弱得多，其能量通常小于 5kJ/mol。产生范德瓦耳斯力的机制主要有三种：第一种是极性分子与极性分子之间的永久偶极矩相互作用（取向力）；第二种是由极性分子对非极性分子的极化作用产生诱导偶极矩与永久偶极矩之间的相互作用（诱导力）；第三种是非极性分子和非极性分子之间的瞬时偶极矩的相互作用（色散力）。范德瓦耳斯力本质上是量子力学的，构成体系关联能的一部分，虽然范德瓦耳斯力的能量非常小，但是对材料的物理化学性质有着重要的影响。因此，在设计范德瓦耳斯异质结时，考虑层间的范德瓦耳斯力至关重要。在早期的密度泛函理论（density functional theory，DFT）计算中，引入的局域密度近似或者广义梯度近似中包含的交换关联泛函或者 Hartree-Fock近似都不能很准确地描述范德瓦耳斯力。经过多年的发展，已经有许多修正方法将范德瓦耳斯力包含在 DFT 计算中。DFT 计算对范德瓦耳斯力的修正主要分为两大类：第一类是基于半经验的 DFT-D 修正方法；第二类是修改交换关联泛函的 vdW-DF 修正方法。

第一类基于半经验的 DFT-D 修正方法，包括 D2、D3、D3-BJ、TS、TS-SCS等，这些修正都是在 DFT 计算中描述交换关联泛函的基础上考虑色散力的作用。

11.2.3　二维材料的晶格匹配

由于二维材料的独特性质，在实际构建二维范德瓦耳斯异质结时可以不受晶格匹配的限制。但是在 DFT 计算过程中如果引入太大的晶格错配通常会在异质结界面处引入过大的应变，造成晶格缺陷，从而使得整个体系的能量上升，导致所构建的模型不合理，这也就是晶格失配。因此，在 DFT 计算构建二维范德瓦耳斯异质结模型时应遵从两个原则：一个是两种二维材料应该具有相似的晶体结构；另一个是两种二维材料的晶格常数之差要尽可能小。晶格失配率的计算公式为：$\varepsilon = \Delta a / a_0 \times 100\%$，其中 Δa 为两种二维材料的晶格常数之差，a_0 为晶格常数较大的二维材料的晶格常数。通常认为，当两种二维材料的晶格失配率小于 8%时才能够组成二维范德瓦耳斯异质结。

11.2.4　范德瓦耳斯异质结的形成能与结合能

在范德瓦耳斯异质结的研究中，可通过计算由二维材料组合构建范德瓦耳斯异质结的形成能来判断范德瓦耳斯异质结的热力学稳定性。形成能可用于判断一个反应能否自发进行，如果形成能为负值，说明形成该物质是吸热过程，反应能够自发进行，在热力学的角度上有利于范德瓦耳斯异质结的形成。如果形成能为正值，说明形成该物质是放热过程，反应不能自发进行，说明在形成范德瓦耳斯异质结的过程中需要给它提供一个额外的能量来保证反应的进行，也就是说该范德瓦耳斯异质结在热力学上是不稳定的。范德瓦耳斯异质结的形成能可以由式（11-1）得到：

$$E_{\text{form}}^{\text{total}} = E_{\text{hetero}}^{\text{total}} - E_{\text{top}}^{\text{total}} - E_{\text{bottom}}^{\text{total}} \tag{11-1}$$

其中，$E_{\text{hetero}}^{\text{total}}$ 是二维范德瓦耳斯异质结的总能量；$E_{\text{top}}^{\text{total}}$ 和 $E_{\text{bottom}}^{\text{total}}$ 分别是异质结原始顶部和底部单层二维材料的总能量。

另外，结合能是指将自由原子或分子结合在一起所要释放的能量，也就是表示在界面处两物质相互作用力的强弱。通过计算范德瓦耳斯异质结的结合能可以有效评估异质结层间的结合强度，范德瓦耳斯异质结的结合能越负，表明层间结合强度越强。结合能可以根据式（11-2）计算得到：

$$E_{\text{b}} = -\left(E_{\text{hetero}}^{\text{total}} - E_{\text{top}}^{\text{fix}} + E_{\text{bottom}}^{\text{fix}} \right) / A \tag{11-2}$$

其中，$E_{\text{top}}^{\text{fix}}$ 和 $E_{\text{bottom}}^{\text{fix}}$ 分别是固定在范德瓦耳斯异质结晶格中的顶部和底部二维材料的总能量；A 为晶胞面积。形成能与结合能的区别在于形成能的计算中考虑了二维材料之间晶格错配导致的能量变化，而结合能仅考虑层间的相互作用力大小。研究范德瓦耳斯异质结的结合能 E_b 对于理解范德瓦耳斯异质结层间耦合及其相应单层之间的相互作用至关重要。通常认为范德瓦耳斯异质结中的范德瓦耳斯力产生的层间结合能一般在 $10\sim40$meV/Å^2 范围内。

11.3 MXene 基异质结太阳能电池

太阳能电池将太阳光能直接转化为电能，为绿色清洁太阳能的可持续应用提供了新的途径。通过范德瓦耳斯相互作用组合不同的 2D 半导体被报道是设计高质量太阳能电池的有效方法之一。一个高质量的异质结太阳能电池的首要要求是，供体材料和受体材料的带隙都应该在 $1.2\sim1.6$eV 的范围内。自由电子空穴对的迁移对太阳能电池的效率性能起着至关重要的作用。因此，在构建异质结太阳能电池器件时，载流子迁移是一个不可忽视的关键因素。然而，能够满足异质结太阳能电池所有要求的二维材料很少，选择合适的给体材料和受体材料对获得高效太阳能电池具有重要的意义。

MXene 是由相应的 MAX 相剥离产生的二维过渡金属碳化物/氮化物，其中 M 为过渡金属，A 为ⅢA 或ⅣA 族元素，X 为 C 或 N 原子。MXene 因为优异的性质和广泛的潜在应用而备受关注，如用于光催化水分解、锂离子电池和钠离子电池阳极、金属离子电容器、重金属去除等。当 MXene 从其本体 MAX 相剥离时，外层过渡金属原子会吸附 F、O 或 OH 等，其化学组成多样，对应电子结构特征丰富。

本节所有的计算都是以密度泛函理论为基础，在 VASP 软件包中实现的。采用基于投影缀加平面波（PAW）方法的 GGA-PBE 交换关联泛函，引入 DFT-D3 方法描述范德瓦耳斯相互作用。考虑到 Ti 原子中 d 电子的强关联效应，含有 Ti 的 MXene 的计算采用 GGA＋U 方法，其中 Ti 的校正参数 U 设置为 3eV。使用 Heyd-Scuseria-Ernzerhof（HSE06）混合密度泛函结合 DFT-D3 进行精确电子结构计算，引入时间依赖的 Hartree-Fock（TDHF）方法计算包括激子效应的光学性质。采用 Born-Oppenheimer 从头计算分子动力学（AIMD）模拟评估 MXene 在有限温度下的稳定性，模拟退火的时间为 9ps。

到目前为止，只在 M$_2$X 一类材料中发现了半导体 MXene，其中 M 代表图 11-2（a）中列出的前过渡金属元素，X 代表 C 或 N。因此，为了研究 MXene 作为太阳能电池的供体和受体的可能性，考虑了一篇综述文章中提到的实验合成和理论预测的所有 M$_2$X 型 MXene［图 11-2（b）］。MXene 表现出由末端官能团调制的金属到半导体的转变，因此该工作研究了不含官能团和包含 O、OH 或 F 官能团的 MXene，共 64 个 MXene。电子结构是 MXene 作为光伏材料的初步筛选条件，利用 HSE06 方法计算得到的半导体或半金属 MXene 的能带结构如图 11-3 所示。结果表明，Mo_2CO_2 和 W_2CO_2 表现出无间隙的半金属电子结构特征，而 Sc_2CF_2、Sc_2CO_2、$Sc_2C(OH)_2$、Ti_2CO_2、Zr_2CO_2、Hf_2CO_2、Mo_2CF_2 和 W_2CF_2 是带隙为 0.51～2.96eV 的半导体。然而，Sc_2CF_2（1.86eV）、Sc_2CO_2（2.96eV）、$Sc_2C(OH)_2$（0.77eV）、Mo_2CF_2（0.88eV）和 W_2CF_2（0.51eV）的带隙过大或者过小，无法满足光伏材料的带隙要求（1.2～1.7eV）。因此经过初步筛选，接下来集中研究 Ti_2CO_2、Zr_2CO_2 和 Hf_2CO_2 这三种 MXene 材料作为异质结太阳能电池的供体或者受体。筛选过程如图 11-4 所示[1]。

3/ⅢB	4/ⅣB	5/ⅤB	6/ⅥB
21　　钪 Sc scandium 44.956 [Ar]4s²3d¹	22　　钛 Ti titanium 47.867 [Ar]4s²3d²	23　　钒 V vanadium 50.942 [Ar]4s²3d³	24　　铬 Cr chromium 51.996 [Ar]4s¹3d⁵
	40　　锆 Zr zirconium 91.224 [Kr]5s²4d²	41　　铌 Nb niobium 92.906 [Kr]5s¹4d⁴	42　　钼 Mo molybdenum 95.94 [Kr]5s¹4d⁵
	72　　铪 Hf hafnium 178.49 [Xe]6s²4f¹⁴5d²	73　　钽 Ta tantalum 180.95 [Xe]6s²4f¹⁴5d³	74　　钨 W tungsten 183.84 [Xe]6s²4f¹⁴5d⁴

(a)

Sc_2C	Ti_2C	Ti_2N	Zr_2C
Zr_2C	Hf_2C	Hr_2N	V_2C
V_2N	Nb_2C	Ta_2C	Cr_2C
Cr_2N	Mo_2C	Mo_2N	W_2C

■ 理论预测　　■ 实验制备

(b)

图 11-2　（a）二维 MXene 中 M 元素在元素周期表中的位置；（b）已被发现的 M_2X 型 MXene[1]

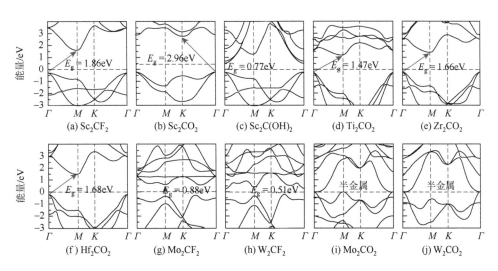

图 11-3　单层 Sc_2CF_2（a）、Sc_2CO_2（b）、$Sc_2C(OH)_2$（c）、Ti_2CO_2（d）、Zr_2CO_2（e）、Hf_2CO_2（f）、Mo_2CF_2（g）、W_2CF_2（h）、Mo_2CO_2（i）和 W_2CO_2（j）的 HSE06 能带结构[1]

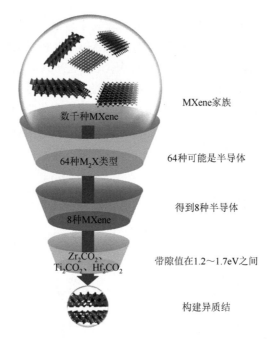

图 11-4　MXene 异质结太阳能电池筛选流程示意图[1]

经过充分优化后的二维 Ti_2CO_2、Zr_2CO_2 和 Hf_2CO_2 的晶格常数分别为 3.065Å、3.292Å 和 3.250Å，与之前的文献报道一致。基于这些晶格常数数值，可以得到 Zr_2CO_2（Hf_2CO_2）与 Ti_2CO_2 的晶格失配度为 7.4%（6.0%），虽然这个晶格失配度大于一些典型的异质结，但是由于 MXene 可以承受非常大的应变，所以构成 Ti_2CO_2/Zr_2CO_2 和 Ti_2CO_2/Hf_2CO_2 异质结在理论上是可行的。基于 M_2CO_2（M = Hf、Zr）与 Ti_2CO_2 间不同的旋转角度 0°、60°、120°、180°、240°、300°，构建了六种不同堆垛方式的 Ti_2CO_2/M_2CO_2（M = Zr、Hf）异质结，如图 11-5 所示。通过对所有结构进行充分优化，得到所有构型 Ti_2CO_2/M_2CO_2 异质结的总能与最稳定构型的总能之差 ΔE（meV）、晶格常数 a（Å）、层间距 d（Å）[图 11-5（a）]及键长 L（Å），并在表 11-1 中列出。能量差 ΔE_i 可以被定义为 $\Delta E_i = E_i - E_0$，其中 E_i 是每种构型的总能，E_0 是最稳定构型的总能。从表中可以看出键长变化相对较小，说明构成异质结后原子几乎没有发生重排。并且异质结的总能与层间距成正比，所以最稳定的堆垛构型为 a。根据范德瓦耳斯异质结形成能公式[式（11-1）]计算得到最稳定构型的 Ti_2CO_2/Zr_2CO_2 和 Ti_2CO_2/Hf_2CO_2 异质结的形成能分别为 163meV 和 30meV，相对较小的正的形成能说明形成异质结在能量上是有利的。此外，根据结合能公式[式（11-2）]计算得到异质结中 Ti_2CO_2 和 Zr_2CO_2（Hf_2CO_2）之间的结合能为 39.05meV/Å^2（36.43meV/Å^2），和典型的范德瓦耳斯异质结的层间结合能相近。因此，Ti_2CO_2/M_2CO_2 属于范德瓦耳斯异质结。

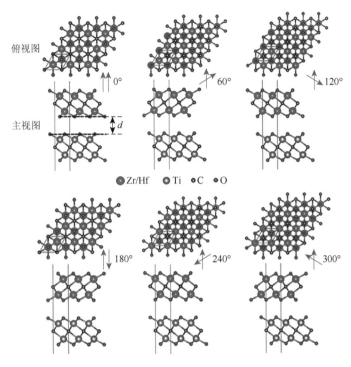

图 11-5　六种 Ti_2CO_2/M_2CO_2（M = Zr、Hf）异质结的不同堆垛方式示意图[1]

表 11-1　不同构型 Ti_2CO_2/M_2CO_2（M = Zr、Hf）异质结的总能之差、晶格常数、层间距及键长[1]

体系	构型	ΔE/meV	a/Å	d/Å	$L_{Zr/Hf-C}$/Å	$L_{Zr/Hf-O}$/Å	L_{Ti-C}/Å	L_{Ti-O}/Å
Ti_2CO_2	—	—	3.065	—	—	—	2.206	2.000
Zr_2CO_2	—	—	3.292	—	2.359	2.114	—	—
Hf_2CO_2	—	—	3.250	—	2.356	2.098	—	—
Ti_2CO_2/ Zr_2CO_2	a	0	3.199	2.361	2.324	2.085	2.259	2.038
	b	28.150	3.194	2.479	2.322	2.086	2.256	2.037
	c	118.011	3.190	2.990	2.321	2.086	2.255	2.037
	d	122.023	3.190	3.018	2.321	2.086	2.255	2.038
	e	63.936	3.191	2.625	2.321	2.086	2.255	2.038
	f	26.871	3.194	2.481	2.322	2.085	2.256	2.038
Ti_2CO_2/ Hf_2CO_2	a	0	3.175	2.370	2.298	2.075	2.248	2.031
	b	37.113	3.171	2.424	2.296	2.075	2.247	2.031
	c	138.895	3.168	2.968	2.296	2.075	2.246	2.031
	d	142.746	3.168	3.006	2.296	2.076	2.246	2.031
	e	78.696	3.169	2.598	2.296	2.076	2.246	2.031
	f	35.662	3.172	2.411	2.297	2.075	2.247	2.032

为了进一步评估 Ti$_2$CO$_2$/M$_2$CO$_2$ 异质结的稳定性，计算了异质结的声子谱并开展了分子动力学模拟。图 11-6 为异质结的声子谱和在 300K 时总能随时间的演变图。两个异质结的声子谱中都没有虚频，说明 Ti$_2$CO$_2$/M$_2$CO$_2$ 异质结从晶格动力学的角度看是稳定的。在模拟的时间范围内，异质结的总能在很小的范围内波动，说明 Ti$_2$CO$_2$/M$_2$CO$_2$ 异质结在室温下拥有很好的热稳定性。

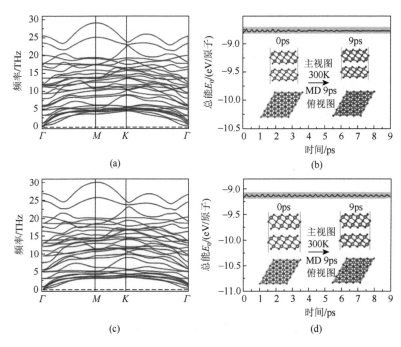

图 11-6　Ti$_2$CO$_2$/Zr$_2$CO$_2$ 异质结的声子色散曲线（a）和第一性原理分子动力学模拟总能量及结构变化（b）；Ti$_2$CO$_2$/Hf$_2$CO$_2$ 异质结的声子色散曲线（c）和第一性原理分子动力学模拟总能量及结构变化（d）[1]

基于最稳定的异质结构，使用 HSE06 方法计算了 Ti$_2$CO$_2$/Zr$_2$CO$_2$ 和 Ti$_2$CO$_2$/Hf$_2$CO$_2$ 异质结能带结构，如图 11-7（a）和（b）所示。计算结果表明 Ti$_2$CO$_2$/Zr$_2$CO$_2$ 和 Ti$_2$CO$_2$/Hf$_2$CO$_2$ 都是间接带隙半导体，它们的价带顶位于 Γ 点，而导带底位于 M 点。它们的带隙都为 1.22eV，与实验测定的单晶硅的带隙值非常接近。导带底位于 M 点的能量仅比其位于 Γ 点的能量低一点，这种较弱的间接带隙特性有益于延长载流子的寿命，同时对光的吸收也没有很大的影响。根据能带的投影图还能知道 Ti$_2$CO$_2$/M$_2$CO$_2$ 的导带底是由 Ti$_2$CO$_2$ 层贡献的，而价带顶源自 M$_2$CO$_2$ 层的贡献，表明这两种异质结都属于 II 型范德瓦耳斯异质结。因此，光激发产生的电子和空穴可以在不同的层中转移和聚集，这有利于光能的探测和捕获。

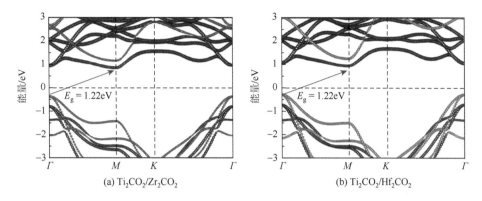

(a) Ti$_2$CO$_2$/Zr$_2$CO$_2$　　　　　　　　(b) Ti$_2$CO$_2$/Hf$_2$CO$_2$

图 11-7　HSE06 泛函计算的能带结构[1]

（a）Ti$_2$CO$_2$/Zr$_2$CO$_2$；（b）Ti$_2$CO$_2$/Hf$_2$CO$_2$。图中紫色、绿色和橙色的圆球分别代表 Ti$_2$CO$_2$、Zr$_2$CO$_2$ 和 Hf$_2$CO$_2$ 在能带中的权重

根据形变势理论，计算了 Ti$_2$CO$_2$/Zr$_2$CO$_2$ 和 Ti$_2$CO$_2$/Hf$_2$CO$_2$ 异质结中的载流子迁移率。表 11-2 列出了两种异质结由六方晶胞转变为正交相晶胞后的有效质量、2D 弹性模量、形变势常数和载流子迁移率。这里以 Ti$_2$CO$_2$/Zr$_2$CO$_2$ 异质结为例，从表中可以看出其沿着 x 方向的电子迁移率为 46740.451cm^2/(V·s)，比块体硅［约 1400cm^2/(V·s)］高一个数量级。沿着 y 方向的电子迁移率约是 x 方向的 18 倍，而沿着 x 方向的空穴迁移率约是 y 方向的 5 倍。也就是说，在异质结界面的一边，电子倾向于沿 y 方向移动，而在界面的另一边，空穴则倾向于沿 x 方向移动。Ti$_2$CO$_2$/Hf$_2$CO$_2$ 异质结也呈现出一样的趋势。

表 11-2　计算得到的 Ti$_2$CO$_2$/M$_2$CO$_2$ 异质结沿着 x 和 y 方向电子和空穴的有效质量 m^*/m_0、2D 弹性模量 C、形变势常数 E_i 及载流子迁移率 μ [1]

体系	载流子类型	m^*/m_0	C/(N/m)	E_i/eV	μ/[cm^2/(V·s)]
Ti$_2$CO$_2$/Zr$_2$CO$_2$	电子（x）	2.448	484	3.120	118.147
	空穴（x）	0.192	484	2.000	46740.451
	电子（y）	0.387	484	4.700	2083.232
	空穴（y）	0.367	484	2.220	10382.867
Ti$_2$CO$_2$/Hf$_2$CO$_2$	电子（x）	2.483	528	2.780	157.798
	空穴（x）	0.181	528	1.980	58540.494
	电子（y）	0.473	533	4.340	1801.090
	空穴（y）	0.445	533	1.940	10183.890

通过计算 xy 平面上的二维电荷密度（沿着能带分解电荷密度由红色虚线进行切面），可视化 Ti_2CO_2/Zr_2CO_2 的载流子迁移率各向异性，如图 11-8（a）和（b）所示。显然，价带顶和导带底沿着 x 方向的电荷密度比 y 方向的更离域。由于电荷密度离域程度越高，意味着电子（空穴）的迁移通道越多（越少），范德瓦耳斯异质结在 y 方向上表现出更大的电子（更小的空穴）迁移率。载流子迁移率的显著各向异性，可以显著降低载流子的复合率，有利于制备高性能太阳能电池。

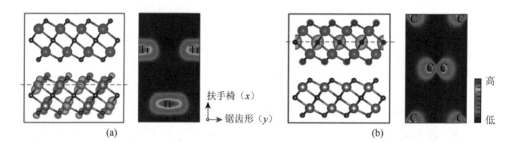

图 11-8　Ti_2CO_2/Zr_2CO_2 异质结在正交晶格中的 CBM（a）和 VBM（b）能带分解电荷密度[1]

右侧为红色虚线所处 xy 平面的二维电荷密度图

优异太阳能电池应具有尽可能宽的光吸收范围和在太阳辐射的可见光区域内拥有尽可能高的光吸收能力。杂化系统中的光吸收强度可以通过异质结层间相互作用引起的光跃迁增加而增强。因此，利用包含激子效应的 TDHF-HSE06 的方法计算 Ti_2CO_2/Zr_2CO_2 和 Ti_2CO_2/Hf_2CO_2 范德瓦耳斯异质结的光吸收性质，计算结果如图 11-9（a）所示。Ti_2CO_2/Zr_2CO_2 和 Ti_2CO_2/Hf_2CO_2 范德瓦耳斯异质结在很宽的波段范围内都具有良好的光吸收性能，光吸收系数分别可以达到 $6\times10^5cm^{-1}$ 和 $7\times10^5cm^{-1}$。并且 Ti_2CO_2/M_2CO_2 范德瓦耳斯异质结的光吸收比其相应组分的单层 MXene 的光吸收更强，这是由于组成范德瓦耳斯异质结后，系统的带隙减小导致吸收边和太阳光谱的重叠扩大。此外，对比了不包含激子效应的 DFT-HSE06 方法计算的范德瓦耳斯异质结的光吸收系数，并且将计算的结果和实验测量的本征硅的光吸收系数进行比较，如图 11-9（b）所示。对比图 11-9（a）和（b）可见，使用 TDHF-HSE06 方法计算得到的光吸收系数比标准的 DFT-HSE06 方法要高得多，证明了激子效应可以在可见光范围内提高光吸收能力。并且与硅和许多二维材料不同，Ti_2CO_2/Zr_2CO_2 和 Ti_2CO_2/Hf_2CO_2 范德瓦耳斯异质结在整个可见光的波长范围内都表现出优异的光吸收能力，表明这两种异质结是非常有前景的高效太阳能电池材料。

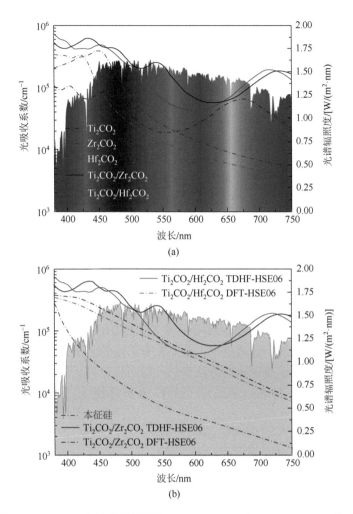

图 11-9　利用 TDHF-HSE06 方法计算得到的 Ti_2CO_2/Zr_2CO_2 和 Ti_2CO_2/Hf_2CO_2 异质结的光吸收系数与原始 Ti_2CO_2、Zr_2CO_2 和 Hf_2CO_2 单分子膜的光吸收系数对比（a），以及与 DFT-HSE06 方法获得的光吸收系数和本征硅的实验光谱对比（b）[1]

　　此外，还计算了 Ti_2CO_2/Zr_2CO_2 和 Ti_2CO_2/Hf_2CO_2 范德瓦耳斯异质结及它们相应的单层以器件形式的光电流，与此同时硅基太阳能电池的光电流也被用作比较，结果如图 11-10 所示。在 Ti_2CO_2/Zr_2CO_2 和 Ti_2CO_2/Hf_2CO_2 范德瓦耳斯异质结中产生的光电流明显比构成它们的单层 MXene 更强。Ti_2CO_2/Zr_2CO_2 范德瓦耳斯异质结器件在 1.6eV 和 2.2eV 处有两个光电流峰，而 Ti_2CO_2/Hf_2CO_2 范德瓦耳斯异质结器件在 1.5eV、1.7eV、2.0eV 和 2.5eV 处有四个光电流峰。此外，在能量低于 2.6eV 时，这两种异质结器件产生的光电流都要强于薄膜硅器件产生的光电流。

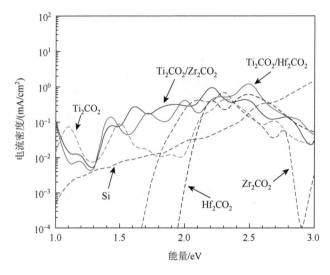

图 11-10　计算得到的 Ti_2CO_2/Zr_2CO_2 和 Ti_2CO_2/Hf_2CO_2 及相应单层器件的光生电流[1]

基于以上计算分析，Ti_2CO_2/Zr_2CO_2 和 Ti_2CO_2/Hf_2CO_2 范德瓦耳斯异质结具有合适的带隙及高的载流子分离效率，是非常有前途的光伏太阳能电池材料。接下来进一步利用 Scharber 等提出的方法来估计这两种范德瓦耳斯异质结的功率转换效率（PCE）。最大 PCE 可以通过式（11-3）计算得到：

$$\eta = \frac{0.65(E_g - \Delta E_c - 0.3)\int_{E_g}^{\infty} \dfrac{P(\hbar\omega)}{\hbar\omega}\mathrm{d}(\hbar\omega)}{\int_0^{\infty} P(\hbar\omega)\mathrm{d}(\hbar\omega)} \tag{11-3}$$

其中，0.65 是能带填充因子；$P(\hbar\omega)$ 是在光子能量 $\hbar\omega$ 处 AM 1.5 的太阳能辐射通量；E_g 是受体的带隙。分子和分母的积分分别代表 100%的外部量子霍尔效率和实际入射太阳辐射的短路电流。ΔE_c 是施主和受主的导带偏移量。$E_g - \Delta E_c - 0.3$ 为预估的最大开路电压。将单层固定在对应的 Ti_2CO_2/Zr_2CO_2 和 Ti_2CO_2/Hf_2CO_2 范德瓦耳斯异质结的晶格中，分别计算它们的能带结构可以得到导带偏移量，计算结果如图 11-11（a）和（b）所示。计算得到 Ti_2CO_2/Zr_2CO_2 和 Ti_2CO_2/Hf_2CO_2 范德瓦耳斯异质结的最大功率转换效率分别为 22.74%和 19.56%。图 11-11（c）中标注出所模拟太阳能电池的功率转换效率随施主带隙和导带偏移量的变化。由异质结组成的太阳能电池的工作原理如图 11-11（d）所示。范德瓦耳斯异质结吸收太阳光能产生激发态的自由载流子，自由载流子在供体和受体处分裂为电子和空穴，在自由载流子的分离过程中在电极处产生光电流。

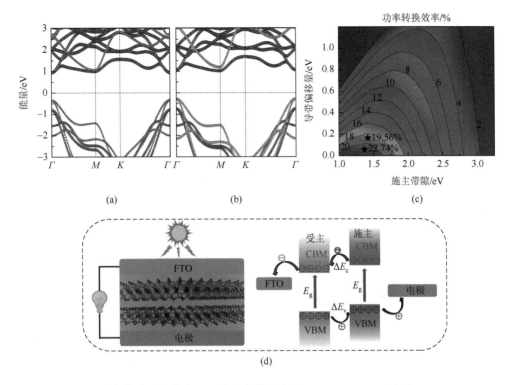

图 11-11 相互独立单分子层的 HSE06 能带结构固定在 Ti_2CO_2/Zr_2CO_2（a）和 Ti_2CO_2/Hf_2CO_2（b）异质结晶格中；（c）模拟太阳能电池的功率转换效率与施主带隙和导带偏移量的函数曲线；（d）Ti_2CO_2/Zr_2CO_2 异质结太阳能电池示意图及内部自由载流子转移路径[1]

11.4　范德瓦耳斯异质结光催化分解水

　　利用太阳光的能量将水直接分解成氢气和氧气是一种有广阔前景的可持续策略，有可能成为满足未来全球能源需求的一种先进方法。为满足光催化水分解的氧化还原电势的需求，高效的光催化剂的导带底应该高于氢的还原电势（H^+/H_2：–4.44eV），而价带顶应低于氧的氧化电势（O_2/H_2O：–5.67eV）。因此，用于光催化分解水的光催化剂的理论最小带隙为 1.23eV。由于可见光约占总太阳光总辐射能量的一半，为了有效吸收太阳能，用于水分解的光催化剂的带隙应该小于 3.1eV，这个值是可见光中光子能量最大值。为了平衡氢和氧的氧化还原反应化学驱动力，高效可见光驱动光催化剂的理想禁带宽度约为 2.0eV。在 II 型范德瓦耳斯异质结中，一方面，电子和空穴分离在不同层中，可显著降低光生电子-空穴的复合概率；另一方面，光催化的氧化和还原反应分别发生在光催化剂的两侧。因此，II 型范德瓦耳斯异质结可以显著提高光催化的效率。所以设计高效的范德瓦耳斯异质结光催化剂必须满足以下三个条件：①两种二维材料的带边必须满足上述光催化水分解的氧化还原电位的要求；②范德瓦耳斯异质结的价带顶和导带底应由不同的二维材料贡献以形成Ⅱ型范德瓦耳斯异质结；③形成的范德瓦耳斯异质结的带隙应该在 2eV 左右。

二维Ⅲ-Ⅵ族单层（MX，M = Ga、In，X = S、Se、Te）具有双层 M-X 褶皱的蜂窝状六边形结构，属于 $P6_3/mmc$ 空间群，拥有非常高的载流子迁移率。然而，二维Ⅲ-Ⅵ单层是一种拥有典型的墨西哥帽型价带的间接带隙半导体，这与它们体相的直接带隙是不同的。构建范德瓦耳斯异质结是一种可以将间接带隙转换为直接带隙的有效方法。本节将介绍两组利用密度泛函理论计算设计Ⅲ-Ⅵ单层范德瓦耳斯异质结（GaX/As 异质结和 MS/GaSe 异质结）作为潜在光催化剂的例子[2]。

在研究 GaX/As 异质结之前，首先利用 DFT-D2 的计算方法得到单层 GaS、GaSe、$GaS_{0.5}Se_{0.5}$ 和砷烯的晶格常数分别为 3.636Å、3.811Å、3.724Å 和 3.608Å。根据晶格常数，得到 GaS、GaSe、$GaS_{0.5}Se_{0.5}$ 与砷烯的最小晶格失配度分别为 0.76%、5.63%、3.22%，因此构建 GaX/As 异质结是可行的。GaX/As 异质结拥有许多不同的堆垛方式，这里考虑了 6 种堆垛方式，如图 11-12 所示。表 11-3 给出了不同构型异质结 GaX/As 的结合能 E_b，晶格常数 a，层间距离 d，Ga—X（X = S、Se）、Ga—Ga 和 As—As 的键长。对于 GaX/As 异质结，最稳定的结构是堆垛方式如图 11-12（c）所示的构型，该堆垛方式拥有最小的结合能和层间距。因为褶皱的 GaX 单层和 As 单层在 GaX/As 异质结中相互轻微嵌入，这使得界面能最小化，有助于结构稳定。因此，后面对异质结的计算都针对图 11-12（c）中的堆垛方式。通过计算得到的 GaS/As、GaSe/As、$Se_{0.5}GaS_{0.5}$/As（S 原子靠近 As 原子）和 $S_{0.5}GaSe_{0.5}$/As（Se 原子靠近 As 原子）的结合能分别为 19.49meV/Å^2、19.75meV/Å^2、19.57meV/Å^2 和 19.69meV/Å^2，这些值和典型的范德瓦耳斯结合能值（约 20meV/Å^2）接近，因此这四种 GaX/As 异质结属于范德瓦耳斯异质结。

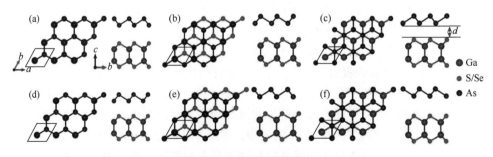

图 11-12　GaX/As 异质结的六种不同堆垛方式示意图[2]

表 11-3　GaX/As 的结合能 E_b，晶格常数 a，层间距离 d，Ga—X（X = S、Se）、Ga—Ga 和 As—As 键长[2]

体系	构型	E_b/(meV/Å^2)	a/Å	d/Å	L_{Ga-S}/Å	L_{Ga-Se}/Å	L_{Ga-Ga}/Å	L_{As-As}/Å
GaS/As	a	13.34	3.627	3.803	2.368	—	2.473	2.518
	b	18.79	3.636	3.162	2.371	—	2.474	2.519
	c	19.49	3.633	3.146	2.370	—	2.473	2.519
	d	19.12	3.631	3.281	2.368	—	2.472	2.518
	e	18.86	3.633	3.257	2.369	—	2.472	2.518
	f	13.17	3.631	3.689	2.368	—	2.471	2.520
GaSe/As	a	13.19	3.740	3.848	—	2.481	2.468	2.557
	b	19.41	3.754	3.162	—	2.484	2.470	2.560
	c	19.75	3.748	3.151	—	2.483	2.469	2.560
	d	19.30	3.745	3.203	—	2.483	2.469	2.558
	e	19.39	3.750	3.176	—	2.483	2.468	2.558
	f	13.27	3.740	3.832	—	2.481	2.468	2.558
Se$_{0.5}$GaS$_{0.5}$/As	a	12.93	3.684	3.815	2.385	2.463	2.470	2.537
	b	19.13	3.696	3.125	2.389	2.466	2.471	2.539
	c	19.57	3.691	3.105	2.388	2.465	2.471	2.539
	d	19.04	3.690	3.182	2.388	2.465	2.471	2.538
	e	18.99	3.693	3.144	2.388	2.466	2.470	2.538
	f	13.03	3.684	3.804	2.385	2.463	2.470	2.537
S$_{0.5}$GaSe$_{0.5}$/As	a	13.53	3.684	3.848	2.384	2.465	2.471	2.537
	b	19.01	3.695	3.216	2.387	2.467	2.471	2.539
	c	19.69	3.692	3.186	2.386	2.467	2.471	2.539
	d	19.47	3.690	3.230	2.386	2.467	2.471	2.538
	e	19.28	3.693	3.202	2.387	2.468	2.471	2.539
	f	13.65	3.684	3.834	2.384	2.466	2.470	2.537

图 11-13 为 GaX/As 异质结的能带结构。利用 HSE06 方法计算得到 GaS/As、GaSe/As、Se$_{0.5}$GaS$_{0.5}$/As 和 S$_{0.5}$GaSe$_{0.5}$/As 异质结的带隙值分别为 2.13eV、1.68eV、1.98eV 和 1.99eV，这些值都满足光催化分解水的最小带隙为 1.23eV 的要求。进一步计算 GaX/As 异质结的带边位置来研究异质结在水氧化还原反应中的热力学可能性，结果如图 11-14（a）所示。可以看出，这四种范德瓦耳斯异质结的导带底都高于水的还原电位，价带顶都低于水的氧化电位，满足光催化的需求。由于单层 GaX 和砷烯是通过弱的范德瓦耳斯力相结合，因此它们的本征电子结构在 GaX/As 异质结中得到很好的保存。在没有经过任何调控时，四种 GaX/As 异质结都是间接带隙半导体。对于 GaSe/As、Se$_{0.5}$GaS$_{0.5}$/As 和 S$_{0.5}$GaSe$_{0.5}$/As 异质结，导带

底（CBM）位于Γ点，由 Ga s、X p 和 As p 电子的杂化贡献，如图 11-13（c）中插图所示。价带顶（VBM）位于Γ点和 K 点之间，主要由 As p 电子占据。而对于 GaS/As 异质结，CBM 位于Γ点和 M 点之间，VBM 位于Γ点。值得注意的是，异质结的固有间接带隙仅比Γ点的直接带隙高 0.1eV，因此预计能带结构工程可以有效地调节 GaX/As 异质结的间接带隙特性。

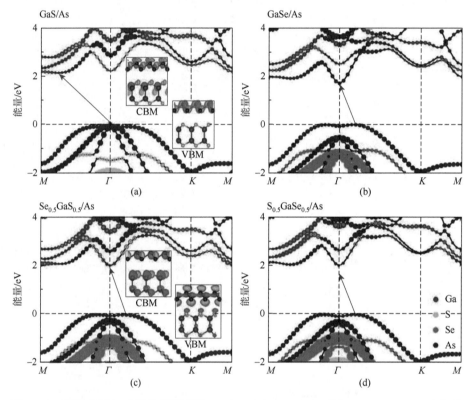

图 11-13　利用 HSE06 方法计算得到的 GaS/As（a）、GaSe/As（b）、$Se_{0.5}GaS_{0.5}$/As（c）和$S_{0.5}GaSe_{0.5}$/As（d）异质结的投影能带图[2]

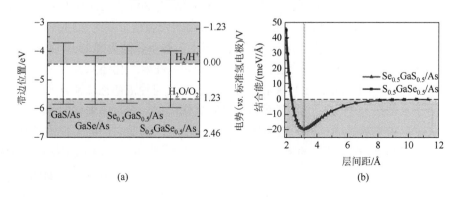

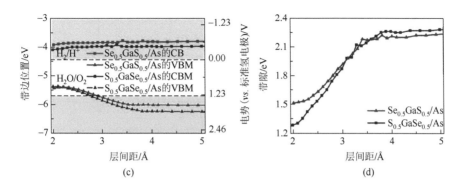

(c) (d)

图 11-14　（a）利用 HSE06 方法获得的 GaX/As 异质结构相对于真空能级的带边位置；不同层间距下 Se$_{0.5}$GaS$_{0.5}$/As 和 S$_{0.5}$GaSe$_{0.5}$/As 异质结的结合能变化（b）、带边位置（c）和 HSE06 带隙（d）[2]

　　与传统异质结构不同，范德瓦耳斯异质结构的界面性质，包括电子结构、带隙和电荷转移，可以通过改变层间距或施加外电场来有效地调整。在实验中，通过扫描隧道显微镜针尖或不同时间的真空热退火施加压力可以控制范德瓦耳斯异质结的层间距，表明通过调节界面距离来控制 GaX/As 异质结构的层间相互作用是可行的。图 11-14（b）为 Se$_{0.5}$GaS$_{0.5}$/As 和 S$_{0.5}$GaSe$_{0.5}$/As 异质结的结合能随层间距变化的曲线。当层间距由 2.3Å 变化到 5.0Å 时，这两种异质结的结合能都为负数，表示调节层间距并没有破坏层间结合。图 11-14（c）为 Se$_{0.5}$GaS$_{0.5}$/As 和 S$_{0.5}$GaSe$_{0.5}$/As 异质结的带边位置随层间距的变化曲线。从图中可以知道，在很宽的层间距范围内这两种异质结的带边位置都满足水的氧化还原电位。图 11-14（d）展示的是这两种范德瓦耳斯异质结的带隙随着层间距的变化曲线。随着层间距从 2.41Å 到 3.91Å，带隙首先在 1.52～2.19eV 之间线性增加，然后慢慢上升到一个临界值。更重要的是，随着层间距增加到 3.91Å，Se$_{0.5}$GaS$_{0.5}$/As 异质结由本征的间接带隙半导体转变为直接带隙半导体。这是因为随着层间距的增加，As 层在 Γ 点的 VBM 逐渐向费米能级向上移动，而由 Se$_{0.5}$GaS$_{0.5}$ 层贡献的 CBM 在 Γ 点保持不变，这就导致了 Se$_{0.5}$GaS$_{0.5}$/As 异质结由间接带隙转变为直接带隙。不同层间距下对应的 Se$_{0.5}$GaS$_{0.5}$/As 异质结的能带图如图 11-15 所示，在 S$_{0.5}$GaSe$_{0.5}$/As 范德瓦耳斯异质结中也表现出类似 Se$_{0.5}$GaS$_{0.5}$/As 的特征。可调谐的直接带隙有利于提高二维材料的光催化活性。然而对于 GaS/As 和 GaSe/As 异质结，改变层间距对其间接带隙性质没有显著影响。因此，可以认为 Se$_{0.5}$GaS$_{0.5}$/As 和 S$_{0.5}$GaSe$_{0.5}$/As 异质结的光催化性能会优于 GaS/As 和 GaSe/As 异质结。

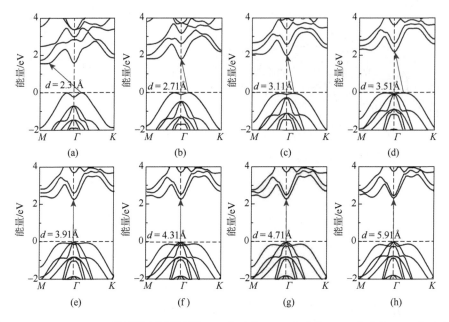

图 11-15　$Se_{0.5}GaS_{0.5}/As$ 异质结在层间距为 2.31Å（a）、2.71Å（b）、3.11Å（c）、3.51Å（d）、
　　　　　3.91Å（e）、4.31Å（f）、4.71Å（g）和 5.91Å（h）条件下的能带结构[2]

　　为了更好地理解由调整层间距引起的 GaX 和砷烯之间的电荷转移，使用式
$\Delta\rho=\rho_{GaX/As}-\rho_{GaX}-\rho_{As}$ 计算 GaX/As 异质结的差分电荷密度，其中 $\rho_{GaX/As}$、ρ_{GaX} 和 ρ_{As}
分别代表 GaX/As 异质结、GaX 和 As 单层的电荷密度。这里以 $Se_{0.5}GaS_{0.5}/As$ 范
德瓦耳斯异质结作为例子，图 11-16（a）和（b）分别展示了 $Se_{0.5}GaS_{0.5}/As$ 异质
结在不同层间距下面内平均电荷密度和沿着 z 轴方向的静电势。从图中可以知道，
由于单层 $Se_{0.5}GaS_{0.5}$ 比砷烯拥有更深的静电势，当层间距离由 4.71Å 减小到 2.31Å
时，从砷烯向 $Se_{0.5}GaS_{0.5}$ 层转移的电荷越来越多（层间距 d 为 4.71Å、4.31Å、3.91Å、

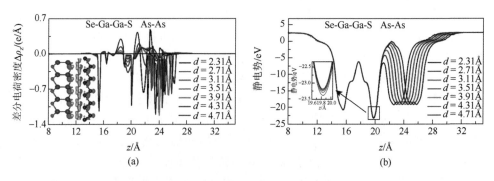

图 11-16　$Se_{0.5}GaS_{0.5}/As$ 异质结在不同层间距下的面内平均电荷密度（a）和沿着 z 轴方向的
　　　　　静电势（b）[2]

3.51Å、3.11Å、2.71Å 和 2.31Å 转移的电荷量分别为 0.005e、0.008e、0.010e、0.018e、0.027e、0.047e 和 0.080e），这也就导致了在异质结界面处的相互作用越来越强，从而使得异质结的带隙减小。电荷转移进一步降低了 $Se_{0.5}GaS_{0.5}$ 层的能级，如图 11-16（b）的插图所示，这就解释了为什么当层间距被人为增加时，砷烯的价带逐渐上移（图 11-15），这进一步促进了 $Se_{0.5}GaS_{0.5}$/As 异质结中直接带隙的形成。

通过计算弹性常数 C_{ij}，验证 GaX/As 异质结构的力学稳定性和柔韧性。对于二维六方晶胞，有四个独立的弹性常数，分别为 C_{11}、C_{22}、C_{12}、C_{44}，如表 11-4 所示。GaX/As 异质结构的弹性常数 C_{ij} 满足 Born 稳定性准则 C_{11}、C_{22}、$C_{44}>0$ 和 $C_{11}C_{22}>C_{12}^2$，表 11-4 中的计算结果证实了 GaX/As 异质结的力学稳定性。目前有几种方法被提出来生长垂直 GaX 基异质结构，包括分子束外延和化学气相沉积。由于层间弱范德瓦耳斯力，GaX/As 异质结构的弹性常数大于单个层。显然，GaX/As 异质结继承了单层 GaX 和砷烯的弹性各向同性特征（$C_{11} = C_{22}$，为六方对称）。根据弹性常数可以计算得到 GaS/As、GaSe/As、$Se_{0.5}GaS_{0.5}$/As 和 $S_{0.5}GaS_{0.5}$/As 异质结构的弹性模量分别为 123.9N/m、109.0N/m、116.4N/m 和 115.3N/m。与其他各向同性二维材料，如石墨烯（342.2N/m）、BN（275.8N/m）和 MoS_2（130N/m）单层相比，GaX/As 异质结构的弹性模量要小得多，这将有助于将半导体光催化剂固定在一个柔性支撑衬底上。

表 11-4　GaX/As 异质结及相应单层的弹性常数 C_{11}、C_{22}、C_{12}、C_{44} 和弹性模量 C_{2D}[2]

（单位：N/m）

体系	C_{11}	C_{22}	C_{12}	C_{44}	C_{2D}
As	52.6	52.6	9.4	21.5	50.9
GaS	81.0	80.8	19.4	30.8	76.2
GaSe	68.6	68.5	15.8	26.4	64.9
$GaS_{0.5}Se_{0.5}$	74.1	73.9	17.3	28.3	69.9
GaS/As	130.1	130.3	28.7	50.6	123.9
GaSe/As	114.9	114.8	25.9	44.3	109.0
$Se_{0.5}GaS_{0.5}$/As	122.8	122.4	27.3	47.7	116.4
$S_{0.5}GaSe_{0.5}$/As	121.2	121.1	26.5	46.9	115.3

高载流子迁移率和电子-空穴对的有效分离也是光催化分解水的重要标准，根据形变势理论，计算了 $Se_{0.5}GaS_{0.5}$/As 和 $S_{0.5}GaSe_{0.5}$/As 异质结的载流子迁移率，结果列于表 11-5 中。电子形变势常数的绝对值接近石墨烯（5.0eV）、单层二硫化钼（5.9eV）和黑磷（7.11eV）的典型值。而空穴则小于典型的形变势常数值。

$Se_{0.5}GaS_{0.5}/As$ 中沿着 y 方向的电子迁移率[$4865.8cm^2/(V·s)$]是沿着 x 方向上 [$2068.3cm^2/(V·s)$]的两倍，与黑磷的电子迁移率[$10^3 \sim 10^4 cm^2/(V·s)$]相媲美，远高于单层二硫化钼[约$400cm^2/(V·s)$]。而空穴沿着 x 方向的迁移率[$736.7cm^2/(V·s)$]是 y 方向[$346.3cm^2/(V·s)$]的两倍。$S_{0.5}GaSe_{0.5}/As$ 范德瓦耳斯异质结也表现出同样的特征。这说明在这两种异质结中，电子主要沿着 y 方向移动而空穴沿着 x 方向移动。因此，当使用 $Se_{0.5}GaS_{0.5}/As$ 和 $S_{0.5}GaSe_{0.5}/As$ 异质结作为水分解光催化剂时，光产生的电子和空穴会沿不同的输运方向迁移，有助于光生电子-空穴对的有效分离。

表 11-5　在 300K 时 $Se_{0.5}GaS_{0.5}/As$ 和 $S_{0.5}GaSe_{0.5}/As$ 异质结沿 z 形（x）和扶手椅（y）方向的电子和空穴的有效质量 m^*/m_0、形变势常数 E_i 和载流子迁移率 μ[2]

体系	载流子类型	m^*/m_0	E_i/eV	$\mu/[cm^2/(V·s)]$
	电子（x）	0.124	−7.23	2068.3
	空穴（x）	1.261	1.18	736.7
$Se_{0.5}GaS_{0.5}/As$	电子（y）	0.116	−5.03	4865.8
	空穴（y）	1.132	1.93	346.3
	电子（x）	0.110	−8.29	1972.8
	空穴（x）	1.087	1.02	1335.2
$S_{0.5}GaSe_{0.5}/As$	电子（y）	0.099	−8.48	2328.8
	空穴（y）	1.022	1.68	556.8

最后，探讨了 GaX/As 异质结构的光学响应。采用包含激子效应的 HSE06-TDHF 方法计算了介电函数的实部 ε_1 和虚部 ε_2，并与孤立的单层 GaX 和 As 进行了比较，如图 11-17 所示。在可见光照射下，GaX/As 异质结的吸收系数超过 $10^5 cm^{-1}$，这与用硅为衬底的薄膜 GaAs 太阳能电池的数值相当。此外，在可见光和紫外光区域，GaX/As 异质结比孤立的 GaX 单层表现出更强的光吸收。这是由于构成范德瓦耳斯异质结后带隙变小，光吸收边红移，进一步扩大了吸收边与太阳光谱的重叠。GaX/As 异质结的强光吸收和合适的带隙保证了它们能有效利用太阳能进行光催化水裂解。对于 GaS/As、GaSe/As、$Se_{0.5}GaS_{0.5}/As$ 和 $S_{0.5}GaSe_{0.5}/As$ 异质结，通过第一个吸附峰拟合得到的光学禁带分别为 1.54eV、1.51eV、1.56eV 和 1.63eV。根据 HSE06 带隙与 TDHF 光隙的差值推算，它们的激子结合能分别为 0.59eV、0.17eV、0.42eV 和 0.36eV。激子结合能在 0.17~0.59eV 范围内，与单层二硫化钼的（0.54eV）相当。激子的束缚能较小，使得激子更容易分裂为自由载流子。这些良好的性能使二维 $Se_{0.5}GaS_{0.5}/As$ 和 $S_{0.5}GaSe_{0.5}/As$ 异质结有望成为很有前景的水裂解制氢光催化剂。

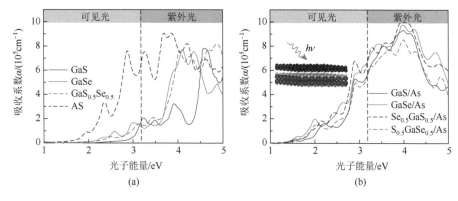

图 11-17　利用 TDHF 方法计算得到的 GaX 与 As 单层（a）和 GaX/As 异质结（b）的吸收光谱[2]

由于 $Se_{0.5}GaS_{0.5}/As$ 异质结具有非常复杂的二维晶体结构，因此仅利用III-VI单层制备和理解范德瓦耳斯异质结具有重要的意义[3]。利用III-VI单层 MX（M＝Ga、In，X＝S、Se 和 Te）构建出异质结种类有 15 种，这 15 种异质结最稳定堆垛方式的形成能和结合能，以及单层之间的晶格常数差如表 11-6 所示。MX 异质结的形成能均为负值或小于 1eV 的正值，表明这种异质结构的形成在能量上是有利的。并且异质结的结合能都在 $20meV/A^2$ 左右，因此这些 MX 异质结都属于范德瓦耳斯异质结。

表 11-6　MX 异质结最稳定堆垛方式的单层之间的晶格常数差Δa、形成能 E_f 和范德瓦耳斯结合能 E_b^{vdW} [3]

体系	E_f/meV	Δa/Å	E_b^{vdW}/(meV/Å^2)
InSe/GaTe	−263.57	0.062	19.46
InS/GaSe	−222.83	0.102	19.64
InSe/GaS	171.60	0.425	19.49
InS/GaTe	−175.52	0.201	19.80
InTe/GaS	761.28	0.712	20.81
InTe/GaSe	268.84	0.528	19.58
InSe/GaSe	−105.45	0.241	18.25
InS/GaS	−48.54	0.286	19.73
InTe/GaTe	−192.81	0.225	18.82
InS/InSe	−218.97	0.139	17.69
InS/InTe	53.24	0.426	19.87
InSe/InTe	−155.58	0.287	19.71
GaS/GaSe	−142.94	0.184	19.58
GaS/GaTe	316.89	0.487	19.44
GaSe/GaTe	399.62	0.303	19.34

为了进一步验证 MX 异质结构的稳定性,通过声子谱评估晶格动力学稳定性,以及利用从头算分子动力学模拟来评估热力学稳定性。以 GaSe/GaTe 异质结为例,因为该异质结在所有 MX 异质结中的形成能较高。GaSe/GaTe 异质结的声子色散曲线和分子动力学模拟的结果如图 11-18 所示。首先在声子谱中没有频率为负值的振动模式,说明 GaSe/GaTe 异质结的晶格在动力学上是稳定的。从分子动力学模拟结果来看,GaSe/GaTe 异质结总能量在一个很小的范围内波动,并且对比退火前后的结构可以清楚地看到,在模拟过程中异质结的结构并没有发生明显变化,说明 GaSe/GaTe 异质结在热力学上也是稳定的。

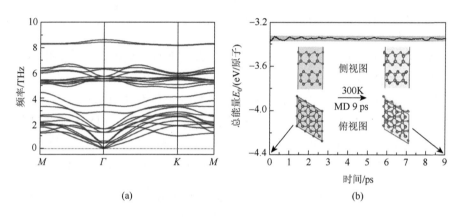

(a)   (b)

图 11-18　GaSe/GaTe 异质结的声子色散曲线(a)和 AIMD 模拟总能量及结构变化(b)[3]

利用 HSE06 方法计算这 15 种 MX 异质结的带边位置,发现其中有 10 种异质结属于 II 型异质结,如图 11-19(a)所示。其中 InS/GaSe、InSe/GaSe、InS/GaS 和 GaS/GaSe 异质结的带边位置都跨越了水的氧化还原电位,表明这些异质结是潜在的可见光水裂解光催化剂。InS/GaSe 和 GaS/GaSe 属于 II 型异质结,其中的光生电子倾向于通过范德瓦耳斯间隙从 GaSe 一侧移动到另一侧,光生空穴则倾向于向 GaSe 一侧移动。基于 HSE06 方法计算的 InS/GaSe 和 GaS/GaSe 异质结的投影能带如图 11-19(b)所示。可以看出,这两种异质结的 VBM 都位于 Γ 点与 K 点之间,由 GaSe 层贡献,而 CBM 位于 Γ 点,由范德瓦耳斯异质结的另一层材料贡献。进一步,基于 HSE06-TDHF 计算光吸收系数,研究 InS/GaSe 和 GaS/GaSe 异质结的光学性质,计算结果如图 11-19(c)所示。高的可见光吸收系数保证了 InS/GaSe 和 GaS/GaSe 异质结在太阳能吸收与利用方面的高效率,因此有望利用太阳能实现高效光催化水分解。另外,由于带隙减小,通过形成范德瓦耳斯异质结可以观察到第一个吸收峰的红移,这种现象有利于更有效地利用太阳辐射中可见光的能量。通过计算激子结合能可以更好地了解范德瓦耳斯异质结中的激子效

应。通过计算得到 InS/GaSe 和 GaS/GaSe 范德瓦耳斯异质结的激子结合能分别为
0.07eV 和 0.45eV。小的激子结合能可以促进激子分解成自由载流子，表明半导体
MX 异质结在太阳光照下具有良好的能量转换效率。

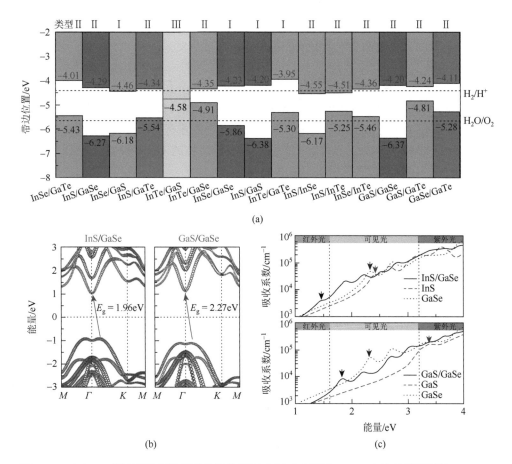

(a)

(b)

(c)

图 11-19　(a)MX 范德瓦耳斯异质结带边位置示意图；(b)利用 HSE06 方法计算得到的 InS/GaSe
和 GaS/GaSe 范德瓦耳斯异质结的能带结构；(c)利用 HSE06-TDHF 计算的 InS/GaSe 和 GaS/GaSe
范德瓦耳斯异质结的光吸收系数[3]

　　所有发生在光催化剂表面的水裂解反应第一步都是水分子在材料表面的吸附。
以 InS/GaSe 异质结为例，根据计算得到的水分子在 GaSe 和 InS 表面的最小吸附能
分别为–122.18meV 和–127.83meV。负值说明水分子吸附是放热过程。在解离吸附
的情况下，水分解产物之一，即 H₂ 分子，与吸附在 InS/GaSe 异质结 InS 表面的 S
原子上的 OH 基团一起被还原，从而形成表面吸附的羟基自由基。另外，作为其他
水分解产物的 O₂ 分子与吸附的氢离子一起在 InS/GaSe 异质结的 GaSe 表面被氧化。

在 InS 和 GaSe 表面相应的水分解反应是吸热过程，反应能量分别为 0.70eV［从 −0.14eV 到 0.56eV，如图 11-20（a）所示］和 0.84eV［从−0.08eV 到 0.76eV，如图 11-20（c）所示］。而异质结两侧的 H 和 OH 具有负吸附能，表明吸附过程在能量上是有利的。而且从图 11-20（b）中可以看出，在异质结的 InS 表面两个相互分离的 H 原子互相靠近时在能量上是有利的，拥有−1.15eV 的化学驱动力，这个值是通过将 InS 表面上吸附两个完全分离的氢原子的总能量定义为 0，计算 InS 表面上两个相邻 H 原子与两个孤立 H 原子之间的能量差得到的。两个 H 原子聚集后形成相应的 H_2 分子在能量上更有利，其化学驱动力为−2.29eV［图 11-20（b）中从−1.15eV 到−3.44eV］。并且 H_2 分子的吸附能仅有 0.01eV［图 11-20（b）中从−3.44eV 到 −3.43eV］，证明所生成的 H_2 气体的脱附也是一个能量有利的过程。因此，生成的 H_2 分子可以很容易地离开光催化剂的表面。在异质结的 GaSe 表面产生 O_2 分子的过程与产生 H_2 分子的情况相似，如图 11-20（d）所示。

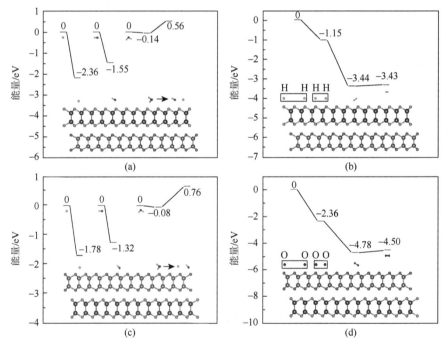

图 11-20　在 InS/GaSe 异质结 InS 表面上 H_2O 的解离（a）和 H_2 分子的生成过程（b）；在 InS/GaSe 异质结 GaSe 表面上 H_2O 的解离（c）和 O_2 分子的生成过程（d）[3]

　　总之，本节系统地研究了 GaX/As 及 MS/GaSe 异质结的光催化性能，并基于第一性原理计算揭示了它们作为光催化剂用于分解水以生产氢燃料的潜在应用。GaX/As 异质结的界面特性，包括电荷转移、带隙和带对齐，可以通过调整界面距离来有效调节。此外，$Se_{0.5}GaS_{0.5}$/As 和 $S_{0.5}GaSe_{0.5}$/As 异质结表现出很高且各向异性的载流子迁移率。这将有助于光生电子-空穴对的迁移和分离，从而促进水的氧化还原反应。MS/GaSe 异质结的稳定性及适合的带边位置也同样证明了其在光催化分解水领域的潜在运用。

11.5　范德瓦耳斯异质结锂离子电池阳极

11.5.1　黑磷/TiC₂ 范德瓦耳斯异质结锂离子电池柔性阳极

日益增长的对柔性、可折叠、便携和可穿戴的电子产品的需求，引发了科研工作者对柔性储能器件的研究热潮。作为主要的能源存储装置，锂离子电池具有能量密度大、工作电压高、理论比容量大、循环寿命长、成本低、环境友好等优点，被广泛应用于各类便携式电子产品。其中，电极材料的选择对于锂离子电池的轻薄和柔性化最为关键。目前商用锂离子电池阳极材料主要是石墨。但是，其理论比容量为 372mA·h/g，相对较低，已无法满足当今人类社会对便携式能源设备快速增长的需求，因此探索其他高性能的阳极材料具有实际意义。迄今为止，研究者研究发现了很多纳米结构电极，如碳纳米管、碳纳米纤维、过渡金属氧化物、导电高分子材料等。为了实现储能器件电极材料的高柔性和高能量密度，具有二维纳米层状结构，高比表面积，独特的电学、热学和力学性质的石墨烯和类石墨烯二维材料成为最佳选择，如单层黑磷（BP）、过渡金属碳化物/氮化物（MXene）和过渡金属二硫化物（TMD）。但是它们多数为半导体或者绝缘体，导电性较差，限制了在电学器件中的应用。将两种或两种以上晶格匹配且具有不同电子性质的二维材料堆叠到一起，形成范德瓦耳斯异质结，克服单一二维材料性能有缺陷的掣肘，是优化材料性能、实现高性能储能器件的理想方案。

最近，研究者提出了 MXene 之外的另一类新型二维过渡金属碳化物材料：TiC₂。它不仅具有良好动力学稳定性和热力学稳定性，而且具有优异的金属导电性、较高的锂储存容量，在储能器件上具有潜在的应用。然而，单层 TiC₂ 各向异性的力学性能导致了柔性方向性的局限，限制了其在全方位可折叠/压缩的柔性电子设备上的应用。单层 BP 也是一种具有各向异性力学性质的二维材料。值得一提的是，经过文献调研和计算工作，发现 BP 和 TiC₂ 具有相反的各向异性行为，呈现完全相反的延展性趋势。重要的是，它们都是正交晶格体系，而且具有良好晶格匹配，利于构建高质量的异质结。基于此，设计了一种具有全方位柔性的 BP/TiC₂ 范德瓦耳斯异质结，并且预测了其在锂/钠电池柔性电极中的应用[4]。

本节采用基于范德瓦耳斯修正（optB86）的密度泛函理论方法的第一性原理计算方法。所有计算通过 VASP 软件包来执行。PAW 方法被用来描述电子-离子相互作用。广义梯度近似的 PBE 泛函被用来描述电子交换和关联作用。分别将 $3d^34s^1$、$2s^22p^2$、$3s^23p^3$ 和 $2s^1$ 原子轨道作为 Ti、C、P 和 Li 元素的价电子考虑。为了避免周期性重复结构之间的相互作用，垂直二维材料平面的真空层高度设置为 20Å。结构弛豫和自洽静态计算的 K 点分别采用 7×5×1 和 15×11×1 网格。平面波函数截断能设置为 500eV。在结构弛豫过程中，能量收敛标准为每个单胞能量为 10^{-5}eV；力的收敛标准为 0.01eV/Å。通过 Bader 小程序对电荷分布和转移进行定量研究。

弹性常数是表征材料弹性的量，描述了晶格对施加应变 ε 的响应刚度。在应变非常小的情况下，应力 σ 与应变 ε 成正比（胡克定律）。弹性常数 C_{ij} 值是线性弹性范围内的应力 σ 和应变 ε 之间的线性关系中线性项的系数。对于二维材料，应力的大小在二维平面外等于零，因此二维材料的弹性系数矩阵（刚度矩阵）的维度将减小。对于二维正交体系，参考笛卡儿坐标系 O_{xy}，胡克定律可以表达为

$$
\begin{pmatrix} \sigma_x \\ \sigma_y \\ \sigma_z \\ \tau_{xy} \\ \tau_{yz} \\ \tau_{zx} \end{pmatrix} = \begin{pmatrix} C_{11} & C_{12} & C_{13} & C_{14} & C_{15} & C_{16} \\ C_{21} & C_{22} & C_{23} & C_{24} & C_{25} & C_{26} \\ C_{31} & C_{32} & C_{33} & C_{34} & C_{35} & C_{36} \\ C_{41} & C_{42} & C_{43} & C_{44} & C_{45} & C_{46} \\ C_{51} & C_{52} & C_{53} & C_{54} & C_{55} & C_{56} \\ C_{61} & C_{62} & C_{63} & C_{64} & C_{65} & C_{66} \end{pmatrix} \begin{pmatrix} \varepsilon_x \\ \varepsilon_y \\ \varepsilon_z \\ \gamma_{xy} \\ \gamma_{yz} \\ \gamma_{zx} \end{pmatrix} \Rightarrow
$$

$$
\begin{pmatrix} \sigma_x \\ \sigma_y \\ \tau_{xy} \end{pmatrix} = \begin{pmatrix} C_{11} & C_{12} & 0 \\ C_{21} & C_{22} & 0 \\ 0 & 0 & C_{44} \end{pmatrix} \times \begin{pmatrix} \varepsilon_x \\ \varepsilon_y \\ \gamma_{xy} \end{pmatrix} \Rightarrow \begin{pmatrix} \sigma_x \\ \sigma_y \\ \sigma_{xy} \end{pmatrix} = \begin{pmatrix} C_{11} & C_{12} & 0 \\ C_{21} & C_{22} & 0 \\ 0 & 0 & C_{44} \end{pmatrix} \times \begin{pmatrix} \varepsilon_x \\ \varepsilon_y \\ 2\varepsilon_{xy} \end{pmatrix} \quad (11\text{-}4)
$$

由于弹性系数矩阵的对称性，即 $C_{21} = C_{12}$，因此二维正交体系只有四个独立的弹性常数，即 C_{11}、C_{22}、C_{12} 和 C_{44}，可以表示为

$$
C_{ij} = \left[\frac{\partial \sigma(\varepsilon_j)}{\partial \varepsilon_i} \right]_{\varepsilon=0} = \begin{pmatrix} C_{11} & C_{12} & 0 \\ C_{12} & C_{22} & 0 \\ 0 & 0 & C_{44} \end{pmatrix} \quad (11\text{-}5)
$$

因此，弹性常数 C_{11} 和 C_{22} 分别描述了沿 x 和 y 方向施加单轴拉伸应变时二维晶体的响应刚度。C_{12} 意味着材料抵抗双轴拉伸应变的能力。C_{44} 表示面内剪切应变的变形阻力。

类似于二维六方结构的石墨烯[2]，定义 BP、TiC_2 单层和 BP/TiC_2 异质结的两个高对称方向为扶手椅（x）和锯齿形（y）方向。由于 BP 和 TiC_2 单层的弹性各向异性，因此其杨氏模量具有明显的方向依赖性[4]。基于获得的弹性常数，根据式（11-6）

和式（11-7）（C_{ij} 方法）计算了沿任意面内方向 θ（θ 表示相对于扶手椅方向的角度）的杨氏模量 $E(\theta)$ 和泊松比 $\nu(\theta)$：

$$E(\theta) = \frac{\Delta}{C_{11}s^4 + C_{22}c^4 + \left(\dfrac{\Delta}{C_{44}} - 2C_{12}\right)c^2 s^2} \tag{11-6}$$

$$\nu(\theta) = -\frac{\left(C_{11} + C_{22} - \dfrac{\Delta}{C_{44}}\right)c^2 s^2 - C_{12}(s^4 + c^4)}{C_{11}s^4 + C_{22}c^4 + \left(\dfrac{\Delta}{C_{44}} - 2C_{12}\right)c^2 s^2} \tag{11-7}$$

其中，$\Delta = C_{11}C_{22} - C_{12}^2$；$c = \cos\theta$；$s = \sin\theta$。此外，弹性应变范围内，沿 x 和 y 方向的杨氏模量可以通过参考文献中描述的另一种方法计算，即初始小范围内（$\varepsilon < 4\%$）的单轴应力-应变曲线的斜率。因此，通过在 x 和 y 方向施加单轴拉伸应变（应力-应变），泊松比也可以根据式（11-8）计算得到：

$$\nu = -\frac{\mathrm{d}\varepsilon_{\text{transverse}}}{\mathrm{d}\varepsilon_{\text{uniaxial}}} \tag{11-8}$$

即泊松比的定义是，在材料的比例极限内，由均匀分布的纵向应力所引起的横向应变与相应的纵向应变之比的绝对值。其中，$\varepsilon_{\text{uniaxial}}$ 是沿着 x（或 y）方向施加的单轴应变；$\varepsilon_{\text{transverse}}$ 是对应 y（或 x）方向发生的应变。

Li 吸附到 BP/TiC$_2$ 异质结中的理论比容量可根据式（11-9）推导得到：

$$C = \frac{nF}{M_{\text{BP/TiC}_2} + nM_{\text{Li}}} \tag{11-9}$$

其中，n 是 Li 吸附原子的个数；F 是法拉第常数（96485C/mol）；$M_{\text{BP/TiC}_2}$、M_{Li} 分别是 BP/TiC$_2$ 异质结和 Li 吸附原子的摩尔质量。基于式（11-10）推导得到开路电压 V：

$$V = -(E_{\text{BP/TiC}_2 + \text{Li}_n} - E_{\text{BP/TiC}_2} - n\mu_{\text{Li}})/n \tag{11-10}$$

其中，$E_{\text{BP/TiC}_2 + \text{Li}_n}$ 是 n 个 Li 原子嵌入异质结的总能量；$E_{\text{BP/TiC}_2}$ 是原始 BP/TiC$_2$ 异质结的总能量；μ_{Li} 是体心立方（bcc）金属 Li 的化学势。本节进一步根据式（11-11）计算了 Li 嵌入的吸附能：

$$E_{\text{ad}} = (E_{\text{BP/TiC}_2 + \text{Li}_n} - E_{\text{BP/TiC}_2} - nE_{\text{Li}})/n \tag{11-11}$$

其中，E_{Li} 是孤立 Li 原子的能量。在这种情况下，较高的 E_{ad} 值意味着 Li 原子与相邻层的更强的结合。根据 Hess's 定律，吸附形成能定义为式（11-12），即开路电压的相反数：

$$E_{\text{f}} = (E_{\text{BP/TiC}_2 + \text{Li}_n} - E_{\text{BP/TiC}_2} - n\mu_{\text{Li}})/n \tag{11-12}$$

吸附形成能可以分为三个部分，如式（11-13）所示：

$$E_f = E_d + E_s + E_{-b} \qquad (11\text{-}13)$$

其中，E_d 是雾化能量，对应于当 Li 金属蒸发形成分立的 Li 原子时的能量损失；E_s 是 Li 嵌入 BP/TiC$_2$ 异质结晶格变形导致的能量损失；E_b 是 Li 原子嵌入到应变 BP/TiC$_2$ 异质结中体系能量的改变，其中 $E_{-b} = -E_b$。

在研究 BP/TiC$_2$ 异质结之前，首先优化二维单层材料的晶格结构，优化后的 BP 的晶格常数 a 和 b 分别为 4.505Å 和 3.305Å，TiC$_2$ 的晶格常数 a 和 b 分别为 4.926Å 和 3.574Å，与之前的文献报道一致。BP 和 TiC$_2$ 构成范德瓦耳斯异质结时会有多种堆垛方式，四种不同构型的 BP/TiC$_2$ 异质结如图 11-21 所示。对这四种不同构型的 BP/TiC$_2$ 异质结充分优化后进行总能计算，最稳定的结构是图 11-21（a）的构型，因为这种构型拥有最低的总能。通过形成能公式［式（11-1）］和结合能公式［式(11-2)］计算得到 BP/TiC$_2$ 异质结的形成能和结合能分别为 -169.75meV/Å^2 和 10.32meV/Å^2。因此，BP/TiC$_2$ 异质结的形成是一个放热过程，这意味着 BP/TiC$_2$ 异质结的合成在能量上是可行的，且层与层之间是通过范德瓦耳斯力结合在一起。

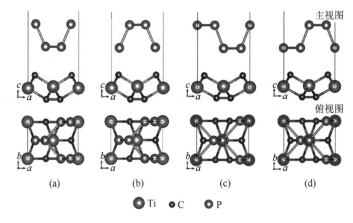

图 11-21　四种不同堆垛构型 BP/TiC$_2$ 异质结的主视图和俯视图[4]

接下来通过比较 BP 和 TiC$_2$ 单层和 BP/TiC$_2$ 异质结的能带结构来探究范德瓦耳斯层间相互作用的影响。图 11-22（a）为矩形单元标有高对称点的第一布里渊区。图 11-22（b）为单层 BP 的能带投影图，从图中可以知道，BP 是直接带隙半导体，导带底和价带顶均位于 $\varGamma$ 点，其带隙值为 0.80eV，与文献报道的 PBE（0.92eV）和 optB88（0.76eV）结果吻合。TiC$_2$ 的能带投影图如图 11-22（c）所示，TiC$_2$ 的能带跨越了费米能级，呈现出金属性质。图 11-22（d）为 BP/TiC$_2$ 异质结的能带投影图，可以看出，TiC$_2$ 费米能级周围的能带都传递到了 BP/TiC$_2$ 异质结中，并且在异质结中的 BP 层和 TiC$_2$ 层电子态之间的相互作用是可以区分的。范德瓦耳斯异质结的形成使 TiC$_2$ 层贡献的能带结构在 X 点到 S 点和 Y 点到 S 点的双简并态发生分裂。这就导致只有位于 X 点和 Y 点的双简并态在整个第一布里渊区边缘得到保护。此外，BP 层贡献的能带结构在位于 Γ 点与 X 点之间约在 $-0.7\mathrm{eV}$ 处的 P 3p 电子与由 TiC_2 层贡献的能带结构在约 $-0.4\mathrm{eV}$ 处 X 点的双简并的 Ti 3d 电子相互排斥。范德瓦耳斯异质结的形成使 P 3p 电子的能量降低到 $-1.0\mathrm{eV}$ 以下，使 Ti 3d 电子的双重简并能量增加到费米能级以上。在 BP/TiC_2 异质结中，TiC_2 的大部分电子性质得以保留，为 BP/TiC_2 范德瓦耳斯异质结提供了高电导率的内在优势。

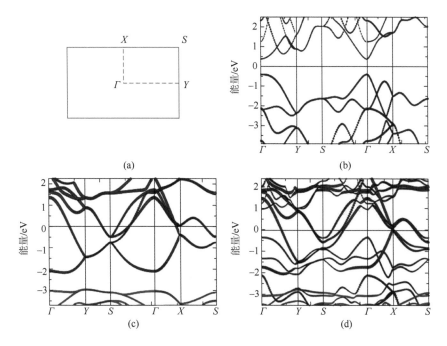

图 11-22 （a）正交相第一布里渊区高对称点示意图；利用 optB86b 方法计算得到的单层 BP（b）、TiC_2（c）及 BP/TiC_2 异质结（d）的能带结构[4]

为了更好地理解 BP/TiC_2 异质结的成键机制，计算了 BP/TiC_2 异质结沿着 z 方向的面内差分电荷密度，如图 11-23 所示。黄色和青色区域分别代表形成异质结后导致的电荷积累（$\Delta\rho_z>0$）和电荷损耗（$\Delta\rho_z<0$）。显然，由于层间耦合效应，在异质结的范德瓦耳斯间隙中发生了显著的电荷再分配。此外，电子通过范德瓦耳斯间隙从 BP 侧转移到 TiC_2 侧，而空穴则留在 BP 侧。通过 Bader 电荷分析定量估计了 BP/TiC_2 异质结中的电荷分布和转移情况，发现每个 BP/TiC_2 异质结单胞中有 0.056 个电子从 BP 层转移到 TiC_2 层。此外，由于净电荷的积累，在范德瓦耳斯间隙处形成了一个内建电场，这种电荷积累有利于电子与空穴的分离。

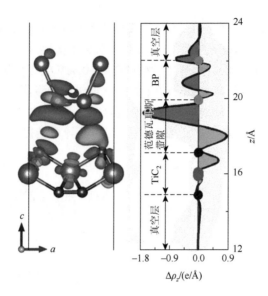

图 11-23　BP/TiC$_2$ 异质结在垂直于范德瓦耳斯间隙的 z 方向上的面内差分电荷密度 $\Delta\rho_z$[4]

接下来采用应力-应变法计算 BP/TiC$_2$ 异质结的弹性常数，并且探讨其力学稳定性和双轴/全向拉伸性能。对于二维矩形晶体结构，有四个独立的弹性常数 C_{11}、C_{22}、C_{12}、C_{44}。BP/TiC$_2$ 异质结的弹性常数见表 11-7。从表中可以知道，BP、TiC$_2$ 单层和 BP/TiC$_2$ 异质结的弹性常数都满足 Born 的力学稳定性准则，即 C_{11}、C_{22}、$C_{44}>0$ 和 $C_{11}C_{22}-C_{12}^2>0$，这意味着 BP、TiC$_2$ 单层和 BP/TiC$_2$ 异质结具有良好的力学稳定性。而根据弹性常数 C_{11}、C_{22}，BP 和 TiC$_2$ 之间不同趋势的各向异性行为是很显著的。单层 BP 的弹性常数 C_{22}（105.7N/m）明显大于 C_{11}（27.7N/m），表明 BP 在锯齿形（y）方向上的应变强度远大于扶手椅形（x）方向。与此同时，TiC$_2$ 单层则呈现相反的趋势，其 C_{11} 和 C_{22} 的值分别为 120.1N/m 和 66.8N/m，TiC$_2$ 的力学柔性主要是沿着锯齿形（y）方向。有趣的是，形成的范德瓦耳斯异质结综合了 BP 和 TiC$_2$ 单层体系相反的各向异性力学性质，BP/TiC$_2$ 异质结的弹性常数 C_{11}（142.5N/m）和 C_{22}（146.7N/m）非常接近，趋向于弹性各向同性。这表明 BP/TiC$_2$ 异质结在扶手椅形(x)和锯齿形(y)方向上的可压缩性和可拉伸性非常相似。BP/TiC$_2$ 异质结的面内弹性常数大于相应的单层体系。换句话讲，在相同的作用力下，孤立的 BP 和 TiC$_2$ 单层将比 BP/TiC$_2$ 范德瓦耳斯异质结应变更大，从而导致范德瓦耳斯异质结材料之间在变形过程中发生相对滑移。由于应变经常发生在柔性衬底中，对于小的变形，具有较大弹性常数或弹性模量（BP/TiC$_2$ 异质结）的材料可以直接作为支架材料或衬底材料，因此，层间范德瓦耳斯相互作用可以引入一种驱动力，使弹性刚度值较小的材料（即 BP 和 TiC$_2$ 单层）变形。此外，二维 BP（$C_{11}<C_{22}$）和 TiC$_2$（$C_{11}>C_{22}$）单层的弹性常数呈现相反的趋势，诱导了 BP/TiC$_2$ 异质结的双轴拉伸性。因此，BP 和 TiC_2 单层之间相反的各向异性和范德瓦耳斯相互作用的协同作用导致 BP/TiC_2 异质结在扶手椅形（x）和锯齿形（y）方向上的弹性常数都有所增加。这也就导致在形成 BP/TiC_2 异质结后，材料的杨氏模量和刚度都有所增大。

表 11-7　BP 和 TiC_2 单层及 BP/TiC_2 异质结的弹性常数 C_{11}、C_{22}、C_{12} 和 C_{44}[4]

（单位：N/m）

体系	C_{11}	C_{22}	C_{12}	C_{44}
BP	27.7	105.7	21.8	27.5
TiC_2	120.1	66.8	20.7	23.9
BP/TiC_2	142.5	146.7	29.0	40.1

为了再次验证 BP/TiC_2 异质结力学性质的各向同性，利用两种计算方法计算了 BP/TiC_2 异质结及 BP 和 TiC_2 单层的杨氏模量和泊松比，第一种方法记为 C_{ij} 方法，即基于已获得的弹性常数 C_{ij}，根据式（11-6）和式（11-7）计算沿任意方向的杨氏模量和泊松比。通过 C_{ij} 方法计算的 BP/TiC_2 异质结及 BP 和 TiC_2 单层的杨氏模量和泊松比的极坐标图分别如图 11-24（a）和（b）所示。杨氏模量是物体弹性变形难易程度的表征。泊松比是材料的基本力学性能之一，描述了材料在拉伸作用下发生的物理变化。大多数材料会在拉伸作用下变薄，在压缩作用下变厚，此类自然现象通过正泊松比来表示。值得一提的是，如图 11-24（b）所示，单层 BP 大约在 45°处获得了负泊松比，与理论和实验结果非常吻合。第二种方法为应力-应变法，沿着扶手椅形（x）和锯齿形（y）方向的杨氏模量也可以通过计算弹性范围内（$\varepsilon < 4\%$）单轴应力-应变曲线的斜率来评估。基于应力-应变法，沿扶手椅形（x）和锯齿形（y）方向对材料施加单轴拉伸应变，可以根据式（11-7）推导得到泊松比。利用这两种方法计算得到的 BP/TiC_2 异质结及其相应单层的杨氏模量和泊松比总结在表 11-8 中。C_{ij} 方法和张力法计算的结果相互吻合，并且和以前的研究结果也是吻合的。对于 BP 单层，沿锯齿形（y）方向上的杨氏模量和泊松比大约是扶手椅形（x）方向上的 3~4 倍，说明了 BP 在扶手椅形（x）方向上的柔性和在锯齿形（y）方向上的刚性。对于 TiC_2 单层，利用 C_{ij} 方法计算得到沿扶手椅形（x）和锯齿形（y）方向的杨氏模量分别为 $E_x = 113.7$N/m 和 $E_y = 63.2$N/m。TiC_2 在扶手椅形（x）方向上的杨氏模量比锯齿形（y）方向上的杨氏模量大 1 倍左右，说明 TiC_2 具有弹性各向异性。由于 BP 和 TiC_2 单层的弹性各向异性是相反的，因此所构成的 BP/TiC_2 范德瓦耳斯异质结具有弹性各向同性是可以预期的。根据 C_{ij} 方法，计算得到 BP/TiC_2 范德瓦耳斯异质结沿扶手椅形（x）和锯齿形（y）方向的杨氏模量分别为 $E_x = 136.7$N/m、$E_y = 140.8$N/m。因此，BP 和 TiC_2 单分子层之间相反的各向异性行为的良好耦合促进了 BP/TiC_2 异质结的双

轴（全向拉伸）性能，这与之前对弹性常数的分析一致。根据图 11-24 的力学分析，在二维体系中，异质结的形成驱动了弹性各向异性向各向同性的转变。与石墨烯（342.2N/m）和 BN（275.8N/m）等其他各向同性二维材料相比，BP/TiC_2 异质结具有更小的杨氏模量、更好的柔韧性。值得一提的是，具有全向柔性的 BP/TiC_2 异质结表明其作为一种柔性、轻量和高效的电池设备电极的应用前景，优于独立 BP 和 TiC_2 单层。

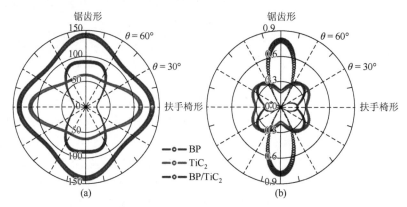

图 11-24 BP 和 TiC_2 单层及 BP/TiC_2 异质结的杨氏模量 $E(\theta)$（a）和泊松比 $\nu(\theta)$（b）[4]

表 11-8 计算得到的 BP 和 TiC_2 单层及 BP/TiC_2 异质结沿着扶手椅形（x）和锯齿形（y）方向的杨氏模量 E 和泊松比 ν [4]

体系	方法	$E_x/(N/m)$	$E_y/(N/m)$	ν_x	ν_y
BP	C_{ij}法	23.2	88.5	0.21	0.78
	张力法	23.4	74.7	0.18	0.68
TiC_2	C_{ij}法	113.7	63.2	0.31	0.17
	张力法	115.9	59.2	0.46	0.20
BP/TiC_2	C_{ij}法	136.7	140.8	0.19	0.20
	张力法	142.0	139.8	0.18	0.21

进一步研究 BP/TiC_2 异质结的 Li 吸附行为，以评估 BP/TiC_2 异质结能否应用为锂离子电池的柔性电极。已有文献的研究表明，当一个 Li 原子吸附在 2×2×1 超胞的 TiC_2 单层（$TiC_2/Li_{0.25}$）时，Li 原子优先占据 C═C 二聚体的上方空位点（图 11-25 中的 H_{t2}）。同时，在 2×2×1 的 BP 超晶格（$BP/Li_{0.25}$），Li 原子也倾向于占据 BP 的上方空位（图 11-25 中的 H_{p1}）。对于 BP/TiC_2 异质结，也采用 2×2×1 的超晶格来确定 Li 原子在 BP/TiC_2 异质结表面或层间优选的吸附位点。其中，一个 2×2×1 超胞拥有五个典型的吸附位置，分别为 H_{t1}、H_{t2}、H_{i1}、H_{i2}

和 H_{p1}，如图 11-25 所示。H_t 位点为 Ti 原子外表面的 Li 吸附原子，化学计量比为 BP/TiC$_2$/Li$_{0.25}$，其中 H_{t1} 提供 Li 吸附在 Ti 原子中空位点上，H_{t2} 表明 Li 原子占据了 C=C 二聚体的中空位置。H_i 位点是 Li 原子以 BP/Li$_{0.25}$/TiC$_2$ 的化学计量比嵌在范德瓦耳斯间隙中，H_{i1} 和 H_{i2} 表明 Li 原子分别嵌在 BP/TiC$_2$ 异质结层间范德瓦耳斯间隙中 Ti 原子的空心位和 C=C 二聚体的空心位。H_p 位点与吸附在 BP 外表面的 Li 原子对应，化学计量比为 Li$_{0.25}$/BP/TiC$_2$，H_{p1} 表示 Li 原子吸附在中空位点和 P—P 键上方。对不同吸附位置的锂化异质结构模型进行了充分的几何优化，未观察到明显的结构变化。一个 Li 吸附在 BP/TiC$_2$ 异质结的吸附能及吸附形成能如表 11-9 所示。吸附能及吸附形成能都是负值表明对应 Li 吸附过程是放热反应，在热力学上是可行的，也表明 BP/TiC$_2$ 异质结可以用作锂离子电池阳极。此外，Li 在异质结上的吸附能和吸附形成能都比在单层材料上的更负，这可能是协同效应导致的。Li 原子与 BP/TiC$_2$ 异质结之间的强吸附作用阻止了金属 Li 的形成，从而提高了锂离子电池的安全性和可逆性。

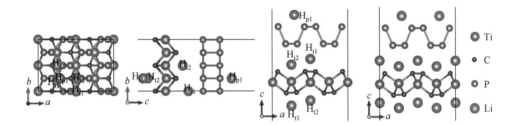

图 11-25　BP/TiC$_2$ 异质结中 Li 吸附示意图[4]

表 11-9　在 $2\times2\times1$ 超胞上吸附一个锂离子的 BP、TiC$_2$ 和 BP/TiC$_2$ 的吸附能 E_{ad}、开路电压 OCV、形成能 E_f、应变损失能 E_s、反向结合能 E_{-b}[4]

体系	位点	E_{ad}/(eV)	OCV/V	E_f/(eV)	E_s/(eV)	E_{-b}/(eV)
BP/Li$_{0.25}$	H_{p1}	−2.054	0.421	−0.421	0.152	−2.207
TiC$_2$/Li$_{0.25}$	H_{t1}	−2.754	1.120	−1.120	0.184	−2.939
	H_{t2}	−2.790	1.156	−1.156	0.158	−2.948
BP/TiC$_2$/Li$_{0.25}$	H_{t1}	−3.011	1.274	−1.274	0.102	−3.010
	H_{t2}	−3.029	1.292	−1.292	0.124	−3.051
BP/Li$_{0.25}$/TiC$_2$	H_{i1}	−3.187	1.451	−1.451	0.194	−3.279
	H_{i2}	−3.171	1.435	−1.435	0.254	−3.322
Li$_{0.25}$/BP/TiC$_2$	H_{p1}	−2.169	0.432	−0.432	0.094	−2.160
Li$_2$/BP/Li$_2$/TiC$_2$/Li$_2$	H	−2.354	0.717	−0.717	0.353	−2.704

为了了解 BP/TiC$_2$ 异质结的形成对 Li 在电极中扩散过程的影响，分析了一个 Li 原子在 BP/TiC$_2$ 异质结表面的扩散势垒。由于 Li 原子优先占据 H$_{p1}$ 和 H$_{t2}$ 位置，计算模拟了 Li 原子在两个相邻的 H$_{p1}$ 和 H$_{t2}$ 位置之间的扩散。图 11-26（a）为单层 BP 表面 Li 原子沿最有利路径的扩散势垒。计算得到的势垒值为 0.12eV，与先前的理论结果非常吻合。图 11-26（b）显示了单层 TiC$_2$ 表面 Li 原子最有利的能量路径，扩散势垒为 0.18eV。一个 Li 原子在 BP/TiC$_2$ 异质结表面的扩散势垒计算结果如图 11-26（c）所示。与 BP 和 TiC$_2$ 单层相比，BP/TiC$_2$ 异质结表面上拥有更强的 Li 键，这就导致在异质结 BP 表面（0.14eV）和 TiC$_2$ 表面（0.21eV）的一个 Li 原子的扩散势垒比构成单层的更高。与石墨烯（0.277eV）和硅烯（0.23eV）的情况相比，扩散势垒表明 BP/TiC$_2$ 异质结上的 Li 解吸和脱析过程在能量上是有利的。Li 键越强，Li 扩散势垒越高。BP/TiC$_2$ 异质结的脱附和脱析性能表明，由这种材料组成的阳极是可靠的。

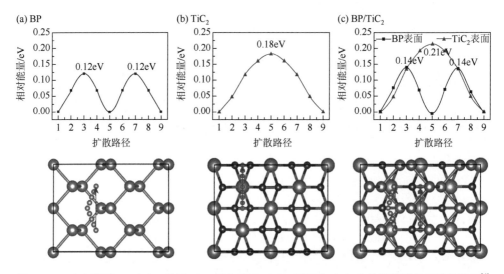

图 11-26　Li 在单层 BP（a）、单层 TiC$_2$（b）和 BP/TiC$_2$ 异质结（c）上的迁移路径和扩散势垒[4]

理论开路电压（open circuit voltage，OCV）也列在表 11-9 中，它对应于 Li 吸附形成能的倒数。BP/TiC$_2$ 异质结的最大 OCV 为 1.451V，明显高于原始 BP（0.421V）和 TiC$_2$（1.156V）单层。此外，对于 BP/TiC$_2$ 异质结中的一个 Li 吸附原子，最有利的吸附位是 H$_{i1}$ 位，Li 原子位于范德瓦耳斯间隙内。在 Li 吸附过程中，虽然所需要消耗的能量较大（E_s 比在 H$_p$ 和 H$_t$ 位置的 E_s 大），但是 Li 原子插入范德瓦耳斯间隙会导致更强的 Li 键合，具有更低的 E_b。因此，第一个 Li 原子最可能插入范德瓦耳斯间隙而不是 BP 或 TiC$_2$ 层的外表面。吸附能和吸附生成能随着 Li 原子数量的增加而逐渐减小。在一个 2×2×1 的 BP/TiC$_2$ 异质结超胞中可以容纳

24 个 Li 原子且不产生任何结构畸变，其化学计量比为 $Li_2/BP/Li_2/TiC_2/Li_2$。计算得到的 Li 吸附能为 $-2.354eV$/原子，对应的 OCV 为 0.717V。BP/TiC_2 异质结提供了高达 754.327mA·h/g 的锂存储容量（表 11-10），远远高于石墨（372mA·h/g）和磷（432.79mA·h/g，$Li_{0.5}P$）。BP/TiC_2 异质结具有灵活和优异的 Li 吸附性能，是一种潜在的高性能的锂离子电池电极材料。

表 11-10　在 $2 \times 2 \times 1$ 超胞上吸附一个锂离子的 BP、TiC_2 和 BP/TiC_2 的理论质量容量和电荷转移（ΔQ_{Li}、ΔQ_T 和 ΔQ_P）[4]

体系	位点	容量/(mA·h/g)	$\Delta Q_{Li}/e$	$\Delta Q_T/e$	$\Delta Q_P/e$
BP/$Li_{0.25}$	H_{p1}	53.333	+0.992	—	−0.992
	H_{p1} 文献	—	—	—	—
TiC_2/$Li_{0.25}$	H_{t1}	46.046	+0.992	−0.992	—
	H_{t2}	46.046	+0.995	−0.995	—
BP/TiC_2/$Li_{0.25}$	H_{t1}	38.668	+0.992	−1.183	+0.191
	H_{t2}	38.668	+0.994	−1.206	+0.211
BP/$Li_{0.25}$/TiC_2	H_{i1}	38.668	+1.000	−0.887	−0.113
	H_{i2}	38.668	+1.000	−0.887	−0.113
$Li_{0.25}$/BP/TiC_2	H_{p1}	38.668	+1.000	−0.456	−0.543
Li_2/BP/Li_2/TiC_2/Li_2	H	754.327	+5.974	−3.187	−2.787

为了明确吸附的 Li 与 BP/TiC_2 异质结之间的结合强度，使用 Bader 电荷分析对电荷转移进行了定量估算，结果汇总在表 11-9 和表 11-10 中。当一个 Li 原子吸附在 TiC_2 表面（BP/TiC_2/$Li_{0.25}$，H_{t2} 位）时，Li 所带的电荷量为 +0.994e，BP 和 TiC_2 所带的电荷量分别为 +0.211e 和 −1.206e。电荷分析表明，Li 原子的电荷主要向相邻的 TiC_2 层转移。当一个 Li 原子吸附在 BP 侧外表面（$Li_{0.25}$/BP/TiC_2，H_{p1} 位点）时，Li 的电荷主要转移到相邻的 BP 层。BP 和 TiC_2 所带的电荷量分别为 −0.543e 和 −0.456e。该现象表明，Li 吸附不仅导致了 Li 电离，而且激发了电荷从 BP 部分向 TiC_2 部分转移。增强的电荷转移降低了系统的总能量，并提高了 Li 与范德瓦耳斯异质结之间的结合强度，这解释了与 BP/$Li_{0.25}$ 相比，$Li_{0.25}$/BP/TiC_2 的结合能 E_b 更低。此外，由于 Li 原子嵌入了范德瓦耳斯间隙（BP/$Li_{0.25}$/TiC_2，H_{i1} 位），电荷优先从 Li 转移到 TiC_2 上（−0.887e），而不是转移到 BP 上（−0.113e）。总之，所有的 Li 吸附构型都清楚地显示了电荷从 Li 向 BP/TiC_2 异质结转移，有力地支持了 Li 与 BP/TiC_2 异质结之间的强离子相互作用。在锂化 BP/石墨烯异质结中也发现了类似的离子相互作用。

为了可视化 Li 与 BP/TiC_2 异质结之间的强离子相互作用，计算了锂化

BP/TiC$_2$/Li$_{0.25}$（H$_{t2}$ 位点）、BP/Li$_{0.25}$/TiC$_2$（H$_{i1}$ 位点）和 Li$_{0.25}$/BP/TiC$_2$（H$_{p1}$ 位点）
体系的差分电荷密度，如图 11-27 所示。在所有情况下，Li 原子周围都出现了电
荷的净损失，表明嵌入的 Li 原子具有很强的离子键性质。随着 Li 原子被吸附在
TiC$_2$ 层的外表面 [BP/TiC$_2$/Li$_{0.25}$，图 11-27（a）]，大部分 Li 电荷转移到相邻的 TiC$_2$
层。然而，当 Li 原子被吸附在范德瓦耳斯间隙 [BP/Li$_{0.25}$/TiC$_2$，图 11-27（b）]
时，从 Li 到 BP 和 TiC$_2$ 层的电荷转移是不相等的。对于嵌入在 BP 部分外表面的
Li 原子 [Li$_{0.25}$/BP/TiC$_2$，图 11-27（c）]，锂化过程除了促进 Li 向 BP 层的电荷转
移外，还促进了 BP 层向 TiC$_2$ 层的电荷转移。这些发现与上述 Bader 电荷分析不
一致，进一步验证了 Li 与 BP/TiC$_2$ 范德瓦耳斯异质结之间的强离子相互作用。

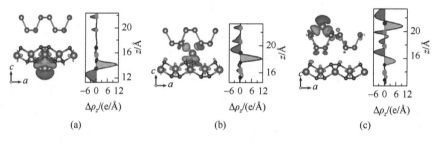

图 11-27　Li 吸附在 TiC$_2$ 外表面（a），插入范德瓦耳斯间隙（b），吸附在 BP 外表面（c）的
差分电荷密度[4]

11.5.2　蓝磷/MS$_2$（M = Nb、Ta）异质结锂离子电池柔性阳极

作为典型的具有金属导电性质的层状过渡金属二硫化物，二硫化铌（NbS$_2$），
有望克服半导体特性的 MoS$_2$ 阳极材料的缺陷。目前，在室温条件下，已成功合
成了一系列的嵌锂化合物 Li$_x$NbS$_2$。在锂金属嵌入和脱出的过程中，NbS$_2$ 仍保持
初始的晶体结构。相比基于 MoS$_2$ 的嵌锂阳极材料，嵌锂化合物 Li$_x$NbS$_2$ 作为阳极
材料提高了锂离子电池循环寿命和充放电性能。尽管已有大量工作集中研究了基
于石墨烯、BN、MoS$_2$ 异质结作为锂离子电池阳极材料的存储性能，但仍然有许
多其他还未被探索和开发的有潜力的电极材料，它们可能具有良好的力学柔性、
导电性、高存储容量和优异的结构稳定性，如基于 NbS$_2$ 和 TaS$_2$ 的范德瓦耳斯异
质结。最近，在实验发现二维黑磷不久，有研究者在理论上提出了另一种只有两
个原子厚度的磷的同素异形体，即蓝磷（BlueP）。蓝磷同正交结构的黑磷一样具
有良好的结构稳定性，因而被广泛研究。目前，以黑磷为前驱体，采用分子束外
延已成功在 Au(111) 表面生长制备出六方结构的单层蓝磷。单层蓝磷与 2H-MS$_2$
（M = Nb、Ta）都是六方晶系结构，空间群均为 P63/mmc，它们之间具有很好的
晶格匹配性，适合构造结构稳定的异质结。因此，本节采用基于密度泛函理论的第

一性原理计算方法，系统研究了 BlueP/MS$_2$ 异质结的晶体结构、电子结构、力学和锂吸附性质。单层蓝磷与 MS$_2$（M = Nb、Ta）构成的多孔的骨架结构，与纯的单层 MS$_2$（M = Nb、Ta）相比，其比表面积进一步增大，为锂的传输和扩散提供了更多的通道。此外，单层蓝磷与 NbS$_2$、TaS$_2$ 紧密结合并发生协同作用，能够缓解来自锂插层及提取过程中产生的应力和粒子体积膨胀、收缩过程中产生的应变，因而表现出良好的储锂性能及稳定的循环性能，可以用于未来高性能的锂离子电池的电极材料[5]。

利用 optB86b 方法优化二维单层材料，优化后的单层 BlueP、NbS$_2$ 和 TaS$_2$ 的晶格常数分别为 3.268Å、3.334Å 和 3.320Å，与已有文献一致。而且单层 BlueP 与 NbS$_2$ 或 TaS$_2$ 之间的晶格失配仅为 2.02%或 1.59%，表明可以构造合适的 BlueP/NbS$_2$、BlueP/TaS$_2$ 异质结。BlueP/MS$_2$（M = Nb、Ta）异质结主要有六种不同的堆垛结构。对各堆垛构型的 BlueP/MS$_2$ 异质结进行结构优化后，得到的不同堆垛构型之间的能量差、晶格参数、层间距及原子间键长均列在表 11-11 中。不同结构之间能量差 ΔE_i 定义为 $\Delta E_i = E_i - E_0$，其中，E_0 代表最稳定结构的总能，而 E_i 则代表其他各结构的总能。从表 11-11 可知，经结构弛豫后，BlueP/NbS$_2$、BlueP/TaS$_2$ 异质结的晶格常数都经历了不同程度的缩放。在 BlueP/MS$_2$ 异质结中，所有构型的 M—S 键长都小于单层 MS$_2$，而 P—P 键长略大于单层 BlueP。这是因为初始 MS$_2$ 的晶格常数比 BlueP 的晶格常数略大。由于 BlueP/MS$_2$ 异质结的不同堆垛方式间的晶格常数差异非常小，因此它们的 M—S 键长及 P—P 键长也基本一致，表明异质结材料各原子层间的堆垛方式对体系的晶体结构影响并不大。图 11-28 为 BlueP/MS$_2$（M = Nb、Ta）异质结最稳定的结构示意图。通过优化所有异质结的结构，再计算总能，利用形成能和结合能的公式［式（11-1）和式（11-2）］计算得到 BlueP/NbS$_2$ 和 BlueP/TaS$_2$ 异质结的形成能分别为 −277.86meV 和 −260.48meV，结合能分别为 −25.35meV/Å^2 和 −24.06meV/Å^2。负的形成能和良好的晶格匹配表明这些异质结是稳定的和可制备的，它们的结合能与典型的范德瓦耳斯异质结相接近，表明 BlueP/NbS$_2$ 和 BlueP/TaS$_2$ 异质结属于范德瓦耳斯异质结。

表 11-11　BlueP/MS$_2$（M = Nb、Ta）异质结六种堆垛构型之间的能量差 ΔE_i、晶格参数 a、层间距 d、M—S 键长 L_{M-S} 及 P—P 键长 L_{P-P}[5]

体系	构型	ΔE_i/meV	a/Å	d/Å	L_{M-S}/Å	L_{P-P}/Å
BlueP/NbS$_2$	a	22.046	3.310	2.985	2.479	2.275
	b	0	3.311	2.835	2.477	2.275
	c	1.044	3.319	2.701	2.477	2.273
	d	108.028	3.312	3.559	2.478	2.276
	e	103.502	3.310	3.496	2.476	2.276
	f	12.282	3.312	2.896	2.479	2.273

体系	构型	ΔE_f/meV	a/Å	d/Å	L_{M-S}/Å	L_{P-P}/Å
BlueP/TaS$_2$	a	15.866	3.299	3.042	2.469	2.272
	b	0	3.301	2.917	2.468	2.272
	c	10.525	3.305	2.877	2.467	2.271
	d	95.059	3.301	3.607	2.468	2.272
	e	90.803	3.300	3.560	2.469	2.273
	f	12.111	3.300	2.976	2.469	2.270

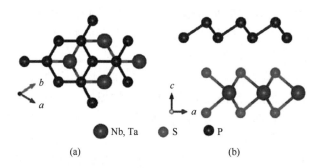

Nb, Ta   S   P

(a)   (b)

图 11-28　BlueP/MS$_2$（M = Nb、Ta）异质结最稳定堆垛构型的主视图（a）和侧视图（b）[5]

　　采用 optB86b-vdW 修正的 DFT 计算方法计算了 BlueP/MS$_2$（M = Nb、Ta）异质结的能带结构，如图 11-29 所示。从图中可以知道，BlueP/MS$_2$（M = Nb、Ta）异质结的电子结构混合了 BlueP 和 MS$_2$ 单层的特征，呈现出金属性质，它们在费米能级处主要由过渡金属 M 原子的 d 轨道贡献。与半导体或绝缘过渡金属氧化物和 TMD 相比，BlueP/MS$_2$（M = Nb、Ta）异质结的金属性保证了其具有更高电导率的优势。图 11-30 描述了 MS$_2$ 单层和 BlueP/MS$_2$ 异质结的总态密度（density of states，DOS）和投影态密度（projected density of state，PDOS）。它们的费米能级位于总 DOS 峰的肩部，表明它们都是稳定的，这与之前对其稳定性的讨论一致。在 $-4 \sim -1$eV 的能量范围内，单层 NbS$_2$ 和 TaS$_2$ 的价带主要被 S 3p 轨道电子占据。在费米能级以上，NbS$_2$ 的导带由 Nb 4d 轨道电子贡献，TaS$_2$ 的导带由 Ta 5d 轨道电子贡献。在 $-1 \sim -0.6$eV 和 $1 \sim 2.2$eV 的范围内没有电子态。对于 BlueP/MS$_2$（M = Nb、Ta）异质结，价带也主要由 S 3p 轨道电子占据，而导带主要由过渡金属 M 的 d 轨道电子贡献，与前面的能带结构分析一致。BlueP/MS$_2$ 异质结的金属特性在形成范德瓦耳斯异质结后得到增强，有助于增强材料的导电性，对于其应用于锂离子电池柔性电极是有益的。

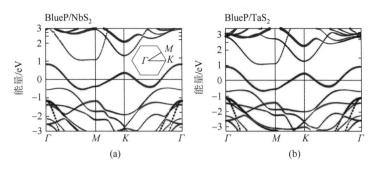

图 11-29　BlueP/NbS$_2$（a）和 BlueP/TaS$_2$（b）异质结的能带结构[5]

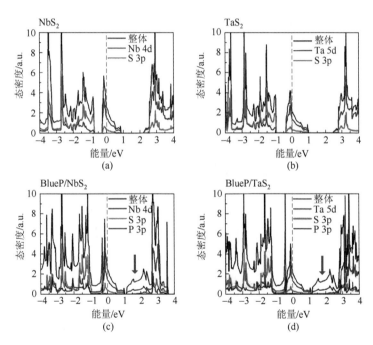

图 11-30　单层 NbS$_2$（a）、单层 TaS$_2$（b）、BlueP/NbS$_2$ 异质结（c）和 BlueP/TaS$_2$ 异质结（d）的总态密度和局域态密度[5]

　　为了进一步研究 BlueP/MS$_2$（M = Nb、Ta）异质结体系中的电荷转移情况与成键机制，根据表达式 $\Delta\rho = \rho_{\text{BlueP/MS}_2} - \rho_{\text{BlueP}} - \rho_{\text{MS}_2}$ ［其中，$\rho_{\text{BlueP/MS}_2}$、ρ_{BlueP}、ρ_{MS_2} 分别代表 BlueP/MS$_2$（M = Nb、Ta）异质结和蓝磷、MS$_2$ 单层体系的电荷密度］计算了异质结的差分电荷密度，如图 11-31 所示。差分电荷密度图中的橙红区域表示电荷聚集（$\Delta\rho > 0$），而青色区域则表示电荷损失（$\Delta\rho < 0$）。从图 11-32 中可以清晰地看到，在 BlueP/NbS$_2$、BlueP/TaS$_2$ 异质结材料中，蓝磷和 MS$_2$ 层的交界处发生了明显的电荷转移，电荷从蓝磷层贡献给邻近的 MS$_2$ 层。也正是蓝磷与

MS$_2$ 层间的电荷转移，导致整个 BlueP/MS$_2$（M＝Nb、Ta）异质结体系显示出加强的金属特性。

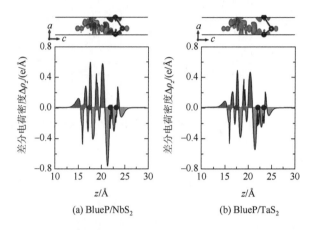

图 11-31　（a）BlueP/NbS$_2$、（b）BlueP/TaS$_2$异质结沿 z 轴方向的差分电荷密度[5]

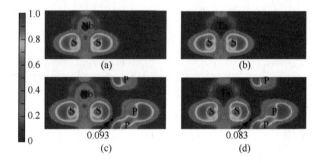

图 11-32　单层 NbS$_2$（a）、单层 TaS（b）、BlueP/NbS$_2$异质结（c）和 BlueP/TaS$_2$异质结（d）在(110)面上的电子局域函数[5]

　　通过计算电子局域化函数（electron localization function，ELF）将二维 NbS$_2$、TaS$_2$单层以及 BlueP/NbS$_2$ 和 BlueP/TaS$_2$ 范德瓦耳斯异质结的化学键进行可视化，它们在(110)面上投影的 ELF 等高线图显示在图 11-32。其中 ELF＝1 对应于电子完全局域，而 ELF＝0.5 对应于均匀电子气。可以明显看出，S、P 原子附近的 ELF 值较大，表明其具有很强的局域性。二维材料层间的 ELF 值很小（BlueP/NbS$_2$ 和 BlueP/TaS$_2$ 异质结的范德瓦耳斯间隙的值分别为 0.093 和 0.083），可以解释 BlueP/MS$_2$（M＝Nb、Ta）异质结中 BlueP 和 MS$_2$ 之间微弱的范德瓦耳斯相互作用。

　　图 11-33 给出了 BlueP/MS$_2$（M＝Nb、Ta）异质结及其相应单层沿锯齿形（x）和扶手椅形（y）方向的应力-应变曲线关系。如图 11-33 所示，当施加的应变增加时（$\varepsilon > 4\%$），结构的对称性被破坏，应力-应变曲线变为非线性。再进一步拉伸时，

应力持续增加，直至达到极限强度 σ^*，相应的极限应变为 ε^*。在小应变范围内的两个加载方向上，所有系统的应力均与应变呈线性相关。遵循连续介质力学，杨氏模量 E 可以通过计算在应变达到 4% 时的应力-应变曲线的斜率得到。BlueP/MS$_2$ 异质结的杨氏模量比对应的单层要小 [图 11-34（a）和（b）]，而且明显低于 MoS$_2$（270GPa）和石墨烯（1000GPa）。因此，构建 BlueP/MS$_2$（M = Nb、Ta）异质结有利于制造柔性电子器件。BlueP 在锯齿形（x）和扶手椅形（y）方向上的极限应变分别为 22% 和 17%，其相应的极限强度为 29.03GPa（锯齿形）和 29.62GPa（扶手椅形），明显大于相关的单层材料 [图 11-34（c）和（d）]。对于 MS$_2$（M = Nb、Ta）单层，在扶手椅形（y）方向加载时产生的应力 [NbS$_2$ 和 TaS$_2$ 分别为 22.80GPa 和 25.77GPa，图 11-34（d）] 远大于锯齿形方向 [NbS$_2$ 和 TaS$_2$ 分别为 13.41GPa 和 16.20GPa，图 11-34（c）]。对于 BlueP/MS$_2$ 异质结，进一步分析了锯齿形（x）和扶手椅形（y）方向大应变下的应力响应。从图 11-34（e）中可以看出，BlueP/NbS$_2$ 和 BlueP/TaS$_2$ 异质结沿着锯齿形（x）方向可以分别承受高达 20% 和 23% 的张应力，而沿扶手椅形方向也能承受高达 17% 的张应力。与单层 NbS$_2$、TaS$_2$ 和其他一些单层材料相比，BlueP/MS$_2$ 异质结可以保持较大的断裂应变并具有较低的杨氏模量。这就使得它们能够在锂化/脱锂时适应其体积膨胀/收缩，同时确保其高导电性，符合柔性电极在柔性或者可伸缩锂离子电池中的应用。

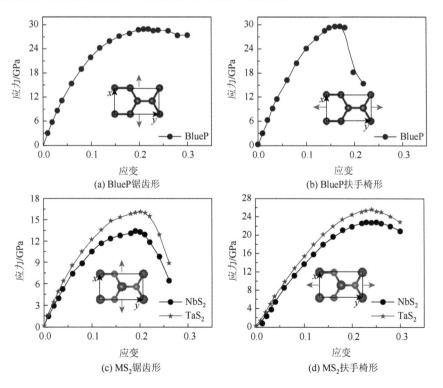

(a) BlueP锯齿形　(b) BlueP扶手椅形　(c) MS$_2$锯齿形　(d) MS$_2$扶手椅形

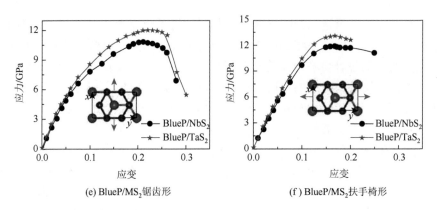

图 11-33　单层 BlueP［(a)、(b)］、单层 MS$_2$（M = Nb、Ta）［(c)、(d)］和 BlueP/MS$_2$ 异质结
［(e)、(f)］的理想应力-应变曲线[5]

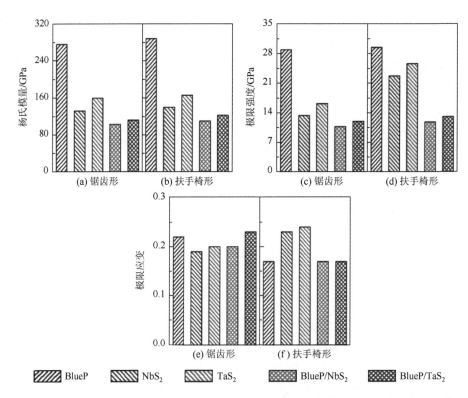

图 11-34　单层 BlueP、MS$_2$（M = Nb、Ta）和 BlueP/MS$_2$ 范德瓦耳斯异质结的杨氏模量 E［(a)、
(b)］、极限强度 σ^*［(c)、(d)］和极限应变 ε^*［(e)、(f)］[5]

　　为了研究异质结及其单层对 Li 的吸附性能，首先将一个锂离子插入 BlueP 和
MS$_2$（M = Nb、Ta）单层及 BlueP/MS$_2$（M = Nb、Ta）异质结的 2×2×1 超胞中。

锂离子在 BlueP/MS$_2$（M = Nb、Ta）异质结上有三种典型的吸附位置：①锂离子吸附在 MS$_2$（M = Nb、Ta）的外表面上，化学计量为 BlueP/NbS$_2$/Li$_{0.25}$ 和 BlueP/TaS$_2$/Li$_{0.25}$（H$_t$ 位点）；②锂离子嵌入 BlueP/MS$_2$（M = Nb、Ta）异质结的夹层中，化学计量比为 BlueP/Li$_{0.25}$/NbS$_2$ 和 BlueP/Li$_{0.25}$/TaS$_2$（H$_i$ 位点）；③锂离子附在磷烯（H$_p$ 位）外表面上，对应的化学计量为 Li$_{0.25}$/BlueP/NbS$_2$ 和 Li$_{0.25}$/BlueP/TaS$_2$。共有 6 个吸附位点，它们的吸附模型如图 11-35（a）所示。将 Li 嵌入到 BlueP/MS$_2$（M = Nb、Ta）异质结中的结构充分优化后都没有发现有明显的结构变化。利用式（11-9）、式（11-10）和式（11-11）分别计算了所有吸附构型的理论比容量、开路电压和吸附能，计算结果在表 11-12 中列出。对于 Li 吸附模型得到三个结果：首先，BlueP/MS$_2$/Li$_{0.25}$ 体系上最稳定的 Li 吸附位点类似原始单层（MS$_2$/Li$_{0.25}$），Li 吸附在过渡金属原子（H$_t$ 位点）下方，吸附能为负值意味着 Li 吸附过程是放热反应，是热力学稳定的。其次，BlueP/MS$_2$/Li$_{0.25}$ 体系表现出一个显著的特征，Li 吸附能和平衡几何结构在很大程度上取决于 BlueP/MS$_2$（M = Nb、Ta）异质结中 MS$_2$ 外表面 Li 原子周围的原子结构。例如，在 BlueP/NbS$_2$/Li$_{0.25}$ 体系中 Li 吸附能为 −3.753eV/原子，在能量上比 BlueP/Li$_{0.25}$/NbS$_2$（Li$_{0.25}$/BlueP/NbS$_2$）体系和原始 BlueP/Li$_{0.25}$（NbS$_2$/Li$_{0.25}$）体系更有利。这些结果表明，在锂化过程中，Li 原子最有可能插入到异质结中 MS$_2$（M = Nb、Ta）的外表面，而不是吸附在 BlueP 的外表面或者 BlueP/MS$_2$ 异质结的夹层，换句话讲，锂离子首先占据 MS$_2$ 外表面，然后是 BlueP/MS$_2$ 异质结中的其他吸附位点。BlueP/NbS$_2$/Li$_{0.25}$ 和 BlueP/TaS$_2$/Li$_{0.25}$ 的相应开路电压分别为 2.119V 和 1.929V，分别高于单层 NbS$_2$（2.048V）和 TaS$_2$

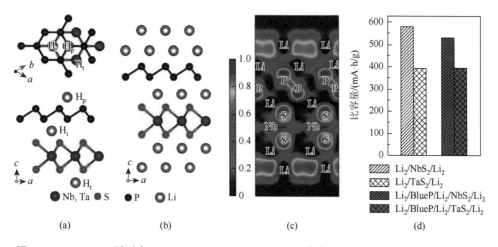

图 11-35　（a）Li 原子在 BlueP/MS$_2$（M = Nb、Ta）异质结（BlueP/MS$_2$/Li、BlueP/Li/MS$_2$ 和 Li/BlueP/MS$_2$）上的吸附位点；BlueP/MS$_2$ 异质结上的双层 Li 吸附构型（b）和电子局域函数（c）；（d）MS$_2$ 单层和 BlueP/MS$_2$ 异质结的理论比容量[5]

（1.862V）。随着锂原子的吸附增加，当 BlueP/MS$_2$ 异质结每个分子式单元容纳 5 个锂离子时，对应于化学计量比为 Li$_2$/BlueP/Li$_2$/MS$_2$/Li$_2$ ［图 11-35（b）］，异质结构发生非畸变变化，此时计算出在 BlueP/NbS$_2$ 和 BlueP/TaS$_2$ 异质结上 Li 的吸附能分为 –2.110eV 和 –2.068eV，对应于 0.476V 和 0.434V 的开路电压。在这里，以 BlueP/NbS$_2$ 异质结构为例，从图 11-35（c）中可以看出被吸附的 Li 原子周围存在离域电子，表明被吸附的 Li 原子在 BlueP/NbS$_2$ 异质结是稳定的。理想情况下，BlueP/NbS$_2$ 和 BlueP/TaS$_2$ 异质结电极可以分别保持 528.257mA·h/g 和 392.154mA·h/g 的理论比容量 ［图 11-35（d）］，大于可充电锂离子电池中石墨阳极的容量（372mA·h/g）。

表 11-12　在 $2 \times 2 \times 1$ 超胞上吸附一个锂离子的 BlueP、MS$_2$ 和 BlueP/MS$_2$（M = Nb、Ta）的吸附能 E_{ad}、开路电压、理论比容量和电荷转移量（ΔQ_{Li}、ΔQ_T 和 ΔQ_P）[5]

体系	锂吸附位点	E_{ad}/(eV/原子)	V/V	理论比容量/(mA·h/g)	ΔQ_{Li}/e	ΔQ_T/e	ΔQ_P/e
BlueP/Li$_1$	H$_p$	−1.535	−0.099	389.055	+0.996	—	−0.996
Li$_1$/BlueP/Li$_1$	H$_p$	−1.667	0.033	706.894	+1.996	—	−1.996
Li$_2$/BlueP/Li$_2$	H$_p$	−1.656	0.022	1195.039	+1.309	—	−1.309
NbS$_2$/Li	H$_t$	−2.771	1.137	163.454	+0.984	−0.984	—
Li$_1$/NbS$_2$/Li$_1$	H$_t$	−2.480	0.845	313.634	+1.979	−1.979	—
Li$_2$/NbS$_2$/Li$_2$	H$_t$	−2.077	0.443	580.151	+1.292	−1.292	—
TaS$_2$/Li	H$_t$	−2.607	0.973	106.349	+0.983	−0.983	—
Li$_1$/TaS$_2$/Li$_1$	H$_t$	−2.338	0.704	206.999	+1.980	−1.980	—
Li$_2$/TaS$_2$/Li$_2$	H$_t$	−2.021	0.387	392.936	+1.242	−1.242	—
BlueP/NbS$_2$/Li$_1$	H$_t$	−2.741	1.107	118.634	+0.983	−1.020	+0.037
BlueP/Li$_1$/NbS$_2$	H$_i$	−3.143	1.508	118.634	+0.958	−0.663	−0.295
Li$_1$/BlueP/NbS$_2$	H$_p$	−1.770	0.136	118.634	+0.994	−0.126	−0.868
Li$_1$/BlueP/NbS$_2$/Li$_1$	H$_t$、H$_i$、H$_p$	−2.200	0.566	230.196	+1.979	−1.070	−0.908
Li$_1$/BlueP/Li$_1$/NbS$_2$/Li$_1$	H$_t$、H$_i$、H$_p$	−2.394	0.759	335.300	+2.985	−1.538	−1.447
Li$_2$/BlueP/NbS$_2$/Li$_2$	H$_t$、H$_p$	−1.944	0.309	434.492	+1.400	−0.869	−0.531
Li$_2$/BlueP/Li$_2$/NbS$_2$/Li$_2$	H$_t$、H$_i$、H$_p$	−2.110	0.476	528.257	+2.277	−1.189	−1.088
BlueP/TaS$_2$/Li$_1$	H$_t$	−2.592	0.957	85.366	+0.982	−1.011	+0.029
BlueP/Li$_1$/TaS$_2$	H$_i$	−3.069	1.435	85.366	+0.992	−0.662	−0.331
Li$_1$/BlueP/TaS$_2$	H$_p$	−1.732	0.097	85.366	+0.994	−0.116	−0.878

续表

体系	锂吸附位点	E_{ad}/(eV/原子)	V/V	理论比容量/(mA·h/g)	ΔQ_{Li}/e	ΔQ_T/e	ΔQ_P/e
Li$_1$/BlueP/TaS$_2$/Li$_1$	H$_p$、H$_t$	−2.113	0.478	167.039	+1.978	−1.057	−0.920
Li$_1$/BlueP/Li$_1$/TaS$_2$/Li$_1$	H$_t$、H$_i$、H$_p$	−2.313	0.679	245.254	+2.985	−1.530	−1.456
Li$_2$/BlueP/TaS$_2$/Li$_2$	H$_t$、H$_p$	−1.905	0.270	320.227	+1.377	−0.832	−0.545
Li$_2$/BlueP/Li$_2$/TaS$_2$/Li$_2$	H$_t$、H$_i$、H$_p$	−2.068	0.434	392.154	+2.241	−1.151	−1.090

为了进一步阐明吸附的 Li 与 BlueP/MS$_2$ 异质结之间的结合强度，通过 Bader 电荷分析估算了锂化 BlueP/MS$_2$/Li$_{0.25}$、BlueP/Li$_{0.25}$/MS$_2$ 和 Li$_{0.25}$/BlueP/MS$_2$ 系统的电荷转移量，计算结果见表 11-12。为简单起见，这里仅以 BlueP/NbS$_2$ 异质结为例。首先，当一个 Li 原子在 NbS$_2$ 外表面吸附（BlueP/NbS$_2$/Li$_{0.25}$）时，Li 所带电荷量为+0.991e，而 BlueP 和 NbS$_2$ 所带电荷量分别为+0.189e 和−1.180e（H$_t$ 位）。这一结果表明，Li 原子的电荷主要转移到相邻的 NbS$_2$ 层。当一个 Li 原子吸附在 BlueP 外表面（Li$_{0.25}$/BlueP/NbS$_2$）时，计算得到的 BlueP 和 NbS$_2$ 所带电荷量分别为−0.527e 和−0.467e（H$_p$ 位）。同样，在 BlueP/NbS$_2$/Li$_{0.25}$ 体系中，吸附 Li 的电荷转移到相邻的 BlueP 层中，吸附的 Li 原子与 P 原子之间以离子相互作用为主。此外，由于 Li 原子嵌入到 BlueP/NbS$_2$ 的中间层（BlueP/Li$_{0.25}$/NbS$_2$）（H$_i$ 位点），BlueP 和 NbS$_2$ 所带电荷量分别为−0.122e 和−0.870e。综上所述，所有 Li 掺入结构均表现出明显的电荷从 Li 向 BlueP/NbS$_2$ 异质结转移，这为 Li 与 BlueP/NbS$_2$ 异质结之间的强离子相互作用提供了支持。为了可视化不同位点 Li 掺入形成的成键状态，计算了锂化 BlueP/NbS$_2$/Li$_{0.25}$、BlueP/Li$_{0.25}$/NbS$_2$ 和 Li$_{0.25}$/BlueP/NbS$_2$ 体系的差分电荷密度，如图 11-36 所示。对于 Li 原子嵌入 BlueP/NbS$_2$ 异质结中间层的情况，Li 原子在其上方出现了电荷净损失，而相邻的 BlueP 和 NbS$_2$ 层则出现了电荷净增加，表明 Li 原子向邻近的 BlueP 和 NbS$_2$ 层有明显的电子转移，说明嵌入的 Li 原子与异质结之间为离子键结合。此外，由于 Li 原子在 BlueP 和 NbS$_2$ 的外表面吸附，如图 11-36（a）和（c）所示，Li 的大部分电荷转移到相邻的 BlueP（Li$_{0.25}$/BlueP/NbS$_2$ 体系）或 NbS$_2$（BlueP/NbS$_2$/Li$_{0.25}$ 体系）。这些结果与之前的 Bader 分析一致，进一步证实了 Li 与 BlueP/NbS$_2$ 之间的强离子相互作用。BlueP/TaS$_2$/Li$_{0.25}$、BlueP/Li$_{0.25}$/TaS$_2$ 和 Li$_{0.25}$/BlueP/TaS$_2$ 三种体系的差分电荷密度与 BlueP/NbS$_2$ 异质结体系中的差分电荷密度相似。总体而言，我们的研究结果表明 BlueP/MS$_2$ 异质结表现出优异的化学稳定性、导电性、灵活性和高容量，因此，BlueP/MS$_2$ 异质结是柔性锂离子电池阳极材料的良好候选材料，尤其是 BlueP/NbS$_2$ 异质结的理论比容量可达 528.257mA·h/g。

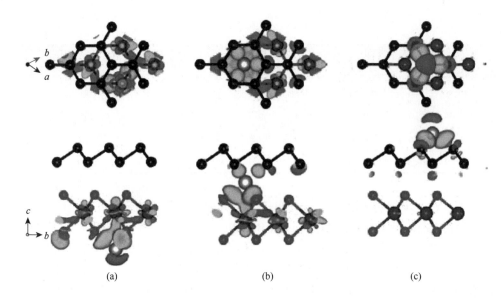

图 11-36　Li 吸附在 BlueP/NbS$_2$ 异质结的 NbS$_2$ 表面（a）、BlueP/NbS$_2$ 夹层（b）、BlueP 表面（c）
的差分电荷密度[5]

11.6　范德瓦耳斯异质结光电子器件

11.6.1　黑磷/MS$_3$（M = Ti、Hf）范德瓦耳斯异质结光电子器件

　　二维材料由于独特的非对称二维晶体结构及其平面内的力学、电学和光学各向异性，受到广泛研究。例如，黑磷（BP）的角度相关光导率可允许将其制造成等离子体装置，其中表面等离子体极化子频率将对波矢量具有很强的方向性依赖。在 TiS$_3$ 中观察到强各向异性的准一维电荷密度波状态。有趣的是，由各向异性材料制成的场效应晶体管也可以实现各向异性的输运特性。然而，具有非对称晶体结构的二维体系的种类和数量较少，限制了其各向异性特性的有效应用。因此，开发和研究新型的各向异性二维材料是一项永无止境的任务。通过范德瓦耳斯相互作用将两种不同的二维材料组合在一起，获得范德瓦耳斯异质结是扩展二维材料数量的有效方法。值得注意的是，范德瓦耳斯异质结的形成不仅可以将两个二维材料的优势结合在一起，同时也有可能引入意想不到的新特性和新现象。值得注意的是，单层 BP 和 MS$_3$（M = Ti、Hf）具有相同的非对称正交相二维晶体结构，因此将其组合成范德瓦耳斯异质结，研究 BP/MS$_3$（M = Ti、Hf）异质结在纳米级柔性光学和光电器件中的潜在运用是非常有必要的[6]。

　　在研究 BP/MS$_3$（M = Ti、Hf）异质结之前，首先研究了 BP、TiS$_3$、HfS$_3$ 单层的基本性质。它们的晶体结构如图 11-37（a）和（b）所示。经过 optB88-vdW

方法优化的 BP、TiS₃、HfS₃ 的二维晶格参数列在表 11-13 中。其中，TiS_3（HfS_3）与 BP 单分子层的晶格错配量分别为 $\Delta a = 10.4\%$ 和 $\Delta b = 2.4\%$（$\Delta a = 13.0\%$，$\Delta b = 8.2\%$），略大于已知的范德瓦耳斯异质结。然而，由于 BP 单层可以承受很大的拉伸应变，并保持良好的晶格稳定性，因此，构建 BP/TiS₃（BP/HfS₃）异质结仍然是可行的。由于两个二维正交晶格之间存在非常多种可能的堆垛构型，因此需要结合 TiS_3（HfS_3）和 BP 单层进行全局总能量最小搜索。首先将原始 TiS_3（HfS_3）和 BP 单层放在同一个二维正交晶格中，然后将 BP 单层分别沿晶格 a 和晶格 b 方向移动，步长分别为晶格矢量的 10%，可以获得 100 种 BP/TiS₃（BP/HfS₃）异质结堆垛构型。图 11-37（c）和（d）分别为结构优化后的 BP/TiS₃ 和 BP/HfS₃ 异质结的结合能图和最有利堆积构型。结果表明，BP/TiS₃ 和 BP/HfS₃ 异质结具有不同的稳定堆垛构型。利用 optB88-vdW 方法优化后的 BP/TiS₃ 和 BP/HfS₃ 异质结的二维晶格参数分别为：a（BP/TiS₃）= 4.885Å，b（BP/TiS₃）= 3.340Å 和 a（BP/HfS₃）= 4.996Å，b（BP/HfS₃）= 3.464Å。研究发现 BP 单层在异质结中承受着拉伸应变。相反，TiS₃ 和 HfS₃ 单层在异质结中承受压缩应变。在范德瓦耳斯异质结中，BP 的变形远远大于 TiS₃ 和 HfS₃，由于 BP 具有良好的拉伸柔韧性，有助于增强异质结构的稳定性。此外，计算出的异质结中 BP 与 TiS₃（HfS₃）单层之间的结合能为 24.44meV/Å²（22.46meV/Å²），接近典型的范德瓦耳斯结合能（约 20meV/Å²）。表 11-13 还列出了最稳定堆垛构型的 BP/TiS₃（BP/HfS₃）范德瓦耳斯异质结的 P—P 和 M—S 键长及其从单层到异质结的变化情况。对于这两种情况，P—P 键长均大于具有正键长变化值的 BP 单层，而 M—S 键长小于具有负键长变化值的 MS₃ 单层。结果表明，在范德瓦耳斯异质结中，BP 单层承受拉伸应变，而 MS₃ 单层承受压缩应变，与晶格变化结果一致。值得注意的是，所有的键长变化都小于 0.06Å，表明范德瓦耳斯异质结中单层的结构重排很小，结构稳定性好。

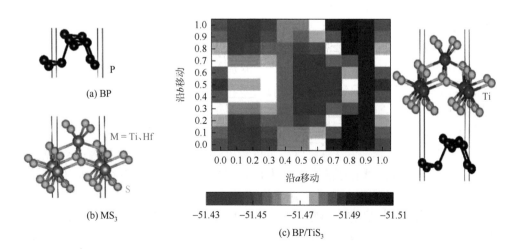

(a) BP

(b) MS₃

(c) BP/TiS₃

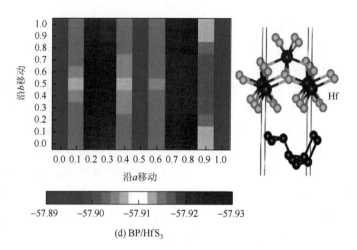

(d) BP/HfS$_3$

图 11-37　BP 单层（a）和 MS$_3$ 单层（b）结构示意图；BP/TiS$_3$ 异质结（c）和 BP/HfS$_3$ 异质结（d）的层间堆垛构型示意图[6]

表 11-13　BP 和 MS$_3$（M = Ti、Hf）单层及 BP/MS$_3$ 异质结的晶格常数、P—P 和 M—S 键长、键长范围（从最小值 L_{M-S}^{s} 到最大值 L_{M-S}^{l}），以及从单层到异质结的键长变化[6]

（单位：Å）

体系	a	b	L_{P-P}^{s}	ΔL_{P-P}^{s}	L_{P-P}^{l}	ΔL_{P-P}^{l}	L_{M-S}^{s}	ΔL_{M-S}^{s}	L_{M-S}^{l}	ΔL_{M-S}^{l}
BP	4.506	3.304	2.226	—	2.260	—	—	—	—	—
TiS$_3$	4.974	3.384	—	—	—	—	2.456	—	2.641	—
HfS$_3$	5.094	3.576	—	—	—	—	2.580	—	2.699	—
BP/TiS$_3$	4.885	3.340	2.243	0.017	2.277	0.017	2.453	-0.003	2.607	-0.034
BP/HfS$_3$	4.996	3.464	2.278	0.052	2.287	0.027	2.568	-0.012	2.661	-0.038

　　采用应力应变法分步计算弹性常数，研究 BP/MS$_3$（M = Ti、Hf）异质结的力学稳定性和双向/全向拉伸性能。对于二维正交体系，只有 C_{11}、C_{22}、C_{12}、C_{44} 四个独立的弹性常数，计算得到的弹性常数如表 11-14 所示。其中，弹性常数 C_{11} 和 C_{22} 分别描述了二维晶体在 x 和 y 方向施加单轴拉伸应变时的响应刚度。弹性常数 C_{12} 表示材料抵抗双轴拉伸应变的能力。弹性常数 C_{44} 表示平面剪切应变的变形抗力。可以看到，计算的弹性常数都满足 Born 力学稳定性准则：C_{11}，C_{22}，$C_{44}>0$ 且 $C_{11}C_{22}-C_{12}^{2}>0$，表明所有的单层和范德瓦耳斯异质结在力学上是稳定的。根据表 11-14：第一，从弹性常数可以看出强的力学各向异性行为。计算得到的单层和范德瓦耳斯异质结的弹性常数 C_{22} 明显大于 C_{11}，表明这些二维材料在锯齿形（y）方向上的应变强度大于扶手椅形（x）方向上的应变强度。第二，MS$_3$ 单层具有比 BP 单层更高的刚度，弹性常数更大。第三，范德瓦耳斯异质结的面内弹性常数大于相应单层的面内弹性常数，这意味着在相同的力作用下，二维单

层的应变大于范德瓦耳斯异质结的应变。在应变或变形条件下，弹性常数或弹性模量较大的范德瓦耳斯异质结可以作为支架材料或衬底材料，利用层间范德瓦耳斯相互作用引入驱动力使弹性刚度较小的二维单层材料变形。

表 11-14　所估计 BP 和 MS_3（M = Ti、Hf）单层和 BP/MS_3 异质结的弹性常数[6]

（单位：N/m）

体系	C_{11}	C_{22}	C_{12}	C_{44}
BP	28.4	115.9	23.3	30.7
TiS_3	93.4	137.3	14.1	23.6
HfS_3	89.0	125.3	11.3	23.3
BP/TiS_3	164.6	264.5	34.1	48.7
BP/HfS_3	145.4	200.9	19.1	38.9

为了进一步了解 BP/MS_3（M = Ti、Hf）异质结的力学性能，根据式（11-6）和式（11-7）计算了 BP/MS_3 异质结及相应单层沿任意面内方向 θ 的杨氏模量 $E(\theta)$ 和泊松比 $\nu(\theta)$（θ 表示相对角度，相对于扶手椅形方向）。计算得到的 BP/MS_3 异质结 $E(\theta)$ 和 $\nu(\theta)$ 随相对角度变化曲线在图 11-38（a）和（b）展示。BP 沿 y 方向的杨氏模量和泊松比比沿 x 方向的大 3～4 倍。对于 MS_3 单层，沿 y 方向的杨氏模量大约是沿 x 方向的 2 倍。总之，从杨氏模量图和泊松比图可以看出，所有的单层都表现出很强的各向异性力学性能。有趣的是，尽管 BP 和 MS_3 单层的杨氏模量和泊松比显示出非常不同的模式，但 BP/MS_3 异质结的杨氏模量图和泊松比与 MS_3 单层的特征基本一致。这是因为 MS_3 单层的刚性比 BP 单层的刚性强。与典型二维柔性材料如石墨烯（342.2N/m）和 BN（275.8N/m）的杨氏模量相比，BP/MS_3 异质结的力学柔性在不同方向表现出各向异性。

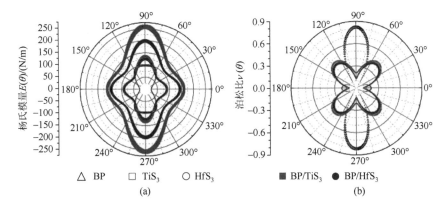

图 11-38　单层 BP、单层 MS_3（M = Ti、Hf）和 BP/MS_3 异质结的杨氏模量 $E(\theta)$（a）和泊松比 $\nu(\theta)$（b）[6]

表 11-15 总结了 BP 和 MS$_3$（M = Ti、Hf）单层及 BP/MS$_3$ 异质结的 HSE06 带隙 E_g、可见光吸收各向异性因子 A 和 TDHF 太阳光能量转换效率 P。从表中可以知道，使用 HSE06 混合泛函计算的 BP、TiS$_3$、和 HfS$_3$ 单层的带隙分别为 1.41eV、1.19eV 和 2.10eV。图 11-39 为 BP/MS$_3$ 异质结能带投影图及 VBM 和 CBM 处的能带分解电荷密度图。根据图 11-39 中的 HSE06 能带结构图，两种 BP/MS$_3$ 异质结都是直接带隙半导体，且 VBM 和 CBM 都位于第一布里渊区的 Γ 点。利用 HSE06 预测的 BP/TiS$_3$ 和 BP/HfS$_3$ 异质结的带隙值分别为 0.89eV 和 1.00eV。为了更好地理解 BP/MS$_3$ 异质结中不同层对能带结构的贡献，在图 11-39 中进一步展示了实空间中 VBM 和 CBM 的能带分解电荷密度。从图中可以看出，两种范德瓦耳斯异质结的 VBM 均被 P 3p 电子占据，而 BP/TiS$_3$ 异质结的 CBM 来源于 Ti 3d 电子，BP/HfS$_3$ 异质结的 CBM 来源于 Hf 5d 电子。因此，可以得出结论，BP/MS$_3$ 异质结是典型的 II 型异质结，其中 CBM 和 VBM 位于异质结的不同单层中。II 型异质结是非常理想的光学材料，其中光生电子和空穴可以在空间上彼此分离到不同的位置，这种现象可以有效降低电子-空穴复合的概率，并提高光电转换效率。

表 11-15　单层 BP、单层 MS$_3$（M = Ti、Hf）和 BP/MS$_3$ 异质结的 HSE06 带隙 E_g、可见光吸收各向异性因子 A 和太阳光能量转换效率 P[6]

体系	E_g/eV	A	P_x/%	P_y/%
BP	1.41	5.05	0.09	0.02
TiS$_3$	1.19	0.37	0.07	0.21
HfS$_3$	2.10	0.21	0.03	0.09
BP/TiS$_3$	0.89	1.15	0.32	0.47
BP/HfS$_3$	1.00	1.57	0.19	0.14

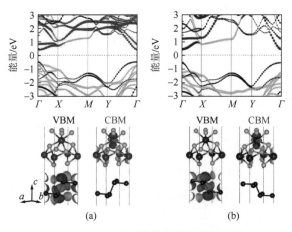

图 11-39　BP/TiS$_3$（a）和 BP/HfS$_3$（b）异质结的能带投影图及其 VBM 和 CBM 处能带分解电荷密度[6]

图 11-40 展示了利用 TDHF-HSE06 方法计算得到的 BP、TiS_3 和 HfS_3 单层的光吸收系数。很明显，所有的单层都表现出非常强的光学各向异性特征。对于 BP 单层，在红外和可见光范围内，xx 方向的光吸收要比 yy 方向的光吸收强得多。在紫外范围内，yy 方向的光吸收峰高于 xx 方向。而 TiS_3 和 HfS_3 单层表现出截然相反的趋势：在红外和可见光范围内，xx 方向的光吸收要比 yy 方向弱得多。在紫外范围内，光吸收性质具有一定的各向同性。为了定量地了解异质结单层的光学各向异性特征，对 400～760nm 可见光范围内的光吸收系数进行了积分。可见光吸收各向异性因子 A 可定义为 $A = S_{xx}/S_{yy}$，其中 S_{xx} 和 S_{yy} 分别为沿 xx 和 yy 方向的光吸收系数图谱在可见光范围的面积。对于 2D 材料，A 值为 1 表示光学各向同性，任何偏离 1 的值都表示光学各向异性。如表 11-15 中总结的计算结果所示，BP、TiS_3 和 HfS_3 单层具有较强的光学各向异性，A 值分别为 5.05、0.37 和 0.21。BP、TiS_3 和 TiS_3 单层沿 xx 方向的太阳光能量转换效率 P 分别为 0.09%、0.07% 和 0.03%，沿 yy 方向分别为 0.02%、0.21% 和 0.09%。沿不同方向的不同能量转换效率也表明 BP、TiS_3 和 HfS_3 单层强的光学各向异性。

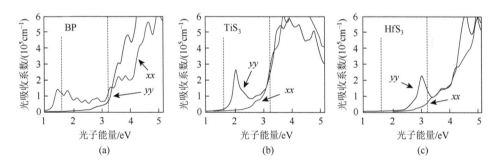

图 11-40　单层 BP（a）、单层 TiS_3（b）和单层 HfS_3（c）的 TDHF-HSE06 光吸收系数[6]

图 11-41 为 BP/MS_3（M = Ti、Hf）异质结的光吸收系数。有趣的是，范德瓦耳斯异质结的形成导致沿 xx 方向的光谱蓝移和沿 yy 方向的光谱红移。结果是光吸收曲线在不同方向上均匀化。特别是在可见光范围内，BP/MS_3 异质结沿 xx 方向和 yy 方向的光吸收差异远小于单层。为了定量理解异质结的光学各向异性特征，表 11-15 中还列出了可见光吸收各向异性因子 A 和太阳光能量转换效率 P。BP/TiS_3 和 BP/HfS_3 范德瓦耳斯异质结的可见光吸收各向异性因子 A 值分别为 1.15 和 1.57，显示出非常高的各向同性特征。BP/TiS_3 和 BP/HfS_3 范德瓦耳斯异质结沿 xx 方向的太阳光能量转换效率 P 分别为 0.32% 和 0.19%，沿 yy 方向分别为 0.47% 和 0.14%。我们发现范德瓦耳斯异质结的形成不仅导致光学各向同性，而且提高了太阳能转换效率。

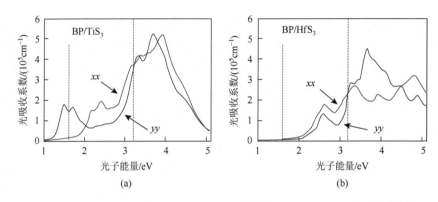

图 11-41　BP/TiS$_3$（a）和 BP/HfS$_3$（b）异质结的 TDHF-HSE06 光吸收系数[6]

11.6.2　石墨烯/InSe 范德瓦耳斯异质结光电子器件

金属-半导体（metal-semiconductor，MS）接触异质结在高迁移率场效应晶体管、光发射设备、太阳能电池等电子器件和光学器件大量应用。MS 异质结分为两种接触类型：欧姆接触和肖特基接触。当金属与半导体之间没有接触势垒时称为欧姆接触，反之则是肖特基接触。接触势垒的存在将显著影响通过界面的电流，因此，欧姆接触往往呈现出低电阻的特性。此外，在块体材料中，金属与半导体接触界面之间可能存在悬挂键和化学结合等缺陷，引入费米能级钉扎（Fermi level pinning，FLP）。在这种情况下，界面的接触势垒将不遵循 Schottky-Mott 规则，并会阻碍载流子的输运。二维范德瓦耳斯异质结层间仅存在范德瓦耳斯相互作用而无化学键，因此有望成为理想的 MS 异质结。二维 MS 范德瓦耳斯异质结则可以很好地避免这一问题。本节主要介绍了二维石墨烯/InSe 异质结在电子器件的潜在运用[7]。

单层 InSe 在进行充分的结构优化后，得到的晶格常数 $a = 4.038$Å，并对石墨烯进行超胞处理，其晶格常数 $a = 4.282$Å。这里考虑了三种可能的堆垛构型：In/Se 原子位于 C 原子的六元环中心、C—C 键中心或 C 原子的上方，如图 11-42（a）所示。表 11-16 总结了三种不同堆垛构型的石墨烯/InSe 异质结经过结构优化后的晶格常数、层间距和形成能。这三种堆垛构型的形成能均为负值，并且三种构型的晶格常数之差几乎可以忽略。但是这三种堆垛构型具有不同的范德瓦耳斯间隙距离 d_{layer}，因此具有不同的形成能。考虑到具有最短范德瓦耳斯间隙距离 d_{layer} 的是六元环中心堆垛构型，其具有最低的形成能，比其他两种构型更稳定，所以选择这种堆垛构型进行研究。并且根据式（11-2）计算得到六元环中心堆垛构型的结合能为–14.6meV/Å^2，与其他典型的范德瓦耳斯晶体相当，因此石墨烯/InSe 异质结属于范德瓦耳斯异质结。石墨烯/InSe 异质结的结合能随范德瓦耳斯间隙距离变化的趋势，如图 11-42（b）所示。可以看出，石墨烯/InSe 之间的相互作用遵循典型的 Lennard-Jones 型势能。结合能的负值越大，表示其稳定性越好。图 11-42（b）的结果与上面提及的平衡状态下的范德瓦耳斯间隙距离相符。

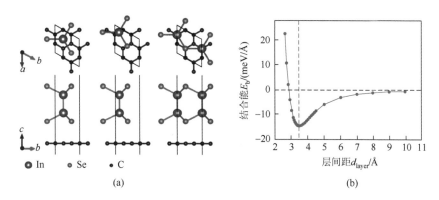

图 11-42　石墨烯/InSe 异质结的不同堆垛构型（a）和结合能随范德瓦耳斯间隙距离的变化（b）[7]

表 11-16　不同堆垛构型的石墨烯/InSe 异质结的结构参数和形成能[7]

构型	a/Å	d_{layer}/Å	E_{form}/eV
六元环中心	4.245	3.426	−0.06869
键中心	4.245	3.471	−0.06171
原子顶部	4.245	3.489	−0.06128

　　图 11-43（a）和（b）分别展示了使用 GGA-PBE 和 HSE06 计算得到的石墨烯/InSe 异质结的电子能带结构。GGA-PBE 和 HSE06 的计算结果具有相似的特征，表明石墨烯的导带底（CBM）和价带顶（VBM）均高于 InSe 的 CBM，形成了欧姆接触。此外，能带图中还展示了两个有趣的现象。第一个有趣的现象是，这两种方法得到的能带图中，均能在 $\varGamma$ 点处的 Dirac 锥观察到打开的带隙。晶格错配导致的面内应变和范德瓦耳斯相互作用都可能影响二维异质结的能带结构。在石墨烯/InSe 异质结中晶格错配在石墨烯和 InSe 中引起的面内应变分别是−0.86%和5.14%。这两种晶格错配引起的面内应变均小于 8%，这是 MX 异质结形成能为负的应变上限。具有与范德瓦耳斯异质结相同的晶格常数的孤立单层石墨烯和 InSe 的能带结构图，与对应的标准单层的能带结构如图 11-43（c）和（d）所示。为了进行准确比较，将真空能级设为 0 作为基准。对于石墨烯，−0.86%的面内应变并不会引起能带结构明显变化。由于单层石墨烯使用的是 1×3 超胞，因此 Dirac 锥折叠到了超胞的 $\varGamma$ 点，而不是原胞的 K 点。比较标准单层石墨烯和在异质结中发生应变后的单层石墨烯的能带结构，可以看出晶格错配引起的面内应变并不是引

起能带结构变化的主要原因。第二个有趣的现象是，由于石墨烯与 InSe 之间的杂化，InSe 的价带出现了小的带隙打开。类似地，在石墨烯/GaSe 和石墨烯/MoS$_2$ 范德瓦耳斯异质结中，已通过 VASP 和 ARPES 观察到层间耦合作用会导致石墨烯 π 带在费米能级附近打开带隙。如图 11-43（d）所示，晶格错配引起的面内应变导致了 InSe 的带隙减小，但是其间接带隙的性质保持不变。这些现象表明，晶格错配引起的面内应变将会影响二维范德瓦耳斯异质结的能带结构，但并不是唯一的因素。单层石墨烯和 InSe 之间的范德瓦耳斯相互作用确实会对两组分的电子结构特性产生影响。

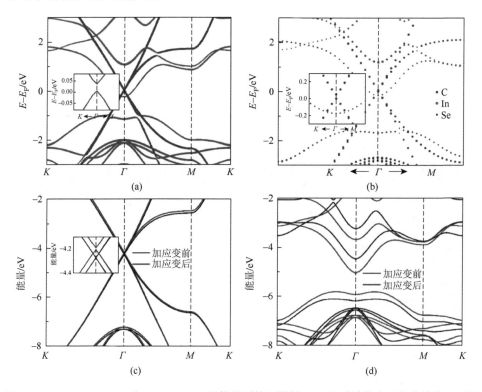

图 11-43　GGA-PBE（a）和 HSE06（b）计算得到的石墨烯/InSe 异质结的电子能带结构；石墨烯（c）和单层 InSe（d）的应变能带结构[7]

差分电荷密度 $\Delta\rho$ 定义为 $\Delta\rho = \rho_{\text{graphene/InSe}} - \rho_{\text{graphene}} - \rho_{\text{InSe}}$，其中 $\rho_{\text{graphene/InSe}}$ 是石墨烯/InSe 范德瓦耳斯异质结的电荷密度，ρ_{graphene} 和 ρ_{InSe} 分别是单层石墨烯和 InSe 的电荷密度。沿 z 方向的面平均差分电荷密度如图 11-44 所示，其中，正值表示在异质结体系中两组分间的电荷累积，而负值表示电荷损耗。由于范德瓦耳斯层间耦合作用，在石墨烯/InSe 异质结的界面中存在明显的电荷重分布。该曲线显示，在石墨烯附近的界面处是电荷损耗区，而在靠近 InSe 的界面是电荷累积区，这表明电荷从石墨烯转移到了 InSe。界面处的电荷转移与上面提及的电子轨道杂化结果相符。此外，净电荷累积会导致在界面处形成内建电场，这将有利于电子和空穴的分离。定义石墨烯/InSe 之间的截至距离 R_{cut} 为从石墨烯至石墨烯与 InSe 之间电荷转移的临界点之间的距离。$z > R_{cut}$ 的区域视为 InSe 区，$z < R_{cut}$ 的区域视为石墨烯区。对于石墨烯/InSe 异质结，可以看出 R_{cut} 几乎是两层间的中心。考虑到范德瓦耳斯异质结中尖锐的界面和范德瓦耳斯层间的弱耦合作用，可以认为由 R_{cut} 进行的界面区域划分是合理的。接着，可以通过对石墨烯区域中 $\Delta\rho$ 的积分来确定电荷转移量 Δq。在平衡状态下，Δq 约为 $0.0011e/\text{Å}^3$。这种小的电荷转移会产生一个不可忽略的界面偶极子，并在界面处形成一个电势台阶 ΔV。电荷转移越强，界面偶极和 ΔV 越大。

　　两个单层之间的相互作用会影响异质结的电子结构，不同范德瓦耳斯间隙距离的石墨烯/InSe 范德瓦耳斯异质结的面平均差分电荷密度如图 11-44 所示，沿 z 方向的面平均差分电荷密度值会随着范德瓦耳斯间隙距离的变化而变化，但曲线的分布趋势保持不变。异质结中较小的范德瓦耳斯间隙距离会引发较强的相互作用，导致更多的电荷转移。如图 11-44 中的插图所示，在范德瓦耳斯间隙距离较小的异质结中，会有更多的电荷累积和电荷损耗。此外，更多的电荷转移可以引入更强的内建电场，这将影响异质结的能带结构。此结果提供了一种可能的方法，即通过调节范德瓦耳斯层间相互作用来调控异质结的能带结构。

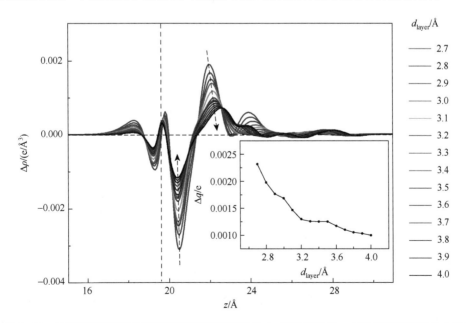

图 11-44　具有不同范德瓦耳斯间隙距离的石墨烯/InSe 异质结沿着 z 方向的面平均差分电荷密度图[7]

MS 异质结中最重要的特征之一是势垒高度（barrier height，BH），可以从异质结的能带结构中确定。在石墨烯/InSe 异质结中，定义石墨烯的费米能级与 InSe 的 CBM 能级之间的能级差 ϕ_B 为

$$\phi_B = E_{\text{graphene-Fermi}} - E_{\text{InSe-CBM}} \tag{11-14}$$

其中，$E_{\text{graphene-Fermi}}$ 和 $E_{\text{InSe-CBM}}$ 分别是石墨烯的费米能级和 InSe 的 CBM 能级。如图 11-45（a）所示，对于平衡状态（$d=3.426$Å）的石墨烯/InSe 异质结，InSe 的 CBM 和 VBM 能级均低于石墨烯的 CBM 和 VBM 能级，从而导致石墨烯与 InSe 在界面处形成欧姆接触。

通过改变两个单层之间的范德瓦耳斯间隙距离 d_{layer}，可以调节石墨烯相对于 InSe 的带边位置。如图 11-45（a）所示，当范德瓦耳斯间隙距离增大时，石墨烯的 CBM 和 VBM 的能级向上移动。HSE06 的结果如图 11-45（b）所示，与 PBE 的结果相符。随着范德瓦耳斯间隙距离的增大，石墨烯的带隙减小，最终收敛到一个稳定值，如图 11-45（c）所示。这是由于范德瓦耳斯层间相互作用随着范德瓦耳斯间隙距离的增大而减小。相反，随着范德瓦耳斯间隙距离的减小，石墨烯的带隙变大，这是由于较小的范德瓦耳斯间隙距离导致异质结中较强的相互作用，包括更多的电荷转移及电子轨道相互作用。另外，随着范德瓦耳斯间隙距离的增加，InSe 的 CBM 和 VBM 的能级向下移动。轨道杂化使得 InSe 价带产生带隙，因此无法准确确定 InSe 的 VBM 能级。即使如此，依然可以观察到随着范德瓦耳斯间隙距离的增大，这些带隙变小。同时，石墨烯/InSe 异质结的 ϕ_B 随着范德瓦耳斯间隙距离的减小而明显降低。有趣的是，当范德瓦耳斯间隙距离减小到临界值时，石墨烯和 InSe 之间的接触类型从欧姆接触转变为肖特基接触。如图 11-45（d）所示，当范德瓦耳斯间隙距离减小到约 2.9Å 时，InSe 的 CBM 能级向上移动并超过石墨烯的 VBM 能级。同时，范德瓦耳斯层间相互作用进一步打开了石墨烯的带隙。石墨烯/InSe 之间的接触类型转变为 II 型。当范德瓦耳斯间隙距离继续减小到 2.8Å 时，InSe 的 CBM 能级继续向上移动并高于石墨烯的 CBM 能级，石墨烯/InSe 之间的接触类型进一步转变为 I 型。这种通过范德瓦耳斯间隙距离 d_{layer} 调节接触类型的有趣现象主要与界面偶极矩的可调性有关。当单层 InSe 与石墨烯接触时，界面处将发生电荷重分布。电荷转移越强，界面偶极和界面能带对齐的变化就越大。异质结界面处的电子能带对齐本质上决定着异质结器件的电子学和光学特性，可调控的能带对准在灵活设计和器件优化中具有巨大的潜力。

如图 11-46 所示，垂直应变造成的范德瓦耳斯间隙距离变化可以显著调控石墨烯/InSe 范德瓦耳斯异质结中的能带对齐。图 11-46（a）和（b）分别代表使用 PBE 和 HSE 方法计算得到的石墨烯和 InSe 的 CBM 和 VBM 的能级位置。可以看出，这两种方法得到的结果相似，均表明范德瓦耳斯间隙距离对能带对齐的调控。

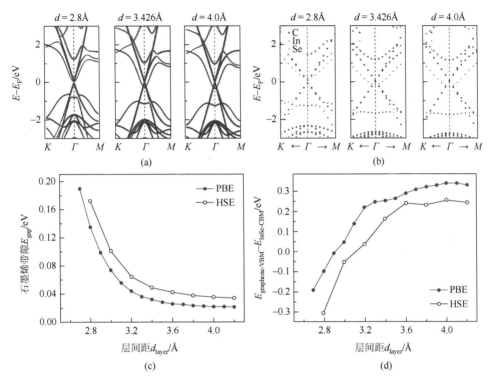

图 11-45　GGA-PBE（a）和 HSE06（b）方法计算得到的具有不同范德瓦耳斯间隙距离的石墨烯/InSe 异质结的电子结构；石墨烯/InSe 异质结中石墨烯的带隙（c）和界面势垒高度（d）随范德瓦耳斯层间距的变化趋势[7]

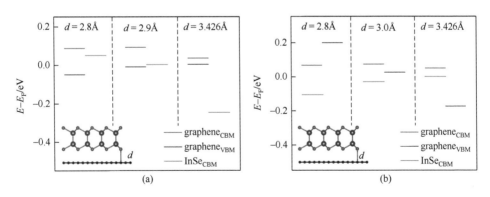

图 11-46　PBE（a）和 HSE（b）计算得到石墨烯/InSe 异质结中能带对齐随范德瓦耳斯间隙距离的变化[7]

图 11-47（a）构建了基于石墨烯/InSe 异质结的双电极器件模型，该器件由两个半无限电极与其中的中心散射区组成。石墨烯/InSe 异质结充当源极区并延伸至

中心散射区，中心散射区为本征单层 InSe，其沿输运方向的长度为 13.051nm。在源极和漏极之间施加 $V_{ds} = 0.3V$ 的偏置电压以驱动光生载流子。使用 AM 1.5 标准太阳光谱，将光子通量设置为 $F_{ph} = 1A^{-2}·s^{-1}$。计算得到的光电流如图 11-47（b）所示。结果表明，该模型在可见光和紫外光区域显示出相当大的光电流，光电流在可见光区域附近的紫外光区域达到峰值。光电器件的一个关键参数是响应度 R_{ph}，其定义为

$$R_{ph} = \frac{J_{ph}}{P_{in}} \qquad (11\text{-}15)$$

其中，J_{ph} 是光电流密度；P_{in} 是入射光子功率密度，F_{ph} 是单位时间单位面积入射光子的数量。计算得到的 R_{ph} 为 0.143A/W，比单层 MoS_2（0.016A/W）高一个数量级，大约为超薄黑磷（0.0648A/W）的 2 倍。外量子效率（external quantum efficiency，EQE）是光电探测器的主要性能指标之一，定义为收集到的电子数与入射光子数的比值：

$$EQE = R_{ph} \frac{hc}{e\lambda} \qquad (11\text{-}16)$$

其中，h、c 和 λ 分别是普朗克常数、光速和波长。计算得到的 EQE 峰值高达 50.4%。这些结果进一步证明了石墨烯/InSe 异质结在电子和光电器件中的应用潜力。

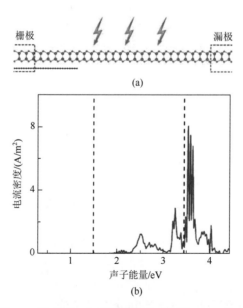

图 11-47 （a）石墨烯/InSe 异质结双电极器件模型示意图；（b）偏置电压 $V_{ds} = 0.3V$ 时的光生电流[7]

　　单层 InSe 通过范德瓦耳斯相互作用与石墨烯发生弱相互作用。在它们的界面处，电荷重分布引入了不可忽略的界面偶极和电势阶跃。通过改变两个单层的范德瓦耳斯间隙距离可以调节异质结层间偶极，进一步自由地调控石墨烯与 InSe 之间的能带对齐及界面处的有效势垒高度（包括接触类型）。一种模拟石墨烯/InSe 异质结的光学器件，表现出了可观的光生电流和光响应度。本节结果展示了石墨烯/InSe 异质结在创新的电子和光电器件中的应用潜力。

参 考 文 献

[1]　Zhang Y，Xiong R，Sa B，et al. MXenes: promising donor and acceptor materials for high-efficiency heterostructure solar cells. Sustainable Energy & Fuels，2021，5（1）：135-143.

[2]　Peng Q，Guo Z，Sa B，et al. New gallium chalcogenides/arsenene van der Waals heterostructures promising for photocatalytic water splitting. International Journal of Hydrogen Energy，2018，43（33）：15995-16004.

[3]　Chen J，He X，Sa B，et al. III-VI van der Waals heterostructures for sustainable energy related applications. Nanoscale，2019，11（13）：6431-6444.

[4]　Peng Q，Hu K，Sa B，et al. Unexpected elastic isotropy in a black phosphorene/TiC₂ van der Waals heterostructure with flexible Li-ion battery anode applications. Nano Research，2017，10（9）：3136-3150.

[5]　Peng Q，Wang Z，Sa B，et al. Blue phosphorene/MS₂（M = Nb，Ta）heterostructures as promising glexible anodes for lithium-ion batteries. ACS Applied Materials & Interfaces，2016，8（21）：13449-13457.

[6]　Sa B，Chen J，Yang X，et al. Elastic anisotropy and optic isotropy in black phosphorene/transition-metal trisulfide van der Waals heterostructures. ACS Omega，2019，4（2）：4101-4108.

[7]　Yang X，Sa B，Lin P，et al. Tunable contacts in graphene/InSe van der Waals heterostructures. The Journal of Physical Chemistry C，2020，124（43）：23699-23706.

第 12 章 ▮▮▮

新型二维过渡金属碳/氮化物的
结构与性能设计

二维过渡金属碳/氮化物又称为 MXene，被认为是最庞大的二维材料家族，具有比表面积大、化学成分灵活可变、亲水性及电子性质可调等优点，在能源存储与转化领域得到了越来越广泛的研究。然而，纯净 MXene 表面在实验制备过程中会留下大量悬挂键，从而使吸附种类和数量均难以精确控制的表面官能团进而影响其本征性质。因此，根据特定应用领域，建立材料结构-性能之间的构效关系，对 MXene 基二维材料进行改性，从理论上有针对性地设计性能优异的目标材料，并指导相关实验合成具有十分重要的科学意义。本章以新型二维过渡金属碳/氮化物为例，详细介绍第一性原理计算在结构设计以及性能优化和调控中的研究方法和应用，并深入讨论了它们在金属离子电池、电催化水分解、燃料电池和固氮反应、光催化水分解方面的工作机制和应用潜能。

12.1 新型二维过渡金属碳/氮化物的结构设计

12.1.1 研究背景与计算方法

二维材料因具有独特的物理化学特性，如离子传输路径短、光学二阶谐波响应大、比表面积大、表面活性位点多、力学性能优良及拓扑性质、超导特性等特点，一经问世便受到了极为广泛的关注。特别是新型二维过渡金属碳/氮化物（MXene），除具备二维材料的通性之外，还具有化学成分多样性、亲水性、电子性质可调等优点，有望应用于金属离子电池、电容器、光/电催化、电磁屏蔽与吸波等诸多领域。然而，纯净 MXene 中金属原子直接暴露在表面，使得结构表面存在大量悬挂键，从而使 MXene 对温度和环境较为敏感、实验过程中吸附种类和数量均难以精确控制的表面官能团，影响其稳定性、电子结构等物理化学特性。另外，由于静电相互作用，MXene 层间往往会相互吸引出现堆叠和塌陷等现象，导致电导率、比表面积和活性位点严重降低。这些均会严重影响 MXene 基二维材料在实际中的应用。因此，为避免表面功能化，获得性能可控的二维材料，以 MXene 为基础，根据特定用途定向设计新型 MXene，在能源存储与转化领域具有十分重要的现实意义和紧迫性[1]。

本节计算是在密度泛函理论的框架下借助 VASP 软件包完成的，使用 PAW 来描述离子-电子之间的相互作用，采用基于 PBE 的广义梯度近似来描述交换-关联函数。范德瓦耳斯相互作用利用半经验的 DFT-D2 方法来描述。结构设计和搜索在基于粒子群优化（PSO）算法的晶体结构预测程序 CALYPSO 中进行[2]。在 PSO 模拟中，为保证收敛，种群大小和代数都设置为 30，并且考虑了包括 1~4 倍化学式的晶胞。为避免二维材料层间相互作用，真空层厚度设定为大于 15Å。对所有结构进行优化，直至作用到每个原子上的力均小于 0.01eV/Å。在结构优化的基础上，采用 HSE06 杂化泛函对其电子性质进行计算。此外，第一性原理分子动力学（AIMD）模拟用来评估结构的热力学稳定性。采用 Nosé 算法控制温度、超过 100 个原子的超胞来进行模拟以减少晶格平移约束。基于密度泛函微扰理论（DFPT）的声子谱计算用来表征新型结构的动力学稳定性。

M_xC_y 单层结构的结合能定义为

$$E_{\text{coh}} = \left(xE_{\text{M}} + yE_{\text{C}} - E_{M_xC_y} \right) \big/ (x+y) \tag{12-1}$$

其中，E_{M}、E_{C} 和 $E_{M_xC_y}$ 分别是单个过渡金属 M 原子、C 原子和 M_xC_y 单胞的总能量。

结构的形成能定义为

$$E_{\text{f}} = \frac{E_{\text{total}} - \sum_i n_i \mu_i}{\sum_i n_i} \tag{12-2}$$

其中，E_{total} 是一个单胞内结构的总能量；n_i 和 μ_i 分别是晶体结构中第 i 个原子数量和相应的第 i 个原子的内聚能。

12.1.2　Mo_xC_y 结构预测和稳定性分析

首先，为解决 MXene 的表面官能化问题，以 Mo 基 MXene 为例，利用 CALYPSO 在 0K、常压下对新型二维结构 Mo_xC_y（$x/y = 1~2$）进行搜索，结果如图 12-1 所示，具体结构信息如表 12-1 所示。对于 Mo_2C，预测得到的最稳定构型如图 12-1（a）所示，可视为 C 原子被上下两层 Mo 原子夹在中间，且所有 Mo 原子都暴露在结构表面上，而 C 则形成边缘共享的 Mo_6C 八面体结构。在该结构中，Mo—C 键长为 2.31Å，晶格常数为 3.00Å，与先前报道的典型 M_2X 型 MXene 结构一致。接下来，在相同的条件下搜索富 C 的单层二维结构 Mo_xC_y（$x=1$，$y=1$、2）。对于 MoC，预测的新型二维结构属于具有 $Pmmn$ 对称性的正交型结构。如图 12-1（b）所示，每个 C 原子与四个 Mo 原子配位，Mo—C 沿 x 和 y 方向的键长分别为 2.04Å 和 2.10Å，相应的晶格常数分别为 $a = 3.75$Å 和 $b = 4.05$Å。所预测的 MoC_2 单层结构如图 12-1（c）所示，其具有最低能量的结构属于 $P2_1/m$ 空间群。其最显著的特点为 C 原子以 C2 二聚体的形式存在并暴露于结构表面，其 C—C 距离仅为 1.34Å，小于通常 C—C 单元中的键长 1.40Å，表现出 C≡C 双键特征。值得注意的是，在该结构中，Mo 原子层被上下两层 C2 二聚体夹在中间，从而避免了类似于 MXene 结构中金属原子直接暴露在表面产生悬挂键从而影响稳定性的问题。其中，Mo—C 沿 x 和 y 方向的键长分别为 2.02Å 和 2.212Å，优化后的晶格常数分别为 $a = 3.03$Å 和 $b = 4.84$Å。

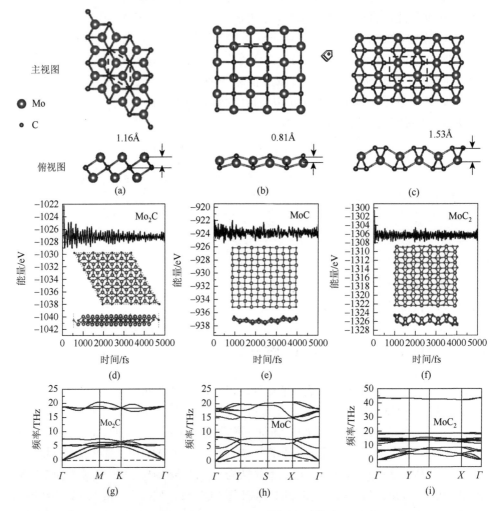

图 12-1 Mo_2C（a）、MoC（b）和 MoC_2（c）具有最低能量结构的主视图和俯视图；三种结构 300K 下相应的 AIMD 模拟［（d）～（f）］和沿高对称方向的声子谱［（g）～（i）］[3]

表 12-1　预测的新型二维 Mo_2C、MoC 和 MoC_2 的结构信息[3]

化合物	空间群	晶格常数	Wyckoff 位置/%			
			原子	x	y	z
Mo_2C	$P\text{-}3m1$	$a = b = 2.99749\text{Å}$ $c = 30.32096\text{Å}$ $\alpha = \gamma = 90.00000°$ $\beta = 120.00000°$	Mo（2d）	0.33333	0.66667	0.51537
			C（1b）	0.00000	1.00000	0.50000
MoC	$Pmmn$	$a = 3.75004\text{Å}$ $b = 4.05377\text{Å}$ $c = 30.29331\text{Å}$ $\alpha = \beta = \gamma = 90.00000°$	Mo（2b）	0.00000	0.50000	0.50663
			Mo（2b）	0.50000	0.00000	0.49337
			C（2a）	0.00000	1.00000	0.53353
			C（2a）	0.50000	0.50000	0.46647
MoC_2	$P2_1/m$	$a = 3.03079\text{Å}$ $b = 4.84093\text{Å}$ $c = 30.40416\text{Å}$ $\alpha = \gamma = 90.00000°$ $\beta = 88.27020°$	Mo（2e）	0.74740	0.75000	0.50852
			C（2e）	0.26269	0.88874	0.45801
			C（2e）	0.26269	0.61126	0.45801

注：a、b、d、e 表示该位置的多重度。

　　为验证上述所预测的二维 Mo_xC_y 结构的热力学稳定性，以及其在室温条件下存在的可能性，首先计算了不同结构在 300K 下的 AIMD，结果如图 12-1（d）～（f）所示。在运行 5000 步（10ps）后，所有这三种结构总势能的平均值在整个模拟过程中几乎保持恒定，且原子仅在平衡位置附近轻微振动，没有发生任何化学键断裂或几何重构。这表明所预测的 Mo_xC_y 单层结构在室温是热力学稳定的。根据式（12-1）计算不同二维结构的结合能（E_{coh}），其中，E_{coh} 正值越大，表明结构越稳定、实验合成的可行性越高。对于 Mo_2C、MoC 和 MoC_2，计算得到的结合能值分别为 7.40eV/原子，7.41eV/原子和 7.43eV/原子，均高于相同计算条件下 Ti_2C 的 MXene 结构（6.18eV/原子）。并且在这三种预测的 Mo_xC_y 中，具有最低 E_{coh} 值的 Mo_2C 结构已经在实验中合成出来，进一步说明在一定的实验条件下，新型 MoC 和 MoC_2 结构合成具备高度可能性。

　　随后，借助精确的声子谱计算了所预测的二维结构的动力学稳定性，结果如图 12-1（g）～（i）所示。可以看到，在整个布里渊区所有结构均未出现声子谱虚频，表明上述所预测的单层结构在动力学上也都是稳定的。

　　为进一步揭示 Mo_xC_y 单层结构的键合特性和稳定机制，计算了其电子局域函数（ELF），如图 12-2 所示。ELF＞0.5 表示共价键或核心电子，ELF＜0.5 表示离子键，ELF = 5 则表示类电子-气体对，即金属键。对于 Mo_2C，Mo—C 键表现出混合的共价/金属/离子键特性，且表面存在大量非键合的类电子-气体对，即悬挂键，因此很容易吸附大量 T 官能团（T = —OH、—F、—Cl、═ O 等）。对于碳含量增加的 MoC 和 MoC$_2$，Mo—C 键表现为离子键特征；且 MoC$_2$ 中 C2 二聚体具有很强的共价键特性，极大地降低了 MoC$_2$ 的总能量。可以看到，随着 C 含量的增加且越来越多地暴露在表面，在 MoC$_2$ 表面未观察到自由电子，表明类似于 MXene 中的悬挂键得到了有效降低甚至消失。相应地，表面官能化问题也得到了有效避免。

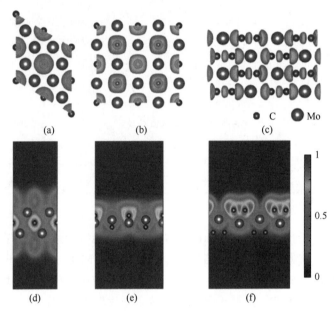

图 12-2　Mo$_2$C（a）、MoC（b）和 MoC$_2$（c）的 ELF，等值面为 0.8a.u.；（d）～（f）三种结构相应(110)晶面的 ELF[3]

12.1.3　Mo$_x$C$_y$ 电子性质

考虑到电池的循环性能和倍率性能在很大程度上受电极材料电子特性的影响，分别计算了三种单层结构 Mo$_2$C、MoC 和 MoC$_2$ 的电子能带结构和投影态密度（PDOS）。如图 12-3 所示，其费米能级附近部分占据的能带及高的投影态密度峰值，均说明上述所预测的单层结构表现出金属特性，且具有良好的导电性。此外，投影态密度分析表明，对于 Mo$_2$C，费米能级附近的能带主要是由 Mo 原子的 d 轨道所贡献；随着二维 Mo$_x$C$_y$ 结构中 C 含量的增加，C 的 p 轨道和 Mo 的 d 轨道的杂化作用也贡献了一定作用，与 Bader 电荷分析 Mo 原子向 C 原子转移的电荷量结果（Mo$_2$C：1.46eV，MoC：2.64eV，MoC$_2$：2.63eV）一致，进一步验证了 Mo$_x$C$_y$ 的金属特性。

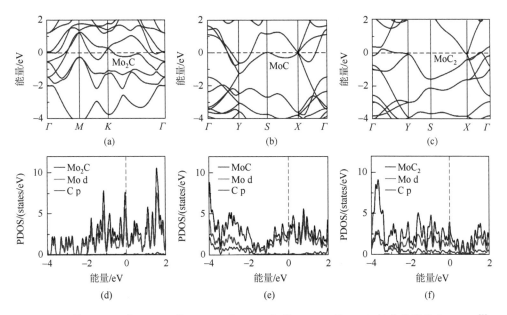

图 12-3　[(a)、(d)] Mo$_2$C、[(b)、(e)] MoC 和 [(c)、(f)] MoC$_2$ 的能带结构和 PDOS[3]

12.1.4　其他富碳 M$_x$C$_y$ 结构

除了新型 Mo 基二维过渡金属碳化物，还用同样的方法对 Nb 基二维结构进行了搜索，并预测了超过 1000 个二维候选材料。结果表明，NbC$_2$ 中最稳定的二维结构显示出与上述 MoC$_2$ 单分子层相同的结构，如图 12-4（a）所示。声子谱计算和 AIMD 模拟确定了 NbC$_2$ 结构是热力学和动力学稳定的[图 12-4（b）和（c）]。电子能带结构和投影态密度 [图 12-4（d）] 确定了 NbC$_2$ 的金属特性。其最显著的特点是 C 原子含量增加并暴露在表面，可将金属原子保护在内侧，避免类似于 MXene 中的表面官能化问题；并在调控晶格常数、电子特性及表面稳定性等物理化学性质方面起到了关键作用。

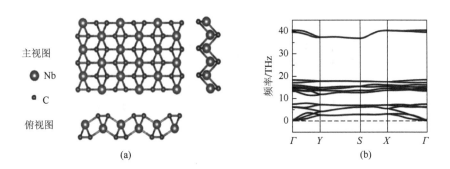

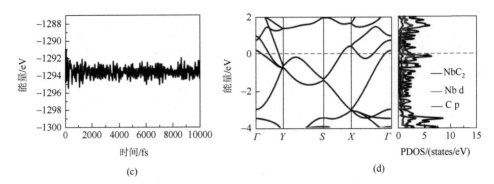

(c)   (d)

图 12-4   (a) 具有最低能量的 NbC_2 结构；NbC_2 沿高对称方向的声子谱（b）、AIMD 模拟中平衡后的总势能波动（c）、能带结构（左）和 PDOS（右）（d）[4]

12.1.5   Janus 结构的设计

中国科学院金属研究所在对 MXene 进行改性的过程中提出了一种制备新型二维层状材料 MA_2Z_4（M = 过渡金属元素，A = ⅣA 族元素，Z = ⅤA 族元素，可视为 MZ_2 被夹在两个 A-Z 单层之间）的通用方法[5]。特别地，对于半导体特性的 $MoSi_2N_4$，其结构如图 12-5（a）所示，初步研究表明该材料在光催化全解水方面显示出一定的应用潜能。但是 $MoSi_2N_4$ 的光生电子-空穴对的各向异性迁移行为并不明显，这会造成在实际工作时光生电子-空穴对的再复合；并且 $MoSi_2N_4$ 氧化还原能力较低、在实际引发催化过程中需要借助催化剂的加入，这些均限制了其在光催化领域的进一步发展和应用。研究者提出，通过构建 Janus 结构，在二维

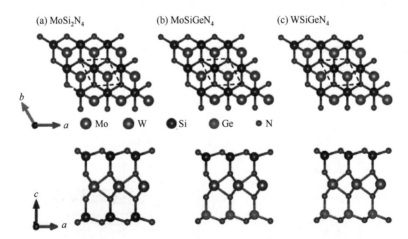

图 12-5 $MoSi_2N_4$（a）、$MoSiGeN_4$（b）和 $WSiGeN_4$（c）结构的俯视图和侧视图[6]
虚线表示单胞大小

418

材料内部引入垂直内建电场，一方面可以调控材料导带底（CBM）和价带顶（VBM）的带边位置，从而打破传统光催化剂至少 1.23eV 带隙的要求限制；另一方面还可以使导带和价带在两个相反的表面上有效分离，进而将光生电子和空穴在空间上分离开来，避免其再复合[7]。因此，Janus 结构可以作为光激发载体的额外助推器，从而提高析氢反应（HER）和析氧反应（OER）的催化活性。

值得注意的是，对于 MA$_2$Z$_4$ 中的 MoSi$_2$N$_4$、MoGe$_2$N$_4$ 和 WSi$_2$N$_4$，它们相应的电子性质和带边位置如表 12-2 所示。可以看到，MoGe$_2$N$_4$ 和 WSi$_2$N$_4$ 相对于 MoSi$_2$N$_4$ 均表现出 VBM 更低且具有内建电场的特性。因此，作者将 MoSi$_2$N$_4$ 一侧的 Si 元素替换为 Ge 构建 Janus 结构 MoSiGeN$_4$，以及将 MoSiGeN$_4$ 中的 Mo 元素替换为 W 构建 Janus 结构 WSiGeN$_4$ 的新策略，并期待能通过新型二维 Janus 结构的构建来调控其带隙和带边位置，提高催化特性。相应地，MoSi$_2$N$_4$ 层状结构中原子层堆垛顺序为 N-Si-N-Mo-N-Si-N，可以看作 α-MoN$_2$ 层被上下两个 Si-N 单层夹在中间，如图 12-5 所示，优化后的晶格常数为 2.90Å，和之前实验中报道的结果一致。对于 MoSiGeN$_4$ 和 WSiGeN$_4$，可以看作 Mo(W)N$_2$ 层分别被 Si-N 和 Ge-N 单层夹在中间，优化后的晶格常数分别为 2.95Å 和 2.94Å。

表 12-2　MoSi$_2$N$_4$、MoGe$_2$N$_4$ 和 WSi$_2$N$_4$ 的电子性质[6]　　（单位：eV）

种类	带隙	CBM	VBM	能带类型
MoSi$_2$N$_4$	2.32	−3.63	−5.95	间接带隙
MoSiGeN$_4$	1.81	−3.89	−6.30	间接带隙
WSiGeN$_4$	2.25	−3.16	−6.00	间接带隙

为了确定两种新型 Janus 结构的稳定性，首先根据式（12-2）计算了它们的形成能（E_f）。结果表明，二维 MoSi$_2$N$_4$、Janus 结构 MoSiGeN$_4$ 和 WSiGeN$_4$ 的 E_f 分别为−5.61eV、−5.23eV 和−5.20eV，远小于 MoS$_2$（−2.63eV）和 MoSSe（−2.34eV）。由于 MoSi$_2$N$_4$ 和 Janus 结构 MoSSe 均已被成功合成出来，因此可以认为 MoSiGeN$_4$ 和 WSiGeN$_4$ 是能量上稳定的结构。接下来，为进一步确定这两种 Janus 结构的热力学稳定性，模拟了在 500K 环境下的 AIMD，结果如图 12-6（a）和（b）所示。可以看到，MoSiGeN$_4$ 和 WSiGeN$_4$ 在室温及高温下均是稳定的。在整个模拟过程中，总势能的平均值几乎恒定不变，且高温模拟后原子仅在平衡位置附近轻微振动，没有发生任何化学键断裂和几何重构。另外，还通过声子谱计算来确定它们的动力学稳定性。如图 12-6（c）和（d）所示，在整个布里渊区均未观察到声子虚频，进一步确定了两种 Janus 结构是动力学稳定的。综上，二维 MoSi$_2$N$_4$、MoSiGeN$_4$ 和 WSiGeN$_4$ 结构均表现出良好的热力学和动力学稳定性。

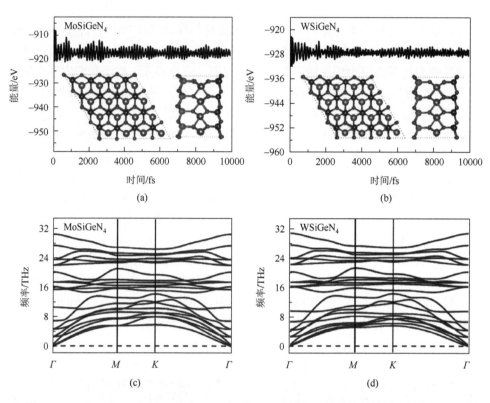

图 12-6　MoSiGeN$_4$（a）和 WSiGeN$_4$（b）在 AIMD 模拟下的总势能波动和结构快照；
MoSiGeN$_4$（c）和 WSiGeN$_4$（d）沿高对称方向的声子散射曲线[6]

12.1.6　Janus 结构的电子性质

基于 HSE06 杂化泛函，计算了 MoSi$_2$N$_4$、MoSiGeN$_4$ 和 WSiGeN$_4$ 三种结构的电子能带结构和相应的 PDOS，结果如图 12-7 所示。MoSi$_2$N$_4$ 表现出半导体特性，其能带大小为 2.32eV。Janus 结构的 MoSiGeN$_4$ 和 WSiGeN$_4$ 同样表现出半导体特性，带隙大小分别为 1.81eV 和 2.25eV。显然，这三种二维结构的能带不仅能满足充分利用太阳光中可见光的要求（1.55～3eV），还能满足水分解（＞1.23eV）的带隙要求。此外，这三种结构均表现出间接带隙半导体特性，CBM 位于 K 点，而 VBM 位于 Γ 点。由图 12-7 中相应的 PDOS 可以发现，MoSi$_2$N$_4$ 的 CBM 主要是由 Mo 和 N 的杂化所贡献，而 VBM 主要是由 Mo、N、Si 的杂化贡献。在 MoSiGeN$_4$ 和 WSiGeN$_4$ 中，VBM 主要是由 Mo（W）、N、Ge 和 Si 共同杂化所贡献，且 Ge 的贡献稍高于 Si。因此，基于三种结构的半导体特征，以及由不同元素杂化构成的 CBM 和 VBM，特别是两种 Janus 结构，可以初步说明其可以抑制光生电子-空穴对的再复合，为相关光电应用提供了一定基础。

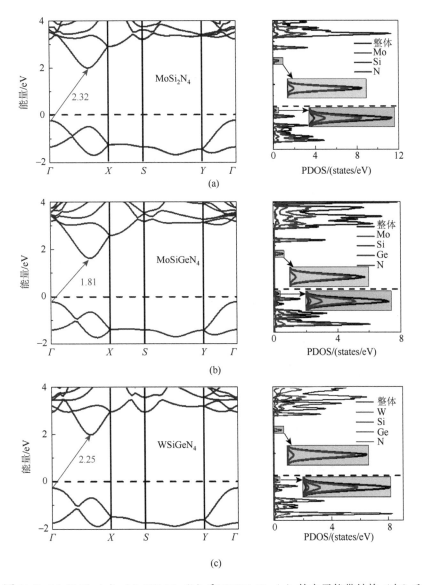

图 12-7　$MoSi_2N_4$（a）、$MoSiGeN_4$（b）和 $WSiGeN_4$（c）的电子能带结构（左）和
相应的 PDOS（右）[6]

　　综上，对于 MXene 基二维材料，根据特定应用，通过材料的结构-性能之间
的关系，合理设计、调控新型二维结构对于提高其稳定性、避免表面官能化、调
控晶格常数和电子性质等方面起到至关重要的作用。本节研究内容为后续相关实
验制备提供了理论指导和借鉴作用，同时为进一步促进新型二维材料在能源存储
与转化中的应用提供了新的见解和思路。

12.2 新型二维过渡金属碳化物在能源存储中的应用

12.2.1 研究背景与计算方法

寻找高性能电极材料成为下一代可充电二次电池技术发展的关键因素之一，而原子层厚度的二维材料因具有独特的物理化学特性在金属离子电池（MIBs）中的应用引起了广泛的关注和研究。MXene 因具有独特的二维层状结构、较大的比表面积、优异的亲水性、良好的导电性能和速率性能等，在用作金属离子电池电极材料方面展现出极大的应用潜能。然而，由于 MXene 中金属原子直接暴露在表面，其对温度和环境较为敏感，不可避免地吸附种类和数量均不可精确控制的 T 官能团（T = —OH、—F、—Cl、=O 等），使其对金属原子的比容量降低且扩散能垒增加，极大地影响了电池性能。12.1.4 节表明，增加 MXene 中碳含量在保护金属原子免于暴露在结构表面，从而防止 T 官能化中起着至关重要的作用。该策略还可以降低 MXene 的分子量并调节其晶格常数以容纳更多的 Li/Na 原子，从而大幅提高锂离子电池（LIBs）/钠离子电池（SIBs）的比容量和安全性能。

本节通过第一性原理计算方法，以碳化钼（Mo_xC_y）为例，研究了新型二维过渡金属碳化物在 MIBs 电极材料中的应用潜能和工作机制。结果表明，随着碳含量的增加，在保证 MXene 良好电导特性和低的金属原子迁移能垒的同时，碳原子逐渐暴露在表面，甚至以 C2 二聚体的形式直接吸附金属原子，提高电池比容量。同时，工作时具备合适的开路电压，为推动新型二维材料在 MIBs 中的进一步研究起到了至关重要的作用[3]。

本节理论计算均是在 VASP 软件包中进行的，采用 PAW 方法来描述电子和离子实之间的相互作用，采用 PBE 赝势的 GGA 交换关联势来描述电子间交换关联作用。其他具体计算参数的设置详见参考文献。基于 DFT 系统研究了前述搜索设计的 Mo_xC_y（$x, y = 1\sim2$）结构在用作 LIBs/SIBs 电极中的性能和工作机制。

Li/Na 原子在 Mo_xC_y 单层结构上的吸附能定义为

$$E_{ad} = \left(E_{Mo_xC_y+nM} - E_{Mo_xC_y} - nE_M\right)/n \qquad (12\text{-}3)$$

其中，$E_{Mo_xC_y+nM}$ 是 Mo_xC_y 中插入 n 个金属原子后体系的总能量；$E_{Mo_xC_y}$ 是初始 Mo_xC_y 结构的能量；E_M 是体心立方的 Li/Na 原子的内聚能。

对于多层金属原子的吸附，通过逐层计算平均吸附能来衡量 Li/Na 原子和 Mo_xC_y 单层结构之间的相互作用：

$$E_{ave} = \left(E_{Mo_xC_y+8nM} - E_{Mo_xC_y+8(n-1)M} - 8E_M\right)/8 \qquad (12\text{-}4)$$

其中，$E_{Mo_xC_y+8nM}$ 和 $E_{Mo_xC_y+8(n-1)M}$ 分别是吸附 n 层和 $n-1$ 层 Li/Na 原子后体系的能量；

E_M 是体心立方的 Li/Na 原子的内聚能；数字 8 是在 Mo_xC_y 的 $2\times2\times1$ 超胞中每层可吸附 8 个 Li/Na 原子。

Li/Na 原子嵌入 Mo_xC_y 单层的理论比容量（C_M）可由式（12-5）确定：

$$C_M = \frac{nF}{M_{Mo_xC_y}} \tag{12-5}$$

其中，n 是吸附的 Li/Na 原子数；F 是法拉第常数（26801mA·h/mol）；$M_{Mo_xC_y}$ 是 Mo_xC_y 的摩尔质量。

相应地，根据如下充电/放电过程中的半电池反应，可得到另一评价电池性能的参数，即开路电压：

$$Mo_xC_y + nM^+ + ne^- \Longleftrightarrow Mo_xC_yM_n \tag{12-6}$$

当忽略锂化/钠化过程中的体积效应和熵效应时，开路电压（OCV）可通过以下方程来估算：

$$OCV \approx \frac{E_{Mo_xC_y} + nE_M - E_{Mo_xC_y+nM}}{ne} \tag{12-7}$$

其中，n 是吸附的 Li/Na 原子数；e 为单位原子所带电荷；$E_{Mo_xC_y}$ 是初始 Mo_xC_y 单层的总能量；E_M 是体心立方的 Li/Na 原子的内聚能；$E_{Mo_xC_y+nM}$ 是 Mo_xC_y 中插入 n 个金属原子后的体系的总能量。

12.2.2　Li/Na 在二维 Mo_xC_y 上的吸附

在确定了二维材料的稳定性和电子特性之后，进一步探究它们在 MIBs 中的电极性能。首先，通过不同吸附活性位点测试，确定了 Li/Na 原子在 Mo_xC_y 宿主单层结构上的最佳吸附位点。为避免相邻金属原子之间的相互作用，采用足够大的超胞（Mo_2C 为 $3\times3\times1$，MoC 和 MoC_2 为 $2\times2\times1$）进行计算。考虑到 Mo_xC_y 单层的对称性，Mo_2C 包含三个不同的初始吸附位点，而 MoC 和 MoC_2 分别包含四个不同的初始吸附位点。如图 12-8 所示，Mo_2C、MoC 和 MoC_2 表面上的不同吸附位点分别标记为 $A_1\sim A_3$、$B_1\sim B_4$ 和 $C_1\sim C_4$。

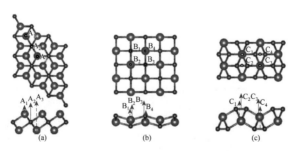

图 12-8　Li/Na 原子在 Mo_2C（a）、MoC（b）和 MoC_2（c）上的高对称吸附位点[3]

此外，根据式（12-3）可知，吸附能（E_{ad}）值越负，则吸附位点越稳定，即负值最大时为最优吸附位点。计算结果如表 12-3 所示，对于 Mo_2C，A_3 位点（位于底部 Mo 原子上方）具有最负的 E_{ad} 值，其对 Li 和 Na 的吸附值分别为-0.92eV/原子和-1.01eV/原子。对于 MoC，Li 和 Na 最稳定的吸附位点为 B_4（位于底部 Mo 原子上方），相应的吸附能值分别为-0.87eV/原子和-0.89eV/原子。对于 MoC_2，Li 和 Na 最稳定的吸附位点是 C_4（位于底部 C2 二聚体的中点以上），其 E_{ad} 值分别为-1.73eV/原子和-1.76eV/原子。值得注意的是，在这三种结构中，由于 MoC_2 单层的 C2 二聚体暴露在表面上，因此它可以直接吸附金属原子，从而增强 Li/Na 原子与宿主单层之间的库仑相互作用，因此具有最负的 E_{ad} 值。

表 12-3　Mo_2C、MoC 和 MoC_2 单层宿主表面高对称位点上的 Li/Na 原子的吸附能值[3]

（单位：eV/原子）

	吸附位点	A_1	A_2	A_3
Mo_2C	Li	-0.88	-0.89	-0.92
	Na	-0.87	-0.99	-1.01
	吸附位点	B_1	B_2	B_3	B_4
MoC	Li	-0.86	-0.85	-0.75	-0.87
	Na	-0.86	-0.86	-0.76	-0.89
	吸附位点	C_1	C_2	C_3	C_4
MoC_2	Li	-1.59	-1.58	-1.72	-1.73
	Na	-1.50	-1.49	-1.75	-1.76

为进一步研究 Li/Na 原子的吸附过程，利用 Bader 电荷分析研究了金属原子和宿主结构之间的电荷转移情况，结果如表 12-4 所示。研究发现，Li/Na 原子吸附在二维 Mo_xC_y 表面后几乎贡献了其最外层的全部 s 层电子，这表明吸附后 Li/Na 原子处于阳离子状态并化学吸附到单层宿主上。此外，随着二维 Mo_xC_y 结构中 C 含量的增加，从 Li/Na 原子转移到单层宿主的电荷量增加。这也说明此时金属原子和电极宿主材料之间的相互作用力增强。

表 12-4　Li/Na 原子吸附在 Mo_2C、MoC 和 MoC_2 表面后的 Bader 电荷转移分析[5]

（单位：e）

	电荷转移量		
	Mo_2C	MoC	MoC_2
Li	0.9875	0.9877	0.9909
Na	0.9873	0.9876	0.9915

12.2.3　Li/Na 在二维 Mo_xC_y 上的扩散行为

由于 Li/Na 原子在电极材料上的迁移行为直接决定了可充电电池的充放电速率性能，因此接下来研究 Li/Na 原子在三个不同单层宿主结构表面上的扩散行为。采用爬坡微动弹性带（CI-NEB）方法搜索能量最低路径并确定扩散中的迁移能垒。在计算过程中，以 Li/Na 原子最稳定的吸附位点作为初始构型，相邻的最稳定吸附位点作为末态构型，结果如图 12-9 所示。对于 Mo_2C，Li/Na 原子的最优扩散路径为 $A_3 \longrightarrow A_2 \longrightarrow A_3$，相应的扩散能垒分别为 0.040eV 和 0.019eV。而对于 MoC，存在两种可能的扩散路径，分别为路径 I（$B_4 \longrightarrow B_3 \longrightarrow B_4$）和路径 II（$B_4 \longrightarrow B_1 \longrightarrow B_4$）。研究表明，路径 II 的扩散能垒较路径 I 更低，Li 原子为 0.31eV，Na 原子为 0.10eV。对于 MoC_2，同样存在两条可能的扩散路径，路径 I（$C_4 \longrightarrow C_3 \longrightarrow C_4$）和路径 II（$C_4 \longrightarrow C_1 \longrightarrow C_4$），路径 II 对 Li 原子具有较低的扩散能垒（0.15eV），而路径 I 对 Na 原子具有较低的扩散能垒（0.23eV）。对比之前报道的电极材料计算结果发现，Li/Na 原子在这三种结构表面迁移的能垒值均小于大多数二维材料或与其相当，如用于 LIBs 的石墨烯（0.33eV）、MoN_2（0.78eV）；用于 SIBs 的 MoS_2（0.25eV）、MoN_2（0.56eV）等，表明本节预测的单层结构作为金属电池阳极材料时可获得

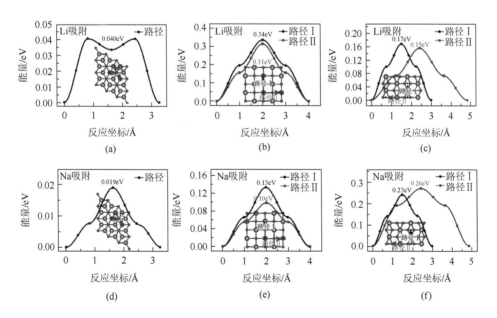

图 12-9　Li 吸附在 Mo_2C（a）、MoC（b）和 MoC_2（c），Na 吸附在 Mo_2C（d）、MoC（e）和 MoC_2（f）的迁移路径以及相应的扩散能垒[6]

优异的充放电速率性能。值得注意的是，对于二维 Mo_2C 和 MoC，Na 原子的扩散能垒小于 Li 的扩散能垒。这是由于 Na 的原子半径较大，Na 原子与宿主单层之间的距离较大，降低了其相互作用；另外，表面电子层有效地平滑了表面上的电势。然而，相反地，对于 MoC_2，Li 原子的扩散能垒小于 Na 原子的扩散能垒。这是由于 MoC_2 具有比 MoC 和 Mo_2C 更大的晶格常数，并且显示出与 Na 原子更好的晶格相容性，从而增大了其和 Na 原子之间相互作用。因此，在增强吸附原子与 MoC_2 单层之间相互作用的同时，也在一定程度上增加了 Na 原子在其表面的扩散能垒。

12.2.4　二维 Mo_xC_y 对 Li/Na 的理论比容量

对于所预测的三种单层结构 Mo_2C、MoC 和 MoC_2，在用作 LIBs 和 SIBs 电极材料时是否能具备优异的 Li/Na 存储性能，需要对其吸附 Li/Na 原子的理论存储比容量（C_M）进行计算和评估。此时，为研究高浓度的 Li/Na 原子吸附，所有结构均使用 $2\times2\times1$ 超胞作为研究对象，并同时考虑上下两侧的吸附行为。

对于第一层 Li/Na 原子吸附，根据上述讨论确定的最佳吸附位点，即分别在 Mo_2C 的 A_3 位点、MoC 的 B_4 位点和 MoC_2 的 C_4 位点进行；对于第二层吸附，考察了所有可能的吸附位点并确定最稳定的一个。首先，根据式（12-3）和式（12-4）分别对比计算了吸附总能（E_{ad}）或逐层计算平均吸附能（E_{ave}）来探索 Li/Na 原子存储性能的差异和潜在机制。随后，通过式（12-5）计算了 C_M，来判定 Mo_xC_y 单层结构作为电极材料时的理论 Li/Na 原子比容量。

以 Li 原子在 Mo_2C 单层上的吸附为例，计算结果表明，若采用式（12-3）计算 Li 原子吸附后的吸附总能，则 Mo_2C 可实现双层吸附，其吸附后 E_{ad} 值为 $-0.31eV$，C_M 为 $526mA\cdot h/g$。然而，若采用式（12-4），Mo_2C 则只能吸附一层 Li 原子，相应的 E_{ave} 和 C_M 值分别为 $-0.68eV$ 和 $262.9mA\cdot h/g$。考虑双层吸附后，E_{ave} 值变为正值 $0.1eV$。原因是当考虑多层 Li 原子吸附时，式（12-3）忽略了由吸附原子本身相互作用形成金属团簇的可能性，而式（12-4）通过逐层计算吸附能，避免了这一问题而变得更为可靠。因此，在后续计算中，使用式（12-4）计算所预测的宿主单层上 Li/Na 原子的多层吸附行为。其中，E_{ave} 值为负时表示 Li/Na 原子倾向于吸附在宿主单层表面，E_{ave} 值为正时则表示 Li/Na 原子更倾向于自身发生作用形成团簇结构，即形成 Li/Na 枝晶，不能稳定吸附金属原子。相应的计算结果如图 12-10 所示，可以看到，对于 Mo_2C 单层，其每一侧只能吸附一层 Li/Na 原子，而第二层吸附在能量上是不稳定的，并且在吸附原子之间形成了金属团簇，这与先前报道的结果一致[8]。此时，相应的化学计量比为 $Mo_2C(Li/Na)_2$，Li/Na 原子吸附的 C_M 均为 $262.9mA\cdot h/g$。

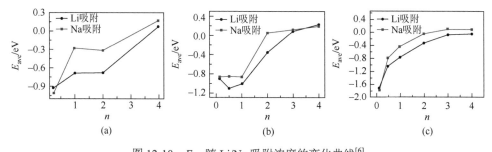

图 12-10　E_{ave} 随 Li/Na 吸附浓度的变化曲线[6]

Mo_2C（a）、MoC（b）和 MoC_2（c）单层结构表面吸附 Li/Na 原子

对于 MoC，考虑了六种不同的 Li/Na 原子浓度，$n = 0.125$、0.5、1、2、3 和 4，分别对应于 $Mo_8C_8M_1$、$Mo_2C_2M_1$、$MoCM_1$、$MoCM_2$、$MoCM_3$ 和 $MoCM_4$（M 代表金属原子）不同的化学计量比，如图 12-10（b）所示。当 $n = 1$ 时，Li/Na 原子的 E_{ave} 值分别为 -1.01eV 和 -0.86eV，此时大的负吸附能值确保了良好的金属原子吸附稳定性。当 Li/Na 原子的浓度增加到 $n = 2$ 时（在 MoC 每一侧各有一层 Li/Na 原子吸附），Li 原子的 E_{ave} 值为 -0.35eV，Na 原子的 E_{ave} 值则变为正值 0.05eV，意味着在这种情况下，只有 Li 原子的吸附是稳定的，而 Na 原子的吸附在能量上是不稳定的，即：在实际充放电过程会形成团簇和枝晶，影响电池的性能和安全使用。接下来，对于 Li 原子吸附，进一步增加其吸附在 MoC 单层上的原子浓度。当 $n = 3$ 时，E_{ave} 变为正值，此时 $E_{ave} = 0.09eV$；进一步增加 Li 原子吸附浓度，当 $n = 4$ 时，E_{ave} 正值变得更大，为 0.22eV。因此，对于 MoC 二维结构，难以实现多层金属原子吸附，应以化学计量比 $MoCLi_2$ 和 MoCNa 来估算 Li/Na 吸附的 C_M，分别为 Li 吸附的 496.4mA·h/g 和 Na 吸附的 248.2mA·h/g。

对于 MoC_2，同样考虑六种不同的 Li/Na 原子吸附浓度，相应的 n 值从 0.125 逐渐增加到 4，其化学计量比分别为 $Mo_8C_{16}M_1$、$Mo_2C_4M_1$、MoC_2M_1、$MoCM_2$、MoC_2M_3、MoC_2M_4。得到的 E_{ave} 值如图 12-10（c）所示，对于第一层 Li/Na 原子吸附，计算得到的 E_{ave} 值分别为 Li 原子 -0.33eV、Na 原子 -0.05eV，表明此时 Li/Na 原子均可稳定吸附。对于第二层 Li/Na 原子吸附，Li 原子的 E_{ave} 值为 -0.04eV，可以稳定吸附在宿主单层上；而对于 Na 原子吸附，当 $n = 3$、4 时，E_{ave} 值变为正值，分别为 0.10eV 和 0.09eV，说明此时不能稳定吸附 Na 原子。需要指出的是，尽管双层 Li 原子和单层 Na 原子的吸附具有较低的平均吸附能，但这些值与一些典型的电极材料相当，甚至表现更负。例如，Li 原子吸附在 Mo_2C 和 Nb_2C 上的 E_{ave} 值分别为 -0.01eV 和 -0.02eV，Na 原子在 MoN_2 和 Ti_3C_4 表面吸附的 E_{ave} 值分别为 -0.02eV 和 -0.03eV。因此，MoC_2 单层宿主可在上下两个表面分别稳定吸附双层 Li 原子和单层 Na 原子。应分别以化学计量比为 MoC_2Li_4 和 MoC_2Na_2 来评估 Li/Na 原子吸附的 C_M，分别为 Li 吸附的 893.5mA·h/g 和 Na 吸附的 446.9mA·h/g。

12.2.5　二维 Mo_xC_y 吸附 Li/Na 原子的开路电压

为确定二维 Mo_xC_y 结构用作电极材料时的电极位置（正/负极）及保证能具有较大的电压窗口，通过式（12-6）并结合最大理论 Li/Na 比容量计算了三种单层宿主表面吸附 Li/Na 原子后的开路电压（OCV）。计算表明，Mo_2C、MoC 和 MoC_2 吸附 Li/Na 原子的 OCV 分别为 0.69eV/0.31eV、0.63eV/0.80eV、0.24eV/0.28eV，均在 0~1V 之间，说明这三种结构均适于用作 LIBs/SIBs 的阳极材料，且较低的开路电压值也保证了在实际工作时电池能具备较宽的电压窗口，为实际工业化应用提供了良好的基础。与其他 MC_2 型单层宿主结构相比，由于分子量较低的优势，所预测的 MoC_2 对于 Li 原子的比容量高于 TiC_2（622mA·h/g）和 TaC_2（523mA·h/g）。虽然理论比容量低于 VC_2（1073mA·h/g），但 MoC_2 表面吸附 Li 原子后具有更低的 OCV，这更有利于在用作电池阳极材料时提高正负极之间的工作电压，从而提供更宽的工作电压窗口。

12.2.6　稳定性和工作机制分析

需要指出的是，根据以上描述，吸附在 MoC_2 单层上的单个 Na 原子通常比 Li 原子更稳定。然而，随着 Li/Na 吸附原子数量的增加，Na 吸附的 E_{ave} 值下降得更快。分析发现，对于任意一个吸附的 Na 原子，其作用主要来源于两个方面：一是周围的 Na 原子；二是 MoC_2 单层宿主电极表面，并且这两种相互作用存在竞争机制。当吸附在 MoC_2 单层上的 Na 原子浓度低时，Na 原子与阳极宿主单层之间的相互作用占主导，相邻 Na 原子之间距离较远、相互作用太弱而无法影响吸附性能。因此，单个 Na 原子的吸附能比单个 Li 原子的吸附能值更负。然而，随着金属原子吸附浓度的增加，主要相互作用逐渐由 Na 原子与阳极宿主单层之间的相互作用转变为 Na 原子自身的相互作用，进而更倾向于形成 Na 金属团簇。因此，Na 原子吸附的 E_{ave} 值变化更快，当 Li 原子吸附的 E_{ave} 值仍然为负时，Na 原子吸附的 E_{ave} 值先达到正值，形成枝晶或团簇，影响电极性能和使用安全性能。

此外，电子云分布对于稳定 Li/Na 原子的吸附及实现多层吸附起着至关重要的作用。为了弄清楚 Li/Na 原子在 MoC_2 单层上不同吸附行为的物理起源，对 Li/Na 原子吸附于 MoC_2 单层后的(110)晶面进行电子局域函数（ELF）分析，如图 12-11 所示。考虑到 MoC_2 单层表面是褶皱的，吸附的 Li/Na 原子层也发生了弯曲，特别是对于具有较大原子半径的 Na 原子吸附。首先，对于第一层吸附，电子在 Li 原子和 Na 原子层上部形成了负电子云，并均匀地分布在 Li/Na 原子之间。此时，带负电的环境可以有效地在 MoC_2 单层和 Li/Na 原子层之间提供静态吸引相互作用，从而稳定地吸附 Li/Na 原子。考虑第二层吸附后，对于 Li 原子吸附，可明显观察到，在外部 Li 原子层中仍然散布着大量电子，表明此时外层 Li 原子仍然可以与 MoC_2 单层结合。对于 Na 原子吸附，可以观察到在外层 Na 原子之间存在高浓度电子，表明有很强的 Na 原子自身相互作用，进一步说明了第二层 Na 原子更倾向于通过自身相互作用形成金属团簇，而非吸附在 MoC_2 单层电极上。这也解释了为什么第二层 Na 原子吸附在能量上是不稳定的。此外，还计算了吸附的第二层 Li/Na 原子与宿主 MoC_2 单层之间的距离（图 12-11）。可以看到，Na-MoC_2 之间的平均距离为 7.42Å，远大于 Li-MoC_2 之间的平均距离 3.93Å。这说明此时 Na 原子与 MoC_2 单层之间的相互作用太弱而无法发生化学键合，进一步揭示了 Li 原子可实现多层吸附而 Na 原子只能实现单层吸附。

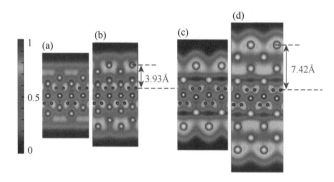

图 12-11　Li/Na 原子吸附于 MoC_2 单层(110)晶面上的 ELF[6]

单层（a）、双层（b）Li 原子的吸附；单层（c）、双层（d）Na 原子的吸附

　　为了研究电极材料在循环过程中的稳定性，进一步研究了 Li/Na 原子吸附前后的结构变化，进而计算其体积变化。表 12-5 中列出了计算得到的三种 Mo_xC_y 宿主单层的初始厚度，在最大 Li/Na 原子理论比容量下的厚度及吸附前后的体积变化。可以发现，与吸附之前相比，所有吸附 Li/Na 原子后的宿主单层的体积变化均小于 3%，在实际使用时可以忽略不计，再次证实了 Mo_2C、MoC 和 MoC_2 单层结构在作为 MIBs 电极材料时具有极大的循环稳定性和应用潜能。

表 12-5　三种宿主单层结构在吸附 Li/Na 原子之后的厚度和体积变化[6]

材料	厚度/Å	体积变化/%
Mo_2C	2.3177	—
Mo_2CLi_2	2.3013	0.71
Mo_2CNa_2	2.2910	1.16
MoC	1.3419	—

材料	厚度/Å	体积变化/%
MoCLi$_2$	1.3697	2.00
MoCNa	1.3597	1.33
MoC$_2$	2.5501	—
MoC$_2$Li$_4$	2.5604	0.41
MoC$_2$Na$_2$	2.5698	0.77

本节采用基于 DFT 的第一性原理计算方法, 深入研究了所预测的三种二维 Mo$_x$C$_y$ 结构作为 LIBs 和 SIBs 阳极材料的应用潜能和工作机制。研究发现, Mo$_2$C、MoC 和 MoC$_2$ 均适用于 MIBs 阳极材料。随着碳含量的增加并暴露在表面, 富碳 Mo$_x$C$_y$ 单层的电极性能优于相应的传统 MXene 结构。具体表现为: 一方面可以直接吸附 Li/Na 原子而无需表面官能化, 保证了较高的结构稳定性和电池理论比容量; 另一方面, 其优异的导电性、较低的金属原子扩散能垒和体积变化保证了充放电过程中的循环稳定性和速率性能。值得注意的是, 较低的阳极开路电压则保证了实际工作中较宽的电压窗口。这对推动该类二维材料在 MIBs 中进一步的实验和理论研究起到了至关重要的作用。

12.3 二维过渡金属碳化物电催化水分解和氧还原反应

12.3.1 研究背景与计算方法

相对于电池、电容器等短期的能源存储策略而言, 清洁能源的催化转化被认为是应对能源危机更为长期、有效的策略。电催化水分解、金属空气电池和燃料电池, 涉及 HER、OER 和 ORR。目前这些反应仍然受昂贵的贵金属或其氧化物限制, 其中 HER 和 ORR 的最佳催化剂为 Pt, OER 的最优催化剂为 RuO$_2$ 和 IrO$_2$。此外, OER 和 ORR 通常为具有线性比例关系的多步质子和电子转移过程, 为动力学缓慢过程, 且往往需要在较高的过电位下进行。这些均严重限制了电催化反应在实际中的广泛应用。因此, 开发非贵金属基、高效耐用、环境友好的可替代型催化剂具有十分重要的意义和紧迫性[4]。需要指出的是, 多功能电催化剂的设计具有十分重要的意义, 这是因为它可以简化生产工艺, 进而降低成本。特别是对于全解水反应, 由于两种单独的单功能催化剂的最佳工作条件通常是不同的, 而双功能催化剂则可折中表现出更好的催化性能。

前面提出的一类碳化学计量比增加的新型过渡金属碳化物 MC$_2$(M 为过渡金属), 可以避免金属原子暴露在表面, 从而避免其表面官能化, 提高稳定性, 并调控其电子结构。同时，碳基纳米材料通常表现出较强的耐酸腐蚀性，而且在酸性电解质环境中还可以提供较高的电流密度、较高的电压效率、较快的系统响应速度等催化优势。因此，本节采用第一性原理计算，对新兴的二维 MC_2（包括 TiC_2、VC_2、NbC_2、TaC_2、MoC_2）结构作为 HER、OER 和 ORR 电催化剂的应用潜能及内在机制进行了系统深入研究。

　　本节所有计算内容均基于 DFT，并在 VASP 软件包中进行。采用 PAW 来描述离子-电子之间的相互作用，其中半核电子被视为价电子。对于电子间的交换关联能，采用 PBE 赝势的 GGA 来进行计算。在垂直方向上施加了约 20Å 的真空距离以避免层间相互作用。vdW 相互作用采用半经验 DFT-D2 方法来进行修正。采用 CI-NEB 方法研究 HER、OER 和 ORR 中间产物的迁移路径和能垒。标准氢电极（SHE）：pH = 0，$p(H_2) = 1bar$（$1bar = 10^5 Pa$）。

　　对于 HER，可描述为

$$H^+(aq) + e^- \longrightarrow 0.5H_2(g) \qquad \Delta G^\ominus = 0eV \qquad (12\text{-}8)$$

其中，$H^+(aq) + e^-$ 表示酸性溶液中 HER 初始状态；$0.5H_2(g)$ 表示最终产物。还需注意催化过程产生的吸附中间体 H*，*为最佳吸附位点。(aq) 和 (g) 分别指溶液和气相状态。由于反应初/末态的总能相同，HER 催化性能通过中间态氢吸附的自由能差（ΔG_{H*}）估算：

$$\Delta G_{H*} = \Delta E_{H*} + \Delta E_{ZPE} - T\Delta S_H \qquad (12\text{-}9)$$

其中，ΔE_{H*} 是 H 吸附能，定义为

$$\Delta E_{H*} = E_{nH*} - E_{(n-1)H*} - 0.5E_{H_2} \qquad (12\text{-}10)$$

其中，E_{nH*} 和 $E_{(n-1)H*}$ 分别是吸附 n 和 $(n-1)$ 个 H 原子后的催化剂总能；E_{H_2} 是 H_2 的能量；ΔE_{ZPE} 和 $T\Delta S_H$ 分别是被吸附物与气相之间的零点能差和熵差。催化剂对 ΔE_{ZPE} 和 $T\Delta S_H$ 的贡献较小，可忽略不计，且吸附在催化剂上的 H* 的振动频率对覆盖度不敏感。因此，ΔE_{ZPE} 和 $T\Delta S_H$ 可分别被描述为

$$\Delta E_{ZPE} = E_{ZPE}^{H*} - 0.5E_{ZPE}^{H_2} \qquad (12\text{-}11)$$

$$\Delta S_H \approx -0.5S_{H_2}^\ominus \qquad (12\text{-}12)$$

其中，$S_{H_2}^\ominus$ [130J/(mol·K)] 是标准条件下 H_2 的熵。

　　在酸性环境中，整个 OER 过程可以表示为式（12-13），该过程发生在水分解和金属空气电池充电时的阴极反应：

$$2H_2O \longrightarrow O_2 + 4H^+ + 4e^- \qquad (12\text{-}13)$$

此时，OER 通过以下四电子转移反应途径进行：

$$H_2O(l) + * \longrightarrow OH* + e^- + H^+ \qquad (12\text{-}14)$$

$$OH* \longrightarrow O* + e^- + H^+ \qquad (12\text{-}15)$$

$$H_2O(l) + O* \longrightarrow OOH* + e^- + H^+ \qquad (12\text{-}16)$$

$$OOH* \longrightarrow O_2(g) + e^- + H^+ \qquad (12\text{-}17)$$

其中，*是催化剂上的活性位点；(l)和(g)分别代表液相和气态。

ORR 催化过程可以看作是 OER 的逆过程。相应地四个基元反应步骤如下：

$$* + O_2(g) + e^- + H^+ \longrightarrow OOH* \qquad (12\text{-}18)$$

$$OOH* + e^- + H^+ \longrightarrow H_2O(l) + * \qquad (12\text{-}19)$$

$$O* + e^- + H^+ \longrightarrow OH* \qquad (12\text{-}20)$$

$$OH* + e^- + H^+ \longrightarrow H_2O(l) + * \qquad (12\text{-}21)$$

上述每个基元反应涉及一个电子转移过程，中间体的吉布斯自由能差（ΔG_{OH*}、ΔG_{O*}、ΔG_{OOH*}）由式（12-22）计算得到：

$$\Delta G = \Delta E + \Delta ZPE - T\Delta S + \Delta G_U + \Delta G_{pH} \qquad (12\text{-}22)$$

其中，ΔE、ΔZPE 和 ΔS 分别是吸附态和相应的自由态之间的吸附能差、零点能差和熵差。ΔE 由计算得到，ΔZPE 和 $T\Delta S$ 的值由 DFT 计算和标准热力学数据得到，如表 12-6～表 12-8 所示。$\Delta G_U = -eU$，e 是基本电荷，U 是施加的电极电位。$\Delta G_{pH} = -k_B T \ln[H^+] = pH \times k_B T \ln 10$，源于电解液 pH 的影响。在酸性溶液中，OER 过程的四步基元反应的吉布斯自由能变可以表示为：$\Delta G_1 = \Delta G_{OH*}$，$\Delta G_2 = \Delta G_{O*} - \Delta G_{OH*}$，$\Delta G_3 = \Delta G_{OOH*} - \Delta G_{O*}$，$\Delta G_4 = 4.92 - \Delta G_{OOH*}$。相应地，对于 ORR 过程：$\Delta G_a = \Delta G_{OOH*} - 4.92$，$\Delta G_b = \Delta G_{O*} - \Delta G_{OOH*}$，$\Delta G_c = \Delta G_{OH*} - \Delta G_{O*}$，$\Delta G_d = \Delta G_{OH*}$。OER 和 ORR 过程的催化性能可通过反应的过电位（η）来评估：

$$\eta^{OER} = \max\{\Delta G_1, \Delta G_2, \Delta G_3, \Delta G_4\}/e - 1.23 \qquad (12\text{-}23)$$

$$\eta^{ORR} = \max\{-\Delta G_a, -\Delta G_b, -\Delta G_c, -\Delta G_d\}/e + 1.23 \qquad (12\text{-}24)$$

表 12-6　一个 H 原子吸附在 MC$_2$ 表面不同活性位点的吸附能（E_{H*}）[4]

（单位：eV）

材料体系	1	2	3	4
TiC$_2$	−208.35	−209.54	−210.11	−210.25
VC$_2$	−213.71	−213.77	−214.30	−214.40
NbC$_2$	−222.25	−222.37	−222.92	−223.51
TaC$_2$	−239.40	−239.40	−239.96	−240.60
MoC$_2$	−225.03	−225.06	−225.21	−225.89

表 12-7　反应物和产物的结合能（E）、零点能（ZPE）和熵（TS，$T=300K$）的修正[4]

（单位：eV）

种类	E	ZPE	TS
H$_2$	−6.77	0.28	0.40
O$_2$	−9.86	0.11	0.63
H$_2$O	−14.22	0.59	0.67

表 12-8　吸附在催化剂上中间体的零点能（ZPE）[4]

（单位：eV）

材料体系	H*	OH*	O*	OOH*
TiC$_2$	0.17	0.31	0.05	0.42
VC$_2$	0.17	0.34	0.08	0.42
NbC$_2$	0.19	0.34	0.06	0.43
TaC$_2$	0.21	0.35	0.05	0.43
MoC$_2$	0.20	0.38	0.06	0.43

注：催化剂的零点能、吸附中间体和催化剂的熵忽略不计，H*吸附在催化剂上的振动频率对 H 覆盖度不敏感。

通过绘制相应标准氢电极的电压（U_{SHE}），不同 pH 下的热力学最稳定状态，构建了五种 MC$_2$ 结构的表面 Pourbaix 图。假设二维 MC$_2$ 结构首先通过以下步骤与酸性溶液反应：$H_2O(l) + * \longrightarrow OH* + e^- + H^+$。在标准条件下，$e^- + H^+$的自由能和 1/2 H$_2$ 相等。上述方程可表示为

$$H_2O(l) + * \longrightarrow OH* + \frac{1}{2}H_2(g) \qquad \Delta G_5 \qquad (12\text{-}25)$$

其中，吉布斯自由能ΔG_5为

$$\Delta G_5 = \Delta E + \Delta E_{ZPE} - T\Delta S \qquad (12\text{-}26)$$

ΔE 是式（12-25）中的反应能差，$\Delta E_{ZPE} - T\Delta S$ 的值可根据式（12-11）和式（12-12）确定。为了考虑 pH 和电位 U 的影响，式（12-26）重写为

$$\Delta G_5^{\ominus} = \Delta G_5 - eU_{SHE} - pH \times k_B T \ln 10 \qquad (12\text{-}27)$$

12.3.2　二维 MC$_2$ 的溶液稳定性

为了验证二维 MC$_2$ 结构在酸性条件下的稳定性，通过构建五种 MC$_2$ 材料的表面 Pourbaix 图，绘制了在相应的标准氢电极和不同 pH 下的热力学最稳定状态。如图 12-12 所示，在酸性溶液（pH = 0）中，这五种 MC$_2$ 材料的最低 U_{SHE} 值（阴极保

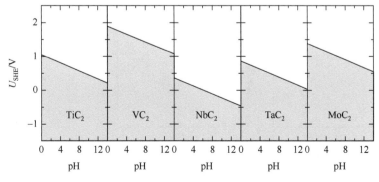

图 12-12　TiC$_2$、VC$_2$、NbC$_2$、TaC$_2$ 和 MoC$_2$ 的表面 Pourbaix 曲线[4]

护电压）分别为：1.04V（TiC$_2$）、1.91V（VC$_2$）、0.38V（NbC$_2$）、0.86V（TaC$_2$）和 1.37V（MoC$_2$）。根据式（12-25）～式（12-27），一旦电压 U_{SHE} 值高于保护电位，酸性水溶液就开始与 MC$_2$ 发生化学反应，而在低于保护电位时 MC$_2$ 则是稳定的。这说明在标准条件（$U_{SHE}=0V$）下，所有二维 MC$_2$ 材料都表现出良好的耐酸稳定性。

12.3.3 析氢反应

为了探索这五种 MC$_2$ 潜在催化剂在 HER 中的催化活性，首先研究 H 原子在 MC$_2$ 表面的吸附行为并确定最佳吸附位点。使用足够大的超胞（2×2×1）来避免相邻 H 原子间的相互作用。考虑到二维 MC$_2$ 结构对称性，选取 4 个不同的 H 原子初始吸附位点，标记为 1～4，如图 12-13（a）所示。根据计算得到的总能（表 12-9），对于所有二维 MC$_2$，位点 4 均具有负值最大的 H 吸附总能，意味着位点 4 为 H 原子吸附的最佳吸附位点，即位于底部 C2 二聚体中心的上方。根据式（12-9），以位点 4 为活性中心，计算了 H 吸附的吉布斯自由能差值（ΔG_{H*}），来初步评估其 HER 催化性能。需要注意的是，当 ΔG_{H*} 的绝对值（$|\Delta G_{H*}|$）接近于零时，意味着吸附 H 的吉布斯自由能接近反应物和产物的吉布斯自由能，即可获得最佳的

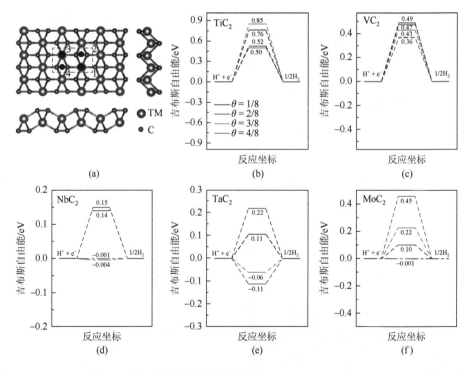

图 12-13　（a）H 在 MC$_2$ 结构表面吸附的不同高对称点；TiC$_2$（b）、VC$_2$（c）、NbC$_2$（d）、TaC$_2$（e）和 MoC$_2$（f）表面不同 H 覆盖度下的吉布斯自由能图[4]

HER 活性。ΔG_{H*} 的值越负，催化剂和吸附的 H 之间键合就越强，以至 H_2 产物最后无法从催化剂表面脱出；而 ΔG_{H*} 的值越正，则 H 与催化剂表面的键合太弱而难以吸附在催化剂表面，导致 HER 动力学变慢甚至催化过程不能发生。通常判断一种材料具有 HER 活性的标准是 $|\Delta G_{H*}|<0.2eV$。图 12-13（b）～（f）为在 MC_2 表面，不同 H 覆盖下的 ΔG_{H*} 值，其中 1/8～4/8 分别表示在 $2\times2\times1$ 超胞表面吸附 1～4 个 H 原子（一侧连接电极，一侧用于催化析氢）。可以看到不同 H 覆盖度下，TiC_2 和 VC_2 的 ΔG_{H*} 值均为正值且高于 0.3eV，远高于催化活性值，表明其不具有 HER 催化活性。对于 NbC_2，在所有 H 覆盖度下均表现出良好的 HER 活性。特别是当 H 吸附浓度较高时（3/8 和 4/8），$|\Delta G_{H*}|$ 值分别为 0.001eV 和 0.004eV，远低于 Pt（0.09eV）电催化剂。相似地，TaC_2 也表现出优异的 HER 活性催化性能，其最佳 $|\Delta G_{H*}|$ 值为 0.06eV。对于 MoC_2，当 H 原子覆盖度为 1/8 时，其 $|\Delta G_{H*}|$ 值最低，为 0.001eV，具有优异的 HER 催化活性。然而，随 H 原子覆盖度的增加，其 $|\Delta G_{H*}|$ 值明显增大，甚至当覆盖度高于 3/8 时，$|\Delta G_{H*}|$ 值超过 0.2eV，MoC_2 则失去 HER 催化活性。

表 12-9　不同催化剂的总能（E^*）、不同 H* 覆盖度下中间体的吸附能（E_{H*}）和 H 吸附的吉布斯自由能差（ΔG_{H*}）[4]

催化剂	E^*/eV	吸附浓度	E_{H*}/eV	ΔG_{H*}/eV
TiC_2	−207.39	1/8	−210.25	0.7586
		2/8	−213.34	0.5255
		3/8	−216.11	0.8497
		4/8	−219.23	0.4997
VC_2	−211.26	1/8	−214.40	0.4834
		2/8	−217.54	0.4817
		3/8	−220.73	0.4301
		4/8	−223.99	0.3664
NbC_2	−220.01	1/8	−223.52	0.1400
		2/8	−227.01	0.1498
		3/8	−230.65	−0.0047
		4/8	−234.29	−0.0008
TaC_2	−237.05	1/8	−240.60	0.1075
		2/8	−244.03	0.2214
		3/8	−247.75	−0.0611
		4/8	−251.52	−0.1120

催化剂	E^*/eV	吸附浓度	$E_{\mathrm{H*}}/\mathrm{eV}$	$\Delta G_{\mathrm{H*}}/\mathrm{eV}$
MoC$_2$	−222.22	1/8	−225.89	−0.0095
		2/8	−229.43	0.1109
		3/8	−232.85	0.2295
		4/8	−236.04	0.4554

考虑到不同 H 覆盖度下，MC$_2$ 单分子层结构的 HER 催化活性变化显著，而不同催化机制对于 H 覆盖度的要求不同，研究 MC$_2$ 的 HER 催化动力学机制则至关重要。特别是 MoC$_2$，在低 H 覆盖度下表现出良好的催化性能，而在高 H 覆盖度下不具有催化活性。因此，为充分理解 MC$_2$ 表面的 HER 过程，以 MoC$_2$ 为例研究其动力学过程。对于酸性介质中的 HER 过程，往往存在两种不同的反应机制，即 Volmer-Heyrovsky 反应和 Volmer-Tafel 反应。Volmer 反应是指最初吸附溶液中质子的反应（$H^+ + e^- \longrightarrow H*$），通常是快速反应步骤。这两种反应机制的区别主要在于第二步：①吸附的中间体 H* 与溶液中的一个溶剂化质子反应形成 H$_2$，$H^+ + e^- + H* \longrightarrow H_2$（Heyrovsky）；②相邻的两个中间体 H* 发生反应生成 H$_2$，$H* + H* \longrightarrow H_2$（Tafel）。此外，对于 MC$_2$ 结构，在 Tafel 反应机制下，吸附态 H* 存在两种可能的反应路径：路径 I（4—1—4）和路径 II（4—3—4），如图 12-14 所示。

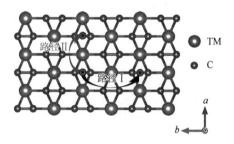

图 12-14　二维 MC$_2$ 结构中 HER 过程 Tafel 机制下的不同反应路径[4]

根据水溶液的密度，结构中加入 8 个 H$_2$O 分子来模拟真实溶液效应，比较了 HER 过程中 Heyrovsky 机制和 Tafel 机制下 H 脱附的最低能量路径和相应的反应能垒，如图 12-15 所示。可以看出，对于 MoC$_2$，Heyrovsky 反应的能垒（0.26eV）远低于 Tafel 两个反应路径的能垒 [1.49eV（路径 I）和 1.69eV（路径 II）]，表明 HER 动力学过程遵循 Heyrovsky 机制。整个 HER 倾向于在较低的 H* 覆盖度下进行，即 H 原子一旦吸附在催化剂表面，就会与溶液中的质子反应进而脱附，而非在较高的 H* 覆盖度下中间体之间发生反应。因此，这更进一步说明了 MoC$_2$ 是

一种极具应用前景的 HER 催化剂材料，因为其在低 H 覆盖度下具有理想的吉布斯自由能变值（$|\Delta G_{H*}| = 0.001 \text{eV}$），同时较低的迁移能垒说明其催化过程具有快速的动力学反应速率。

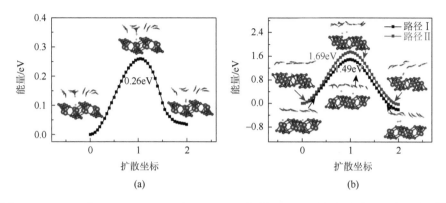

图 12-15　MoC_2 在 Heyrovsky（a）和 Tafel（b）机制下 HER 最低能量路径反应的能垒[4]

为了比较二维 MC_2 与传统 MXene 及 Pt 催化剂的 HER 催化活性，还绘制了火山图曲线。如图 12-16 所示，催化剂的活度越接近火山曲线的顶端，表明其催化活性越高。显然，MC_2 结构的 HER 催化活性总体上要比相应的 MXene 高得多。这意味着通过增加 C 原子的化学计量来优化/改性 MXene 的结构这一策略可以在一定程度上改善其对 HER 的催化性能。对于 NbC_2 和 MoC_2，它们的催化活性比 Pt 还要高出甚至两个数量级，说明 NbC_2 和 MoC_2 展现出十分有应用前途的 HER 催化活性。

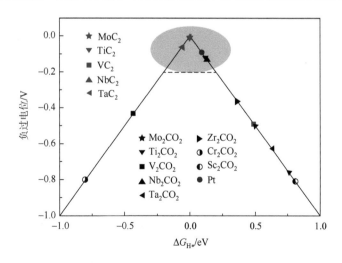

图 12-16　HER 催化性能的火山图[4]

红色标注为 MC_2，黑色标注为传统 MXene，蓝色标注为 Pt，过电位低于 0.2V 的体系位于黄色阴影区

12.3.4 析氧和氧还原反应

本节研究这五种 MC$_2$ 潜在电催化剂的 OER/ORR 催化活性。首先，经过吸附构型和吸附位点的测试，确定了 MC$_2$ 表面 H$_2$O 分子的最优构型（即总能量值最负），如图 12-17 所示。值得注意的是，对于吸附在催化剂表面的 H$_2$O 分子，其中一个 H—O 键从初始的 0.972Å 被拉伸到 0.974Å，而另一个 H—O 键则缩短到 0.971Å。此外，从差分电荷密度图中可以看到，拉伸后的 H 与表面的 C 之间存在较多的电荷转移，表明 MC$_2$ 催化剂的活性位点对吸附的 H$_2$O 分子有明显的活化作用。

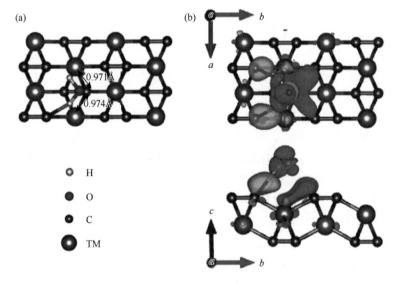

图例：
- H
- O
- C
- TM

图 12-17　MC$_2$ 表面吸附 H$_2$O 分子的最佳吸附构型（a）和相应的差分电荷密度（b）[4]
黄色和蓝色区域分别表示电荷密度的累积和转移，等值面值设置为 0.002e/Bohr^3

对于 OER 催化过程，通常包含四个连续的基元电子步骤［式（12-14）～式（12-17）］：①H$_2$O 分子在催化剂表面吸附并分解为 H$^+$和 OH*；②OH*进一步分解为 H$^+$和 O*；③O*与另一个 H$_2$O 分子发生反应并生成 H$^+$和 OOH*；④OOH*基团分解为 H$^+$和 O$_2$ 分子，且生成的 O$_2$ 从催化剂表面脱出。在每一个基元步骤中，总是伴随一个 H$^+$和一个电子的同时释放。对于 OER 催化性能的判据，即过电位（η^{OER}），可根据式（12-13）～式（12-17），采用式（12-22）和式（12-23）通过计算每个基元反应步骤的吉布斯自由能得到，结果如图 12-18 中黑色台阶图所示。对于所有 MC$_2$ 催化剂，第三步基元反应显示出了最大的步距，表明形成中间产物 OOH*十分困难，且该步为决定反应过电位的决定步骤。计算得到相应的 OER 催

化反应的过电位 η^{OER} 分别为：TiC$_2$（0.95V），VC$_2$（0.75V），NbC$_2$（1.04V），TaC$_2$（1.09V）和 MoC$_2$（0.89V），这些值均高于目前常见催化剂的过电位值，难以有效地催化 OER 过程。因此，若在实际应用中将其用作 OER 电催化剂，不仅需要更多的能量输入，而且还会引起反应速率滞后。此外，反应所需的过多的能量和缓慢的反应动力学过程往往还会导致反应中间体难以去除，从而使活性位点失活甚至导致催化剂中毒。

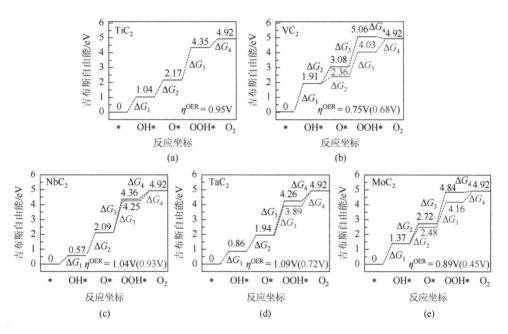

图 12-18　TiC$_2$（a）、VC$_2$（b）、NbC$_2$（c）、TaC$_2$（d）和 MoC$_2$（e）在 $U_{RHE} = 0V$ 时 OER 的吉布斯自由能图[4]

黑色和红色分别代表单/双活性位点机制下的台阶图

　　需要指出的是，对于上述催化机制，各中间体（OH*、O* 和 OOH*）的反应吉布斯自由能变（ΔG_i）是线性相关的，其 OER 循环中的中间体都吸附在同一个活性催化位点而相互制约，不利于催化性能的优化和提高。这种线性比例关系造成了 OER 的理论活性上限，限制了其反应过电位的进一步降低，这也是传统催化剂难以实现高效催化的主要障碍。

　　最近，加利福尼亚大学研究人员提出了双活性位点催化机制，即：对于不同的中间体存在两个不同的可能吸附位点[9]。因此，可以通过实现不同中间体产物在不同催化活性位点进行吸附和独立活化来打破线性制约的关系，进而提高催化反应的动力学过程并降低反应过电位。因此，对于 MC$_2$ 体系，笔者系统检查了所有中间体（OH*、O*和OOH*）的可能吸附位点，并比较了不同吸附位点上吸附能值的大小（表12-10），然后计算它们相应的OER催化过程中的过电位。

表12-10　不同催化活性位点反应中间体的吸附能（E_{OH*}、E_{O*}、E_{OOH*}）[4]

（单位：eV）

催化剂	活性位点	E_{OH*}	E_{O*}	E_{OOH*}
TiC$_2$	1	−215.73	−211.13	−220.72
	2	−215.36	−212.94	−221.61
	3	−216.30	−212.76	−221.52
	4	−217.51	−212.68	−221.72
VC$_2$	1	−219.25	−216.36	−224.76
	2	−219.61	−216.38	−225.89
	3	−219.87	−216.10	−225.80
	4	−220.53	−215.65	−224.87
NbC$_2$	1	−228.57	−223.38	−233.13
	2	−227.94	−224.61	−234.43
	3	−229.18	−225.00	−233.88
	4	−230.23	−225.38	−234.42
TaC$_2$	1	−245.55	−240.58	−250.36
	2	−244.99	−238.74	−251.84
	3	−246.20	−242.24	−250.84
	4	−247.39	−242.56	−251.47
MoC$_2$	1	−231.19	−227.14	−236.87
	2	−231.78	−227.21	−237.03
	3	−231.62	−226.99	−236.64
	4	−232.08	−226.97	−236.06

　　可以看到，对于VC$_2$和MoC$_2$，O*和OOH*最稳定的吸附位点从位点4转移到位点2，而OH*仍位于初始位点4。然而，对于NbC$_2$和TaC$_2$，只有OOH*的最稳定吸附位点转移到位点4，OH*和O*仍稳定吸附在位点4。对于TiC$_2$，所有中间体最稳定的吸附位点仍然是原来的活性位点2。对比研究不同中间体的不同吸附行为、结合元素电负性分析，可以发现不同材料表面出现不同吸附行为是由于MC$_2$中过渡金属元素（M）的电负性差异。随着M电负性逐渐增大，在催化形成不同中间体的过程中，其对OH*的吸附能力逐渐减弱，而对O*和OOH*中间体的吸附能力不断增强，从而导致O*和OOH*活性催化位点转移，因此有更多中间体存在双活性位点，反之亦然。接下来，在双活性位点的基础上，深入研究了不同

催化剂的 OER 活性，如图 12-18 中的红线所示。在双活性位点机制下，MC_2 结构的 OER 性能得到了大幅提升。尤其是 MoC_2，在双活性位点下表现出良好的催化性能，反应的过电位 η^{OER} 为 0.45V，与 RuO_2（0.42V）相当，甚至优于 IrO_2（0.56V）。这说明 MoC_2 可作为有希望的 OER 电催化剂。结合上述分析和计算结果，可以得出具有双活性位点催化机制的 OER 中间体反应路径，示意图如图 12-19 所示。

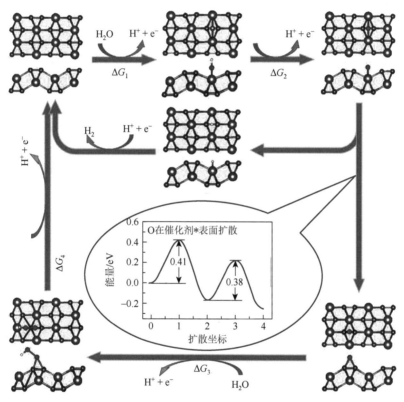

图 12-19　MC_2 双活性位点催化机制下 OER 示意图[4]

中间体产物转移后留下 4 位点进行 HER；内嵌图为中间体产物 O* 从位点 4 移动到位点 2 的迁移能垒

为了研究实现不同活性吸附位点的可能性，以 OER 催化活性最高的 MoC_2 为例，考察了中间体在其表面不同吸附位点的迁移行为，如图 12-19 内嵌 NEB 图所示。可以看出 O* 中间体从位点 4 移动到位点 2 所需克服的迁移能垒只有 0.41eV，且中间体 O* 吸附在位点 2 更为稳定。这表明一旦形成 O* 中间体，它就会快速从位点 4 移动到位点 2，然后进行下一基元反应生成 OOH*，证实了双活性位点机制的可能性。此外，在 OER 双活性位点机制下，当 O* 从位点 4 转移到位点 2，留下的位点 4 可以利用 OER 基元反应中生成的 H^+ 来催化 HER 过程，这是因为位

ـ

ﾠ

点 4 同时也是催化 HER 的活性中心。因此，这更进一步提高了整个水分解反应的动力学速率和效率。

接下来还考察了 MC$_2$ 表面的 ORR 催化性能。由于 ORR 可以看作是 OER 的逆过程，其具体基元反应过程如式（12-18）～式（12-21）所示。基于四步基元反应和上述有效的双活性位点机制，通过式（12-24）计算 ORR 的过电位（η^{ORR}），由图 12-20 中的最小步距来确定。可以看到，在零电位（$U=0V$，即可逆氢电极 $U_{RHE}=0V$ 时）条件下，所有 MC$_2$ 的吉布斯自由能都呈下降趋势，表明每个基元反应都是自发进行的。根据反应的吉布斯自由能差，第一步反应被确定为电位决定步骤，即催化剂表面吸附 O$_2$ 分子形成 OOH* 最为困难。尽管在双活性位点机制下，TiC$_2$、VC$_2$ 和 NbC$_2$ 的过电位仍远高于目前商用的 Pt（0.45V），其 η^{ORR} 值分别为 0.66V、0.68V 和 0.58V，意味着这些催化剂很难吸附并活化 O$_2$，不具备 ORR 催化活性。对于 TaC$_2$ 和 MoC$_2$ 用作 ORR 电催化剂，它们的 η^{ORR} 则相对降低很多（分别为 0.37V 和 0.47V），和 Pt 相当甚至优于 Pt 电催化剂。结合上述 HER 和 OER 研究结果，说明 TaC$_2$ 有可能是一种出色的 HER/ORR 双功能电催化剂，而 MoC$_2$ 可以作为有希望的 HER/OER/ORR 多功能电催化剂来使用。

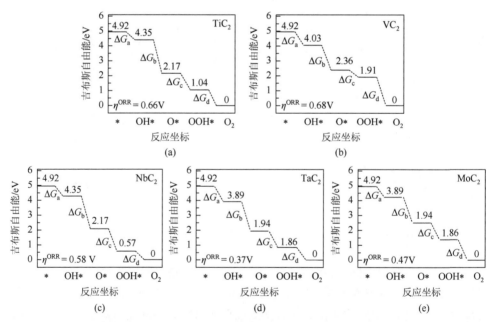

图 12-20　TiC$_2$（a）、VC$_2$（b）、NbC$_2$（c）、TaC$_2$（d）和 MoC$_2$（e）在 $U_{RHE}=0V$，双位点催化机制下 ORR 的吉布斯自由能图[4]

本节系统研究了新型二维过渡金属碳化物 MC$_2$ 在电催化 HER、OER 和 ORR 过程中的活性和催化机制。研究表明，NbC$_2$、TaC$_2$ 和 MoC$_2$ 均具有优异的 HER

催化性能，由于其 Volmer-Heyrovsky 反应势垒远低于 Volmer-Tafel 反应势垒，HER 催化反应最有可能通过 Volmer-Heyrovsky 动力学机制发生。在 OER 和 ORR 催化过程中，通过双活性位点催化机制来打破传统单一活性位点的比例关系限制、独立优化不同中间体产物和活性中心，可有效降低理论催化反应过电位，赋予 TaC_2 以 ORR 催化活性，MoC_2 以 OER 和 ORR 催化活性。因此，TaC_2 可作为一种非常有前途的 HER/ORR 双功能电催化剂，而 MoC_2 则有望成为一种高效的多功能电催化剂，用于电催化水分解（HER/OER）和 ORR。本节研究结果为促进高效、低成本的多功能电催化剂的开发和利用提供了指导意义和解决方案。

12.4　新型二维过渡金属碳化物在电催化氮还原中的应用

12.4.1　研究背景与计算方法

氨（NH_3）在人类社会中起着至关重要的作用。在工业上，哈伯-博世法（$N_2 + 3H_2 \longrightarrow 2NH_3$）是工业制氨中使用最广泛的方法。由于氮气（$N_2$）中氮原子之间的三键十分稳定，键能高达 940.95kJ/mol，因此哈伯-博世法消耗了大量的能量，并排放大量的二氧化碳（CO_2）。此外，氢气（H_2）是哈伯-博世法的主要反应物，其生产也需要相当大的能量输入，并产生大量的二氧化碳。哈伯-博世法中氨的转化率很低，仅有 10%～15%。因此，研究者希望开发一种能够在温和的条件下进行，节能又环保的制氨方法。

一些细菌中固氮酶可以对 N_2 的固定起催化作用，氨是通过 N_2 分子与质子和电子反应产生的。受此启发，电化学固氮还原反应（nitrogen reduction reaction，NRR）引起广泛的关注，因为 NRR 可以在环境温度和压力下发生，并且由可再生的电能驱动。由于 NRR 也涉及破坏 N_2 分子中的强氮-氮三键，因此寻找能够降低 NRR 热力学要求的催化剂具有重要意义。

本节采用第一性原理计算的方法，探讨了三种二维碳化钼 $1T-Mo_2C$、$2H-Mo_2C$ 和 MoC_2 的 NRR 催化热力学和机制[10]。所有的计算都是基于 DFT，并通过 VASP 软件包实现的。电子的交换-关联作用由 PBE 形式的 GGA 描述。为了描述远程范德华耳斯相互作用，使用了 DFT + D3 方法。所有的结构都经过了弛豫，能量收敛到 1.0×10^{-4} eV/原子，力收敛到 0.02eV/Å。对 $1T-Mo_2C$、$2H-Mo_2C$ 和 MoC_2 的基面，使用 4×4×1 的超胞来进行 N_2 吸附研究，对应的 K 点密度分别为 4×4×1、4×4×1 和 4×5×1。对于 MoC_2 的(100)边缘面，使用 3×3×1 的超胞和 6×4×1 的 K 点网络。为减少层间相互作用的影响，所有结构都设置了约 20Å 的真空层。

整个 NRR 依次为：1 个 N_2 分子的吸附，6 个基元氢化反应和 2 个 NH_3 分子的脱附。所有能量项均为吉布斯自由能，计算公式如下：

$$\Delta G = \Delta E + \Delta E_{ZPE} - T\Delta S \qquad (12\text{-}28)$$

其中，ΔE、ΔE_{ZPE} 和 ΔS 分别是产物和反应物之间的总能量、零点能量和熵的差值；T 是温度，这里设为 298K，以研究 NRR 在室温下的催化性能。零点能量 ΔE_{ZPE} 的计算公式为

$$E_{ZPE} = \sum_{i=1}^{3N} \frac{1}{2} h\nu_i \qquad (12\text{-}29)$$

其中，N 是吸附物或分子的原子数；h 是普朗克常数；ν_i 是由第一性原理计算得到实频的振动频率。熵 S 的计算方程如下：

$$S = \sum_{i=1}^{3N} \left[-R\ln(1 - \mathrm{e}^{-h\nu_i/k_B T}) + \frac{N_A h\nu_i}{T} \frac{\mathrm{e}^{-h\nu_i/k_B T}}{1 - \mathrm{e}^{-h\nu_i/k_B T}} \right] \qquad (12\text{-}30)$$

其中，R、N_A 和 k_B 分别是理想气体常数、阿伏伽德罗常数和玻尔兹曼常数。N_2 和 NH_3 分子在 298K 下的熵来自 NIST 化学电子书。

12.4.2 N_2 的吸附和活化

首先研究了二维 1T-Mo_2C、2H-Mo_2C 和 MoC_2 在基面上的 N_2 吸附行为。建立了几种吸附结构，并筛选出它们各自最稳定的结构，结果如图 12-21（a）～（c）所示。对于 1T-Mo_2C，N_2 分子更倾向于倾斜站立构型，吸附吉布斯自由能为 −1.18eV。对于 2H-Mo_2C，N_2 分子水平吸附构型最稳定，吸附吉布斯自由能为 −0.56eV。然而，如果 N_2 分子吸附在 MoC_2 的基面上，吸附吉布斯自由能为正值（0.32eV），说明 N_2 分子不能自发吸附在 MoC_2 的基面上。需要注意，在 MoC_2 中，Mo 原子层被两层 C 原子夹在中间，而 C 原子层在 1T-Mo_2C 和 2H-Mo_2C 中被两个 Mo 原子层夹在中间。在 MoC_2 中，C 原子外层和 N_2 分子相互排斥，彼此之间的距离为 3.15Å，而 1T-Mo_2C 和 2H-Mo_2C 中 N_2 分子距离分别只有 1.40Å 和 1.52Å。由于暴露的 Mo 原子在吸附 N_2 中起着重要作用，研究了 MoC_2 边缘面上 N_2 的吸附行为。研究几个具有不同 Miller 指数的边缘面，发现只有(100)和(010)边缘面可以稳定存在，但结构弛豫后其他边缘发生较大的变形，表明这些边缘不稳定。结果表明，N_2 分子以−0.61eV 的吸附自由能自发吸附在(100)边缘面上，具有垂直的站立结构，如图 12-21（d）所示。然而，在(010)边缘面上的 N_2 吸附能是正值，表明 N_2 分子不能被(010)边缘面捕获。这可能是因为(010)边缘面上的 Mo 原子比 (100)边缘面暴露得更少。因此，后续重点研究了 1T-Mo_2C、2H-Mo_2C 的基面和 MoC_2 的(100)边缘面的 NRR 催化性能。N_2 分子在三种催化剂上的强力结合源于 N

原子的 2p 轨道和与它们结合的 Mo 原子的 4d 轨道之间的杂化 [图 12-22（a）]，表明 N 原子和 Mo 原子之间具有强烈的相互作用。

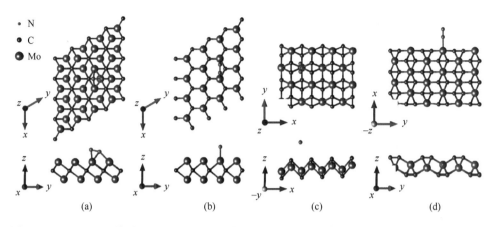

图 12-21　1T-Mo_2C（基面）（a）、2H-Mo_2C（基面）（b）、MoC_2（基面）（c）和 MoC_2（边缘面）（d）的最稳定 N_2 吸附构型[10]

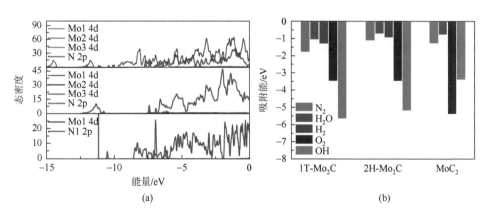

图 12-22　（a）1T-Mo_2C、2H-Mo_2C 和 MoC_2 的 PDOS；（b）N_2、H_2、H_2O、O_2 和 OH 在 1T-Mo_2C、2H-Mo_2C 和 MoC_2（边缘）的吸附能[10]

　　N_2 分子的吸附同时伴随着活化。表 12-11 展示了 N_2*1T-Mo_2C、N_2*2H-Mo_2C 和 N_2*MoC_2 的差分电荷密度，从中可以看出 N 原子与其相邻的 Mo 原子之间有明显的电荷积累。Bader 电荷分析表明，一个 N_2 分子分别从 1T-Mo_2C、2H-Mo_2C 和 MoC_2 中获得大约 1.17 个电子、1.24 个电子和 0.25 个电子。显然，相对于 MoC_2，1T-Mo_2C 和 2H-Mo_2C 对 N_2 分子的活化程度更高。根据 N—N 键长度的变化，可以更直观地得出结论：N—N 键在 1T-Mo_2C 和 2H-Mo_2C 上分别伸长了 0.17Å 和 0.20Å，而在 MoC_2 上仅伸长 0.03Å。因此，N_2 的第一步加氢反应在 1T-Mo_2C 和 2H-Mo_2C 的基面上会比在 MoC_2 的(100)边缘面上更容易。

表 12-11　吸附 N_2 后 1T-Mo_2C（基面）、2H-Mo_2C（基面）和 MoC_2（边缘）的差分电荷密度图（等值面为 0.01a.u.）、N_2 吸附能、N_2 分子与基体间的电荷转移数及 N—N 键长的变化[10]

指标	1T-Mo_2C	2H-Mo_2C	MoC_2
差分电荷密度图			
吸附能/eV	−1.74	−1.09	−0.61
电荷转移数	1.17	1.24	0.25
N—N 键长变化/Å	0.17	0.20	0.03

注：Mo、C 和 N 原子分别用紫色、棕色表示。

通过计算 OH、O_2、H_2 和 H_2O 的吸附能，研究了 1T-Mo_2C 和 2H-Mo_2C 基面和 MoC_2 边缘面上活性位点的选择性。如图 12-22（b）所示，三种催化剂对 OH 和 O_2 的吸附能都比 N_2 更负，表明三种催化剂更倾向于吸附 OH 和 O_2。然而，在酸性溶液（pH = 0）中，羟基的浓度极低（室温下为 10^{-14}mol/L），而且 O_2 的浓度远低于 N_2，所以不必担心活性 Mo 位点发生羟基或 O_2 中毒。此外，N_2 在这三种材料上的吸附能都比 H 更负，表明 N_2 优先于 H 吸附在催化剂的活性位点上，因此 HER 受到抑制。最后，H_2O 不能吸附在 MoC_2 的边缘上，而 H_2O 在 1T-Mo_2C 和 2H-Mo_2C 基面上的吸附能比 N_2 更正，说明 N_2 的吸附强于 H_2O。因此，这三种 NRR 催化剂上的活性位点均表现出良好的选择性。

12.4.3　NRR 化学热力学

N_2 还原反应有三种不同的路径：远端、交替和酶促路径。在远端路径中，3 个质子/电子对依次附着在被吸附的*N_2基团远端的 N 原子上，然后形成一个氨分子并脱附，另外 3 个质子/电子对附着在剩下的 N 原子上。在交替和酶促路径中，6 对质子/电子对交替附着在*N_2基团的两个 N 原子上，第一个氨分子的脱附发生在第 5 步之后。只有当 N_2 分子的两个 N 原子与催化剂的某一个原子结合时，才应该考虑酶促路径。因此，只考虑了 3 个二维碳化钼的远端和交替路径［图 12-23（a）］。图 12-23（b）为 NRR 路径中 1T-Mo_2C 上各种中间体的结构。三种二维材料的每步基元加氢反应的吉布斯自由能如图 12-24 所示。

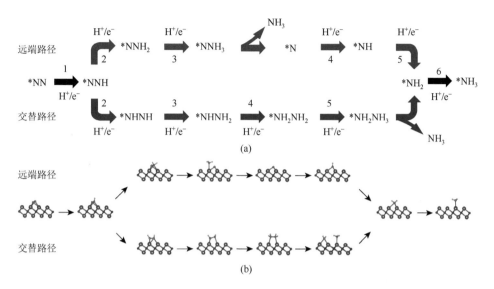

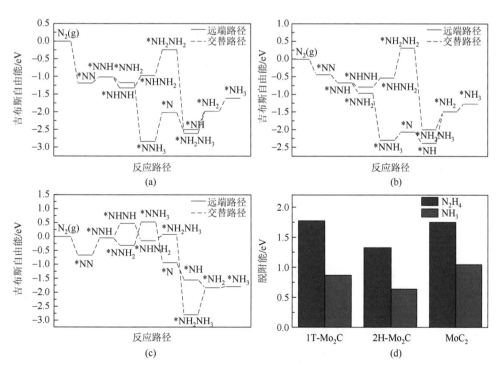

图 12-23　（a）远端路径和交替路径的原理示意图；（b）NRR 过程中 1T-Mo₂C 上各种中间物的结构[10]

Mo、C 和 N 原子分别用紫色、棕色和橙色表示

图 12-24　1T-Mo₂C（a）、2H-Mo₂C（b）和 MoC₂（边缘）（c）的反应吉布斯自由能；（d）N₂H₄ 分子和第二个 NH₃ 分子在 1T-Mo₂C、2H-Mo₂C 和 MoC₂（边缘）的脱附能[10]

对于 1T-Mo$_2$C，第一对质子/电子对先附着在远端 N 原子上并形成*NNH 基团，ΔG 为 0.16eV。远端路径中最大耗能步是第 5 步加氢反应，*NH 变为*NH$_2$，需要 0.52eV 的能量输入。在交替路径中，第 4 步加氢反应（*NHNH$_2$ $\longrightarrow$ *NH$_2$NH$_2$）需要最多的能量输入，ΔG 为 0.72eV。值得注意的是，远端路径的第 4 步（*NNH$_2$ $\longrightarrow$ *NNH$_3$）和交替路径的第 5 步（*NH$_2$NH$_2$ $\longrightarrow$ *NH$_2$NH$_3$）释放了大量的能量，如图 12-24（a）所示。在*NNH$_3$ 和*NH$_2$NH$_3$ 基团中，N—N 键明显断裂，N—N 距离分别为 3.5Å 和 4.5Å，意味着 N—N 键的断裂都是自发的。显然，在 1T-Mo$_2$C 催化 NRR 过程中，N$_2$ 分子中三键的断裂比在哈伯-博世法中要容易得多。

对于 2H-Mo$_2$C，由于 N$_2$ 的躺倒型吸附构型，第一个质子/电子对可以与两个 N 原子中的任何一个发生反应。与 1T-Mo$_2$C 的情况不同，2H-Mo$_2$C 上第一个加氢反应是放热的，ΔG 为-0.23eV。这种差异源于两种二维材料上 N$_2$ 活化程度不同。如上所述，与 1T-Mo$_2$C 相比，N$_2$ 分子从 2H-Mo$_2$C 中获得更多的电子，同时 N—N 键变长，说明 2H-Mo$_2$C 对 N$_2$ 分子的活化程度比 1T-Mo$_2$C 对 N$_2$ 分子的活化程度更高。因此，2H-Mo$_2$C 上第一次加氢反应比 1T-Mo$_2$C 更容易。最大耗能步是远端路径的第 5 步基元反应（*NH $\longrightarrow$ *NH$_2$，$\Delta G = 0.89$eV）和交替路径的第 4 步基元反应（*NHNH$_2$ $\longrightarrow$ *NH$_2$NH$_2$，$\Delta G = 0.86$eV），与 1T-Mo$_2$C 的相同。此外，*NH$_2$NH$_3$ 基团的形成是放热的，ΔG 为-2.31eV，N—N 距离达 4.3Å，说明 N—N 键已经断裂。

N$_2$ 分子以站立式构型垂直吸附于 MoC$_2$ 的边缘面，因此第一个质子/电子对先接触外端的 N 原子。*NNH 的形成需要 0.63eV 的能量输入，这也是交替路径中最耗能量的步骤，这是因为与上述 1T-Mo$_2$C 和 2H-Mo$_2$C 相比，N$_2$ 的活化程度更低。沿远端途径最大耗能步是第 3 步（*NNH$_2$ $\longrightarrow$ *NNH$_3$），ΔG 为 0.85eV。对于交替路径，之后步骤的 ΔG 均小于 0.63eV。因此，NRR 更倾向于沿着 MoC$_2$ 边缘的交替路径进行，其中最大的能量输入为 0.63eV。最后，通过 0.04eV 的能量注入形成*NH$_3$。与 1T-Mo$_2$C 和 2H-Mo$_2$C 不同，远端路径中 MoC$_2$ 边缘面上的第一个氨分子的脱附是放热的。而*NH$_3$ 的形成需要少量的能量输入，这是三种材料的共同特征。此外，由于 N—N 距离分别达到 3.17Å 和 3.15Å，N—N 键在远端路径的第 3 步和交替路径的第 5 步发生断裂。

为了研究 MoC$_2$ 纳米带宽度的影响，构建了两个暴露(100)边缘面的超胞，大小为 2×3×1 和 4×3×1，并计算了 NRR 催化的 ΔG。结果表明，对于 3×2×1、3×3×1 和 3×4×1 模型，NRR 催化的 ΔG 分别为 0.76eV、0.63eV 和 0.64eV。因此，3×3×1 的超胞，即宽度约为 0.8nm 的 MoC$_2$ 纳米带具有最高的 NRR 催化活性。

最后，在 6 个加氢反应完成后，吸附在催化剂表面的*NH$_3$ 基团将会脱附成为 NH$_3$ 分子。这一步在 1T-Mo$_2$C、2H-Mo$_2$C 和 MoC$_2$（边缘）上的吉布斯自由能变化分别为 0.87eV、0.65eV 和 1.05eV。值得注意的是，NRR 在酸溶液中进行使 NH$_3$

分子更容易从催化剂上脱附。因此，虽然两个 NH_3 分子的解吸步骤比所有的加氢反应都更消耗能量，但它们都不是决速步骤。

此外，对于三种二维材料都考虑了吸附路径的可能性，即在交替路径中存在形成肼（N_2H_4）的可能性。1T-Mo_2C、2H-Mo_2C 和 MoC_2（边缘）的肼脱附的 ΔG 分别为 1.78eV、1.32eV 和 1.74eV，说明吸附的 *NH_2NH_2 基团更倾向于与另一个质子/电子对反应并释放一个氨分子，而不易直接释放一个肼分子。

三种二维碳化钼材料的最大加氢反应能均小于 1eV［1T-Mo_2C 为 0.52eV，2H-Mo_2C 为 0.86eV，MoC_2（边缘）为 0.63eV］，说明该反应可以在常态环境条件下进行。这三种催化剂比 Ru(0001)（1.08eV）和 Au(310)（1.5eV）等贵金属催化剂更活跃。此外，它们的低能耗与许多报道的二维 NRR 催化剂相近，如 $Ti_3C_2O_2$（0.57eV），硼纳米层（α 层 0.77eV，$β_{12}$ 层 1.22eV），并且远优于三氧化钼纳米片（2.12eV）。特别地，暴露 Mo 原子的 MoC_2 的(100)边缘比二硫化钼边缘（0.68eV）活性更高。实验证明，$Ti_3C_2O_2$、三氧化钼纳米片和二硫化钼（边缘）是优秀的 NRR 催化剂。因此，1T-Mo_2C、2H-Mo_2C 和 MoC_2（边缘）在热力学上都是十分优秀的 NRR 电催化剂。

12.4.4　NRR 机制

与传统的哈伯-博世法相比，1T-Mo_2C、2H-Mo_2C 和 MoC_2（边缘）的电催化 N_2 还原反应热力学要求较低，只需要温和的反应条件。为了揭示其反应机制，首先研究了在 1T-Mo_2C、2H-Mo_2C 和 MoC_2（边缘）上被吸附的 *N_xH_y 基团沿加氢反应路径的 N—N 键长变化。对于这三种二维材料，随反应进行，N—N 键逐渐拉长，直到 *NNH_3 或 *NH_2NH_3 形成。如图 12-25（a）～（c）所示，*NNH_3 或 *NH_2NH_3 的形成对这三种材料都是放热的，意味着三种催化剂上 N—N 键的断裂是自发的。显然，在 1T-Mo_2C、2H-Mo_2C 和 MoC_2（边缘）催化的 NRR 中，打破 N_2 的三键比在哈伯-博世过程中要容易得多。第一个氨分子释放后，随着接下来加氢反应的进行，剩余的 N 原子在 2H-Mo_2C 和 MoC_2 上与其最近的 Mo 原子之间的距离逐渐变长。结果表明，*NH_3 与 *NH_2 在 1T-Mo_2C 上的吸附位置不同，导致第 6 次加氢反应后 Mo-N 距离减小。事实上，*NH_3 比 *NH_2 距离 1T-Mo_2C 的基面更远。催化剂与 *NH_x 基团（$x = 0 \sim 3$）之间的排斥力有利于第二个氨分子的释放。

电子的转移是电催化反应的关键。为了探讨 1T-Mo_2C、2H-Mo_2C 和 MoC_2（边缘）上吸附的 N_xH_y 基团（$x = 1、2；0 \leqslant y \leqslant 5$）的电荷变化，需要计算 Bader 电荷。对于三种碳化物催化剂，吸附的 *NH_2NH_2 和 *NH_3 都向催化剂注入电子。这很容易理解，因为一个 N 原子中有三个未配对电子，一个 H 原子中有一个未配对电子，所以在 *NH_2NH_2 和 *NH_3 分子中没有未配对的电子。因此，这两个基团倾向于

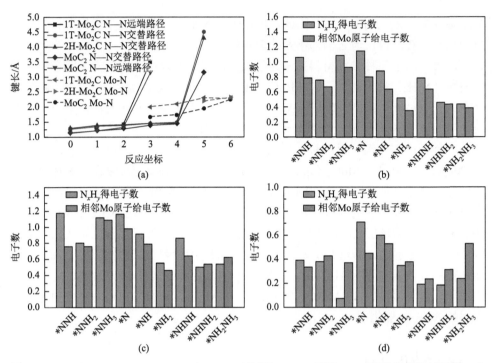

图 12-25　（a）1T-Mo₂C、2H-Mo₂C 和 MoC₂（边缘）*NₓHᵧ 基团 N—N 键长的变化以及第一个
NH₃ 分子脱附后剩余 N 与其最近邻 Mo 原子间的距离变化；1T-Mo₂C（b）、2H-Mo₂C（c）和
MoC₂（边缘）（d）*NₓHᵧ 基团与 Mo 在 NRR 过程中的电子数变化[10]

向催化剂提供电子，而不是从催化剂中获取电子。而其他的 NₓHᵧ 基团会从材料中获得电子，因为在相应的 NₓHᵧ 分子中有多个未配对的电子，需要额外的电子来稳定。如图 12-25（b）～（d）所示，大部分电子来自与 NₓHᵧ 基团结合的 Mo 原子，这意味着暴露的 Mo 原子对 N₂ 的电催化还原是不可或缺的。电荷的变化表明，整个 N₂ 还原反应都伴随着从催化剂到 NₓHᵧ 基团的电子供应和传递。因此，还研究了 1T-Mo₂C、2H-Mo₂C 和 MoC₂（边缘）的电子结构，这三个二维碳化钼都表现出金属导电性，确保了电子输运的效率。

从图 12-25 中可以看到，在 NRR 过程中，N—N 键的延伸伴随着电子从催化剂到*NₓHᵧ 基团的转移，这体现了电催化剂的电子供应的重要意义。在反应过程中，1T-Mo₂C、2H-Mo₂C 和 MoC₂（边缘）储存电子，暴露的 Mo 原子作为 N₂ 分子的吸附位点和催化活性位点，提供*NₓHᵧ 基团所需的大部分电子，导致氮-氮三键逐渐被削弱，每个加氢步骤的能耗都较低。

本节通过第一性原理计算对三种二维碳化钼催化剂 1T-Mo₂C、2H-Mo₂C 和 MoC₂ 的 NRR 的电催化热力学和机制进行了深入研究。N₂ 分子可以在 1T-Mo₂C、2H-Mo₂C 的基面和 MoC₂ 的(100)边缘上被稳定吸附并有效活化。1T-Mo₂C、2H-Mo₂C 和 MoC₂

（边缘）上氢化基元反应最大的吉布斯自由能变化分别为 0.52eV、0.86eV 和 0.63eV，远低于大多数金属催化剂，低于或与目前大多数二维催化剂相当，在热力学方面具有较高的 NRR 催化活性。此外，这三种催化剂的金属导电性和活性位点的高选择性将有助于加快 NRR 的反应速率。因此，这三种二维碳化钼可以作为性能优异的 NRR 电催化剂。此外，机制研究揭示了暴露 Mo 原子的重要性，并提出了探索高活性 NRR 电催化剂的有效方法，即利用暴露的金属原子，如利用边缘面、缺陷部位或在惰性平面上嵌入金属原子等。我们的研究不仅展示了三个具有优良 NRR 电催化活性的二维碳化钼材料，而且为未来寻找或设计具有优良 NRR 催化活性的电催化剂提供了可能的途径。

12.5　二维过渡金属氮化物 Janus 结构光催化水分解反应

12.5.1　研究背景与计算方法

在日益增长的能源需求和节能减排的双重压力下，将太阳能直接转化为可持续、清洁的氢燃料和氧气被认为是新能源革命的理想策略。自 Honda-Fujishima 效应发现以来，科学家们已经探索了大量用于水分解反应的光催化剂。但由于在不使用牺牲剂或助催化剂的情况下，很少有催化剂能同时满足 HER 和 OER 半反应的能带排列、光生电子-空穴对分离和迁移，以及氧还原能力等要求，目前完全由太阳能驱动的全解水反应仍存在很大的挑战。尽管二维材料如 MXene、MoS$_2$ 等具有独特的物理化学、电子和光学特性，在光催化领域得到了长足的发展和进步，但实际应用中往往会受到光吸收率低、光生电子-空穴对再复合，以及用于多步质子和电子转移的水氧化过程电势不足的限制而难以大规模甚至是工业化使用。

在二维材料内部引入垂直内建电场构建 Janus 结构，可以调控导带底（CBM）和价带顶（VBM）带边位置。一方面，Janus 结构中的非镜面对称引起的本征偶极子可以有效地抑制载流子复合；另一方面，导带（CB）和价带（VB）可以在两个相反的表面上得到空间上的有效分离。此时 Janus 结构可以作为光激发载体的额外助推器，从而提高 HER 和 OER 的催化活性。因此，本节基于新型二维层状半导体材料 MoSi$_2$N$_4$ 及其衍生的新型二维 Janus 结构 MoSiGeN$_4$ 和 WSiGeN$_4$，并结合第一性原理高通量计算，研究二维 Janus 结构的构建对光催化性能的影响并阐明催化机制[6]。

本节所有涉及电子结构的第一性原理计算均基于考虑了自旋极化的 DFT，在 VASP 软件包中进行。对于交换关联泛函，采用 GGA 的 PBE 赝势进行结构优化；采用 HSE06 杂化泛函进行电子性质的计算。采用 PAW 方法来定义电子和离子实之间的相互作用，其中半核电子被视为价电子。对于非对称的 Janus 结构，整个计算过程均考虑极化修正。为避免层间相互作用，在垂直方向上施加了约 20Å 的真空距离。相邻层间弱的 vdW 相互作用采用半经验的 DFT-D2 方法来描述。此外，在考虑激子效应后，基于 HSE06 计算，采用含时 Hartree-Fock（TDHF）计算得到更为准确的介电函数。

光吸收系数的计算可通过式（12-31）来实现：

$$\alpha(\omega) = \sqrt{2}\omega\left(\sqrt{\varepsilon_1^2(\omega) + \varepsilon_2^2(\omega)} - \varepsilon_1(\omega)\right)^{\frac{1}{2}} \qquad (12\text{-}31)$$

其中，ω 是频率，$\varepsilon_1(\omega)$ 和 $\varepsilon_2(\omega)$ 分别是介电函数的实部和虚部。

材料的载流子迁移率通过形变势理论来计算：

$$\mu_{2D} = \frac{2e\hbar^3 C_{2D}}{3k_B T|\,m^*|^2 E_i^2} \qquad (12\text{-}32)$$

其中，e、$\hbar$、k_B 和 T 分别是电子电荷、约化普朗克常数、玻尔兹曼常数和温度，计算载流子迁移率时，温度采用 300K；$C_{2D} = \left(\partial^2 E_{\text{total}}\big/\partial\varepsilon^2\right)\big/S_0$，是沿输运方向、单轴应变（$\varepsilon$）下的弹性常数，$S_0$ 是平衡面积；$m^* = \hbar^2\left(\partial^2 E(k)\big/\partial k^2\right)^{-1}$，是载流子的有效质量；$E_i = \partial E_{\text{edge}}\big/\partial\varepsilon$，是载流子的形变势常数，$E_{\text{edge}}$ 是不同单周应变下 CBM 和 VBM 对应的带边位置能量。

对于水分解氧化还原反应的吉布斯自由能差（ΔG），根据 Norskov 提出的方法来计算，具体定义为

$$\Delta G = \Delta E + \Delta E_{\text{ZPE}} - T\Delta S \qquad (12\text{-}33)$$

其中，ΔE、ΔE_{ZPE} 和 ΔS 分别是吸附水分子或催化反应中间体前后的能量差、零点能变和熵变；T 是系统温度，取为 298.15K。其中，ΔE 由 DFT 计算得到，ΔE_{ZPE} 和 ΔS 由 DFT 计算并结合标准热力学数据获得，具体值如表 12-12 和表 12-13 所示。

表 12-12　反应物和产物的结合能（E）、零点能（ZPE）和熵校正（TS，$T = 298.15K$）

（单位：eV）

种类	E	ZPE	TS
H_2	−6.77	0.27	0.40
O_2	−9.86	0.11	0.63
H_2O	−14.22	0.59	0.67

表 12-13　中间体在催化剂上吸附的零点能（ZPE）

（单位：eV）

催化剂	H*（H*吸附于空位）	OH*	O*	OOH*
$MoSi_2N_4$	0.015（0.065）	0.33	0.054	0.39
$MoSiGeN_4$	0.017（0.064）	0.33	0.060	0.43
$WSiGeN_4$	0.015（0.064）	0.34	0.058	0.42

注：底物的 ZPE 可以忽略，吸附物和底物的熵也可以忽略。

当 pH = 0 时，HER 可描述为

$$* + H^+ + e^- \longrightarrow H* \tag{12-34}$$

$$H* + H^+ + e^- \longrightarrow H_2 \tag{12-35}$$

对于 OER，其遵循四电子反应过程，每步基元反应过程如下所示：

$$* + H_2O \longrightarrow OH* + e^- + H^+ \tag{12-36}$$

$$OH* \longrightarrow O* + e^- + H^+ \tag{12-37}$$

$$O* + H_2O \longrightarrow OOH* + e^- + H^+ \tag{12-38}$$

$$OOH* \longrightarrow O_2 + e^- + H^+ \tag{12-39}$$

其中，$*$ 表示光催化剂表面的活性位点；$O*$、$OH*$、$OOH*$ 和 $H*$ 分别表示催化过程中产生的中间体。

对 pH 影响下的吉布斯自由能差 ΔG 定义如下。

对于 HER：

$$\Delta G_{H*} = G_{H*} - 1/2 G_{H_2} - G* + 0.059 \times pH - eU \tag{12-40}$$

对于光催化 OER 过程：

$$\Delta G_1 = G_{OH*} + 1/2 G_{H_2} - G_{H_2O} - G* - 0.059 \times pH - eU \tag{12-41}$$

$$\Delta G_2 = G_{O*} + 1/2 G_{H_2} - G_{OH*} - 0.059 \times pH - eU \tag{12-42}$$

$$\Delta G_3 = G_{OOH*} + 1/2 G_{H_2} - G_{H_2O} - G_{O*} - 0.059 \times pH - eU \tag{12-43}$$

$$\Delta G_4 = G* + 1/2 G_{H_2} + G_{O_2} - G_{OOH*} - 0.059 \times pH - eU \tag{12-44}$$

其中，$0.059 \times pH$ 是 pH 效应所贡献的自由能；eU 是电极中的电子或空穴所提供的额外电压的影响，U 是相对于标准氢电极（SHE）的电极电位。

12.5.2　电子性质和能带排列

对于潜在的光催化剂材料，其首要的筛选条件是应具备合适的电子结构和带隙。对于二维 $MoSi_2N_4$ 材料及两种新型二维 Janus 结构 $MoSiGeN_4$ 和 $WSiGeN_4$，通过 HSE06 杂化泛函计算得到的能带结构和相应的 PDOS 如图 12-27 所示。可以确定这三种材料均为间接带隙半导体，其中 CBM 位于 K 点，VBM 位于 Γ 点，能带大小分别为 2.32eV、1.81eV 和 2.25eV，不仅能满足水分解（1.23eV）的要求，还能满足充分利用太阳光中可见光的要求（1.55～3eV）。

除了带隙的大小，带边位置排列是光催化水分解氧化还原反应的另一个重要筛选标准：CBM 必须高于氢的还原电势 H^+/H_2（−4.44eV），而 VBM 必须低于水分子的氧化电势 O_2/H_2O（−5.67eV）。为研究水分子氧化还原反应的热力学可行性，通过计算真空能级得到了 $MoSi_2N_4$、$MoSiGeN_4$ 和 $WSiGeN_4$ 三种结构的带边位置，如图 12-27 所示。对于 Janus 结构，其垂直于面内方向为非镜面对称结构，固有的电偶极子将通过上下表面之间的电荷迁移而引入，即引入内建电场。因此，Janus 结构两侧真空能级的能量不再相等，标记为 $\Delta\Phi$。引入的内建电场可以在空间上有效地分离光生载流子，即光激发的电子迁移到上侧（Si-N 侧），而光激发的空穴迁移到下侧（Ge-N 侧），这有利于太阳能到氢能（STH）转变效率的提高。

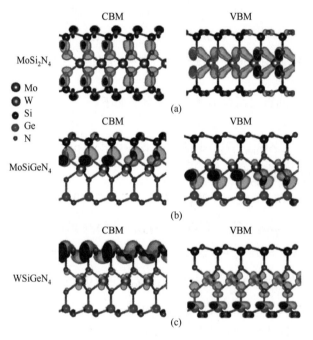

图 12-26　$MoSi_2N_4$（a）、$MoSiGeN_4$（b）和 $WSiGeN_4$（c）结构中 CBM 和 VBM 处能带分解的电荷密度[6]

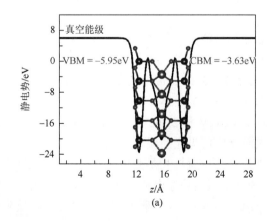

(a)

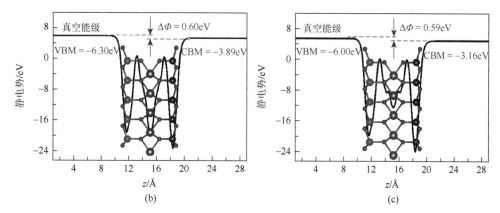

图 12-27　二维 MoSi₂N₄（a）、MoSiGeN₄（b）和 WSiGeN₄（c）结构沿 z 轴方向的静电势和
带边位置[6]

　　基于静电势和电子能带结构的计算，MoSi₂N₄、MoSiGeN₄ 和 WSiGeN₄ 的 VBM 和 CBM 分别为–5.95eV *vs.* –3.63eV，–6.30eV *vs.* –3.89eV 和–6.00eV *vs.* –3.16eV。可以看到这三种二维单层结构的带边位置跨越整个水分解氧化还原反应的电势，初步表明它们具备光催化应用潜能。

　　为了说明不同结构中 CBM 和 VBM 处电荷密度状态的变化，计算了能带分解的电荷密度，如图 12-26 所示。对于 MoSi₂N₄，由于其结构对称性，CBM 和 VBM 同时位于上下表面。对于 MoSiGeN₄ 和 WSiGeN₄ 两种 Janus 结构，可以看到 CBM 和 VBM 分别被固定在不同的表面，可促使光生电子和空穴在空间上被分离开来。此外，为揭示材料表面的电荷转移行为，还计算了这三种结构沿 z 轴方向的差分电荷密度，如图 12-28 所示。电荷在 MoSi₂N₄ 不同表面之间的转移是均匀且对称的。而对于两种 Janus 结构，可以明显观察到电子倾向于积聚在最顶层的 Si-N 层，而从底层的 Ge-N 层耗尽。因此，上表面 Si-N 可作为电子受体，而下表面 Ge-N 可以作为电子供体，这与相应的能带分解电荷密度的计算结果是一致的。综上，内置电场可以促进光生载流子在空间上的有效分离，即：光激发电子向顶层（Si-N 层）移动，空穴向底层（Ge-N 层）转移，有利于光生电子-空穴对的分离，进而提高 Janus 结构在光催化中的应用。

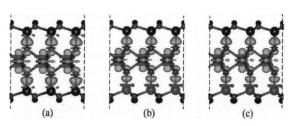

图 12-28　MoSi₂N₄（a）、MoSiGeN₄（b）和 WSiGeN₄（c）结构的差分电荷密度图[6]

对于这三种单层结构在催化过程中可提供的最大电压，以及溶液中 H 浓度（pH）对所提供电压的影响，可通过以下公式计算得到。光生电子可提供给 HER 的最大电压（U_e）：$U_e = \text{CBM} - (-4.44 + 0.059 \times \text{pH})$；光生空穴可提供给 OER 的最大电压（$U_h$）：$U_h = -\text{VBM} + (-4.44 + 0.059 \times \text{pH} + \Delta\Phi)$。结果表明，在光照条件下，这三种结构均能够提供水分解反应较高的外部电势。对于 $MoSi_2N_4$、$MoSiGeN_4$ 和 $WSiGeN_4$，在标准氢电极 pH = 0 时，可以提供的 HER 电压 U_e 分别为 0.81eV、0.55eV 和 1.28eV；可以提供的 OER 电压 U_h 分别为 1.51eV、2.46eV 和 2.15eV。Janus 结构构建之后，由 $MoSiGeN_4$ 和 $WSiGeN_4$ 所提供的外部电势均得到一定程度的提高，从而可以提高催化 HER 和 OER 氧化还原反应更强的驱动力和水分解效率。值得注意的是，U_e 随着 pH 的增大而减小，而 U_h 随着 pH 的增大而增大。

12.5.3 光学性质

光催化水分解反应的第一步就是在光照条件下产生光生电子-空穴对，故研究光响应性质具有十分重要的意义。考虑到二维材料中的弱屏蔽效应，在研究其光学吸收时应考虑电子-空穴对库仑相互作用。因此，可根据式（12-31），通过计算介电函数从而推导出光吸收系数 α。其中，介电函数的实部 ε_1 和虚部 ε_2 由考虑了激子效应的 HSE06-TDHF 计算得到。结果如图 12-29 所示，在可见光和紫外光区（占太阳能的 50%以上），这三种二维结构均表现出良好的光吸收性能。在可见光区，这三种材料的光吸收系数均高于 10^5cm^{-1}，与其他二维材料（如 MoSSe、WSSe 和 PtSSe 等）相当，甚至表现出更为出色的光吸收性能，保证了对太阳光的高效吸收和利用。另外，还可以观察到 Janus 结构的 $MoSiGeN_4$ 和 $WSiGeN_4$ 表现出稍

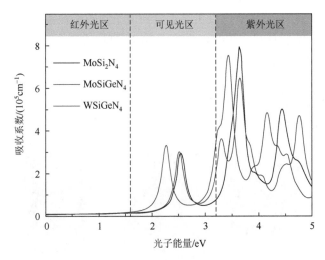

图 12-29　$MoSi_2N_4$、$MoSiGeN_4$ 和 $WSiGeN_4$ 结构的光吸收图谱[6]

高于 MoSi$_2$N$_4$ 的光吸收系数。而其光吸收边界表现出一定的红移和蓝移特征，表明 Janus 结构的构建可在一定程度上调控光吸收强度和吸收范围，为后续其他光学材料的设计、开发提供新的见解和思路。

12.5.4　载流子迁移率

为进一步探索研究体系中光生电子-空穴对的分离和迁移机制，接下来根据式（12-32）通过形变势（DP）理论，计算了 MoSi$_2$N$_4$、MoSiGeN$_4$ 和 WSiGeN$_4$ 的载流子迁移率。为了准确计算载流子沿锯齿形（x）和扶手椅（y）方向的内在响应，采用四方晶格代替最初的六方晶格来进行相关计算，转换后的结构如图 12-30（a）所示。计算结果包括载流子有效质量 m^*、弹性常数 C_{2D}、形变势常数 E_i 及载流子迁移率 μ，均列于表 12-14 中。电子和空穴的有效质量通过 CBM 和 VBM 的能带

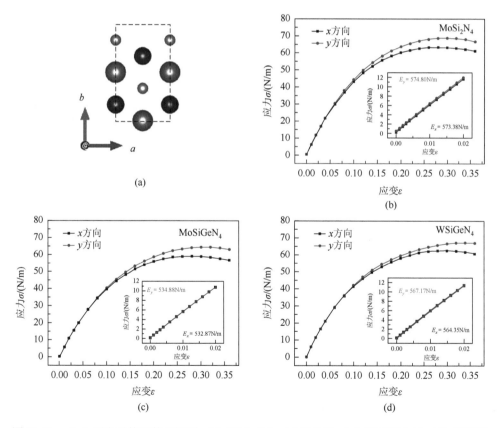

图 12-30　（a）四方晶格下的主视图；MoSi$_2$N$_4$（b）、MoSiGeN$_4$（c）和 WSiGeN$_4$（d）沿不同方向的应力-应变曲线[6]

插图为在 0%～2%应变范围内，应力与应变拟合的线性关系，以获得弹性常数 C_{2D}

色散程度来确定，能带色散越强，则有效质量越小；弹性模量 C_{2D} 通过计算沿单轴应变方向的总能变化并进行线性拟合来确定，结果如图 12-30（b）～（d）所示。从应力-应变曲线可以看出，这三种结构 x 和 y 方向的应力均随应变的增加而单调增加，直至达到一个临界点，然后下降。其沿锯齿形和扶手椅方向均可承受较大的单轴应变（>25%）。此外，拟合应力-应变曲线初始斜率所得到的 C_{2D} 在两个方向上的值几乎相同，说明它们还表现出各向同性的力学特征，具有较高的抗应变能力和强度。形变势常数 E_i 则通过计算沿单轴应变方向的带边位置变化来确定。

表 12-14　计算得到的电子和空穴分别沿 x 方向和 y 方向的有效质量 m^*/m_0、弹性模量 C_{2D}、形变势常数 E_i 及载流子迁移率 μ [6]

二维材料	载流子类型	m^*/m_0	C_{2D}/(N/m)	E_i/eV	μ/[cm^2/(V·s)]
MoSi$_2$N$_4$	e（x）	0.411	573.38	−11.34	377.49
	h（x）	1.616		−2.27	609.32
	e（y）	0.422	574.80	−11.20	371.47
	h（y）	1.575		−2.93	609.84
MoSiGeN$_4$	e（x）	0.388	532.87	−11.19	404.23
	h（x）	10.459		−2.58	10.47
	e（y）	0.396	534.88	−11.34	379.30
	h（y）	10.418		−2.92	8.27
WSiGeN$_4$	e（x）	0.326	564.35	−12.55	482.13
	h（x）	15.829		−2.74	4.29
	e（y）	0.326	567.17	−13.16	440.66
	h（y）	17.206		−3.13	2.80

对载流子迁移率计算结果进行分析。如表 12-14 所示，可以看到，二维 MoSi$_2$N$_4$ 沿 x 和 y 方向的电子迁移率和空穴迁移率均在一定程度上高于一些典型二维材料，如 MoS$_2$ [72.16cm^2/(V·s)和 200.53cm^2/(V·s)] 以及 WS$_2$ [120cm^2/(V·s)和 380cm^2/(V·s)]，表明其具备快速的载流子迁移能力。对于两种 Janus 结构，其电子迁移率得到了一定程度的提高，而空穴迁移率得到了极大的抑制，结果 MoSiGeN$_4$ 和 WSiGeN$_4$ 的电子迁移率是空穴迁移率的数十倍甚至上百倍。这主要是由于在 Janus 结构中引入了内建电场，从而造成电子和空穴之间巨大的有效质量差。而 Janus 结构中这种大的载流子迁移率差异恰好可以进一步促进光生电子-空穴对的有效分离。综上，在带隙和带边位置、内部电场、高载流子迁移率及大的电子-空穴对迁移率差等多重条件共同作用下，上述结构有望将光生电子和空穴有效地分离并迅速转移，从而提高光催化整体水分解驱动力和效率。

12.5.5　光催化水分解反应

引发实际光催化水分解过程中的 HER 过程和 OER 过程，光生载流子需要提供足够的驱动力，即足够的外部电势。基于上述讨论，$MoSi_2N_4$、$MoSiGeN_4$ 和 $WSiGeN_4$ 这三种光催化剂均可以提供较高的外部电势。接下来，根据式（12-34）～式（12-44），具体讨论氢还原和水氧化半反应机制，并计算 HER 和 OER 过程所需的能量，进而评估光催化水分解氧化还原反应活性。

首先，通过计算这三种结构完美晶体表面 HER 的 ΔG_{H*} 来判定其 HER 催化性能。为避免相邻吸附中间体之间的相互作用，采用足够大的超胞（$3\times3\times1$）来进行相关计算。结果如图 12-31（a）～（c）所示，可以看到，$MoSi_2N_4$、$MoSiGeN_4$ 和 $WSiGeN_4$ 进行 HER 的 ΔG_{H*} 分别为 2.32eV、2.31eV 和 2.30eV，远超过它们作为催化剂所能提供的最大电压值。这意味着上述三种结构类似于很多二维材料（如 MoS_2、MoSSe 等），完美晶体表面对 HER 是惰性的，不具备 HER 催化活性。为进一步探究这类二维材料的光催化活性，在其表面引入 2.8% 的表面 N 空位（将 $3\times3\times1$ 超胞中的一个表面 N 原子去掉）。对其 ΔG_{H*} 进行计算，如图 12-31（d）～（f）所示。这三种结构的 ΔG_{H*} 均得到很大的降低，$MoSi_2N_4$、$MoSiGeN_4$ 和 $WSiGeN_4$ 的值分别为 0.89eV、0.57eV 和 0.60eV。从图 12-31（d）和（e）中观察到，在酸性环境中，当光催化剂提供外部电压后，$MoSi_2N_4$ 和 $MoSiGeN_4$ 的催化活性得到极大提升，HER 的 $|\Delta G_{H*}|$ 均小于 0.2eV（催化阈值）。这表明在光照条件下，HER 可以在这两种材料表面进行。而且对于 $MoSiGeN_4$，当 pH 提高到 3 时，仍然能保持催化活性。然而，对于 $WSiGeN_4$，由于其在 pH = 0 时提供了过多的外部电势，对氢原子的吸附能力太强而导致所生成的氢气难以从催化剂表面脱出。随着 pH 的提高，$WSiGeN_4$ 中的光生电子所能提供的外部电压 U_e 逐渐降低，当 pH 提高到 8～14 时，U_e 的值会降到 0.80～0.45eV 之间。相应的 ΔG_{H*} 值将在 -0.2～1.5eV 之间变化。此时，$WSiGeN_4$ 展现出了 HER 催化活性。因此，$WSiGeN_4$ 可以在碱性条件（pH = 8～14）下光催化 HER 自发进行。

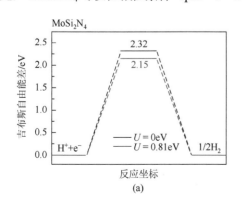

(a)

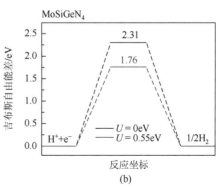

(b)

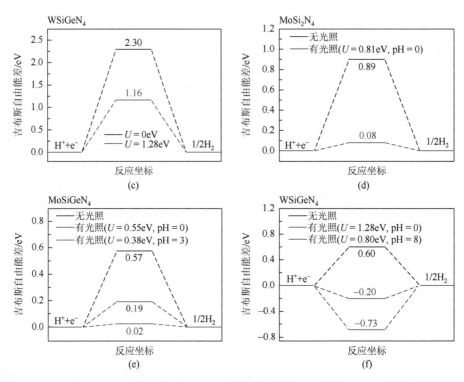

图 12-31 　MoSi$_2$N$_4$、MoSiGeN$_4$ 和 WSiGeN$_4$ 完美晶体表面 HER ［（a）～（c）］及存在表面 N
空位、不同条件下 HER 的吉布斯自由能差 ［（d）～（f）］[6]

接下来，考虑光催化水分解的另一个重要半反应：水的氧化反应。这里同样以含表面 N 空位的 MoSi$_2$N$_4$、MoSiGeN$_4$ 和 WSiGeN$_4$ 结构作为催化剂进行研究，并且遵循 OER 的四电子转移反应。基元反应步骤如式（12-36）～式（12-39）所示，OH*、O*、OOH* 和 O$_2$ 分别为上一步基元反应所产生的产物及下一步基元反应的反应物，以及最终产物 O$_2$ 分子。每一步基元反应都同时伴随着一个 H$^+$ 和一个电子的释放。

相应地，OER 每步基元反应的 $\Delta G_i(i=1,2,3,4)$ 可根据式（12-41）～式（12-44）计算得到。如图 12-32 所示，负值意味着相应的基元反应步骤不需要外加电压而自发进行，反之亦然。可以看到，在不考虑任何光照的条件下（$U_h=0$），对于 MoSi$_2$N$_4$、MoSiGeN$_4$ 和 WSiGeN$_4$，在整个 pH 范围，ΔG_3 和 ΔG_4 均为正值。这表明中间体 OOH* 和最终 O$_2$ 分子的形成非常困难，并且为整个反应的决速步骤。此时，整体 OER 在没有额外光生空穴的条件下是无法进行的。当把这三种材料暴露于光照条件下时，光生空穴会产生外部电势（U_h）用于光催化反应。并且与 U_e 的变化趋势相反，U_h 随着 pH 的提高而增大。相应的计算结果表明，在光照条件下，这三种光催化剂催化 OER 的 ΔG_i 均得到了极大的降低。对于 MoSi$_2$N$_4$，如图 12-32（a）所示，尽管所有中间基元反应步骤的 G_i 均得到了降低，但即便是在

pH = 14，MoSi$_2$N$_4$ 可以提供最大电压的条件下，其中 ΔG_3 和 ΔG_4 仍然为正值。MoSi$_2$N$_4$ 表现为催化惰性，光照条件下仍不具备光催化 OER 活性。对于 Janus 结构的 MoSiGeN$_4$，从图 12-32（b）中可以观察到，当 pH 达到 3 时，在光照条件下，所有基元反应步骤的 ΔG_i 均变为负值，而且随着 pH 的提高其值变得更负。这说明在光照条件下，当 pH≥3 时，MoSiGeN$_4$ 结构表面所产生的光生空穴可以提供足够的电压，以促使水分子能自发被催化氧化为 O$_2$ 分子。值得注意的是，当 pH = 3 时，HER 的 ΔG_{H*} 值为 0.19eV，说明此时光催化 OER 和 HER 过程均可自发进行，MoSiGeN$_4$ 具备光催化水分解整体反应的催化活性。相似地，对于 WSiGeN$_4$，其 ΔG_i 如图 12-32（c）所示。在光照条件下，当 pH≥7 时，所有 OER 中间基元反应的 ΔG_i 都变为负值，且随着 pH 的提高 ΔG_i 值变得更负。这说明在中性及碱性条件下，WSiGeN$_4$ 能够诱发 OER 光催化过程自发进行。特别地，根据上述 HER 催化行为的研究，当 pH≥8 时，WSiGeN$_4$ 能促使 HER 光催化过程自发进行。因此，Janus 结构的 WSiGeN$_4$ 能够使得光催化水分解反应在弱碱至强碱性环境（pH = 8～14）下自发进行，且无需牺牲助剂或者助催化剂，性能优于目前大多数研究的光催化剂体系。

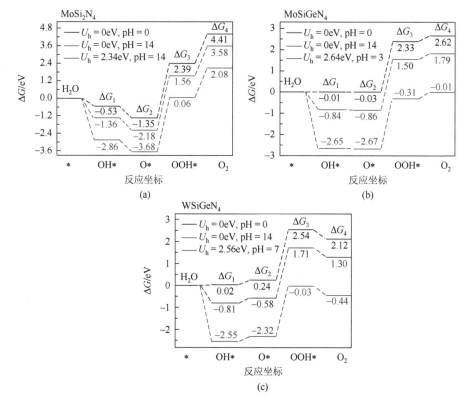

图 12-32　MoSi$_2$N$_4$（a）、MoSiGeN$_4$（b）和 WSiGeN$_4$（c）含 N 空位表面进行 OER 的基元反应吉布斯自由能差 ΔG_i[6]

本节系统研究了 MoSi$_2$N$_4$ 和 Janus 结构的 MoSiGeN$_4$、WSiGeN$_4$ 三种材料在光催化全解水中的催化活性和潜在机制，并深入讨论了 Janus 结构的构建对于新型二维半导体材料光催化性能的影响。结果表明，这三种二维结构均为半导体材料，具备间接带隙特征，并且具备合适的带隙和带边能级水平、高的可见光区光吸收强度及高的载流子迁移率等，有利于其作为光催化剂催化整体水分解反应。此外，Janus 结构的构建可引入与二维材料垂直方向的内建电场，不仅能促进光生电子与空穴在空间上的有效分离，还能赋予载流子各向异性的迁移特性。同时，内建电场可以调控能带的带边位置排列来提高其作为光催化剂时所能提供的外部电势。因此，MoSi$_2$N$_4$ 在酸性条件下表现出 HER 催化活性；MoSiGeN$_4$ 在 pH = 3 时可以催化整体水分解反应自发进行；WSiGeN$_4$ 在弱碱及强碱性环境（pH≥8）下能够催化水分解反应（包括 HER 和 OER 过程）自发且同时进行，不需要牺牲助剂或者助催化剂。这项研究为促进可再生能源生产的高效光催化剂的发展提供了解决思路和理论指导。

参 考 文 献

[1]　Yu Y，Zhou J，Sun Z. Modulation engineering of 2D MXene-based compounds for metal-ion batteries. Nanoscale，2019，11（48）：23092-23104.

[2]　Wang Y，Lv J，Zhu L，et al. CALYPSO：a method for crystal structure prediction. Computer Physics Communications，2012，183（10）：2063-2070.

[3]　Yu Y，Guo Z，Peng Q，et al. Novel two-dimensional molybdenum carbides as high capacity anodes for lithium/sodium-ion batteries. Journal of Materials Chemistry A，2019，7（19）：12145-12153.

[4]　Yu Y，Zhou J，Sun Z. Novel 2D transition-metal carbides：ultrahigh performance electrocatalysts for overall water splitting and oxygen reduction. Advanced Functional Materials，2020，30：2000570.

[5]　Hong Y，Liu Z，Wang L，et al. Chemical vapor deposition of layered two-dimensional MoSi$_2$N$_4$ materials. Science，2020，369：670-674.

[6]　Yu Y，Zhou J，Guo Z，et al. Novel two-dimensional Janus MoSiGeN$_4$ and WSiGeN$_4$ as highly efficient photocatalysts for spontaneous overall water splitting. ACS Applied Materials & Interfaces，2021，13（24）：28090-28097.

[7]　Lu A，Zhu H，Xiao J，et al. Janus monolayers of transition metal dichalcogenides. Nature Nanotechnology，2017，12（8）：744-749.

[8]　Çakır D，Sevik C，Gülseren O，et al. Mo$_2$C as a high capacity anode material：a first-principles study. Journal of Materials Chemistry A，2016，4（16）：6029-6035.

[9]　Fei H，Dong J，Feng Y，et al. General synthesis and definitive structural identification of MN$_4$C$_4$ single-atom catalysts with tunable electrocatalytic activities. Nature Catalysis，2018，1（1）：63-72.

[10]　Zhang B，Zhou J，Elliott S，et al. Two-dimensional molybdenum carbides：active electrocatalysts for the nitrogen reduction reaction. Journal of Materials Chemistry A，2020，8（45）：23947-23954.